中国国家标准汇编

2008年修订-65

中国标准出版社　编

中国标准出版社
北京

图书在版编目（CIP）数据

中国国家标准汇编：2008年修订.65/中国标准出版社编.—北京：中国标准出版社，2009

ISBN 978-7-5066-5489-0

Ⅰ.中… Ⅱ.中… Ⅲ.国家标准-汇编-中国-2008 Ⅳ.T-652.1

中国版本图书馆CIP数据核字（2009）第183725号

中国标准出版社出版发行
北京复兴门外三里河北街16号
邮政编码:100045
网址 www.spc.net.cn
电话:68523946 68517548
中国标准出版社秦皇岛印刷厂印刷
各地新华书店经销

*

开本 880×1230 1/16 印张 38.5 字数 1 149 千字
2009年11月第一版 2009年11月第一次印刷

*

定价 200.00 元

出 版 说 明

1.《中国国家标准汇编》是一部大型综合性国家标准全集。自 1983 年起，按国家标准顺序号以精装本、平装本两种装帧形式陆续分册汇编出版。它在一定程度上反映了我国建国以来标准化事业发展的基本情况和主要成就，是各级标准化管理机构，工矿企事业单位，农林牧副渔系统，科研、设计、教学等部门必不可少的工具书。

2.《中国国家标准汇编》收入我国每年正式发布的全部国家标准，分为"制定"卷和"修订"卷两种编辑版本。

"制定"卷收入上年度我国发布的、新制定的国家标准，顺延前年度标准编号分成若干分册，封面和书脊上注明"20××年制定"字样及分册号，分册号一直连续。各分册中的标准是按照标准编号顺序连续排列的，如有标准顺序号缺号的，除特殊情况注明外，暂为空号。

"修订"卷收入上年度我国发布的、被修订的国家标准，视篇幅分设若干分册，但与"制定"卷分册号无关联，仅在封面和书脊上注明"20××年修订-1,-2,-3,……"字样。"修订"卷各分册中的标准，仍按标准编号顺序排列(但不连续)；如有遗漏的，均在当年最后一分册中补齐。需提请读者注意的是，个别非顺延前年度标准编号的新制定的国家标准没有收入在"制定"卷中，而是收入在"修订"卷中。

读者配套购买《中国国家标准汇编》"制定"卷和"修订"卷则可收齐上一年度我国制定和修订的全部国家标准。

3. 由于读者需求的变化，自 1996 年起，《中国国家标准汇编》仅出版精装本。

4. 2008 年制修订国家标准共 5946 项。本分册为"2008 年修订-65"，收入新制修订的国家标准 28 项。

中国标准出版社

2009 年 10 月

目　　录

ICS 81.060.20
Y 24

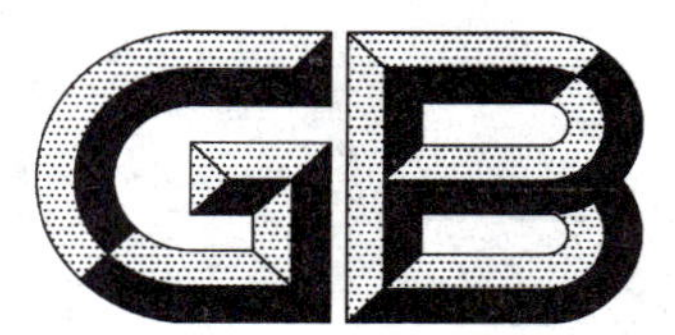

中华人民共和国国家标准

GB/T 13522—2008
代替 GB/T 13522—1992

骨质瓷器

Bone china

2008-12-30 发布　　2009-09-01 实施

中华人民共和国国家质量监督检验检疫总局
中国国家标准化管理委员会　发布

前言

本标准与 JIS S 2401—1991《骨灰瓷餐具》的一致性程度为非等效。为了更适合我国国情，本标准在采用上述标准时进行了修改，主要差异如下：

——JIS S 2401—1991 规定磷酸三钙质量百分比必须达到 30%以上；本标准规定磷酸三钙的含量不低于 36%；

——JIS S 2401—1991 规定把样品放入加热至 120 ℃±3 ℃的恒温器中保持 1 h 后，立即放入 24 ℃±3 ℃的水槽中冷却后取出检查是否有缺陷；本标准规定样品加热至 140 ℃投入 20 ℃水中热交换一次不裂；

——JIS S 2401—1991 中规定扁平制品的铅、镉溶出极限分别为 17 $\mu g/cm^2$ 和 1.7 $\mu g/cm^2$；本标准中规定扁平制品的铅、镉溶出极限分别为 5.0 mg/L 和 0.50 mg/L，其他制品的铅、镉溶出极限均严于 JIS S 2401—1991。

本标准代替 GB/T 13522—1992《骨灰瓷器》。

本标准与 GB/T 13522—1992《骨灰瓷器》的主要变化如下：

——标准的名称由“骨灰瓷器”修改为“骨质瓷器”；

——将产品的规格由“Ⅰ型、Ⅱ型”修改为“小型、中型、大型、特型”；

——增加了产品的等级划分：优等品、一等品、合格品；

——修改了部分外观缺陷要求。

本标准由中国轻工业联合会提出。

本标准由全国陶瓷标准化中心技术归口。

本标准起草单位：唐山陶瓷股份有限公司骨质瓷分公司、国家陶瓷产品质量监督检验中心（江西）、隆达骨质瓷有限公司、山东临沂银凤陶瓷集团有限公司、淄博华光瓷业有限公司。

本标准主要起草人：刘刚、金宝元、王美兰、李硕、张志全、纪元玉、毕庆亮。

本标准代替的历次版本发布情况为：

——GB/T 13522—1992。

骨 质 瓷 器

1 范围

本标准规定了骨质瓷器的产品分类、技术要求、试验方法、检验规则及标志、包装、运输、贮存规则。

本标准适用于以磷酸三钙为主要成分的日用骨质瓷器。

2 规范性引用文件

下列文件中的条款通过本标准的引用而成为本标准的条款。凡是注日期的引用文件,其随后所有的修改单(不包括勘误的内容)或修订版均不适用于本标准。然而,鼓励根据本标准达成协议的各方研究是否可使用这些文件的最新版本。凡是不注日期的引用文件,其最新版本适用于本标准。

GB/T 1871.1—1995 磷矿石和磷精矿中五氧化二磷含量的测定 磷钼酸喹啉重量法和容量法

GB/T 2828.1—2003 计数抽样检验程序 第1部分:按接收质量限(AQL)检索的逐批检验抽样计划(ISO 2859-1:1999,IDT)

GB/T 2829—2002 周期检验计数抽样程序及表(适用于对过程稳定性的检验)

GB/T 3298 日用陶瓷器抗热震性测定方法

GB/T 3299 日用陶瓷器吸水率测定方法

GB/T 3300 日用陶瓷器变形检验方法

GB/T 3301 日用陶瓷的容积、口径误差、高度误差、重量误差、缺陷尺寸的测定方法

GB/T 3302 日用陶瓷器验收、包装、标志、运输、储存规则

GB/T 3303 日用陶瓷器缺陷术语

GB/T 3534 日用陶瓷器铅、镉溶出量的测定方法

GB/T 5000 日用陶瓷名词术语

GB 12651 与食物接触的陶瓷制品铅、镉溶出量允许极限(GB 12651—2003,ISO 6486-2:1999,NEQ)

QB/T 1503 日用陶瓷白度测定方法

3 术语和定义

GB/T 5000、GB/T 3303中确立的以及下列术语和定义适用于本标准。

3.1

胎脏 body dirt

素胎表面的粘附物经釉烧形成的缺陷。

3.2

釉厚 thick glaze

产品表面由于施釉过厚经釉烧形成的缺陷。

4 产品分类

4.1 按产品的用途分为盘碟类、碗类、杯类、壶类及其他器物类。

4.2 按产品的器型分为扁平制品、小空心制品、大空心制品。

4.3 按产品的规格分为小型、中型、大型、特型。其规格范围见表1。

4.4 按产品的等级分为优等品、一等品、合格品。

表 1

类别	型式			
	小型	中型	大型	特型
盘碟类口径/mm	＜128	128～＜228	228～350	＞350
碗类口径/mm	＜110	110～＜175	175～250	＞250
杯类口径/mm	＜60	60～＜100	100～140	＞140
壶类容量/mL	＜250	250～＜1 000	1 000～2 400	＞2 400
其他器物类	视其外形相似情况，分别按上述各类定型			

5 技术要求

5.1 吸水率

吸水率不大于 0.5%。

5.2 抗热震性

5.2.1 成套或系列产品

餐具以中型盘、碗类产品为代表件，茶、咖啡具以杯、盅类产品为代表件，140 ℃至 20 ℃热交换一次不裂。

5.2.2 非成套或系列产品

各型产品 140 ℃至 20 ℃热交换一次不裂。

5.3 铅、镉溶出量

铅、镉溶出量允许极限应符合 GB 12651 规定。

5.4 白瓷白度

白瓷白度不低于 80。

5.5 磷酸三钙

产品素胎中磷酸三钙的含量不低于 36%。

5.6 产品规格误差

5.6.1 口径误差

口径大于 200 mm 的误差允许±1.0%，口径在 60 mm～200 mm 之间的误差允许±1.5%，口径小于 60 mm 的误差允许±2.0%。

5.6.2 高度误差

高度误差允许±2.0%。

5.6.3 质量误差

小、中型产品允许±5.0%，大、特型产品允许±3.0%。

5.7 外观质量

5.7.1 产品不允许有炸釉、磕碰、裂穿和渗漏缺陷。

5.7.2 瓷质细腻，釉面滋润，透明度好。

5.7.3 成套产品的釉色、花面色泽应基本一致。

5.7.4 产品的底沿应磨光，放在平面上应平稳。

5.7.5 有盖产品的盖与口基本吻合，壶类产品在倾斜 70° 时，盖子应不脱落。当盖子向一方移动时，盖子与壶口的距离不得超过 3 mm。壶嘴的口部不得低于壶口 3 mm。

5.7.6 底部标志应正确、清晰，不得有明显歪斜与偏心。

5.7.7 产品各等级的外观缺陷应符合表 2 规定，并须符合下列要求：

a) 优等品每件产品不得超过 2 种缺陷；
b) 一等品每件产品不得超过 4 种缺陷；
c) 合格品每件产品不得超过 6 种缺陷。

表 2

序号	缺陷名称	测量单位	产品规格	优等品	一等品	合格品
1	变形	高度 mm	盘碟类： 小型 中型 大型 特型	 不大于 0.5 不大于 1.0 不大于 1.5 不大于口径的 0.7%	 不大于 1.0 不大于 1.5 不大于 2.0 不大于口径的 1.0%	 不大于 2.0 不大于 2.5 不大于 3.0 不大于口径的 2.0%
			鱼盘类： 小型 中型 大型 特型	 不大于 1.0 不大于 1.5 不大于 2.0 不大于长径的 1.0%	 不大于 1.5 不大于 2.0 不大于 3.0 不大于长径的 1.3%	 不大于 2.0 不大于 2.5 不大于 3.0 不大于长径的 1.5%
		口径 mm	碗类： 小型 中型 大型 特型	 不大于 0.5 不大于 1.0 不大于 1.5 不大于口径的 1.0%	 不大于 1.0 不大于 1.5 不大于 2.0 不大于口径的 1.5%	 不大于 2.0 不大于 2.5 不大于 3.0 不大于口径的 2.0%
			杯类： 小型 中型 大型 特型	 不大于 0.5 不大于 0.5 不大于 1.0 不大于口径的 1.5%	 不大于 1.0 不大于 1.0 不大于 1.5 不大于口径的 2.0%	 不大于 2.0 不大于 2.5 不大于 3.0 不大于口径的 2.5%
			壶类： ＜60 ≥60	 不大于 1.0 不大于 1.5	 不大于 1.0 不大于 1.5	 不大于 2.0 不大于 2.5
2	落渣[a]	直径 mm	小、中型	不允许	显见面不允许，非显见面不大于 0.5 限 2 个	显见面不大于 1.0 限 2 个，非显见面不大于 1.5 限 3 个
			大、特型		显见面不大于 0.5 限 2 个，非显见面不大于 1.0 限 2 个	显见面不大于 1.5 限 2 个，非显见面不大于 2.0 限 3 个
3	毛孔	直径 mm	小、中型	显见面不允许，非显见面不大于 0.5 限 2 个	显见面不大于 0.5 限 1 个，非显见面不大于 0.5 限 2 个	不大于 1.0 限 6 个
			大、特型	显见面不允许，非显见面不大于 0.5 限 3 个	显见面不大于 0.5 限 2 个，非显见面不大于 0.5 限 3 个	不大于 1.0 限 8 个

表 2（续）

<table>
<tr><th>序号</th><th>缺陷名称</th><th>测量单位</th><th>产品规格</th><th>优等品</th><th>一等品</th><th>合格品</th></tr>
<tr><td rowspan="2">4</td><td rowspan="2">斑点</td><td rowspan="2">直径
mm</td><td>小、中型</td><td rowspan="2">不允许</td><td>显见面不允许，
非显见面不大于 0.5 限 2 个</td><td>显见面不大于 0.5 限 2 个，
非显见面不大于 0.5 限 4 个</td></tr>
<tr><td>大、特型</td><td>显见面不允许，
非显见面不大于 0.5 限 3 个</td><td>显见面不大于 1.0 限 2 个，
非显见面不大于 1.0 限 4 个</td></tr>
<tr><td>5</td><td>色脏</td><td>面积
mm^2</td><td>各 型</td><td>不允许</td><td>显见面在画线边缘、
花内和花的边缘不大于 1.5，
非显见面在画线边缘不
大于 3.0</td><td>显见面不大于 10.0，
非显见面不大于 20.0</td></tr>
<tr><td rowspan="2">6</td><td rowspan="2">熔洞</td><td rowspan="2">直径
mm</td><td>小、中型</td><td rowspan="2">不允许</td><td>不允许</td><td>显见面不允许，
非显见面不大于 1.5 限 2 个</td></tr>
<tr><td>大、特型</td><td>显见面不允许，
非显见面不大于 1.0 限 1 个</td><td>显见面不允许，
非显见面不大于 2.0 限 2 个</td></tr>
<tr><td rowspan="2">7</td><td rowspan="2">石膏脏</td><td rowspan="2">直径
mm</td><td>小、中型</td><td rowspan="2">不允许</td><td>不大于 0.5 限 2 个</td><td>不大于 2.0 限 2 个</td></tr>
<tr><td>大、特型</td><td>不大于 1.0 限 2 个</td><td>不大于 3.0 限 2 个</td></tr>
<tr><td>8</td><td>疙瘩</td><td rowspan="3">直径
mm</td><td>小、中型</td><td rowspan="3">不允许</td><td>显见面不允许，
非显见面不大于 0.5 限 1 个</td><td>显见面 1.5 限 2 个，
非显见面 2.5 限 3 个</td></tr>
<tr><td>9</td><td>坯泡</td><td rowspan="2">大、特型</td><td rowspan="2">显见面不允许，
非显见面不大于 1.0 限 1 个</td><td rowspan="2">显见面 2.0 限 2 个，
非显见面 3.0 限 3 个</td></tr>
<tr><td>10</td><td>泥渣</td></tr>
<tr><td rowspan="2">11</td><td rowspan="2">釉泡</td><td rowspan="2">直径
mm</td><td>小、中型</td><td rowspan="2">不允许</td><td>显见面不允许，非显见面
不大于 0.5 限 2 个，
开口釉泡不允许</td><td>不大于 1.5 限 3 个，开口
釉泡：口沿部位不允许，
其他部位小于 1.0 限 3 个</td></tr>
<tr><td>大、特型</td><td>显见面不允许，非显见面
不大于 0.5 限 3 个，
开口釉泡不允许</td><td>不大于 2.0 限 4 个，开口
釉泡：口沿部位不允许，
其他部位小于 1.0 限 5 个</td></tr>
<tr><td>12</td><td>底沿
粘渣</td><td>长度
mm</td><td>各 型</td><td>不允许</td><td>外沿不允许，
内沿不大于周长的 1.5%，
磨去尖峰</td><td>外沿不大于底周长 1.0%，
内沿不大于周长的 2.0%，
磨去尖峰</td></tr>
<tr><td rowspan="2">13</td><td rowspan="2">缺釉</td><td rowspan="2">面积
mm^2</td><td>小、中型</td><td rowspan="2">不允许</td><td>显见面不允许，
非显见面不大于 3.0</td><td>显见面不大于 2.0，
非显见面不大于 4.0</td></tr>
<tr><td>大、特型</td><td>显见面不允许，
非显见面不大于 4.0</td><td>显见面不大于 3.0，
非显见面不大于 6.0</td></tr>
<tr><td rowspan="2">14</td><td rowspan="2">裂纹</td><td rowspan="2">长度
mm</td><td>小、中型</td><td rowspan="2">不允许</td><td>显见面不允许，
非显见面阴裂不大于 4.0</td><td>显见面阴裂不大于 4.0，
非显见面不明显</td></tr>
<tr><td>大、特型</td><td>显见面不允许，
非显见面阴裂不大于 6.0</td><td>显见面阴裂不大于 6.0，
非显见面不明显</td></tr>
</table>

表 2（续）

序号	缺陷名称	测量单位	产品规格	优等品	一等品	合格品
15	粘疤	长度 mm	各型	不允许	底沿粘足长不大于底径的 5%，深不超过 0.5，需磨平，其他部位不允许	粘足长度不大于底径的 5%，深不超过 1.0，需磨平
16	缺泥	面积 mm^2	小、中型	不允许	显见面不允许，非显见面不大于 15.0	不大于 50.0（其中口沿不大于 5.0）
			大、特型	不允许	显见面不允许，非显见面不大于 20.0	不大于 80.0（其中口沿不大于 5.0）
17	画线缺陷	—	各型	不允许	不允许	断口不大于 4.0 限 5 处，线边不匀及残缺不太严重
18	画面缺陷	面积 mm^2	各型	不允许	不大于 2.0 限 2 处，满花限 3 处	不大于画面的 25%
19	釉薄	—	各型	显见面不允许，非显见面很不明显	显见面不允许，非显见面不明显	不严重
20	釉厚	—	各型	显见面很不明显，非显见面不明显	显见面不明显，非显见面不太明显	不严重
21	泥、釉缕	—	各型	不允许	显见面不明显，非显见面不太明显	不严重
22	滚头迹					
23	桔釉	—	各型	不允许	显见面不允许，非显见面不明显	不严重
24	胎脏	—	各型	不允许	显见面很不明显，非显见面不明显	不严重
25	釉面擦伤	—	各型	不允许	不明显	不严重
26	嘴耳把歪、接头泥色差、彩色不正	—	各型	很不明显	不太明显	不严重
27	烟熏	—	各型	不允许	不允许	不允许
28	爆花					
29	粘釉					
30	水泡边					

表 2（续）

序号	缺陷名称	测量单位	产品规格	优等品	一等品	合格品
注：表中缺陷折算规定： ① 除已明确规定者外，本表所规定的缺陷允许范围均指显见面。非显见面的缺陷均可按显见面规定的尺寸加大 50%，毛孔尺寸按规定不变，数量以 2 个折算 1 个。 ② 凡遇直径小于规定幅度 50% 的缺陷，而其数量较规定的略多时，可以 2 个折算 1 个，但所增加的绝对个数不得超过原等级规定总数的 50%（如原规定总数为单数时，可将总数加 1，变成双数再折半）。 ③ 凡未限定处数和个数者均可按尺寸相加计算。 ④ 一等品、合格品中凡是直径不大于 0.3 mm，长度不大于 0.5 mm，面积不大于 1 mm^2，颜色清淡的微小缺陷以及其他不明显缺陷，可不作缺陷计。 ⑤ 在 10 mm^2 内不得有 2 个以上的缺陷。 ⑥ 本标准未能包括的缺陷，可按相似缺陷处理。						
a 一等品口沿落渣不允许，合格品口沿落渣不大于 0.5 限 1 个，其他部位落渣应铲去尖锋。						

6 试验方法

6.1 吸水率测定按 GB/T 3299 执行。

6.2 抗热震性测定按 GB/T 3298 执行。

6.3 铅、镉溶出量测定按 GB/T 3534 执行。

6.4 白度测定按 QB/T 1503 执行。

6.5 磷酸三钙测定按 GB/T 1871.1—1995 先测定出五氧化二磷的含量，再换算出磷酸三钙的含量。换算公式如下：

$$w_c = 2.185\,3\, w_p \qquad (1)$$

式中：

w_c——磷酸三钙含量，%；

2.185 3——换算因数；

w_p——五氧化二磷含量，%。

6.6 变形测定按 GB/T 3300 执行。

6.7 产品规格误差、缺陷尺寸测定按 GB/T 3301 执行。

7 检验规则

7.1 检验分类

产品检验分交收检验和型式检验，采用每百单位不合格品数(计件法)检验。

7.2 交收检验

7.2.1 每件产品须经制造厂检验部门全数检验并经交收检验合格后方可出厂。

7.2.2 交收检验项目为 5.6、5.7 规定的内容。

7.2.3 交收检验按 GB/T 2828.1—2003 的各项规定执行。各检验项目的不合格分类、接收质量限、检验水平及抽样方案见表 3。正常检验一次抽样及判定按表 4 进行。

表 3

检查项目	不合格分类	接受质量限 AQL	检验水平 IL	抽样方案
5.7.1	A	0.25	一般检验水平Ⅱ	一次抽样(从正常检验一次抽样开始,按转移规则进行)
5.6	B	4.0	特殊检验水平 S-3	
5.7.2			一般检验水平Ⅱ	
5.7.3				
5.7.4				
5.7.5				
5.7.6				
5.7.7				

表 4

批量范围	一般检验水平Ⅱ						特殊检验水平 S-3		
	AQL 为 0.25			AQL 为 4.0			AQL 为 4.0		
	样本量	Ac	Re	样本量	Ac	Re	样本量	Ac	Re
2～8	50	0	1	3	0	1	3	0	1
9～15	50	0	1	3	0	1	3	0	1
16～25	50	0	1	3	0	1	3	0	1
26～50	50	0	1	13	1	2	3	0	1
51～90	50	0	1	13	1	2	3	0	1
91～150	50	0	1	20	2	3	3	0	1
151～280	50	0	1	32	3	4	13	1	2
281～500	50	0	1	50	5	6	13	1	2
501～1 200	50	0	1	80	7	8	13	1	2
1 201～3 200	200	1	2	125	10	11	13	1	2
3 201～10 000	200	1	2	200	14	15	20	2	3
10 001～35 000	315	2	3	315	21	22	20	2	3
35 001～150 000	500	3	4	315	21	22	32	3	4
150 001～500 000	800	5	6	315	21	22	32	3	4
≥500 001	1 250	7	8	315	21	22	50	5	6

7.2.4 受检产品可按单件、套具、等级、花面、器型等形成批,必要时还可细分。

7.2.5 样本的抽取按以下要求进行:

a) 单件产品按表 3 的规定从交货批中随机抽取样本量;

b) 成箱配套产品根据交货批产品数量对照表 3 的要求查出相应的样本量,用样本量除以每箱内的产品数,其商若是整数则以此数值为抽取的箱数;其商若含小数,则去除小数,在整数位加 1 为抽取的箱数。从交货批产品中随机抽取确定箱数的成箱配套产品,然后从抽取的箱中随机抽取该批产品的样本量(每箱中抽出的样本数应大致相等);

c) 当交货批小于或等于样本量时,则全部抽取。

7.2.6 交收检验项目中,如有一项不合格,则判该产品为不合格。该批产品经交货方返工后,方可再次提交检验。

7.3 型式检验

7.3.1 型式检验项目为本标准技术要求的全部内容，其中铅、镉溶出量，抗热震性每季度不少于一次，其他项目每半年不少于一次，遇有下列情况之一时亦应进行型式检验：

a) 产品原料改变时；

b) 生产工艺方法变更可能影响产品性能时；

c) 停产 6 个月以上再恢复生产时；

d) 生产工艺过程中发生意外事故时；

e) 有合同要求时。

7.3.2 型式检验的样本应从本周期制造的并经过批检查合格的某个批或若干个批中抽取。抽取样本的方法要保证所得到的样本能代表本周期的实际技术水平。

7.3.3 型式检验按 GB/T 2829—2002 规定进行。各检验项目的不合格分类、不合格质量水平、判别水平、不 合格判定数及抽样方案见表 5。有合同要求时，可由合同双方协商确定。

表 5

<table>
<tr><th>检验项目</th><th>不合格
分类</th><th>不合格质量水平
RQL</th><th>判别水平
DL</th><th>抽样方案</th><th>样本量</th><th>Ac</th><th>Re</th></tr>
<tr><td>5.7.1</td><td>A</td><td>6.5</td><td rowspan="2">Ⅲ</td><td rowspan="2">一次</td><td>32</td><td>0</td><td>1</td></tr>
<tr><td>5.6、5.7.2、5.7.3、
5.7.4、5.7.5、
5.7.6、5.7.7</td><td>B</td><td>20</td><td>32</td><td>3</td><td>4</td></tr>
<tr><td>5.3</td><td>A</td><td>15</td><td>Ⅰ</td><td>一次</td><td>6</td><td>0</td><td>1</td></tr>
<tr><td>5.2</td><td rowspan="4">B</td><td>25</td><td rowspan="4">1</td><td rowspan="3">二次</td><td>$n_1=5$
$n_2=5$</td><td>0
1</td><td>2
2</td></tr>
<tr><td>5.1</td><td rowspan="3">40</td><td rowspan="2">$n_1=3$
$n_2=3$</td><td rowspan="2">0
1</td><td rowspan="2">2
2</td></tr>
<tr><td>5.4</td></tr>
<tr><td>5.5</td><td>一次</td><td>2</td><td>0</td><td>1</td></tr>
</table>

7.3.4 检验的各个项目中，如有一项不合格，则判该产品型式检验不合格。

8 标志、包装、运输、贮存

8.1 产品的标志、包装、运输、贮存按 GB/T 3302 规定执行。

8.2 成套产品包装时要求配套无差错。

ICS 71.100.40
G 72

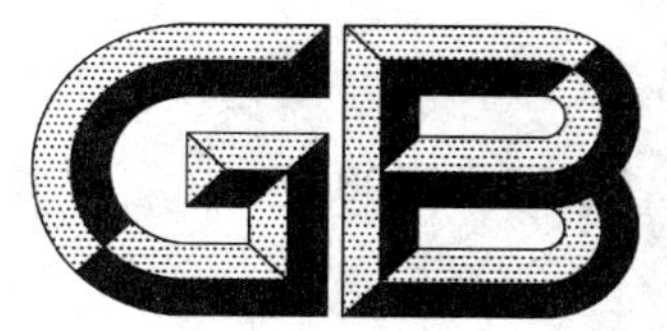

中华人民共和国国家标准

GB/T 13530—2008
代替 GB/T 13530.1～13530.3—1992

乙氧基化烷基硫酸钠试验方法

Test methods for sodium ethoxylated alkyl sulfate

（ISO 6842:1989,ISO 6843:1988,ISO 8799:1988,MOD）

2008-05-28 发布　　2008-12-01 实施

中华人民共和国国家质量监督检验检疫总局
中国国家标准化管理委员会　发布

前言

本标准的第4章、第5章、第6章分别修改采用对应的ISO标准。对应的修改采用ISO标准的内容,所存在的技术性差异用垂直线标示在它们所涉及调控的页边右侧空白处,并在附录B中列出了本标准的章与有关ISO标准的对应信息,给出了技术性差异及其原因一览表。

本标准是对GB/T 13530.1～13530.3—1992的整合修订。

本标准代替下列国家标准:

GB/T 13530.1—1992《乙氧基化烷基硫酸钠　总活性物含量的测定》;

GB/T 13530.2—1992《乙氧基化烷基硫酸钠　未硫酸化物含量的测定》;

GB/T 13530.3—1992《乙氧基化烷基硫酸钠　平均相对分子量的测定》。

本标准与原系列标准相比,主要变化如下:

——将GB/T 13530.1～13530.3—1992整合修订后,分别作为第4章、第5章、第6章的内容;

——修订了原标准中一些编辑性错误。

本标准的附录A、附录B为资料性附录。

本标准由中国轻工业联合会提出。

本标准由全国表面活性剂和洗涤用品标准化技术委员会归口。

本标准起草单位:国家洗涤用品质量监督检验中心(太原)、中国日用化学工业研究院。

本标准主要起草人:严方。

本标准所代替标准的历次版本发布情况为:

——GB/T 13530.1～13530.3—1992。

乙氧基化烷基硫酸钠试验方法

1 范围

本标准规定了乙氧基化烷基硫酸钠中总活性物含量、未硫酸化物含量、平均相对分子质量的测定方法。

本标准适用于乙氧基化烷基硫酸钠的测定。

本标准的总活性物测定方法也适用于乙氧基化烷基酚硫酸钠总活性物的测定，总活性物包括可溶于乙醇的有机物：乙氧基化烷基硫酸钠（或乙氧基化烷基酚硫酸钠）、聚乙二醇硫酸盐和非离子组分；平均相对分子质量测定方法适用于每个分子中氧乙烯基团数不多于 20 个的乙氧基化烷基硫酸钠产品。

2 规范性引用文件

下列文件中的条款通过本标准的引用而成为本标准的条款。凡是注日期的引用文件，其随后所有的修改单（不包括勘误的内容）或修订版均不适用于本标准，然而，鼓励根据本标准达成协议的各方研究是否可使用这些文件的最新版本。凡是不注日期的引用文件，其最新版本适用于本标准。

GB/T 5173　表面活性剂和洗涤剂　阴离子活性物的测定　直接两相滴定法（GB/T 5173—1995，eqv ISO 2271：1989）

GB/T 13173.1—1991　洗涤剂样品分样法（eqv ISO 607：1980）

QB/T 2739—2005　洗涤用品常用试验方法　滴定分析（容量分析）用试验溶液的制备

3 术语和定义

下列术语和定义适用于本标准。

3.1

总活性物　total active matter

扣除氯化物后的所有乙醇溶解物。

3.2

未硫酸化物　unsulfated matter

乙氧基化烷基硫酸钠中没有硫酸化的非离子（聚乙氧基化脂肪醇、脂肪醇、烷烃）。

3.3

平均相对分子质量　mean relative molecular mass

此处系用化学法测定出乙氧基化烷基硫酸钠的质量，然后用两相滴定法测出乙氧基化烷基硫酸钠的摩尔数，每单位摩尔乙氧基化烷基硫酸钠的质量即为乙氧基化烷基硫酸钠的平均相对分子质量。

4 总活性物含量的测定

4.1 原理

试验份与乙醇在硫酸钠存在下回流沸腾，过滤，蒸发滤液，称量残余物，溶解残余物于丙酮水溶液中，用硝酸银标准滴定溶液滴定，测定其中的氯化物，用氯化物含量校正残余物的质量。

4.2 试剂

除非另有说明，在分析中仅使用确认为分析纯的试剂和蒸馏水或去离子水或纯度相当的水。

注：适用于本标准所有试验。

4.2.1 无水乙醇(GB/T 678)。

4.2.2 二氯甲烷。

4.2.3 无水硫酸钠(GB/T 9853)。

4.2.4 丙酮(GB 686):(1+1)溶液。

4.2.5 硝酸银(GB/T 670):$c(AgNO_3)=0.1$ mol/L 标准滴定溶液,按 QB/T 2739—2005 中 4.5 配制并标定。

4.2.6 铬酸钾(HG/T 3440):50 g/L 指示液。

4.3 仪器

普通实验室仪器和

4.3.1 锥形瓶:容量 250 mL,配有磨口玻璃颈。

4.3.2 旋转蒸发器:配有 250 mL 圆底烧瓶。

4.3.3 冷凝器:与锥形瓶(4.3.1)相配。

4.4 取样

实验室试样应按 GB/T 13173.1—1991 的要求制备和贮存。

4.5 程序

4.5.1 试验份

称取试样(必要时加入已知的适量水使其匀化)约含 0.5 g~1.5 g 总活性物的均匀物(精确至 0.001 g)至锥形瓶(4.3.1)中。

4.5.2 测定

加无水乙醇(4.2.1) 100 mL 和无水硫酸钠(4.2.3) 100 mg 至盛有试验份(4.5.1)的锥形瓶中,装上冷凝器(4.3.3),在沸腾状态下回流 30 min。

拆开冷凝器,用无水乙醇冲洗冷凝器内壁和锥形瓶颈部,收集洗涤液于锥形瓶中,并使其澄清。

将锥形瓶内容物趁热通过快速滤纸,滤入预先干燥并称准至 1 mg 的圆底烧瓶(4.3.2)中,用约 50 mL热无水乙醇冲洗锥形瓶,洗涤液收集至圆底烧瓶中。

用旋转蒸发器(4.3.2)在约 40℃时蒸发乙醇溶液。加 10 mL 二氯甲烷(4.2.2)并蒸发完后,再加 10 mL 二氯甲烷重复此步骤。让烧瓶在旋转蒸发器上继续蒸发 15 min,蒸发除去最后的痕量水。

从旋转蒸发器上取下烧瓶,于干燥器中放置 15 min,称量烧瓶和内容物。

再将烧瓶装在旋转蒸发器上蒸发 15 min,移入干燥器中放置 15 min,再称量烧瓶和内容物。重复干燥和称量步骤直至两次相继称量之差不超过 3 mg。

以 60 mL~80 mL 丙酮溶液(4.2.4) 溶解残余物,加入 0.5 mL~1 mL 铬酸钾指示液(4.2.6),用硝酸银标准滴定溶液(4.2.5)滴定至溶液呈现稳定的橙红色为终点。

4.5.3 空白试验

在测定试样的同时,用同样试剂,按照相同程序进行空白试验。

4.6 结果计算

总活性物含量(A)以质量分数(%)表示,按式(1)计算:

$$A=\frac{m_1-0.058\,5\times c\times(V_1-V_0)}{m_0}\times100\% \qquad \cdots\cdots\cdots\cdots(1)$$

式中:

c——硝酸银标准滴定溶液(4.2.5)的浓度,单位为摩尔每升(mol/L);

V_1——测定氯化钠(4.5.2)耗用的硝酸银标准滴定溶液(4.2.5)的体积,单位为毫升(mL);

V_0——空白试验(4.5.3)耗用的硝酸银标准滴定溶液(4.2.5)的体积,单位为毫升(mL);

m_1——得到的残余物的质量,单位为克(g);

m_0——试验份(4.5.1)的质量,单位为克(g);

0.058 5——氯化钠的毫摩尔质量,单位为克每毫摩尔(g/mmol)。

注:对稀释的不均匀试样需校正。

以两次平行测定结果的算术平均值表示至小数点后一位作为测定结果。

4.7 精密度

在重复性条件下获得的两次独立测定结果的绝对差值不大于0.5%,以大于0.5%的情况不超过5%为前提。

5 未硫酸化物含量的测定

5.1 原理

将试验份的乙醇溶液通过阳、阴离子交换树脂的交换柱,分离出未硫酸化的非离子部分,蒸发流出液,称量残余物,得到未硫酸化物含量。

5.2 试剂

5.2.1 无水乙醇(GB/T 678)。

5.2.2 盐酸(GB/T 622):(180→1 000)稀释溶液(按体积)。

5.2.3 氢氧化钠(GB/T 629):80 g/L溶液。

5.2.4 氯化钠(GB/T 1266):饱和溶液。

5.2.5 强酸性阳离子交换树脂(GB/T 13659):苯乙烯磺酸型,001×7,粒度150 μm~300 μm。

5.2.6 强碱性阴离子交换树脂(GB/T 13660):苯乙烯季铵盐型,201×7(或201×4),粒度150 μm~330 μm。

5.3 仪器

普通试验室仪器和

5.3.1 离子交换柱:内径12 mm,长500 mm,下端有玻璃砂芯板和玻璃旋塞。

5.3.2 树脂处理柱:内径45 mm,长500 mm,下端有收缩成内径8 mm的排水管,管端装有带止水夹的乳胶管。

5.3.3 恒温水浴。

5.3.4 旋转蒸发器及底瓶同4.3.2。

5.4 程序

5.4.1 试验份

称取约含10 g阴离子活性物的试样(精确至0.001 g)于100 mL烧杯中。加无水乙醇(5.2.1)50 mL,加热至微沸,完全溶解后,通过干燥的快速滤纸滤入250 mL容量瓶中,再用无水乙醇洗净烧杯和滤纸,洗涤液并入容量瓶中,最后用无水乙醇定容,摇匀,备用。

5.4.2 离子交换树脂的处理

5.4.2.1 阳离子交换树脂的处理

取0.5 kg阳离子交换树脂(5.2.5),加二倍体积的氯化钠饱和溶液(5.2.4)浸泡24 h,倾掉氯化钠溶液,以倾泻法用水洗涤三次。用1 L盐酸溶液(5.2.2)浸泡2 h后转入树脂处理柱(5.3.2)中,再用1.5 L盐酸溶液以6 mL/min的流速通过柱后,用水洗至流出液不含氯离子。再用2.5 L氢氧化钠溶液(5.2.3)以6 mL/min的流速通过柱后,用水洗至流出液呈中性。接着用1.5 L盐酸溶液以6 mL/min的流速通过柱,最后用水洗至流出液不含氯离子。处理过的树脂贮存于试剂瓶中,用水浸泡备用。临用前2 h,取所需量的树脂用二倍体积的无水乙醇(5.2.1)浸泡。

5.4.2.2 阴离子交换树脂的处理

取0.5 kg阴离子交换树脂(5.2.6),加二倍体积的氯化钠饱和溶液(5.2.4)浸泡24 h,倾掉氯化钠溶液,以倾泻法用水洗涤三次。用1 L盐酸溶液(5.2.2)浸泡2 h后转入到树脂处理柱(5.3.2)中,再用1.5 L盐酸溶液以6 mL/min的流速通过柱后,用水洗至流出液不含氯离子。接着用2.5 L氢氧化钠溶液(5.2.3)以 6 mL/min 的流速通过柱后，最后用水洗至流出液呈中性。处理过的树脂贮存于试剂瓶中，用水浸泡备用。临用前 2 h，取所需量的树脂加二倍体积的无水乙醇(5.2.1)浸泡。

5.4.3 离子交换柱的填充与安装

将按 5.4.2 制备的离子交换树脂分别填充进两个交换柱(5.3.1)中，装入树脂层高度为 300 mm，设法除去树脂间的空气泡。阳离子柱在上，阴离子柱在下，阳离子柱上方安装一个 250 mL 分液漏斗，保证三者的连通和连接处的密封。阴离子柱下置一干燥洁净的 250 mL 高型烧杯。从顶端分液漏斗加入 50 mL 无水乙醇(5.2.1)洗涤树脂，打开最下端旋塞，当乙醇流至液面稍高于树脂床顶面 1 cm 时，立即关上旋塞。弃去流出的乙醇溶液。

5.4.4 未硫酸化物的分离

用移液管移取 50.0 mL 试验份溶液(5.4.1)加入交换柱顶端的分液漏斗中，打开旋塞，使溶液以 2 mL/min 流速通过交换柱，流入柱底的烧杯中。当分液漏斗中的溶液流完后，将 150 mL 乙醇(5.2.1)分三次加入，洗涤分液漏斗，洗涤液进入交换柱。最后再用 150 mL 乙醇洗涤树脂。整个洗涤和交换过程中应保持柱内液面不低于树脂床顶面，洗涤时溶液流速控制在 3 mL/min～4 mL/min。逐份转移烧杯内的流出液至干燥、洁净并经恒重(精确至 0.000 2 g)的 250 mL 圆底烧瓶中，在温度为 53℃～55℃的水浴上，并用水流泵保持一定真空，用旋转蒸发器蒸发至瓶内无流动液体，继续蒸发 10 min，取下，用干燥洁净的白布将烧瓶外壁擦净，于(105±2)℃恒温干燥箱内干燥 5 min，移入干燥器内冷却 20 min，称量。再置旋转蒸发器上蒸发 15 min，取下，擦净，置恒温干燥箱内干燥 5 min，移入干燥器内冷却 20 min，称量，直至连续两次称量之差小于 1 mg。

5.4.5 分离结果的检验

离子交换树脂交换阴离子是否完全，可按 GB/T 5173 检验分离出的未硫酸化物，如阴离子活性物含量超过 0.005 mmol，则应再生树脂后取试样溶液重新测定。

5.5 结果计算

试样中未硫酸化物(x)以质量分数(%)表示，按式(2)计算：

$$x = \frac{5 \times m}{m_0 \times \mathrm{AES}} \times 100\% \qquad \cdots\cdots(2)$$

式中：

m——由 5.4.4 中得到的残余物质量，单位为克(g)；

m_0——通过串连离子交换柱的试验份的质量，单位为克(g)；

AES——按 GB/T 5173 取试样测得的乙氧基化烷基硫酸钠含量，%。

以两次平行测定结果的算术平均值表示至小数点后二位作为测定结果。

5.6 精密度

5.6.1 重复性

在重复性条件下获得的两次独立测定结果之差应不超过平均值的 10%，以大于 10%的情况不超过 5%为前提。

5.6.2 再现性

对同一样品，在两个不同试验室中测定，所得结果之差应不超过平均值的 12%。

注：每测定两次后离子交换树脂的交换能力减弱，需进行更换或参照 5.4.2 方法进行再生处理后使用。

6 平均相对分子质量的测定

6.1 原理

试验份用饱和氯化钠水溶液和乙酸乙酯-正丁醇混合液萃取分离。水相中含聚乙二醇、聚乙二醇硫酸钠及硫酸盐；有机相含乙氧基化烷基硫酸钠及未硫酸化物(乙氧基化醇、脂肪醇、烷烃)。

蒸发有机相，残余物溶于无水甲醇并过滤。将此滤液的一半通过离子交换柱，测定未硫酸化物；另一半蒸发溶剂后称量残余物。将残余物重新溶于水，测定氯化钠及阴离子活性物含量。残余物的质量减去未硫酸化物和氯化钠的质量，即为乙氧基化烷基硫酸钠的质量。再根据两相滴定测出的乙氧基化烷基硫酸钠的摩尔数，计算其平均相对分子质量。

6.2 试剂

6.2.1 甲醇(GB/T 683)。

6.2.2 95%乙醇(GB/T 679)。

6.2.3 乙酸乙酯(GB/T 12589)-正丁醇(GB/T 12590)：(9+1)混合液(按体积)。

6.2.4 氯化钠(GB/T 1266)，59 g/L溶液。

6.2.5 盐酸(GB/T 622)溶液，同5.2.2。

6.2.6 氢氧化钠(GB/T 629)溶液，同5.2.3。

6.2.7 硝酸银(GB/T 670)：$c(AgNO_3)=0.1$ mol/L标准滴定溶液，同4.2.5。

6.2.8 铬酸钾(HG/T 3440)指示液，同4.2.6。

6.2.9 离子交换树脂同5.2.5、5.2.6。

6.3 仪器

普通实验室仪器和

6.3.1 分液漏斗：250 mL。

6.3.2 夹套分液漏斗：250 mL，配超级恒温水浴。

6.3.3 旋转蒸发器及底瓶，同4.3.2。

6.3.4 离子交换柱(2支)，同5.3.1。

6.4 程序

6.4.1 试验份：称取5 g(称准至0.01 g)试样(相当于含8 mmol阴离子活性物)至150 mL烧杯中。

6.4.2 离子交换树脂的处理、离子交换柱的填充与安装按5.4.2、5.4.3的规定进行。

6.4.3 萃取分离：用氯化钠溶液(6.2.4)50 mL和乙酸乙酯-正丁醇混合液(6.2.3)50 mL溶解试验份(6.4.1)转移该溶液至分液漏斗(6.3.1)中。用氯化钠溶液5 mL和乙酸乙酯-正丁醇混合液5m L冲洗烧杯两次，冲洗液并入到分液漏斗中。塞好漏斗塞，剧烈摇动分液漏斗。使之分层。

将水相放至夹套分液漏斗(6.3.2)中，调温至60℃。加5 g固体氯化钠并摇动至其完全溶解，再加乙酸乙酯-正丁醇混合液50 mL并摇动。

分层后弃去水相。将两次的有机物合并于旋转蒸发器的圆底烧瓶中。用旋转蒸发器在水流泵的减压下蒸发溶剂。水浴温度起始于25℃，以后逐渐升温，最后升至50℃，蒸发至干。

取下圆底烧瓶，向瓶中加甲醇(6.2.1)10 mL使残余物溶解。重复上述蒸发步骤。

6.4.4 脱盐处理：用甲醇溶解残余物，溶液通过中速滤纸收集滤液于100 mL容量瓶中，充分洗涤烧瓶和滤纸。最后用甲醇定容至刻度。摇匀。

6.4.5 用移液管移取50.0 mL溶液(6.4.4)至已恒重的圆底烧瓶中。用旋转蒸发器在水流泵的减压下蒸发溶剂。水浴温度起始于25℃，以后逐渐升温，最后升至50℃，保持45 min。

注：在蒸发溶剂相同的条件下恒重圆底烧瓶。

取下圆底烧瓶，此时瓶中应无正丁醇气味。用洁净纱布擦干烧瓶外壁，放入干燥器中冷却15 min。称量烧瓶及残余物。

将烧瓶再次装到旋转蒸发器上，于50℃水浴中蒸发30 min。取下烧瓶，擦干外壁，放入干燥器中冷却15 min，第二次称量烧瓶及残余物。重复蒸发、干燥和称量步骤，直至两次相继称量之差不超过2 mg(m_1)。

6.4.6 用水溶解残余物(6.4.5)，转移溶液至1 000 mL容量瓶中，充分洗涤圆底烧瓶，以水定容至刻度，摇匀。

用移液管移取25.0 mL溶液(6.4.6)，按GB/T 5173规定，用两相滴定法测定阴离子活性物含量。

用移液管移取 50.0 mL 溶液(6.4.6)至 150 mL 锥形瓶中,加 0.5 mL～1.0 mL 铬酸钾指示液,用硝酸银标准滴定溶液(6.2.7)滴定至溶液呈稳定的橙红色即为终点。计算残余物(m_1)中所含氯化钠的质量(m_2)。

6.4.7 将剩余的 50 mL 溶液(6.4.4)通过串连好的离子交换柱(6.4.2)。调节流速至 2 mL/min～3 mL/min,用 300 mL 乙醇(6.2.2)洗涤离子交换柱。转移流出溶液至已恒重的圆底烧瓶中,用旋转蒸发器在水流泵的减压下蒸发溶剂。水浴温度起始于 25℃,以后逐渐升温,当瓶中液体蒸干后,将水浴温度升至 50℃,保持 15 min。取下圆底烧瓶,用洁净纱布擦干烧瓶外壁,放入干燥器中冷却 15 min。称量烧瓶及残余物。重复上述步骤,直至两次相继称量之差不超过 2 mg(m_3)。

6.5 结果计算

6.5.1 氯化钠质量(m_2)按式(3)计算:

$$m_2 = \frac{c_1 \times V_1 \times 58.44}{50} \qquad \cdots\cdots(3)$$

式中:

c_1——硝酸银标准滴定溶液的浓度,单位为摩尔每升(mol/L);

V_1——消耗硝酸银标准滴定溶液的体积,单位为毫升(mL);

58.44——氯化钠的摩尔质量,单位为克每摩尔(g/mol)。

6.5.2 平均相对分子质量(M_r)按式(4)计算:

$$M_r = \frac{(m_1 - m_2 - m_3) \times 25}{c_2 \times V_2} \qquad \cdots\cdots(4)$$

式中:

m_1——残余物质量,单位为克(g);

m_2——氯化钠质量,单位为克(g);

m_3——未硫酸化物质量,单位为克(g);

c_2——两相滴定所用海明 1 622 标准滴定溶液的浓度,单位为摩尔每升(mol/L);

V_2——两相滴定所消耗海明 1 622 标准滴定溶液的体积,单位为毫升(mL)。

以两次平行测定结果的算术平均值表示至小数点后个位作为测定结果。

6.6 精密度

在重复性条件下获得两次独立测定结果与其平均值的绝对差值应不超过 2,以大于 2 的情况不超过 5%为前提。

7 试验报告

试验报告应包括下列内容:

a) 完全鉴别样品所需的全部资料;

b) 所用的测定方法(本国家标准编号的引用);

c) 结果和所用的表示方法;

d) 试验条件;

e) 本标准未规定的或自选的任何细节,以及影响结果的任何情况。

附 录 A
（资料性附录）
平均相对分子质量的分析总图

平均相对分子质量的分析总图，见图 A.1。

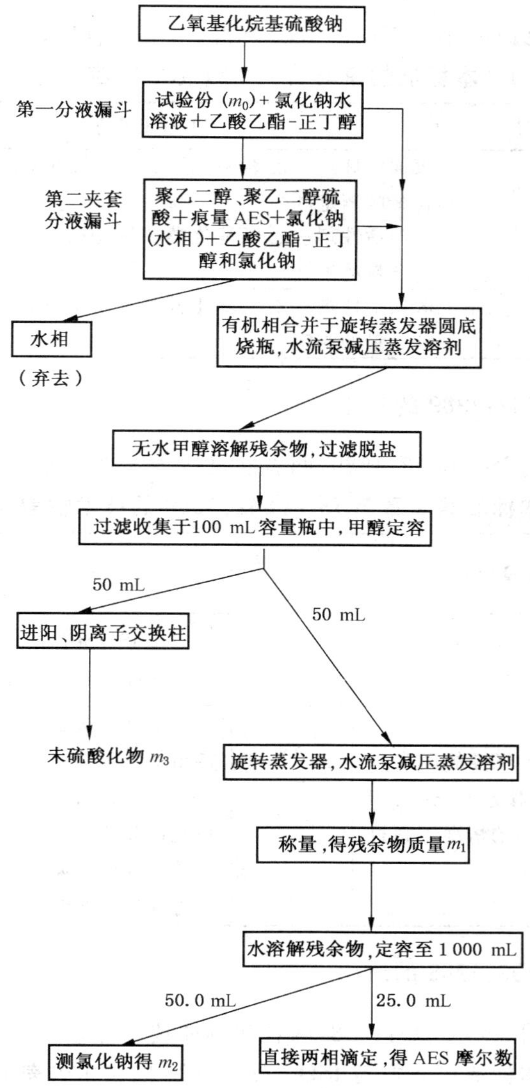

图 A.1 平均相对分子质量的分析总图

附 录 B
(资料性附录)
本标准章条与有关 ISO 标准的对应信息

B.1 本标准的章与有关的 ISO 标准对应信息

本标准中的 3 章分别为修改采用了不同的 ISO 标准,对应信息见表 B.1。

表 B.1 本标准的章与有关 ISO 标准对应信息一览表

本标准章号	ISO 标准编号	ISO 标准名称	采用程度
4	ISO 6842:1989	表面活性剂 乙氧基化醇和烷基酚的硫酸盐 总活性物含量的测定	修改采用
5	ISO 8799:1988	表面活性剂 乙氧基化醇和烷基酚的硫酸盐 未硫酸化物含量的测定	修改采用
6	ISO 6843:1988	表面活性剂 乙氧基化醇和烷基酚的硫酸盐 平均相对分子量的测定	修改采用

B.2 本标准第 4 章与 ISO 6842:1989 的对比

本标准第 4 章为修改采用 ISO 6842:1989,两者间具体技术性差异及其原因见表 B.2。

表 B.2 本标准第 4 章与 ISO 6842:1989 的技术性差异及其原因

本标准章条编号	本标准第 4 章内容	ISO 章条编号	ISO 6842:1989 内容	原因
4.4	实验室试样应按 GB/T 13173.1—1991 的要求制备和贮存	6	应按 ISO 607 的标准制备和贮存表面活性剂实验室样品	它们具有等效性
4.7	在重复性条件下获得的两次独立测定结果的绝对差值不大于 0.5%,以大于 0.5% 的情况不超过 5% 为前提	8.2	在十五个实验室进行比较分析,得出如下统计结果: 平均值[总活性物,(质量分数)]:58.67 重复性标准偏差,σ_r:0.38 再现性标准偏差,σ_R:0.94	按国内标准习惯

B.3 本标准第 5 章与 ISO 8799:1988 的对比

本标准第 5 章为修改采用 ISO 8799:1988,两者间具体技术性差异及其原因见表 B.3。

表 B.3 本标准第 5 章与 ISO 8799:1988 的技术性差异及其原因

本标准章条编号	本标准第 5 章内容	ISO 章条编号	ISO 8799:1988 内容	原因
5.2.1 5.2.4	无水乙醇(GB/T 678) 氯化钠(GB/T 1266):饱和溶液	4.1 —	甲醇 无	视操作需要
5.2.5 5.2.6	强酸性阳离子交换树脂(GB/T 13659):苯乙烯磺酸型,001×7,粒度 150 μm~300 μm 强碱性阴离子交换树脂(GB/T 13660):苯乙烯季铵盐型,201×7 或 201×4,粒度 150 μm~330 μm	4.4 4.5	阳离子交换树脂,聚苯乙烯磺酸型,2%~3% 交联度,150 μm~300 μm,氢型。 阴离子交换树脂,聚苯乙烯季铵盐型,2%~3% 交联度,201×4,150 μm~330 μm。氯型	效果相同

表 B.3（续）

本标准章条编号	本标准第5章内容	ISO章条编号	ISO 8799:1988内容	原因
5.3.1	离子交换柱：内径12 mm，长500 mm，下端有玻璃砂芯板和玻璃旋塞	5.2	离子交换柱：内径25 mm，长200 mm，底部收缩并配有玻璃旋塞。离子交换树脂由底部一层10 mm～20 mm厚的玻璃纤维或烧结玻璃滤片支撑	修改后到达的柱分离效果相同
5.3.2	树脂处理柱：内径45 mm，长500 mm，下端有收缩成内径8 mm的排水管，管端装有带止水夹的乳胶管		无	规范化
—	无	6	按ISO 607规定制备和贮存表面活性剂的实验室样品	
5.4.2.1	取0.5 kg阳离子交换树脂，加二倍体积的氯化钠饱和溶液浸泡24 h，倾掉氯化钠溶液，以倾泻法用水洗涤三次。用1 L盐酸溶液浸泡2 h后转入树脂处理柱中，再用1.5 L盐酸溶液以6 mL/min的流速通过柱后，用水洗至流出液不含氯离子。再用2.5 L氢氧化钠溶液以6 mL/min的流速通过柱后，用水洗至流出液呈中性。接着用1.5 L盐酸溶液以6 mL/min的流速通过柱，最后用水洗至流出液不含氯离子。处理过的树脂贮存于试剂瓶中，用水浸泡备用。临用前2 h，取所需量的树脂用二倍体积的无水乙醇浸泡	7.2.2和7.3	取1 kg阳离子交换树脂，使在水中膨胀48 h，转移至一适当柱中，将5 L盐酸溶液通过柱，用水洗至洗液呈中性。处理过的树脂可贮于水中。取所需量(25 mL)阳离子交换树脂置于一适当柱中，用2倍体积的甲醇洗涤	可操作性更强
5.4.2.2	阴离子交换树脂的制备 取0.5 kg阴离子交换树脂，加二倍体积的氯化钠饱和溶液浸泡24 h，倾掉氯化钠溶液，以倾泻法用水洗涤三次。用1 L盐酸溶液浸泡2 h后转入到树脂处理柱中，再用1.5 L盐酸溶液以6 mL/min的流速通过柱后，用水洗至流出液不含氯离子。接着用2.5 L氢氧化钠溶液以6 mL/min的流速通过柱后，最后用水洗至流出液呈中性。处理过的树脂贮存于试剂瓶中，用水浸泡备用。临用前2 h，取所需量的树脂加二倍体积的无水乙醇浸泡	7.2.1和7.3	取1 kg阴离子交换树脂，使在水中膨胀48 h，转移至一适当柱中，将5 L氢氧化钠溶液通过柱，再通过2 L～3 L水。然后，通过4 L盐酸溶液，最后用2 L～3 L水洗涤。处理过的树脂可贮于水中。取所需量的阴离子交换树脂，即每次测定取25 mL转移到一适当的柱中。将5倍体积的氢氧化钠溶液通过柱，用水洗至中性，再用1倍～2倍体积的甲醇洗涤	可操作性更强

表 B.3（续）

本标准章条编号	本标准第 5 章内容	ISO 章条编号	ISO 8799:1988 内容	原因
5.4.3	将按 5.4.2 制备的离子交换树脂分别填充进两个交换柱中，装入树脂层高度为 300 mm，设法除去树脂间的空气泡。阳离子柱在上，阴离子柱在下，阳离子柱上方安装一个 250 mL 分液漏斗，保证三者的连通和连接处的密封。阴离子柱下置一干燥洁净的 250 mL 高型烧杯。从顶端分液漏斗加入50 mL无水乙醇洗涤树脂，打开最下端旋塞，当乙醇流出至液面稍高于树脂床顶面，立即关上旋塞。弃去流出的乙醇溶液	7.4	将按 7.3 制备的 25 mL 阳离子交换树脂和 25 mL 阴离子交换树脂于一烧杯内混合。以水量逐次将混合树脂填充进柱（5.2），用玻璃棒轻压至混合树脂体积在 50 mL～60 mL，再用 500 mL 甲醇洗涤	树脂可以再生使用
5.4.4	相当于 2 g 样品过柱，流速 2 mL/min；300 mL 乙醇洗涤，流速 3 mL/min～4 mL/min；蒸发温度 53℃～55℃；蒸发掉乙醇的圆底烧瓶继续蒸发 10 min，然后在（105±2）℃的干燥箱中干燥 5 min；恒重至相继两次称量之差小于 1 mg	7.5	相当于 5 mmol 阴离子活性物的样品过柱；样品过柱的速度和甲醇洗涤的流速均为 3 mL/min；用 450 mL 甲醇洗涤；蒸发温度为 25℃～40℃；蒸发掉甲醇的圆底烧瓶继续蒸发 15 min，然后置真空干燥器中 15 min；恒重至相继两次称量之差小于±3 mg	实际操作中恒重相对比较关键，结合实验室条件使恒重更加快速和完全
5.4.5	阴离子活性物含量按 GB/T 5173 进行检验	7.6	阴离子活性物含量按 ISO 2271 进行检验	等效采用
5.6.1 5.6.2	在重复性条件下获得的两次独立测定结果的绝对差值不大于 10%，以大于 10% 的情况不超过 5% 为前提。 对同一样品，在两个不同试验室中测定，所得结果之差应不超过平均值的 12%	8.2	在十五个实验室对未硫酸化物含量平均值分别为 0.6%（质量分数）和 2.3%（质量分数）的两个样品进行对比分析，得出如下统计结果： 重复性标准偏差，σ_r：0.18 再现性标准偏差，σ_R：0.39	按国内标准习惯

B.4 本标准第 6 章与 ISO 6843:1988 的对比

本标准第 6 章为修改采用 ISO 6843:1988，两者间具体技术性差异及其原因见表 B.4。

表 B.4 本标准第 6 章与 ISO 6843:1988 的技术性差异及其原因

本标准章条编号	本标准第 6 章内容	ISO 章条编号	ISO 6843:1988 内容	原因
6.2	6.2.1 甲醇。 6.2.2 95%乙醇。 6.2.8 铬酸钾指示液	4	4.1 甲醇	实际使用试剂
6.3.4	离子交换柱：内径 12 mm，长 500 mm	5.7	离子交换柱：内径 25 mm，长 200 mm	结合国内的仪器选择离子交换柱分离更好

表 B.4（续）

本标准章条编号	本标准第6章内容	ISO 章条编号	ISO 6843:1988 内容	原因
6.4.1	称取5 g(称准至0.01 g)试样(相当于含8 mmol阴离子活性物)至150 mL烧杯中	7.1	称取相当于25 mmol阴离子活性物含量(称准至0.1 g)样品于100 mL烧杯中	按实际柱分离情况而定
6.4.3	5 mL氯化钠和乙酸乙酯-正丁醇混合液分2次洗涤;分层后弃去水相;蒸发温度起始25℃,最后升至50℃;10 mL甲醇溶解蒸发残余物	7.5.1	几毫升氯化钠和乙酸乙酯-正丁醇混合液洗涤;50℃下蒸发;30 mL甲醇溶解蒸发残余物并沸腾回流3 min	按具体实验设计而定
6.4.7	过柱速度为2 mL/min～3 mL/min;300 mL甲醇洗涤;从25℃起始最后在50℃下蒸发甲醇溶液;干燥器内冷却15 min;恒重至两次相继称量之差不超过2 mg	7.5.2	过柱速度为5 mL/min;100 mL甲醇洗涤;50℃下蒸发甲醇溶液;残余物于105℃下干燥至恒重	按具体实验设计而定
6.4.5和6.4.6	50 mL滤液于起始25℃,终温50℃的旋转蒸发器上蒸发后的残余物溶解于1 000 mL容量瓶中,取25 mL按GB/T 5173测定阴离子含量;取50 mL用铬酸钾作指示剂测定氯化钠含量	7.5.3	50 mL滤液在氮气流蒸发,并在105℃干燥的残余物溶解于50 mL水中,取10 mL按ISO 2271测定阴离子含量	按具体实验设计而定
6.6	乙氧基化烷基硫酸钠平均相对分子质量两次测定结果与其平均值之差应不超过2(绝对值),大于2的情况以不超过5%为前提	8.2	没有给出具体的要求	按国内标准习惯

ICS 71.100.70
Y 42

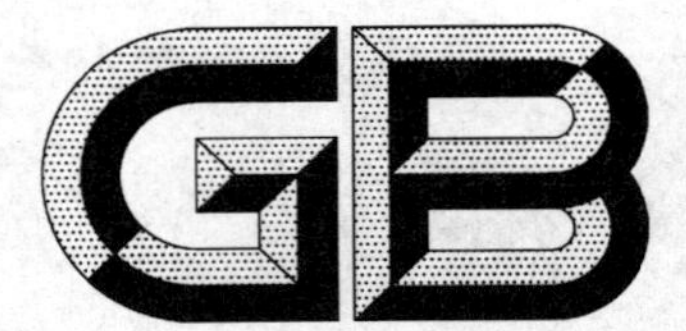

中华人民共和国国家标准

GB/T 13531.1—2008
代替 GB/T 13531.1—2000

化妆品通用检验方法　pH 值的测定

General methods on determination of cosmetics—Determination of pH

2008-12-28 发布　　　2009-06-01 实施

中华人民共和国国家质量监督检验检疫总局
中国国家标准化管理委员会　发布

前　言

GB/T 13531《化妆品通用检验方法》分为三个部分：

——GB/T 13531.1《化妆品通用检验方法　pH值的测定》；

——GB/T 13531.3《化妆品通用检验方法　浊度的测定》；

——GB/T 13531.4《化妆品通用检验方法　相对密度的测定》。

本部分为GB/T 13531的第1部分。

本部分代替GB/T 13531.1—2000《化妆品通用检验方法　pH值的测定》。

本部分与GB/T 13531.1—2000相比主要变化如下：

——6.1.1稀释倍数做了修改。

本部分由中国轻工业联合会提出。

本部分由全国香料香精化妆品标准化技术委员会归口。

本部分起草单位：联合利华(中国)有限公司、上海市日用化学工业研究所。

本部分主要起草人：毛捷、沈敏。

本部分所代替标准的历次版本发布情况为：

——GB/T 13531.1—1992，GB/T 13531.1—2000。

化妆品通用检验方法 pH 值的测定

1 范围

GB/T 13531 的本部分规定了化妆品 pH 值的测定方法。

本部分适用于化妆品 pH 值的测定。

2 规范性引用文件

下列文件中的条款通过 GB/T 13531 的本部分的引用而成为本部分的条款。凡是注日期的引用文件，其随后所有的修改单(不包括勘误的内容)或修订版均不适用于本部分，然而，鼓励根据本部分达成协议的各方研究是否可使用这些文件的最新版本。凡是不注日期的引用文件，其最新版本适用于本部分。

GB/T 6682 分析实验室用水规格和试验方法(GB/T 6682—2008，ISO 3696:1987，MOD)

3 原理

测量进入化妆品中的玻璃电极和参考电极之间的电位差。

4 试剂

4.1 实验室用水采用 GB/T 6682 中的三级水，其中电导率小于等于 5 μS/cm，用前煮沸冷却。

4.2 从常用的标准缓冲溶液中选取两种以校准 pH 计，它们的 pH 值应尽可能接近试样预期的 pH 值，缓冲溶液用水(4.1)配制。

5 仪器

5.1 pH 计：包括温度补偿系统，精度至少为 0.02。

5.2 玻璃电极、甘汞电极或复合电极。

6 分析步骤

6.1 试样的制备

6.1.1 稀释法

称取试样一份(精确至 0.1 g)，加入经煮沸冷却后的实验室用水(4.1)九份，加热至 40 ℃，并不断搅拌至均匀，冷却至规定温度，待用。

如为含油量较高的产品，可加热至 70 ℃～80 ℃，冷却后去油块待用；粉状产品可沉淀过滤后待用。

6.1.2 直测法(粉类、油膏类化妆品及油包水型乳化体除外)

将适量包装容器中的试样放入烧杯中或将小包装试样去盖后，调节至规定温度，待用。

6.2 校正

按仪器使用说明校正 pH 计。选择两个标准缓冲溶液(4.2)，在所规定温度下校正，或在温度补偿系统下进行校正。

6.3 测定

电极、洗涤用水和标准缓冲溶液的温度需调至规定温度，彼此间温度越接近越好，或同时调节至室温校正。

仪器校正后，首先用水(4.1)冲洗电极，然后用滤纸吸干。将电极小心插入试样中，使电极浸没，待

pH 计读数稳定，记录读数。读毕，需彻底清洗电极，待用。

7 分析结果的表述

pH 值的测定结果以两次测量的平均值表示，精确到 0.1。

8 精确度

平行试验误差应≤0.1。

ICS 29.120.50
K 30

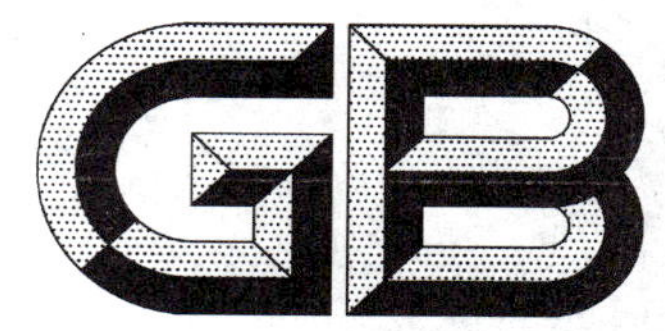

中华人民共和国国家标准

GB 13539.1—2008/IEC 60269-1:2006
代替 GB 13539.1—2002

低压熔断器 第1部分:基本要求

Low-voltage fuses—
Part 1:General requirements

(IEC 60269-1:2006,IDT)

2008-06-19 发布　　　　2009-06-01 实施

中华人民共和国国家质量监督检验检疫总局
中国国家标准化管理委员会　发布

前　言

本部分中5.7.2额定分断能力、7.2绝缘性能和隔离适用性、7.5分断能力、7.9防电击保护、8.2绝缘性能和隔离适用性验证、8.5分断能力验证为强制性条款,其余为推荐性。

GB 13539《低压熔断器》预计分为5个部分:

——第1部分:基本要求;

——第2部分:专职人员使用的熔断器的补充要求(主要用于工业的熔断器)标准化熔断器系统示例A至I;

——第3部分:非熟练人员使用的熔断器的补充要求(主要用于家用和类似用途的熔断器)标准化熔断器系统示例A至F;

——第4部分:半导体设备保护用熔断体的补充要求;

——第5部分:低压熔断器应用指南。

本部分为GB 13539的第1部分;GB 13539的第2部分至第4部分在本部分称为下续部分标准。

本部分等同采用IEC 60269-1:2006《低压熔断器　第1部分:基本要求》。

为便于使用,本部分做了下列编辑性修改:

——删除国际标准的前言和引言;

——删除表及图下的编辑性注释;

——7.12.1中原文有"8.2.4.2和8.11.2.3的试验合格则认为耐锈性符合要求"。其中"8.2.4.2"疑有误,应为"8.2.2.3.2";

——7.12.2中原文有"有关试验在8.2.4.2和8.11.2.1中规定"。其中"8.2.4.2"疑有误,应为"8.2.2.3.2";

——8.1.5.2表12中"8.11.1机械强度[d)]"的d疑有误,应为b;

——8.1.5.2表14中8.2.漏了"和隔离适用性",现补上;

——8.2.2.2中原文有"工频试验电压的有效值见表15"。由于表15现在还有直流试验电压值,所以原文改为"试验电压值见表15";

——B.2公式中$(I_2t)_1$疑有误,应为$(I^2t)_1$。

考虑到国情,本部分在1.1中加注了关于交流1 140 V熔断器的说明。

本部分代替GB 13539.1—2002《低压熔断器　第1部分:基本要求》。本部分与GB 13539.1—2002的主要区别:

——交流1 140 V熔断器可参照本部分执行;

——增加了表4"aM"熔断体门限、表18"aM"熔断器试验用铜导体截面积和图3 aM熔断器时间-电流带(表4、表18和图3原是GB/T 13539.2—2002《低压熔断器　第2部分:专职人员使用的熔断器的补充要求(主要用于工业的熔断器)》的内容);

——第6章标志中增加了擦拭试验;

——7.2绝缘性能增加了隔离适用性要求;

——7.9防电击保护增加了电气间隙,爬电距离和结构等要求;

——8.2绝缘性能验证中修改了工频试验电压值,同时增加了隔离适用性的试验电压;

——附录B增加了降低电压下的熔断I^2t值的计算。

本部分的附录A、附录B、附录C和附录D均为资料性附录。

本部分由中国电器工业协会提出。

本部分由全国低压电器标准化技术委员会(SAC/TC 189)归口。

本部分负责起草单位:上海电器科学研究所(集团)有限公司。

本部分参加起草单位:库柏西安熔断器有限公司、宁波开关电器制造有限公司、上海电器陶瓷厂有限公司、浙江正泰电器股份有限公司、浙江西熔电气有限公司、中国质量认证中心。

本部分主要起草人:季慧玉、吴庆云。

本部分参加起草人:张懿、张寅、林海鸥、郎建才、高华、李振飞。

本部分的代替标准的历次版本发布情况为:

——GB 13539.1—1992、GB 13539.1—2002。

低压熔断器
第1部分:基本要求

1 总则

1.1 范围和目的

GB 13539 的本部分适用于装有额定分断能力不小于 6 kA 的封闭式限流熔断体的熔断器。该熔断器作为保护标称电压不超过 1 000 V 的交流工频电路或标称电压不超过 1 500 V 的直流电路用。[1)]

本部分的下续部分标准里包括了那些应用在特殊条件下的熔断器的补充要求。

GB 14048.3《低压开关设备和控制设备　第3部分:开关、隔离器、隔离开关及熔断器组合电器》中使用的熔断体亦应符合本部分要求。

注1:对于"a"熔断体,其直流性能(见2.2.4)的细节应由用户与制造厂协商。

注2:对某些特殊用途的熔断器,如电力机车用熔断器或高频电路用熔断器,使用本部分时须作修正和补充,如有需要可单独另订标准。

注3:本部分不适用于小型熔断器,小型熔断器的标准为 IEC 60127。

本部分的目的是规定熔断器或熔断器部件(熔断器底座、载熔件、熔断体)的特性,如果它们具有互换性(包括尺寸等),它们就可以由具有相同特性的熔断器或熔断器部件来互换。为此目的,本部分特别涉及到下述方面:

——熔断器特性:

- 额定值;
- 绝缘;
- 正常使用下的温升;
- 耗散功率和接受耗散功率;
- 时间/电流特性;
- 分断能力;
- 截断电流特性和 I^2t 特性。

——为验证熔断器特性的型式试验;

——熔断器标志。

1.2 规范性引用文件

下列文件中的条款通过 GB 13539 的本部分的引用而成为本部分的条款。凡是注日期的引用文件,其随后所有的修改单(不包括勘误的内容)或修订版均不适用于本部分,然而,鼓励根据本部分达成协议的各方研究是否可使用这些文件的最新版本。凡是不注日期的引用文件,其最新版本适用于本部分。

GB 156—2003　标准电压(IEC 60038:1983,NEQ)

GB/T 321—2005　优先数和优先数系列(ISO 3-1973,IDT)

GB/T 2900.18—2008　电工术语　低压电器

GB 4208—1993　外壳防护等级(IP 代码)(eqv IEC 60529:1989)

GB/T 5169.10—1997　电工电子产品着火危险试验　试验方法　灼热丝试验方法　总则(idt IEC 60695-2-1/0:1994)

---

1) 交流额定电压 1 140 V 的熔断器可参照本部分执行。有关熔断器的性能等要求由制造厂和用户协商确定。

GB/T 5169.11—1997　电工电子产品着火危险试验　试验方法　成品的灼热丝试验和导则(IEC 60695-2-1/1:1994,IDT)

GB/T 5169.12—1999　电工电子产品着火危险试验　试验方法　材料的灼热丝可燃性试验(IEC 60695-2-1/2:1994,IDT)

GB/T 5169.13—1999　电工电子产品着火危险试验　试验方法　材料的灼热丝起燃性试验(IEC 60695-2-1/3:1994,IDT)

GB 13539.3—2008　低压熔断器　第3部分:非熟练人员使用的熔断器的补充要求(主要用于家用和类似用途的熔断器)标准化熔断器系统示例A至F(IEC 60269-3:2006,IDT)

GB/T 16839.1—1997　热电偶　第1部分:分度表(idt IEC 60584-1:1995)

GB/T 16935.1—2008　低压系统内设备的绝缘配合　第1部分:原理、要求和试验

IEC 60269-2　低压熔断器　第2部分:专业人员使用的熔断器的补充要求(主要用于工业的熔断器)标准化熔断器系统示例A至I

IEC 60269-4　低压熔断器　第4部分:半导体设备保护用熔断体的补充要求

IEC 60269-5　低压熔断器　第5部分:低压熔断器应用指南

IEC 60364-3:1993　建筑物的电气设施　第3部分:一般特性的评定

IEC 60364-5-52:2001　建筑物的电气设施　第5-52部分:电气设备的选择和安装-布线系统

IEC 60617　简图用图形符号

ISO 478:1974　纸张　用于ISO-A系列的未经修整的标准尺寸ISO第一值域

ISO 593:1974　纸张　用于ISO-A系列的未经修整的标准尺寸ISO补充值域

ISO 4046:1978　纸张、纸板、纸浆和有关术语　词汇　双语版

2　术语和定义

注:熔断器一般定义亦可见GB/T 2900.18—2008。

对于本部分下列术语和定义适用。

2.1　熔断器和它的部件

2.1.1

熔断器　fuse

当电流超过规定值足够长的时间,通过熔断一个或几个成比例的特殊设计的熔体分断此电流,由此断开其所接入的电路的装置。熔断器由形成完整装置的所有部件组成。

[IEV 441-18-01]

2.1.2

熔断器支持件　fuse-holder

熔断器底座及载熔件的组合。

注:若无需作明确区分,本部分中术语"熔断器支持件"表示熔断器底座和/或载熔件。

[IEV 441-18-14]

2.1.2.1

熔断器底座(熔断器支架)　fuse-base(fuse-mount)

熔断器的固定部件,带有触头、接线端子。

[IEV 441-18-02]

注:适当时罩子可作为熔断器底座的一部分。

2.1.2.2

载熔件　fuse-carrier

熔断器可运动部件,作载运熔断体之用。

[IEV 441-18-13]

2.1.3

熔断体　fuse-link

带有熔体的熔断器部件，在熔断器熔断后可以更换。

[IEV 441-18-09]

2.1.4

熔断器触头　fuse-contact

保证熔断体与相应的熔断器支持件之间的电路连续性的二个或二个以上导电部件。

2.1.5

熔体　fuse-element

当电流超过规定值经过规定的时间条件下熔化的熔断体部件。

[IEV 441-18-08]

注：熔断体可包含几个并联的熔体。

2.1.6

指示装置(指示器)　indicating device(indicator)

指示熔断器是否动作的熔断器部件。

[IEV 441-18-17]

2.1.7

撞击器　striker

熔断体的机械装置。当熔断器动作时释放所需的能量，以促使其他装置或者指示器动作，或者提供互锁。

[IEV 441-18-18]

2.1.8

接线端子　terminal

与外部电路进行电连接的熔断器的导电部分。

注：接线端子可按照所要连接的电路种类来区分（如主接线端子、接地端子等），也可按照结构来区分（如螺钉型接线端子、插入式接线端子等）。

2.1.9

模拟熔断体　dummy fuse-link

具有规定耗散功率和尺寸的试验用的熔断体。

2.1.10

试验底座　test rig

规定的试验用的熔断器底座。

2.1.11

标准限位件　gauge-piece

用以达到某种程度非互换性的熔断器底座的附件。

2.2　一般术语

2.2.1

封闭式熔断体　enclosed fuse-link

熔体被完全封闭，在额定值范围内熔断时，不会产生任何有害的外部效应（如由于燃弧而释出气体或喷出火焰或金属颗粒）的熔断体。

[IEV 441-18-12]

2.2.2

限流熔断体　current-limiting fuse-link

在规定电流范围内，由于熔断体的熔断，使电流被限制得显著低于预期电流峰值的熔断体。

[IEV 441-18-10]

2.2.3

"g"熔断体（全范围分断能力熔断体，以前称一般用途熔断体）　**"g"fuse-link**（full-range breaking-capacity fuse-link，formerly general purpose fuse-link）

在规定条件下，能分断使熔体熔化的电流至额定分断能力之间的所有电流的限流熔断体。

2.2.4

"a"熔断体（部分范围分断能力熔断体，以前称后备熔断体）　**"a"fuse-link**（partial-range breaking-capacity fuse-link，formerly back-up fuse-link）

在规定条件下，能分断示于熔断体熔断时间-电流特性曲线上的最小电流（图 2 中 $k_2 I_n$）至额定分断能力之间的所有电流的限流熔断体。

注："a"熔断体通常作短路保护用。需要对小于 $k_2 I_n$ 的过电流进行保护时，"a"熔断体须与其他可分断这种小过电流的合适的开关电器一起使用。

2.2.5　温度

2.2.5.1

周围空气温度　ambient air temperature

T_a

该温度是距熔断器或熔断器外壳（如有）约 1 m 处的周围空气温度。

2.2.5.2

流体环境温度　fluid environment temperature

T_e

该温度是冷却熔断器部件（触头、接线端子等）的流体温度。若熔断器部件装在外壳中，则 T_e 为周围空气温度 T_a 和与熔断器部件（触头、接线端子等）接触的内部流体的温升（相对于周围空气温度）ΔT_e 之和。若熔断器部件不装在外壳中，则认为 T_e 等于 T_a。

2.2.5.3

熔断器部件温度　fuse-component temperature

T

熔断器部件（触头、接线端子等）温度 T 是有关部件的温度。

2.2.6

过电流选择性　overcurrent discrimination

两个或两个以上过电流保护装置之间的相关特性配合。当在给定范围内出现过电流时，指定在这个范围动作的装置动作，而其他装置不动作。

2.2.7

熔断器系统　fuse-system

在熔断体形状、触头型式等方面遵循相同物理设计原则的熔断器族。

2.2.8

尺码　size

熔断器系统中规定的一组熔断器尺寸，每一尺码包括给定的额定电流范围，该范围中熔断器的尺寸保持不变。

2.2.9

同一熔断体系列　homogeneous series of fuse-links

给定尺码内的熔断体类别，仅特性稍有差别，对于某一给定的试验，只要试验其中一个或少数几个特定的熔断体就可代表整个同一熔断体系列。

注1：同一熔断体系列的特性可有差异并且应验证。这些特性的差异验证的细节规定于相关的试验中(见表12和表13)。

注2：修改IEV 441-18-34。

2.2.10

(熔断体的)使用类别　**utilization category**(of a fuse link)

规定要求的综合。这些要求与熔断体得以实现其保护目的的条件有关,并代表实际应用的一组特性(见5.7.1)。

2.2.11

专职人员使用的熔断器(以前称工业用熔断器)　**fuses for use by authorized persons**(formerly called fuses for industrial application)

仅由专职人员可以接近并仅由专职人员更换的熔断器。

注1：不必采取结构上的措施来保证非互换性和防止偶然触及带电部分。

注2：专职人员应按IEC 60364-3中BA4"受指导人员"[1]和BA5"熟练人员"[2]类别所规定的意义来理解。

2.2.12

非熟练人员使用的熔断器(以前称为家用或类似用途熔断器)　**fuse for use by unskilled persons**(formerly called fuses for domestic and similar)

非熟练人员可以接近并能由非熟练人员更换的熔断器。

注：对这类熔断器,应有防止直接触及带电部分的保护,如有需要,可要求非互换性。

2.2.13

非互换性　non-interchangeability

对形状和(或)尺寸加以限制,以免因疏忽在特定的熔断器底座上使用了电气性能不同于预定保护等级的熔断体。

[IEV 441-18-33]

2.3　特性量

2.3.1

额定值　rating

用于设计特性值的通用术语,同时它定义了工作条件,该工作条件作为试验和设备设计的依据。

[IEV 441-18-36]

注：低压熔断器通常规定的额定值：电压、电流、分断能力、耗散功率和接受耗散功率、频率(如适用)。在交流情况下,额定电压和额定电流为对称有效值;在直流情况下,当纹波存在时,额定电压为平均值,额定电流为有效值。如没其他规定,上述规定适用于任何电压和电流值。

2.3.2

(电路及与熔断器有关的)**预期电流　prospective current** (of a circuit and with respect to a fuse)

假定电路内的熔断器每个极由阻抗可忽略不计的导线所取代时电路所流过的电流。

对于交流,预期电流指交流分量的有效值。

注：预期电流是熔断器分断能力和特性(如I^2t和截断电流特性(见8.5.7))的参照量。

注：修改IEV 441-17-01。

2.3.3

门限　gate

熔断器的极限值;在此极限范围内,可获得熔断器的特性,如时间-电流特性。

---

1)　受指导人员:在熟练人员指导或监护下能避免触电的人员(如操作、维护人员)。

2)　熟练人员:具有技术知识或足够运行经验,能避免触电危险的人员(工程师和技术人员)。

2.3.4

熔断器的分断能力　breaking capacity of a fuse

在规定的使用和性能条件下,熔断器在规定电压下能够分断的预期电流值。

注:修改 IEV 441-17-08。

2.3.5

分断范围　breaking range

熔断体的分断能力得到保证的预期电流值范围。

2.3.6

截断电流　cut-off current

熔断体分断期间电流达到的最大瞬时值,由此阻止电流达到最大值。

2.3.7

截断电流特性;允通电流特性　cut-off current characteristic;let-through current characteristic

在规定的熔断条件下,作为预期电流函数的截断电流曲线。

注:在交流情况下,截断电流是任何非对称程度下所能达到的最大值;在直流情况下,截断电流是在规定的时间常数下所达到的最大值。

[IEV 441-17-14]

2.3.8

(熔断器支持件的)**峰值耐受电流　peak withstand current**(of a fuse-holder)

熔断器支持件所能承受的截断电流值。

注:峰值耐受电流不小于与熔断器支持件配用的任何熔断体的最大截断电流值。

2.3.9

弧前时间;熔化时间　pre-arcing time;melting time

从一个足够分断熔体的电流出现至电弧产生的瞬间之间的时间间隔。

[IEV 441-18-21]

2.3.10

燃弧时间　arcing time

熔断器中电弧产生的瞬间至电弧最终熄灭之间的时间间隔。

注:修改 IEV 441-17-37。

2.3.11

熔断时间　operating time

弧前时间和燃弧时间之和。

[IEV 441-18-22]

2.3.12

焦耳积分　joule integral

I^2t

在给定时间间隔内电流平方的积分:

$$I^2t = \int_{t_0}^{t_1} i^2\,\mathrm{d}t$$

注1:弧前 I^2t 是熔断器弧前时间内的 I^2t 积分。

注2:熔断 I^2t 是熔断器熔断时间内的 I^2t 积分。

注3:在由熔断器保护的电路中,1 Ω 电阻释放的能量的焦耳值等于以 A^2s 表示的熔断 I^2t 值。

[IEV 441-18-23]

2.3.13

I^2t 特性　I^2t characteristic

在规定的动作条件下作为预期电流函数的 I^2t(弧前和/或熔断 I^2t)曲线。

2.3.14

I^2t 带　I^2t zone

在规定的条件下最小弧前 I^2t 特性和最大熔断 I^2t 特性所包容的范围。

2.3.15

熔断体额定电流　rated current of a fuse-link

I_n

在规定条件下,熔断体能够长期承载而不使性能降低的电流。

2.3.16

时间-电流特性　time-current characteristic

在规定的熔断条件下,作为预期电流函数的时间(如弧前时间或熔断时间)曲线。

[IEV 441-17-13]

注:时间大于 0.1 s 时,实际上弧前时间与熔断时间的差异可不计。

2.3.17

时间-电流带　time-current zone

在规定的条件下,最小弧前时间-电流特性和最大熔断时间-电流特性所包容的范围。

2.3.18

约定不熔断电流　conventional non-fusing current

I_{nf}

在规定时间(约定时间)内熔断体能承载而不熔化的规定电流值。

[IEV 441-18-27]

2.3.19

约定熔断电流　conventional fusing current

I_f

在规定时间(约定时间)内,引起熔断体熔断的规定电流值。

[IEV 441-18-28]

2.3.20

"a"熔断体的过载曲线　overload curve of an"a"fuse-link

"a"熔断体能够承载电流而特性不变坏的时间曲线(见 8.4.3.4 和图 2)。

2.3.21

(熔断体内的)**耗散功率　power dissipation**(in a fuse-link)

熔断体在规定的使用和性能条件下承载规定的电流时释放的功率。

注 1:规定的使用和性能条件通常包括稳态温度条件到达后的电流恒定有效值。

注 2:修改 IEV 441-18-38。

2.3.22

(熔断器底座或熔断器支持件的)**接受耗散功率　acceptable power dissipation**(of a fuse-base or a fuse-holder)

熔断器底座或熔断器支持件在规定的使用和性能条件下能接受的熔断体内的耗散功率规定值。

[IEV 441-18-39]

2.3.23

恢复电压　recovery voltage

电流分断后出现在熔断器一极接线端子间的电压。

注 1:恢复电压可以认为有两个连续的时间阶段。第一个阶段存在瞬态电压(见 2.3.23.1),接着第二阶段仅存在工频或直流恢复电压(见 2.3.23.2)。

注 2：修改 IEV 441-17-25。

2.3.23.1

瞬态恢复电压　transient recovery voltage

TRV(缩写)

在具有明显瞬态特性时间阶段内的恢复电压。

注 1：根据电路和熔断器的特性，瞬态恢复电压可以是振荡的和非振荡的，或二者兼有，它包括多相电路的中性点位移。

注 2：除非另有规定，在三相电路中瞬态恢复电压是指首先分断一极的瞬态恢复电压，因为此电压一般比出现在其他二极的电压高。

[IEV 441-17-26]

2.3.23.2

工频或直流恢复电压　power-frequency or d.c. recovery voltage

在瞬态电压消失之后的恢复电压。

注 1：修改 IEV 441-17-27。

注 2：工频或直流恢复电压可用额定电压的百分比来表示。

2.3.24

熔断器的电弧电压　arc voltage of a fuse

燃弧期间熔断器接线端子间出现的电压瞬时值。

[IEV 441-18-30]

2.3.25

(熔断器的)隔离距离　isolating distance(for a fuse)

熔断器底座触头之间或任何连接于此触头的导电部件之间的最短距离，该距离在带熔断体的或载熔件移去的熔断器上测得。

[IEV 441-18-06]

3　正常工作条件

符合本部分的熔断器，若在以下条件下使用，被认为能正常工作，不需要进一步验证。除非第 8 章另有规定，下列条件也作为试验条件。

3.1　周围空气温度(T_a)

周围空气温度 T_a(见 2.2.5.1)不超过 40 ℃，24 h 测得的平均值不超过 35 ℃，一年内测得的平均值低于该值。

周围空气温度最低值为－5 ℃。

注 1：提供的时间-电流特性在周围空气温度 20 ℃条件下作出。这些时间-电流特性也近似适用于温度为 30 ℃。

注 2：若温度条件明显地不同于上述温度，应从动作、温升等方面加以考虑，见附录 D。

3.2　海拔

安装地点的海拔不超过 2 000 m。

3.3　大气条件

空气是干净的，它的相对湿度在最高温度为 40 ℃时不超过 50%。

在较低温度下可以有较高的相对湿度，例如，在 20 ℃时，相对湿度可达 90%。

在这些条件下，由于温度变化，中等的凝露可能偶然发生。

注：若熔断器在不同于 3.1、3.2 和 3.3 规定条件下使用，尤其是在无防护的户外条件使用，应与制造厂协商；若熔断器使用在有盐雾或不正常的工业沉积物的场所，亦应与制造厂协商。

3.4 电压

系统电压的最大值不超过熔断器额定电压的110%；对于从交流整流的直流电压，其脉动引起的变化应不大于110%额定电压的平均值的5%或不低于9%。

对额定电压为690 V的熔断器，最大系统电压不应超过熔断器额定电压的105%。

注：应注意到若熔断体在大大低于额定电压下熔断，熔断器的指示装置或撞击器可能不动作(见8.4.3.6)。

3.5 电流

承载和分断的电流在7.4和7.5中规定的范围内。

3.6 频率、功率因数与时间常数

3.6.1 频率

对于交流，频率等于熔断体的额定频率。

3.6.2 功率因数

对于交流，功率因数不低于表20中相应于预期电流的数值。

3.6.3 时间常数

对于直流，时间常数符合表21规定。

某些使用场合可能发现时间常数超出表21规定的范围。对此，应使用经试验符合所要求的时间常数并有相应标记的熔断体。

3.7 安装条件

按制造厂说明书安装熔断器。

如熔断器可能遇到非正常振动和冲击使用情况，应与制造厂协商。

3.8 使用类别

使用类别(如"gG")按5.7.1规定。

3.9 熔断体的选择性

时间大于0.1 s的选择性极限见表2与表3。

对于"gG"和"gM"熔断体，弧前I^2t值见表7；熔断I^2t值由下续部分标准规定。其他分断范围和使用类别的值见下续部分标准。

4 分类

熔断器分类按第5章和下续部分标准规定。

5 熔断器特性

5.1 特性综述

熔断器的特性应由下列适合的条款来规定。

5.1.1 熔断器支持件

a) 额定电压(见5.2)；

b) 额定电流(见5.3.2)；

c) 电流种类，如适用额定频率(见5.4)；

d) 额定接受耗散功率(见5.5)；

e) 尺寸或尺码；

f) 极数(如果不止一个极)；

g) 峰值耐受电流。

5.1.2 熔断体

a) 额定电压(见5.2)；

b) 额定电流(见5.3.1)；

c) 电流种类,如适用额定频率(见 5.4);

d) 额定耗散功率(见 5.5);

e) 时间-电流特性(见 5.6);

f) 分断范围(见 5.7.1);

g) 额定分断能力(见 5.7.2);

h) 截断电流特性(见 5.8.1);

i) I^2t 特性(见 5.8.2);

j) 尺寸或尺码。

5.1.3 完整熔断器

防护等级应按照 GB 4208—1993 的规定。

5.2 额定电压

对于交流,额定电压标准值由表 1 给出。

表 1 交流熔断器额定电压标准值 单位为伏

系列Ⅰ	系列Ⅱ
	120*
	208
230*	240
	277*
400*	415
500	480*
690*	600

带星号的值是根据 IEC 60038 的标准化值,同时表中其他值亦可使用。

对于直流,额定电压优选值如下:110*,125*,220*,250*,440*,460,500,600*,750 V。

注:熔断体的额定电压可以不同于装入该熔断体的熔断器支持件的额定电压。熔断器的额定电压是部件(熔断器支持件、熔断体)的额定电压的最低值。

5.3 额定电流

5.3.1 熔断体的额定电流

熔断体的额定电流以安培(A)表示,应从下列数值中选用:

2,4,6,8,10,12,16,20,25,32,40,50,63,80,100,125,160,200,250,315,400,500,630,800,1 000,1 250

注 1:当需要较高或较低值时,应按 GB/T 321—2005 中 R10 系列选取。

注 2:此外,当需要选取一中间值时,应按 GB/T 321—2005 中 R20 系列选取。

5.3.2 熔断器支持件的额定电流

除非下续部分标准另有规定,熔断器支持件的额定电流(以安培表示)应从熔断体的额定电流系列中选取。对于“gG”和“aM”熔断器,熔断器支持件的额定电流以配用熔断体的最大额定电流表示。

5.4 额定频率(见 6.1 和 6.2)

未标明额定频率意味着熔断器符合本部分对频率规定的条件,即频率仅在 45 Hz~62 Hz 之间。

5.5 熔断体的额定耗散功率和熔断器支持件的额定接受耗散功率

若下续部分标准没有规定,熔断体的额定耗散功率由制造厂规定。在规定的试验条件下,熔断体的耗散功率不应超过该规定值。

若下续部分标准没有规定,熔断器支持件的额定接受耗散功率由制造厂规定。额定接受耗散功率是在规定试验条件下,不超过规定的温升、熔断器支持件能承受的最大耗散功率。

5.6 时间-电流特性极限

时间-电流特性极限是以周围空气温度(T_a)+20 ℃为基础。

5.6.1 时间-电流特性、时间-电流带

时间-电流特性、时间-电流带与熔断体的结构有关。对于给定的熔断体，它们取决于周围空气温度以及冷却条件。

注：若周围空气温度与3.1规定的温度范围有偏差，应与制造厂协商。

对于不符合下续部分标准规定的标准时间-电流带的熔断体，制造厂应能提供以下特性(以及它们的偏差)：

——弧前和熔断时间-电流特性；

或

——时间-电流带。

注：对于弧前时间小于0.1 s者，制造厂应能提供 I^2t 特性以及它们的偏差(见5.8.2)。

对于弧前时间大于0.1 s者，时间-电流特性应以电流为横坐标，以时间为纵坐标，两个坐标轴均应采用对数刻度。

对数刻度为十进位制，横坐标与纵坐标之比为2∶1。然而因为在美国长期确定的习惯，故1∶1比例作为另一个选择标准。图样应表示在符合ISO 478:1974或ISO 593:1974的A3或A4纸上。

十进位尺寸应从下列系列中选取：

2 cm，4 cm，8 cm，16 cm和2.8 cm，5.6 cm，11.2 cm。

注：作为推荐，尽可能采用优先值2.8 cm(纵坐标)和5.6 cm(横坐标)。

5.6.2 约定时间和约定电流

约定时间和约定电流见表2。对于“gD”和“gN”熔断体，约定时间和约定电流见IEC 60269-2中熔断器系统H。

表2 “gG”和“gM”熔断体的约定时间和约定电流

“gG”额定电流 I_n “gM”[b]特性电流 I_{ch} /A	约定时间 /h	约定电流	
		I_{nf}	I_f
$I_n<16$	1	[a]	[a]
$16\leqslant I_n\leqslant 63$	1	1.25I_n	1.6I_n
$63< I_n\leqslant 160$	2	1.25I_n	1.6I_n
$160< I_n\leqslant 400$	3	1.25I_n	1.6I_n
$400< I_n$	4	1.25I_n	1.6I_n

[a] 在考虑中。

[b] 对“gM”熔断体，见5.7.1。

5.6.3 门限

“gG”和“gM”熔断体的门限值列于表3。

表3 “gG”和“gM”熔断体规定弧前时间的门限值[a]

单位为安培

1	2	3	4	5
I_n用于“gG” I_{ch}用于“gM”[b]	I_{min}(10 s)[c]	I_{max}(5 s)	I_{min}(0.1 s)	I_{max}(0.1 s)
16	33	65	85	150
20	42	85	110	200
25	52	110	150	260
32	75	150	200	350
40	95	190	260	450
50	125	250	350	610
63	160	320	450	820
80	215	425	610	1 100

表 3(续)

单位为安培

1	2	3	4	5
I_n 用于"gG" I_{ch}用于"gM"[b]	I_{min}(10 s)[c]	I_{max}(5 s)	I_{min}(0.1 s)	I_{max}(0.1 s)
100	290	580	820	1 450
125	355	715	1 100	1 910
160	460	950	1 450	2 590
200	610	1 250	1 910	3 420
250	750	1 650	2 590	4 500
315	1 050	2 200	3 420	6 000
400	1 420	2 840	4 500	8 060
500	1 780	3 800	6 000	10 600
630	2 200	5 100	8 060	14 140
800	3 060	7 000	10 600	19 000
1 000	4 000	9 500	14 140	24 000
1 250	5 000	13 000	19 000	35 000

[a] 额定电流小于 16 A 的熔断器门限值在下续部分标准中规定或考虑中。

[b] 关于"gM"熔断体见 5.7.1。

[c] I_{min}(10 s)是弧前时间不小于 10 s 的电流的最小值。

"aM"熔断器时间-电流特性的标准门限见表 4 和图 3,特性的基准周围空气温度为 20 ℃。标准化的系数 K 为 $K_0=1.5$、$K_1=4$ 和 $K_2=6.3$。

表 4 "aM"熔断体(全额定电流)的门限

	$4I_n$	$6.3I_n$	$8I_n$	$10I_n$	$12.5I_n$	$19I_n$
$t_{熔断}$	—	60 s	—	—	0.5 s	0.10 s
$t_{弧前}$	60 s	—	0.5 s	0.2 s	—	—

"gD"和"gN"熔断体门限值见 IEC 60269-2 中熔断器系统 H。

5.7 分断范围和分断能力

5.7.1 分断范围与使用类别

第一个字母应表示分断范围:

——"g"熔断体(全范围分断能力熔断体);

——"a"熔断体(部分范围分断能力熔断体)。

第二个字母应表示使用类别。该字母准确地规定时间-电流特性、约定时间和约定电流以及门限。

例如:

——"gG"表示一般用途全范围分断能力的熔断体;

——"gM"表示保护电动机电路全范围分断能力的熔断体;

——"aM"表示保护电动机电路的部分范围分断能力的熔断体;

——"gD"表示全范围分断能力延时熔断体;

——"gN"表示全范围分断能力非延时熔断体。

注 1:目前,只要特性能满足承受电动机起动电流,"gG"熔断体常用来保护电动机电路。

注 2:"gM"熔断体用二个电流值来说明其特性。第一个值 I_n 表示熔断体和熔断器支持件的额定电流;第二个值 I_{ch}表示如表 2、表 3、表 7 中门限所规定的熔断体的时间-电流特性。

上述的两个额定值由表明用途的一个字母加以分隔。

例如 I_nM I_{ch}表示用以保护电动机电路并且具有 G 特性的熔断器。第一个值 I_n表示整个熔断器的最大连续电流;第二个值 I_{ch}表示熔断体的 G 特性。

注 3:"aM"熔断体用一个电流值 I_n 和 8.4.3.3.1 和图 2 中所规定的时间-电流特性来说明其特性。

5.7.2 额定分断能力

额定电压下熔断体的额定分断能力由制造厂规定。额定分断能力的最小值由下续部分标准规定。

5.8 截断电流与 I^2t 特性

截断电流值和 I^2t 特性值应考虑制造公差并应参照下续部分标准所规定的使用条件,例如电压、频率和功率因数值。

5.8.1 截断电流特性

截断电流特性应代表使用中可能出现的电流的最大瞬时值(见 8.6.1 和附录 C)。

除非下续部分标准已作规定,否则,如果需要截断电流特性,制造厂应给出,并按图 4 的例子以双对数表示。其中预期电流为横坐标。

5.8.2 I^2t 特性

制造厂应提供弧前时间小于 0.1 s 至相应于额定分断能力的弧前 I^2t 特性。它们应代表在使用中可能遇到的作为预期电流函数的最小值。

制造厂应提供弧前时间小于 0.1 s、以规定的电压为参数的熔断 I^2t 特性。它们应代表在实际使用中可能遇到的作为预期电流函数的最大值。

若以图表示,I^2t 特性应以预期电流为横坐标,以 I^2t 值为纵坐标。横、纵坐标均应采用对数刻度(对数刻度见 5.6.1)。

6 标志

标志应清晰,持久。通过目测和下述试验进行验证。

用手拿一块浸透水的棉布擦标志 5 s,接着再用手拿一块浸透汽油的棉布擦 5 s。

注:推荐使用己烷熔剂组成的汽油,该己烷熔剂的芳香剂的容积含量最大为 0.1%,贝壳松脂丁醇值约为 29,初沸点约为 65 ℃,干点约为 69 ℃,浓度约为 0.68 g/cm³。

6.1 熔断器支持件标志

下列信息应标志在所有熔断器支持件上:

——制造厂名称或易识别的商标;

——制造厂的识别标记,借此能获得 5.1.1 所列的全部特性;

——额定电压;

——额定电流;

——电流种类和(适用时)额定频率。

注:标有交流额定值的熔断器支持件亦可用于直流。假如熔断器支持件由一可移去的载熔件和可移去的熔断器底座组成,为了识别的目的,二者应分别标志。

6.2 熔断体标志

除了实行有困难的小熔断体以外,下列信息应标志在所有熔断体上:

——制造厂名称或易识别的商标;

——制造厂的识别标记,借此能获得 5.1.2 所列的全部特性;

——额定电压;

——额定电流("gM"型见 5.7.1);

——分断范围,适用时(见 5.7.1)使用类别(字母编码);

——电流种类和(适用时)额定频率(见 5.4)。

注:如果本熔断体提供在交流和直流中使用,熔断体的交流和直流额定值应分别标志。

对小熔断体,标志上述规定的所有熔断体信息有困难时,商标、制造厂的识别标记、额定电压、额定电流应被标志。

6.3 标志符号

电流种类和频率,使用符号根据 IEC 60417。

注：额定电流和额定电压可以如下标志：

$$10\ \text{A}\quad 500\ \text{V}\ 或\ 10/500\ 或\ \frac{10}{500}$$

7 设计的标准条件

7.1 机械设计

7.1.1 熔断体的更换

熔断体应具有足够的机械强度,触头应可靠固定。应能方便安全地更换熔断体。

7.1.2 包括接线端子的联接

固定联接在使用和动作条件下应能维持必要的接触压力。

除非金属部件的弹性足以补偿绝缘材料可能产生的收缩或变形,在联接时接触压力不应通过绝缘材料来传递(陶瓷或性能不比陶瓷逊色的其他绝缘材料除外)。如有必要,试验在下续部分标准中规定。

接线端子在联接螺钉拧紧时应不会转动或移位并且导体不会移动。夹紧导体的部件应是金属的,其形状应不会损坏导体。

在规定的安装条件下,接线端子应容易接近(如有罩子,在拆下罩子后)。

注：关于接线端子其他要求在考虑中。

7.1.3 熔断器触头

熔断器的触头应保证在使用和动作条件下,特别是在 7.5 规定的条件下,具有必要的接触压力。

触头应能保证在相应于 7.5 条件下动作时所产生的电磁力不会伤害以下部件之间的电气联接：

a) 熔断器底座和载熔件；

b) 载熔件和熔断体；

c) 熔断体和熔断器底座,如适用,或任何其他支撑物。

熔断器触头的结构和材料应保证在正常的安装和使用条件下,通过下述情况：

a) 经过反复装拆以后；

b) 长期不装拆地使用后(见 8.10)。

能维持良好的接触。

铜合金的熔断器触头应不发生龟裂。

这些要求根据 8.10 及 8.11.2.1 和下续部分标准第 8 章的试验来验证。

7.1.4 标准限位件结构

标准限位件(如有)应能经受住使用时产生的正常应力。

7.1.5 熔断体的机械强度

熔断体应具有足够的机械强度,触头应可靠固定。

7.2 绝缘性能和隔离适用性

熔断器在正常使用时所承受的电压下不应失去其绝缘性能。当设备在正常断开位置,熔断体保持在载熔件内时,或当熔断体和(适当时)载熔件移去时,熔断器应适用于隔离。适用的过电压类别在下续部分标准中规定。

若熔断器通过 8.2 的绝缘性能和隔离适用性的验证,则认为熔断器符合上述要求。

最小爬电距离、电气间隙以及通过绝缘材料或密封填料的距离应符合下续部分标准的规定值。

7.3 温升、熔断体的耗散功率以及熔断器支持件的接受耗散功率

熔断器支持件应设计合理,在标准使用条件下,能持续通过与其配用的熔断体的额定电流而不

超过：

——表 5 规定的温升值(在制造厂或下续部分标准规定的熔断器支持件额定接受耗散功率条件下)。

熔断体应设计合理，在标准使用条件下能持续通过额定电流而不超过：

——制造厂或下续部分标准规定的熔断体额定耗散功率。

特别在下列情况下，温升不应超过表 5 规定的极限值：

——熔断体的额定电流等于与其配用的熔断器支持件的额定电流；

——熔断体的耗散功率等于熔断器支持件的额定接受耗散功率。

以上要求由 8.3 的试验来验证。

表 5 触头和接线端子的温升极限 $\Delta T=(T-T_a)$

			温升/K	
			不封闭的[a]	封闭的[b]
触头[gi]	弹簧加载	裸铜	40	45
		裸黄铜	45	50
		镀锡	55[f]	60[f]
		镀镍	70[ceh]	75[ceh]
		镀银	[c]	[c]
	螺栓紧固	裸铜	55	60
		裸黄铜	60	65
		镀锡	65[f]	65[f]
		镀镍	80[ceh]	85[ceh]
		镀银	[c]	[c]
接线端子		裸铜	55	60
		裸黄铜	60	65
		镀锡	65	65
		镀银或镀镍	70[d]	70[d]

[a] 当 T_e 等于 T_a 时(见 2.2.5)。

[b] 适用于 ΔT_e 在 10 K～30 K 之间的情况(10 K$\leqslant\Delta T_e\leqslant$30 K)，周围空气温度 T_a 应不超过 40 ℃。

[c] 仅以不损坏相邻部件为限。

[d] 温升极限的确定是考虑使用聚氯乙烯绝缘导体。

[e] 此值不适用于在下续部分标准中对触头材料和截面积有规定的熔断器系统。

[f] 若经过验证，触头不变坏试验的实际温度并没有损害触头，此极限值可超过。

[g] 对某些很小的熔断器，测量温度有可能损坏该熔断器时，表中的规定值不适用。要通过 8.10 的试验对触头是否变坏进行验证。

[h] 若使用镀镍触头，因其电阻较大，在触头设计中要采取某些措施，如采用较高的触头压力。

[i] 触头不变坏试验见 8.10。

7.4 动作

熔断体应设计合理，并能当装在适当试验装置中且在额定频率和周围空气温度为(20±5)℃时：

——熔断体应能持续承载不大于其额定电流的任何电流；

——熔断体应能承受正常使用时可能发生的过载(见 8.4.3.4)。

对于“g”熔断体，在约定时间内：

——当熔断体承载不大于约定不熔断电流(I_{nf})的任何电流时，其熔体不熔化；

——当熔断体承载等于或大于约定熔断电流(I_f)的任何电流时，熔断体熔断。

注：时间-电流带(如有)要加以考虑。

对于“a”熔断体：

——当熔断体承载不大于 $k_1 I_n$ 的电流时，在过载曲线(见图 2)所示的相应时间内其熔体不熔化；

——当熔断体承载的电流在 $k_1 I_n$ 和 $k_2 I_n$ 之间，其熔体可以熔化，只要弧前时间大于弧前时间-电流特性所指定的值；

——当熔断体承载的电流超过 $k_2 I_n$，在包括燃弧时间在内的时间-电流带范围内，熔断体熔断。

8.4.3.3 中所测得的时间-电流值应在制造厂所提供的时间-电流带范围内。

若熔断体通过 8.4 中所规定的试验，则认为熔断体符合以上要求。

7.5 分断能力

在额定频率和电压不超过 8.5 所规定的恢复电压下，熔断器应能分断其预期电流在以下电流范围内的任何电流：

——对“g”熔断体，电流为 I_f；

——对“a”熔断体，电流为 $k_2 I_n$；和

——在交流情况，功率因数不低于表 20 所示的相应于预期电流值的额定分断能力；

——在直流情况，时间常数不大于表 21 所示的相应于预期电流值的额定分断能力。

在 8.5 所规定的试验电路中，熔断体熔断时的电弧电压应不超过表 6 中所规定的值。

注：若熔断体使用于系统电压比熔断体额定电压低的电路中，应考虑电弧电压，该值应不超过表 6 中相应于系统电压的电弧电压值。

表 6 最大电弧电压

单位为伏

熔断体的额定电压 U_n		最大电弧电压，峰值
适用于交流和直流	60 及 60 以下	1 000
	61～300	2 000
	301～690	2 500
	691～800	3 000
	801～1 000	3 500
仅适用于直流	1 001～1 200	3 500
	1 201～1 500	5 000
注：对于额定电流小于 16 A 的熔断体，其最大电弧电压本部分不作规定，在考虑中。		

若熔断器通过 8.5 所规定的试验，则认为熔断器符合上述要求。

7.6 截断电流特性

若下续部分标准未另作规定，按 8.6 规定所测得的截断电流值应小于或等于制造厂所提供的截断电流特性的相应值(见 5.8.1)。

注：作为实际弧前时间函数的截断电流特性见附录 C。

7.7 I^2t 特性

按 8.7 验证的弧前 I^2t 值，应不小于制造厂按 5.8.2 所规定的 I^2t 特性，并应在用于“gG”和“gM”熔断体的表 7 所规定的范围内。对小于 0.01 s 的弧前时间，若需要，在下续部分标准里给出 I^2t 值的极限范围。对“gD”和“gN”熔断体，此值见 IEC 60269-2 中熔断器系统 H。

按 8.7 验证的熔断 I^2t 值，应小于或等于制造厂按 5.8.2 所规定的 I^2t 特性或下续部分标准规定的 I^2t 特性。

表 7 "gG"和"gM"熔断体 0.01 s 的弧前 I^2t 值

I_n 用于"gG" I_{ch} 用于"gM"[a] /A	I^2t_{min}/ $10^3\times(A^2s)$	I^2t_{max}/ $10^3\times(A^2s)$
16	0.3	1.0
20	0.5	1.8
25	1.0	3.0
32	1.8	5.0
40	3.0	9.0
50	5.0	16.0
63	9.0	27.0
80	16.0	46.0
100	27.0	86.0
125	46.0	140.0
160	86.0	250.0
200	140.0	400.0
250	250.0	760.0
315	400.0	1 300.0
400	760.0	2 250.0
500	1 300.0	3 800.0
630	2 250.0	7 500.0
800	3 800.0	13 600.0
1 000	7 840.0	25 000.0
1 250	13 700.0	47 000.0

[a] 对于"gM",见 5.7.1。

7.8 熔断体的过电流选择性

过电流选择性的要求与熔断器系统、额定电压和熔断器的使用有关;有关要求可在下续部分标准里规定。

7.9 防电击保护

对于人身防电击保护,应考虑熔断器的下列三种情况:

——当完整熔断器(包括熔断器底座、熔断体,有时还包括标准限位件、载熔件和正常使用条件下成为熔断器组成部分的外壳)正确地装配、安装并接好线时;

——更换熔断体时;

——当熔断体和载熔件(如有)取走后。

额定冲击耐受电压见表 8,数值按熔断器的额定电压和过电压类别(在下续部分标准规定)选择。这些要求在下续部分标准中规定。也可见 8.8。

表 8 额定冲击耐受电压

熔断器额定电压(直至及包括)/V	额定冲击耐受电压 U_{imp}(1.2/50 μs)/kV			
	过电压类别			
	Ⅳ	Ⅲ	Ⅱ	Ⅰ
230	4	2.5	1.5	0.8
400	6	4	2.5	1.5
690	8	6	4	2.5
1 000	12	8	6	4

7.9.1 电气间隙和爬电距离

为了降低由过电压引起的击穿放电的风险，电气间隙应不小于表9规定值。

表9 空气中最小电气间隙

额定冲击耐受电压 U_{imp}/kV	最小电气间隙/mm
	非均匀电场条件
0.8	0.8
1.5	0.8
2.5	1.5
4.0	3.0
6.0	5.5
8.0	8.0
12.0	14.0
注：空气中最小电气间隙是以1.2/50 μs冲击电压为基础，其气压为80 kPa，相当于海拔2 000 m处正常大气压。	

爬电距离见表10，数值按熔断器的材料组别(见GB/T 16935.1—2008中4.8.1.3规定)和额定电压选择。

表10 最小爬电距离

熔断器额定电压(直至及包括)/V	承受长期应力的设备的爬电距离/mm		
	材料组别Ⅰ	材料组别Ⅱ	材料组别Ⅲ
230	3.2	3.6	4
400	5	5.6	6.3
690	8	9	10
1 000	12.5	14	16

7.9.2 适用于隔离的设备的泄漏电流

对适用于隔离且额定电压大于50 V的熔断器，泄漏电流应在触头处在断开位置的每极上进行测量。

试验电压为1.1倍额定电压，测得的泄漏电流不应超过：

- 对于新的熔断器，每极0.5 mA；
- 对于经过8.5试验的熔断器，每极2 mA。

7.9.3 具有不可分离的载熔件且适用于隔离的熔断器补充结构要求

熔断器支持件应标志IEC 60617-S00369符号。

注1：符号IEC 60617-S00369(以前为IEC 60617-7中的符号07-21-08)：

当熔断器处于断开位置，熔断体保持在载熔件内时，熔断器触头之间的隔离距离应符合隔离功能。通过载熔件的位置提供断开位置的指示。

按8.2验证本要求。

当制造厂为了将熔断器锁定在隔离位置而规定了锁定装置时，锁定装置仅能在此隔离位置锁定。熔断器应设计成载熔件保持附在熔断器底座上，并且给出一个断开位置和上锁(如合适)的正确指示。

注2：特殊使用场合允许锁定在闭合位置。

对含有连至主极的电子电路的熔断器，在进行介电试验时允许将电子电路拆开。

7.10 耐热性

熔断器所有部件应足以耐受正常使用时产生的热。

若下续部分标准未另作规定，8.9和8.10的试验合格则认为耐热性符合要求。

7.11 机械强度

熔断器所有部件应足以耐受正常使用时产生的机械应力。

若下续部分标准未另作规定，8.3至8.5和8.11.1的试验合格则认为机械强度符合要求。

7.12 耐腐蚀性

熔断器的所有金属部件应能耐受正常使用时产生的腐蚀影响。

7.12.1 耐锈性

铁制部件的保护应满足相关试验。

若下续部分标准未另作规定，8.2.2.3.2和8.11.2.3的试验合格则认为耐锈性符合要求。

7.12.2 耐应力腐蚀龟裂

熔断器的载流部件应足以耐受应力腐蚀龟裂。有关试验在8.2.2.3.2和8.11.2.1中规定。

7.13 耐非正常的热和火

熔断器的所有部件应足以耐受非正常的热和火，试验在8.11.2.2中规定。

7.14 电磁兼容性

在本部分范围内的熔断器对一般的电磁干扰不敏感，故抗干扰试验不作要求。

熔断器产生的较大的电磁干扰局限于分断瞬间，只要在型式试验分断时产生的最大电弧电压符合7.5的要求，认为电磁兼容性亦得到满足。

8 试验

8.1 总则

8.1.1 试验种类

本章规定的试验是型式试验，制造厂应进行该试验。

如果在这些试验中的某一个试验失败，制造厂能提出证据，说明此失败对本型式的熔断器来说并非典型，而是由于试品的个别缺陷所致，则相关的试验应进行重试。但这不适用于分断能力试验。

如果用户和制造厂同意，验收试验可以从型式试验中选取。

型式试验是为了验证特定的熔断器或具有同一熔断体系列(见8.1.5.2)的熔断器符合所规定的特性，在正常的使用条件下或在特定的条件下能正常工作。

通过型式试验，则认为所有同一结构的熔断器都符合本部分要求。

如果熔断器任何零部件的修改引起对已经进行的型式试验的结果产生不利的影响，型式试验应重新进行。

8.1.2 周围空气温度(T_a)

周围空气温度的测量装置应有防护，以避免通风和热辐射的影响。测量装置放置在离熔断器约1 m处，其高度等于熔断器中心的高度。每次试验开始时，熔断器的温度应接近于周围空气温度。

8.1.3 熔断器的状态

供试验的熔断器应清洁、干燥。

8.1.4 熔断器的布置与尺寸

除防护等级试验外(见8.8)，熔断器应安装在无通风的自然空气中。除另有规定外，应按正常工作位置(如垂直安装位置)安装在绝缘材料上。此绝缘材料应有足够的刚性以承受所遇到的力，而对被试熔断器不施加外加负荷。

熔断体应像正常使用时那样安装，或者安装在其熔断器支持件上，或者安装在下续部分标准规定的试验底座上。

试验前应测量规定的外形尺寸，其结果应符合制造厂有关数据资料或下续部分标准规定的尺寸。

8.1.5 熔断体的试验

除非下续部分标准另有规定，应按规定的电流种类和额定频率(对于交流)对熔断体进行试验。

8.1.5.1 完整试验

试验开始前，应在周围空气温度为(20±5)℃下测量所有试品的内阻 R，测量电流不超过 $0.1I_n$，R 值应记录在试验报告中。

完整试验汇总见表 11。

8.1.5.2 同一熔断体系列的试验

不同额定电流的熔断体构成同一熔断体系列的条件规定如下：

——它们外壳的形状和结构完全相同，并且外壳的尺寸也完全相同(熔体除外)。仅熔断体的触头不同时，此条件也满足。在这种情况下，在可能产生最不利的试验结果的熔断体上进行试验；

——它们具有相同的灭弧介质和相同的填充程度；

——它们的熔体材料完全相同，熔体的长度和形状应该相同；

注：例如，熔体可由不同厚度的材料用同一设备制成。

——熔体的截面(沿熔体长度方向截面可能是变化的)和熔体数分别不应超过最大额定电流熔断体的熔体截面和熔体数；

——相邻熔体之间以及熔体与熔管内表面之间的最小距离不得小于最大额定电流熔断体中相应的距离；

——它们可与给定的熔断器支持件一起使用，或它们不准备与熔断器支持件一起使用，但同一系列中所有额定电流的熔断体布置相同；

——对于温升试验，熔断体的 $RI_n^{3/2}$ 值应不超过同一熔断体系列中最大额定电流熔断体的相应值。电阻 R 的测量应按 8.1.5.1 中的规定；

——对于分断能力试验，额定分断能力不得大于同一熔断体系列中最大额定电流熔断体的额定分断能力，否则较大额定分断能力的熔断体中的最大额定电流熔断体应进行 No.1 和 No.2 试验。

对于同一熔断体系列：

——最大额定电流的熔断体应按表 11 进行完整试验；

——最小额定电流的熔断体仅须按表 12 进行试验；

——最大与最小额定电流之间的其他额定电流熔断体应按表 13 进行试验。

表 11 熔断体完整试验和被试熔断体数量一览表

试验项目及相应条款	试 品 数 量																								
	"g"熔断体															"a"熔断体									
	1	1	1	1	1	1	3	3	1	3	1	1	1	1	3	1	1	1	1	3	3	1	4	3	3
8.1.4 尺寸	×	×	×													×	×	×							
8.1.5.1 电阻	×	×	×	×	×	×	×	×	×	×	×	×	×	×	×	×	×	×	×	×	×	×	×	×	×
8.3 温升、耗散功率	×															×									

表 11（续）

试验项目及相应条款	试品数量																								
	“g”熔断体															“a”熔断体									
	1	1	1	1	1	1	3	3	1	3	1	1	1	1	3	1	1	1	1	3	3	1	4	3	3
8.4.3.1 a)约定不熔断电流	×																								
8.4.3.1 b)约定熔断电流	×																								
8.4.3.2 额定电流		×																							
8.4.3.3 时间-电流特性、门限																									
“g”熔断体门限 a) I_{min}(10 s)											×														
b) I_{max}(5 s)												×													
c) I_{min}(0.1 s)													×												
d) I_{max}(0.1 s)														×											
“a”熔断体门限																							×		
8.4.3.4 过载										×															×
8.4.3.5 约定电缆过载保护									×																
8.4.3.6 指示装置[c]				×	×	×	×	×									×	×	×	×	×				
撞击器[c]			×	×	×	×	×	×									×	×	×	×	×	×			
8.5 No.5 分断能力[a]				×													×								
8.5 No.4 分断能力[a]					×													×							
8.5 No.3 分断能力[a]						×													×						
8.5 No.2 分断能力[b]							×													×					
8.5 No.1 分断能力[b]								×													×				
8.6 截断电流特性[d]																									
8.7 I^2t 特性[d]																									
8.8 防护等级[d]																									
8.9 耐热性[d]																									
8.10 触头不变坏[d]																									
8.11.1 机械强度[d]																									
8.11.2.1 耐应力腐蚀龟裂[d,e]																									
8.11.2.2 耐非正常热和火[d]															×									×	
8.11.2.3 耐锈性[d]																									

[a] 若周围空气温度在 15 ℃至 25 ℃之间，对时间-电流特性同样有效(见 8.4.3.3)。对装在试验底座上试验的熔断体，可进行 8.4.3.3 中 3a)，4a)和 5a)的试验。

[b] 对截断电流和 I^2t 特性(见 8.6 和 8.7)同样有效。

[c] 仅对带有指示装置或撞击器的熔断体。

[d] 8.6 至 8.11 的试验可能与下续部分标准中所规定的熔断器系统有关。试品数量取决于熔断器系统和材料。

[e] 适合于载流部件由含铜量在 83%以下的轧制铜合金制成的熔断体。

表 12 同一熔断体系列中最小额定电流熔断体的试验和被试熔断体数量一览表

试验项目及相应条款	试品数量																			
	“g”熔断体													“a”熔断体						
	1	1	1	1	1	3	1	1	3	1	1	1	1	1	1	1	3	1	3	4
8.1.4 尺寸	×	×	×											×	×	×				
8.1.5.1 电阻	×	×	×	×	×	×	×	×	×	×	×	×	×	×	×	×	×	×	×	×
8.4.3.1 a)约定不熔断电流					×															
8.4.3.1 b)约定熔断电流					×															
8.4.3.2 额定电流				×																
8.4.3.3.1 时间-电流特性 No. 3a[d]	×													×						
No. 4a[d]		×													×					
No. 5a[d]			×													×				
8.4.3.3.2 “g”熔断体门限 a) I_{min}(10 s)										×										
b) I_{max}(5 s)											×									
c) I_{min}(0.1 s)												×								
d) I_{max}(0.1 s)													×							
“a”熔断体门限																				×
8.4.3.4 过载									×										×	
8.4.3.5 约定电缆过载保护								×												
8.4.3.6 指示装置[c]						×											×			
撞击器[c]						×	×										×	×		
8.5 No.1 分断能力[a]						×											×			
8.6 截断电流特性[b]																				
8.7 I^2t 特性[b]																				
8.8 防护等级[b]																				
8.9 耐热性[b]																				
8.10 触头不变坏[b]																				
8.11.1 机械强度[b]																				
8.11.2.2 耐非正常热和火[b]																				
8.11.2.3 耐锈性[b]																				

[a] 对截断电流和 I^2t 特性同样有效(见 8.6 和 8.7)。

[b] 8.6 至 8.11 的试验可能与下续部分标准所规定的熔断器系统有关。试品数量取决于熔断器系统和材料。

[c] 仅对带有指示装置或撞击器的熔断体。

[d] “gD”,“gG”,“gM”熔断体除外,因为结合门限验证所进行的试验已满足要求(见 8.4.3.3.2)。

表 13 同一熔断体系列中最大与最小额定电流之间的其他额定电流熔断体试验和被试熔断体数量一览表

试验项目及相应条款	试品数量									
	"g"熔断体							"a"熔断体		
	1	1	1	1	1	1	1	1	2	2
8.1.4 尺寸	×	×						×		×
8.1.5.1 电阻	×	×	×	×	×	×	×	×	×	×
8.4.3.1 a)约定不熔断电流	×									
8.4.3.2 额定电流	×									
8.4.3.3.1 时间-电流特性 No.4a[a]		×						×		
8.4.3.3.2 "g"熔断体门限 a) I_{min}(10s)				×						
b) I_{max}(5s)					×					
c) I_{min}(0.1s)						×				
d) I_{max}(0.1s)							×			
"a"熔断体门限									×	×
8.4.3.5 约定电缆过载保护			×							

[a] "gD"、"gG"、"gM"熔断体除外，因为结合门限验证所进行的试验已满足要求（见8.4.3.3.2）。

注：表13的试验可在降低的电压下进行。

8.1.6 熔断器支持件的试验

熔断器支持件应按表14进行试验。

表 14 熔断器支持件的完整试验和被试熔断器支持件数量一览表

试验项目及相应条款	试品数量			
	1	1	3	3
8.1.4 尺寸	×		×	×
8.2 绝缘性能和隔离适用性	×			
8.3 温升和接受耗散功率		×		
8.5 峰值耐受电流		×		
8.8 防护等级	×			
8.9 耐热性		×		
8.10 触头不变坏				×
8.11.1 机械强度	×	×	×	×
8.11.2.1 耐应力腐蚀龟裂[a]			×	
8.11.2.2 耐非正常热与火	×			
8.11.2.3 耐锈性		×		

[a] 适合于载流部件由含铜量在83%以下的轧制铜合金制成的熔断器支持件。

注：下续部分标准中提到的特殊熔断器系统可能需要附加的试验。试品数量与系统和材料有关。

8.2 绝缘性能和隔离适用性验证

8.2.1 熔断器支持件的布置

除 8.1.4 规定外，熔断器支持件应装上该熔断器支持件所配用的最大尺寸的熔断体。

若熔断器底座本身作为绝缘件，金属零件都应根据制造厂规定的熔断器安装条件装在其固定点上，还应将这些零件看作是电器框架的一部分。除非制造厂另有规定，熔断器底座应装在金属板上。

若熔断体可以带电更换，则在正常更换中可能被触及的熔断体表面、更换熔断体的装置的表面或载熔件(如有)的表面都被看作是熔断器的组成部分。因此，如果这些表面是绝缘材料制成，在试验时这些表面应包以金属箔，并与电器框架相连；如果是金属材料制成，这些表面应直接与框架相连接。

若制造厂配备附加的绝缘物，如隔板，则试验时这些绝缘物应装在位置上。

为了验证隔离适用性，设备应处于正常断开位置，熔断体保持在载熔件内，或移去熔断体和载熔件(如适用)。

8.2.2 绝缘性能验证

8.2.2.1 试验电压施加点

验证绝缘性能的试验电压应施加在：

a) 带电部件和框架之间。熔断体和更换熔断体的装置或载熔件(如有)应装上；

b) 接线端子之间。当熔断器处在正常断开位置，熔断体保持在载熔件内时；或当熔断体和更换熔断体的装置或载熔件(如有)移去时；

c) 不同极的带电部件之间(对多极熔断器支持件)。应装上与熔断器支持件配用的最大尺寸的熔断体和更换熔断体的装置或载熔件(如有)；

d) 熔断体熔断后电位不同的带电部件之间(对多极熔断器支持件)。只装上载熔件或更换熔断体的装置，不装熔断体。

8.2.2.2 试验电压值

试验电压值见表 15，它是熔断器支持件额定电压的函数。

表 15 试验电压

单位为伏

熔断器支持件的额定电压 U_n		交流试验电压(有效值)	直流试验电压
适用于交流和直流	60 及 60 以下	1 000	1 415
	61～300	1 500	2 120
	301～690	1 890	2 670
	691～800	2 000	2 830
	801～1 000	2 200	3 110
仅适用于直流	1 001～1 500	—	3 820

8.2.2.3 试验方法

8.2.2.3.1 试验电压应逐渐增加，并按表 15 规定的值维持 1 min。

注：在整定有关开路试验电压时，试验电压源的短路电流至少为 0.1 A。

8.2.2.3.2 熔断器支持件应置于潮湿的大气条件下。

潮湿处理应在潮湿箱中进行。箱中空气的相对湿度维持在 91%至 95%之间。

安放试品处的空气温度应保持在 20 ℃至 30 ℃中的任一温度 T，温度的变化不超过 2 K。

试品放入潮湿箱之前，其温度不应与上述温度 T 相差＋2 K。

试品应在潮湿箱中存放 48 h。

潮湿处理后，挥干凝露产生的水滴，应立即测量 8.2.2.1 中规定的各点之间的绝缘电阻。施加约 500 V 的直流电压进行测量。

8.2.3 隔离适用性验证

大于表 9 规定值的电气间隙可通过尺寸测量或电压试验进行验证。

8.2.3.1 试验电压的施加点

验证隔离适用性的试验电压应施加在接线端子之间，此时移去熔断体和更换熔断体的装置或载熔件（如有）；或设备处于正常断开位置，此时熔断体保持在载熔件内。

8.2.3.2 试验电压值

验证额定冲击耐受电压的试验电压见表16。

表16 验证隔离适用性的跨接各极的试验电压

额定冲击耐受电压 U_{imp}/kV	试验电压和相应海拔 $U_{1.2/50}$/kV				
	海平面	200 m	500 m	1 000 m	2 000 m
0.8	1.8	1.7	1.7	1.6	1.5
1.5	2.3	2.3	2.2	2.2	2
2.5	3.5	3.5	3.4	3.2	3
4.0	6.2	6.0	5.8	5.6	5
6.0	9.8	9.6	9.3	9.0	8
8.0	12.3	12.1	11.7	11.1	10
12.0	18.5	18.1	17.5	16.7	15

8.2.3.3 试验方法

根据表16的1.2/50 μs冲击电压每一极性施加5次，最小时间间隔为1 s。

8.2.4 试验结果的判别

8.2.4.1 在施加根据表15规定的试验电压的整个过程中，不应出现绝缘击穿或闪络。不伴有电压降的辉光放电可以忽略。

冲击电压试验期间不应出现击穿放电。

8.2.4.2 按8.2.2.3.2规定测得的绝缘电阻应不小于1 MΩ。

8.3 温升与耗散功率验证

8.3.1 熔断器的布置

除非制造厂另有规定，用一个熔断器进行试验。

熔断器应按8.1.4规定安装在自然空气中，以确保试验结果不受特定安装条件的影响。

试验应在周围空气温度(20±5)℃下进行。

每一单个熔断器每一边连接线的长度应不小于1 m。若有必要或希望几个熔断器一起进行试验，熔断器可串联。这样串联的熔断器接线端子之间连结线总长度为2 m左右。电缆应尽可能直。

除非下续部分标准另有规定，截面积按表17选取。对额定电流400 A及以下者，应采用黑色单芯聚氯乙烯(PVC)绝缘的铜导体作为连接线；对额定电流为500 A至800 A者，可采用黑色单芯PVC绝缘的铜导体或裸铜排为连接线；对于更大额定电流者，仅可采用涂黑色无光漆的铜排。接线端子与电缆的固定螺钉的拧紧力矩在下续部分标准中规定。

8.3.2 温升的测量

表5规定的熔断器触头及接线端子的温升应以最合适的测量仪器测定，测量仪器不应显著影响熔断器部件的温度。所采用的测量方法应在试验报告中说明。

8.3.3 熔断体耗散功率的测量

熔断体应安装在熔断器支持件或按下续部分标准规定的试验底座上。试验布置按8.3.1规定。

测得的耗散功率应以瓦特表示。应在熔断体上选择能测出最大值的测量点。测量点在下续部分标准中规定。

8.3.4 试验方法

试验(8.3.4.1 和 8.3.4.2)应继续到温度稳定,且温升明显不超过规定的极限为止。当温升变化每小时不超过 1 K 时,即可认为温度已稳定。测量应在试验的最后 1/4 h 内进行。试验可在降低的电压下进行。

8.3.4.1 熔断器支持件的温升

温升试验应在交流下进行,试验用的熔断体应为:在熔断器支持件的额定电流下,其耗散功率等于熔断器支持件的额定接受耗散功率;或用下续部分标准中规定的模拟熔断体进行试验。试验电流应等于熔断器支持件的额定电流。

8.3.4.2 熔断体的耗散功率

试验应通以熔断体的额定电流,在交流下进行。

表 17 8.3 和 8.4 试验中铜联接导体的截面积

额定电流/A	截面积/mm^2 或 mm×mm
2	1
4	1
6	1
8	1.5
10	1.5
12	1.5
16	2.5
20	2.5
25	4
32	6
40	10
50	10
63	16
80	25
100	35
125	50
160	70
200	95
250	120
315	185
400	240
500	2×150 或 2×(30×5)[a]
630	2×185 或 2×(40×5)[a]
800	2×240 或 2×(50×5)[a]
1 000	2×(60×5)[a]
1 250	2×(80×5)[a]

[a] 用于与铜排连接的熔断器的推荐导线截面。所使用的连接导体的型式与布置应在试验报告中写明。对于涂黑色无光漆的铜排,同极性的两个并联铜排间的距离应大约为 5 mm。

注:表 17 中的值和表 5 中规定的温升极限应看作为一种约定,它适合于 8.3.4 所规定的温升试验。按某一安装条件使用或试验的熔断器,其连接线的型式、性质与配置可能与试验条件不同。因此,另一个温升极限可能需要被规定或被认可。

8.3.5 试验结果的判别

温升不得超过表 5 所规定的数值。

熔断体的耗散功率不得超过其额定耗散功率或下续部分标准所规定的数值。熔断器支持件的接受耗散功率不应小于预定要装于该熔断器支持件上的熔断体的额定耗散功率或下续部分标准中所规定的数值。

试验后熔断器应处于完好的工作状态。尤其是，熔断器支持件的绝缘部件在冷却至周围空气温度后应能耐受 8.2 中规定的试验电压(见表 15)。此外，还应没有妨碍它们正确动作的变形。

8.4 动作验证

8.4.1 熔断器的布置

试验布置按 8.1.4 规定。

连接导体的长度与截面积应符合 8.3.1 规定，并按熔断体的额定电流来选取，见表 17。

8.4.2 周围空气温度

试验时周围空气温度应为(20±5)℃。

8.4.3 试验方法和试验结果的判别

8.4.3.1 约定不熔断电流与约定熔断电流验证

下列试验允许在降低的电压下进行：

a) 熔断体承载约定不熔断电流(I_{nf})，在表 2 规定的约定时间内不应熔断；

b) 熔断体冷却至周围空气温度后承载约定熔断电流(I_f)，在表 2 规定的约定时间内熔断。

8.4.3.2 "g"熔断体的额定电流验证

进行下述试验以验证熔断体的额定电流。熔断器按 8.4.1 规定安装。试验允许在降低的电压下进行。

用一个熔断体进行脉冲试验，试验持续 100 h。试验期间熔断体周期性地通电。每个试验周期包括一个约定时间的通电和 0.1 倍约定时间的断电。试验电流等于熔断体额定电流的 1.05 倍。试验后熔断体不应改变其特性，可用 8.4.3.1a)的试验来验证。

8.4.3.3 时间-电流特性和门限验证

8.4.3.3.1 时间-电流特性

时间-电流特性可用 8.5 试验示波图的数据来验证。

验证时确定下列时间：

1) 从电路接通瞬间至电压测量装置指示出电弧出现瞬间；

2) 从电路接通瞬间至电路完全断开的瞬间。

对应于横坐标预期电流测出的弧前时间和熔断时间应在制造厂所提供的时间-电流带之内或在下续部分标准所规定的时间-电流带之内。

考虑到对于同一熔断体系列的熔断体(见 8.1.5.2)，8.5 的完整试验仅在最大额定电流的熔断体上进行，对于较小额定电流的熔断体仅需验证弧前时间。在此情况下，应在周围空气温度为(20±5)℃和仅在下列预期电流下，进行补充试验。

——对于"g"熔断体(但"gD"、"gG"和"gM"除外，因为结合门限验证(见 8.4.3.3.2)进行的试验已满足要求)：

试验 3a) 10～20 倍熔断体额定电流之间；

试验 4a) 5～8 倍熔断体额定电流之间；

试验 5a) 2.5～4 倍熔断体额定电流之间；

——对于"a"熔断体：

试验 3a) $5k_2$～$8k_2$ 倍熔断体额定电流之间；

试验 4a) $2k_2$～$3k_2$ 倍熔断体额定电流之间；

试验 5a) $1k_2$～$1.5k_2$ 倍熔断体额定电流之间(见图 2)。

这些补充试验可在降低的电压下进行，在此情况下，若弧前时间超过 0.02 s，则试验时测得的电流应认为是预期电流。

8.4.3.3.2 门限验证

下述试验可在降低的电压下进行。除了上述试验外,对于"gG"和"gM"熔断体还需验证下列各项。

a) 熔断体承受表3第2栏的电流10 s,熔断体不应熔断;

b) 熔断体承受表3第3栏的电流,熔断体应在5 s内熔断;

c) 熔断体承受表3第4栏的电流0.1 s,熔断体不应熔断;

d) 熔断体承受表3第5栏的电流,熔断体应在0.1 s内熔断。

"aM"熔断体除了8.4.3.3.1试验外,还应符合下述试验。下述试验可在降低的电压下进行。

e) 熔断体承受表4第2栏的电流60 s,熔断体不应熔断;

f) 熔断体承受表4第3栏的电流,熔断体应在60 s内熔断;

g) 熔断体承受表4第5栏的电流0.2 s,熔断体不应熔断;

h) 熔断体承受表4第7栏的电流,熔断体应在0.10 s内熔断。

注:试验f)和g)可分别结合分断能力试验No.4和No.5一起进行验证。

上述"aM"熔断器试验应在表18中规定的截面积的导体上进行。

表18 "aM"熔断器试验用铜导体截面积

额定电流/A	截面积/mm^2 或 mm×mm
2	1.5
4	1.5
6	1.5
8	2.5
10	2.5
12	2.5
16	4
20	6
25	10
32	16
40	25
50	25
63	35
80	50
100	70
125	95
160	120
200	185
250	240
315	2×150 或 2×(30×5)
400	2×185 或 2×(40×5)
500	2×240 或 2×(50×5)
630	2×(60×5)
800	2×(80×5)
1 000	2×(100×5)
1 250	2×(100×5)

8.4.3.4 过载

试验布置与温升试验的布置相同(见8.3.1),试品为3只。熔断体必须承受50次脉冲,每个脉冲的持续时间与试验电流均相同。

"g"熔断体的试验电流应为制造厂规定的最小弧前时间-电流特性上对应于弧前时间5 s时的电流

的 0.8 倍。每个脉冲的持续时间为 5 s；脉冲时间间隔应为表 2 规定的约定时间的 20%。

"a"熔断体的试验电流应等于 $k_1 I_n \pm 2\%$；脉冲持续时间应为制造厂规定的过载曲线上与 $k_1 I_n$ 相对应的时间；脉冲时间间隔应为 30 倍脉冲持续时间。

本试验可在降低的电压下进行。

注：若制造厂同意，脉冲时间间隔可以缩短。

熔断体冷却到周围空气温度后，应通以过载试验时的电流。当该电流通过时，熔断体的弧前时间应在制造厂提供的时间-电流带以内。

8.4.3.5 约定电缆过载保护(仅对"gG"熔断体)

为了验证熔断体能保护电缆过载，一个熔断体进行下述的约定试验。如 8.4.1 规定，熔断体安装在合适的熔断器支持件或试验底座上，但试验连接导体采用 PVC 绝缘铜导线，导体截面积按表 19 规定选取。熔断器及其联接导体必须用熔断体的额定电流预热，预热时间等于约定时间。

随后试验电流增至 $1.45I_z$(I_z 在表 19 中规定)，熔断体应在小于约定时间内熔断。

本试验可在降低的电压下进行。

注：若 $1.45I_z$ 大于约定熔断电流，则不需要进行此试验。

表 19 用于 8.4.3.5 试验表

熔断体的 I_n/A	铜导体的标称截面积/mm²	I_z[a]/A
12	1	15
16	1.5	19.5
20 和 25	2.5	27
32	4	36
40	6	46
50 和 63	10	63
80	16	85
100	25	112
125	35	138
160	50	168
200	70	213
250	120	299
315	185	392
400	240	461

[a] 双芯负载导线载流能力 I_z(见 IEC 60364-5-52 的表 A.52-2)。

8.4.3.6 指示装置和撞击器(如有)的动作

指示装置正确动作的验证与分断能力验证(见 8.5.5)结合进行。

撞击器(如有)动作的验证还应以下列电流在另外一个试品上进行：

——对于"g"熔断体，为 I_4(见表 20 和表 21)；

——对于"a"熔断体，为 $2k_1 I_n$(见图 2)。

恢复电压为：

——对于额定电压不超过 500 V 的为 20 V；

——对于额定电压超过 500 V 的为 $0.04U_n$。

恢复电压值可超出 10%。

所有试验中撞击器在以下恢复电压时都应动作：

——至少 20 V。

如果在这些试验的某一项试验中指示装置或撞击器失败，若制造厂能提供证据说明此失败对本型式熔断器来说并非典型，而是由于个别试品缺陷所致，试验才可不被否定。

8.5 分断能力验证

8.5.1 熔断器的布置

试验布置按 8.1.4 的规定。

在接线装置的平面上，沿熔断器接线端子连线的方向，在完整熔断器每边安装长度约 0.2 m 的适当导体。在此距离内，应刚性地固定这些导体。超出此距离，应将导体朝后弯成直角。若使用下续部分标准中规定的试验底座，可认为布置符合要求。

8.5.2 试验电路的特性

试验电路示于图 5。

试验电路应为单相电路，即一只熔断器应在基于其额定电压的某一电压下进行试验。

注：单相试验被认为已给出足够的数据，亦可用于三相电路。

试验电路的电源应有足够的功率以验证规定的特性。

电源应以断路器或其他合适的电器 D 来保护；串联的可调电阻器 R 和可调电抗器 L 应可调节试验回路的特性，电路应以合适的电器 C 来接通。

试验参数示于表 20 和表 21 中。

——对于交流：

若熔断器的额定频率为 50 Hz 或 60 Hz，或者未标明额定频率（见 5.4），则应在 45 Hz～62 Hz 范围内进行试验；若额定频率为某一其他值，则试验应在该频率下进行，频率的允差为±20%。

对于 No.1 和 No.2 试验，电抗器 L 应为空心电抗器。

电路断开后第一个全半波内的工频恢复电压的峰值及以后相继的 5 个峰值应等于对应表 20 规定的有效值的峰值。

——对于直流：

分断能力试验应在直流下进行。试验电路应为电感性并串有用以调节预期电流的串联电阻。可用合适的电感线圈串并联得到所需的电感值。只要在试验时不饱和，电感线圈可以有铁芯。时间常数应在表 21 所规定的范围内。

电弧最终熄灭后 100 ms 时间内直流恢复电压的平均值应不小于表 21 规定的值。

8.5.3 测量仪器

电流波形必须用接至适当测量装置端子上的示波器中的一个测量电路 O_1 来记录。示波器的另一个测量电路 O_2 应视情况可通过电阻器或变压器在整定试验时与电源接线端子连接，而在以后试验时与熔断器接线端子连接。

No.1 和 No.2 试验时的电弧电压应用有适当灵敏度和频率响应的测量电路（传感器、传输装置和记录仪器）进行测量。如示波器能满足上述要求，即可使用。

8.5.4 试验电路的整定

试验电路（见图 5）应该用与试验电路的阻抗相比其阻抗可忽略的临时连接导体 A 代替被试熔断器来进行整定。

电阻器 R 和电抗器 L 应调整到在规定的瞬间可以达到所要求的电流值，及：

——在交流情况下，工频恢复电压所要求的功率因数。对 690 V 熔断器，工频恢复电压为额定电压的 105^{+5}_{0}%；对全部其他熔断器，工频恢复电压为额定电压的 110^{+5}_{0}%。功率因数由附录 A 规定的方法之一或其他能给出更准确的方法来确定；

——在直流情况下，恢复电压平均值等于被试熔断器额定电压的 115^{+5}_{-9}%时所要求的时间常数。

表 20 交流熔断器的分断能力试验参数

<table>
<tr><td colspan="2" rowspan="2"></td><td colspan="5">按 8.5.5.1 规定的试验</td></tr>
<tr><td>No. 1</td><td>No. 2</td><td>No. 3</td><td>No. 4</td><td>No. 5</td></tr>
<tr><td colspan="2">工频恢复电压</td><td colspan="5">额定电压的 105^{+5}_{0}%，用于 690 V 额定电压熔断器[a]
额定电压的 110^{+5}_{0}%，用于其他额定电压熔断器[a]</td></tr>
<tr><td rowspan="2">预期试验电流</td><td>对“g”熔断体</td><td rowspan="2">I_1</td><td rowspan="2">I_2</td><td>$I_3=3.2I_f$</td><td>$I_4=2.0I_f$</td><td>$I_5=1.25I_f$</td></tr>
<tr><td>对“a”熔断体</td><td>$I_3=2.5k_2I_n$</td><td>$I_4=1.6k_2I_n$</td><td>$I_5=k_2I_n$</td></tr>
<tr><td colspan="2">电流允差</td><td>$^{+10}_{0}$%[a]</td><td>不适用</td><td>±20%</td><td colspan="2">$^{+20}_{0}$%</td></tr>
<tr><td colspan="2">功率因数</td><td>预期电流 20 kA
及以下时：
0.2～0.3
预期电流 20 kA
以上时：
0.1～0.2</td><td>预期电流 20 kA
及以下时：
0.2～0.3
预期电流 20 kA
以上时：
0.1～0.2</td><td colspan="3">0.3～0.5[b]</td></tr>
<tr><td colspan="2">电压过零后的接通角</td><td>不适用</td><td>0^{+20}_{0}</td><td colspan="3">不作规定</td></tr>
<tr><td colspan="2">电压过零后的
电弧始燃角[c]</td><td>一次试验：
40°～65°
另二次试验：
65°～90°</td><td>不适用</td><td colspan="3">不适用</td></tr>
</table>

[a] 若制造厂同意，正允差可以超过。

[b] 若制造厂同意，允许功率因数低于 0.3。

[c] 若满足电压过零后电弧始燃角在 40°和 65°之间有困难，则试验应在电压过零后 $0^{+10.0}_{0}$ 的闭合相角下进行。若此时电压过零后电弧始燃角大于 65°，则认为此试验可代替始燃角为 40°～65°试验的要求。若此时电压过零后电弧始燃角小于 40°，则应按表中规定的始燃角进行三次试验。

I_1：表示额定分断能力的电流（见 5.7）。

I_2：试验时电弧能量近似为最大的电流。

注：若开始燃弧时电流的瞬时值达到预期电流（交流分量有效值）的 $0.60\sqrt{2}$ 至 $0.75\sqrt{2}$ 倍，则认为电弧能量为最大的条件能得到满足。

作为实用指南，I_2 值可能处在对应于半个周波的弧前时间的电流（对称有效值）的 3～4 倍之间。

I_3、I_4、I_5：验证熔断器在小过电流范围内是否能可靠工作的试验电流。

I_f：对应于表 2 中约定时间的约定熔断电流（见 8.4.3.1）。

K_2：见图 2。

表 21 直流熔断器的分断能力试验参数

<table>
<tr><td rowspan="2"></td><td colspan="5">按 8.5.5.1 规定的试验</td></tr>
<tr><td>No. 1</td><td>No. 2</td><td>No. 3</td><td>No. 4</td><td>No. 5</td></tr>
<tr><td>恢复电压的平均值[a]</td><td colspan="5">额定电压的 115^{+5}_{-9}%[b]</td></tr>
<tr><td>预期试验电流</td><td>I_1</td><td>I_2</td><td>$I_3=3.2I_f$</td><td>$I_4=2.0I_f$</td><td>$I_5=1.25I_f$</td></tr>
<tr><td>电流允差</td><td>$^{+10}_{0}$%[b]</td><td>不适用</td><td>±20%</td><td colspan="2">$^{+20}_{0}$%</td></tr>
</table>

表 21（续）

	按 8.5.5.1 规定的试验				
	No. 1	No. 2	No. 3	No. 4	No. 5
时间常数[b]	15 ms～20 ms				

[a] 此允差包括纹波。

[b] 若制造厂同意此值可以超过。

I_1：表示额定分断能力的电流（见 5.7）。

I_2：试验时电弧能量近似为最大的电流。

注：若开始燃弧时电流达到预期电流的 0.5～0.8 倍，则认为电弧能量为最大的条件能得到满足。

I_3、I_4、I_5：验证熔断器在小过电流范围内是否能可靠工作的试验电流。

I_f：对应于表 2 中约定时间的约定熔断电流（见 8.4.3.1）。

电流波形上相应于 0.632I 点的横坐标 OA（见图 7a）代表时间常数值。

当使用铁芯电抗器时，由于铁芯中有剩磁，上述方法可能给出错误的结果。在此情况下，电抗器可通过一串联电阻器在要求的试验电流下激磁，然后电抗器通过试验电路短路以测量电流降至 0.368I 所需的时间，电抗器短路后电源必须立即脱开。

只要能保证试验电路中电压和电流的比例，试验电路可在低电压下整定。

应通过电器 D 的闭合使电路处于准备试验状态。电器 D 的延时应调节到在它断开之前，回路电流大致达到稳定。然后闭合电器 C，电流波形由测量电路 O_1 记录；电器 C 闭合前和电器 D 断开后的电压波形由测量电路 O_2 记录。

应按附录 A 中的举例，从示波图上算出电流值。

8.5.5 试验方法

8.5.5.1 为验证熔断体是否满足 7.5 的要求，若下续部分标准未另作规定，对于交流，必须按表 20 规定的参数进行下述的 No. 1～No. 5 的试验；对于直流必须按表 21 规定的参数进行下述的 No. 1～No. 5 的试验（见 8.5.2）。

No. 1 和 No. 2 试验：

对于每一项试验，所需试品相继进行试验。

对于交流，若 No. 1 试验时，No. 2 试验的要求在一次或多次试验中得到了满足，则这些试验可作为 No. 2 试验的一部分，无需重复。

对于直流，若 No. 1 试验时，在电流等于或大于 0.5I_1 时出现电弧，则无需进行 No. 2 试验。

对于交流，若符合 No. 2 试验要求的预期电流大于额定分断能力，则 No. 1 和 No. 2 试验应以电流 I_1 在 6 只试品上，在 6 个不同的接通角下进行试验，每次试验时接通角相差约 30°。

为验证熔断器支持件的峰值耐受电流，No. 1 试验应在熔断器底座和熔断体（见 8.1.6）配齐的情况下（若有载熔件，则应装上）进行。这些试验的电弧始燃角应在电压过零后 65°和 90°之间。

No. 3～No. 5 试验：

对其中的每一试验，当进行交流试验时，可以在相对于电压过零的任一瞬间接通电路。

若试验设备不允许电流在全电压下维持所要求的时间，可以用大致等于试验电流值的电流在低电压下预热熔断器。在此情况下，必须在产生电弧之前转换到 8.5.2 所规定的试验电路中去，并且转换时间 t_1（无电流的时间间隔）不得超过 0.2 s，电流重新出现和开始燃弧之间的时间间隔不得小于 3t_1。

8.5.5.2 对于三次 No. 2 试验中的一次和 No. 4 试验，恢复电压应保持在：

——对额定值 690 V 的熔断器为 100^{+10}_{0}%；对全部其他熔断器为 100^{+15}_{0}%；

——对于直流，额定电压的 100^{+20}_{0}%；

时间至少为：

——熔管或填料中不含有机材料的熔断体熔断后，30 s；

——其他熔断体熔断后，5 min。若转换时间(无电压的时间间隔)不超过 0.1 s，允许 15 s 后转换到其他电源上去。

对于其他所有试验，熔断体熔断后，恢复电压应按上述规定的数值保持 15 s。

熔断体熔断后，至少 6 min，最多 10 min (若熔断体的熔管或填料不含有机材料，制造厂同意，时间可以更短)必须测量熔断体触头间的电阻值(见 8.5.8)并作记录。

8.5.6 周围空气温度

若试验结果也将用以验证时间-电流特性(见 8.4.3.3)，则分断能力试验应在(20±5)℃的周围空气温度下进行。

若不能得到上述的温度范围，则允许在－5 ℃至＋40 ℃的周围空气温度下进行分断能力试验。但在此情况下，表 20 和表 21 中的 No.4 和 No.5 试验都应在(20±5)℃的周围空气温度下用低电压重复进行，以验证弧前时间-电流特性。

8.5.7 示波图的分析

图 6 和图 7 用举例的方式提供了在不同的情况下分析示波图的方法。

恢复电压应从被试熔断器的示波图上确定，对于交流，按图 6b)和图 6c)计算；对于直流按图 7b)和图 7c)计算。

交流恢复电压应在第二个不受影响的半波峰值和连接它的上一个半波峰值和下一个半波峰值的直线之间测量。

直流恢复电压应测量电弧最终熄灭后在 100 ms 内的平均值。

为了确定预期电流值，需将整定电路时得到的电流波形[交流为图 6a)；直流为图 7a)]与分断试验时所得的电流波形[交流为图 6b)和图 6c)；直流为图 7b)和图 7c)]相比较。

对于交流，预期电流值是整定曲线中对应于开始燃弧瞬间的交流分量有效值。

若电路接通至开始燃弧的时间间隔小于半个波，则预期电流值应在经过半个波时间后进行测量。

对于直流，若不发生截流，则预期电流值应从整定示波图上相应于开始燃弧瞬间测得。若有纹波，应作出有效值曲线，该曲线上相应于开始燃弧瞬间的电流作为预期电流。

若发生截流，则预期电流值是整定示波图上的最大稳定值。若有纹波，应作出有效值曲线，该曲线的最大值作为预期电流。

8.5.8 试验结果的判别

在 No.1 试验和 No.2 试验中，熔断体熔断时出现的电弧电压不得超过 7.5(表 6)规定的数值。

熔断体熔断时还应无外部效应或对完整熔断器的部件造成超过以下规定的损坏。

不应有持续燃弧、飞弧或危及周围的任何火焰喷出。

熔断后熔断器的零部件(除了那些准备在每次熔断后进行更换者外)不应发生妨碍它们继续使用的损坏。

熔断体不应损坏到使其更换困难或者危及操作者的程度。只要熔断体从载熔件或试验底座取出之前保持为一整体，熔断体及其部件可以改变颜色或者出现裂缝。

每次试验(见 8.5.5.2)后，熔断体触头间的电阻用大约为 500 V 的直流电压测量至少应等于：

——对于额定电压不超过 250 V 的熔断体，50 000 Ω；

——对于其他所有情况，100 000 Ω。

8.6 截断电流特性验证

8.6.1 试验方法

若制造厂已规定截断电流特性，则该特性应结合 No.1 试验(见 8.5)的预期电流进行验证，有关数值应从示波图中求得。

8.6.2 试验结果的判别

测得的数值不得超过制造厂规定的数值(见 5.8.1)。

8.7 I^2t 特性和过电流选择性验证

8.7.1 试验方法

制造厂提出的 I^2t 特性应以分断能力试验结果验证之,或基于测量值(考虑到使用条件)计算得出(见附录 B)。

8.7.2 试验结果的判别

测得的熔断 I^2t 值不得超过制造厂规定的值或下续部分标准中规定的值。弧前 I^2t 值应不小于制造厂规定的最小弧前 I^2t 或弧前 I^2t 值应处于表 7 中规定的极限范围内(见 5.8.2 和附录 B)。

利用分断能力试验得到的熔断 I^2t 值按 B.3 中公式可计算其他电压下的熔断 I^2t 值。

8.7.3 熔断体在 0.01 s 时一致性验证

以 I_2 试验得到的弧前 I^2t 值和 0.1 s 时弧前 I^2t 值确定是否符合表 7 的规定。

对于同一熔断体系列较小额定电流的熔断体,I_2 试验的弧前 I^2t 值可按附录 B 中的公式计算。

8.7.4 过电流选择性验证

用时间-电流特性和弧前及熔断 I^2t 值验证熔断体的选择性。

注:在大多数情况下,"gG"和(或)"gM"熔断器间的选择性发生在弧前时间大于 0.01 s 的预期电流值上。符合表 7 规定的弧前 I^2t 值,可认为当弧前时间大于 0.01 s 时额定电流之比为 1.6∶1 的熔断器间的选择性可得到保证。

8.8 外壳防护等级验证

若熔断器装在外壳中,则规定于 5.1.3 的外壳防护等级应按 GB 4208 规定的条件进行验证。

8.9 耐热性验证

若下续部分标准未另作规定,耐热性应由所有的熔断试验的结果来判定。特别是按 8.3～8.5 和 8.10 的试验结果来判定。

8.10 触头不变坏验证

借助于代表严酷使用条件的试验,来验证长期运行中不受扰动的触头性能不变坏。

8.10.1 熔断器的布置

此试验应在三个试品上进行。试品在试验电路中的安排要互相不受影响。试验布置和模拟熔断体应与验证温升与耗散功率时相同(见 8.1.4,8.3.1,8.3.4.1)。

试品配有准备用于该熔断器支持件的最大额定电流的标准模拟熔断体(见下续部分标准)。

8.10.2 试验方法

试验循环包括与约定时间有关的通电时间与断电时间。通电时间的试验电流与断电时间在下续部分标准中规定。

试品先进行 250 个循环试验。若此试验结果符合要求,则试验结束。若试验结果超出规定的范围,则试验继续进行到 750 个循环。

循环试验开始前,当稳定状态条件达到时,应在额定电流下测量下续部分标准规定的温升和(或)触头的电压降。250 个循环后(如果需要在 750 个循环后)重复测量。

若熔断器太小,在触头处测量不能得出可靠的结果,则在接线端子上测得的数据可作为试验的判据。

8.10.3 试验结果的判别

250 个循环以后,如需要 750 个循环以后,测得的值应不超过下续部分标准中规定的极限值。

8.11 机械试验及其他试验

8.11.1 机械强度

若下续部分标准中未另作规定,熔断器及其部件的机械性能应结合正常使用和安装以及分断能力试验(见 8.5)结果来判定。

8.11.2　其他试验

8.11.2.1　耐应力腐蚀龟裂验证

为了验证含铜量少于 83%的轧制铜合金载流部件不发生应力腐蚀龟裂,应进行以下试验:

把三个试品浸在适当的溶液中 10 min,去掉所有的油脂。熔断体应单独进行试验,而熔断器支持件仅与完整的熔断器一起进行试验。

试品应放在温度为(30±10)℃试验箱中 4 h。

然后,试品放在底部盛有 pH 值为 10～11 的氯化氨溶液的试验箱中 8 h。

对于 1 L 氯化氨溶液,可按下法获得合适的 pH 值:

107 g 氯化氨(分析用 NH_4Cl)以 0.75 L 的蒸馏水混合并加入 30%的氢氧化钠(用分析试剂级 NaOH 和蒸馏水做成)至总容积为 1 L,pH 值不变。必须用玻璃电极测量 pH 值。

试验箱容积与溶液体积之比应为 20∶1。

用干布揩去蓝色薄膜后,用肉眼应看不见试品的裂纹,熔断体的触头端帽用手应不能移去。

8.11.2.2　耐非正常的热和火验证

若下续部分标准中未另作规定,则按以下规定:不是用来将载流部件保持在应有位置上的绝缘材料(陶瓷除外)部件(即使它们与载流部件相接触)按 8.11.2.2.5 的 a)项进行试验。

注:作为熔断器一个部件的外壳应像熔断器一样进行试验,在其余情况下外壳试验应按 GB 4208 规定进行。

用以保持载流部件和接地电路部件(如有)在应有位置上的绝缘材料(陶瓷除外)部件按8.11.2.2.5 的 b)项进行试验。

8.11.2.2.1　试验的一般说明

本试验为保证:

——规定的灼热丝环通电加热到有关设备规定的温度后不引起绝缘材料部件的点燃;

——通电加热的灼热丝在一定条件下可能点燃绝缘材料部件,但燃烧时间有限,没有由于火焰或燃烧粒子或从样品上掉下的灼热微粒造成火的蔓延。

试验在一个试品上进行,若对试验结果有怀疑,则应在另外两个试品上再重复进行试验。

8.11.2.2.2　试验装置描述

灼热丝是由镍/铬(80/20)丝组成的特殊的环,在环成型时,要小心防止尖端处形成小裂纹。

采用有包皮的细线热电偶来测量灼热丝的温度。热电偶的外径为 0.5 mm,其中有铬镍线和铝镍线,两线的焊接点在包皮的内部。

带有热电偶的灼热丝如图 8 所示。

包皮金属至少要耐温 960 ℃以上,热电偶放在钻于灼热丝端部的直径为 0.6 mm 的槽孔中,如图 8 中放大图 Z 所示。热电势应符合 GB/T 16839.1—1997,该标准中给出的特性实际是线性的。除非可靠的参考温度由其他方法取得(如用补偿箱的方法),冷联接应保持在融化的冰中。测量热电偶电动势的仪器应为 0.5 级。

灼热丝由电加热,加热顶端至温度 960 ℃所需的电流在 120 A～150 A 之间。

试验装置应设计成能使灼热丝保持在水平面并施加 1 N 力到试品上,当灼热丝和试品在水平方向相对运动越过至少 7 mm 距离的范围内,1 N 力仍应保持。

将一块约 10 mm 厚的白松木板盖以一层薄纸,放在灼热丝与试品的试验位置以下 200 mm 处。

薄纸由 ISO 4046:1978 中 6.86 规定,如一般作为包装精巧物品的薄、软且有相当韧性的纸,它的单位重量在 12 g/m^2～30 g/m^2 之间。

试验装置举例如图 9 所示。

8.11.2.2.3　预处理

试品在温度 15 ℃～35 ℃之间及相对湿度 35%～75%之间的大气中处理 24 h 后开始试验。

8.11.2.2.4 试验程序

试验装置放在基本不通风的暗室中，以便可以看见试验时发生的火焰。

试验开始前，将热电偶校正在 960 ℃温度。这是由在灼热丝端部的上表面安放一张纯度为99.8%、0.06 mm 厚，2 mm^2 的银箔来实现的。

灼热丝通电加热，当银箔熔化时温度达到 960 ℃，若干时间以后必须重复校正以补偿热电偶和连接线中的蚀变。必须注意保证热电偶能跟随灼热丝顶部由于热伸长而引起的运动。

试品的安装应使与灼热丝端部接触的表面是垂直的。灼热丝的端部施加于试品在正常使用中容易受到热应力作用的部位。

灼热丝的端部接触在截面最薄处，但离开试品上边缘不大于 15 mm，这适用于正常使用时承受热应力的部分未作详细规定的情况。

灼热丝的端部应尽量接触在平的表面上，而不接触在槽，冲落孔，窄槽或尖的边缘。

灼热丝通电加热到规定的温度，由校准过的热电偶进行测量。必须注意确保开始试验前，至少 60 s 内此温度与加热的电流保持恒定，并且在此时间内或校准时试品不受热辐射的影响，例如保证有足够的距离或使用适当的屏幕。

然后使灼热丝的端部与试品相接触并按规定加力，在此期间保持加热电流。此期间后，灼热丝与试品缓慢地分开，要避免试品再被加热或能影响试验结果的空气流通。

当灼热丝端部压及试品时，进入试品的灼热丝端部的运动将被机械地限制至 7 mm。

每次试验后，需要清理灼热丝端部任何残留的绝缘材料，例如用刷子清理。

8.11.2.2.5 严酷度

a) 灼热丝端部的温度以及它施加在试品上的持续时间应分别为：(650±10)℃和(30±1)s；

b) 灼热丝端部的温度以及它施加在试品上的持续时间应分别为：(960±10)℃和(30±1)s。

其他的试验温度由下续部分标准规定。

注：这些数值应根据 GB/T 5169.10—1997～GB/T 5169.13—1999 中“严酷度”表选择。

8.11.2.2.6 观察与测量

对试品施加灼热丝时和以后的 30 s 内，应观察试品、试品周围的部件和放在试品下方的薄纸。

记录试品起燃时间和在灼热丝施加期间或施加后的火焰熄灭时间。

测量并记录最高的火焰高度。起火时，可能产生高的火焰，时间约 1 s，这种火焰不计在内。

火焰的高度是指当灼热丝施加在试品上时，由灼热丝上边缘至可见火焰顶部的垂直距离。

试品符合下列情况之一可以认为经受住灼热丝试验：

——无可见火焰和无持续灼热发光；或

——灼热丝移去后火焰或灼热发光在 30 s 内熄灭。

薄纸不应起火或松木板不应烧焦。

8.11.2.3 耐锈性验证

把要验证的部件浸在适当的去油脂剂中 10 min 将油脂去除，然后把部件浸在温度(20±5)℃的10%氯化氨溶液中 10 min。

不烘干，但要挥干水滴，然后把部件放在温度为(20±5)℃、空气湿度达到饱和的箱子内 10 min。

部件在温度(100±5)℃的烘箱中干燥 10 min 后，其表面应无锈迹出现。

尖锐边缘上的锈斑和可擦掉的黄色薄膜可忽略不计。

对于小弹簧和受磨损的非易近部件，一层油脂可提供足够的防锈保护。这些部件仅在对油脂层的保护是否有效感到怀疑时才进行本试验，并且试验是在不擦去油脂的情况下进行。

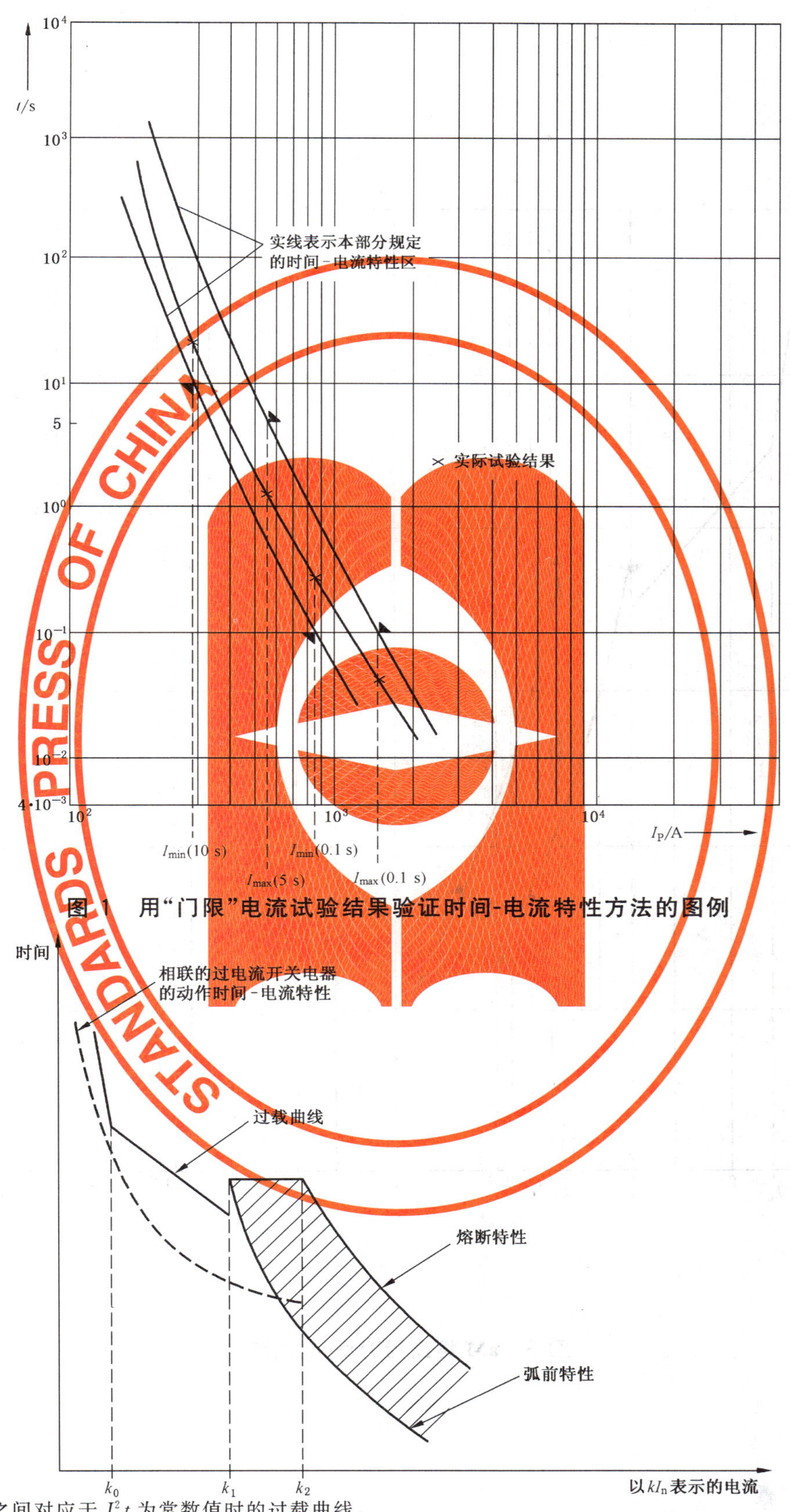

图 1 用“门限”电流试验结果验证时间-电流特性方法的图例

$k_0 I_n$ 与 $k_1 I_n$ 之间对应于 $I^2 t$ 为常数值时的过载曲线。

图 2 “a”熔断体的过载曲线和时间-电流特性

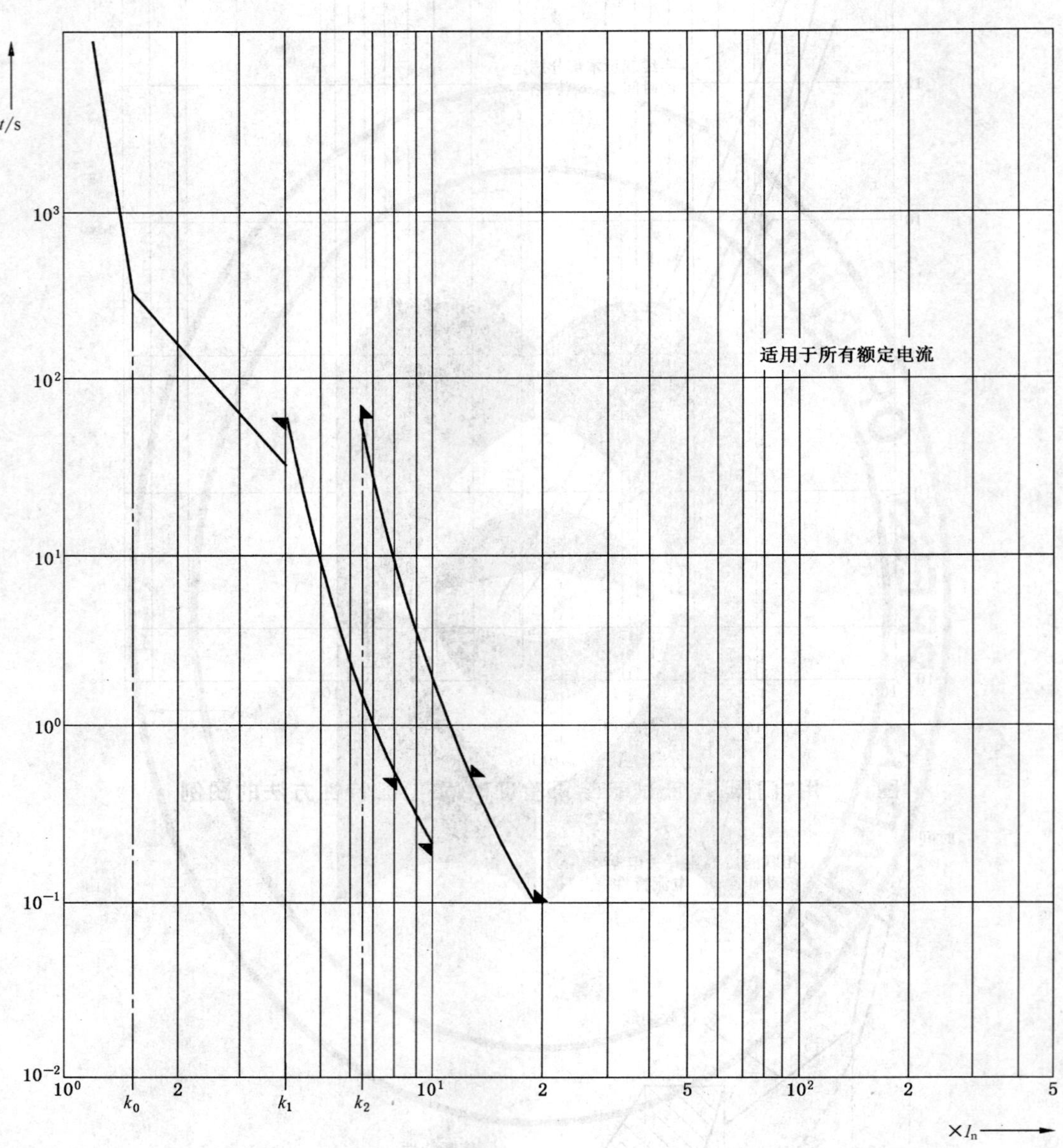

图 3 aM 熔断器时间-电流带

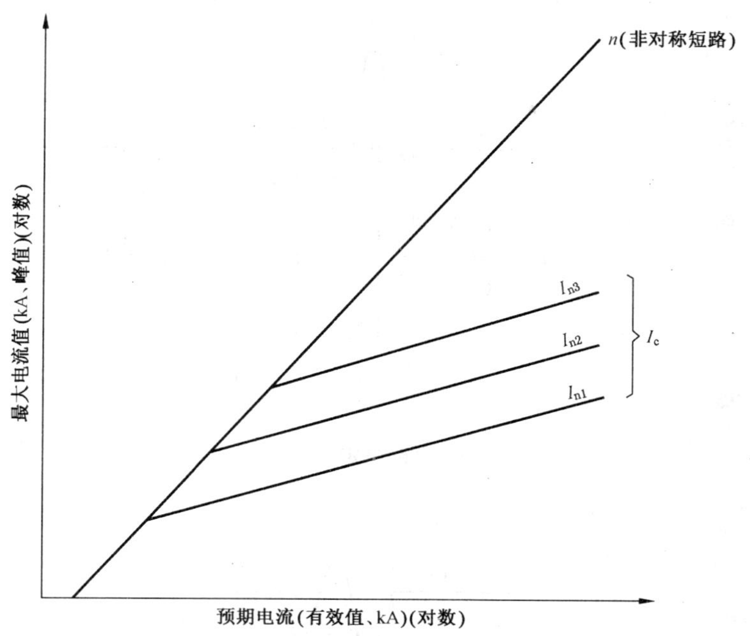

I_{n1}、I_{n2}、I_{n3}——熔断体的额定电流；

I_c——截断电流的最大值；

n——与功率因数值有关的系数。

图 4 系列交流熔断体的截断电流特性的一般表示法

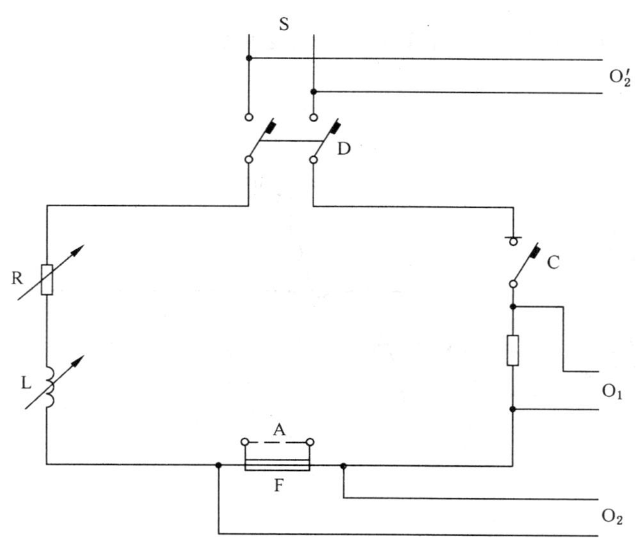

A——整定试验用的可拆连接；

C——闭合电路用的电器；

D——保护电源用断路器或其他电器；

F——被试熔断器；

L——可调电抗器；

O_1——记录电流的测量电路；

O_2——试验时记录电压的测量电路；

O_2'——整定时记录电压的测量电路；

R——可调电阻；

S——电源。

图 5 分断能力试验用的典型电路图(见 8.5)

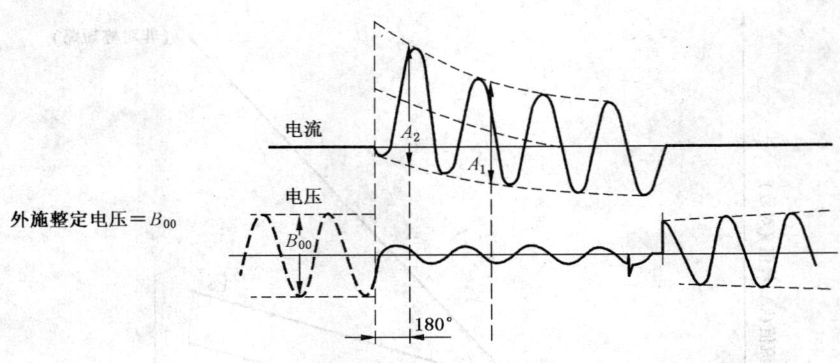

a）电路整定示波图

电流 $I_{有效值}=\frac{A_1}{2\sqrt{2}}\times\frac{B_0}{B_{00}}$

恢复电压 $U_{有效值}=\frac{B_1}{2\sqrt{2}}$

外施试验电压＝B_0

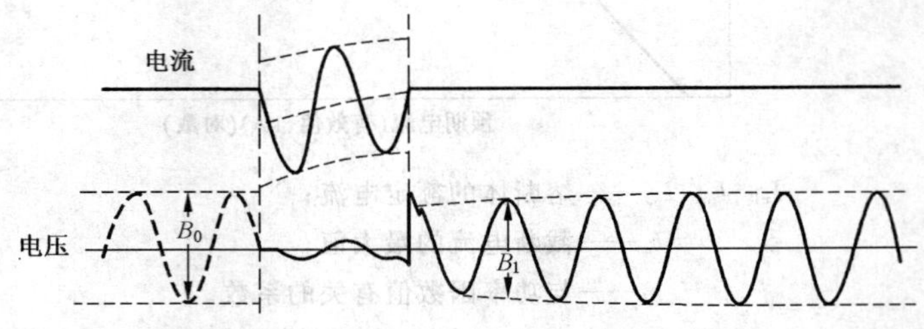

b）电弧始于接通后180°电角度之后的分断动作示波图

电流 $I_{有效值}=\frac{A_2}{2\sqrt{2}}\times\frac{B_0}{B_{00}}$

恢复电压 $U_{有效值}=\frac{B_2}{2\sqrt{2}}$

外施试验电压＝B_0

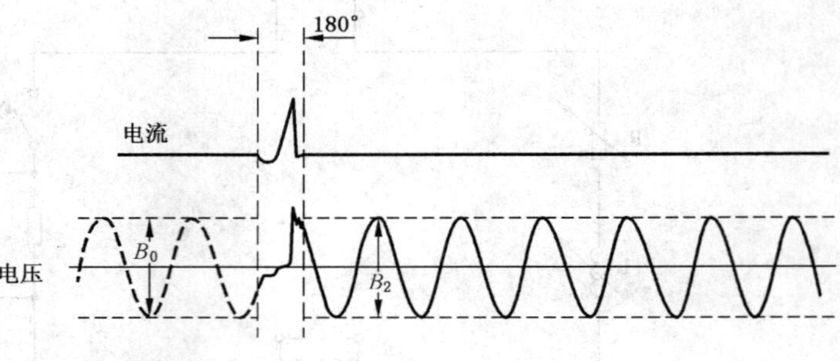

c）电弧始于接通后180°电角度之前的分断动作示波图

图6　交流分断能力试验所得示波图的说明(见8.5.7)

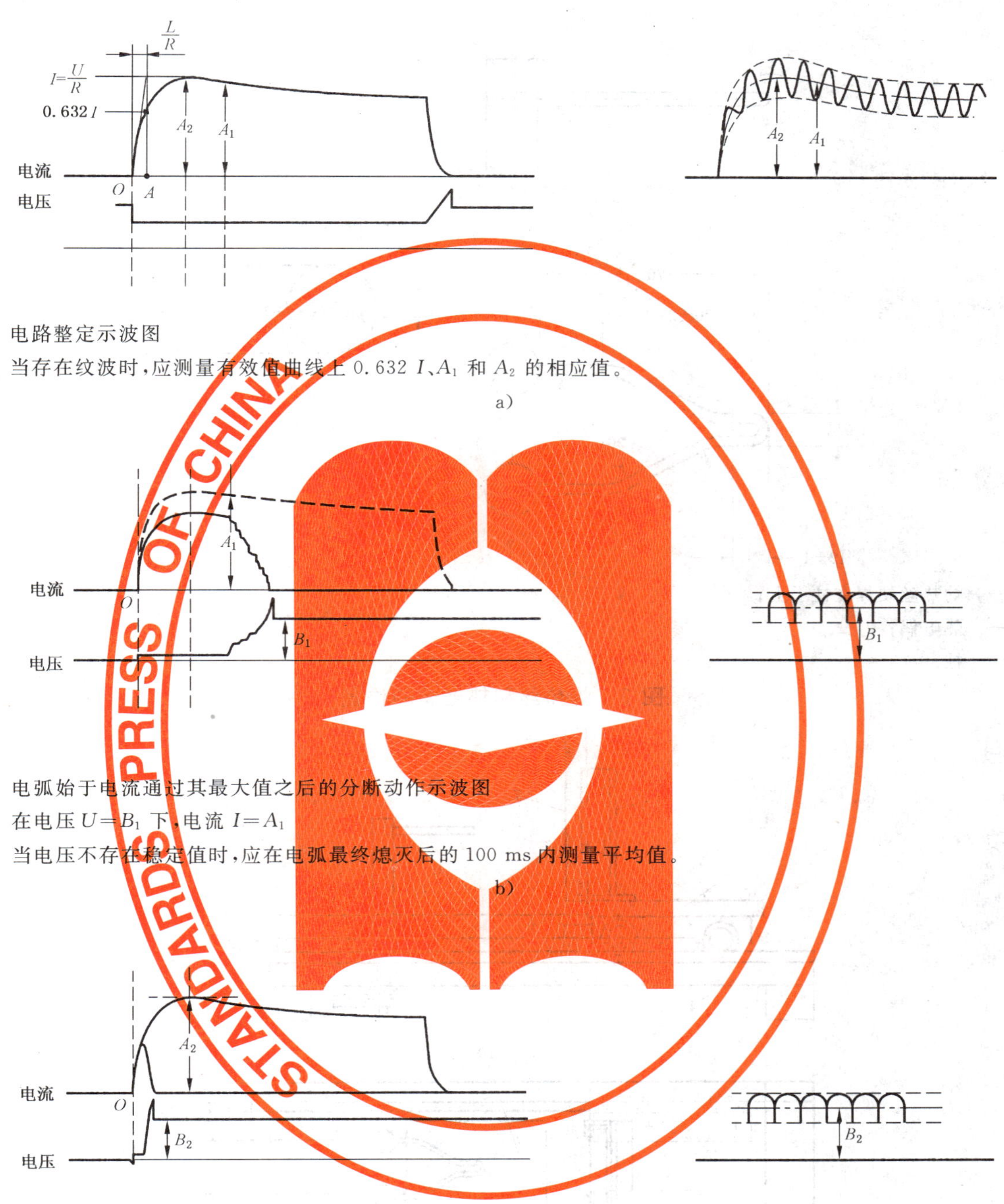

电路整定示波图

当存在纹波时，应测量有效值曲线上 0.632 I、A_1 和 A_2 的相应值。

a)

电弧始于电流通过其最大值之后的分断动作示波图

在电压 $U=B_1$ 下，电流 $I=A_1$

当电压不存在稳定值时，应在电弧最终熄灭后的 100 ms 内测量平均值。

b)

电弧始于电流通过其最大值之前的分断动作示波图

在电压 $U=B_2$ 下，电流 $I=A_2$

当电压不存在稳定值时，应在电弧最终熄灭后的 100 ms 内测量平均值。

c)

图 7　直流分断能力试验所得示波图的说明(见 8.5.7)

单位为毫米

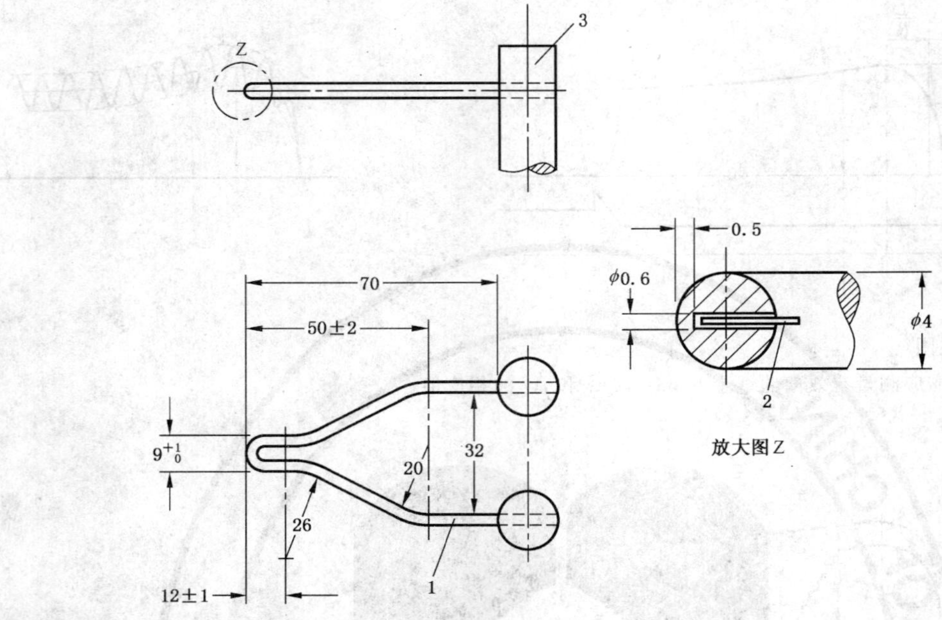

1——灼热丝硬焊在柱子上；

2——热电偶；

3——柱。

图 8　灼热丝和热电偶的位置

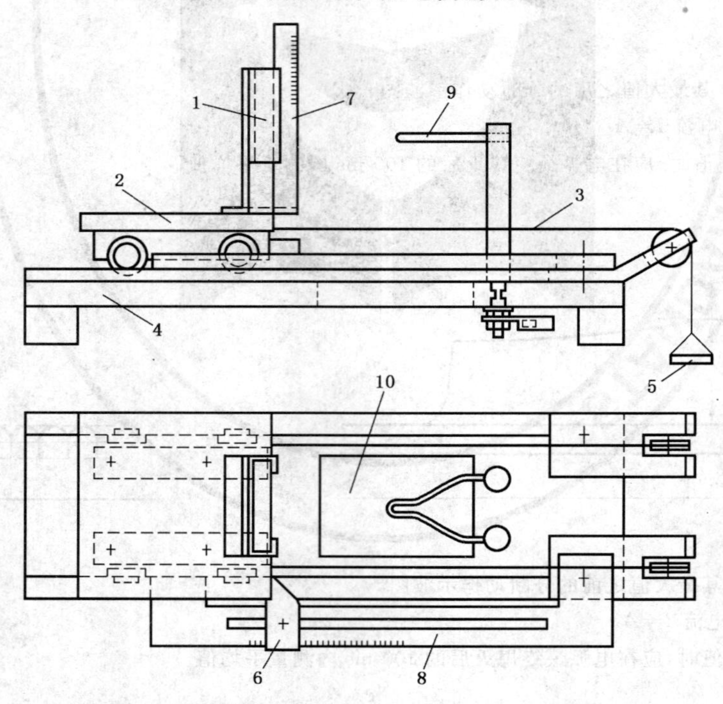

1——夹子位置；

2——小车；

3——拉紧绳索；

4——底板；

5——重物；

6——可调整定档；

7——测量火焰的标尺；

8——测量穿透的标尺；

9——灼热丝(图 8)；

10——粒子从样品上落下的底板开孔。

图 9　试验装置(举例)

附　录　A
（资料性附录）
短路功率因数的测量

没有哪种方法能精确地测量短路功率因数，但就本部分而言，可采用下列三个方法中较合适的一个来足够精确地测定试验回路的功率因数。

方法 1：按回路常数计算

功率因数可以利用角 ϕ 的余弦来计算，$\phi=\arctan X/R$，X 和 R 分别为短路时试验回路中的电抗和电阻。

由于现象的瞬变性质，没有精确测定 X 和 R 的方法。但为了满足本部分的要求，可采用下列方法来确定 X 和 R。

试验回路的 R 用直流测量。若回路中包含变压器，则 R 值可根据分别测得的初级回路的电阻 R_1 和次级回路的电阻 R_2，由下式求得：

$$R=R_2+R_1r^2$$

式中 r 是变压器的变比。

X 可按下式计算：

$$\sqrt{R^2+X^2}=E/I$$

比值 E/I（回路阻抗）可从图 A.1 中的示波图求得。

方法 2：按直流分量确定

角 ϕ 可以从短路瞬间和电弧开始瞬间之间非对称电流波形的直流分量曲线来确定。

1）直流分量公式为：

$$i_d=I_{do}e^{-Rt/L}$$

式中：

i_d——任一瞬间的直流分量值；

I_{do}——直流分量的初始值；

L/R——回路的时间常数，以秒(s)表示；

t——i_d 和 I_{do}间的时间间隔，以秒(s)表示；

e——自然对数的底。

时间常数 L/R 可以从上式确定如下：

a）　测量短路瞬间 I_{do}值和电弧出现前任何其他瞬间 t 的 i_d 值；

b）　i_d 除以 I_{do}得出 $e^{-Rt/L}$；

c）　从 e^{-X}值的表确定相应于 i_d/I_{do}之比的 $-x$ 值；

d）　x 值代表 Rt/L，x 除以 t 即可求得 R/L。于是可求得 L/R。

2）ϕ 角从下式确定：

$$\phi=\arctan \omega L/R$$

式中 ω 是实际频率的 2π 倍。

用电流互感器测量电流时不应采用此方法。

方法 3：用指示发电机测定

当指示发电机与试验发电机同轴使用时，示波图上指示发电机的电压在相位上可首先与试验发电机的电压比较，然后与试验发电机的电流比较。

根据指示发电机和主发电机电压的相角差和指示发电机的电压与试验发电机电流的相角差就可以求出试验发电机电压与电流间的相角，由此即可求出功率因数。

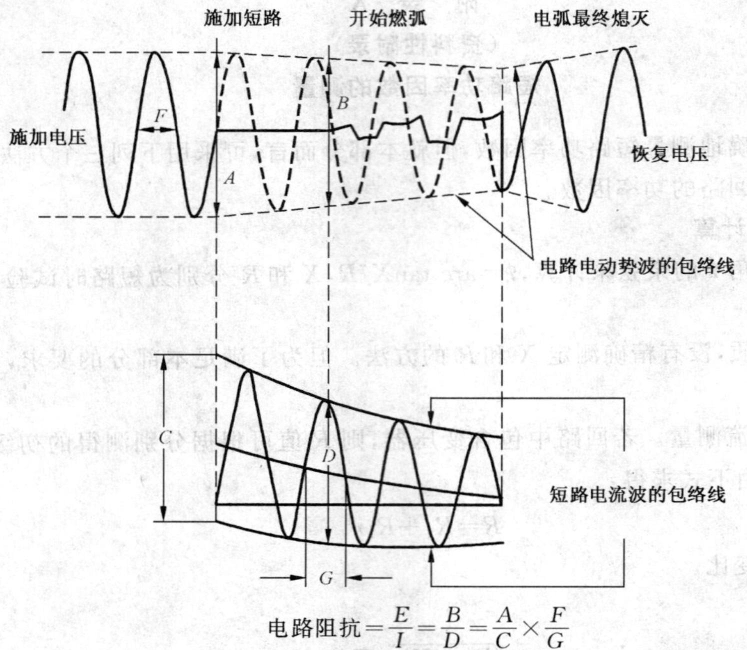

$$电路阻抗=\frac{E}{I}=\frac{B}{D}=\frac{A}{C}\times\frac{F}{G}$$

式中：

E——燃弧开始时的电路电动势$=\frac{B}{2\sqrt{2}}$，用伏特(V)表示；

I——分断电流$=\frac{D}{2\sqrt{2}}$，用安培(A)表示；

A——两倍外施电压峰值，用伏特(V)表示；

C——在短路开始时电流波形对称分量峰值的两倍，用安培(A)表示；

F——外施电压波形的半波时间，用秒(s)表示；

G——燃弧开始时电流波形的半波时间，用秒(s)表示。

图 A.1 电路阻抗的测定(用于按方法 1 计算功率因数)

附 录 B
（资料性附录）
“gG”,“gM”,“gD” 和“gN”熔断体弧前 I^2t 值和降低电压下的熔断 I^2t 值的计算

B.1 0.01 s 的弧前 I^2t 值的计算

0.01 s 的弧前 I^2t 值是 0.1 s 的弧前 I^2t 值和试验 No.2 时弧前 I^2t 测量值的函数，可用下列公式近似计算：

$$I^2t_{(0.01s)} = F\sqrt{I^2t_{(0.1s)} \times I^2t_{(\text{试验No.2})}}$$

F=0.7 用于“gG”和“gM”熔断体；

F=0.6 用于“gD”熔断体；

F=1.0 用于“gN”熔断体。

系数 F 修正在此时间区内的时间-电流特性曲线的曲率。

B.2 试验 No.2 条件下弧前 I^2t 值的计算

对技术要求没规定直接试验的同一熔断体系列中较小额定电流的熔断体，试验 No.2 条件下的弧前 I^2t 值可用下式计算：

$$(I^2t)_2 = (I^2t)_1 \times (A_2/A_1)^2$$

式中：

$(I^2t)_2$——试验 No.2 条件下较小额定电流的熔断体的弧前 I^2t；

$(I^2t)_1$——分断能力试验中在试验 No.2 条件下测得的最大额定电流熔断体的弧前 I^2t；

A_2——较小额定电流熔断体的熔体的最小截面积；

A_1——最大额定电流熔断体的熔体的最小截面积。

此计算值可用以计算 0.01 s 的 I^2t 值（见 B.1）。

B.3 降低电压下的熔断 I^2t 值的计算

使用下式可计算较低电压（小于表 20 中试验 No.1 和试验 No.2 测得的电压）下的熔断 I^2t 值：

$$\text{降低电压 } U_r \text{ 下的熔断 } I^2t = \left\{\frac{\text{试验电压 } U_t \text{ 下的熔断 } I^2t}{\text{弧前 } I^2t}\right\}^{U_r/U_t} \times \text{弧前 } I^2t$$

附 录 C
（资料性附录）
截断电流-时间特性的计算

序言

本部分7.6规定的截断电流特性是预期电流的函数。

利用下述方法可以计算作为实际弧前时间函数的截断电流特性。

对于每一种熔断体，结果将是不同的，因此，为了能充分互换，计算基以本部分允许的最大 I^2t 值。还应当指出的是：下述方法求得的是弧前时间中的峰值电流，而对于许多熔断器（特别是保护半导体的）在燃弧时间内电流在继续上升，因此下述方法求得的值是稍微偏低，与回路条件有关。

尽管如此，下述方法还是一种相当好的近似方法，用户需要时（例如为研究触头熔焊）能用此方法计算这些特性曲线。

C.1 前言

截断电流特性是预期电流的函数，其定义规定于2.3.7，此特性是5.8.1和图4的主题，试验规定于8.6。

提供这种特性不是强制的。

此外，此特性给出的数据一般是不精确的，特别是在限流开始的区间（对于对称动作，弧前时间约5 ms；对于非对称动作，弧前时间为10 ms及以下）。

用户用熔断器来保护承受幅值大时间短的电流（如短路分断前熔断器允许通过的电流）有困难的电器（例如接触器）时，需要准确知道熔断器分断时电流能达到的最大瞬时值，以便熔断器和其他电器能最经济地配合使用。

对于这种使用目的，能准确给出作为实际弧前时间函数的截断电流特性可提供较为有用的数据。

C.2 定义

作为实际弧前时间函数的截断电流特性：

表示对称动作状态下截断电流作为实际弧前时间函数的特性曲线。

C.3 特性

若截断电流特性表示为实际弧前时间的函数，截断电流特性应按对称接通电流计算并按图C.1所示以双对数形式表示，以电流为横坐标，以时间为纵坐标。

C.4 试验条件

相应于给定弧前时间的截断电流也与短路的不对称程度有关。由于特性曲线的数目与接通条件一样多，所以需要进行许多次的试验。

对于给定的熔断体，在给定的动作时间范围内，对于每一截断电流值，I^2t 值与短路电流的不对称程度近似无关。

这种性质使下列顺序成为可能：

1） 测量在对称动作状态下作为实际弧前时间函数的截断电流特性；

2） 计算相应于任何不对称度的截断电流特性。

C.5 根据测量值进行的计算

试验特性给出作为弧前时间函数的截断电流。

因短路为对称的,从上述值很容易地计算出焦耳积分的预期短路电流。

符号意义如下:

ω:角频率;

I_p:预期短路电流;

I_{ps}:对称状态下的预期短路电流;

I_{pa}:非对称状态下的预期短路电流;

I_c:截断电流;

ϕ: 相对于电压的电流相位角;

ψ: 相对于电压自然过零的闭合相角;

R,L:电阻和电感,对称条件;

t_s:对称状态下弧前时间;

t_a:非对称状态下弧前时间。

对称状态下:

(1) $I_c = I_{ps}\sqrt{2}\sin\omega t_s$

(2) $\int I_c^2\,dt = 2I_{ps}^2\int_0^{t_s}\sin^2\omega t\,dt$

按定义:$\psi=0$

计算与 R,L,ϕ 无关。

非对称状态下:

(3) $I_c = I_{pa}\sqrt{2}[\sin(\omega t_a+\psi-\phi)] - e^{-\frac{Rt_a}{L}}\sin(\psi-\phi)$

(4) $\int I^2\,dt = 2I_{pa}^2\int_0^{t_a}[\sin(\omega t+\psi-\phi) - e^{-\frac{R_t}{L}}\sin(\psi-\phi)]^2\,dt$

假定截断电流和焦耳积分在二种条件下一样:

$I_{ps}\sqrt{2}\sin\omega t_s \approx I_{pa}\sqrt{2}[\sin(\omega t_a+\psi-\phi) - e^{-\frac{Rt_a}{L}}\sin(\psi-\phi)]$

$2I_{ps}^2\int_0^{t_a}\sin^2\omega t\,dt \approx 2I_{pa}^2\int_0^{t_a}[\sin(\omega t+\psi-\phi) - e^{-\frac{R_t}{L}}\sin(\psi-\phi)]^2\,dt$

若已知 7 个值,就能算出其他 2 个值。

从试验和计算获得的截断电流值和焦耳积分有可能计算出对应于非对称状态的弧前时间和预期短路电流。

对于弧前时间为 1 ms～5 ms,此假设近似正确。

对于弧前时间小于 1 ms,给定截断电流作为预期短路电流函数的特性可给出准确的数据。

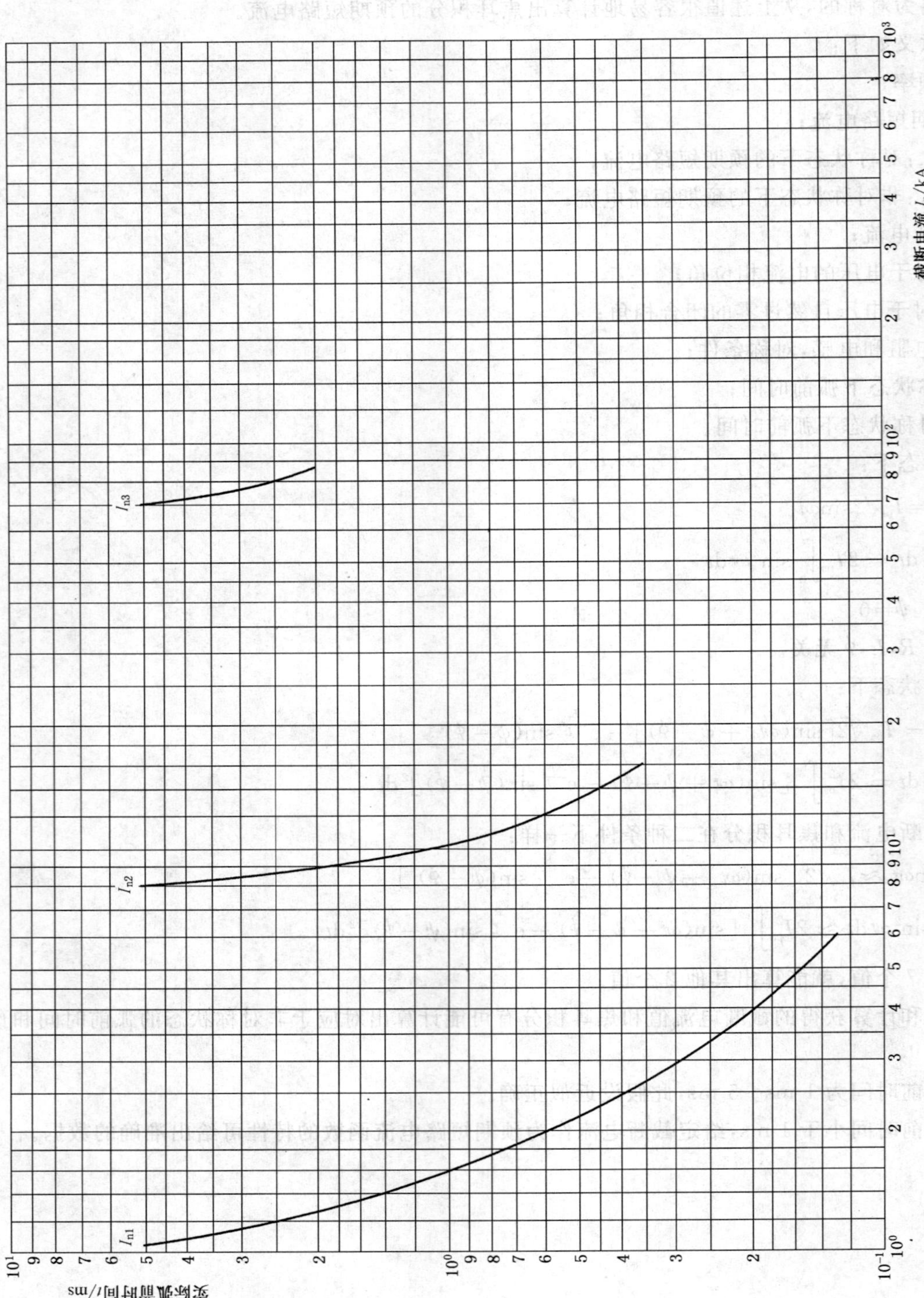

图 C.1 作为实际弧前时间函数的截断电流特性

附 录 D
（资料性附录）
周围温度和环境的改变对熔断体性能的影响

D.1 周围温度升高的影响

D.1.1 对电流额定值的影响

在平均周围温度高于3.1规定值下长期满载工作的熔断体可能需要降低电流的额定值，在考虑了所有环境情况之后制造厂和用户对降容系数应取得一致的意见。

D.1.2 对温升的影响

平均周围温度的升高引起较小的温升增加。

D.1.3 对约定熔断电流和约定不熔断电流（I_f 和 I_{nf}）的影响

平均周围温度的增加，使约定熔断和不熔断电流（I_f 和 I_{nf}）减小，但通常减小不多。

D.1.4 由于电动机起动使熔断体周围温度增加的影响

由于电动机起动而引起的熔断体周围平均温度的增加不需要将熔断体降容使用。

D.2 周围空气温度降低的影响

周围空气温度下降低于3.1规定值时，允许增大电流额定值，但也可能引起约定熔断电流，约定不熔断电流以及小过电流时的弧前时间的增加。增加的幅度取决于实际的温度和熔断体的设计，在这种情况下应与制造厂协商。

D.3 安装条件的影响

不同的安装条件如：

a) 装在箱中或开启式安装；

b) 安装面的性质；

c) 安装在箱中的熔断器数量；

d) 连接导线的截面和绝缘。

都会影响熔断器的工作条件，应予以考虑。

参 考 文 献

[1] IEC 60127 *Cartridge fuse-links for miniature fuses*

[2] IEC 60947-3:1998 *Low-voltage switchgear and controlgear-Part 3:Switches, disconnectors, switch-disconnectors and fuse-combination units* GB 14048.3—2002 低压开关设备和控制设备 第3部分:开关、隔离器、隔离开关及熔断器组合电器(IEC 60947-3:2001,IDT)

[3] IEC 60417 *Graphical symbols for use on equipment*

ICS 29.120.50
K 31

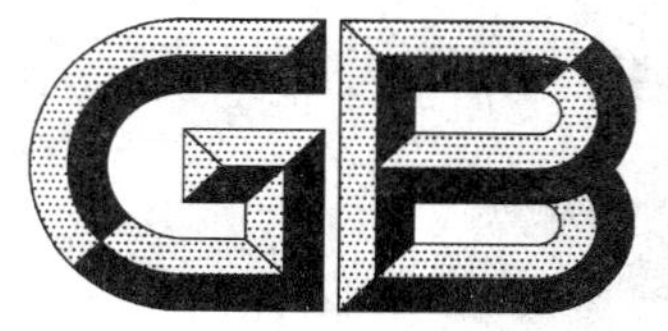

中华人民共和国国家标准

GB/T 13539.2—2008/IEC 60269-2:2006
代替 GB/T 13539.2—2002,GB/T 13539.6—2002

低压熔断器 第2部分:专职人员使用的熔断器的补充要求(主要用于工业的熔断器)标准化熔断器系统示例A至I

Low-voltage fuses—Part 2:Supplementary requirements for fuses for use by authorized persons(fuses mainly for industrial application)—Examples of standardized systems of fuses A to I

(IEC 60269-2:2006,IDT)

2008-12-30 发布 2009-10-01 实施

中华人民共和国国家质量监督检验检疫总局
中国国家标准化管理委员会 发布

前　　言

GB 13539《低压熔断器》预计分为5个部分：

——第1部分：基本要求；

——第2部分：专职人员使用的熔断器的补充要求(主要用于工业的熔断器)标准化熔断器系统示例A至I；

——第3部分：非熟练人员使用的熔断器的补充要求(主要用于家用和类似用途的熔断器)标准化熔断器系统示例A至F；

——第4部分：半导体设备保护用熔断体的补充要求；

——第5部分：低压熔断器应用指南。

本部分为GB 13539的第2部分。本部分等同采用IEC 60269-2:2006《低压熔断器　第2部分：专职人员使用的熔断器的补充要求(主要用于工业的熔断器)标准化熔断器系统示例A至I》。

为便于使用，本部分作了下列编辑性修改：

——删除国际标准的前言和引言。

——删除原表、图及部分条款下的编辑性注释。

——总范围的注中原有"各国家委员会可从上述示例中选取一个或多个系统作为自己国家的标准"，由于本部分等同采用IEC标准，故这句话已属多余，删去。

——图201中"Y详图(见表Z)"疑有误，改为"Y详图(见表201)"。

——熔断器系统C和D由于仅与熔断器底座有关，不涉及耗散功率，故将8.3标题名称"温升与耗散功率验证"改为"温升与接受耗散功率验证"；表302中条款名称作相应修改。

——熔断器系统E、G和H中8.10.3中"750个循环(必要时)后的温度应不超过试验开始前20 K"疑有误，改为"750个循环(必要时)后的温升应不超过试验开始前20 K"。

——熔断器系统F中8.3.1中原文"第Ⅰ栏适用于拧紧时即使凸出孔外的无头螺钉"疑有误，改为"第Ⅰ栏适用于拧紧时不凸出孔外的无头螺钉"。

本部分应与GB 13539.1—2008《低压熔断器　第1部分：基本要求》一起使用。本部分的条款号与GB 13539.1相对应。

本部分代替GB/T 13539.2—2002《低压熔断器　第2部分：专职人员使用的熔断器的补充要求(主要用于工业的熔断器)》和GB/T 13539.6—2002《低压熔断器　第2部分：专职人员使用的熔断器的补充要求(主要用于工业的熔断器)第1至5篇：标准化熔断器示例》。本部分主要由原GB/T 13539.2部分内容及GB/T 13539.6全部内容合并而成。本部分与GB/T 13539.2—2002和GB/T 13539.6—2002相比主要变化如下：

——原GB/T 13539.2中表A("aM"熔断体门限)、表D("aM"熔断体试验用铜导体截面积)和图1("aM"时间-电流带)删去(表A、表D和图1现已为GB 13539.1—2008的内容)；

——增加了熔断器系统C"条型熔断器底座"、熔断器系统D"母线安装(40 mm系统)的熔断器底座"和熔断器系统I"gU楔型触头熔断体"内容；

——熔断器系统A"刀型触头熔断器"中增加了224 A额定电流、绝缘搭扣的设计标志、绝缘金属搭扣的额定冲击耐受电压试验，同时修改了耐锈性验证；

——熔断器系统F"圆筒形帽熔断器"中增加了8×32尺码。

本部分的附录A为资料性附录：

本部分由中国电器工业协会提出。

本部分由全国熔断器标准化技术委员会低压熔断器分技术委员会归口。

本部分负责起草单位：上海电器科学研究所(集团)有限公司。

本部分参加起草单位：宁波开关电器制造有限公司、上海电器陶瓷厂有限公司、浙江西熔电气有限公司、人民电器集团有限公司、乐清市沪熔特种熔断器有限公司。

本部分主要起草人：季慧玉、吴庆云。

本部分参加起草人：张寅、林海鸥、李振飞、郎建才、包启树、郑爱国。

本部分所代替标准的历次版本发布情况为：

——GB/T 13539.2—2002、GB/T 13539.6-2002；

——GB 13539.2—1992。

低压熔断器　第2部分:专职人员使用的熔断器的补充要求(主要用于工业的熔断器)标准化熔断器系统示例A至I

1　总范围

专职人员使用的熔断器一般设计为用在仅由专职人员才能接近以及更换熔断体的装置中。

除非本部分另有规定,符合下述熔断器系统要求的专职人员使用的熔断器也应符合GB 13539.1的要求。

本部分由以下各熔断器系统组成,每个系统涉及一种专职人员使用的标准熔断器的具体示例。

——熔断器系统A:刀型触头熔断器(NH熔断器系统);

——熔断器系统B:带撞击器的刀型触头熔断器(NH熔断器系统);

——熔断器系统C:条型熔断器底座(NH熔断器系统);

——熔断器系统D:母线安装(40 mm系统)的熔断器底座(NH熔断器系统);

——熔断器系统E:螺栓连接熔断器(BS螺栓连接熔断器系统);

——熔断器系统F:圆筒形帽熔断器(NF圆筒形帽熔断器系统);

——熔断器系统G:偏置触刀熔断器(BS夹紧式熔断器系统);

——熔断器系统H:"gD"和"gN"特性熔断器(J类和L类延时和非延时熔断器型);

——熔断器系统I:gU楔型触头熔断体。

注:上述熔断器系统是指有关其安全方面的标准化系统。

2　规范性引用文件

下列文件中的条款通过GB 13539的本部分的引用而成为本部分的条款。凡是注日期的引用文件,其随后所有的修改单(不包括勘误的内容)或修订版均不适用于本部分,然而,鼓励根据本部分达成协议的各方研究是否可使用这些文件的最新版本。凡是不注日期的引用文件,其最新版本适用于本部分。

GB/T 4207—2003　固体绝缘材料在潮湿条件下相比电痕化指数和耐电痕化指数的测定方法(IEC 60112:1979,IDT)

GB 13539.1—2008　低压熔断器　第1部分:基本要求(IEC 60269-1:2006,IDT)

GB/T 16935.1—2008　低压系统内设备的绝缘配合　第1部分:原理、要求和试验(IEC 60664-1:2007,IDT)

IEC 60060-1　高压试验技术　第1部分:一般定义和试验要求

IEC 60999(所有部分)　连接器件　电气铜导线　有螺纹式和无螺纹式夹紧装置的安全要求

ISO 6988　金属和其他非有机覆盖层　通常凝露条件下的二氧化硫试验

熔断器系统 A——
刀型触头熔断器
（NH 熔断器系统）

1 总则

除 GB 13539.1 规定外，补充下列要求。

1.1 范围

下列附加要求适用于符合图 101 和图 102 尺寸的刀型触头熔断器，其中的熔断体拟用更换手柄（见图 103）之类的工具进行更换，熔断器的额定电流至 1 250A，额定电压至交流 690 V 或直流 440 V。

除 GB 13539.1 规定外，补充下列要求：

- 最小额定分断能力；
- 时间-电流特性；
- I^2t 特性；
- 设计的标准条件；
- 耗散功率和接受耗散功率。

2 术语和定义

本部分使用 GB 13539.1 中规定的及下述术语和定义。

2.1.101

铰链载熔件 linked fuse-carrier

机械上与熔断器底座铰链的载熔件，给予熔断体一个确定的插入和拔出动作。

注：也可见 GB 14048.3。

2.1.102

搭扣 gripping-lugs

与更换手柄或载熔件啮合的熔断体部件。搭扣可由金属或绝缘材料制成。运行时金属搭扣可以带电或不带电。

2.1.103

带电搭扣 live gripping-lugs

电气上与熔断体刀型触头相连的金属搭扣。如金属搭扣电气上虽与刀型触头不相连接，但相关的爬电距离和电气间隙小于本部分规定的要求，则该金属搭扣被认为是带电的。

2.1.104

绝缘搭扣 isolated gripping-lugs

由绝缘材料或金属制成的非带电的搭扣。如果该搭扣由金属制成，则搭扣与刀型触头之间和搭扣与熔断器底座触头之间的爬电距离和电气间隙应根据相关的过电压类别符合标准要求。

3 正常工作条件

GB 13539.1 适用。

4 分类

GB 13539.1 适用。

5 熔断器特性

除 GB 13539.1 规定外,补充下列要求。

5.2 额定电压

交流额定电压的标准值为 400 V、500 V 和 690 V;直流额定电压的标准值为 250 V 和 440 V。直流额定电压的标准值与交流额定电压的标准值是不相关的。例如,有可能有下列标准组合:交流 500 V 直流 250 V,交流 500 V 直流 440 V,交流 500 V 等。

根据图 102 规定的熔断器底座额定电压为 690 V。

5.3.1 熔断体的额定电流

各种尺码熔断体的最大额定电流见图 101。额定电流值与使用类别和额定电压有关。

224A 额定电流是对 GB 13539.1—2008 中 5.3.1 规定的补充值。

5.3.2 熔断器支持件的额定电流

各种尺码熔断器底座的额定电流见图 102。

5.5 熔断体的额定耗散功率和熔断器支持件的额定接受耗散功率

各种尺码熔断体额定耗散功率的最大值见图 101,这些值适用于最大额定电流的熔断体。熔断器支持件的额定接受耗散功率见图 102。

5.6 时间-电流特性极限

5.6.1 时间-电流特性、时间-电流带和过载曲线

制造厂给出的时间-电流特性在电流方向的误差应不大于±10%。图 104 规定的包括制造误差的时间-电流带对所有在 8.7.4 规定的试验电压下测得的弧前时间和熔断时间范围内都应得以满足。

5.6.2 约定时间和约定电流

除 GB 13539.1 规定外,约定时间和约定电流见表 101。

表 101 额定电流小于 16A 的"gG"熔断体的约定时间和约定电流

额定电流 I_n/A	约定时间/h	约定电流	
		I_{nf}	I_f
$I_n \leqslant 4$	1	$1.5I_n$	$2.1I_n$
$4<I_n<16$	1	$1.5I_n$	$1.9I_n$

5.6.3 门限

除 GB 13539.1 规定外,"gG"熔断体的门限见表 102。

表 102 "gG"熔断体规定弧前时间和熔断时间的门限

I_n/A	I_{min}(10 s)/A	I_{max}(5 s)/A	I_{min}(0.1 s)/A	I_{max}(0.1 s)/A
2	3.7	9.2	6.0	23.0
4	7.8	18.5	14.0	47.0
6	11.0	28.0	26.0	72.0
8	16.0	35.2	41.6	92.0
10	22.0	46.5	58.0	110.0
12	24.0	55.2	69.6	140.4
224	680	1 450	2 240	3 980

5.7.2 额定分断能力

最小额定分断能力见表 103。

表 103 最小额定分断能力

额定电压	最小额定分断能力
≤690 V 交流	50 kA
≤750 V 直流	25 kA

6 标志

除 GB 13539.1 规定外，补充下列要求。

符合本部分熔断器系统 A 要求和试验的熔断体和熔断器支持件可以标志“GB/T 13539.2”。

6.1 熔断器支持件标志

除 GB 13539.1 规定外，补充下列标志：

- 尺码。

当未装上熔断体时，额定电流和额定电压标志应能从正面辨认。

6.2 熔断体标志

除 GB 13539.1 规定外，补充下列标志：

- 尺码或型式；
- 额定分断能力。

额定电流和额定电压标志应能从正面辨认。此外，熔断体应按表 104 规定的方式标志：

表 104 熔断体标志

特性	gG		aM	
标志颜色	黑色		绿色	
印刷种类	色带以空心字体印刷	常规印刷	色带以空心字体印刷	常规印刷
电压				
400 V[a]	X		X	
500 V		X		X
690 V	X		X	

[a] 400 V gG 熔断体也允许使用蓝色。

具有绝缘搭扣熔断体可将正方形的搭扣图样符号标在易从正面辨认之处。倘若标志，该熔断体按 8.2 验证。

注：符号详细尺寸见图 112。

7 设计的标准条件

除 GB 13539.1 规定外，补充下列要求。

7.1 机械设计

熔断体和熔断器底座的尺寸见图 101 和图 102。

7.1.2 包括接线端子的连接

接线端子有多种形式。对于凸缘型接线端子，可连接的导线截面取决于每一尺码熔断体的额定电流范围。

设计用于连接非预制导线的接线端子至少应能连接表 105 所列截面范围内的连续 3 档尺寸的导线。凸缘型接线端子（见 IEC 60999 系列）的施加力矩见表 111 的规定。对于其他接线端子的施加力矩，制造厂应在其说明书中作出规定。

表 105 非预制导体的最小截面范围

尺码	熔断体的额定电流范围/A	截面积范围/mm^2	
		铜[a]	铝
00	6～160	6～70	25～95
0[a]	6～160	6～70	25～95
1	80～250	25～120	35～150
2	125～400	50～240	70～300
3	315～630	无适用值	
4	500～1 000		
4a	500～1 250		

[a] 除带撞击器的熔断体外，不允许用于新设备。

可能需要连接更大和/或更小截面的导体时，可以通过接线端子的结构或按制造厂推荐的辅助连接方法来实现。

对于用于连接非预制导体的接线端子，应标明是否适用于铜导体、铝导体或同时都适用。此外，在端子压线板上或附近、或在制造厂的技术文件中应标明截面范围。

7.1.3 熔断器触头

熔断体和熔断器底座的触头表面应镀银，否则应验证触头在正常使用中不会损坏。如果熔断体触刀表面镀层是非银材料，试验应以 8.10.1 要求的模拟熔断体按 8.10 试验进行验证。

注：如果熔断体需要在负载下拔出或插入，熔断器的结构(特别是熔断器触头)应适合此用途。

7.1.5 熔断器底座的结构

熔断器的动力短路耐受能力无论何时都应符合表 112 规定的截断电流。

熔断器底座(包括所有使用的防护盖)应符合 8.3 规定的温升试验要求。

7.1.7 熔断体的结构

优先采用触刀为实心材料的结构。若触刀采用其他结构，制造厂应证明该结构是适用的。

除了供手柄连接的搭扣外，盖板不允许超出绝缘管的径向尺寸。对某些使用场合，推荐将搭扣与带电部件绝缘。

熔断体应有指示器。动作时，指示器的导电部件不应从熔断体中喷出。

7.2 绝缘性能

熔断器和熔断器辅件的爬电距离和电气间隙应符合 GB/T 16935.1 中相应于过电压类别Ⅲ和污染等级 3 规定的要求。最小电气间隙也适用于非永久带电但可触及的金属部件。最小电气间隙不会因更换熔断体而减小。绝缘金属搭扣和带电部件之间的爬电距离应根据额定电压除以$\sqrt{3}$的值选取。

对于仅短时受到电压作用的绝缘，绝缘金属搭扣之间的爬电距离可按相应于低 2 个电压等级的值选取。

7.7 I^2t 特性

GB 13539.1—2008 表 7 的最大弧前 I^2t 值可作为本熔断器系统所包括的熔断体的最大熔断 I^2t 值。额定电流小于 16 A 和额定电流为 224 A 的熔断体的 I^2t 值见表 106。

表 106 "gG"熔断体 0.01 s 的弧前 I^2t 和熔断 I^2t 值

I_n/A	I^2t_{min}/A^2s	I^2t_{max}/A^2s
2	1.00	23.00
4	6.25	90.25
6	24.00	225.00
8	49.00	420.00
10	100.00	576.00
12	160.00	750.00
224	200 000	520 000

表 107 规定了在 $1.1\times U_n$ 试验电压和同一熔断体系列中最大额定电流的 No.2 试验条件下"aM"熔断体的最大熔断 I^2t 值(GB 13539.1—2008 中表 20)。

表 107 "aM"熔断体的最大熔断 I^2t 值

额定电压 U_n/V	I^2t_{max}/A^2s
$U_n\leqslant 400$	$18I_n^2$
$400<U_n\leqslant 500$	$24I_n^2$
$500<U_n\leqslant 690$	$35I_n^2$

这些值适用于弧前时间小于 0.01 s 的预期电流。

7.8 "gG"熔断体的过电流选择性

额定电流 16A 及以上,额定电流比为 1∶1.6 的系列中的熔断体在 8.7.4 规定值范围应具有选择性。

有关使用断路器时对选择性的要求,弧前 I^2t 值应符合表 108 的规定。

表 108 选择性弧前 I^2t 值

I_n/A	I^2t_{min}/A^2s	I_p/A
16	250	500
20	450	670
25	810	900
32	1 400	1 180
40	2 500	1 580
50	4 000	2 000
63	6 300	2 510
80	10 000	3 160
100	16 000	4 000
125	24 000	4 900
160	42 500	6 520
200	78 000	8 830

7.9 防电击保护

可采用隔板和熔断器触头罩来增强防电击性能。

当受过电工指导的专业人员使用符合本熔断器系统的更换手柄或铰连载熔件操作熔断体时被认为

是安全的。如合适可使用绝缘罩和/或相间隔离件。

8 试验

除 GB 13539.1 规定外,补充下列要求。

8.1.4 熔断器的布置与尺寸

7.2 的要求在熔断器底座上进行验证。熔断器底座应按表 105 规定范围连接最大和最小截面的导体。

若是绝缘金属搭扣,熔断体的爬电距离和电气间隙应根据 7.2 进行验证。电气间隙也应在插入图 111 所示的模型熔断器底座中的熔断体上进行验证。

8.1.6 熔断器支持件试验

除 GB 13539.1—2008 规定试验外,熔断器支持件还应按表 109 规定进行试验。

表 109 熔断器支持件试验和被试熔断器支持件数量一览表

试验项目及相应条款	熔断器支持件数量						
	1	1	1	1	1	1	5
8.5.5.1 熔断器底座峰值耐受电流的验证				X	X		
8.9 耐热性验证						X	
8.10.1.2 直接端子夹不变坏验证							X
8.11.1.2 熔断器底座的机械强度	X	X	X				
8.11.2.4 熔断体和熔断器底座绝缘件不变坏	X	X	X				

8.2.2.1 试验电压施加点

除 GB 13539.1 规定外,补充下列要求:

e) 绝缘金属搭扣和被试熔断器接线端子之间。

8.2.3.2 试验电压值

绝缘金属搭扣的绝缘性能可选择性地通过冲击耐受电压进行验证,相应的额定冲击耐受电压可按熔断体的额定电压按表 110 选取。

表 110 额定冲击耐受电压

额定电压/V	额定冲击耐受电压/kV
400	4
500	4
690	6

8.2.3.3 试验方法

在试品的两个极性上施加按 IEC 60060-1 的 1.2/50 μs 形状和表 110 规定的额定耐受电压水平的 5 次冲击,最小时间间隔为 1 s。

注 1:如无另外规定,冲击发生器的阻抗不应超过 500 Ω。

注 2:试验设备的详细规定见 IEC 60060-1、IEC 60060-3 和 IEC 60060-4。

8.2.4 试验结果的判别

8.2.4.3 试验期间,不应发生闪络或击穿。部分放电可忽略。

具有与触刀无电接触的金属搭扣的熔断体(该熔断体不符合 7.2 要求)在使用中被认为是非绝缘的,它们需要符合 8.9.2 和 8.11.1.8 的要求。

8.2.5 耐电痕化

熔断体和熔断器底座的塑料部件的试验按 GB/T 4207 规定进行。试品数量 5 件。试品应符合制造厂规定的 PTI 水平。陶瓷绝缘件不需进行试验。

8.3 温升与耗散功率验证

8.3.1 熔断器的布置

如果制造厂指明力矩的数值,该数值用于 8.3 和 8.10 的试验。如没指明,接线端子的螺钉或螺母按表 111 规定的力矩拧紧。

倘若试验布置包括一个以上熔断器,试品应以通常使用位置安装在一块木板上,两者中心距为图 101规定的 e_2 值的 3 倍。

用于 500 A～1 250 A 试验电流的铜排应涂黑色无光漆。

表 111 接线端子螺钉的拧紧力矩

I_n/A	尺码	螺钉尺寸	力矩/Nm
160	00	M8	10
160	0[a]	M8	10
250	1	M10	32
400	2	M10/M12	32
630	3	M10/M12	32
1 000	4	M12	56
1 250	4a	2×M12/M16	56

[a] 除带撞击器的熔断体外,不允许用于新设备。

8.3.2 温升的测量

制造厂提供的防护罩和载熔件应装上。

8.3.4.1 熔断器支持件的温升

模拟熔断体见图 105。温升测量点为图 106 中所示的 E 点。

8.3.4.2 熔断体的耗散功率

熔断体耗散功率的测量点为图 106 中所示的 S 点。

8.4.3.1 约定不熔断电流与约定熔断电流的验证

若约定不熔断电流试验也用于验证时间-电流特性,应以第 2 个试品进行 b)试验。

8.4.3.5 约定电缆过载保护试验(仅对“gG”熔断体)

注:对于典型的三相应用和周围空气温度 30 ℃时,GB 13539.1 中的试验可认为在 1.45 I_n 得到满意结果。某些国家可能需要进行一项特殊试验以证明熔断器和微型断路器(MCB)是同等的保护电器。有关特殊试验的细节见附录 A。

8.5.5.1 熔断器底座峰值耐受电流的验证

熔断器底座的峰值耐受电流如果在尺码中最大额定电流熔断体的分断能力试验中得到验证,就无需再进行验证。

8.5.5.1.1 熔断器的布置

试验应为单相形式,熔断器底座的试验布置应符合 GB 13539.1—2008 中 8.5.1 的规定。

应由相应各尺码中最大额定电流的熔断体来限流,所达到的试验电流峰值必须在表 112 规定的范围内。

表 112 试验电流

尺　码	截断电流/kA
00	22～24
0	22～24
1	34～37
2	44～48
3	65～70

只要满足 8.5.5.1.3 要求，最大值可以超过。

如果用该尺码中最大额定电流熔断体不能使截断电流达到规定范围，则应串联一个较大额定电流的熔断体。在此情况下应由模拟熔断体替代试品。模拟熔断体的外形尺寸按图 101 规定。

8.5.5.1.2 试验方法

用两个熔断器底座进行试验。一个熔断器底座用图 107 所示的淬硬并抛光的试验钢触刀手工插入，以使触头张开一定程度。做这一试验的目的是触头的回复变形应保证在弹性范围内。共做 3 次张开触头的操作。如果有机械止挡将触头开口限制在 7 mm 以内，以至不能用手工恰当地插入试验触刀，则此试验可免做。第 2 个熔断器底座按 8.11.1.2 进行试验。F_{max} 值应符合表 108 的规定，经过这些预试验后施加上述试验电流进行试验。

8.5.5.1.3 试验结果的判别

熔断体不应弹出，应无电弧、熔焊痕迹或其他可能影响熔断器底座继续使用的损坏。触头上允许有点蚀痕迹。

8.5.8 试验结果的判别

试验期间保护电源的熔断器或断路器不应动作。

8.7.4 过电流选择性验证

额定电流至 12A 的熔断器的过电流选择性和额定电流大于 12 A 的熔断器的 1∶1.6 的过电流选择性用试验记录的 I^2t 计算值得以验证。

试品布置、试验电路和电流误差按 GB 13539.1—2008 中 8.5 分断能力试验和表 20 规定。

用 4 只试品进行试验。2 只试品在相应于最小弧前 I^2t 值的预期电流（有效值）下进行试验，另 2 只试品在相应于最大熔断 I^2t 值的预期电流（有效值）下进行试验。

对于 690 V 熔断器，试验电压为 $1.05\times U_n/\sqrt{3}$。

其他熔断器的试验电压为 $1.1\times U_n/\sqrt{3}$。

从试验记录计算得到的 I^2t 值应在表 113 中相应的 I^2t 极限范围内。

表 113 选择性试验的试验电流和 I^2t 极限

I_n/A	最小弧前 I^2t		最大熔断 I^2t		选择比
	预期电流 I(有效值)/kA	I^2t/A^2s	预期电流 I(有效值)/kA	I^2t/A^2s	
2	0.013	0.67	0.064	16.4	按表中数值计算
4	0.035	4.90	0.130	67.6	
6	0.064	16.40	0.220	193.6	
8	0.100	40.00	0.310	390.0	
10	0.130	67.60	0.400	640.0	
12	0.180	130.00	0.450	820.0	

表 113（续）

I_n/A	最小弧前 I^2t		最大熔断 I^2t		选择比
	预期电流 I(有效值)/kA	I^2t/A^2s	预期电流 I(有效值)/kA	I^2t/A^2s	
16	0.270	291.00	0.550	1 210.0	1：1.6
20	0.400	640.00	0.790	2 500.0	
25	0.550	1 210.00	1.000	4 000.0	
32	0.790	2 500.00	1.200	5 750.00	
40	1.000	4 000.00	1.500	9 000.0	
50	1.200	5 750.00	1.850	13 700.0	
63	1.500	9 000.00	2.300	21 200.0	
80	1.850	13 700.00	3.000	36 000.0	
100	2.300	21 200.00	4.000	64 000.0	
125	3.000	36 000.00	5.100	104 000.0	
160	4.000	64 000.00	6.800	185 000.0	
200	5.100	104 000.00	8.700	302 000.0	
224	5.900	139 000.00	10.200	412 000.0	
250	6.800	185 000.00	11.800	557 000.0	
315	8.700	302 000.00	15.000	900 000.0	
400	11.800	557 000.00	20.000	1 600 000.0	
500	15.000	900 000.00	26.000	2 700 000.0	
630	20.000	1 600 000.00	37.000	5 470 000.0	
800	26.000	2 700 000.00	50.000	10 000 000.0	
1 000	37.000	5 470 000.00	66.000	17 400 000.0	
1 250	50.000	10 000 000.00	90.000	33 100 000.0	

8.9 耐热性验证

耐热性试验适用于熔断体和熔断器底座。

装有熔断体(该熔断体的最大耗散功率与熔断器支持件的接受耗散功率相对应)的熔断器支持件应周期性地承载电流作为预处理。预处理按 GB 13539.1—2008 中 8.4.3.2 规定。在冷却到正常温度后,熔断器应根据 8.5 进行 I_1 分断能力试验。

熔管或填料中含有有机材料的熔断体应进行同样的上述试验,但这些熔断体应分断试验电流 I_1 和 I_5。

8.9.1 熔断器底座

如果不能肯定零部件会不受规定温度和插拔力的不利影响,则应进行下述试验。

8.9.1.1 试验布置

将符合图 105 的模拟熔断体装入熔断器底座后悬挂在如图 108 所示的测量装置中。应使模拟熔断体在熔断器底座中的固定方式(例如采用卡销)对散热无显著影响。导体截面积与额定电流有关(见 GB 13539.1—2008 表 17),烘箱外导线长度至少为 1 m。测量装置应安装在容积至少为 50 L 的烘箱内或置于加热罩下，应注意将测量设备和连接导线的套管等适当地密封。应保证有试验电流或无试验电流的试验程序中烘箱温度保持在(80^{+5}_{0})℃。温度测量在距模拟熔断体中心点水平距离 150 mm 处。

8.9.1.2 试验方法

将烘箱温度升至(80^{+5}_{0})℃并保温 2 h 后，模拟熔断体通以约 160%额定电流 2 h，电流允差为±2%。可以在降低的电压下进行试验。

通电结束，在切断电流 3 min 后，对模拟熔断体平稳地施加拉力 F_{max}(见表 118)，拉力持续时间为 15 s。

8.9.1.3 试验结果的判别

试验后，熔断器底座触头的位移程度应不至于影响熔断器底座的继续使用。拔去模拟熔断体后，应检查图 102 所示尺寸。熔断器底座的绝缘安装件不应断裂或出现任何裂痕。

8.9.2 带模塑搭扣或固定在模塑材料中金属搭扣的熔断体

8.9.2.1 试验布置

将尺码中最大额定电流的熔断体插入熔断器底座。熔断体被牢固后悬挂在如图 108 所示测量装置中。

8.9.2.2 试验方法

将烘箱温度升至(80^{+5}_{0})℃并保温 2 h，然后使熔断体通以 150%额定电流直至熔断。但试验仅限制在约定时间之内。允许在降低的电压下进行试验。在熔断体熔断或达到约定时间后 3 min，对搭扣平稳地施加拉力 F_{max}(见表 118)并使拉力持续 15 s。

8.9.2.3 试验结果的判别

搭扣仍应完好可用，特别是颈部长度($2.5^{+0.5}_{0}$)mm，在保持图 101 中尺寸 d 合格的情况下，不应超长 2 mm 以上。尺寸 c_2 的最大值也应符合此规定。

8.10 触头和直接端子夹的不变坏验证

8.10.1 熔断器的布置

模拟熔断体按图 105 规定。所示的模拟熔断体刀型触头镀了层银就代表为镀银的刀型触头熔断体。假如不变坏试验为了证明与银不同镀层的刀型熔断体触头表面亦满足本要求，那么模拟熔断体的刀型触头的表面应具有相应镀层。

凸缘型接线端子力矩列于表 111 中。

GB 13539.1—2008 中 8.10.1 作以下的修改后适用：

移去导体全部长度上的绝缘物。

8.10.1.1 触头

GB 13539.1—2008 中 8.10.1 适用。

8.10.1.2 直接端子夹

GB 13539.1—2008 中 8.10.1 作以下修改后适用：

用 5 个熔断器底座的 10 个直接端子夹进行试验。

试验按如下布置：熔断器底座垂直安装，相邻熔断器底座的中心距至少为图 101 尺寸 e_2 的 3 倍。既能用铜导线又能用铝导线的直接端子夹的试验使用铝导线进行。

如果制造厂没有标明，则直接端子夹螺钉的紧固力矩应按表 114 规定。

注 1：力矩是基于螺纹和螺钉头部的摩擦系数 $\mu=0.12$ 以及符合 ISO 898-1 的 $R_P0.2$ 的最大延伸率。在拧紧螺钉时，螺杆将承受这些数值 90%的应力。力矩是基于 5.6 级的螺钉。

注 2：凸缘型接线端子力矩应符合表 111 规定。

表 114 制造厂未作规定的适用力矩

螺纹	力矩/Nm
M5	2.6
M6	4.5
M8	11
M10	21
M12	38

仅用于铜导体的直接端子夹的试验与用于铝导体的一样，但无需清洗和储存。此外，对用于铜导体的直接端子夹，本试验可作为触头试验的一部分。如果在 250 个循环(见 8.10.2.1)后触头符合要求，用于铜导体的直接端子夹符合要求。

导体截面取决于额定电流(铜导体见 GB 13539.1—2008 中表 17)。

铝导体截面按表 115 规定。

表 115 8.10 试验用铝导体截面

额定电流/A	截面积/mm²
40	25
50	25
63	35
80	50
100	70
125	95
160	95
200	150
250	185
315	240
400	300

当使用绝缘刺穿夹紧件时，只准除去夹紧区外部的绝缘层。

6 根导线的接触区按下述方法预处理：

即用砂纸清理导线并在 5 min 内连接好。

其余 4 根导线仅去掉绝缘和油脂后，在室内储存 14 d。这些未清洁的导线在被连接前不作处理。

按制造厂说明拧紧夹紧螺栓，试验中不允许再作调整。

对铝绞线，应尽可能使试验电流通过整个截面。用焊接或在导线长度的中间压紧导线可做到这一点。

8.10.2 试验方法

每个试验循环包含与约定时间相关的一个负载周期和一个空载周期。负载周期和空载周期的试验电流规定如下：

试验电流　约定不熔断电流 I_{nf}
负载周期　25%约定时间
空载周期　10%约定时间
}见 GB 13539.1—2008 中表 2

允许采用比额定电压低的试验电压。

在空载周期，将试品冷却至 35 ℃以下。允许采用辅助冷却措施，例如风扇。

在额定电流下，温升的测量应符合 GB 13539.1—2008 中 8.10.2 规定。

经过 50 个和 250 个循环，如有必要，经过 500 个和 750 个循环以后测量电压降。

GB 13539.1—2008 中 8.10.2 作以下修改后适用。

在 $I_m=(0.05\sim0.20)I_{nf}$ 直流电流下测量触头电压降。但选择 I_m 的大小应使电压降不低于 100 μV。必要时 I_m 的上限可增大至 $0.30I_{nf}$。

测量时 I_m 的误差应不大于 $^{+1}_{0}$%。

应将电压降变换为触头电阻。测量前试品应冷却至室温，如果测量过程中室温 T 偏离 20 ℃，可应用以下公式：

$$R_{20}=R_T/[1+\alpha_{20}(T-20)]$$

应根据导体材料（铜或铝）使用相应的电阻温度系数 α_{20}。

8.10.2.1 **触头**

电压降测量点为图 106 所示的 A、B 之间。

在 250 个和 750 个循环结束时测量拔出力。用图 107 所示经淬硬并抛光的试验用钢触刀插入触头，使触头张开（如果可能）一定程度（见 8.5.5.1.2）。

然后使用 8.11.1.2 所述硬钢制造的试验触刀测量拔出力。试验触刀插入底座 3 次，拔出力应在表 118规定的极限内。如果测得值过低，应按 8.5.5.1 进行动稳定试验。

8.10.2.2 **直接端子夹**

试品电压降 ΔU 的测量点见图 110。导体上的测量点 F 对硬导体的可考虑中心钻孔或对绞合线用一根裸线绕在导线周围。对于铝导体，应采取特殊措施，例如采用焊接成等效的导体（切断电缆，将每段电缆内的导线焊在一起，然后将两段电缆焊接起来，即可在焊接部分的钻孔处进行测量）。

此外，对铝导线在试验循环开始之前测量电压降，在任何情况铝导线的试验循环应为 750 个。

上述所有导体型式（铜和铝）试验顺序如表 116 所列：

表 116 直接端子夹的试验顺序

通以 I_n 验证温升
测量 $R_{cl\,0}$
50 个循环
测量 $R_{cl\,50}$
200 个循环
测量 $R_{cl\,250}$
通以 I_n 验证温升
250 个循环
测量 $R_{cl\,500}$
250 个循环
测量 $R_{cl\,750}$
通以 I_n 验证温升

在循环试验结束，按 8.3.4.1 进行温升试验。循环试验使用的去除绝缘的导体应压紧。导体上温升测量点 F 为距离压线夹 10 mm 处（见图 110）。

8.10.3 **试验结果的判别**

电阻值的允许变化范围是基于接线端子试验的实验室经验数据。需要满足的应该是最终判据而不是中间判据。

8.10.3.1 **触头**

如果 250 个循环结束时测量值不超过下述极限，就认为熔断器底座已通过试验，试验即可停止：

$$(R_{250}-R_{50})/R_{50}\leqslant 15\%$$

如果 250 个循环结束时上述极限被超过，就继续进行试验。经过 500 个循环后，下述极限不应超过：

$$(R_{500}-R_{250})/R_{250}\leqslant 30\%$$

如果这一极限被超过，试验不合格。如果这一极限没有超过，则继续试验至 750 个循环。当 750 个循环结束时，下述极限不应超过：

$$(R_{750}-R_{50})/R_{50}\leqslant 40\%$$

开始与最后测量的温升差值应小于 20K。

8.10.3.2　**直接端子夹**

对于处理干净的铝导体试品，$R_{cl\,0}$ 的允差为：

$$R_{cl\,0\,max}\leqslant 2R_{cl\,0\,min}$$

$R_{cl\,50}\sim R_{cl\,750}$ 的电阻值变化应符合表 117 范围。

表 117　电阻允许变化范围

	允许变化范围/%	
	铜导体或处理干净的铝导体	未处理铝导体
$[(R_{cl\,250}-R_{cl\,50})/R_{cl\,50}]\times 100$	15	30
$[(R_{cl\,500}-R_{cl\,250})/R_{cl\,250}]\times 100$	20	40
$[(R_{cl\,750}-R_{cl\,500})/R_{cl\,500}]\times 100$	15	30
$[(R_{cl\,750}-R_{cl\,50})/R_{cl\,50}]\times 100$	40	80

在试验点 F 测得的温升值应低于 75 K。

8.11　机械试验和其他试验

8.11.1.1　**熔断器支持件的机械强度**

装有图 105 规定的模拟熔断体的熔断器支持件，或装有为熔断器支持件所能容纳的最大额定电流及耗散功率熔断体的熔断器支持件应在额定电流下进行温升试验。

温升试验结束时，熔断体或载熔件(如采用时)应被拔出和插入熔断器底座 100 次。

试验后所有部件应完整无损，功能正常。

验证是否符合上述要求需在额定电流下再进行一次温升试验，此时测得的温升值应不大于机械强度试验开始前的温升值的 115%或不比机械强度试验开始前的温升值高 5 K(二者取较大值)。

8.11.1.2　**熔断器底座的机械强度**

熔断器底座及其部件的机械强度用下述试验进行验证。

用所提供的 3 个未经使用的熔断器底座验证熔断器底座触头的接触压力。用经淬硬并镀铬抛光的钢质试验触刀在熔断器底座中插拔 3 次。试验触刀的尺寸与图 101 中熔断体触刀尺寸相同。

当用一适当工具平稳地拔出试验触刀时，测得的拔出力 F(见图 108)应在表 118 的范围内。

表 118　从熔断器底座触头中拔出熔断体的力

尺　码	拔 出 力	
	F_{min}/N	F_{max}/N
00	60	250
0	80	300
1	110	350
2	150	400
3	210	400

为验证熔断器底座的触头是否固定牢固，将钢螺钉(8.8级)在接线端子拧紧3次，力矩为制造厂规定值的1.2倍，如无规定，则为表111规定值的1.2倍。对需要有螺母的平板形连接，应采用适当措施防止螺母转动。

经过这一试验，熔断器底座触头的位移程度应不至于妨碍熔断器底座继续使用，熔断器底座的绝缘安装件不应断裂或出现任何裂痕。

8.11.1.8 模塑搭扣或固定在模塑材料中金属搭扣的耐冲击性

8.11.1.8.1 试验布置

耐冲击试验装置见图109。落锤重300 g，击杆与搭扣之间的跌落高度为300 mm。

8.11.1.8.2 试验方法

一个熔断体在(150±5)℃温度下放置168 h，另一个在−15 ℃温度下放置72 h。冲击试验前，被加热的熔断体应先冷却至室温；被降温的那个熔断体从取出至冲击试验的时间间隔应不大于1 min。

试品在图109所示试验装置中的安装方向应使击杆与熔断体的纵轴平行，每个搭扣只承受一次冲击应力，冲击点应在搭扣颈部的中间。应保证每次试验仅上端搭扣承受冲击应力。

8.11.1.8.3 试验结果的判别

搭扣不应出现可能妨碍继续使用的损坏。与冲击前比较，冲击后搭扣的弯曲应不超过3 mm，且不妨碍与图103所示手柄的联结。

8.11.2.3 耐锈性验证

8.11.2.3.1 按ISO 6988规定，以含0.2% SO_2(FSW 0.2S)的潮湿气体进行循环试验。循环次数：1次。

考虑到经济原因，试验可在已按8.10进行过触头不变坏试验的试品上进行。

8.11.2.3.2 下列试验是按制造厂和用户协议的可选试验，它包括严酷的环境条件。

预定用于按GB/T 16935.1规定的污染等级≥3环境中的熔断体和熔断器支持件应以SFW 2.0进行5次循环试验，并作相应标志。

8.11.2.4 熔断体和熔断器底座绝缘件不变坏

8.11.2.4.1 试验方法

3个熔断体和3个熔断器底座试品放置在下列温度：

1) 时间为168 h，

——对于其中含有支撑带电部件的模塑零件的产品，在(150±5)℃温度下；

——对于罩盖，在(100±5)℃温度下。

2) 时间为1 h以上，

——对于密封膏和标志的稳定性，在(150±5)℃温度下。

试品冷却至室温后应进行下列试验：

熔断体：GB 13539.1—2008中8.5的分断能力试验 I_1 和 I_2。

熔断器底座：8.11.1.2的机械强度试验。

8.11.2.4.2 试验结果的判别

容纳熔断体的熔断器底座触头的位移程度应不至于影响其正常功能，固定接线端子的绝缘件不应断裂或出现任何裂痕。胶粘连接的机械强度不应受损，密封膏的移位不得使带电部件外露；熔断体的动作正常。

标志应耐久、易辨认。

单位为毫米

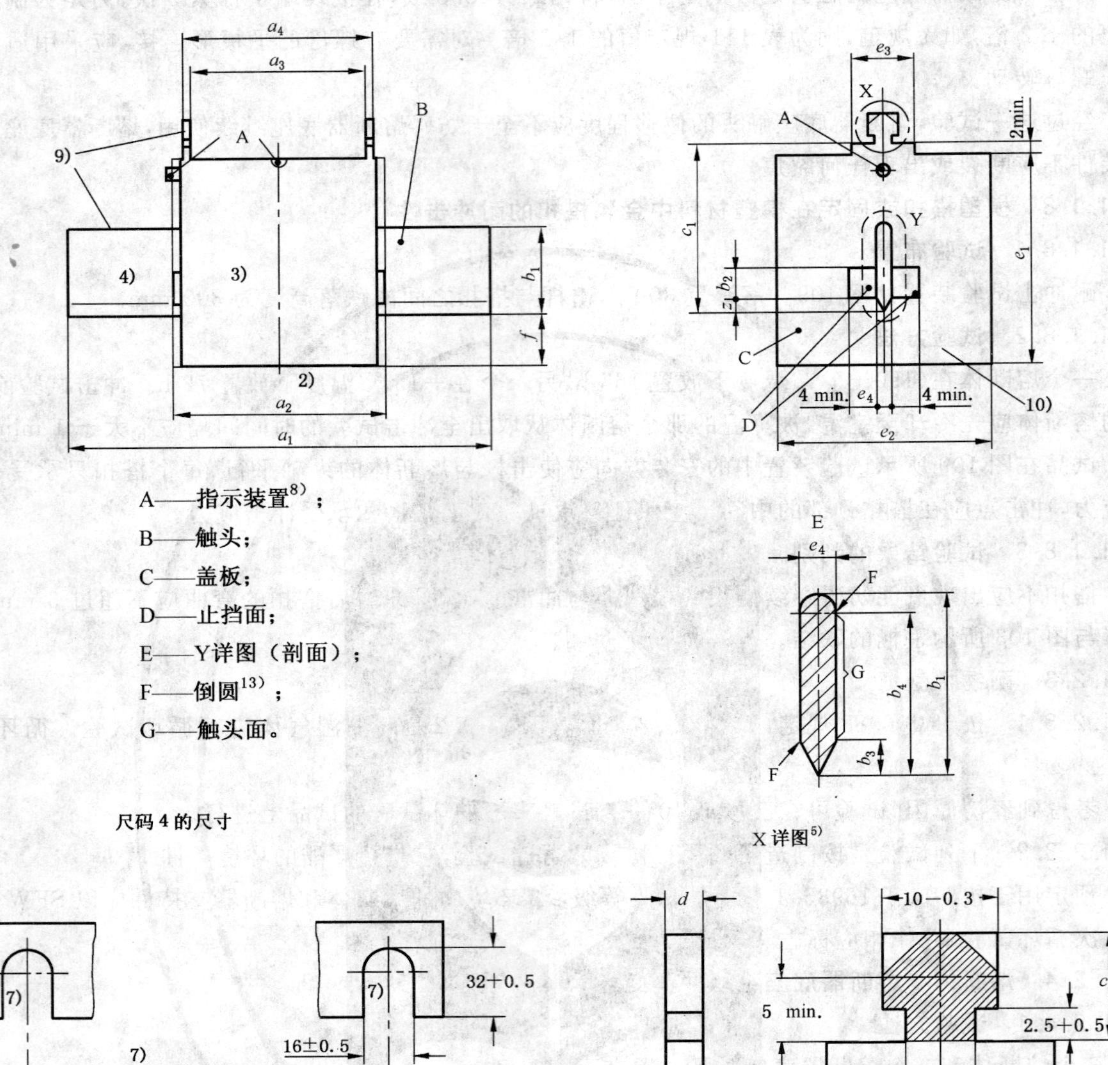

A——指示装置[8)]；

B——触头；

C——盖板；

D——止挡面；

E——Y详图（剖面）；

F——倒圆[13)]；

G——触头面。

尺码4的尺寸

7)

7)

32+0.5

16±0.5

7)

150±2.0

X详图[5)]

d

10−0.3

c_2

5 min.

2.5+0.5

6−0.3

除了注释和所示尺寸外，本图不作为设计依据。

最大额定耗散功率 P_n

尺码	gG						aM			
	AC 400 V		AC 500 V		AC 690 V		AC 400 V 和 500 V		AC 690 V	
	I_n/A	P_n/W	I_n/A	P_n/W	I_n/A	P_n/W	I_n/A	P_n/W	I_n/A	P_n/W
000	100	5.5	100	7.5	63	12	100	7.5	80	12
00	160	12	160	12	100	12	100/160	7.5/12	160	12
0	160	12	160	16	100	25	160	16	100	25
1	250	18	250	23	200	32	250	23	250	32
2	400	28	400	34	315	45	400	34	400	45
3	630	40	630	48	500	60	630	48	630	60
4	—	—	1 000	90	800	90	1 000	90	1 000	90
4a	1 250	90	1 250	110	1 000	110	1 250	110	1 250	110

图 101 刀型触头熔断体

单位为毫米

尺码	a_1[1)]	a_2[2)]	a_3[1)]	a_4[1)]	b_1[12)] min	b_2[12)] min	b_3[12)] max	b_4[12)] min	c_1 ±0.8	c_2	d[5)]	e_1[6)] max	e_2[6)] max	e_3	e_4 ±0.2	f max	z max
000	78.5±1.5	54_{-6}	45±1.5	49±1.5	15	4.5	5	12	35	10_{-1}	$2^{+1}_{-0.5}$	41	21	16^{+5}_{-2}	6	8	3
00	78.5±1.5	54_{-6}	45±1.5	49±1.5	15	4.5	5	12	35	10_{-1}	$2^{+1}_{-0.5}$	48	30	20±5	6	15	3
0	125±2.5	68_{-8}	$62^{+3}_{-1.5}$	$68^{+1.5}_{-3}$	15	4.5	5	12	35	11_{-2}	$2^{+1.5}_{-0.5}$	48	40	20±5	6	15	3
1	135±2.5	75_{-10}	62±2.5	68±2.5	20	5	6	17	40	11_{-2}	$2.5^{+1.5}_{-0.5}$	53	52	20^{+5}_{-2}	6	15	5
2	150±2.5	75_{-10}	62±2.5	68±2.5	25	8	6	22	48	11_{-2}	$2.5^{+1.5}_{-0.5}$	61	60	20^{+5}_{-2}	6	15	5
3	150±2.5	75_{-10}	62±2.5	68±2.5	32	11	6	29	60	11_{-2}	$2.5^{+1.5}_{-0.5}$	76	75	20^{+5}_{-2}	6	18	5
4[7)]	200±3	90max	62±2.5	68±2.5	49	19.5	8	45	87	11_{-2}	$2.5^{+1.5}_{-0.5}$	110	105	20^{+5}_{-2}	8	25	5
4a[11)]	200±3	100max	84±3	90 ± 3	49	—	8	45	84±3	11_{-2}	$2.5^{+1.5}_{-0.5}$	110	102	30±10	6	30	—

1) 尺寸 a_1、a_3 和 a_4 中心线对 a_2 中心线的偏移应不大于 1.5 mm。

2) 尺寸 a_2 在触刀两侧整个止挡面区域($b_2 \times 4_{min}$)内都应符合所示值,超出这一范围最大尺寸 a_2 适用。

3) 绝缘材料。

4) 触刀应轴向校直,接触表面应为平面。

5) 联结手柄部位(见 X 详图)。

6) 熔管的最大尺寸。在此范围内,熔断体可以是任何形状,例如方形、矩形、圆形、椭圆形、多边形等。

7) 尺码 4 熔断体必须有此槽口。

8) 指示装置。指示装置的位置由制造厂选定。

9) 带电部件,搭扣可以绝缘。

10) 除挂扣手柄的搭扣(见 X 详图)外,不允许盖板超出熔管的径向尺寸。

11) 仅用于带有锁扣的旋转装置。

12) 在 0,1,2 和 3 号尺码中额定电流重叠的熔断体,允许采用较小尺码的尺寸。

13) 全部棱角进行倒圆,以防损坏熔断器底座的触头表面。

图 101(续)

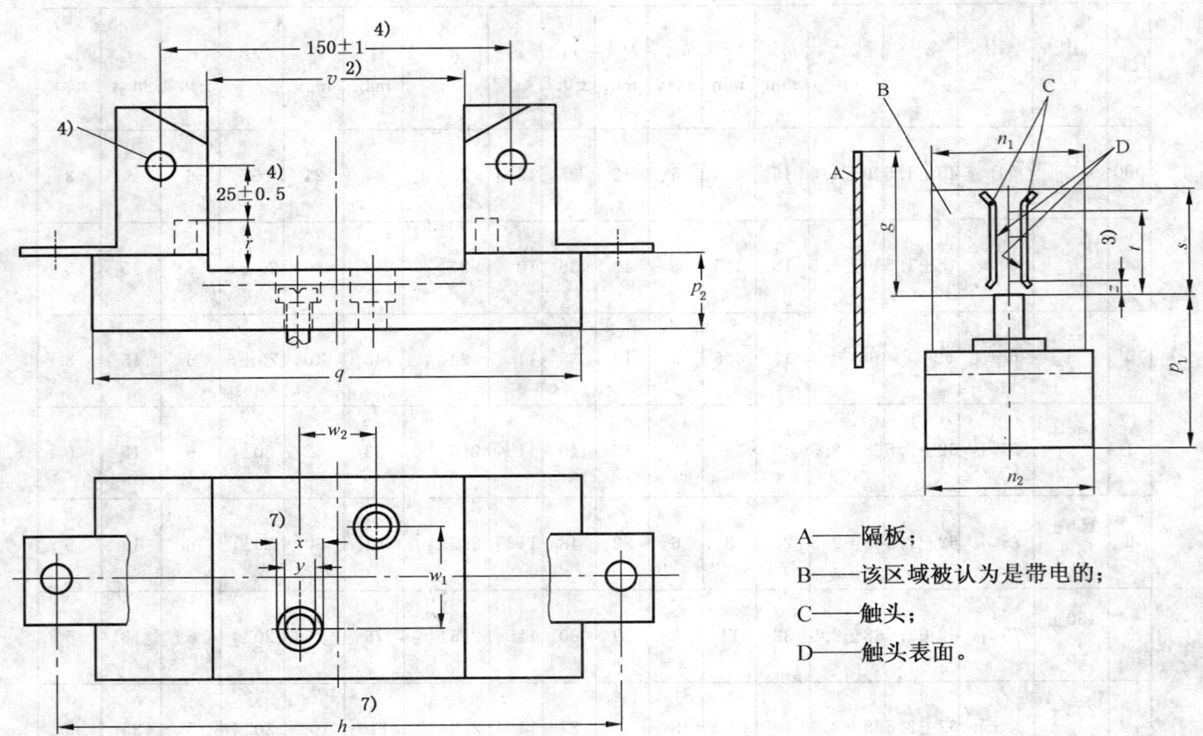

除了注释和所示尺寸外，本图不作为设计依据。

单位为毫米

尺码	g 8) ±1	h 7) ±1.5	n_1 max	n_2 max	p_1 max	p_2 ±1.5	r min	s max	t min	v	w_1 7)	w_2 7)	x 7) min)	y 7) ±0.5	z max
00	47	100	30	38	40	—	17	21	15	56.5±1.5	0±0.7	25±0.7	14	7.5	3
0 13)	52	150	40	48	48	—	17	25	15	74±3	0±0.7	25±0.7	14	7.5	3
1	53	175	52	60	55	35	17	38	21	80±3	30±0.7	25±0.7	20	10.5	5
2	61	200	60	68	60	35	17	46	27	80±3	30±0.7	25±0.7	20	10.5	5
3	73	210	75	83	68	35	20	58	33	80±3	30±0.7	25±0.7	20	10.5	5
4	100	—	—	—	—	—	27	84	50	97 min	—	—	—	—	5
4a 6)	100	270	102	115	—	40	32	84	50	110±15	45±0.7	30±0.7	36	14	6

图 102　刀型触头熔断器底座

尺码	额定电流/A	额定接受耗散功率/W
00	160	12
0[13)]	160	25
1	250	32
2	400	45
3	630	60
4	1 000	90
4a	1 250	110

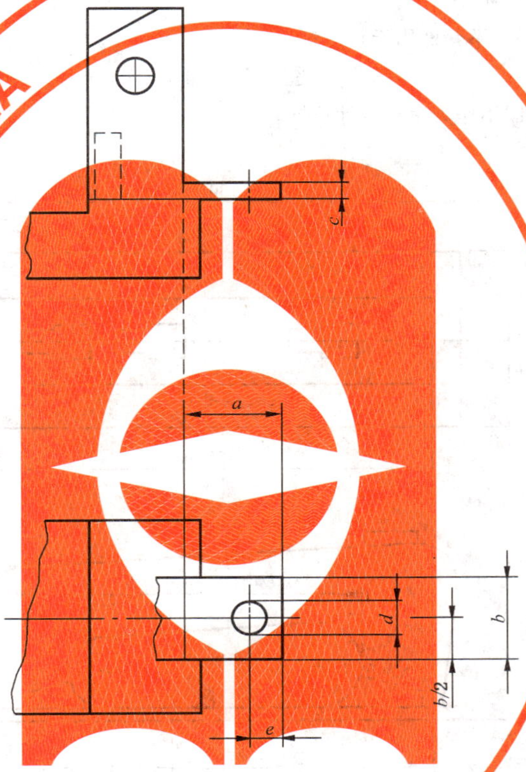

单位为毫米

尺码	a[9),12)] min	b[9)] min	c[11)] min	d ±0.25 孔径	d ±0.25 螺纹	e ±0.5
00	20	20	3	9	M8	10
0[13)]	23	20	3	9	M8	10
1	24	25	4	11	M10	12.5
2	28	25	4	11[10)]	M10[10)]	12.5
3	35	30	5	11[10)]	M10[10)]	15
4	45	40	8	14	M12	20
4a	45	40	10	18	M16	20

1) 该区域被认为是带电的。

2) 尺寸 v 的最大值用来确定接触点。在熔断体 2 个 $b_2 \times 4$ min 范围内至少有一点符合要求。也可使用绝缘触头罩的方法符合尺寸 v。

3) 接触面的高度。对于符合图 101 的刀型触头熔断体，即使接触面是开槽或分裂的不平滑表面也应能插入。

图 102（续）

4) 4 号尺码的尺寸,必须有固定螺栓,螺纹规格为 M12。

5) 除 4 号尺码外其他均为弹性接触面,采用辅助措施获得接触压力。

6) 仅用于带有互锁装置的旋转部件。

7) 仅当熔断器底座需要有互换性时这些尺寸值才是强制性的。

8) 当制造多极熔断器底座或组装单极熔断器底座时,为安全起见,需要安装与尺寸 n_1 最大值相适应的绝缘件(如具有推荐尺寸 g 的隔板)。

9) 作为特殊结构,只要尺寸 d 和 e 符合,允许尺寸 a 和 b 更大或为其他形状,例如半圆形或圆形。

10) 允许采用 M12,通孔 14。

11) 只要能承受导体连接时的机械应力且不变形,尺寸 c 允许减小。螺纹形式应符合试验力矩的要求。

12) 应从连接的上端测量尺寸 a。

13) 除带撞击器的熔断体外,不允许用于新设备。

图 102(续)

除了注译和所示尺寸外,本图不作为手柄设计依据。 单位为毫米

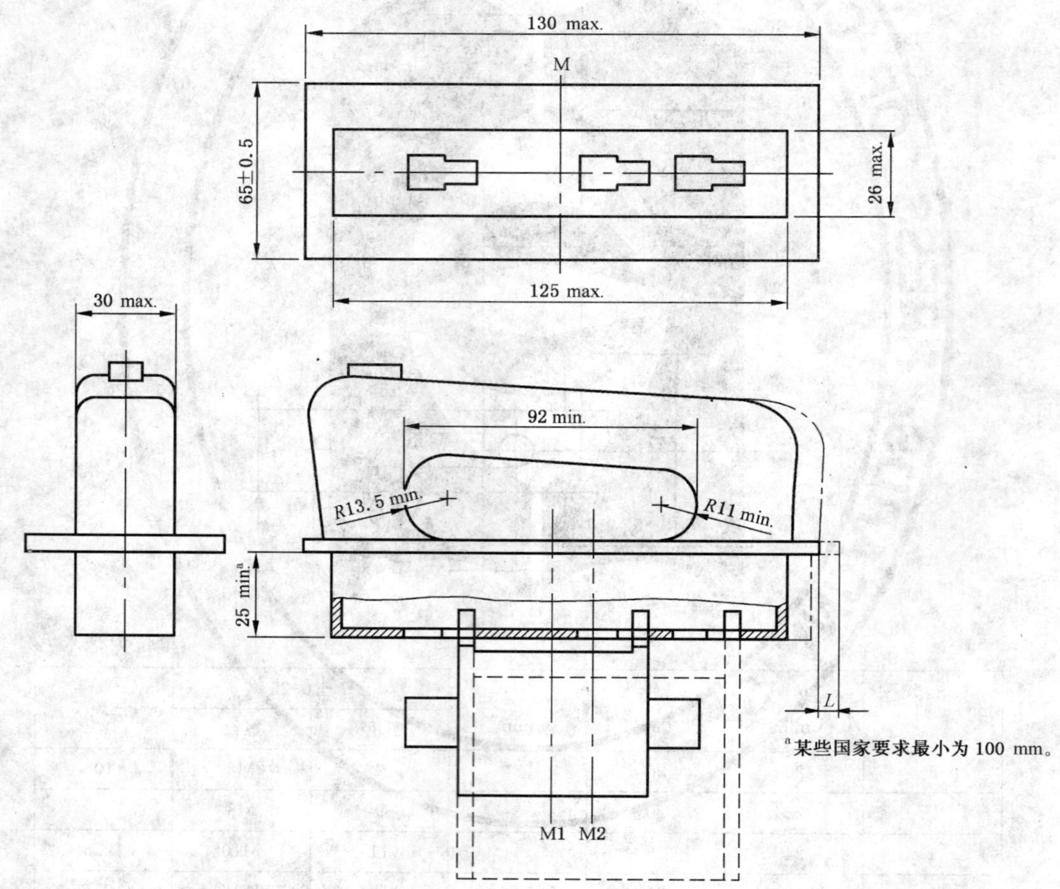

[a] 某些国家要求最小为 100 mm。

尺码	L	距离	
		M-M1	M-M2
00	14	0±3	—
0~3	16	—	11±3

M1——00 号尺码熔断体扣合位置的中心线;

M2——0~3 号尺码熔断体扣合位置的中心线;

M——扣板中心线;

L——熔断体扣入和卸下的允许行程。

图 103 更换手柄

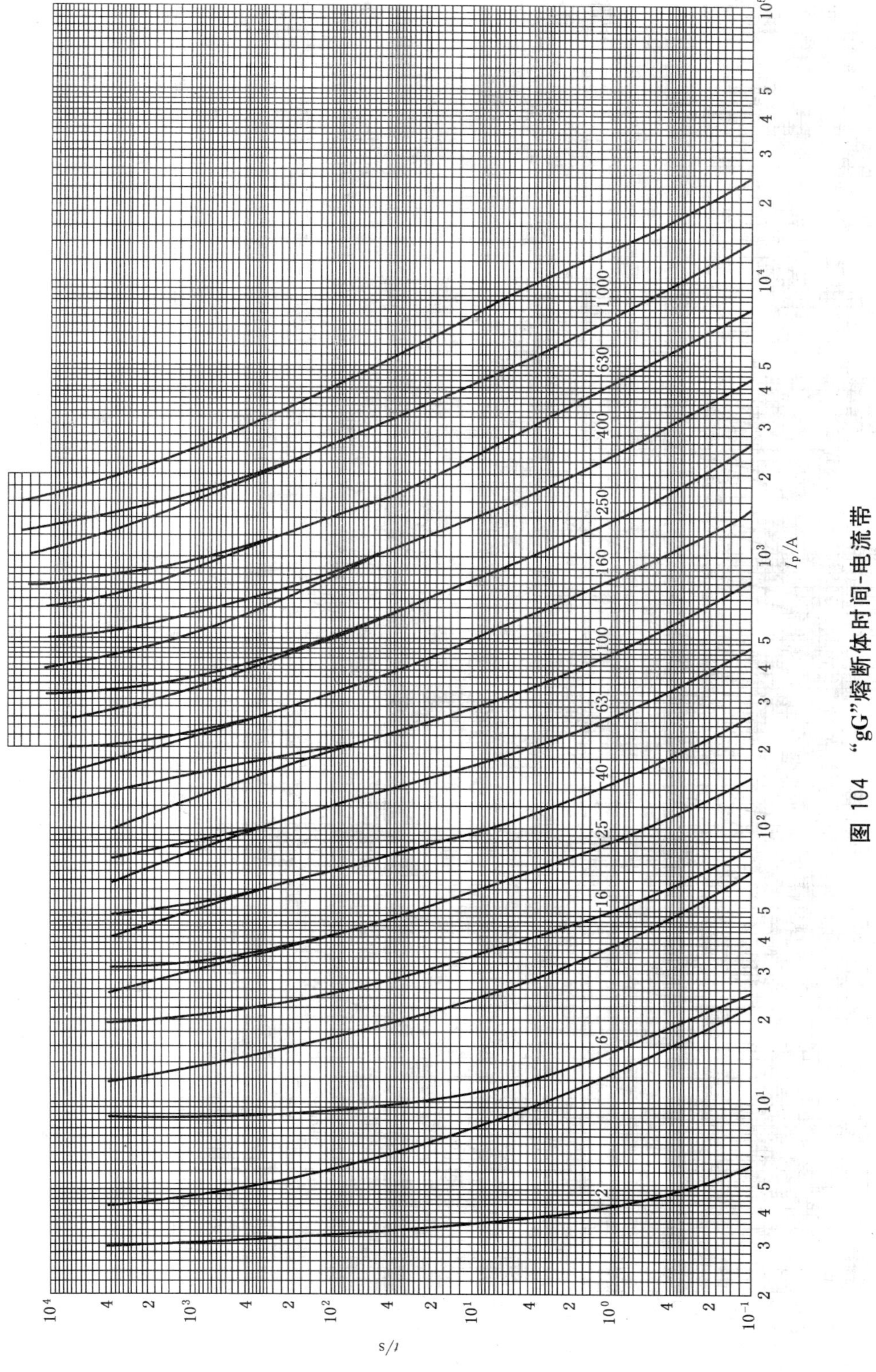

图 104 “gG”熔断体时间-电流带

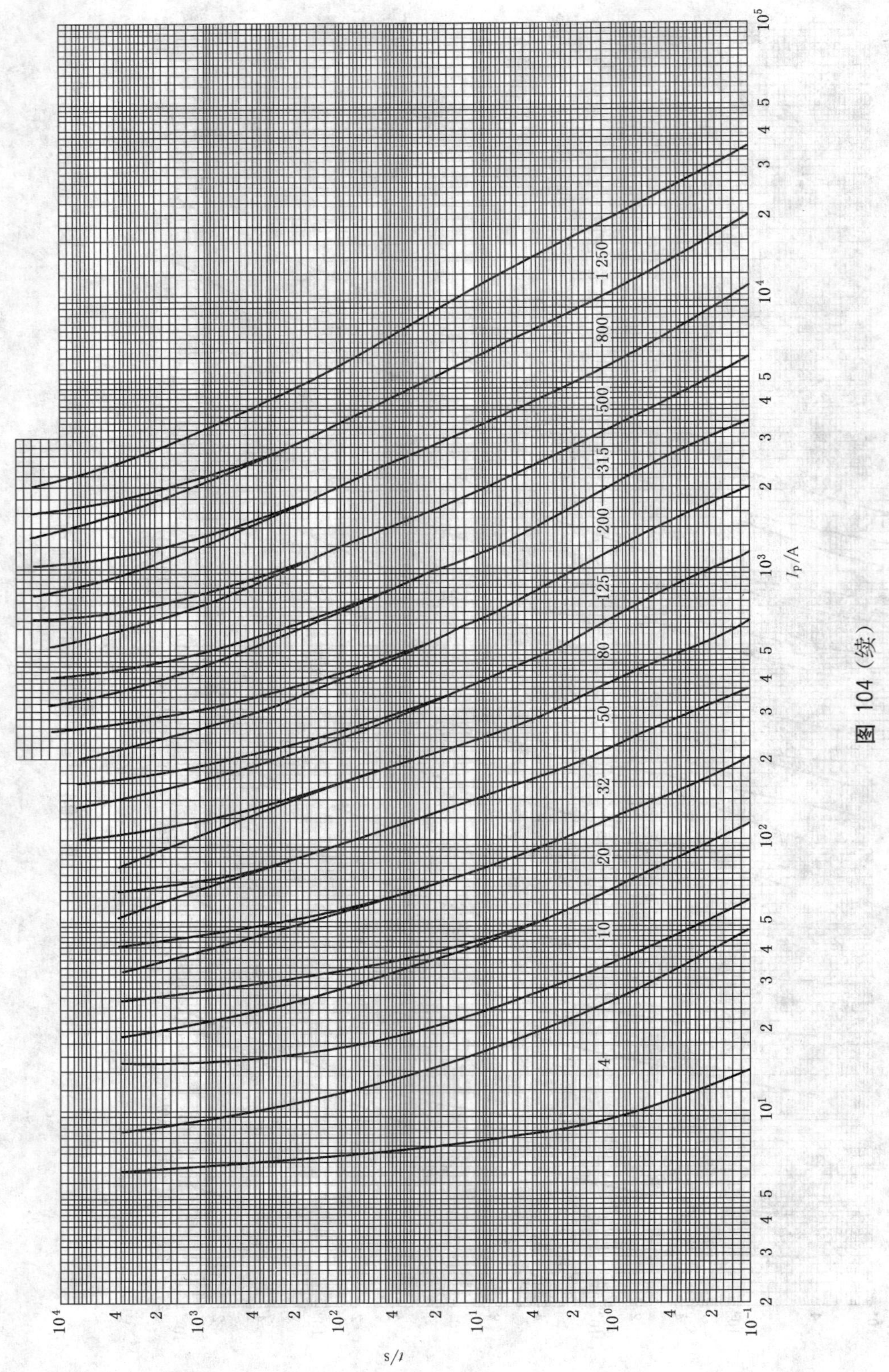

图 104（续）

图 104(续)

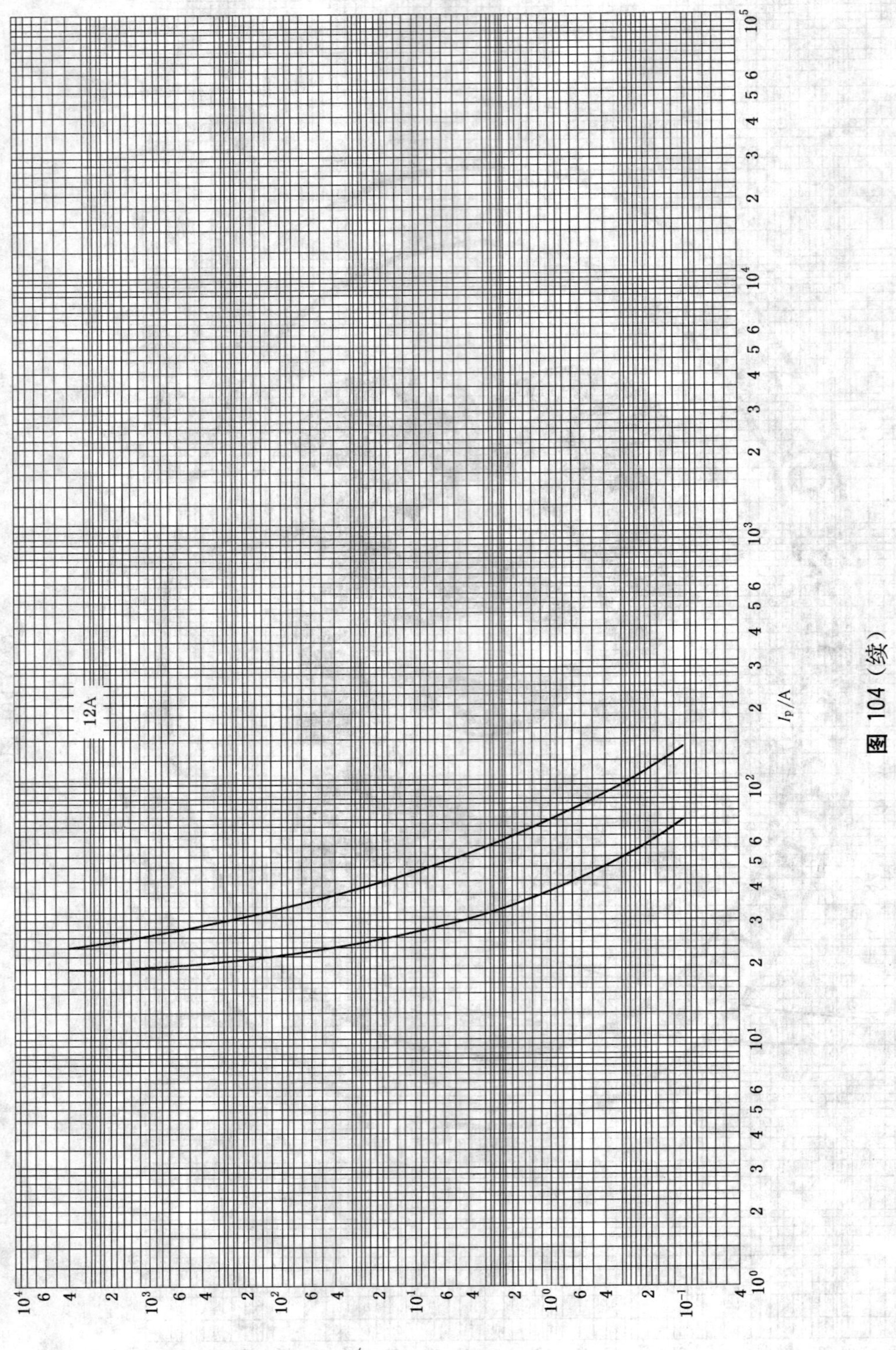

图 104（续）

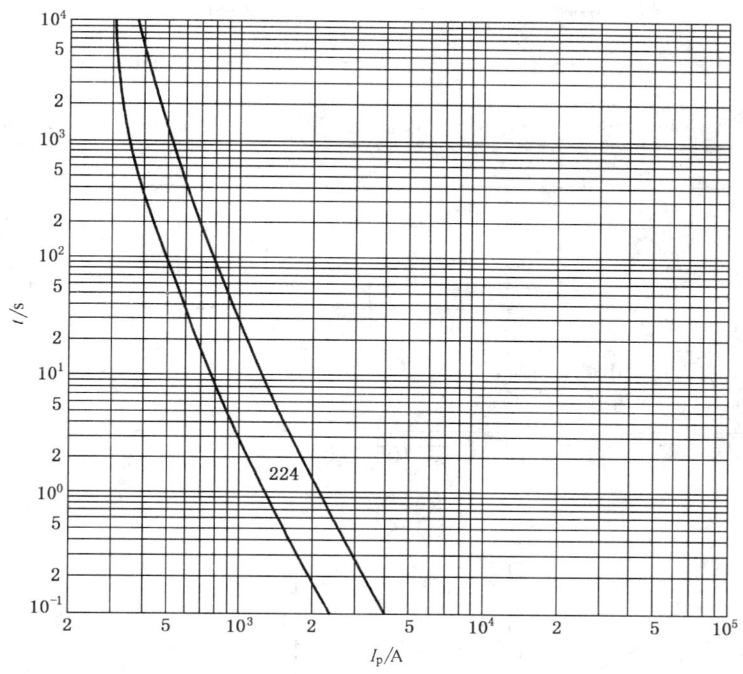

图 104（续）

搭扣尺寸见图 101。

尺寸单位为毫米

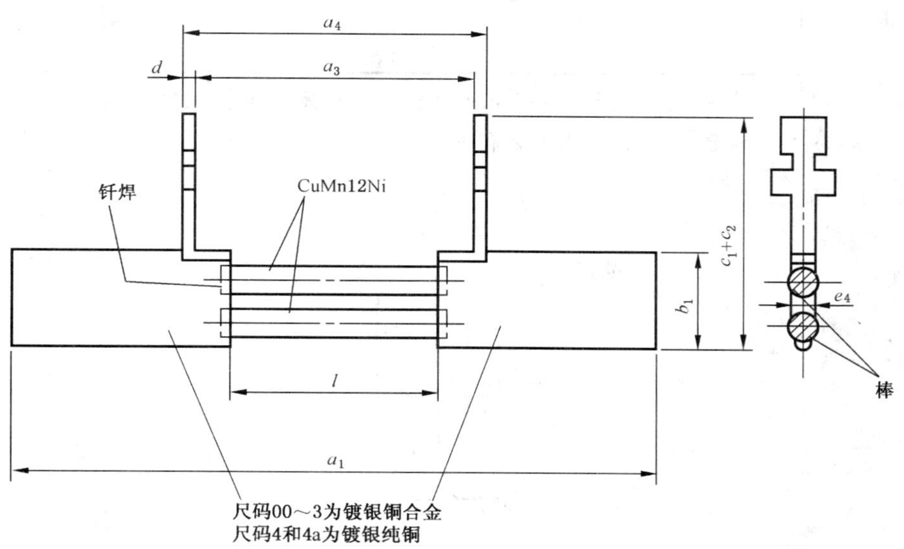

其他尺寸见图 101。

图 105　按 8.3.4.1、8.9.1 和 8.10 的模拟熔断体

尺码	l	P^a/W	R^b/mΩ	电阻条	
				数量	直径
00	30.5_{-3}^{0}	12	0.47	1	7
0[14)]	46_{-4}^{0}	25	0.97	1	6
1	46_{-4}^{0}	32	0.51	1	8
2	46_{-4}^{0}	45	0.281	2	8
3	46_{-4}^{0}	60	0.151	3	9
4	54_{-6}^{0}	90	0.09	3	12
4a	54_{-6}^{0}	110	0.07	4	12

a 当额定电流为尺码中最大值时；

b 在搭扣处测量，平均误差为±2%。

图 105（续）

单位为毫米

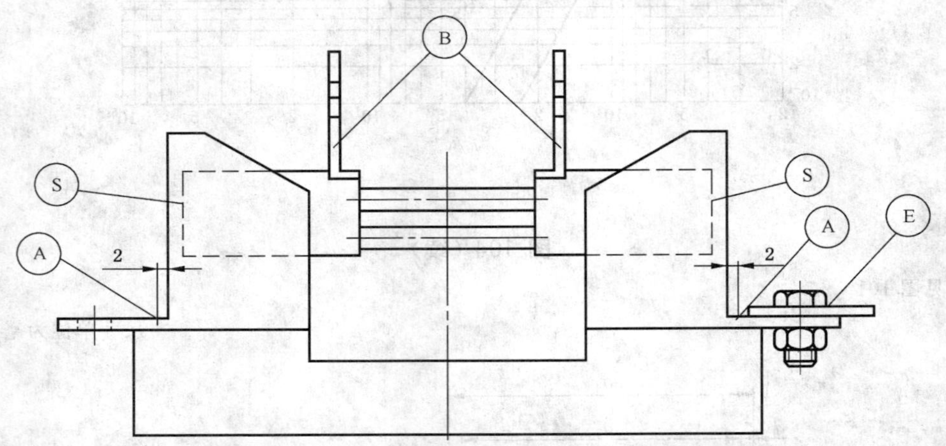

图 106 按 GB 13539.1—2008 中 8.3.4 和本熔断器系统 A 中 8.3.4.1、8.3.4.2 和 8.10.2 要求的测量点

单位为毫米

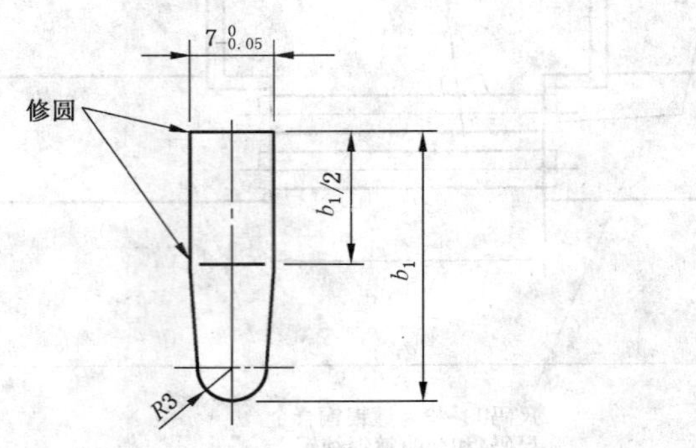

图 107 按 8.5.5.1.2 要求的试验触刀

单位为毫米

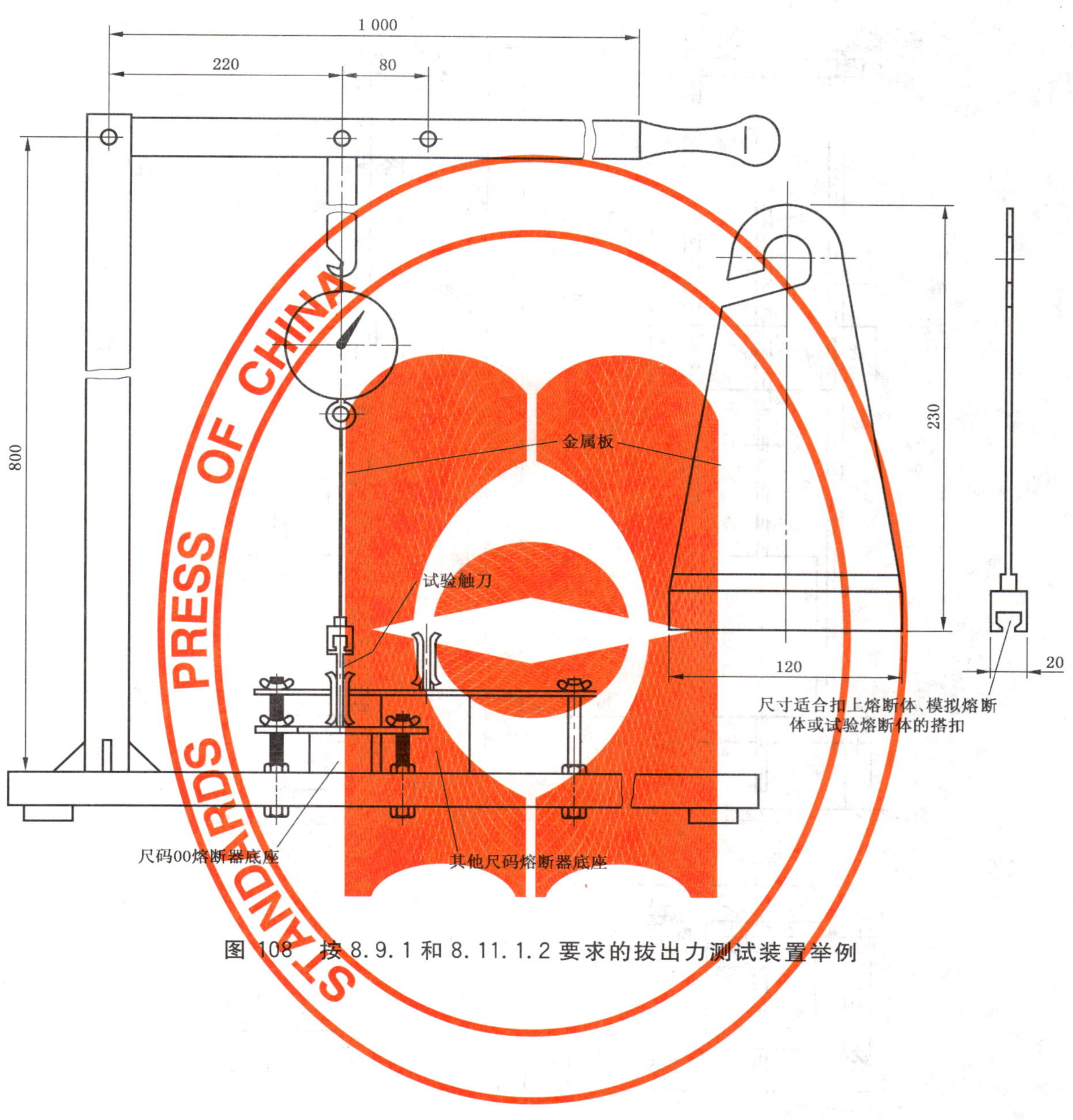

图 108 按 8.9.1 和 8.11.1.2 要求的拔出力测试装置举例

单位为毫米

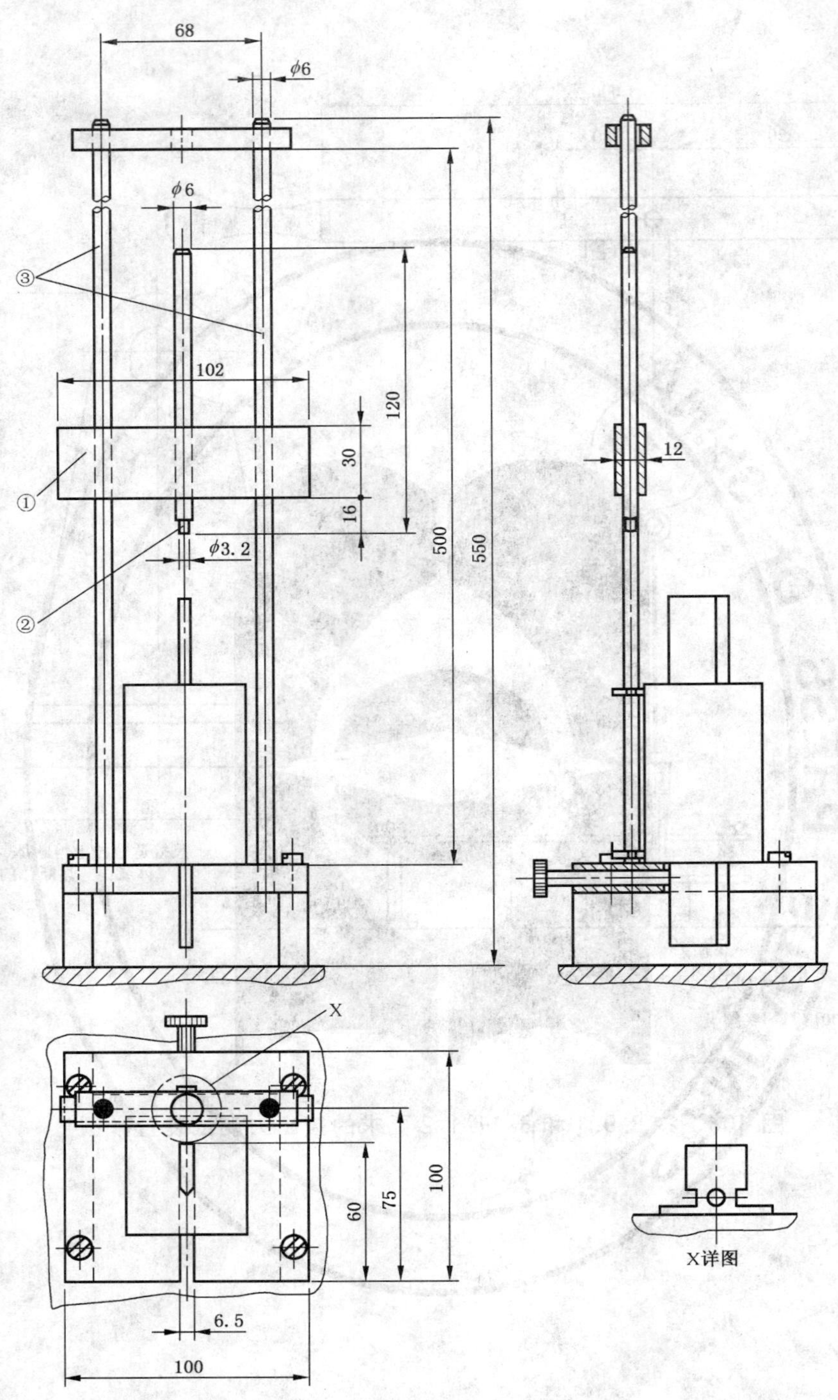

①——落锤(钢)；

②——击杆；

③——导向柱；

锤重——300 g；

跌落高度——300 mm。

图 109　搭扣机械强度验证装置(见 8.11.1.8)

单位为毫米

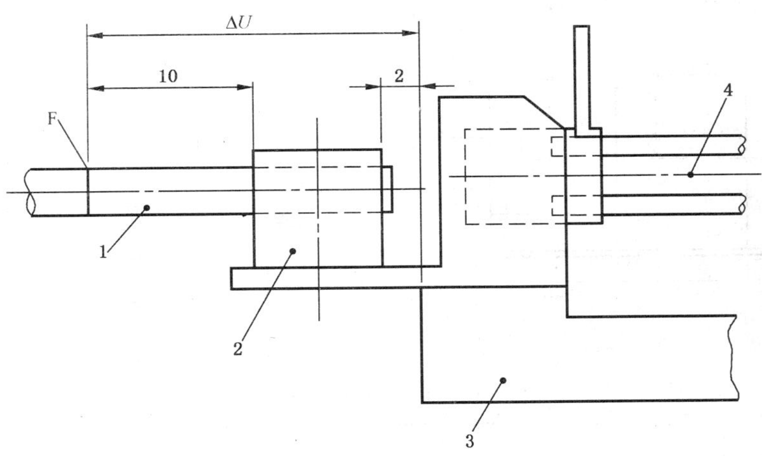

1——导体；

2——夹；

3——熔断器底座；

4——模拟熔断体。

图 110　按 8.10.2 的测量点

单位为毫米

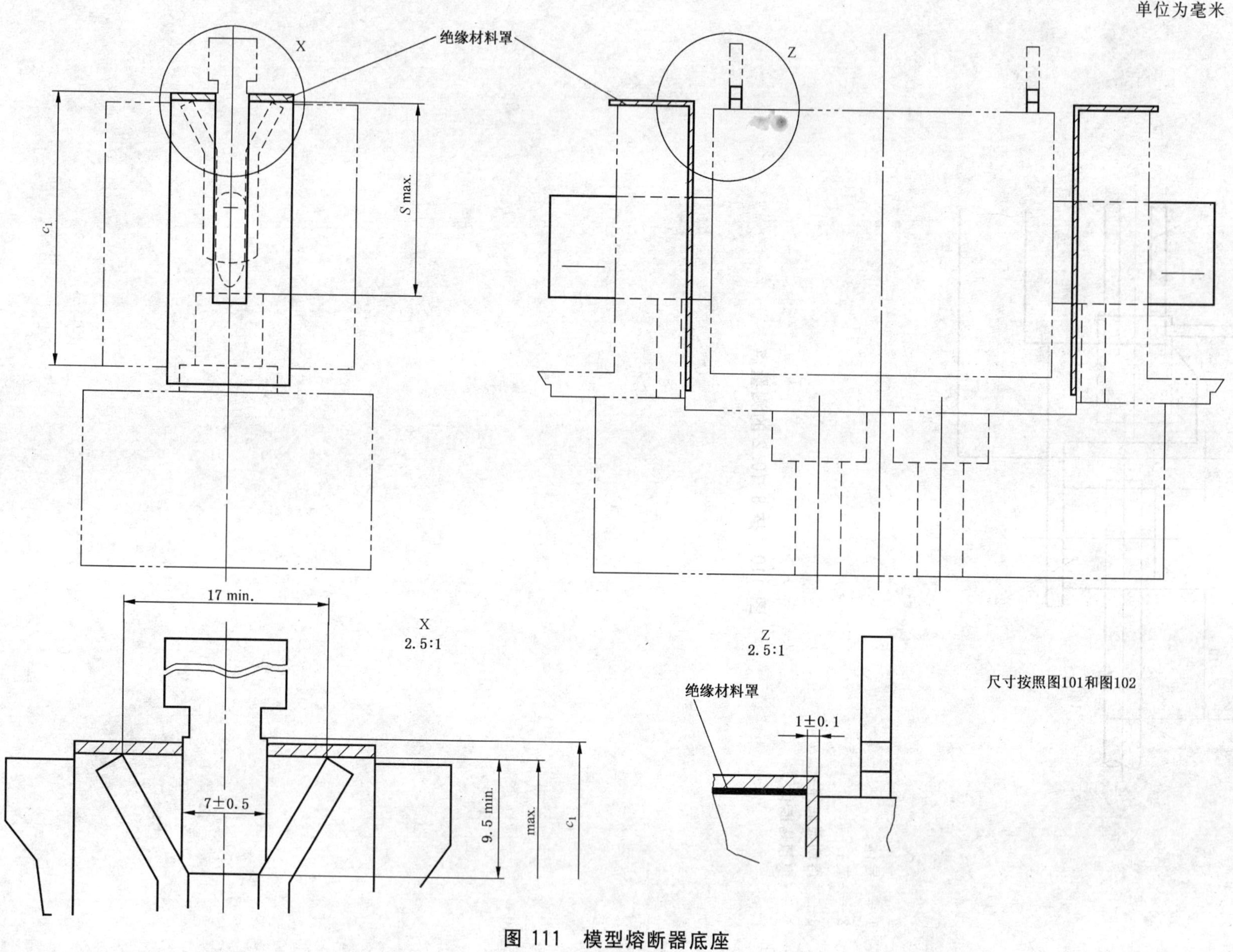

图 111 模型熔断器底座

图 112 绝缘搭扣的设计标志

附 录 A
（资料性附录）
电缆过载保护的特殊试验
（见熔断器系统 A 中 8.4.3.5 中注）

额定电流大于 16 A，尺码 00、0、1 和尺码 2 熔断器应进行下述试验：

A.1 熔断器的布置

用 3 个同一尺码、同一额定电流的熔断体和符合图 102 的熔断器底座安装在一个盒子内进行试验，极间中心距为图 102 中相应尺寸 $n_{2\ max}$。

连接电缆按熔断体额定电流选定，见 GB 13539.1—2008 中表 19。连接电缆采用黑色 PVC 绝缘铜芯电缆，熔断器串联联结到稳压电源，盒子外周围空气温度为 30^{+5}_{0}℃。

注：经制造厂同意，可使用较低温度。

盒子的壁用 10 mm 厚绝缘材料制成，试验时应将电缆通孔密封。盒子的内容积应为：

尺码 00：2.5×10^{-3} m^3；

尺码 0：6×10^{-3} m^3；

尺码 1：9×10^{-3} m^3；

尺码 2：12×10^{-3} m^3。

盒子的尺寸应与熔断器底座的外形尺寸相适应。

A.2 试验方法和试验结果的判别

熔断体通以 $1.13I_n$ 电流，约定时间（按 GB 13539.1—2008 中表 2）内不应熔断；然后，试验电流无中断地在 5 s 内升至 $1.45I_n$，一个熔断体应在约定时间内熔断。

熔断器系统 B——带撞击器的刀型触头熔断器（NH 熔断器系统）

1 总则

除 GB 13539.1 规定外，补充下列要求。

1.1 范围

下列附加要求适用于符合图 201 和图 202 尺寸的带撞击器的刀型触头熔断器，其中熔断体拟用更换手柄之类的工具进行更换，熔断器的额定电流至 1 250 A，额定电压至交流 690 V 或直流 440 V。

由于带撞击器的熔断器的不同动作特征，本熔断器系统以 A 型和 B 型加以区分。

除 GB 13539.1 规定外，补充下列要求：

- 最小额定分断能力；
- 时间-电流特性；
- I^2t 特性；
- 设计的标准条件；
- 耗散功率和接受耗散功率。

2 术语和定义

GB 13539.1 适用。

3 正常工作条件

GB 13539.1 适用。

4 分类

GB 13539.1 适用。

5 熔断器特性

除 GB 13539.1 规定外，补充下列要求。

5.2 额定电压

见熔断器系统 A 中 5.2。

5.3.1 熔断体的额定电流

各种尺码熔断体的最大额定电流见图 201，这些值与使用类别和额定电压有关。

5.3.2 熔断器支持件的额定电流

各种尺码熔断器底座的额定电流见图 202。

5.5 熔断体的额定耗散功率和熔断器支持件的额定接受耗散功率

各种尺码熔断体额定耗散功率的最大值见图 201，这些值适用于最大额定电流的熔断体。熔断器底座的额定接受耗散功率见图 202。

5.6 时间-电流特性极限

见熔断器系统 A 中 5.6。

5.7.2 额定分断能力

见熔断器系统 A 中 5.7.2。

6 标志

除 GB 13539.1 规定外，补充下列要求。

见熔断器系统 A 中第 6 章。

7 设计的标准条件

除 GB 13539.1 规定外，补充下列要求。

7.1 机械设计

熔断体和熔断器底座的尺寸见图 201 和图 202。

由撞击器作用的控制装置和触头按以下方式安装在熔断器底座上：

——熔断器底座能接受符合本熔断器系统要求的同一类型带撞击器的熔断体和符合熔断器系统 A 要求的不带撞击器的同一尺码的熔断体；

——撞击器表面凸出部分(认为带电的)和其他金属部分间的最小电气间隙应符合 GB/T 16935.1 的规定(见图 201)。

7.1.2 包括接线端子的连接

见熔断器系统 A 中 7.1.2。

7.1.3 熔断器触头

见熔断器系统 A 中 7.1.3。

7.1.7 熔断体结构

熔断器系统 A 中 7.1.7 适用，且补充以下内容：

将熔断体撞击器看作一个指示器。

7.7 I^2t 特性

见熔断器系统 A 中 7.7。

7.8 "gG"熔断体的过电流选择性

见熔断器系统 A 中 7.8。

7.9 防电击保护

见熔断器系统 A 中 7.9。

8 试验

除 GB 13539.1 规定外，补充下列要求。

8.1.6 熔断器支持件的试验

见熔断器系统 A 中 8.1.6。

8.3 温升与耗散功率验证

见熔断器系统 A 中 8.3。

8.4.3.6 指示装置和撞击器(如有)的动作

GB 13539.1—2008 中 8.4.3.6 适用，且补充以下内容：

动作后，撞击器保持受控状态。

表 201 列出了两种撞击器型式的位置和力。

表 201　撞击器的位置和力

尺　　码	A 型	B 型	
	0～4	1～4a	00
S_{0max}/mm	1	1	1
S_1/mm	13～20	10 min	5.5 min
F_{min} 在位置 0 和 1 之间/N	8	1	1
F_{max} 在位置 1 中/N	20	20	20
S_0：动作前撞击器的凸出距离(位置 0)。 S_1：动作后撞击器的凸出距离(位置 1)。 F：撞击器的力。			

8.5.5.1　**熔断器底座峰值耐受电流的验证**

见熔断器系统 A 中 8.5.5.1。

8.7.4　**过电流选择性验证**

见熔断器系统 A 中 8.7.4。

8.9　**耐热性验证**

见熔断器系统 A 中 8.9。

8.9.1　**熔断器底座**

见熔断器系统 A 中 8.9.1。

8.9.1.1　**试验布置**

见熔断器系统 A 中 8.9.1.1。

8.9.1.2　**试验方法**

见熔断器系统 A 中 8.9.1.2。

8.9.1.3　**试验结果的判别**

试验后，熔断器底座触头的位移程度应不至于影响熔断器底座的继续使用。拔去模拟熔断体后，应检查图 202 所示尺寸。熔断器底座的绝缘安装件不应断裂或出现任何裂痕。

8.9.2.1　**试验布置**

见熔断器系统 A 中 8.9.2.1。

8.9.2.2　**试验方法**

见熔断器系统 A 中 8.9.2.2。

8.9.2.3　**试验结果的判别**

搭扣仍应完好可用，特别是颈部长度($2.5^{+0.5}_{0}$)mm，在保持图 201 中尺寸 d 合格的情况下，不应超长 2 mm 以上。尺寸 c_2 的最大值也应符合此规定。

8.11.1.1　**熔断器支持件的机械强度**

见熔断器系统 A 中 8.11.1.1。

8.11.1.2　**熔断器底座的机械强度**

熔断器底座及其部件的机械强度用下述试验进行验证。

用所提供的 3 个未经使用的熔断器底座验证熔断器底座触头的接触压力。用经淬硬并镀铬抛光的钢质试验触刀在熔断器底座中插拔 3 次。试验触刀的尺寸与图 201 中熔断体触刀尺寸相同。

当用一适当工具平稳地拔出试验触刀时，测得的拔出力 F(见图 108)应在熔断器系统 A 中表 118 的范围内。

为验证熔断器底座的触头是否固定牢固，将钢螺钉(8.8 级)在接线端子拧紧 3 次。施加的力矩为制造厂规定值的 1.2 倍。如无规定，则为熔断器系统 A 中表 111 规定值的 1.2 倍。对需要有螺母的平板形连接，应采用适当措施防止螺母转动。

经过这一试验，熔断器底座触头的位移程度应不至于妨碍其继续使用，熔断器底座的绝缘安装件不应断裂或出现任何裂痕。

8.11.1.8 **模塑搭扣或固定在模塑材料中金属搭扣的耐冲击性**

见熔断器系统 A 中 8.11.1.8。

8.11.2.4.1 **试验方法**

见熔断器系统 A 中 8.11.2.4.1。

单位为毫米

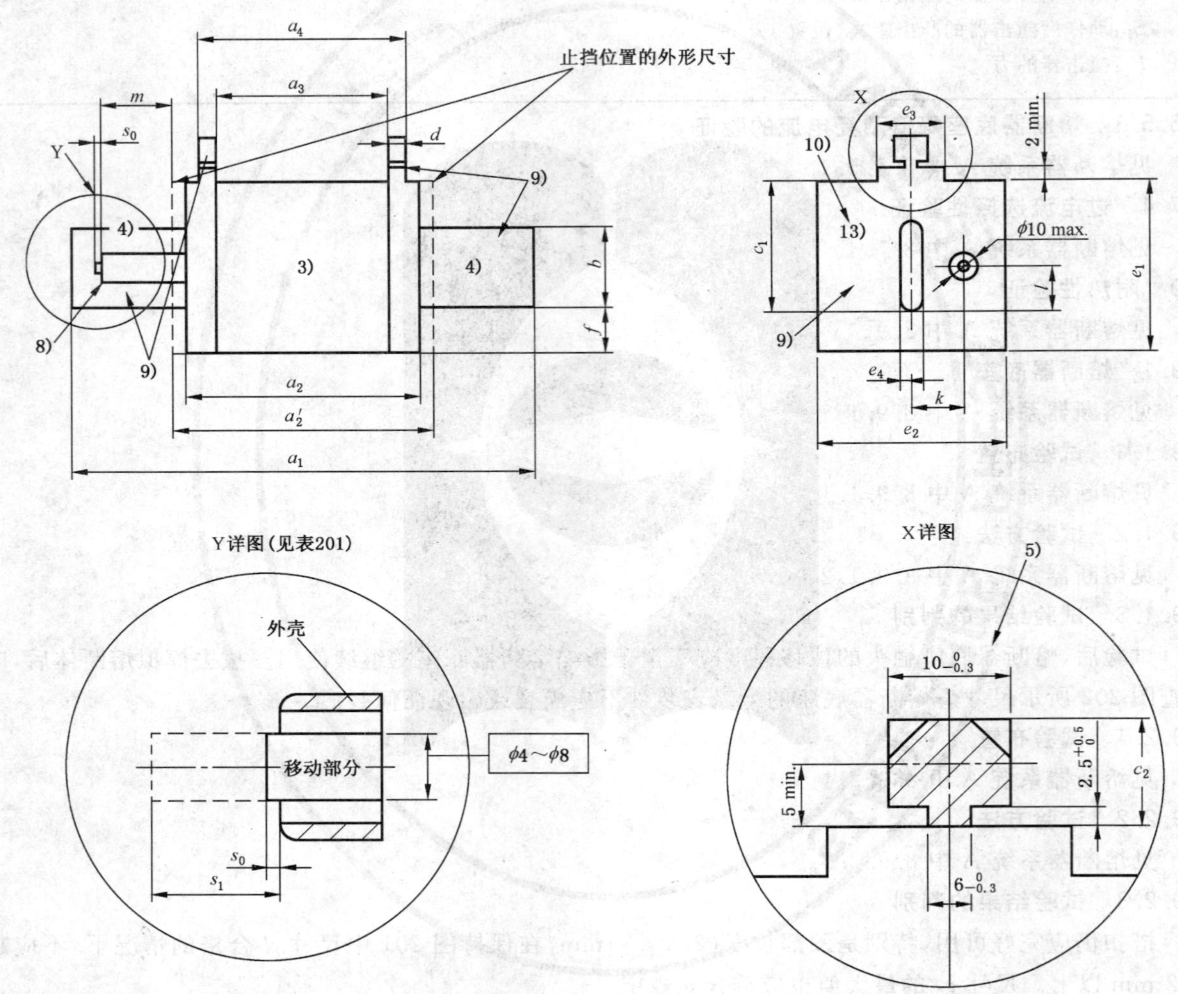

除了注释和所示尺寸外，本图不作为熔断体设计依据。

图 201 带撞击器的刀型触头熔断体

单位为毫米

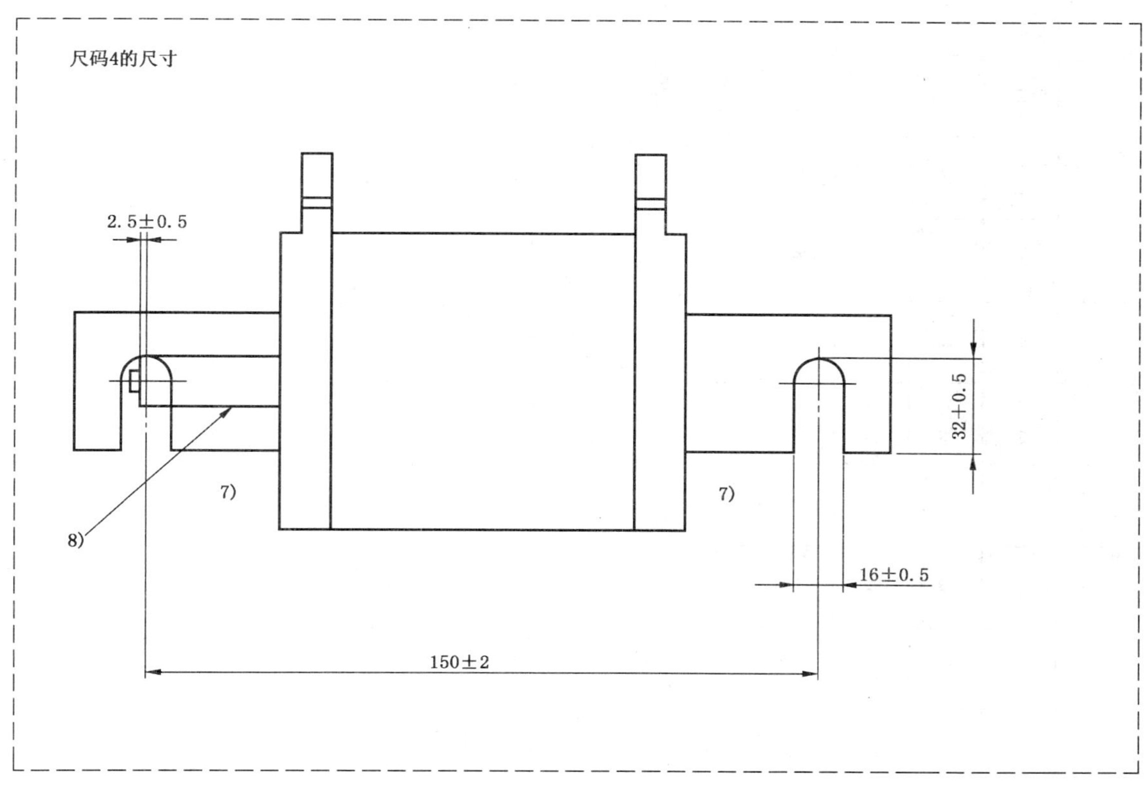

额定耗散功率 P_n 最大值

尺码	gG				aM			
	AC 500V		AC 690V		AC 500V		AC 690V	
	I_n/A	P_n/W	I_n/A	P_n/W	I_n/A	P_n/W	I_n/A	P_n/W
00	100/160	7.5/12	100	12	100	7.5	100	12
0	160	16	100	25	160	16	100	25
1	250	23	200	32	250	23	250	32
2	400	34	315	45	400	34	400	45
3	630	48	500	60	630	48	630	60
4	1 000	90	800	90	1 000	90	1 000	90
4a	1 250	110	1 000	110	1 250	110	1 250	110

图 201（续）

A 型:

单位为毫米

尺码	a_1[1)]	a_2[2)]	a_2'	a_3[1)]	a_4[1)]	b[12)] min	c_1 ±0.8	c_2	d[5)]	e_1[6)] max	e_2[6)] max	e_3	e_4 ±0.2	f max	k	l	m
0	125±2.5	68_{-8}	$73_{-1.5}^{0}$	$62_{-1.5}^{+3}$	$68_{-3}^{+1.5}$	15	35	11_{-2}	$2_{-0.5}^{+1.5}$	48	45	20±5	6	15	14.5	14	25±0.5
1	135±2.5	75_{-10}	$79_{-1.5}^{0}$	62±2.5	68±2.5	20	40	11_{-2}	$2.5_{-0.5}^{+1.5}$	53	52	20_{-2}^{+5}	6	15	16	14.5	25.5±0.5
2	150±2.5	75_{-10}	$79_{-1.5}^{0}$	62±2.5	68±2.5	25	48	11_{-2}	$2.5_{-0.5}^{+1.5}$	61	60	20_{-2}^{+5}	6	15	19	14.5	25.5±0.5
3	150±2.5	75_{-10}	$79_{-1.5}^{0}$	62±2.5	68±2.5	32	60	11_{-2}	$2.5_{-0.5}^{+1.5}$	76	75	20_{-2}^{+5}	6	18	24	14.5	25.5±0.5
4	200±3	90max		62±2.5	68±2.5	49	87	11_{-2}	$2.5_{-0.5}^{+1.5}$	110	105	20_{-2}^{+5}	8	25	27.5	14.5	

B 型:

单位为毫米

尺码	a_1[1)]	a_2[2)]	a_3[1)]	a_4[1)]	b[12)] min	c_1 ±0.8	c_2	d[5)]	e_1[6)] max	e_2[6)] max	e_3	e_4 ±0.2	f max	k	l	m
00	78.5±2.5	54_{-6}	45±1.5	49±1.5	15	35	10_{-1}	$2_{-0.5}^{+1.5}$	48	30	20±5	6	15	0	21.5	16.6±0.5
1	135±2.5	75_{-10}	62±2.5	68±2.5	20	40	11_{-2}	$2.5_{-0.5}^{+1.5}$	53	52	20_{-2}^{+5}	6	15	13.7	20.5	23.5±0.5
2	150±2.5	75_{-10}	62±2.5	68±2.5	25	48	11_{-2}	$2.5_{-0.5}^{+1.5}$	61	60	20_{-2}^{+5}	6	15	16.2	27.3	23.5±0.5
3	150±2.5	75_{-10}	62±2.5	68±2.5	32	60	11_{-2}	$2.5_{-0.5}^{+1.5}$	76	75	20_{-2}^{+5}	6	18	17.0	35.6	23.5±0.5
4a[11)]	200±3	100max	84±3	90±3	49	85±2	11_{-2}	$2.5_{-0.5}^{+1.5}$	110	102	30±10	6	30	24.0	49.0	—

图 201(续)

1) 尺寸 a_1、a_3 和 a_4 中心线对 a_2 中心线的偏移应不大于 1.5 mm。
2) 尺寸 a_2 至少在触刀两侧 4 mm 宽度上，从触刀下沿至 $b_{min}/2$ 的整个区域内都应符合所示值，超出这一范围可小于表中 a_2 值。
3) 绝缘材料。
4) 接触表面可以为平面或带筋的。
5) 联结手柄部位(见 X 详图)。
6) 熔管的最大尺寸。在此范围内，熔断体可以是任何形状，例如方形、矩形、圆形、椭圆形、多边形等。
7) 尺码 4 熔断体必须有此槽口。
8) 撞击器。
9) 带电零件，搭扣可以绝缘。
10) 除挂扣手柄的搭扣(见 X 详图)外，不允许盖板超出熔管的径向尺寸。
11) 仅用于带有锁扣的旋转装置。
12) 在 0、1、2 和 3 号尺码中额定电流重叠的熔断体，允许采用较小尺码的 b 值。
13) 触刀刃口可以呈半圆形或任何合适的形状。

图 201(续)

单位为毫米

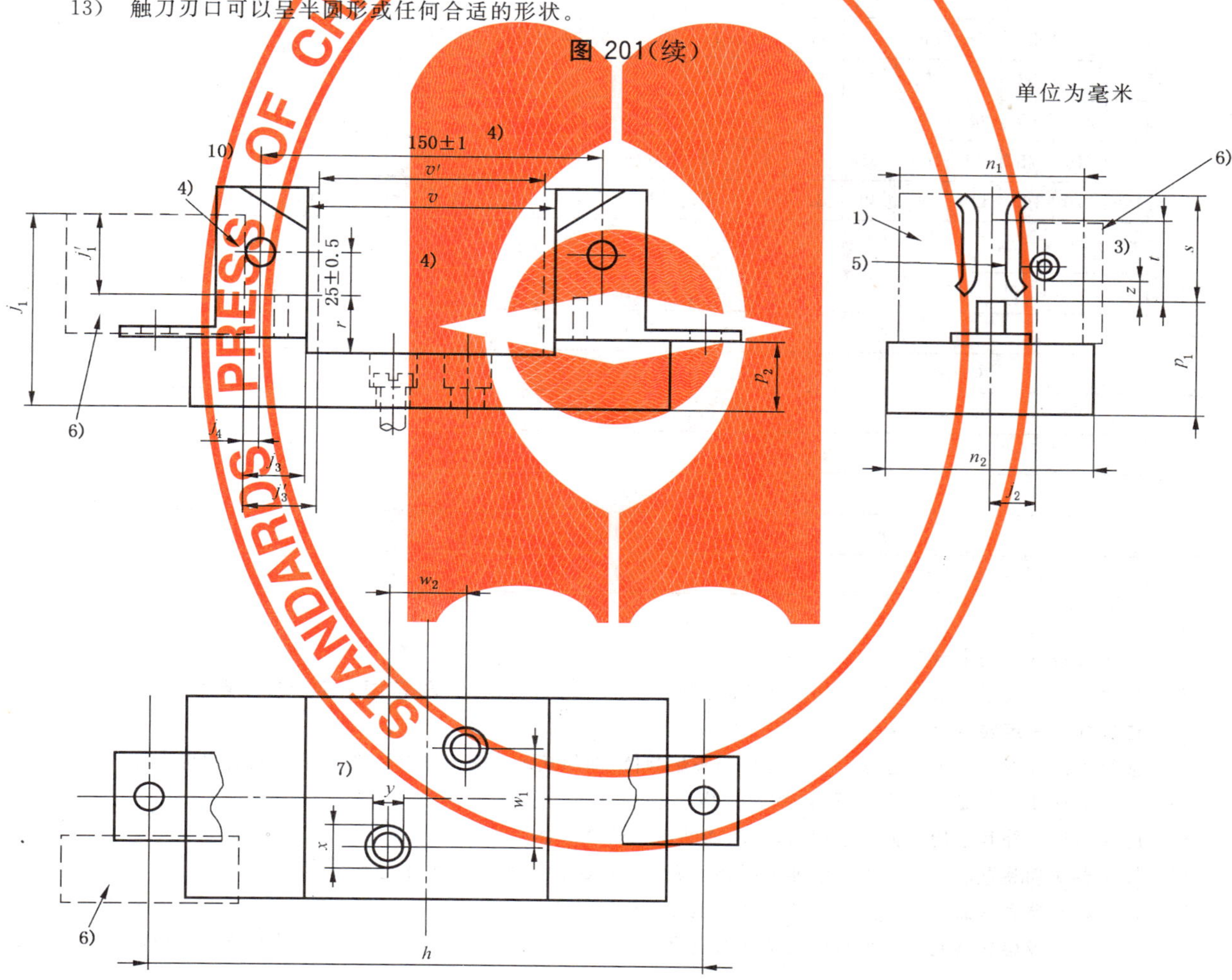

除了注释和所示尺寸外，本图不作为熔断器底座设计依据。

图 202 带撞击器的刀型触头熔断器底座

A 型：

单位为毫米

尺码	h[7)] ±1.5	n_1 max	n_2 max	p_1 max	p_2 ±1.5	r min	s max	t min	v	w_1[7)]	w_2[7)]	x[7)] min	y[7)] ±0.5	z max
0	150	44	52	48	—	17	25	15	74+3	0±0.7	25±0.7	14	7.5	3
1	175	52	60	55	35	17	38	21	80+3	30±0.7	25±0.7	20	10.5	5
2	200	60	68	60	35	17	46	27	80+3	30±0.7	25±0.7	20	10.5	5
3	210	75	83	68	35	20	58	33	80+3	30±0.7	25±0.7	20	10.5	5
4	—	—	—	—	—	27	84	50	97 min	—	—	—	—	5

B 型：

单位为毫米

尺码	h[7)] ±1.5	n_1 max	n_2 max	p_1 max	p_2 ±1.5	r min	s max	t min	v	v'	w_1[7)]	w_2[7)]	x[7)] min	y[7)] ±0.5	z max
00	100	30	38	40	—	17	21	15	56.5+1.5	55−1	0±0.7	25±0.7	14	7.5	3
1	175	52	60	55	35	17	38	21	80+3	76−1	30±0.7	25±0.7	20	10.5	5
2	200	60	68	60	35	17	46	27	80+3	76−1	30±0.7	25±0.7	20	10.5	5
3	210	75	83	68	35	20	58	33	80+3	76−1	30±0.7	25±0.7	20	10.5	5
4a[9)]	270	102	115	—	40	32	84	50	110±15	—	45±0.7	30±0.7	36	14	6

尺　码	额定电流/A	额定接受耗散功率/W
00	160	12
0	160	25
1	250	32
2	400	45
3	630	60
4	1 000	90
4a	1 250	110

1) 该区域被认为是带电的。

2) 尺寸 v 的最大值用来确定接触点。在熔断体触刀的下沿测量，在 $b_{min}/2$ 范围内至少有一点符合要求。触刀上边尺寸不一定要符合 v 值。

3) 接触面的高度。对于符合图 201 的刀型触头熔断体，即使接触面是开槽或分裂的不平表面也应能插入。

4) 4 号尺码的尺寸，必须有固定螺栓，螺纹规格为 M12。

5) 除 4 号尺码外其他均为弹性接触面，采用辅助措施获得接触压力。

6) 撞击器触动装置的安装位置。带撞击器触动装置的熔断器底座的尺寸可能大于 n_2。

7) 仅当熔断器底座需要有互换性时这些尺寸值才是强制性的。

8) 当制造多极熔断器底座或组装单极熔断器底座时，为安全起见，需要安装与尺寸 n_1 最大值相适应的绝缘件（如隔板）。

9) 仅用于带有互锁装置的旋转部件。

10) v'是纵向止挡之间测得的尺寸。

图 202（续）

A 型：

尺码	j_1 min	j_2 max	j_3		j_4	
			min	max	min	max
0	66	10.5	27	30		
1	75.5	12	27	30		
2	79.5	15	27	30		
3	87.5	20	27	30		
4		23.5			6.5	9

B 型：

尺码	j'_1 min	j_2 max	j_3'	
			min	max
00	21.5	0	17.5	19.5
1	30.5	13.7	24.5	26.5
2	27.3	16.2	24.5	26.5
3	35.3	17.0	24.5	26.5
4a		24.0		

图 202（续）

熔断器系统 C——条型熔断器底座（NH 熔断器系统）

1 总则

除 GB 13539.1 规定外，补充下列要求。

1.1 范围

下列补充要求适用于不包括在熔断器系统 A 中的熔断器底座，该熔断器底座的尺码从 00～3、具有安装在 100 mm 和 185 mm 母线系统上的卡轨。

2 术语和定义

除 GB 13539.1 规定外，补充下列要求。

2.1.301

条型熔断器底座 fuse-rails

条型熔断器底座由 3 个单极熔断器底座纵向排列组成一个单元。每极一个接线端子（通常称为母线接线端子）通过特别夹子（也可不使用特别夹子）直接连接至 3 相母线系统的 1 相上。其他接线端子（电缆接线端子）连接输出或输入导体。

3 正常工作条件

GB 13539.1 适用。

4 分类

GB 13539.1 适用。

5 熔断器特性

除 GB 13539.1 规定外，补充下列要求。

5.2 额定电压

熔断器系统 A 中 5.2 适用。

5.3.2 额定电流

条型熔断器底座的不同尺码的额定电流见图 301。

5.5.1 额定接受耗散功率

条型熔断器底座的额定接受耗散功率见图 301。

6 标志

除 GB 13539.1 规定外，补充下列要求。

熔断器系统 A 中第 6 章适用。

7 设计的标准条件

除 GB 13539.1 规定外，补充下列要求。

7.1 机械设计

条型熔断器底座的尺寸见图 301。

7.1.2 包括接线端子的连接

熔断器系统 A 中 7.1.2 适用。

具有直接端子夹的条型熔断器底座应能接纳表 301 规定范围内的导体。

表 301 条型熔断器底座应接纳的非预制导体的最小截面范围

尺码	条型熔断器底座额定电流 A	截面积范围/mm^2	
		铜	铝
00	160	6～70	25～95
1	250	25～120	35～150
2	400	50～240	70～300
3	630	无适用值	

7.2 绝缘性能

条型熔断器底座的爬电距离和电气间隙应符合 GB/T 16935.1 中相应于过电压类别Ⅲ和污染等级 3 规定的要求。最小电气间隙也适用于非永久带电但可触及的金属部件。最小电气间隙不会因更换熔断体而减小。

8 试验

除 GB 13539.1 规定外，补充下列要求。

8.1.6 熔断器支持件试验

条型熔断器底座应按表 302 进行试验。本表代替熔断体系统 A 中表 109 和 GB 13539.1—2008 中表 14。

表 302 条型熔断器底座的完整试验和被试条型熔断器底座数量一览表[1)]

试验项目及相应条款		条型熔断器底座数量			
		1	1	1	2
8.1.4	尺寸	X			
8.2	绝缘性能	X			
8.11.2.2	耐非正常热和火	X			
8.11.1.2	熔断器底座机械强度——触头拔出力		X		
8.3	温升和接受耗散功率			X	
8.11.1.1	熔断器支持件机械强度——100 次机械操作			X	
8.3	温升			X	
8.10.1.1	触头不变坏		X		
8.11.1.2	熔断器底座机械强度——触头拔出力		X		
8.5.5.1	熔断器底座峰值耐受电流验证[a]		X		
8.9.1	耐热性验证[b]			X	
8.11.2.4	熔断体和熔断器底座绝缘件不变坏			X	
8.11.1.2	熔断器底座机械强度——接线端子强度			X	
8.10.1.2	直接端子夹不变坏（如适用）	X			X
8.11.2.3	耐锈性		X		

a 如拔出力符合 8.11.1.2 规定，本试验无必要。

b 紧固 L_1 相（上端相）的模拟熔断体。

1） 试验以实用的试验程序排列。

8.3 温升与接受耗散功率验证

除下列修改外，熔断器系统A中8.3适用。

8.3.1 熔断器的布置

除下列修改外，熔断器系统A中8.3.1适用。

条型熔断器底座的试验布置见图302。

8.5.5.1 熔断器底座峰值耐受电流的验证

对于条型熔断器底座，根据8.10的触头不变坏验证包含了峰值耐受电流的验证。熔断器系统A中8.10.3.1适用于试验结果的判别。

8.5.5.1.1 熔断器的布置

条型熔断器底座以3相布置进行试验(若条型熔断器底座制造厂同意，可将3相串联进行单相试验)。

条型熔断器底座的试验电流为50 kA。通过该尺码中最高额定电流的gG熔断体进行限流。截断电流可以低于熔断器系统A中表112规定值。

条型熔断器底座的试验布置见图302。

母线的截面按图302或按制造厂说明书的规定值选取。

8.5.5.1.2 试验方法

熔断器系统A中8.5.5.1.2适用，并作如下说明：

试验在一个条型熔断器底座的3相上进行。

8.10 触头和直接端子夹的不变坏验证

除了下面另外规定外，熔断器系统A中8.10适用。

8.10.1 熔断器的布置

除了熔断器系统A中8.10.1规定外，补充下列要求：

将根据图301的一个条型熔断器底座的3相串联进行试验。试验布置见图302。

8.10.1.2 直接端子夹

除了熔断器系统A中8.10.1.2规定外，补充下列要求：

试验在3个条型熔断器底座的9个端子夹上进行。

8.11.1.2 熔断器底座的机械强度

除了熔断器系统A中8.11.1.2规定外，补充下列要求：

在一个新的条型熔断器底座的全部3相上进行触头力试验。

8.11.2.4.1 试验方法

熔断器系统A中8.11.2.4.1适用，并作如下说明：

在一个条型熔断器底座上进行试验。

单位为毫米

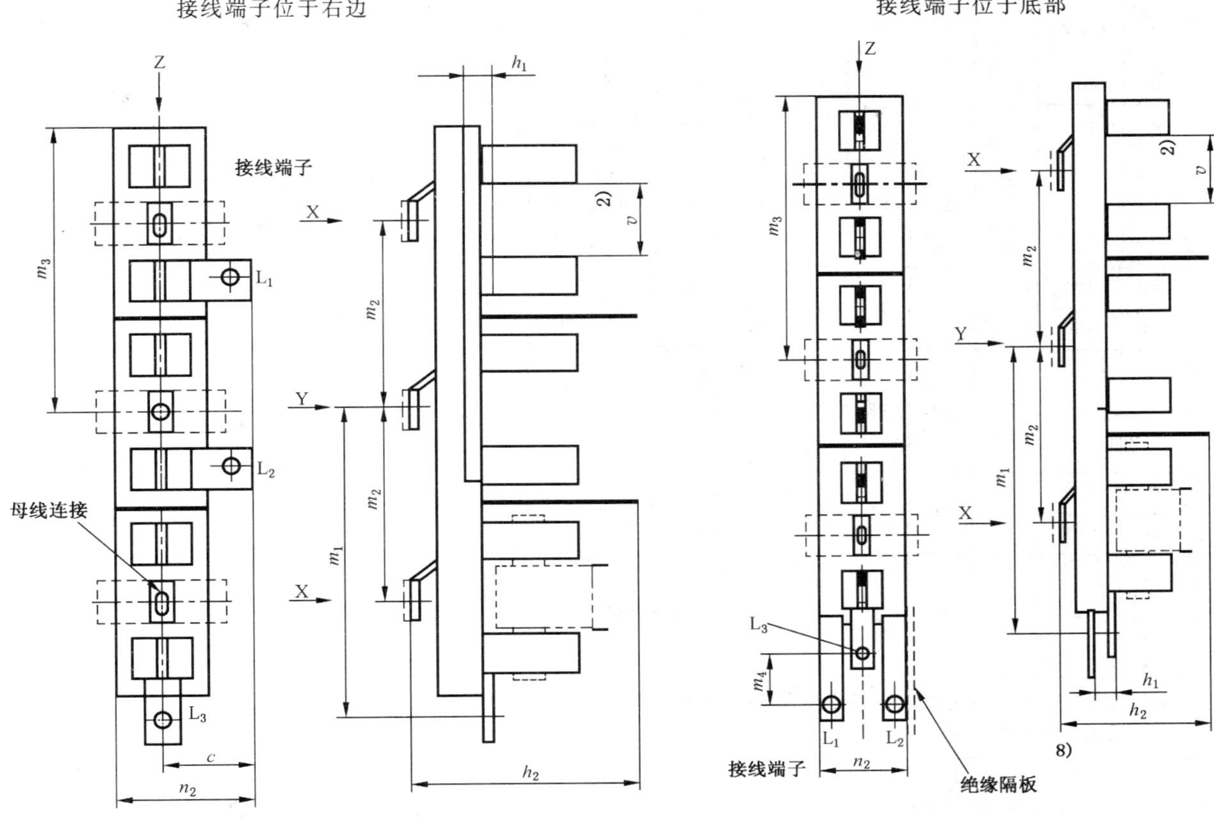

C 型条型熔断器底座，仅接线端子与 B 型不同外，其余与 B 型相同。

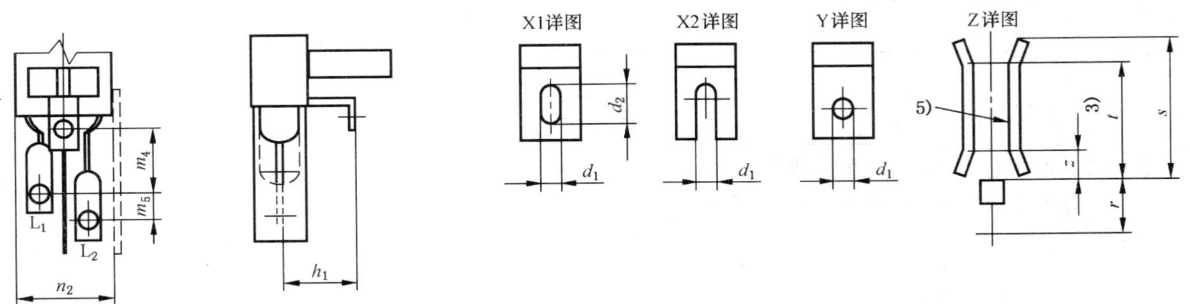

除了注释和所示尺寸外，本图不作为条型熔断器底座设计依据。

图 301 用于刀型触头熔断体的条型熔断器底座

单位为毫米

型式	尺码	母线系统中心距	c max	d_1 ±0.5	d_2 min	h_1 min	h_2 2) max	m_1 1) $^{+20}_{-5}$	m_2 ±2.5	m_3 max	m_4 ±10	m_5 +15	n_2 max	r min	s max	t min	v	z max
A型	00	100	40	9	16		90	155	100	165			70	17	21	15	56.5 ±1.5	3
	00	185					175	285	185	280								
	1	185	60	14	22	35	175	285	185	280			100	17	38	21	80±3	5
	2														46	27		
	3		65										110	20	58	33		
B型	00	100		9	16	10	90	155	100	165	30		60	17	21	15	56.5±1.5	3
	00	185					175	285	185	280								
	1	185		14	22	40	175	285	185	280	50		100	17	38	21	80±3	5
	2														46	27		
	3													20	58	33		
C型	00	100		9	16	25	90	155	100	165	30	25	60	17	21	15	56.5±1.5	3
	00	185					175	285	185	280								
	1	185		14	22	40	175	285	185	280	40	55	80	17	38	21	80±3	5
	2														46	27		
	3													20	58	33		

1) 允许其他尺寸，并应在型式试验报告和制造厂的资料中说明。

2) 最大外形尺寸。

尺码	每相额定电流/A	额定接受耗散功率/W
00	160	12
1	250	32
2	400	45
3	630	60

注：图 102 中脚注 2)，3)，5)和 8)适用。

对脚注 2)的补充——触头绝缘罩之间的尺寸也应符合 v 尺寸。

图 301（续）

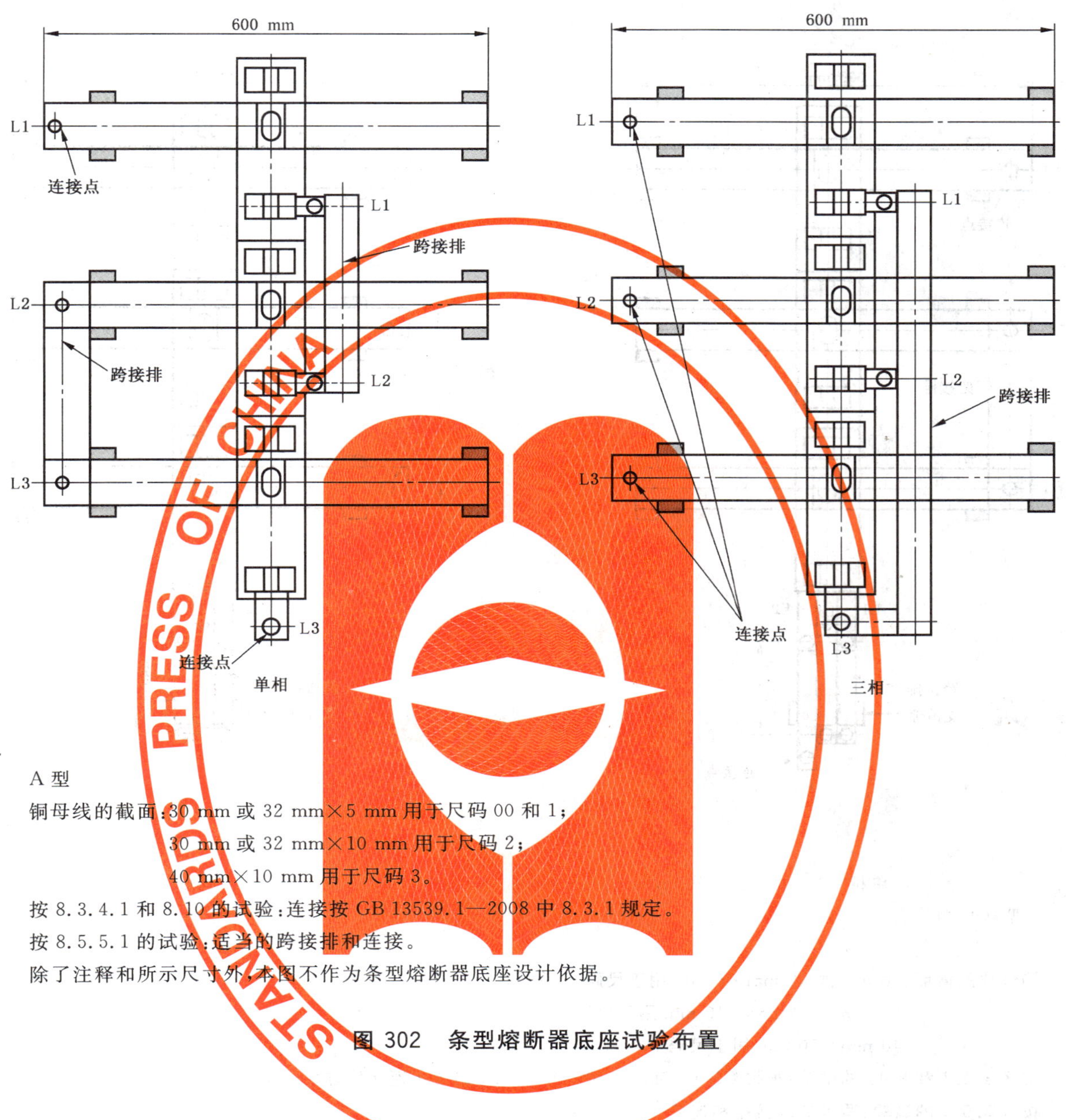

A 型

铜母线的截面：30 mm 或 32 mm×5 mm 用于尺码 00 和 1；

30 mm 或 32 mm×10 mm 用于尺码 2；

40 mm×10 mm 用于尺码 3。

按 8.3.4.1 和 8.10 的试验：连接按 GB 13539.1—2008 中 8.3.1 规定。

按 8.5.5.1 的试验：适当的跨接排和连接。

除了注释和所示尺寸外，本图不作为条型熔断器底座设计依据。

图 302　条型熔断器底座试验布置

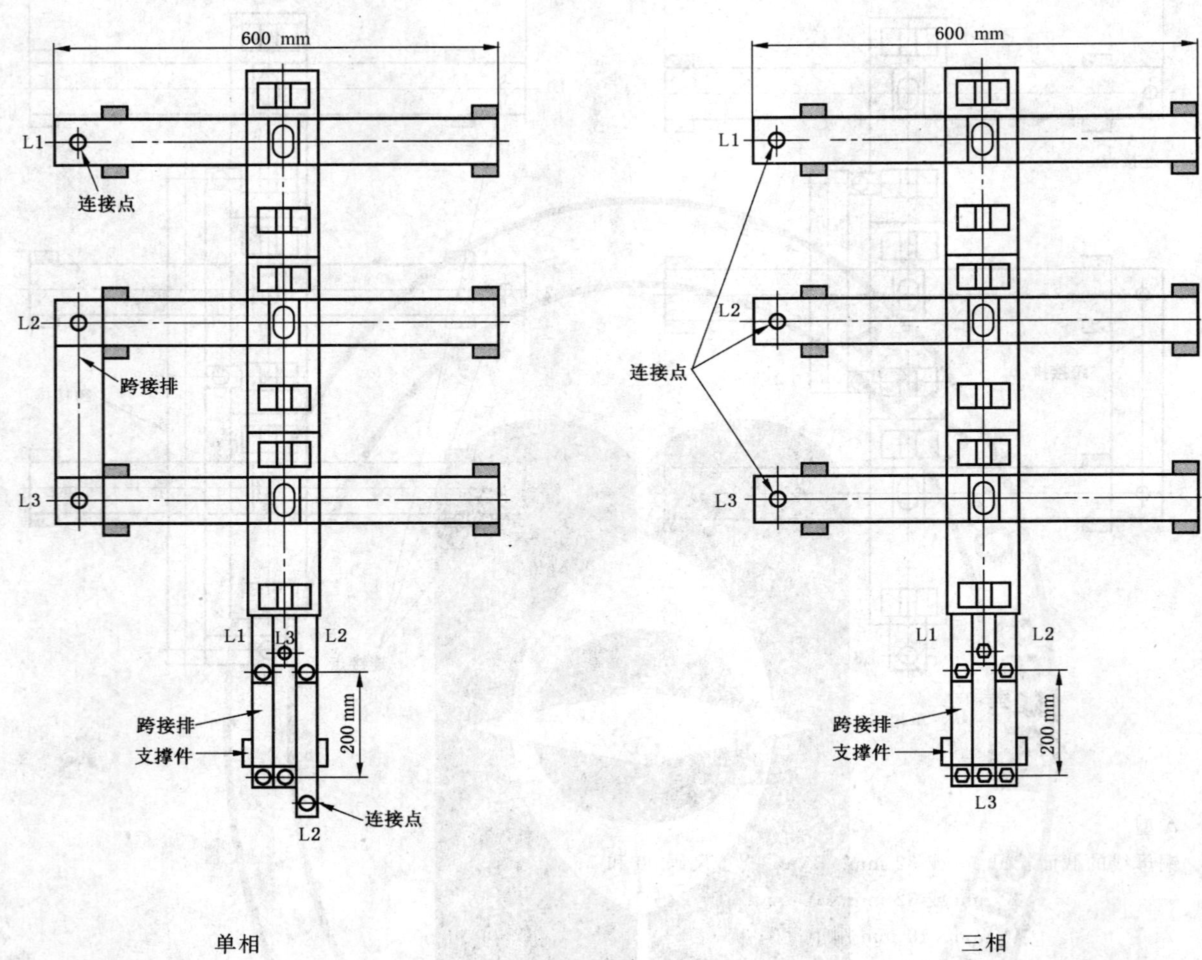

单相　　　　　　　　　　　　　　　　三相

B 型和 C 型

铜母线的截面：30 mm 或 32 mm×5 mm 用于尺码 00 和 1；

30 mm 或 32 mm×10 mm 用于尺码 2；

40 mm×10 mm 用于尺码 3。

按 8.3.4.1 和 8.10 的试验：根据 GB 13539.1—2008 中 8.3.1 的规定连接代替跨接排。

按 8.5.5.1 的试验：适当的跨接排和连接。

图 302（续）

熔断器系统 D——
母线安装(40 mm 系统)的熔断器底座
(NH 熔断器系统)

1 总则

除 GB 13539.1 规定外,补充下列要求。

1.1 范围

下列补充要求适用于不包括在熔断器系统 A 中的组合式单极熔断器底座,该熔断器底座的尺码为 00,安装在具有中心距 40 mm 的母线系统中。安装在其他母线系统的尺码为 00～4a 的单极熔断器底座按图 102 熔断器底座相应规定。

除 GB 13539.1 规定外,补充下列特性:

- 设计的标准条件;
- 接受耗散功率。

2 术语和定义

除 GB 13539.1 规定外,补充下列要求。

2.1.401

用于 40 mm 母线系统的熔断器底座 fuse-base for 40 mm busbar systems

使用特殊夹紧装置固定在 40mm 母线系统的组合式单极熔断器底座(图 401)。该熔断器底座可以拼装成 3 极型式(图 402)或每极具有 2 个输出的 3 极型式。后一种型式称为"级联熔断器底座"(图 403)。

3 正常工作条件

GB 13539.1 适用。

4 分类

GB 13539.1 适用。

5 熔断器特性

除 GB 13539.1 规定外,补充下列要求。

5.2 额定电压

熔断器系统 A 中 5.2 适用。

5.3.2 额定电流

尺码 00 的级联熔断器底座每个输出的额定电流为 63 A。

注:63 A 是用于仪表板电缆输入室的级联熔断器优选值。其他用途的额定电流允许至 2×160 A。它们应作相应标志并按本标准进行试验。

5.5.2 级联熔断器底座的额定接受耗散功率

每个输出额定电流为 63 A 的级联熔断器底座其每个输出额定接受耗散功率为 7.5 W。

6 标志

除 GB 13539.1 规定外,补充下列要求。

熔断器系统 A 中第 6 章适用。

7 设计的标准条件

除 GB 13539.1 规定外，补充下列要求。

7.1 机械设计

用于 40 mm 母线系统的熔断器底座尺寸见图 401～图 403。

7.1.2 包括接线端子的连接

熔断器系统 A 中 7.1.2 适用。

尺码 00 的 63 A 级联熔断器底座的接线端子应能接纳表 401 范围内的导体。

制造厂应在其文件中规定级联熔断器底座使用的母线尺寸和中心距。

当夹紧装置（如带螺钉的钩形固定件）影响到母线接触时，应在结构上采取措施保证接触元件的功能不受削弱。

注：如使用符合 ISO 1207 的开槽内六角螺钉可避免上述功能的削弱。

表 401 用于母线安装的熔断器底座非预制导体的最小截面范围

尺码	熔断器底座额定电流/A	截面积范围/mm^2	
		铜	铝
00	63	2.5～25	—

7.1.5 母线安装的熔断器底座结构

符合图 401～图 403 母线安装的熔断器底座在相邻带电部件之间应有隔板。隔板应能固定到已安装的熔断器底座上。如有必要，应采取措施固定外部隔板。

使用图 103 所示的更换手柄能将熔断体插入熔断器底座内和从中拔出。

使用特别夹子能将母线安装熔断器底座固定在具有母线尺寸 12 mm×5 mm 和/或 12 mm×10 mm的 40 mm 母线系统上。

应采取结构上的措施保证不用拧紧固定螺钉和接触螺钉熔断器底座也能保持在母线上。

从正面应能接近夹紧装置的夹紧螺钉及接线端子螺钉。

触头件应能接纳符合图 101 的熔断体的刀型触头。必须通过弹簧加载触头件或其他适当装置保证接触压力。

图 401～图 403 未示尺寸可见图 102。

8 试验

除 GB 13539.1 规定外，补充下列要求。

8.3 温升与接受耗散功率验证

除下列修改外，熔断器系统 A 中 8.3 适用。

8.3.1 熔断器的布置

除下列修改外，熔断器系统 A 中 8.3.1 适用。

包括导体的试验布置见图 404 和图 405。与试品触头系统配合的母线截面不应小于 12 mm×5 mm。如果使用螺钉保持熔断器底座触头接通，应使用表 402 规定的力矩。

表 402 施加在触头接通螺钉上的力矩

I_n/A	尺码	力矩/Nm
2×63	00	6

8.3.4.1 熔断器支持件的温升

除了尺码为 00 63A 的模拟熔断体规定见图 407 外，熔断器系统 A 中 8.3.4.1 适用。

8.5.5.1.1 熔断器的布置

图 406 规定的试验布置适用于 40 mm 母线系统的熔断器底座。该熔断器底座总是以单极布置进行试验。

母线的截面按图 406 或按制造厂的说明书的相应规定。

对于级联熔断器底座其截断电流范围见表 403。

表 403 试验电流

尺码	截断电流/kA
00	4～5[a]

a 用于连接在较后级场所仪表板的 2×63 A 级联型的优先值。对于额定电流 2×100 A 其他特性，推荐 9 kA～11 kA 之间的截断电流。

8.9.1 熔断器底座

除下列规定外，熔断器系统 A 中 8.9.1 适用。

8.9.1.1 试验布置

级联熔断器底座的试验布置见图 405。模拟熔断体按图 407 规定。对级联熔断器底座进行试验时，测量设备悬挂在电流路径的中上部位。试验一般在母线上进行。母线的绝缘支撑件应与试品宽度成一直线，避免母线弯曲。母线的截面按试品相应的固定方式选取，不应小于 12 mm×5 mm。如果使用螺钉保持触头接通，表 402 适用。

8.9.1.3 试验结果的判别

熔断器系统 A 中 8.9.1.3 适用，且参考图 401 和图 403。

8.10 触头和直接端子夹的不变坏验证

除下列规定外，熔断器系统 A 中 8.10 适用。

8.10.1 熔断器的布置

除熔断器系统 A 中 8.10.1 规定外，补充下列要求。

尺码 00 63A 的模拟熔断体按图 407 规定。

用于 40 mm 母线系统熔断器底座的触头接通固定力矩见表 402。

8.10.2 试验方法

除熔断器系统 A 中 8.10.2 规定外，补充下列要求。

对用于 40 mm 母线系统熔断器底座的单个触头件，电阻测量的引出点应尽可能靠近触头区域。

8.11 机械试验和其他试验

熔断器系统 A 中 8.11 适用。

8.11.1.2 熔断器底座的机械强度

除熔断器系统 A 中 8.11.1.2 规定外，补充下列要求。

在一个未经使用的熔断器底座的全部输出端上进行接触力试验。拔出力应在表 404 规定的范围内。

表 404 从熔断器底座触头中拔出熔断体的力

尺码	额定电流/A	拔出力	
		F_{min}/N	F_{max}/N
00	63[a]	80	200

a 用于连接在较后级场所仪表板的 2×63 A 级联型的优先值。对于额定电流 2×100 A 的其他型式，推荐每极 F_{max}=250 N。

8.11.2.4.1 试验方法

除熔断器系统 A 中 8.11.2.4.1 规定外，补充下列说明。

试验在 3 个熔断器底座或 1 个级联熔断器底座上进行。

单位为毫米

O 型，上部连接

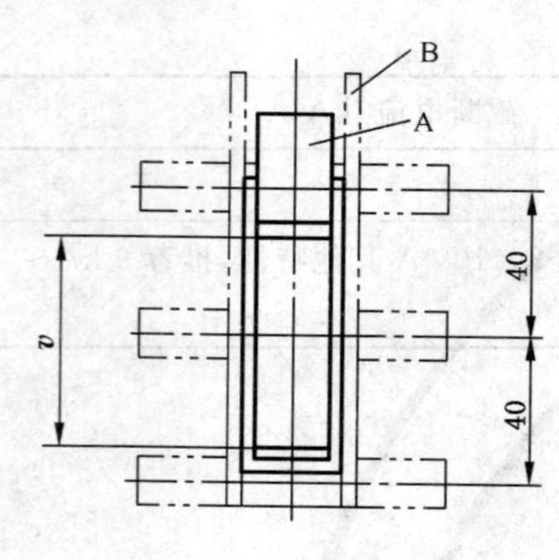

U 型，底部连接

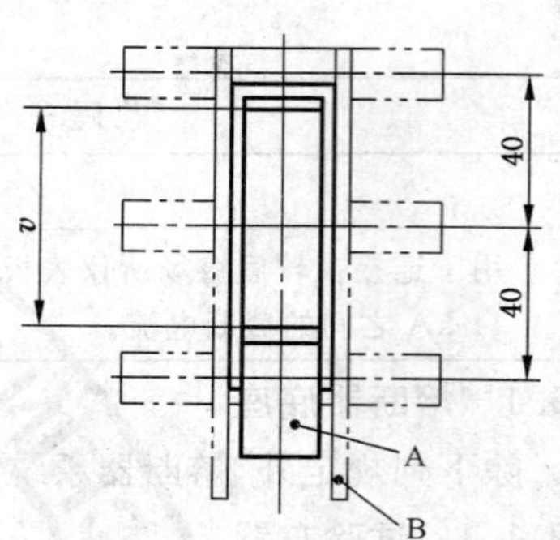

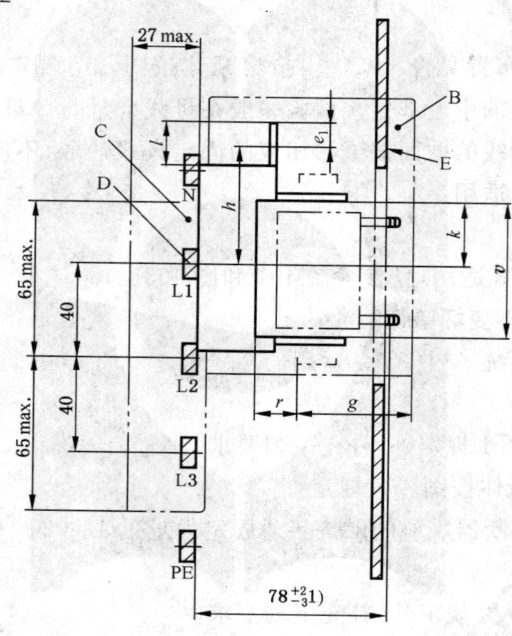

A——连接片；

B——隔板；

C——带电金属部件和其他元件区域；

D——接触区域，见脚注 2)；

E——防护板。

尺码	a ±1	v	r min	g ±1	h[3] +2 −4	k ±2.5	e_1[4]	l[4]
00	33	56.5±1.5	17	47	50	26.5	10	18

1) 78^{+2}_{-3} 为母线上缘和插入的熔断体承肩之间的尺寸(见图 101 中 c_1 和 e_3)。

2) 母线安装的底座可依靠在母线上。

3) 用于仪表板的优选尺寸。

4) 仅用于平面连接。

图 401 母线安装的底座，1 极

单位为毫米

O 型,上部连接

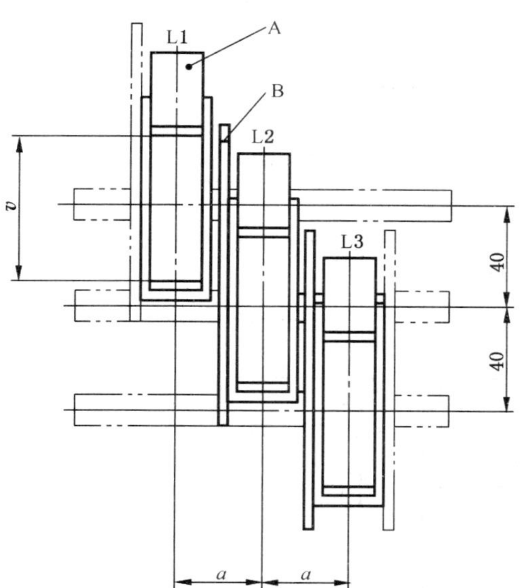

U 型,底部连接

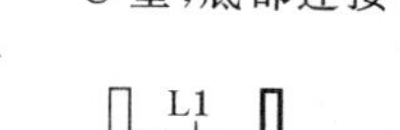

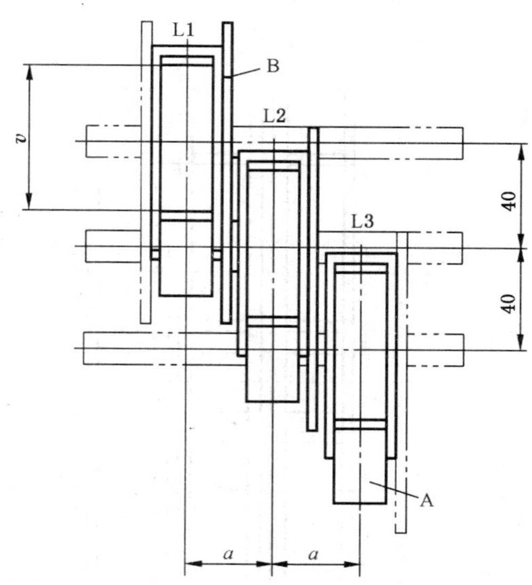

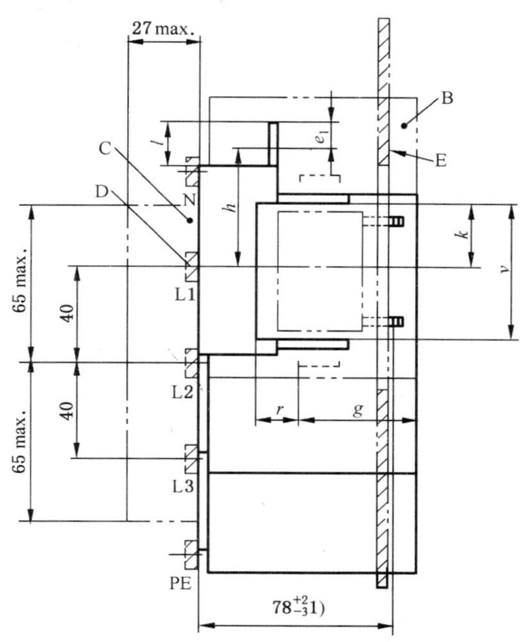

A——连接片;
B——隔板;
C——带电金属部件和其他元件区域;
D——接触区域,见脚注 2);
E——防护板。

尺码	a ±1	v ±1.5	r min	g ±1	h 3) +2 −4	k ±2.5	e_1 4)	l 4)
00	33	56.5±1.5	17	47	50	26.5	10	18
注:脚注 1)~4)见图 401。								

图 402　母线安装的底座,3 极

单位为毫米

1) O型和U型,上部和底部连接

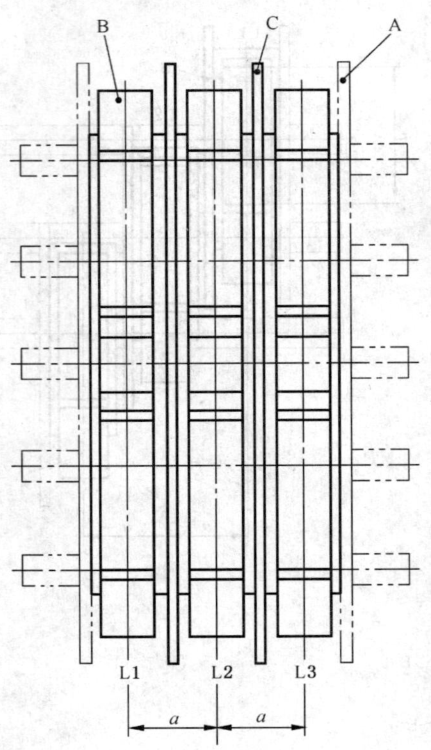

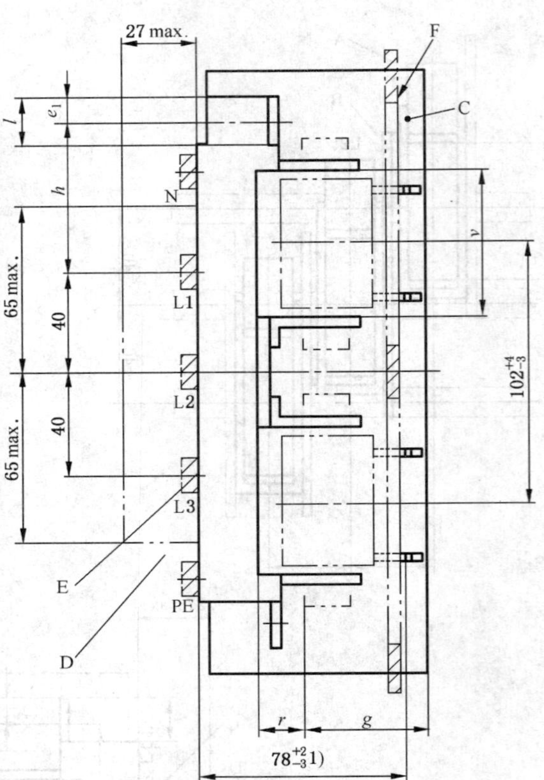

A——外部隔板；
B——连接片；
C——隔板；
D——带电金属部件和其他元件区域；
E——接触区域,见脚注 2)；
F——防护盖。

尺码	a ±1	v ±1.5	r min	g ±1	h 3) +2 −4	e_1 4)	l 4)
00	33	56.5±1.5	17	47	50	10	18
注：脚注 1)～4)见图 401。							

图 403　母线安装的底座尺码 00,2×3 极(级联熔断器底座)

单位为毫米

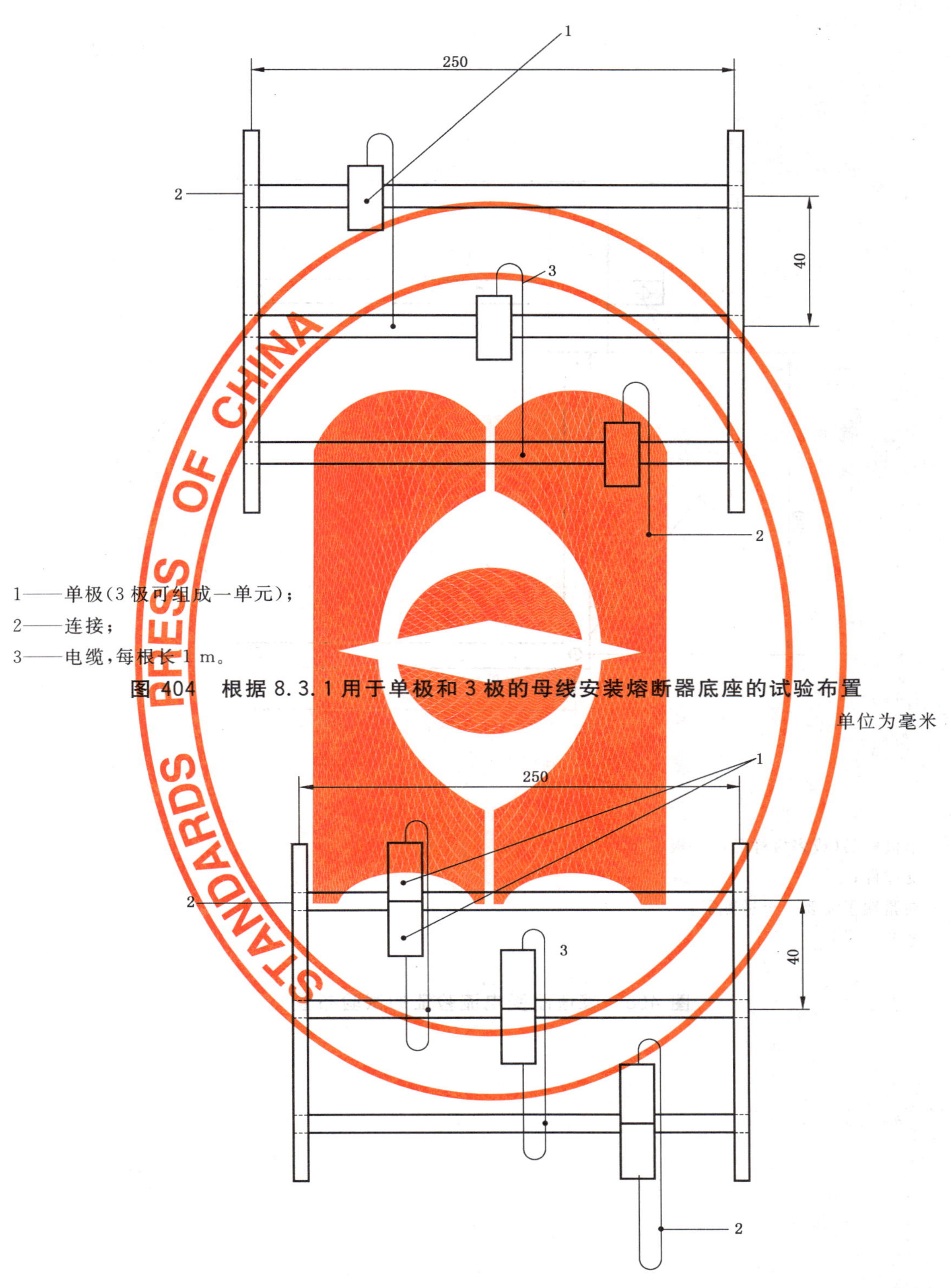

1——单极(3 极可组成一单元);

2——连接;

3——电缆,每根长 1 m。

图 404　根据 8.3.1 用于单极和 3 极的母线安装熔断器底座的试验布置

单位为毫米

1——级联排列的 2 个单极熔断器底座(6 个单极=2×3 极可组成一单元);

2——连接;

3——电缆,每根长 1 m。

图 405　根据 8.3.1 用于母线安装级联排列的 2 个单极和 6 个单极的熔断器底座试验布置

单位为毫米

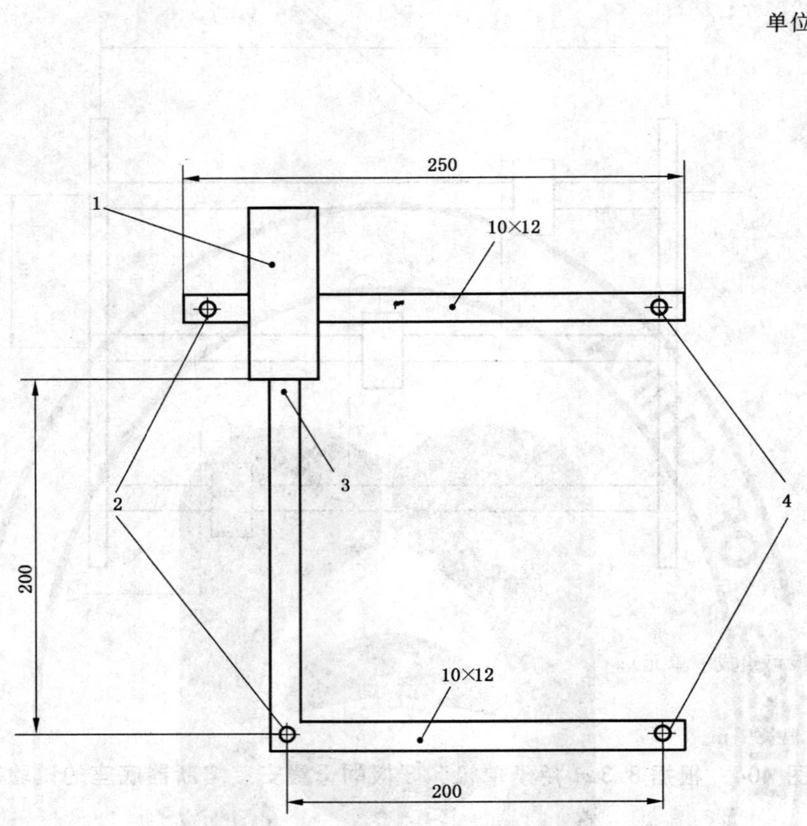

1——单极样品(或多极样品的一极)；

2——支撑件；

3——夹紧端子需要一个适配器；

4——电源。

图 406　峰值耐受电流验证的试验布置

单位为毫米

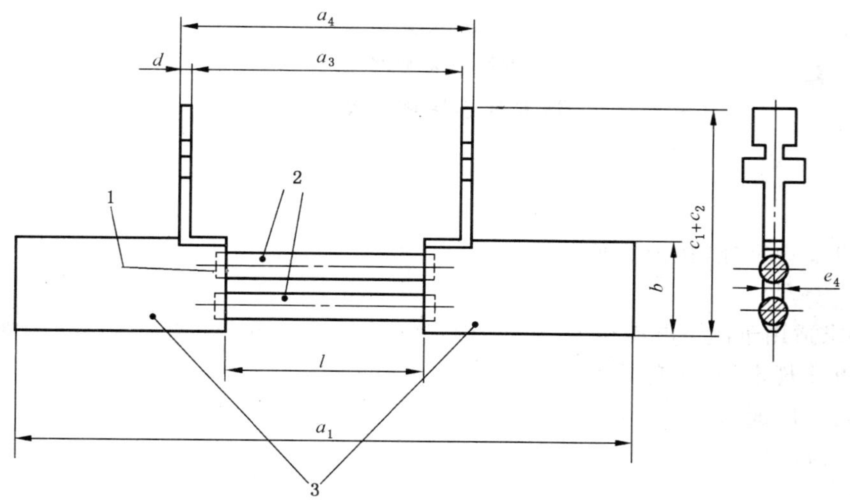

1——钎焊；

2——CuMn12Ni；

3——铜合金，镀银。

搭扣和其他尺寸见熔断器系统 A 中图 101。

尺码	I_n/A	l	P[1)]/W	R[2)]/mΩ	电阻条	
					数量	直径
00	63	30.5_{-3}^{0}	7.5	1.88	1	3.5

1) 在第 2 栏 I_n 下测得值。

2) 在搭扣处测量，平均误差为±2%。

图 407　模拟熔断体

熔断器系统 E——
螺栓连接熔断器
(BS 螺栓连接熔断器系统)

1 总则

除 GB 13539.1 规定外,补充下列要求。

1.1 范围

下列补充要求适用于额定电流至 1 250 A,额定电压至交流 690 V、直流 500 V 的螺栓连接熔断器。

除 GB 13539.1 规定外,补充下列要求:

- 最小额定分断能力;
- 时间-电流特性;
- I^2t 特性;
- 设计的标准条件;
- 耗散功率和接受耗散功率。

2 术语和定义

GB 13539.1 适用。

3 正常工作条件

GB 13539.1 适用。

4 分类

GB 13539.1 适用。

5 熔断器特性

除 GB 13539.1 规定外,补充下列要求。

5.3.1 熔断体的额定电流

熔断体最大额定电流的优先值见图 501 和图 502。

5.3.2 熔断器支持件的额定电流

熔断器支持件最大额定电流的优先值见图 503。

5.5 熔断体的额定耗散功率和熔断器支持件的额定接受耗散功率

熔断体耗散功率最大值见图 501。

当熔断器支持件按 8.3.1 试验在额定电流下的额定接受耗散功率值见图 503。

5.6 时间-电流特性极限

5.6.1 时间-电流特性、时间-电流带和过载曲线

除了由门限及约定时间和约定电流确定的弧前时间极限外,时间-电流带(不包括制造误差)见图 504 和图 505。时间-电流特性在电流方向的误差应不大于±10%。

5.6.2 约定时间和约定电流

除 GB 13539.1—2008 规定外,约定时间和约定电流见表 501。

表 501 “gG”熔断体的约定时间和约定电流

额定电流 I_n/A	约定时间/h	约定电流	
		I_{nf}	I_f
I_n<16	1	$1.25I_n$	$1.6I_n$

5.6.3 门限

除 GB 13539.1—2008 规定外，“gG”熔断体的门限值见表 502。

表 502 “gG”熔断体规定弧前时间的门限值

I_n/A	I_{min}(10 s)/A	I_{max}(5 s)/A	I_{min}(0.1 s)/A	I_{max}(0.1 s)/A
2	3.4	5.0	4.6	7.5
4	6.5	10.5	10.0	18.5
6	10.0	18.0	17.0	35.0
10	18.0	36.0	35.0	60.0

5.7.2 额定分断能力

额定分断能力交流至少 80 kA，直流至少 40 kA。

6 标志

除 GB 13539.1 规定外，补充下列要求。

6.1 熔断器支持件标志

除 GB 13539.1 规定外，补充下列标志：

- 尺码。

当未装上熔断体时，额定电流和额定电压标志应能从正面辨认。

6.2 熔断体标志

除 GB 13539.1 规定外，补充下列标志：

- 尺码或型式；
- 额定分断能力。

7 机械设计

除 GB 13539.1 规定外，补充下列要求。

7.1 机械设计

熔断体和熔断器底座的尺寸见图 501 和图 503。

7.1.2 包括接线端子的连接

正在考虑中。

7.9 防电击保护

如果使用图 503 标准化熔断器支持件，三种状态下的电击防护等级均应不低于 IP2X。

8 试验

除 GB 13539.1 规定外，补充下列要求。

8.3 温升与耗散功率验证

8.3.1 熔断器的布置

熔断体的试验布置见图 506，试验装置应垂直安装。

8.3.3 熔断体耗散功率的测量

耗散功率的测量点见图 506。

8.4 动作验证

8.4.1 熔断器的布置

熔断体试验的布置见图 506,试验装置应垂直安装。

8.5 分断能力验证

8.5.1 熔断器的布置

熔断体的试验布置见图 507。

8.5.8 试验结果的判别

除了应符合 GB 13539.1—2008 要求外,熔断体熔断时验证飞弧的细熔丝不应熔化,试验底座无机械损坏。

8.9 耐热性试验

装有熔断体(该熔断体的最大耗散功率与熔断器支持件的接受耗散功率相对应)的熔断器支持件应周期性地承载电流作为预处理。预处理按 GB 13539.1—2008 中 8.4.3.2 规定。在冷却到正常温度后,熔断器应根据 8.5 进行 I_1 分断能力试验。

熔管或填料中含有有机材料的熔断体应进行同样的上述试验,但这些熔断体应分断试验电流 I_1 和 I_5。

8.10 触头不变坏验证

GB 13539.1—2008 中 8.10 适用。

8.10.1 熔断器的布置

GB 13539.1—2008 中 8.10.1 适用并补充以下要求:

模拟熔断体的尺寸应与符合图 501 中尺码与图 503 标准熔断器支持件相配的熔断体的尺寸相同。

当模拟熔断体在按图 506 标准化耗散功率试验底座中进行试验时,其耗散功率应符合图 503 熔断器支持件的额定接受耗散功率。

模拟熔断体的结构应保证当通过过载电流 I_{nf} 时不会熔断。

8.10.2 试验方法

以下文字加在 GB 13539.1—2008 中 8.10.2 的第一段之后:

试验值如下:

试验电流:约定不熔断电流 I_{nf}。

负载周期:25%约定时间。

空载周期:10%约定时间。

允许采用低于额定电压的试验电压。

8.10.3 试验结果的判别

250 个循环后测得的温升值应不超过试验开始时温升值 15 K。

750 个循环(必要时)后的温升应不超过试验开始前 20 K。

8.11 机械试验和其他试验

8.11.1.1 熔断器支持件的机械强度

装有为熔断器支持件所能容纳的最大额定电流及耗散功率熔断体的熔断器支持件应在额定电流下进行温升试验。

温升试验结束时,熔断体或载熔件(如采用时)应被拔出和插入熔断器底座 100 次。

试验后所有部件应完整无损,功能正常。

验证是否符合上述要求需在额定电流下再进行一次温升试验,此时测得的温升值应不大于机械强度试验开始前的温升值的 115%或不比机械强度试验开始前的温升值高 5 K(二者取较大值)。

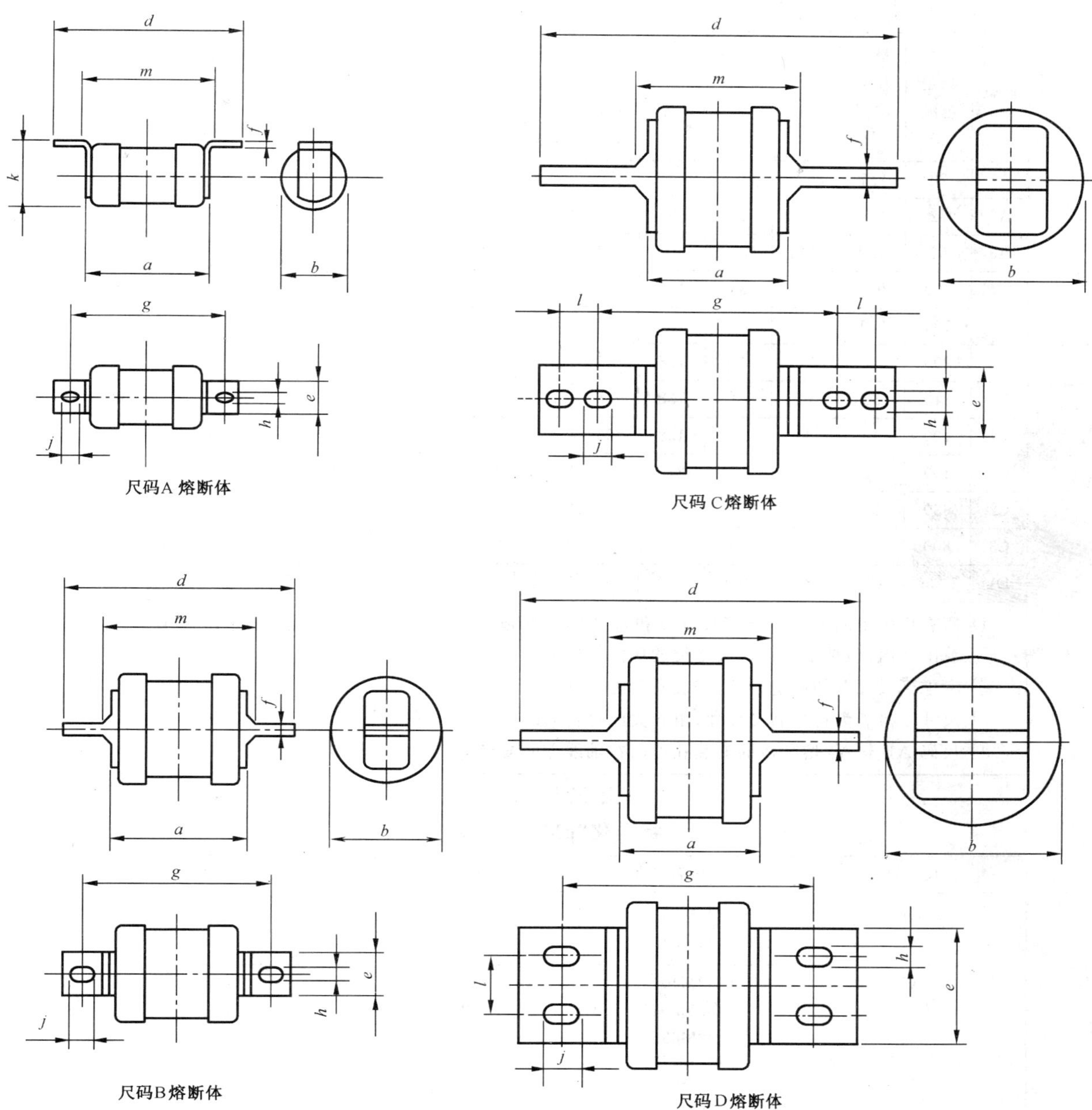

除了注释和所示尺寸外，本图不作为熔断体设计依据。

图501　螺栓连接熔断体——尺码A、B、C、D

尺寸单位为毫米

尺码	最大额定电流/A	最大耗散功率/W	a[1),2)] max	b max	d max	e[3)] max	f[3)] max		g nom	h nom	j[2),4)] min	k max	l[1)] nom	m max
							min	max						
A1	20	2.7	36.5	14.5	56	11.2	0.8	1.5	44.5	4.2	5.5	14.5	—	36.5
A2	32	4.4	57	24	86	9.2	0.8	1.5	73	5.5	7	25.5	—	60
A3	63	6.9	58	27	91	13	1.2	1.6	73	5.5	7	28	—	61
A4	100	9.1	70	37	111	20	2.4	3.2	94	8.7	9.5	38.5	—	74
B1	100	9.1	70	37	138	20	3.2	4	111	8.7	11	—	—	82
B2	200	17	77	42	138	20	3.2	4	111	8.7	11	—	—	82
B3	315	32	77	61	138	26	3.2	4.8	111	8.7	11	—	—	82
B4	400	40	83	66	138	26	4.8	6.6	111	8.7	11	—	—	89
C1	400	40	83	66	212	26	4.8	6.6	133	10.3	11	—	25.4	95
C2	630	55	85	77	212	26	6.3	7.8	133	10.3	11	—	25.4	95
C3	800	70	89	84	212	39	9.5	11.1	133	10.3	12.5	—	25.4	101
D1	1 250	100	89	102	200	64	9.5	12.7	149	14.3	16.5	—	31.8	95

1) 所有尺码中的尺寸 a，除了尺寸 a 和 m 之间连接板的结构被限制在与接触面成 45°的直线范围之内，包括了像铆钉头之类的任何突出部分。

2) 考虑到尺寸 a 的制造误差，安装孔都为长圆孔（尺寸 j）。

3) 尺寸 e 和 f 为材料名义尺寸，由相关原材料标准中规定的制造误差而定。

4) 尺码 A1 至 A4 熔断体的安装孔可以在轴线方向或横向伸长成为开口槽。

图 501（续）

标准化“gM”熔断体

尺　码	标准化额定值	额定电流/A	特性额定值/A
A1	20M25	20	25
A1	20M32	20	32
A2	32M40	32	40
A2	32M50	32	50
A2	32M63	32	63
A3	63M80	63	80
A3	63M100	63	100
A4 和 B1	100M125	100	125
A4 和 B1	100M160	100	160
A4 和 B1	100M200	100	200
B2	200M250	200	250
B2	200M315	200	315

“gM”熔断体的耗散功率比相同尺寸型式的“gG”熔断体的耗散功率小。

图 502　螺栓连接熔断体——尺码 A 和尺码 B

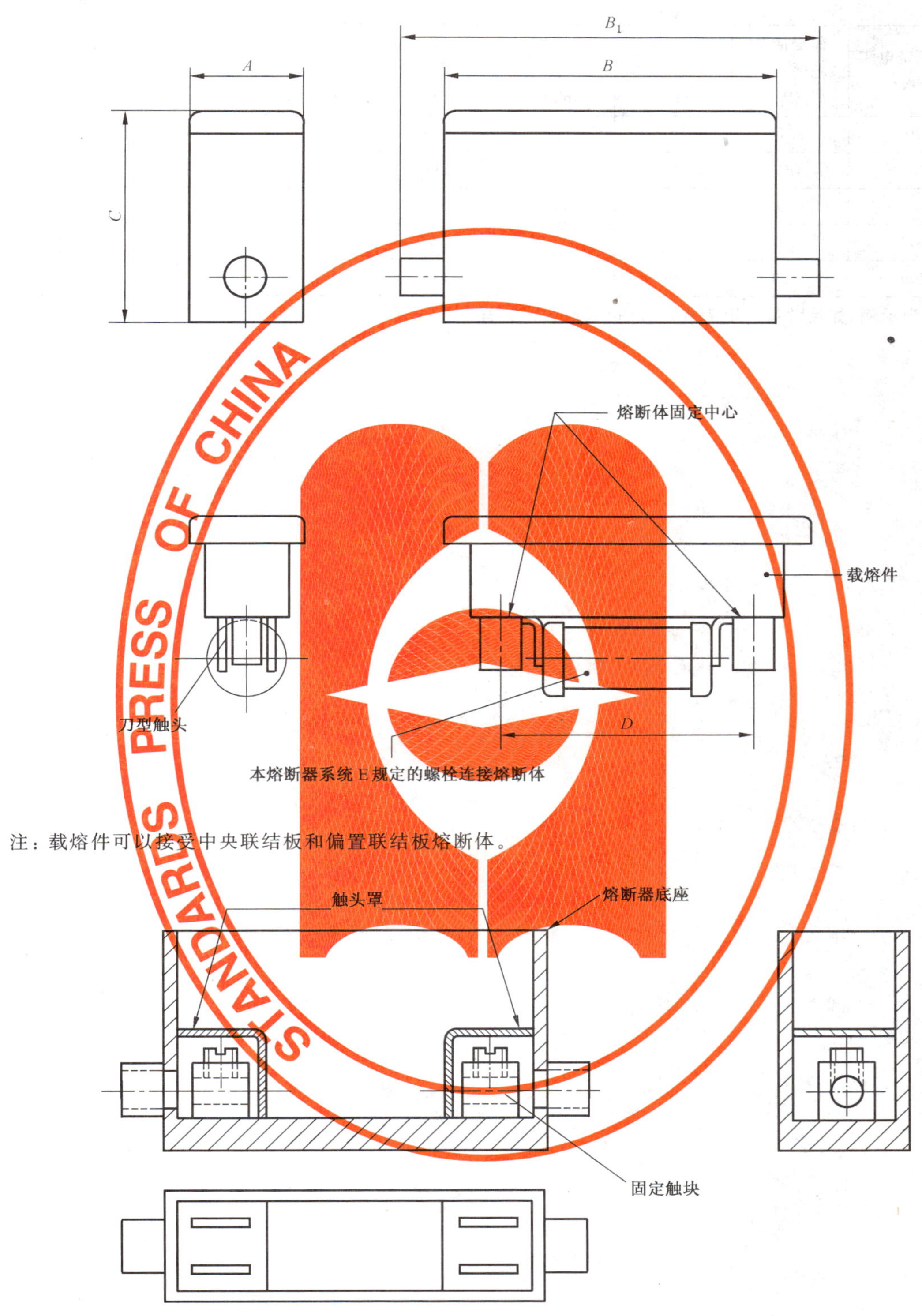

注：触头罩中的小孔提供IP2X(GB 4208)防护等级。

图 503　典型熔断器支持件

尺寸单位为毫米

最大额定电流 /A	额定接受耗散功率 /W	A max	B max	B_1 max	C max	D	配用熔断体尺码
20	2.7	30	91	110	62	44.5	A1
32	4.4	35	114	134	75	73	A2
63	6.9	47	140	140	91	73	A3
100	9.1	61	175	175	121	94	A4
200	17.0	86	233	310	159	111	B1+B2

本图仅作为示例，如尺寸符合上表规定，亦可采取其他式样。

图 503（续）

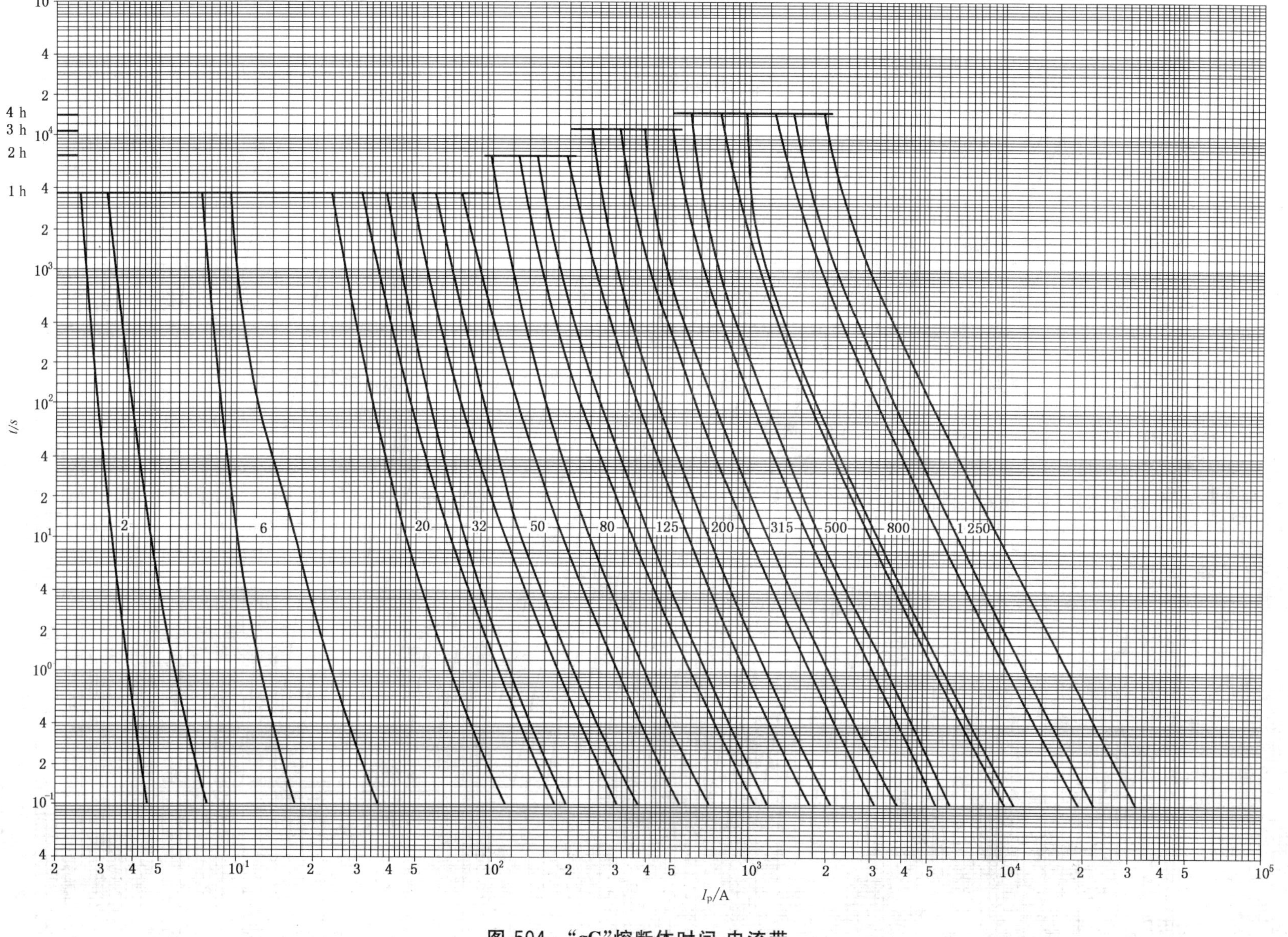

图 504 "gG"熔断体时间-电流带

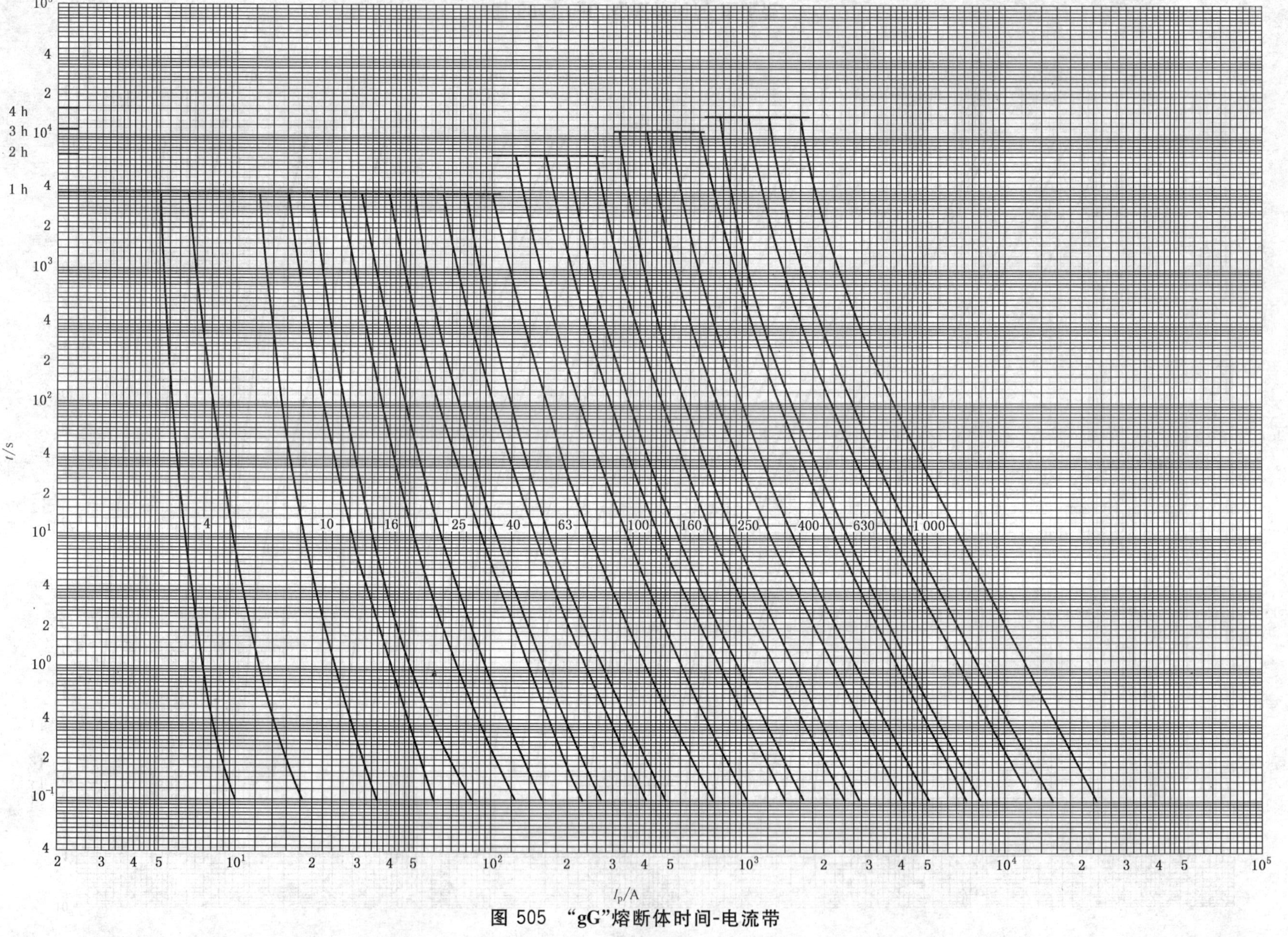

图 505 “gG”熔断体时间-电流带

尺寸单位为毫米

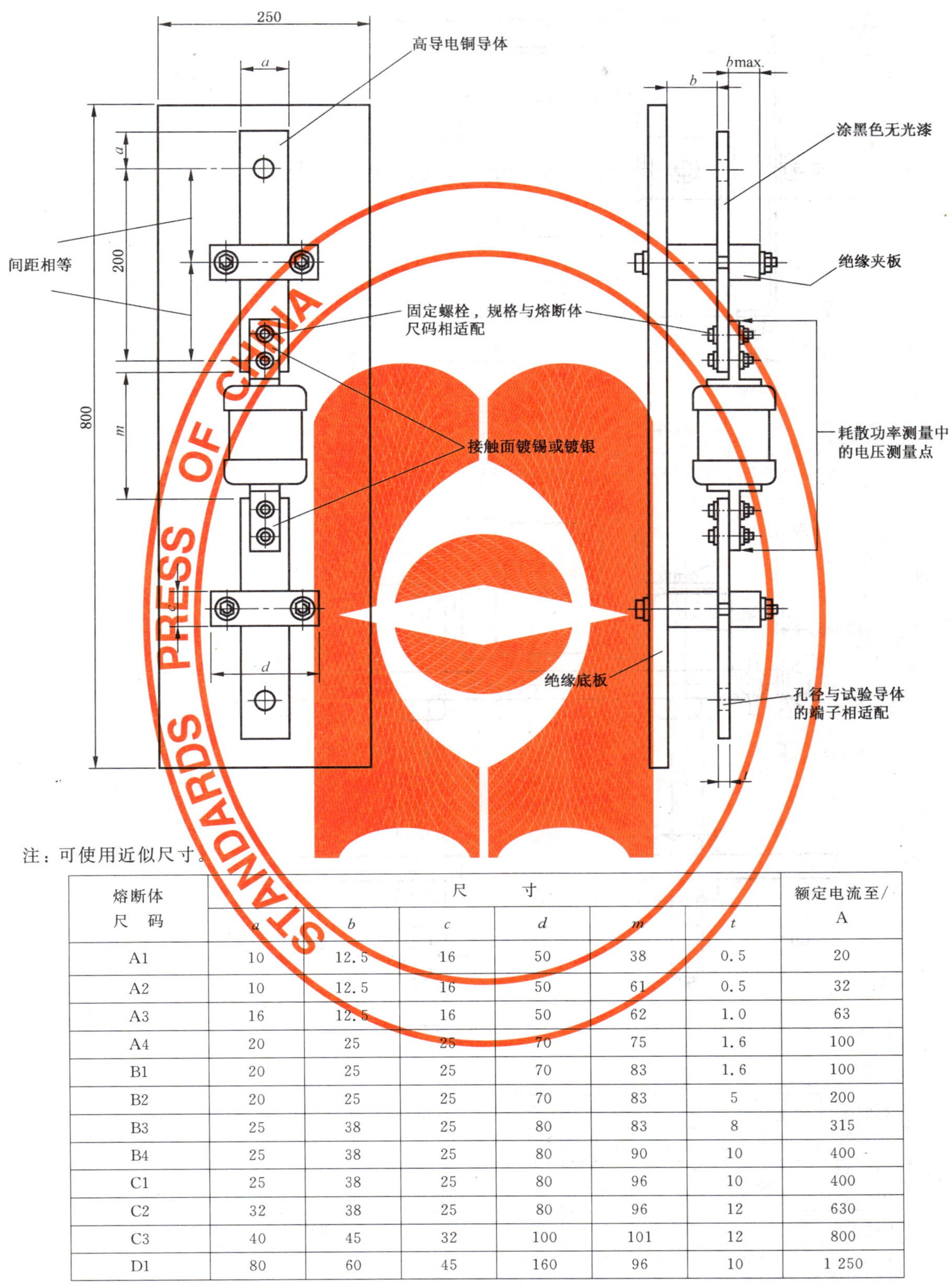

注：可使用近似尺寸。

熔断体尺码	尺寸						额定电流至/A
	a	b	c	d	m	t	
A1	10	12.5	16	50	38	0.5	20
A2	10	12.5	16	50	61	0.5	32
A3	16	12.5	16	50	62	1.0	63
A4	20	25	25	70	75	1.6	100
B1	20	25	25	70	83	1.6	100
B2	20	25	25	70	83	5	200
B3	25	38	25	80	83	8	315
B4	25	38	25	80	90	10	400
C1	25	38	25	80	96	10	400
C2	32	38	25	80	96	12	630
C3	40	45	32	100	101	12	800
D1	80	60	45	160	96	10	1 250

图 506 耗散功率试验底座

尺寸单位为毫米

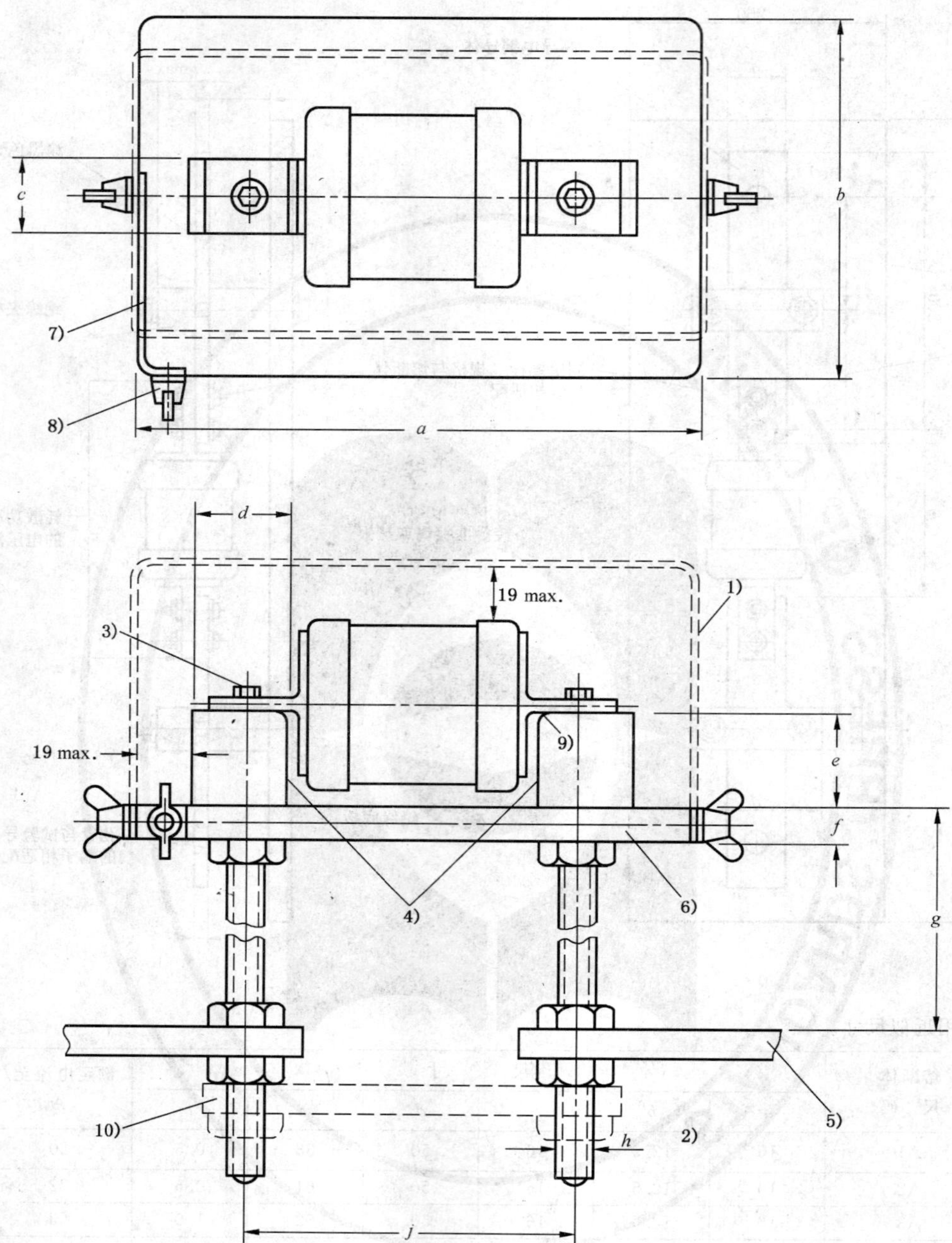

熔断体尺码	额定电流至/A	尺寸								
		a	*b*	*c*	*d*	*e*	*f*	*g*	*h*	*j*
A1～A4 B1～B4	400	187	127	25	36.5	38	12	114	M12	111
C1～C3	800	248	140	38	51	50	20	114	M20	159
D1	1 250	305	152	63	83	57	20	114	M24	159

图 507　螺栓连接熔断体的分断能力试验底座

1）　可拆罩。罩用金属丝网、低碳薄钢板或冲孔低碳薄钢板制成，厚度应保证罩有适当刚性。金属丝网或冲孔薄钢板的单孔面积不应超过 8.5 mm^2。除了罩与带电金属部件之间的电气间隙 19 mm 不许超过外，罩的截面形状可与图示不同。

2）　高导电率铜连接双头螺栓。

3）　安装中心。A1～A3 熔断体需采用面积不小于 25 mm×6.3 mm 的过渡连接板。

4）　此处可见间隙主要保证端帽不依靠在触块上。

5）　试验底座以外连接导体的布置不作规定（GB 13539.1—2008 中 8.5.1 的第二段不适用）。铜导体的尺寸应根据额定分断能力选择。

6）　底座由抗弯强度不低于 85 MPa 的酚醛树脂层压板制成。

7）　铜带。

8）　细熔丝的接线端子。铜细熔丝直径约为 0.1 mm，自由长度至少为 50 mm，连接在该接线端子与试验电源一极之间。

9）　倒角。

10）　预期电流试验用短路连接板。为便于连接，此板可开槽。应根据额定分断能力选择铜短路连接板尺寸。

图 507（续）

熔断器系统 F——
圆筒形帽熔断器
(NF 圆筒形帽熔断器系统)

1 总则

除 GB 13539.1 规定外,补充下列要求。

1.1 范围

下列补充要求适用于额定电流至 125 A,额定电压至交流 690 V 或直流 440 V、带撞击器或不带撞击器的圆筒形帽熔断器。圆筒形帽熔断器的尺寸应符合图 601 和图 603 的规定。

除 GB 13539.1 规定外,补充下列要求:

- 最小额定分断能力;
- 时间-电流特性;
- I^2t 特性;
- 设计的标准条件;
- 耗散功率和接受耗散功率。

2 术语和定义

GB 13539.1 适用。

3 正常工作条件

GB 13539.1 适用。

4 分类

GB 13539.1 适用。

5 熔断器特性

除 GB 13539.1 规定外,补充下列要求。

5.2 额定电压

交流额定电压的标准值为 400 V、500 V 和 690 V;直流额定电压的标准值为 250 V 和 440 V。直流额定电压的标准值与交流额定电压的标准值是不相关的。例如,有可能有下列标准组合:交流 500 V 直流 250 V,交流 500 V 直流 440 V 等。

5.3.1 熔断体的额定电流

熔断体的最大额定电流见表 601。

表 601 圆筒形帽熔断体的最大额定电流

尺 码	AC 500 V		AC 690 V	
	gG	aM	gG	aM
	I_n/A	I_n/A	I_n/A	I_n/A
10×38	25	16	10	—
14×51	50	40	25	25
22×58	100	100	50	50
注:可能存在更高额定电流的熔断体。				

表 601（续）

尺　码	AC 400 V	
	gG	aM
	I_n/A	I_n/A
8×32	16	10

5.3.2　熔断器支持件的额定电流

熔断器支持件最大额定电流见表 602。

表 602　熔断器支持件的最大额定电流

尺　码	I_n/A
8×32	16
10×38	25
14×51	50
22×58	100
注：使用更高额定电流的熔断体由制造厂和用户协商。	

5.5　熔断体的额定耗散功率和熔断器支持件的额定接受耗散功率

熔断体额定耗散功率的最大值见表 603。

表 603　熔断体的最大额定耗散功率

尺　码	8×32	10×38	14×51	22×58
gG	2.5 W	3 W	5 W	9.5 W
aM	0.9 W	1.2 W	3 W	7 W

熔断器底座的额定接受耗散功率值见表 604。

表 604　熔断器支持件的额定接受耗散功率

尺　码	8×32	10×38	14×51	22×58
额定接受耗散功率	2.5 W	3 W	5 W	9.5 W

5.6　时间-电流特性极限

5.6.1　时间-电流特性、时间电流带和过载曲线

若适用，本部分熔断器系统 A 中图 104 规定的包括制造误差的时间-电流带对所有在试验中测得的弧前时间和熔断时间范围内都应得到满足。

5.6.2　约定时间和约定电流

除 GB 13539.1 规定外，约定时间和约定电流见表 605。

表 605　额定电流小于 16A 的“gG”熔断体的约定时间和约定电流

额定电流 I_n/A	约定时间/h	约定电流	
		I_{nf}	I_f
$I_n \leqslant 4$	1	$1.5I_n$	$2.1I_n$
$4 < I_n < 16$	1	$1.5I_n$	$1.9I_n$

5.6.3　门限

除 GB 13539.1 规定外，“gG”熔断体的门限见表 606。

表 606 额定电流小于 16 A 的“gG”熔断体规定弧前时间和熔断时间的门限

I_n/A	I_{min}(10 s)/A	I_{max}(5 s)/A	I_{min}(0.1 s)/A	I_{max}(0.1 s)/A
2	3.7	9.2	6.0	23.0
4	7.8	18.5	14.0	47.0
6	11.0	28.0	26.0	72.0
8	16.0	35.2	41.6	92.0
10	22.0	46.5	58.0	110.0
12	24.0	55.2	69.6	140.4

5.7.2 额定分断能力

最小额定分断能力见表 607。

表 607 最小额定分断能力

额定电压	最小额定分断能力
≤690 V 交流 ≤750 V 直流	50 kA 25 kA

6 标志

除 GB 13539.1 规定外,补充下列要求。

符合本熔断器系统的要求和试验的熔断体和熔断器支持件可以标志 GB/T 13539.2。

6.1 熔断器支持件标志

除 GB 13539.1 规定外,补充下列标志:

- 尺码。

6.2 熔断体标志

除 GB 13539.1 规定外,补充下列标志:

- 尺码或型式;
- 额定分断能力。

熔断体应按表 608 规定的方式标志。

表 608 标志颜色

特性	gG		aM	
标志颜色	黑色		绿色	
印刷种类	色带以空心字体印刷	常规印刷	色带以空心字体印刷	常规印刷
电压/V				
400	X		X	
500		X		X
690	X		X	

7 设计的标准条件

除 GB 13539.1 规定外,补充下列要求。

7.1 机械设计

熔断体和熔断器底座的尺寸见图 601 和图 603。

带撞击器熔断体的尺寸还应符合图602的规定。

7.1.2 包括接线端子的连接

接线端子应能接纳表609规定的截面导线。

表609 可连接硬铜导线截面的最小范围

尺　码	8×32	10×38	14×51	22×58
截面积/mm^2	1.5～4	1.5 ～ 6	2.5 ～ 16	4 ～ 50

接线端子的举例见IEC 60999-1和IEC 60999-2。

7.7 I^2t 特性

GB 13539.1—2008中表7的最大弧前 I^2t 值可作为本熔断器系统所包括的熔断体的最大熔断 I^2t 值。额定电流小于16A的熔断体的 I^2t 值见表610。

表610 "gG"熔断体0.01s的弧前 I^2t 和熔断 I^2t 值

I_n/A	弧前 I^2t_{min}/A^2s	熔断 I^2t_{max}/A^2s
2	1	23
4	6	90
6	24	225
8	49	420
10	100	576
12	160	750

表611规定了在1.1×U_n 试验电压和同一熔断体系列中最大额定电流的No.2试验条件下"aM"熔断体的最大熔断 I^2t 值(GB 13539.1—2008中表20)。

表611 "aM"熔断体的最大熔断 I^2t 值

额定电压 U_n/V	I^2t_{max}/A^2s
$U_n \leqslant 400$	$18I_n^2$
$400 < U_n \leqslant 500$	$24I_n^2$
$500 < U_n \leqslant 690$	$35I_n^2$

这些值适用于弧前时间小于0.01 s的预期电流。

7.8 "gG"熔断体的过电流选择性

额定电流16 A及以上,额定电流比为1∶1.6的系列中的熔断体在8.7.4规定值范围应具有选择性。

7.9 防电击保护

可采用隔板和熔断器触头罩来增强防电击性能。

8 试验

除GB 13539.1规定外,补充下列要求。

8.1.6 熔断器支持件试验

见熔断器系统A中8.1.6。

8.3.1 熔断器的布置

接线端子螺钉的拧紧力矩按表612的规定。

表 612 施加在端子螺钉力矩

螺纹名义直径/mm	力矩/Nm				
	Ⅰ	Ⅱ	Ⅲ	Ⅳ	Ⅴ
至2.8	—	—	0.4	0.4	—
>2.8～3.0	0.25	—	0.5	0.5	—
>3.0～3.2	0.3	—	0.6	0.6	—
>3.2～3.6	0.4	—	0.8	0.8	—
>3.6～4.1	0.7	1.2	1.2	1.2	1.2
>4.1～4.7	0.8	1.2	1.8	1.8	1.8
>4.7～5.3	0.8	1.4	2.0	2.0	2.0
>5.3～6.0	1.2	1.8	2.5	3.0	3.0
>6.0～8.0	2.5	2.5	3.5	6.0	4.0
>8.0～10.0	—	3.5	4.0	10.0	6.0
>10.0～12.0	—	4.0	—	—	8.0
>12.0～15.0	—	5.0	—	—	10.0

每次松开螺钉或螺母时都移动一下导体。

Ⅰ栏适用于拧紧时不凸出孔外的无头螺钉，以及其他不能用刀头比螺钉直径宽的螺丝刀拧紧的螺钉。

Ⅱ栏适用于用螺丝刀拧紧的带罩接线端子的螺母。

Ⅲ栏适用于用螺丝刀拧紧的其他螺钉。

Ⅳ栏适用于用除螺丝刀外的其他工具拧紧的螺钉和螺母，但不包括带罩接线端子的螺母。

Ⅴ栏适用于用除螺丝刀外的其他工具拧紧的带罩接线端子的螺母。

8.3.4.1 熔断器支持件的温升

模拟熔断体的尺寸应符合图 601，额定耗散功率应符合表 604 的规定。

8.3.4.2 熔断体的散耗功率

熔断体耗散功率的优选测量点为图 601 中所示的 S 点。

8.4.3.6 指示装置和撞击器(如有)的动作

GB 13539.1—2008 中的 8.4.3.6 适用并作如下补充：

动作前，撞击器的弹出应不超出 1 mm(S_0)，动作后，应在 7mm～10 mm 之间(S_1)。

撞击器在全部行程的力最小不低于 2.5 N，在最终行程时不超过 20 N。

在动作后，撞击器保持受控状态。

带撞击器的熔断体除了撞击器外可以没有指示装置。

8.5.5.1 熔断器底座峰值耐受电流的验证

熔断器底座的峰值耐受电流如果在尺码中最大额定电流熔断体的分断能力试验中得到验证，且截断电流值在表613规定的范围内，就无需再进行验证。

8.5.5.1.1 熔断器的布置

试验应为单相形式，熔断器底座的试验布置应符合GB 13539.1—2008中8.5.1规定。

8.5.5.1.2 试验方法

应由相应各尺码中最大额定电流的熔断体来限流，所达到的试验电流峰值必须在表613规定的范围内。

表613 试验电流

尺码	截断电流/kA
8×32	3～4
10×38	5～6
14×51	13～16
22×58	17～21

只要满足8.5.5.1.3要求，最大值可以超过。

如果用该尺码中最大额定电流熔断体不能使截断电流达到规定范围，则应串联一个较大额定电流的熔断体。在此情况下应由模拟熔断体替代试品。模拟熔断体的外形尺寸按图601规定。

8.5.5.1.3 试验结果的判别

熔断体不应弹出，应无电弧、熔焊痕迹或其他可能影响熔断器底座继续使用的损坏。触头上允许有点蚀。

8.7.4 过电流选择性验证

额定电流至12 A的熔断器的过电流选择性和额定电流大于12 A的熔断器的1：1.6的过电流选择性用记录的I^2t计算值得以验证。

试品布置，试验电路和电流误差按GB 13539.1—2008中8.5分断能力试验和表20规定。

用4只试品进行试验。2只试品在相应于最小弧前I^2t值的预期电流(有效值)下进行试验，另2只试品在相应于最大熔断I^2t值的预期电流(有效值)下进行试验。

对于690 V熔断器，试验电压为$1.05\times U_n/\sqrt{3}$。

其他熔断器的试验电压为$1.1\times U_n/\sqrt{3}$。

表614 选择性试验的试验电流和I^2t极限

I_n/A	最小弧前I^2t		最大熔断I^2t		选择比
	预期电流I(有效值)/kA	I^2t/A^2s	预期电流I(有效值)/kA	I^2t/A^2s	
2	0.013	0.67	0.064	16	按表中数值计算
4	0.035	4	0.130	67	
6	0.064	16	0.220	193	
8	0.100	40	0.310	390	
10	0.130	67	0.400	640	
12	0.180	130	0.450	820	

表 614（续）

I_n/A	最小弧前 I^2t		最大熔断 I^2t		选择比
	预期电流 I（有效值）/kA	I^2t/A^2s	预期电流 I（有效值）/kA	I^2t/A^2s	
16	0.270	291	0.550	1 210	1∶1.6
20	0.400	640	0.790	2 500	
25	0.550	1 210	1.000	4 000	
32	0.790	2 500	1.200	5 750	
40	1.000	4 000	1.500	9 000	
50	1.200	5 750	1.850	13 700	
63	1.500	9 000	2.300	21 200	
80	1.850	13 700	3.000	36 000	
100	2.300	21 200	4.000	64 000	
125	3.000	36 000	5.100	104 000	

从试验记录计算得到的 I^2t 值应在表 614 中相应的 I^2t 极限范围内。

8.9 耐热性验证

装有熔断体（该熔断体的最大耗散功率与熔断器支持件的接受耗散功率相对应）的熔断器支持件应周期性地承载电流作为预处理。预处理按 GB 13539.1—2008 中 8.4.3.2 规定。在冷却到正常温度后，熔断器应根据 8.5 进行 I_1 分断能力试验。

熔管或填料中含有有机材料的熔断体应进行同样的上述试验，但这些熔断体应分断试验电流 I_1 和 I_5。

8.10 触头不变坏验证

GB 13539.1—2008 中 8.10 适用。

8.10.1 熔断器的布置

GB 13539.1—2008 中 8.10.1 适用，并补充以下要求：

模拟熔断器的尺寸应符合图 601，其额定耗散功率应符合表 604 相应尺寸的规定值。

8.10.2 试验方法

GB 13539.1—2008 中 8.10.2 适用，并补充以下要求：

试验值如下：

试验电流：约定不熔断电流 I_{nf}。

负载周期：25％约定时间。

空载周期：10％约定时间。

允许采用低于额定电压的试验电压。

8.10.3 试验结果的判别

250 个循环后测得的温升值应不超过试验开始前温升值 15 K。

750 个循环（必要时）后测得的温升值应不超过试验开始前温升值 20 K。

8.11.1.1 熔断器支持件的机械强度

装有为熔断器支持件所能容纳的最大额定电流及耗散功率熔断体的熔断器支持件应在额定电流下进行温升试验。

温升试验结束时，熔断体或载熔件（如采用时）应被拔出和插入熔断器底座 100 次。

试验后所有部件应完整无损，功能正常。

验证是否符合上述要求需在额定电流下再进行一次温升试验，此时测得的温升值应不大于机械强度试验开始前的温升值的115%或不比机械强度试验开始前的温升值高5 K(二者取较大值)。

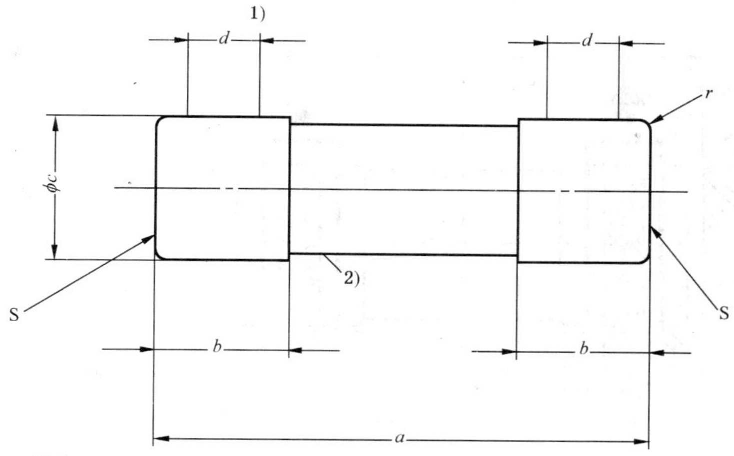

测量点S按8.3.4.2规定。

除了注释和所示尺寸外,本图不作为熔断体设计依据。

1) 此圆柱部分内规定的允差不得超过。

2) 端帽间熔管直径不应超过 c。

3) 此耗散功率代表熔断体的最大耗散功率,同时也代表熔断器底座或熔断器支持件的最小接受耗散功率。

尺寸单位为毫米

尺码	最大额定耗散功率[3)]/W	a	b max	c	d min	r
8×32	2.5	31.5±0.5	6.7	8.5±0.1	4	1±0.5
10×38	3	38 ± 0.6	10.5	10.3 ± 0.1	6	1.5 ± 0.5
14×51	5	$51^{+0.6}_{-1}$	13.8	14.3 ± 0.1	7.5	2 ± 1
22×58	9.5	$58^{+0.1}_{-2}$	16.2	22.2 ± 0.1	11	2 ± 1

图 601 圆筒形帽熔断体

单位为毫米

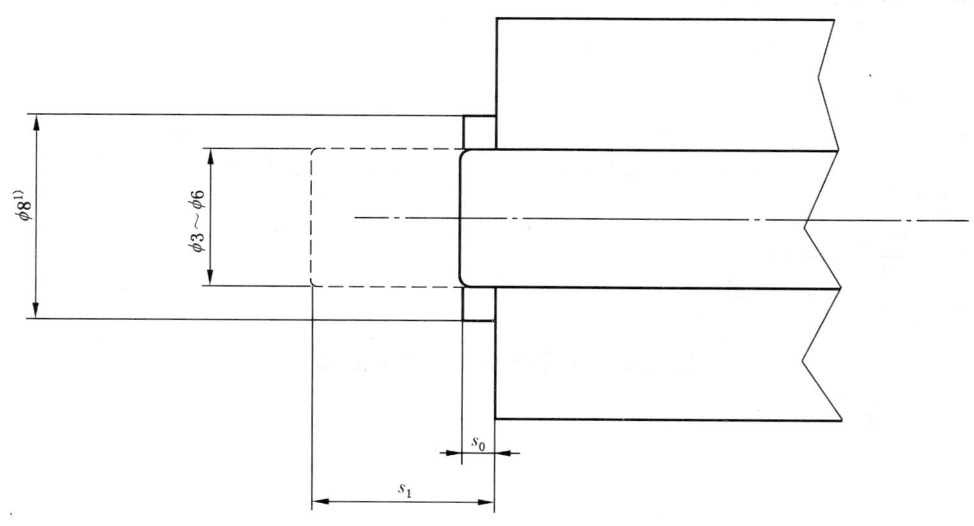

除了注释和所示尺寸外,本图不作为熔断体设计依据。

1) 撞击器的圆柱直径不应超出。

图 602 带撞击器的圆筒形帽熔断体——附加的尺寸仅用于尺码 14×51 和 22×58

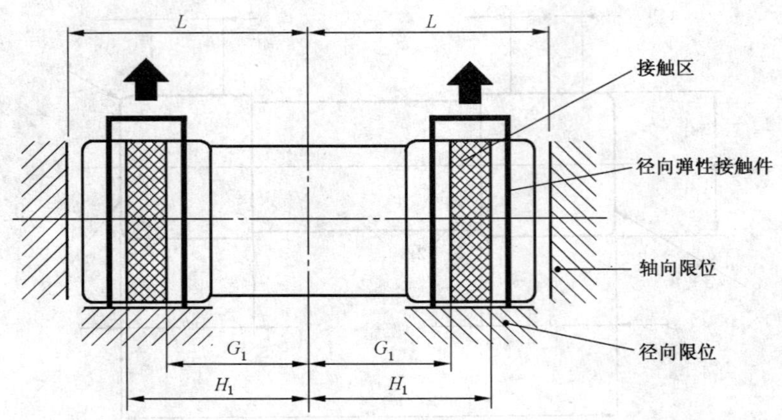

底座 A:接触区位于两端帽圆柱面上

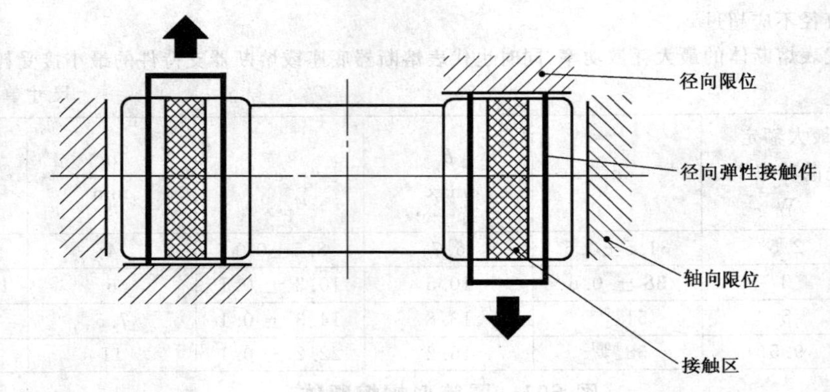

底座 B:接触区位于两端帽圆柱面上

尺寸单位为毫米

尺码	I_n/A	G_1 max	H_1 min	$L^{+0.8}_{0}$
8×32	16	11.5	14	16
10×38	25	13	15.5	19.3
14×51	50	18	20.5	25.8
22×58	100	18	25	29

图 603　圆筒形帽熔断体的底座

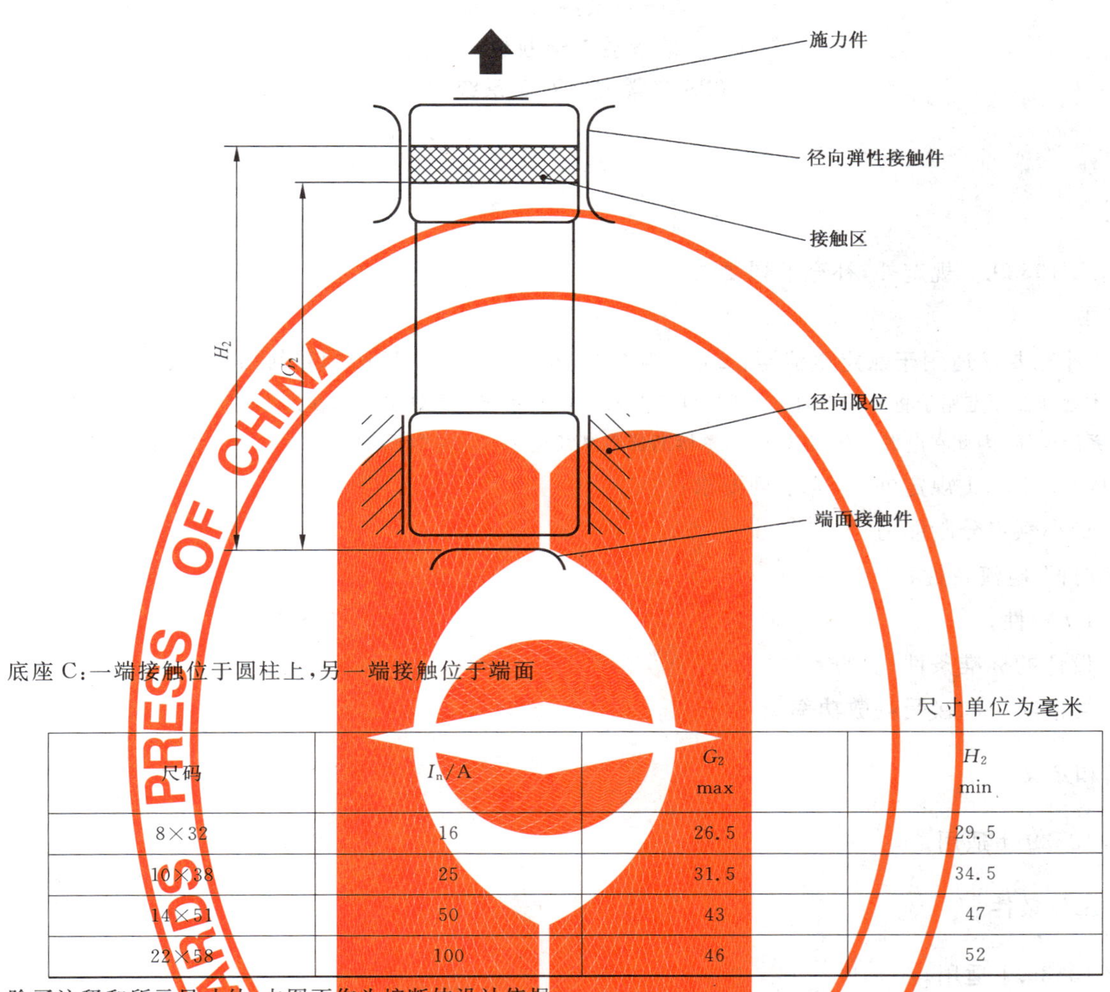

底座 C：一端接触位于圆柱上，另一端接触位于端面

尺寸单位为毫米

尺码	I_n/A	G_2 max	H_2 min
8×32	16	26.5	29.5
10×38	25	31.5	34.5
14×51	50	43	47
22×58	100	46	52

除了注释和所示尺寸外，本图不作为熔断体设计依据。

注 1：应在熔断体的图示接触区内保持接触。尺码为 14×51 和 22×58 的熔断体应由外部弹簧提供接触压力(尺码为 8×32 和 10×38 的熔断体插座的自身弹性已足够了)。接触件在承受使用中可能遇到的热应力和机械应力时，其弹性和镀层应保持稳定。

注 2：轴向限位、施力件和接触件的结构应不妨碍熔断体内任何指示装置或撞击器的动作。

注 3：考虑到熔断体的轴向尺寸误差，至少有一个接触件，或对于底座 C 的施力件，在图示箭头方向应有足够弹性(尺码 14×51 和 22×58 的熔断体采用外部弹簧)。

注 4：依靠位于熔断体触头件旁的径向限位保持规定区域内的接触。

➡表示熔断体的拔出方向。

图 603（续）

熔断器系统 G——
偏置触刀熔断器
(BS 夹紧式熔断器系统)

1 总则

除 GB 13539.1 规定外,补充下列要求。

1.1 范围

下列补充要求适用于额定电流至 125 A,额定电压至交流 400 V 的偏置触刀熔断器。

注:本熔断器预定用于将要采用的交流 230/400 V 标准电压系统。但许多国家在过渡期仍使用较高的 240/415 V 系统电压,因此在电源电压降低之前,本熔断器将继续按交流额定电压 240 V 或 415 V 进行试验和供电。

除 GB 13539.1 规定外,补充下列要求:

- 最小额定分断能力;
- 时间-电流特性;
- I^2t 特性;
- 设计的标准条件;
- 耗散功率和接受耗散功率。

2 术语和定义

GB 13539.1 适用。

3 正常工作条件

GB 13539.1 适用。

4 分类

GB 13539.1 适用。

5 熔断器特性

除 GB 13539.1 规定外,补充下列要求。

5.2 额定电压

GB 13539.1—2008 表 1 中适用于本部分的标准电压值为:

尺码 E1 熔断体　　交流 230 V;

尺码 F1、F2、F3 熔断体　　交流 400 V。

(见 1.1 中注)。

5.3.1 熔断体的额定电流

各种尺码熔断体的最大额定电流见图 701。本熔断器系统不包括额定电流 8 A 和 12 A。

5.3.2 熔断器支持件的额定电流

熔断器支持件的最大额定电流见图 702。

5.5 熔断体的额定耗散功率和熔断器支持件的额定接受耗散功率

熔断体按8.3.1试验时用图705标准试验底座测得的耗散功率最大允许值见图701。

熔断器支持件在额定电流下按8.3.1试验时的额定接受耗散功率见图702。

注：确定熔断器支持件接受耗散功率的电压测量点见图702。

5.6.1 时间-电流特性，时间-电流带

除了由门限及约定时间和约定电流确定的弧前时间极限外，不包括制造误差在内的时间-电流带见图703和图704。时间-电流特性在电流方向的误差应不大于10%。

5.6.2 约定时间和约定电流

除GB 13539.1—2008规定外，约定时间和约定电流见表701。

表701 “gG”熔断体的约定时间和约定电流

额定电流 I_n/A	约定时间/h	约定电流	
		I_{nf}	I_f
$4<I_n<16$	1	1.25 I_n	1.6 I_n
$I_n\leqslant 4$	1	1.25 I_n	2.1 I_n

5.6.3 门限

除GB 13539.1—2008规定外，“gG”熔断体的门限值见表702。

表702 “gG”熔断体规定弧前时间的门限值

I_n/A	I_{min}(10 s)/A	I_{max}(5 s)/A	I_{min}(0.1 s)/A	I_{max}(0.1 s)/A
2	3	6	4	8
4	6	12	9	20
6	9	20	16	36
10	16	36	33	70

5.7.2 额定分断能力

额定分断能力为：

a) 尺码E1熔断体为50 kA；

b) 尺码F1、F2和F3熔断体为80 kA。

6 标志

除GB 13539.1规定外，补充下列要求。

6.1 熔断器支持件标志

除GB 13539.1规定外，补充下列标志：

- 尺码。

6.2 熔断体标志

除GB 13539.1规定外，补充下列标志：

- 尺码或型式；
- 额定分断能力。

7 设计的标准条件

除GB 13539.1—2008规定外，补充下列要求。

7.1 机械设计

熔断体和熔断器支持件的尺寸见图701和图702。

7.1.2 包括接线端子的联接

熔断器支持件接线端子应能接纳表703规定截面的多股导线或单芯铜导线。

表703 铜导线尺寸

熔断器支持件额定电流/A	导线截面/mm^2	尺 码
20	4	E1
32	10	F1
63	25	F2
125	70	F3

7.7 I^2t 特性

除GB 13539.1—2008中表7规定外，额定电流小于16A的I^2t值见表704。

表704 "gG"熔断体0.01 s时的弧前I^2t值

I_n/A	I^2t_{min}/A^2s	I^2t_{max}/A^2s
2	0.30	2.5
4	2.0	15
6	5	45
10	25	200

7.9 防电击保护

使用图702标准化熔断器支持件时，3种状态下的电击防护等级均应不低于IP2X。

8 试验

除GB 13539.1规定外，补充下列要求。

8.3.3 熔断体耗散功率的测量

熔断体应安装在图705所示试验底座中，耗散功率的测量点见图705。

8.3.4.1 熔断器支持件的温升

模拟熔断体的尺寸应符合图701规定，用图702所示相应熔断器支持件进行试验。当按图705耗散功率标准试验底座进行试验时，模拟熔断体的耗散功率应为图702规定的熔断器支持件的额定接受耗散功率。

8.4.1 熔断器的布置

熔断体的试验布置见图705。

8.5.1 熔断器的布置

应使用符合本部分的熔断器支持件进行熔断体的分断能力试验。熔断器支持件应固定牢固。连接熔断器支持件至主电路试验导体的所有导体的截面按熔断器支持件接线端子可容纳的导体截面(表703)的规定，每一侧导线长度不超过0.2 m，在连接装置的平面上从完整熔断器的两侧引出，并在熔断器接线端子之间的连线方向上。

试验底座以外连接导体的布置，即熔断器支持件与连接至试验导体之间的任何连接不作规定。

8.7.4 过电流选择性验证

对于额定电流16A及以上的过电流选择性，GB 13539.1—2008中8.7.4适用。

对于额定电流小于16A的过电流选择性，按GB 13539.1—2008中8.7.1验证要求，从制造厂数据中确定。

8.9 耐热性验证

装有熔断体（该熔断体的最大耗散功率与熔断器支持件的接受功率相对应）的熔断器支持件应周期性地承载电流作为预处理。预处理按GB 13539.1—2008中8.4.3.2的规定。在冷却到正常温度后，熔断器应根据8.5进行 I_1 分断能力试验。

熔管或填料中含有有机材料的熔断体应进行同样的上述试验，但这些熔断体应分断试验电流 I_1 和 I_5。

8.10 触头不变坏验证

GB 13539.1—2008中8.10适用。

8.10.1 熔断器的布置

GB 13539.1—2008中8.10.1适用，并补充以下要求：

模拟熔断体的尺寸应符合图701，在图702相应的熔断器支持件中进行试验。

当按图705耗散功率标准试验底座进行试验时，模拟熔断体的耗散功率应为图702熔断器支持件的最大额定接受耗散功率。

8.10.2 试验方法

以下文字加在GB 13539.1—2008中8.10.2的第一段之后：

试验值如下：

试验电流：约定不熔断电流 I_{nf}。

负载周期：25%约定时间。

空载周期：10%约定时间。

允许采用低于额定电压的试验电压。

8.10.3 试验结果的判别

250个循环后测得的温升值应不超过试验开始时温升值15 K。

750个循环（必要时）后的温升应不超过试验开始前20 K。

8.11 机械试验及其他试验

8.11.1.1 熔断器支持件的机械强度

装有为熔断器支持件所能容纳的最大额定电流及耗散功率熔断体的熔断器支持件应在额定电流下进行温升试验。

温升试验结束时，熔断体或载熔件（如采用时）应被拔出和插入熔断器底座100次。

试验后所有部件应完整无损，功能正常。

验证是否符合上述要求需在额定电流下再进行一次温升试验，此时测得的温升值应不大于机械强度试验开始前的温升值的115%或不比机械强度试验开始前的温升值高5 K（二者取较大值）。

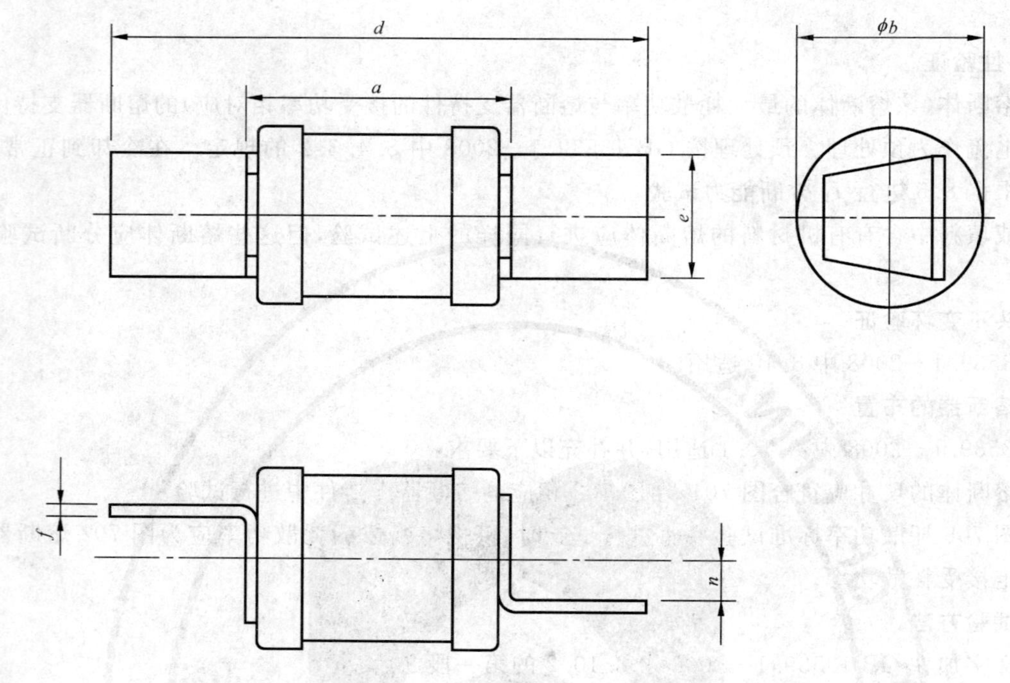

尺寸单位为毫米

尺码	最大额定电流/A	最大耗散功率/W	a[1) max	b max	d		e		f		n	
					max	min	max	min	max	min	max	min
E1	20	1.8	25	14.5	51	47	13	11	1.5	0.8	3.8	3.2
F1	32	3.2	35.5	14.5	62	58	131	11	1.5	0.8	3.8	3.2
F2	63	4.8	39	17.5	69	65	15.5	14.5	1.6	1.2	3.8	3.2
F3	125	7.5	39	27	80	76	20	19	2.0	1.6	3.8	3.2

1) 考虑到连接板表面中心线上有凸出的铆钉头，尺寸 a 最大可以比所示值超过 0.5 mm。

图 701　偏置触刀熔断体，尺码 E1，F1，F2 和 F3

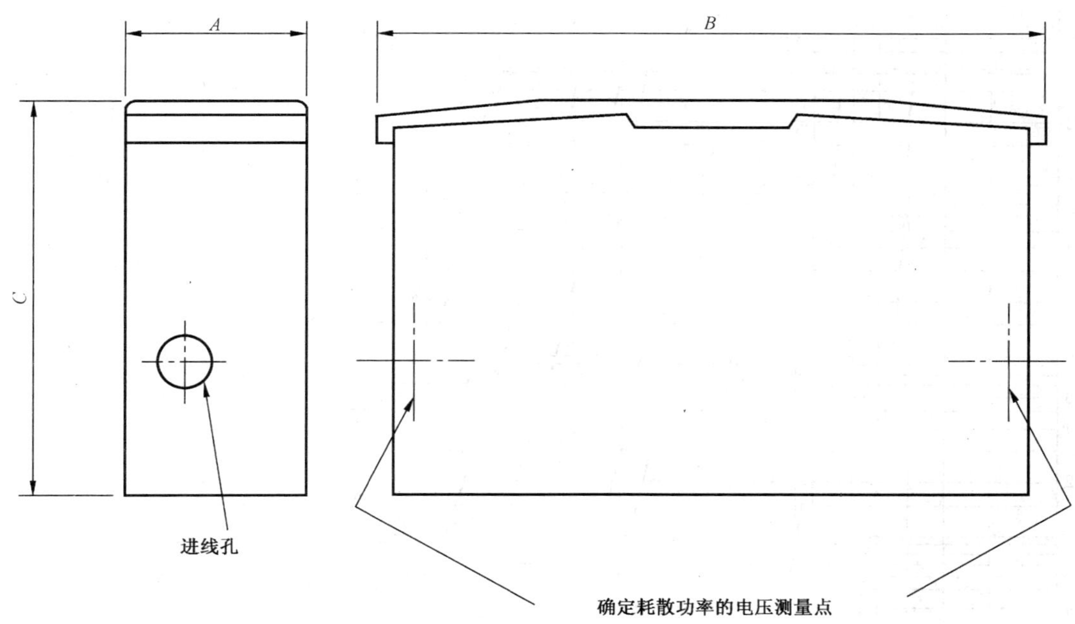

尺寸单位为毫米

熔断体尺码	最大额定电流/A	额定接受耗散功率/W	*A* max	*B* max	C max
E1	20	2	26	71	59
F1	32	3.5	26	81	59
F2	63	5	32	96	68
F3	125	7.5	40.5	110	81
注：只要熔断器支持件的最大尺寸在表列范围内，可以使用与图例不同的其他形式。					

图 702　典型熔断器支持件

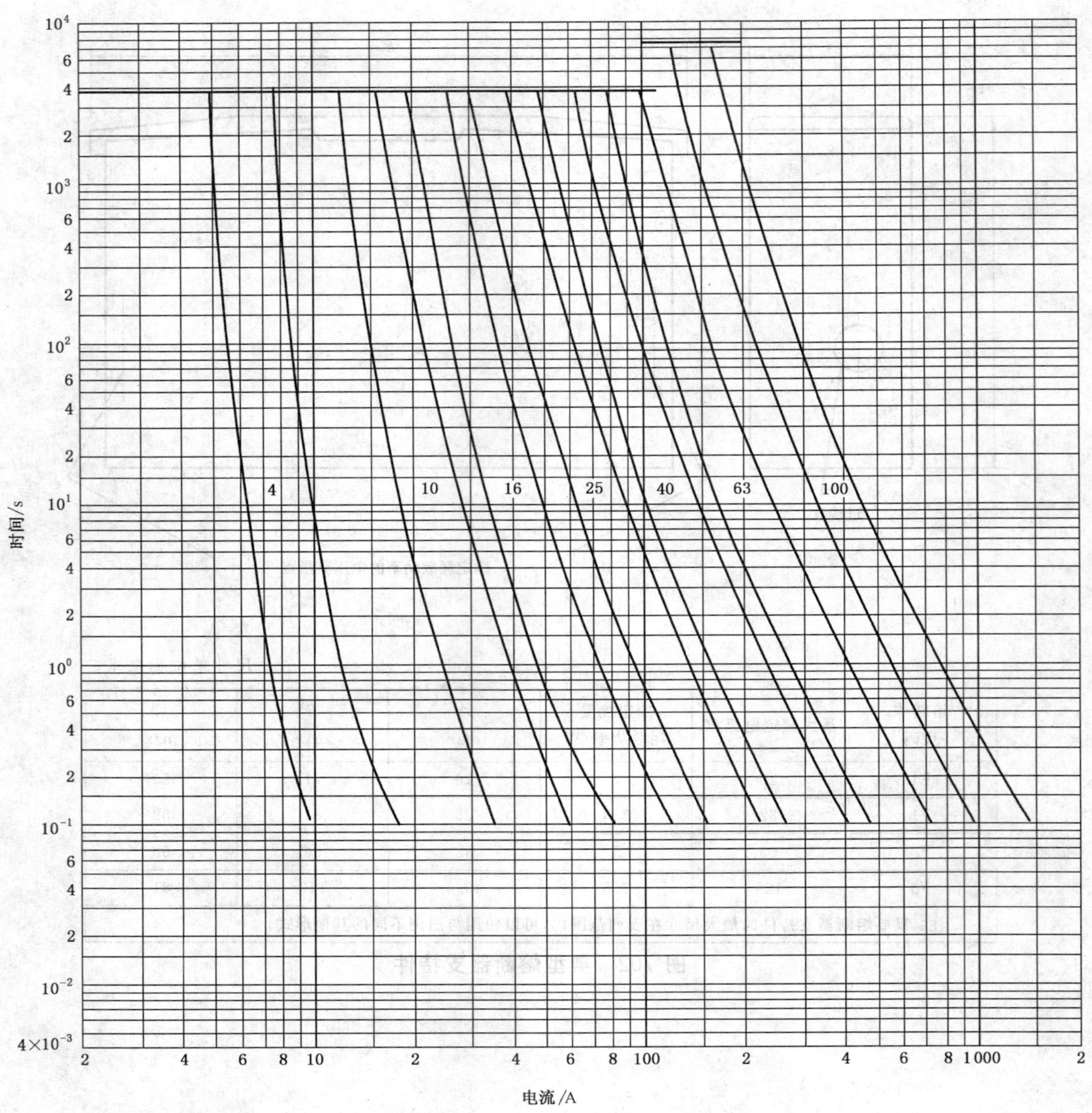

图 703 “gG”熔断体时间-电流带

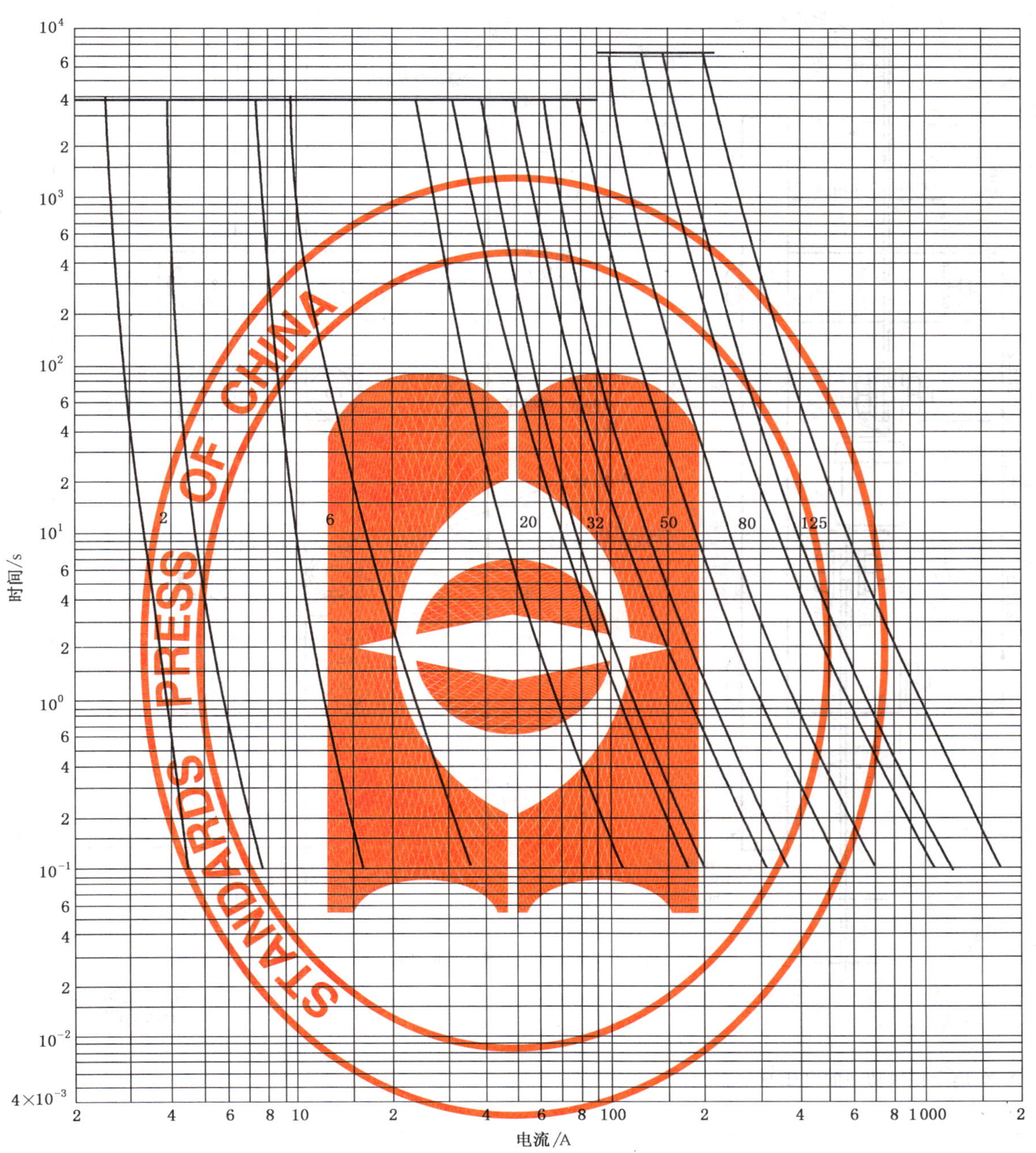

图 704 “gG”熔断体时间-电流带

尺寸单位为毫米

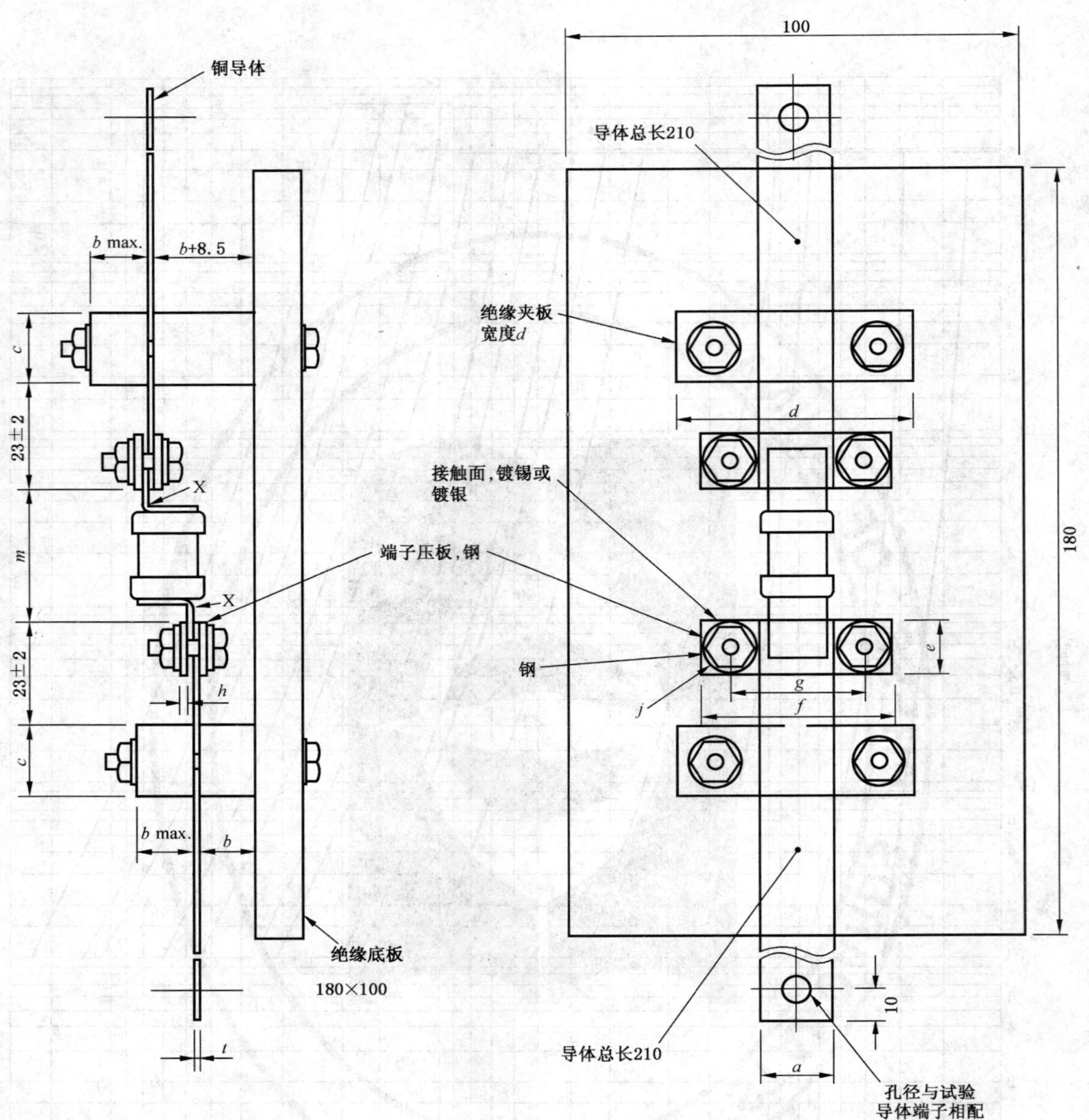

X-X:确定耗散功率的电压测量点。

尺码	*a*	*b*	*c*	*d*	*e*	*f*	*g*	*h*	*j*	*m*	*t*	额定电流至/A
E1	10	12.5	16	50	12.5	40	28	1.6	M4	30	0.5	20
F1	10	12.5	16	50	12.5	40	28	1.6	M4	30	0.5	32
F2	16	12.5	16	50	15	45	28	1.6	M5	45	1.0	63
F3	20	25	25	50	15	50	35	2	M5	45	1.6	125

图 705 耗散功率试验底座

熔断器系统 H——
“gD”和“gN”特性熔断器
（J 类和 L 类延时和非延时熔断器型）

1 总则

除 GB 13539.1 规定外，补充下列要求。

1.1 范围

下列补充要求适用于尺寸符合图 801～图 804 规定的“gD”和“gN”熔断器。这类熔断器的额定电流，圆筒形触头型的至 60 A，刀型/螺栓连接型的至 600 A，螺栓连接型的至 6 000 A。熔断器的额定电压为交流 600 V，分断能力为 200 kA。

熔断器有延时和非延时两种不同的时间-电流特性。两种时间-电流特性符合本系统规定的相同的约定熔断电流和约定不熔断电流极限、截断电流和最大熔断 I^2t 极限。

除 GB 13539.1 规定外，补充下列要求：

- 最小额定分断能力；
- 时间-电流特性；
- I^2t 特性；
- 设计的标准条件；
- 耗散功率和接受耗散功率。

2 术语和定义

GB 13539.1 适用。

3 正常工作条件

GB 13539.1 适用。

4 分类

GB 13539.1 适用。

5 熔断器特性

除 GB 13539.1 规定外，补充下列要求。

5.2 额定电压

额定电压为交流 600 V。

5.3.1 熔断体的额定电流

除 GB 13539.1—2008 规定的额定电流外，可从 R40 系列中选用合适的值。此外，还可接受下列值：5-17.5-35-70-175-350-700-1 200-3 500。

各种尺码的最大额定电流见图 801 和图 802。

5.3.2 熔断器支持件的额定电流

熔断器支持件的最大额定电流见图 803 和图 804。

5.5 熔断体的额定耗散功率和熔断器支持件的额定接受耗散功率

额定耗散功率的最大值见图 801 和图 802。熔断器支持件的额定接受耗散功率应不小于同一额定电流熔断体的额定耗散功率最大值。

5.6 时间-电流特性极限

5.6.1 时间-电流特性,时间-电流带

除了由门限及约定时间和约定电流确定的弧前时间极限外,不包括制造误差在内的时间-电流带见图 807～图 812。时间-电流特性在电流方向的误差应不大于±10%。

5.6.2 约定时间和约定电流

"gD"和"gN"熔断体的约定时间和约定电流见表 801。

表 801 "gD"和"gN"熔断体的约定时间和约定电流

额定电流 I_n/A	约定时间/h	约定电流	
		I_{nf}	I_f
$I_n \leqslant 60$	1	1.1I_n	1.35I_n
$60 < I_n \leqslant 600$	2		1.35I_n
$600 < I_n \leqslant 6\,000$	4		1.50I_n

5.6.3 门限

"gD"和"gN"熔断体的门限值见表 802。

表 802 "gD"和"gN"熔断体规定弧前时间的门限值

熔断体	I_n[1)]/A	I_{min}(10 s)	I_{max}(5 s)	I_{min}(0.1 s)	I_{max}(0.1 s)
gD	$15 \leqslant I_n \leqslant 600$	5.0 I_n	8 I_n	8.5 I_n	13 I_n
gN	$15 \leqslant I_n \leqslant 60$	2.0 I_n	3.5 I_n	4.7 I_n	7.5 I_n
gN	$60 < I_n \leqslant 600$	2.5 I_n	4.5 I_n	5.8 I_n	9.0 I_n
gN	$600 < I_n \leqslant 6\,000$	3.5 I_n	6.0 I_n	9.0 I_n	13 I_n

1) 额定电流小于 15A 的熔断体的门限值正在考虑中。

5.7.2 额定分断能力

交流额定分断能力为 200 kA。

6 标志

除 GB 13539.1 规定外,补充下列要求。

6.1 熔断器支持件标志

除 GB 13539.1 规定外,补充下列标志:

- 尺码。

6.2 熔断体标志

除 GB 13539.1 规定外,补充下列标志:

- 尺码或型式;
- 额定分断能力。

7 设计的标准条件

除 GB 13539.1—2008 规定外,补充下列要求。

7.1 机械设计

熔断体和熔断器底座的尺寸见图 801～图 804。

7.6 截断电流特性

截断电流的最大值应不超过表 805 规定。

7.7 I^2t 特性

“gD”和“gN”熔断体 0.01 s 时的弧前 I^2t 值应在表 803 规定极限内。对“gD”和“gN”熔断体 1.6:1 选择性比，gD 熔断体应有更高的额定电流。

最大熔断 I^2t 值见表 806。

表 803 “gD”和“gN”熔断体 0.01 s 时的弧前 I^2t 值

I_n/A	I^2t_{min}/(10^3×A^2 s)	I^2t_{max}/(10^3×A^2 s)
10	0.08	0.23
15	0.17	0.49
17.5	0.24	0.70
20	0.31	0.93
25	0.50	1.4
30	0.70	2.1
35	1.2	3.5
40	1.6	4.7
50	2.4	7.1
60	3.5	10
70	5.5	17
80	7.5	23
100	11	33
125	17	49
150	24	70
175	33	98
200	49	130
250	70	200
300	98	290
350	130	390
400	200	580
500	300	890
600	410	1 200
700	730	2 000
800	900	2 700
1 000	1 300	3 800
1 200	2 100	6 000
1 400	2 800	8 400
1 600	3 800	11 000
2 000	6 000	17 000
2 500	9 000	26 000

表 803（续）

I_n/A	I^2t_{min}/($10^3\times A^2$ s)	I^2t_{max}/($10^3\times A^2$ s)
3 000	13 000	38 000
3 500	17 000	50 000
4 000	26 000	74 000
5 000	38 000	110 000
6 000	50 000	150 000

7.9 防电击保护

采用隔板和熔断器触头罩等措施能增强防电击性能。

8 试验

除 GB 13539.1 规定外，补充下列要求。

8.3 温升与耗散功率验证

8.3.1 熔断器的布置

安装熔断器时使其主轴线呈水平状态。对于额定电流 600 A 以上的熔断体，每一接线端子应与铜母线连接，铜母线与熔断体的接触处应镀银。

电缆或母线的截面按表 804 选择。

表 804 8.3 和 8.4 试验用铜导体截面

额定电流/A	截面积/mm^2
$I_n\leqslant 30$	8.4
$30<I_n\leqslant 60$	21.1
$60<I_n\leqslant 100$	42.3
$100<I_n\leqslant 200$	107
$200<I_n\leqslant 400$	253
$400<I_n\leqslant 600$	507
$600<I_n\leqslant 800$	484
$800<I_n\leqslant 1\,200$	645
$1\,200<I_n\leqslant 1\,600$	1 290
$1\,600<I_n\leqslant 2\,000$	1 940
$2\,000<I_n\leqslant 2\,500$	2 580
$2\,500<I_n\leqslant 3\,000$	2 900
$3\,000<I_n\leqslant 4\,000$	3 870
$4\,000<I_n\leqslant 6\,000$	5 810

8.3.4.1 熔断器支持件的温升

模拟熔断体见图 805。温升测量点为图 806 中的 A 点。

8.3.4.2 熔断体的耗散功率

耗散功率的测量点为图 806 中的 B 点。

8.4 动作验证

8.4.1 熔断器的布置

试验布置按 8.3.1 的规定。

8.4.3.3.2 门限验证

下列试验可在降低的电压下进行。除 8.4.3.3.1 规定试验外,"gD"和"gN"熔断体还须进行下列试验:

a) 熔断体通以表 802 第 3 栏电流 10 s 不应熔断;

b) 熔断体通以表 802 第 4 栏电流应在 5 s 内熔断;

c) 熔断体通以表 802 第 5 栏电流 0.1 s 不应熔断;

d) 熔断体通以表 802 第 6 栏电流应在 0.1 s 内熔断。

8.6 截断电流特性验证

截断电流应不超过表 805 规定极限。

试品按 GB 13539.1—2008 中 8.5 和表 20 对分断能力试验的要求布置。

表 805 "gD"和"gN"熔断体在预期电流 200 kA 时的最大截断电流(I_c)

I_n/A	I_c/kA	I_n/A	I_c/kA
10	4.1	300	33
15	5.0	350	36
17.5	5.7	400	38
20	6.2	500	52
25	7.5	600	55
30	9.5	700	73
35	9.5	800	80
40	10	1 000	89
50	11.3	1 200	100
60	12.5	1 400	115
70	14.4	1 600	125
80	15.7	2 000	150
100	17.5	2 500	180
125	19.6	3 000	200
150	21.2	3 500	229
175	23	4 000	250
200	25	5 000	300
250	30	6 000	350

8.7 I^2t 特性和过电流选择性验证

最大熔断 I^2t 值应不超过表 806 规定极限。试品按 GB 13539.1—2008 中的 8.5 和表 20 对分断能力试验的要求布置。

表 806 “gD”和“gN”熔断体在预期电流 200 kA 时的最大熔断 I^2t 值

I_n/A	I^2t/($10^3\times A^2s$)	I_n/A	I^2t/($10^3\times A^2s$)
10	0.78	300	470
15	1.8	350	840
17.5	2.4	400	1 100
20	3.1	500	1 740
25	4.9	600	2 500
30	7.0	700	7 700
35	10	800	10 000
40	13	1 000	10 400
50	21	1 200	15 000
60	30	1 400	23 000
70	39	1 600	30 000
80	51	2 000	40 000
100	80	2 500	75 000
125	117	3 000	100 000
150	169	3 500	115 000
175	230	4 000	150 000
200	300	5 000	350 000
250	439	6 000	500 000

8.9 耐热性验证

装有熔断体(该熔断体的最大耗散功率与熔断器支持件的接受功率相对应)的熔断器支持件应周期性地承载电流作为预处理。预处理按 GB 13539.1—2008 中 8.4.3.2 规定。在冷却到正常温度后,熔断器应根据 8.5 进行 I_1 分断能力试验。

熔管或填料中含有有机材料的熔断体应进行同样的上述试验,但这些熔断体应分断试验电流 I_1 和 I_5。

8.10 触头不变坏验证

GB 13539.1—2008 中 8.10 适用。

8.10.1 熔断器的布置

GB 13539.1—2008 中 8.10.1 适用并补充以下要求:

模拟熔断体见图 805,其尺寸和最大耗散功率(P_n(w))应符合图 801 和图 802 的规定。

模拟熔断体的结构应保证在通过过载电流 I_{nf}时不会熔断。

8.10.2 试验方法

应按下列参数进行试验:

试验电流:约定不熔断电流 I_{nf}。

负载周期:25%约定时间。

空载周期:10%约定时间。

允许采用比额定电压低的试验电压。

8.10.3 试验结果的判别

250 个循环后测得的温升值应不超过试验开始时温升值 15 K。

750 个循环(必要时)后的温升应不超过试验开始前 20 K。

8.11 机械试验和其他试验

8.11.1.1 熔断器支持件机械强度

装有图 805 规定的模拟熔断体的熔断器支持件,或装有为熔断器支持件所能容纳的最大额定电流及耗散功率熔断体的熔断器支持件应在额定电流下进行温升试验。

温升试验结束时,熔断体或载熔件(如采用时)应被拔出和插入熔断器底座 100 次。

试验后所有部件应完整无损,功能正常。

验证是否符合上述要求需在额定电流下再进行一次温升试验,此时测得的温升值应不大于机械强度试验开始前的温升值的 115%或不比机械强度试验开始前的温升值高 5 K(二者取较大值)。

8.11.2 其他试验

8.11.2.2 耐非正常的热和火验证

正在考虑中。

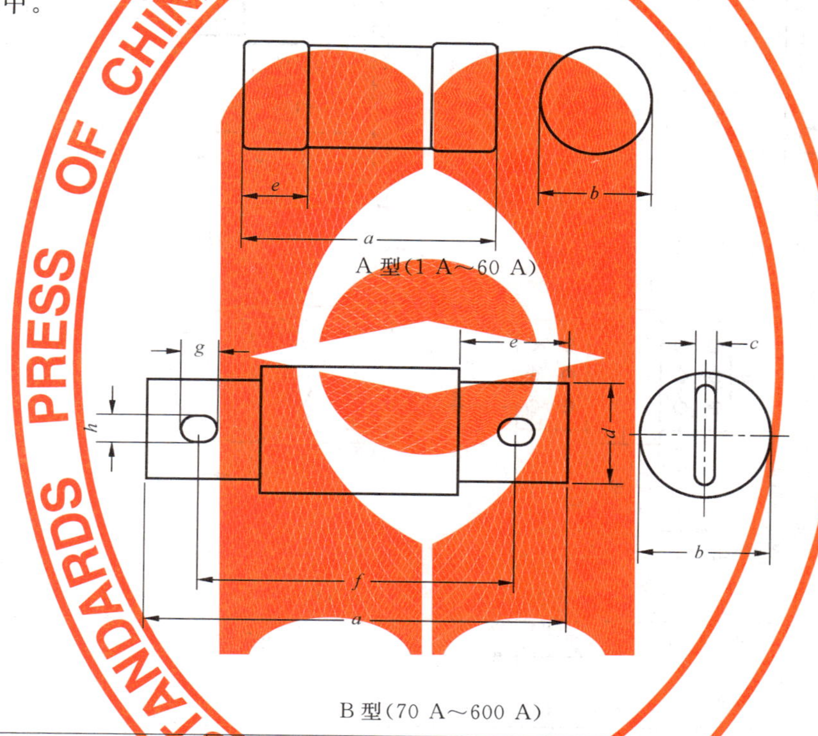

A 型(1 A～60 A)

B 型(70 A～600 A)

型式	600 V AC		尺寸/mm							
	I_n/A	P_n/W	a[1]	b[2]	c ± 0.08	d ± 0.9	e min	f ± 1.6	g ± 1.5	h ± 0.13
A	1～30	8	57.1	20.6	—	—	12.7	—	—	—
	35～60	12	60.3	27.0	—	—	15.9	—	—	—
B	70～100	18	118	28.6	3.18	19.1	24.6	92.1	9.52	7.14
	125～200	34	146	41.3	4.78	28.6	34.1	111	9.52	7.14
	250～400	64	181	54.0	6.35	41.3	46.8	133	13.5	10.3
	500～600	92	203	66.7	9.52	50.8	53.2	152	17.5	13.5

1) 1 A～60 A:± 0.8;70 A～600 A:± 2.4。

2) 1 A～60 A:± 0.20;70 A～600 A:max。

图 801 熔断体(1 A～600 A)

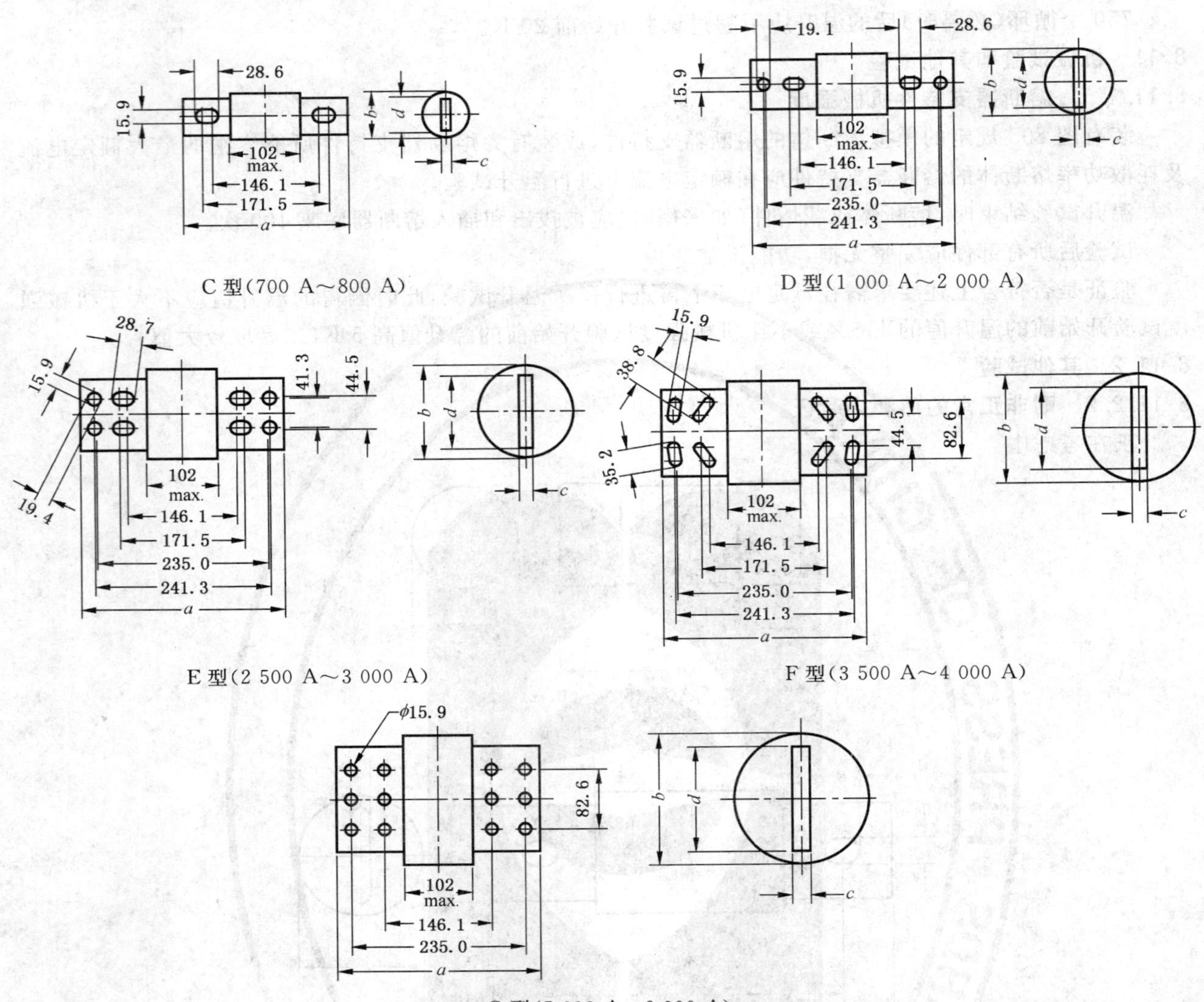

型式	600 V AC		尺寸/mm			
	I_n/ A	P_n/ W	a ±2.4	b max	c ±0.8	d ±1.6
C	700	63	219	64.3	9.5	50.8
	800	72	219	64.3	9.5	50.8
D	1 000	90	273	70.6	9.5	50.8
	1 200	108	273	70.6	9.5	50.8
	1 400	126	273	77.0	11.1	60.3
	1 600	144	273	77.0	11.1	60.3
	2 000	180	273	89.7	12.7	69.8
E	2 500	213	273	128	19.0	88.9
	3 000	255	273	130	19.0	102
F	3 500	300	273	147	19.0	121
	4 000	340	273	147	19.0	121
G	5 000	425	273	182	25.4	133
	6 000	510	273	182	25.4	146

图 802 熔断体(700 A～6 000 A)

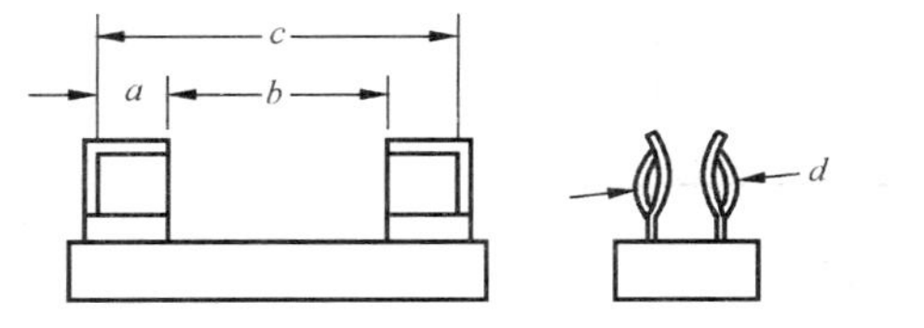

用于圆筒形触头的 A 形底座

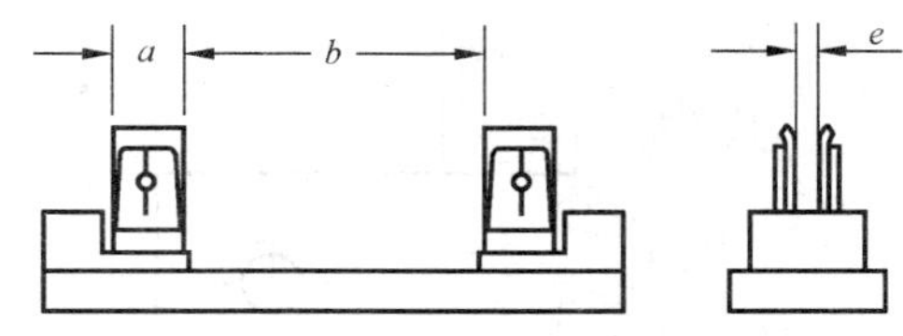

用于刀型触头的 B 型底座

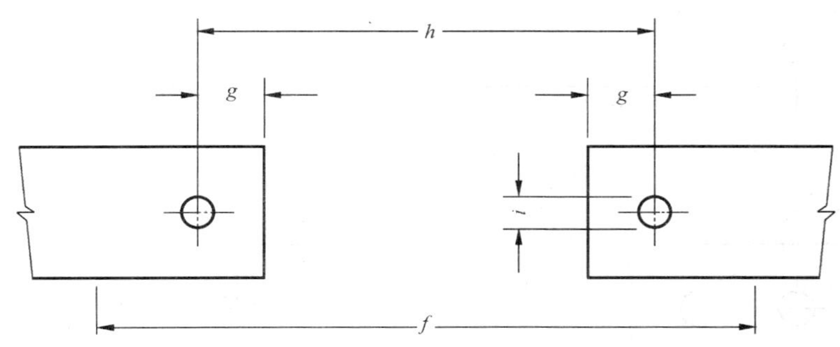

用于螺栓连接触头的 C 型底座

型式	I_n max/A	尺寸/mm									
		a	*b*	*c*	*d*	*e*	*f*	*g*	*h*	*i*	—
		触片最小宽度	触片间距	端部限位最小间距	熔断体触头名义直径	熔断体触刀名义厚度	最小电气间隙	max	通孔间距	通孔直径	螺栓直径
A	30	12.7	31.8	57.9	20.6	—	—	—	—	—	—
	60	15.9	28.6	61.1	27.0	—	—	—	—	—	—
B和C	100	22.2	69.9	120	—	3.18	120	9.53	92.1	7.14	6.35
	200	31.8	79.4	148	—	4.76	148	14.3	111	7.14	6.35
	400	44.5	88.9	183	—	6.35	183	20.2	133	10.3	9.53
	600	50.8	98.4	206	—	9.53	206	25.0	152	13.5	12.7

图 803　1 A～600 A 熔断器底座和触头

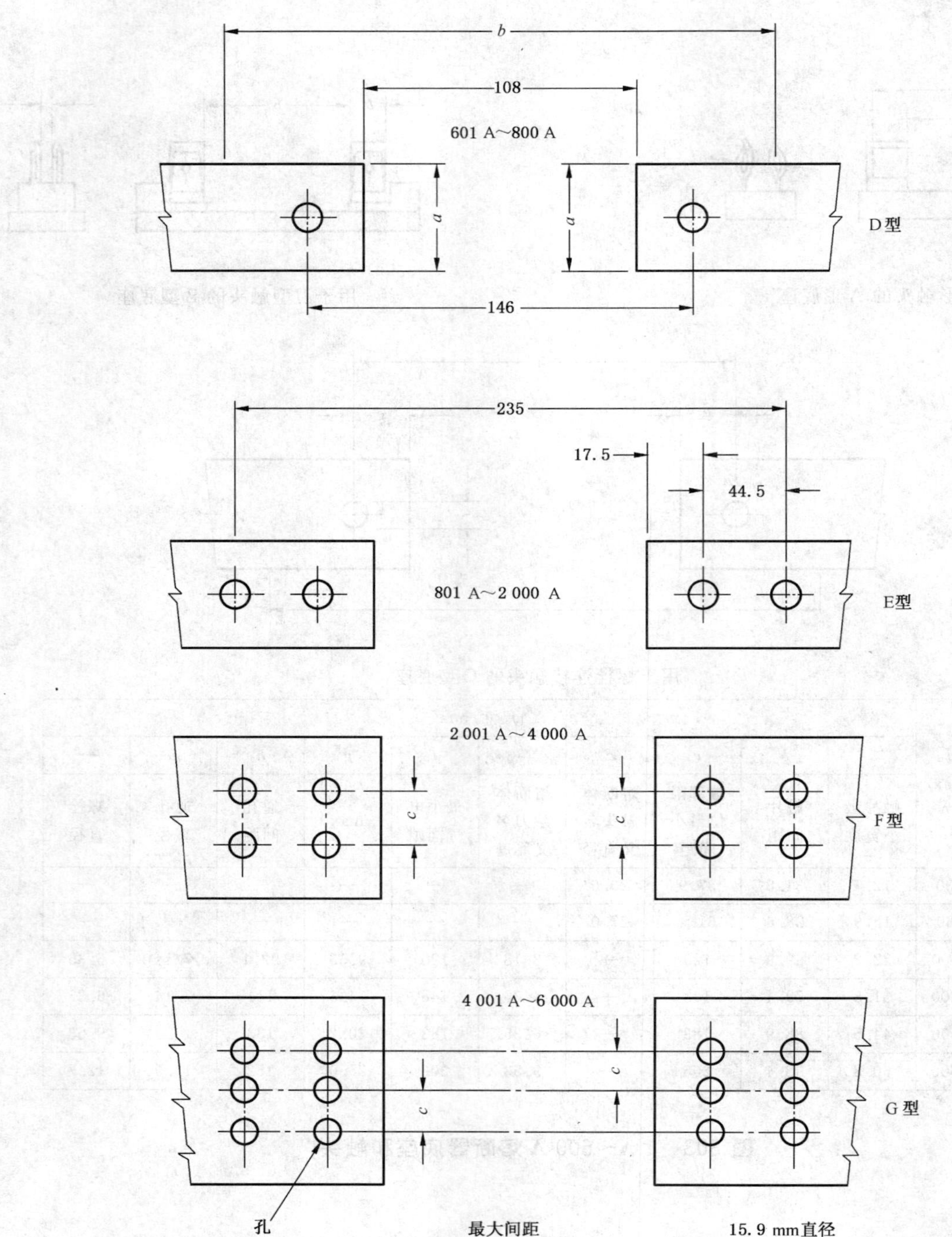

图 804　700 A～6 000 A 熔断器底座和触头

型式	熔断体额定电流/A	尺寸/mm		
		a	*b*	*c*
		触头宽度	min	
D	700～800	51	220	—
E	1 000～1 200	51	280	—
	1 400～1 600	60	280	—
	2 000	70	280	—
F	2 500	89	280	41
	3 000	100	280	41
	3 500～4 000	120	280	83
G	5 000	130	280	41
	6 000	150	280	41

图 804（续）

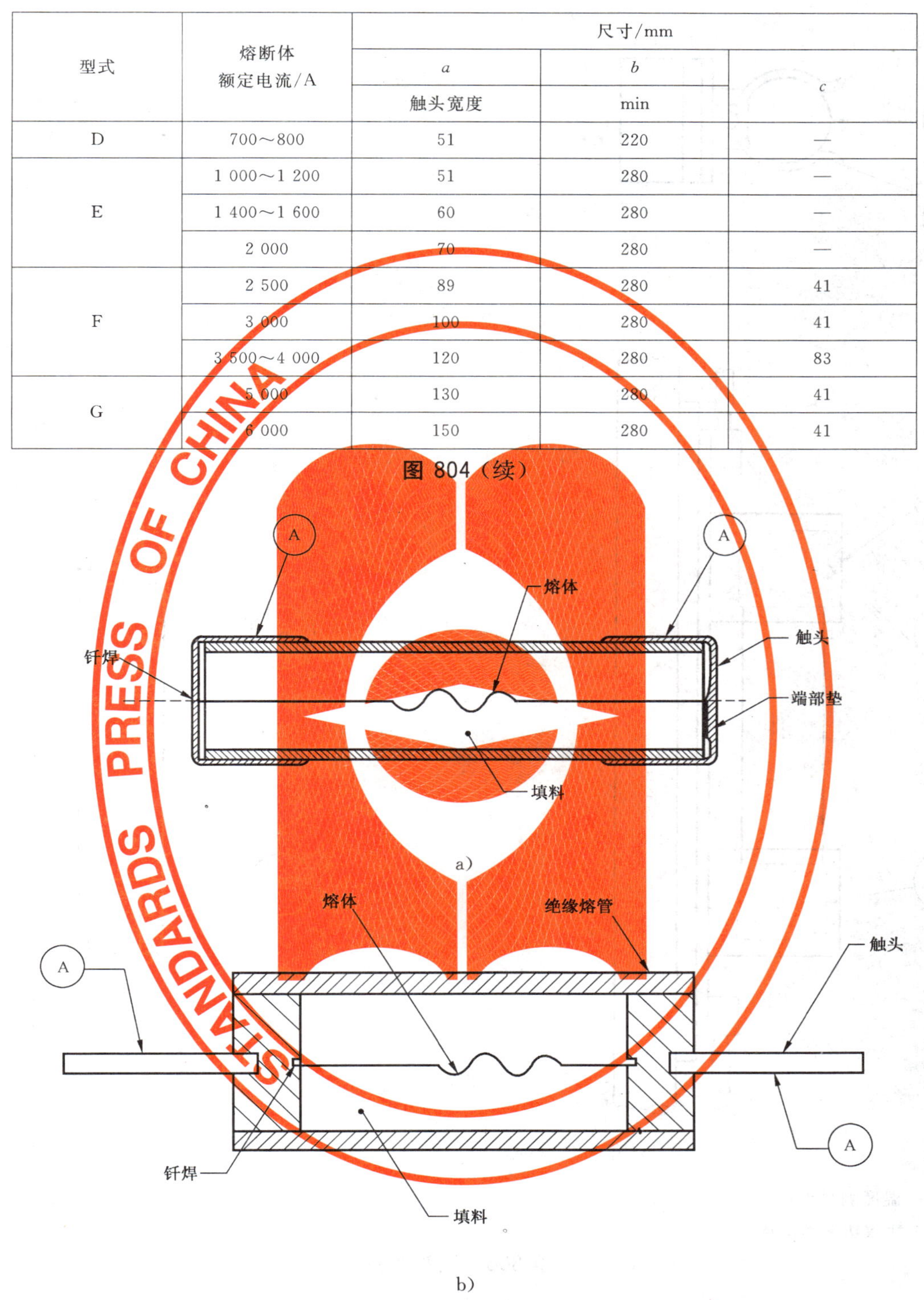

A——电阻测量点。

图 805 模拟熔断体

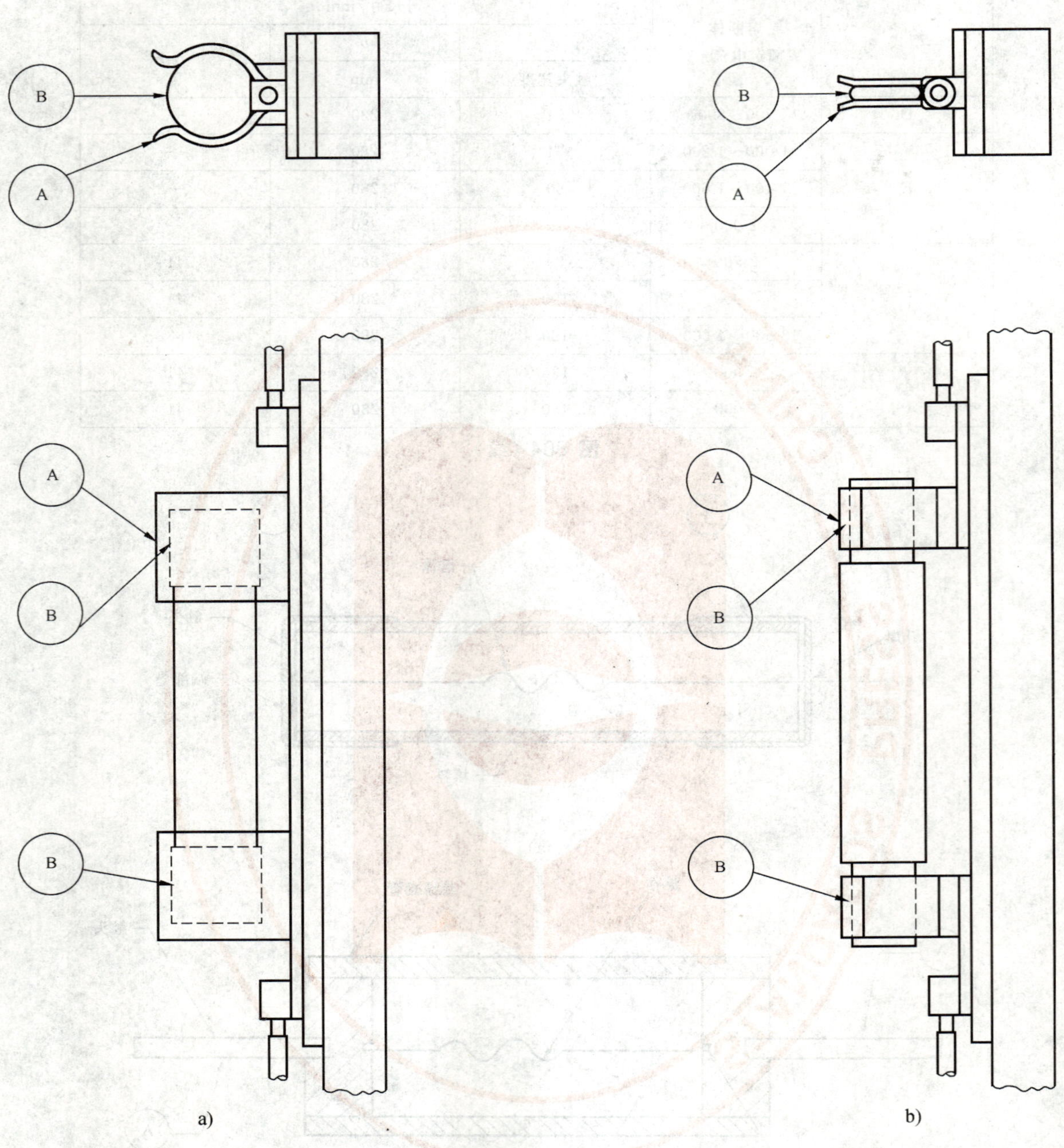

A——温度测量点；

B——耗散功率测量点。

图 806　试验布置

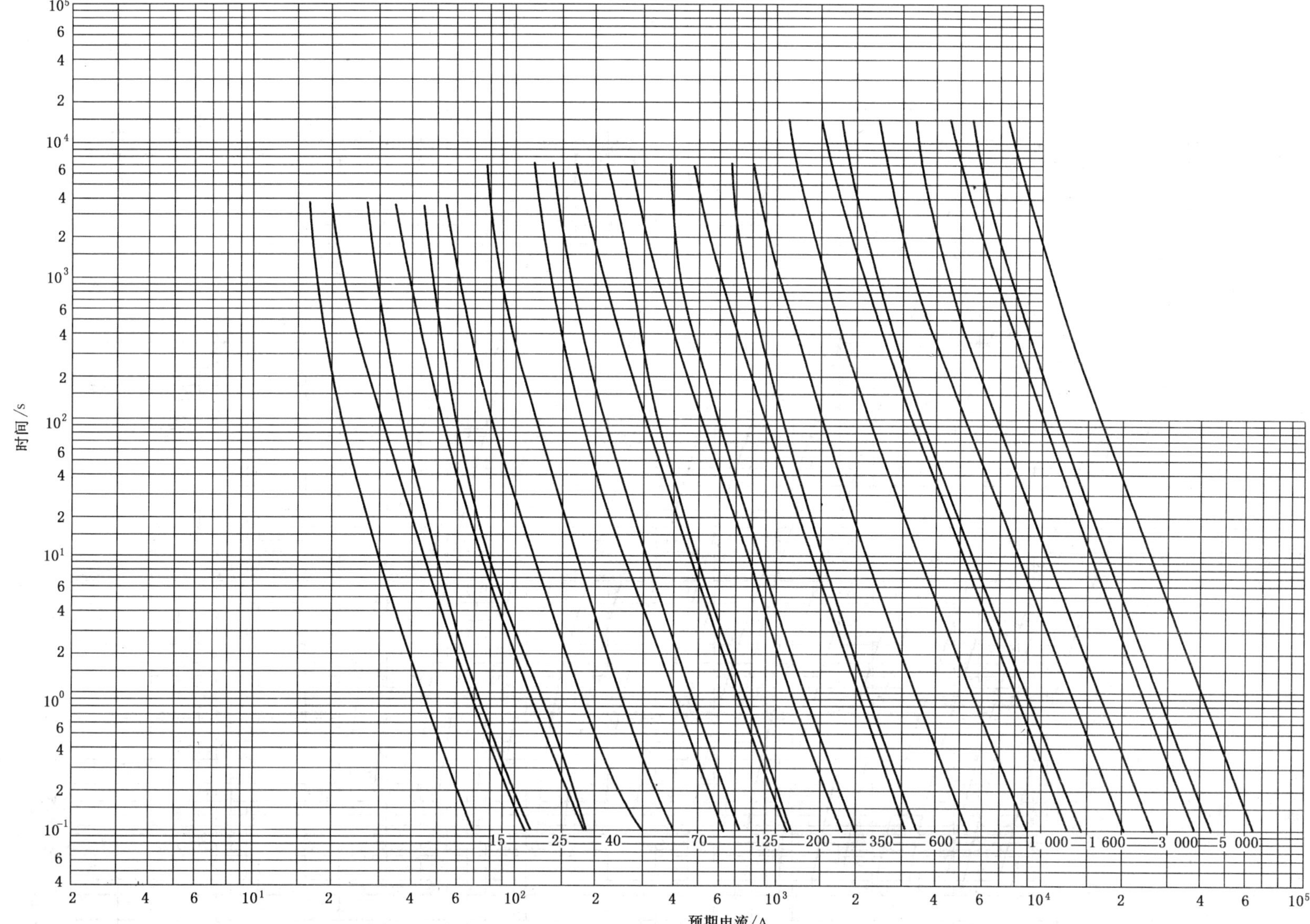

图 807 “gN”熔断体时间-电流带

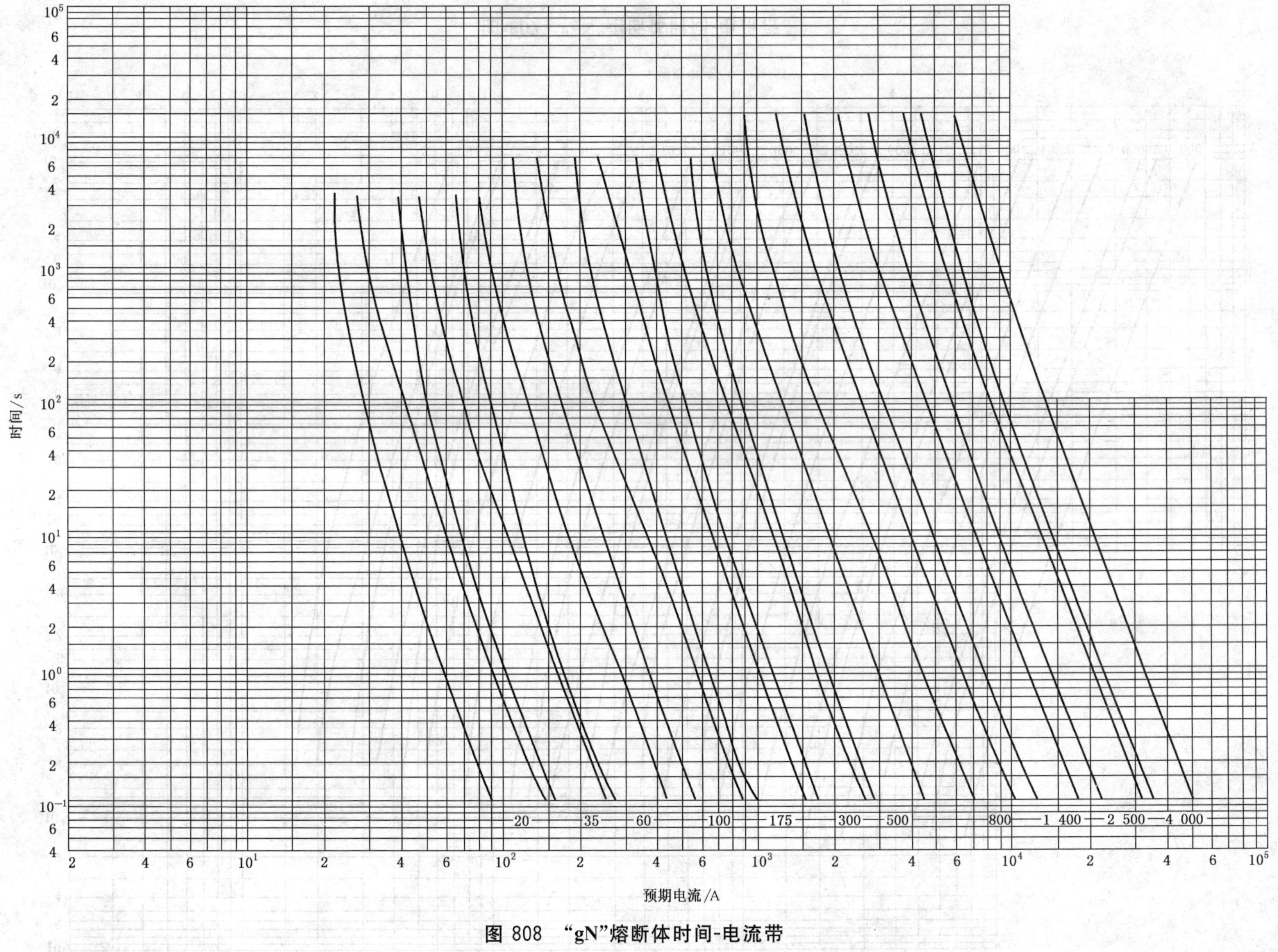

图 808 “gN”熔断体时间-电流带

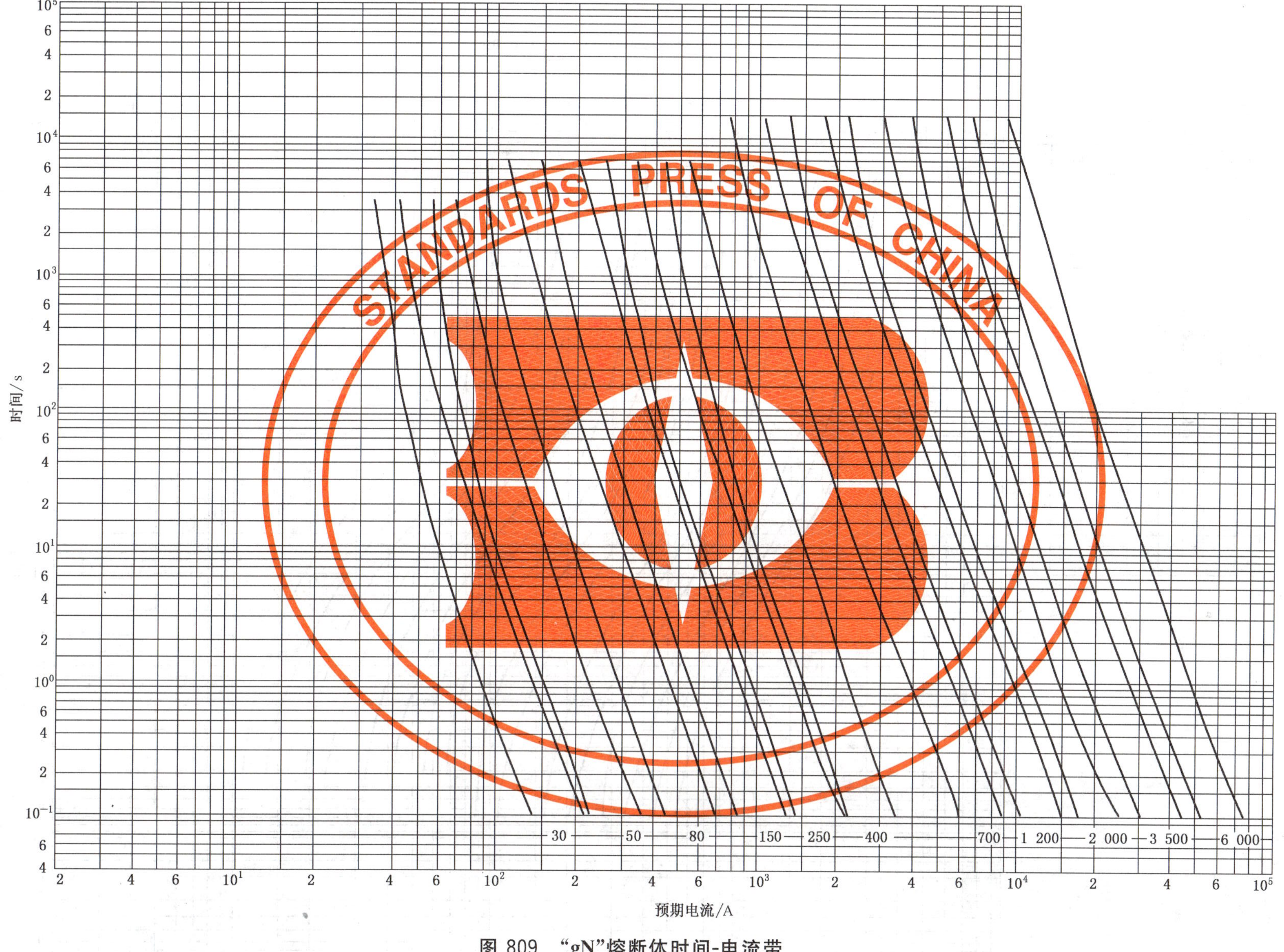

图 809 “gN”熔断体时间-电流带

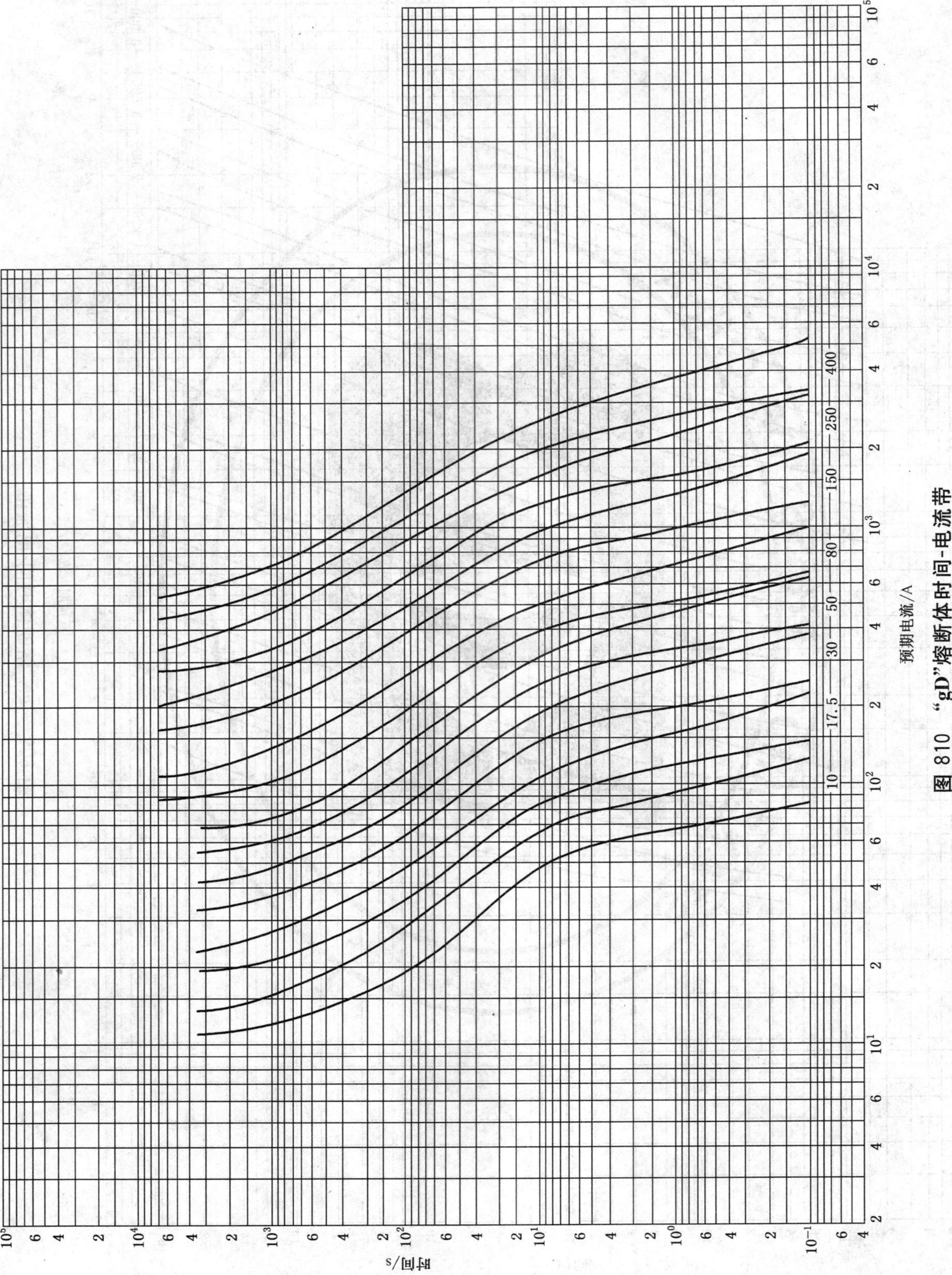

图 810 "gD"熔断体时间-电流带

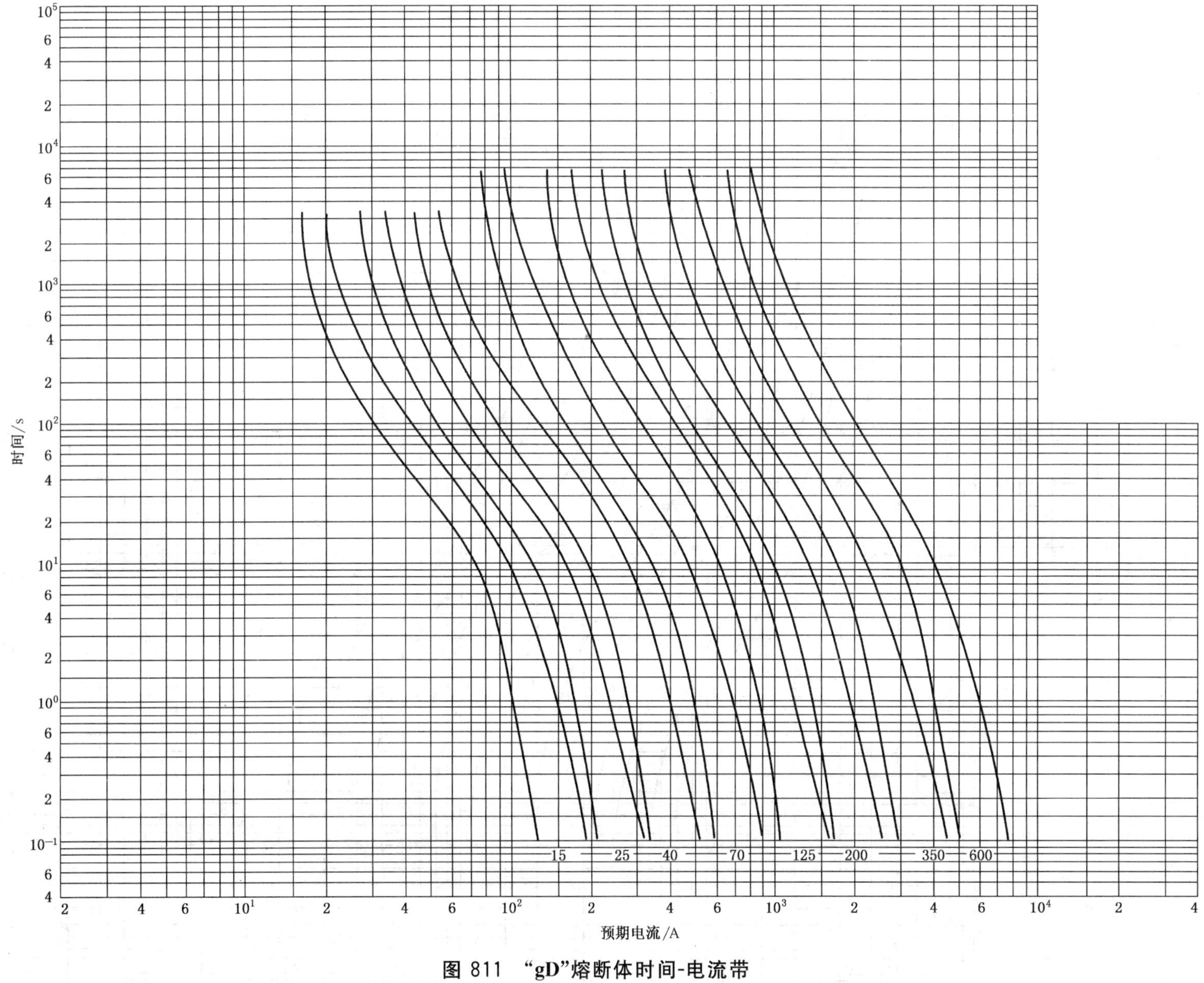

图 811 “gD”熔断体时间-电流带

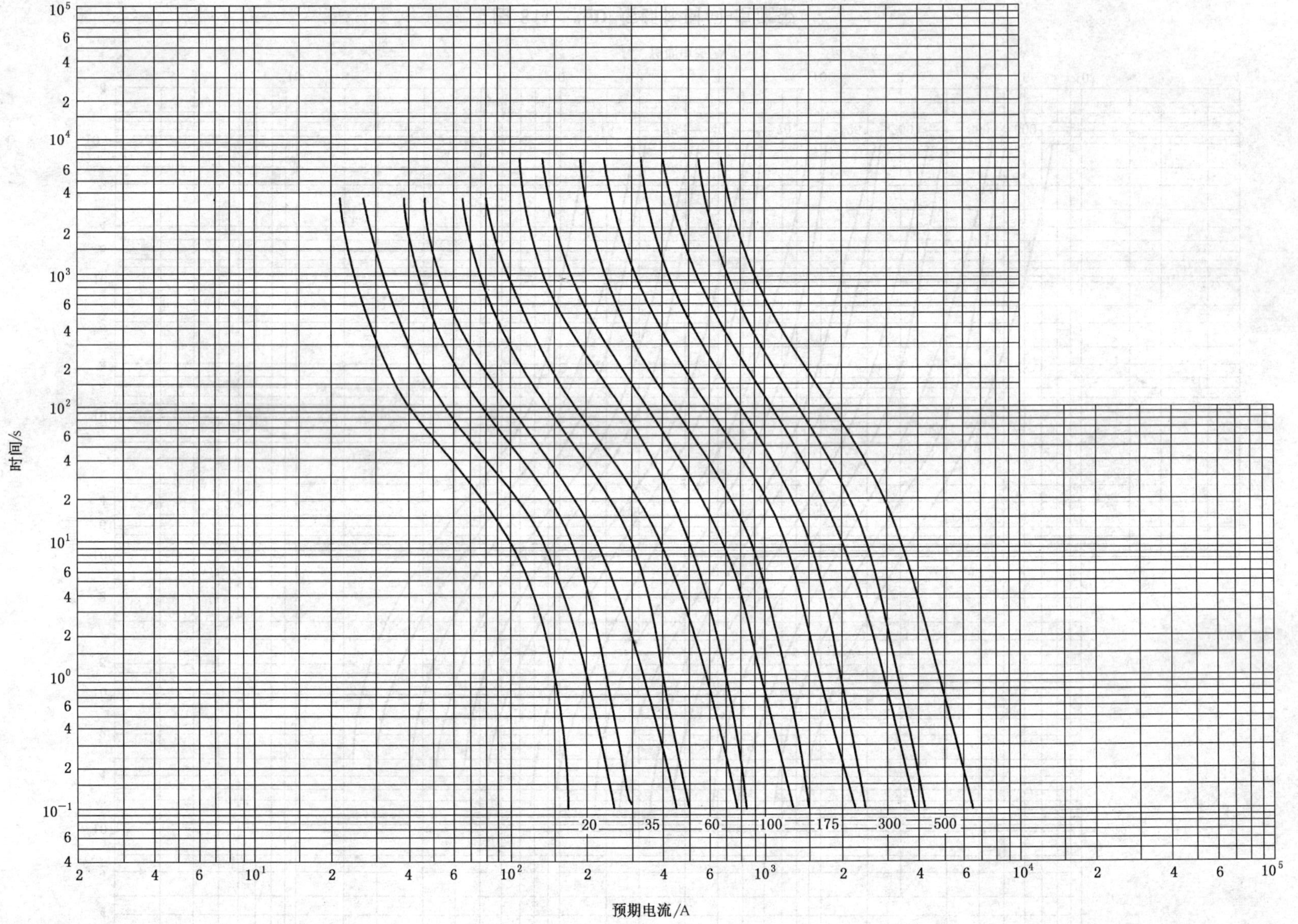

图 812 “gD”熔断体时间-电流带

熔断器系统Ⅰ——
gU 楔型触头熔断体

1 总则

除 GB 13539.1 规定外，补充下列要求。

1.1 范围

下列补充要求适用于具有标准化尺寸和性能的楔型触头熔断体，该熔断体用于交流电网，仅由合适的专业人员接近且进行更换。熔断体的额定电压为交流 400 V，额定电流至 630 A。标准中不包括用于直流电网的熔断体及带有指示装置的熔断体的要求。

注 1：本熔断体预定将来用于标准电压交流 400 V 系统中。由于在过渡期中许多国家仍使用开路电压交流 433 V，负载电压交流 415 V 的配电变压器，因此本熔断体继续由交流 415 V 供电和进行试验，直至电源降至较低的电压值。由此熔断体应以最小恢复电压交流 457 V(即交流 415 V+10%)进行试验。

注 2：本熔断体与标准的"gG"型熔断体非常相似。为了保证与变压器初级侧的高压熔断体有一个良好的选择性，本熔断体的动作性能较快(特别在短时)。本熔断体性能预定与 gG 的要求保持一致。在过渡期中，本熔断器系统Ⅰ中的分断范围和使用类别规定为 gU。

注 3：不必通过结构的方式保证非互换性和防止与带电部件偶然接触。

注 4：在多数情况下由相关设备的部件作为熔断器底座。由于设备的多样性，没有相关的通用规则。相关设备作为熔断器底座的适用性由制造厂和用户协议解决。如使用独立的熔断器底座或熔断器支持件，它们应符合 GB 13539.1相关要求。

除 GB 13539.1 规定外，补充下列要求：

- 最小额定分断能力；
- 时间-电流特性；
- I^2t 特性；
- 设计的标准条件；
- 耗散功率和接受耗散功率。

2 术语和定义

GB 13539.1 适用。

3 正常工作条件

除 GB 13539.1 规定外，补充下列要求。

3.9 熔断体的选择性

GB 13539.1—2008 中 3.9 不适用。本熔断体正确的选择性通过符合 GB 13539.1—2008 中表 2、符合本部分 5.6.1 规定且由图 901～图 904 给出的标准化时间-电流特性带，以及符合本部分 7.7 中表 903规定的值得到保证。

4 分类

GB 13539.1 适用。

5 熔断器特性

除 GB 13539.1 规定外，补充下列要求。

5.2 额定电压

适用于本部分的额定电压为规定于 GB 13539.1—2008 中表 1 的交流 400 V 标准额定电压值(也可参照 1.1 中注 1)。

5.3.1 熔断体的额定电流

中心距为 82 mm 的熔断体其标准额定电流为 100 A、160 A、200 A、250 A、315 A、355 A、400 A。中心距为 92 mm 的熔断体其标准额定电流为 100 A、160 A、200 A、250 A、315 A、355 A、400 A、500 A 和 630 A。其他额定电流值(包括和超过 20 A)可从 GB 13539.1—2008 中 5.3.1 给出的数值中选取。其他等级的性能值没有标准化,但不应超过上一个等级的标准化额定电流熔断体的相应值,也不应低于下一个等级的标准化额定电流熔断体的相应值。全部额定电流熔断体应符合图 905 所示的标准化尺寸。

5.5 熔断体额定耗散功率

当熔断体按 8.3.1 试验规定安装在图 906 所示的标准试验底座中所测得的最大允许耗散功率值见表 901。

表 901 最大耗散功率值

额定电流/A	100	160	200	250	315	355	400	500	630
耗散功率/W	10	14	18	22	29	29	33	38	46

注:确定耗散功率的电压测量点见图 906。

5.6.1 时间-电流特性,时间-电流带

时间-电流带(不包括制造误差)见图 901～图 904。时间-电流特性在电流方向的误差应不大于 10%。

5.6.2 约定时间和约定电流

约定时间和约定电流见 GB 13539.1—2008 中表 2。

5.6.3 门限

GB 13539.1—2008 中 5.6.3 不适用本熔断体。

正确的选择性通过符合本部分 5.6.1 规定且由图 901～图 904 给出的标准化时间-电流特性带得到保证。

5.7.2 额定分断能力

最小分断能力见表 902。

表 902 最小额定分断能力

额定电压	最小额定分断能力
≤690 V 交流 ≤750 V 直流	50 kA 25 kA

5.8 截断电流和 I^2t 特性

GB 13539.1—2008 中 5.8 适用。I^2t 特性也可将弧前和熔断值作为额定电流的函数以图样表示。

6 标志

除 GB 13539.1 规定外,补充下列要求。

6.1 熔断器支持件标志

除 GB 13539.1 规定外,补充下列标志:

● 尺码。

6.2 熔断体标志

除 GB 13539.1 规定外,补充下列标志:

- 尺码或型式；
- 额定分断能力。

7 设计的标准条件

除 GB 13539.1 规定外，补充下列要求。

7.1 机械设计

熔断体的尺寸见图 905。

7.5 分断能力

GB 13539.1—2008 中表 6 规定的最大电弧电压适用，并补充下列注。

注：只要超过规定值的电弧电压时间不大于 1ms，交流电弧电压可以达到规定值的$\sqrt{2}$倍。

7.7 I^2t 特性

GB 13539.1—2008 中 7.7 适用。但 GB 13539.1—2008 中表 7 的值由用于 gU 熔断体的表 903 给定的值代替。其他等级的值没有规定，但应符合 GB 13539.1—2008 中 5.3 给定的非标准化电流等级的性能要求。

表 903 gU 熔断体 0.01 s 的弧前 I^2t 值

I_n/A	I^2t_{min}/($10^3\times A^2s$)	I^2t_{max}/($10^3\times A^2s$)
100	12.0	33.0
160	40.0	130.0
200	67.0	200.0
250	100.0	380.0
315	160.0	520.0
355	280.0	1 000.0
400	420.0	1 400.0
500	800.0	2 400.0
630	1 400.0	4 000.0

7.8 熔断体的过电流选择性

正确的选择性通过符合本部分 5.6.1 规定且由图 901～图 904 给出的标准化时间-电流特性带得到保证。

8 试验

除 GB 13539.1 规定外，补充下列要求。

8.1.1 试验种类

GB 13539.1—2008 中 8.1.1 适用。当具有标准化尺寸和性能的熔断体根据本熔断体系统试验时，这些试验的结果应适用于同一结构但具有不可能引起性能劣化的不同触头尺寸和固定中心距的熔断体。

8.3.1 熔断器的布置

熔断体应安装在适当的承载件中并在图 906 所示的试验底座上进行试验。GB 13539.1—2008 中表 17 不适用熔断器的连接。对于标准化额定电流的熔断体，试验底座两边各应接上至少 1m 长的铜排，铜排截面按表 904 选取。对其他额定电流的熔断体其导体连接截面应使用上一个等级标准化额定电流熔断体的导体截面。

表 904 耗散功率和温升试验用导体截面积

熔断体的额定电流/A	导体截面[1]/mm
100	20×1.6
160	20×2.5
200	20×3.15
250	20×5
315	25×5
355	25×6
400	25×8
500	40×6
630	40×10

1) 允许与这些导体尺寸相当的接近值。

8.3.3 熔断体耗散功率的测量

GB 13539.1—2008 中 8.3.3 适用。耗散功率测量点见图 906。

8.4.1 熔断器的布置

熔断体应安装在适当的承载件中并在图 906 所示的试验底座上进行时间-电流特性试验。

8.4.3.3.2 门限验证

gU 熔断体正确的选择性通过符合本部分 5.6.1 规定且由图 901～图 904 给出的标准化时间-电流特性带得到保证，验证按 GB 13539.1—2008 中 8.4.3.3.1 规定进行。

8.5.1 熔断器的布置

熔断体的分断能力在图 907 所示的试验底座上进行。试验底座以外的导体连接不规定。

8.5.2 试验电路的特性

除了直流试验略去外，GB 13539.1—2008 中 8.5.2 适用。

8.5.5 试验方法

除了直流试验略去外，GB 13539.1—2008 中 8.5.5.1 适用。当试验设备不允许直接试验（如 $I_n \geqslant$ 200 A 时），试验可分两步进行。

除了直流试验略去外，GB 13539.1—2008 中 8.5.5.2 适用。

8.5.8 试验结果的判别

GB 13539.1—2008 中 8.5.8 适用。此外，熔断体动作时指示电弧飞至金属罩壳的细熔丝不应熔断，且对试验底座不应造成机械损伤。

8.7.3 熔断体在 0.01 s 时一致性验证

除了应符合本部分表 903（该表代替 GB 13539.1—2008 中表 7）外，GB 13539.1—2008 中 8.7.3 适用。

8.9 耐热性验性

装有熔断体（该熔断体的最大耗散功率与熔断器支持件的接受耗散功率相对应）的熔断器支持件应周期性地承载电流作为预处理。预处理按 GB 13539.1—2008 中 8.4.3.2 规定。在冷却到正常温度后，熔断器应根据 8.5 进行 I_1 分断能力试验。

熔管或填料中含有有机材料的熔断体应进行同样的上述试验，但这些熔断体应分断试验电流 I_1 和 I_5。

8.11 机械试验及其他试验

8.11.1.1 熔断器支持件机械强度

装有为熔断器支持件所能容纳的最大额定电流及耗散功率熔断体的熔断器支持件应在额定电流下进行温升试验。

温升试验结束时，熔断体或载熔件(如采用时)应被拔出和插入熔断器底座 100 次。

试验后所有部件应完整无损，功能正常。

验证是否符合上述要求需在额定电流下再进行一次温升试验，此时测得的温升值应不大于机械强度试验开始前的温升值的 115%或不比机械强度试验开始前的温升值高 5 K(二者取较大值)。

8.11.2.2 耐非正常的热和火验证

GB 13539.1—2008 中 8.11.2.2 不适用。

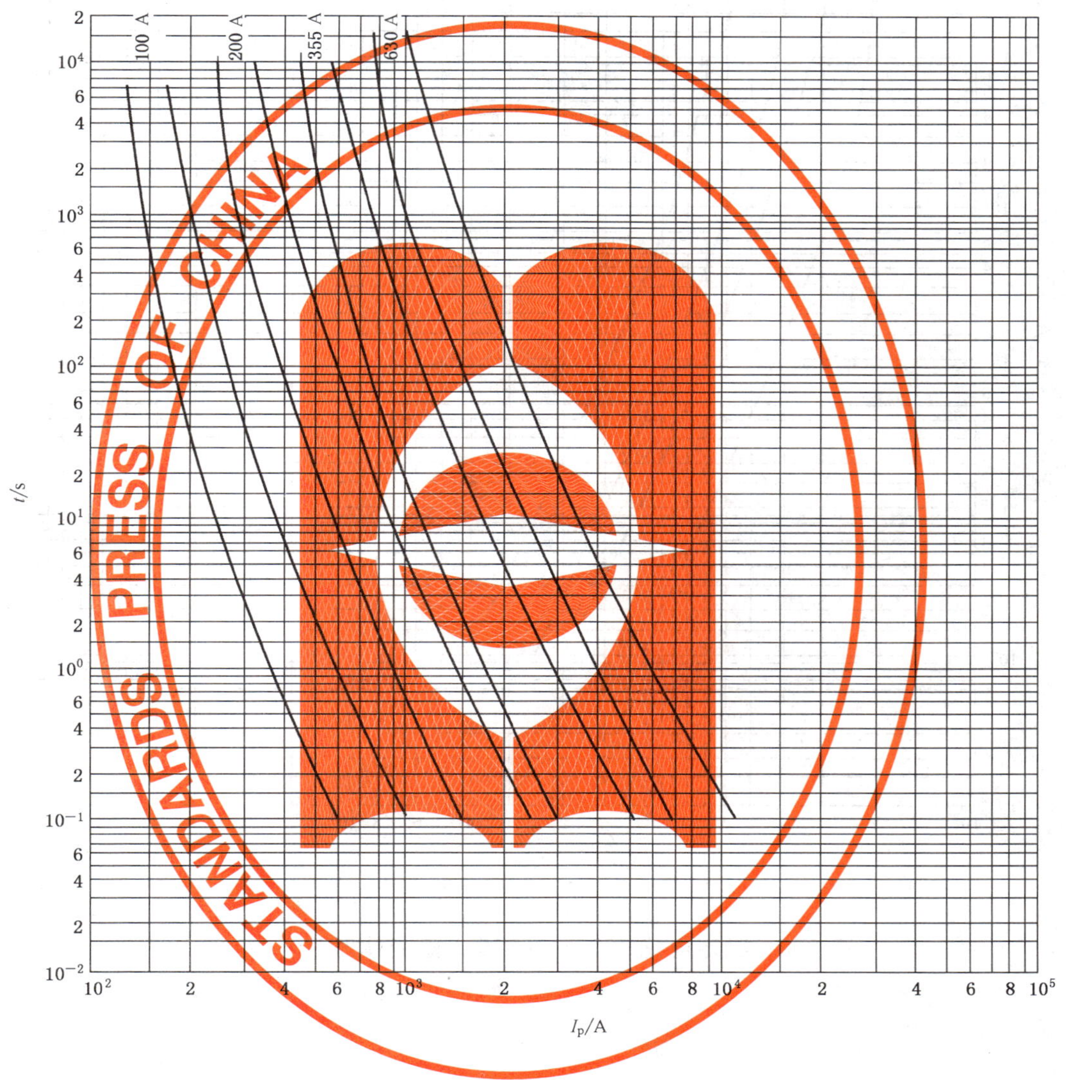

图 901 额定电流 100 A，200 A，355 A 和 630 A 熔断体时间-电流带

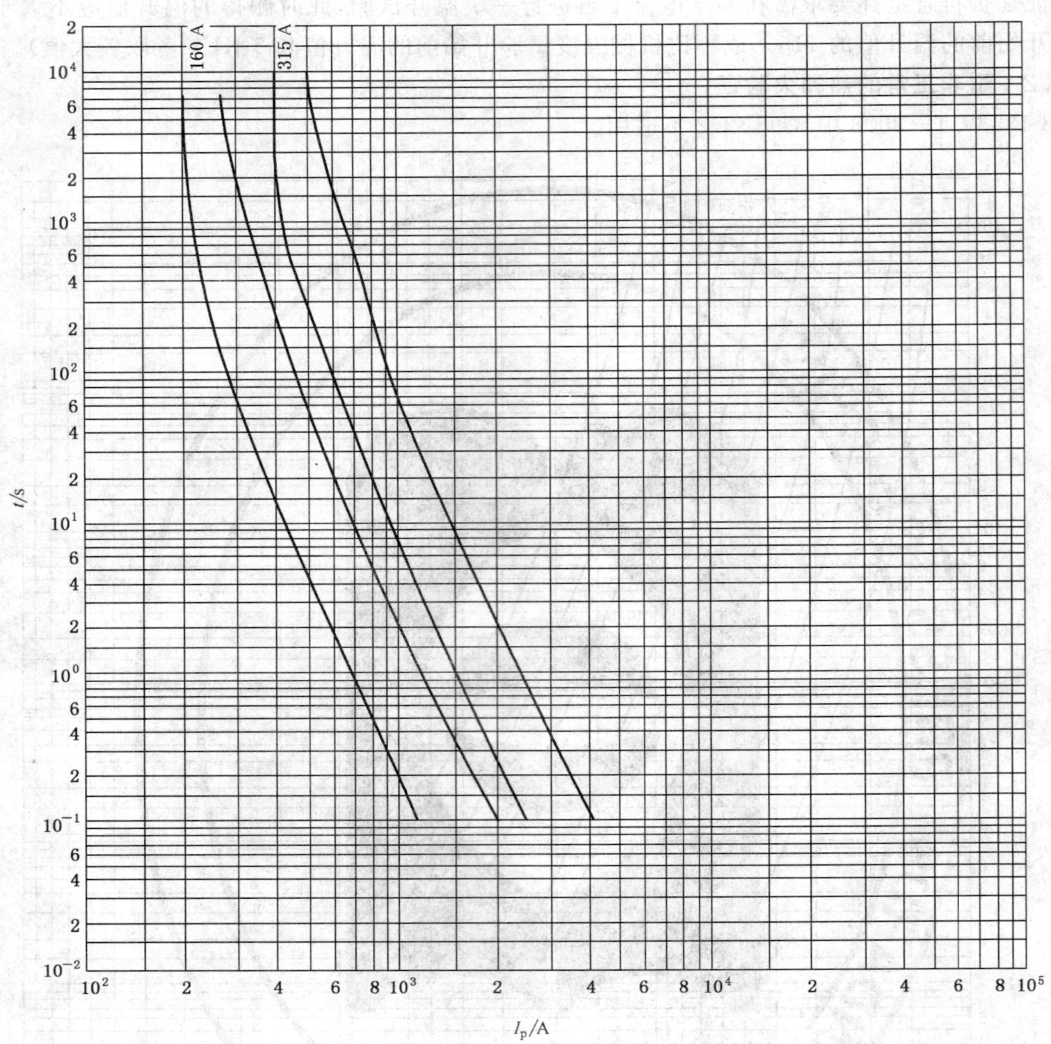

图 902 额定电流 160 A 和 315 A 熔断体时间-电流带

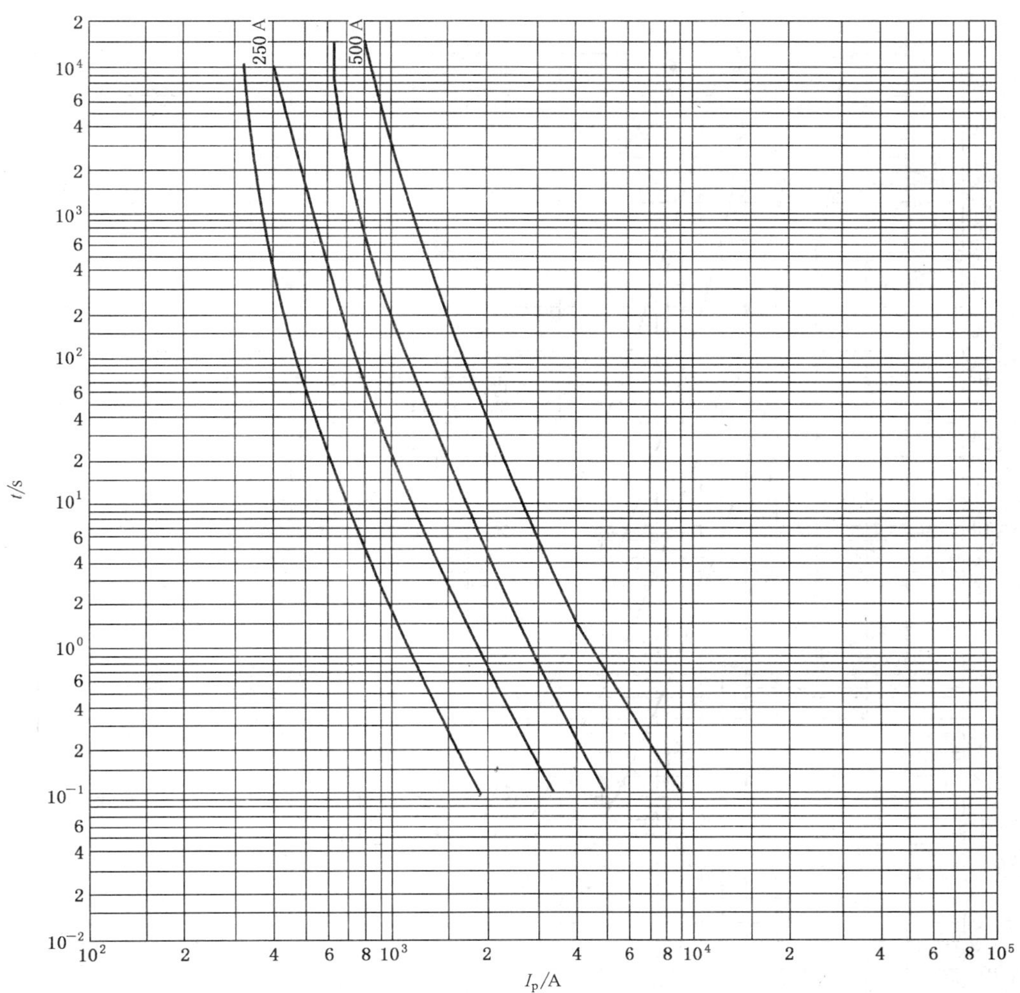

图 903　额定电流 250 A 和 500 A 熔断体时间-电流带

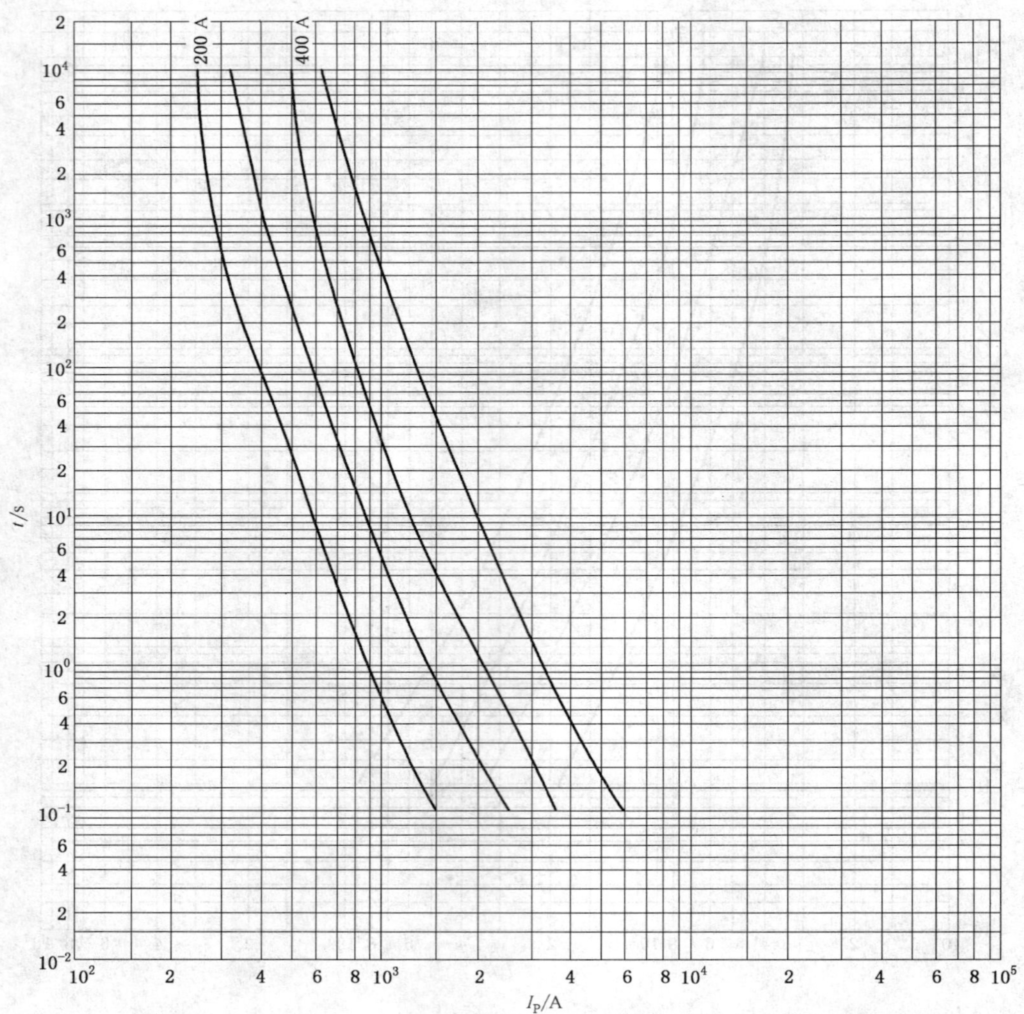

图 904 额定电流 200 A 和 400 A 熔断体时间-电流带

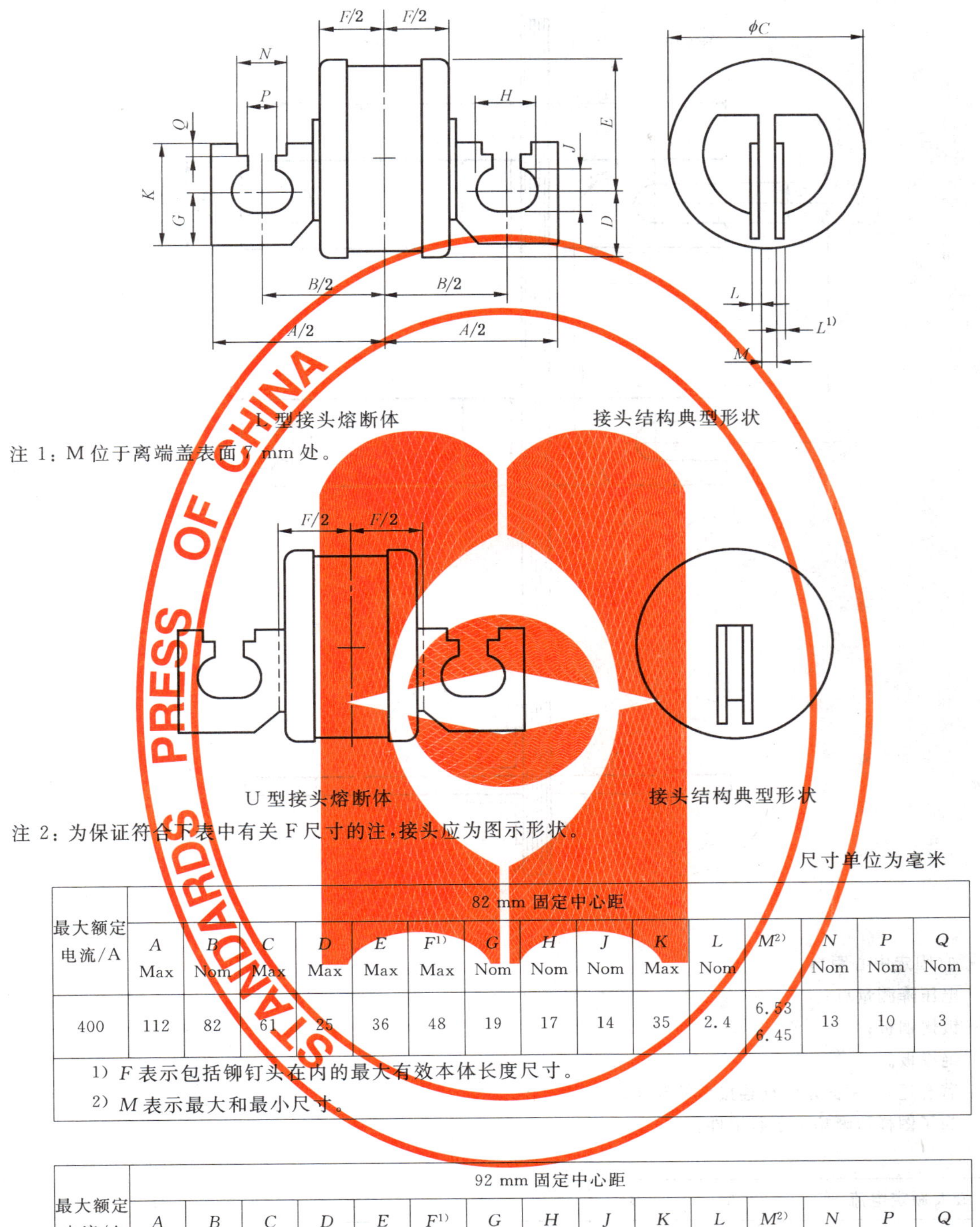

注 1：M 位于离端盖表面 7 mm 处。

注 2：为保证符合下表中有关 F 尺寸的注，接头应为图示形状。

尺寸单位为毫米

最大额定电流/A	82 mm 固定中心距														
	A Max	*B* Nom	*C* Max	*D* Max	*E* Max	*F*[1)] Max	*G* Nom	*H* Nom	*J* Nom	*K* Max	*L* Nom	*M*[2)]	*N* Nom	*P* Nom	*Q* Nom
400	112	82	61	25	36	48	19	17	14	35	2.4	6.53 6.45	13	10	3

1）*F* 表示包括铆钉头在内的最大有效本体长度尺寸。

2）*M* 表示最大和最小尺寸。

最大额定电流/A	92 mm 固定中心距														
	A Max	*B* Nom	*C* Max	*D* Max	*E* Max	*F*[1)] Max	*G* Nom	*H* Nom	*J* Nom	*K* Max	*L* Nom	*M*[2)]	*N* Nom	*P* Nom	*Q* Nom
630	132	92	75	25	50	48	24	20	17	42	3.2	8.13 8.05	16	11	3

1）*F* 表示包括铆钉头在内的最大有效本体长度尺寸。

2）*M* 表示最大和最小尺寸。

图 905　L 型接头熔断体和 U 型接头熔断体尺寸

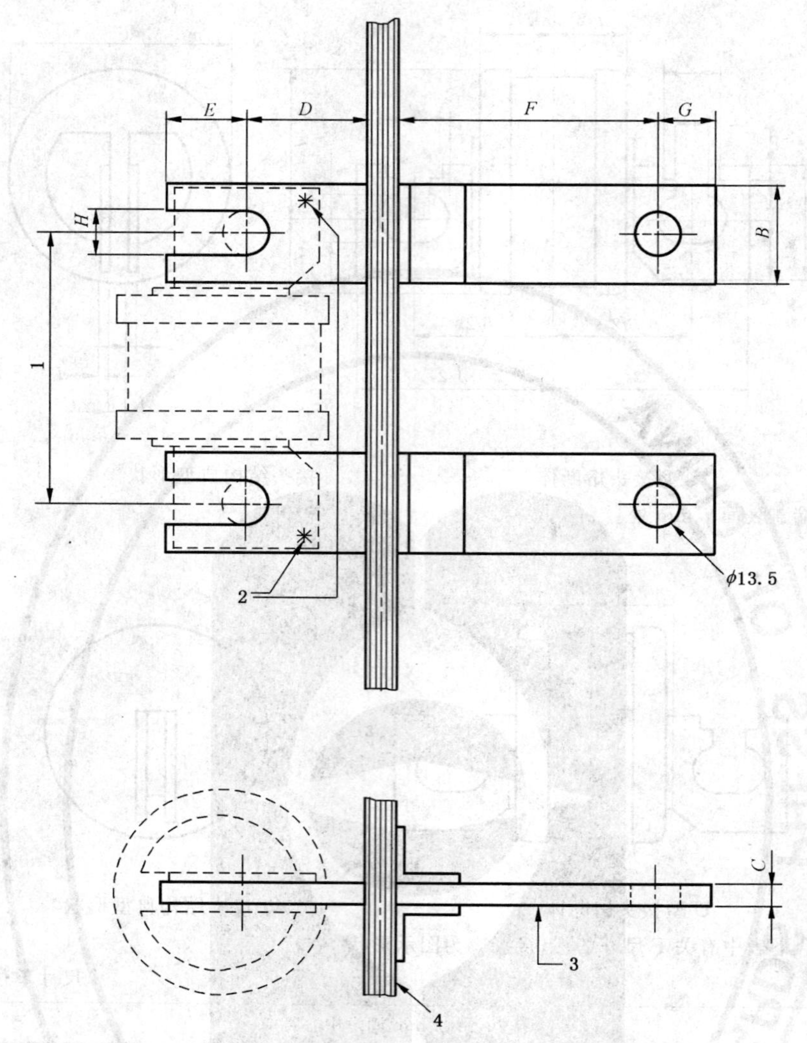

1——A(固定中心距)；

2——电压降测量点；

3——镀锡铜板；

4——绝缘板。

注 1：若合适，可用固定螺栓连接外部导体。

注 2：为了图样清晰略去了载熔件。

尺寸单位为毫米

最大额定电流/A	A	B	C	D	E	F	G	H
400	82.0	31.5	6.3	35.0	24.0	76.2	16.0	13.5
630	92.0	40.0	8.0	41.3	28.6	76.2	22.3	17.5

图 906　耗散功率试验底座

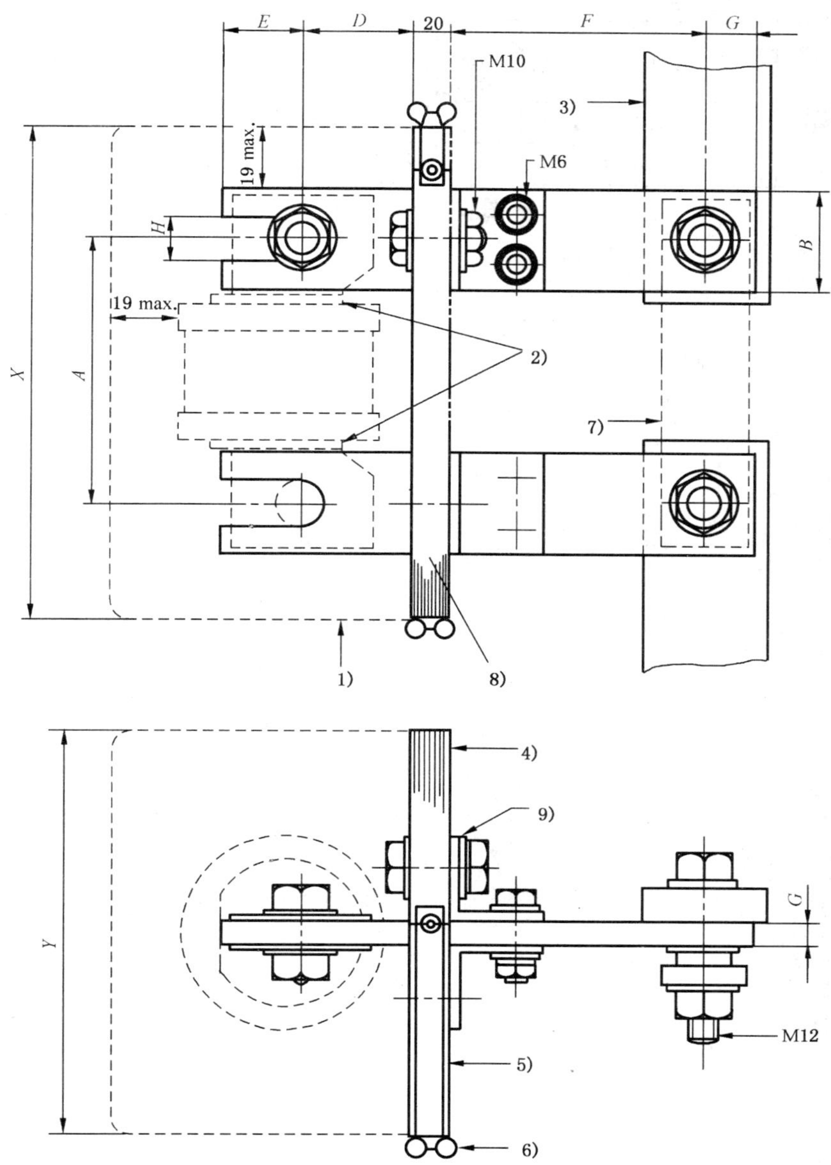

1) 可拆罩。罩用金属丝网、低炭薄钢板或冲孔低炭薄钢板制成，厚度应保证罩有适当的刚性。金属丝网或冲孔薄钢板单孔面积不应超过 8.5 mm^2。图中截面仅作示范，如果罩与任何带电金属部件之间的最小电气间隙不超过 19 mm，可采用其他形状和式样的罩。

2) 此处可见间隙主要保证端帽不依靠在试验底座的触头上。

3) 铜导体的尺寸由试验单位选择，所选尺寸应适合于分断能力。

4) 底座和将试验触头固定在底座上的固定件应有足够的刚性以承受所遇到的力，而对被试熔断体不施加外加负荷。底座的适当材料为酚醛树脂胶纸层压板。

5) 铜带。

6) 细熔丝的接线端子。铜细熔丝直径约为 0.1 mm，自由长度至少为 75 mm，连接在该接线端子与试验电源一极之间。

7) 预期电流试验的短路连接板。为便于连接，此板可开槽。铜板尺寸由试验单位根据分断能力选择。

8) 绝缘底座板。

9) 低炭钢角形托座 32×32×5。

图 907 分断能力试验底座

尺寸单位为毫米

最大额定电流/A	*A*	*B*	*C*	*D*	*E*	*F*	*G*	*H*	*X*	*Y*	熔断体固定螺栓
400	82.0	31.5	6.3	35.0	24.0	76.2	16.0	13.5	152	124	M12
630	92.0	40.0	8.0	41.3	28.6	76.2	22.3	17.5	170	138	M16

图 907（续）

参考文献

[1] IEC 60060-2 High-voltage test techniques—Part 2:Measuring systems

[2] IEC 60060-3 High-voltage test techniques—Part 3: Definitions and requirements for on-site testing

[3] IEC 60060-4 High-voltage test techniques—Part 4:Application guide for measuring devices

[4] IEC 60529 Degrees of protection provided by enclosures(IP Code)

[5] ISO 1207:1992 Slotted cheese head screws—Product grade A

ICS 29.120.50
K 31

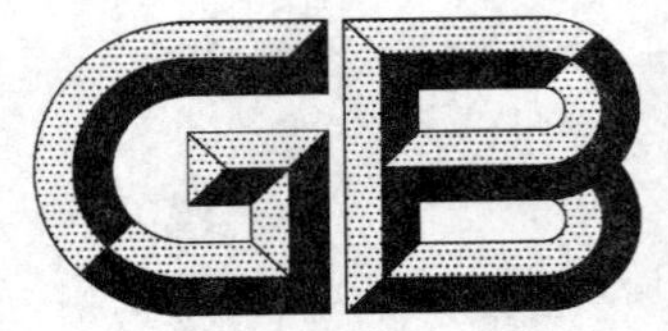

中华人民共和国国家标准

GB 13539.3—2008/IEC 60269-3:2006
代替 GB 13539.3—1999 和 GB/T 13539.5—1999

低压熔断器 第3部分:非熟练人员使用的熔断器的补充要求（主要用于家用和类似用途的熔断器）标准化熔断器系统示例A至F

Low-voltage fuses—Part 3:Supplementary requirements for fuses for use by unskilled persons (fuses mainly for household and similar applications)—Examples of standardized systems of fuses A to F

(IEC 60269-3:2006,IDT)

2008-06-19 发布 2009-06-01 实施

中华人民共和国国家质量监督检验检疫总局
中国国家标准化管理委员会 发布

前　言

GB 13539《低压熔断器》预计分为5个部分：

——第1部分：基本要求

——第2部分：专职人员使用的熔断器的补充要求(主要用于工业的熔断器)标准化熔断器系统示例A至I

——第3部分：非熟练人员使用的熔断器的补充要求(主要用于家用和类似用途的熔断器)标准化熔断器系统示例A至F

——第4部分：半导体设备保护用熔断体的补充要求

——第5部分：低压熔断器应用指南

本部分为GB 13539的第3部分。

本部分应与GB 13539.1—2008一起使用。本部分的条款号与GB 13539.1相对应。

本部分关于绝缘性能的过电压类别规定尚在考虑中。

本部分等同采用IEC 60269-3:2006《低压熔断器　第3部分：非熟练人员使用的熔断器的补充要求(主要用于家用和类似用途的熔断器)标准化熔断器系统示例A至F》。

为便于使用，与IEC 60269-3:2006相比，本部分作了下列编辑性修改：

——删除国际标准的前言和引言；

——删除表、图及部分条款下的编辑性注释；

——总范围的注2中原有“各国家委员会可从上述示例中选取一个或多个系统作为自己国家的标准”，由于本部分等同采用IEC标准，故这句话已属多余，删去。

此外还作了如下编辑性修改：

——熔断器系统A第6章原文中只有“国家认可标记可标志在”前半句，漏了“熔断器相应部件上，标志是永久性的，应进行相应的耐久试验”后半句，现根据IEC 60269-3-1:2004补上；

——熔断器系统A的图120中由于没有h标志，所以图下表中的h一栏删去；

——熔断器系统B的表202表头中“约定熔断电流”的符号原文误为“I_n”，改为“I_f”；

——熔断器系统B的表206和熔断器系统D的表409中爬电距离和电气间隙的数值排版有误，现按IEC 60269-3-1:1994校正；

——熔断器系统B的8.7.4中最后二段试验电压原文为“交流1.1×230 V(对于240 V熔断器)和交流1.1×380 $\sqrt{3}$ V(对于400 V熔断器)”，其中“240 V”和“380 V”疑有误，根据1.1范围改为“230 V”和“400 V”；

——熔断器系统B的图207中表的第二栏表头原文误为“额定电压”，改为“额定电流”；

——熔断器系统D的8.7.4中试验电压原文为“1.1×380 V a.c. $/\sqrt{3}$”，其中“380V”疑有误，根据1.1范围改为“400 V”；

——熔断器系统E的8.3.4.1中发热元件原文为康铜丝，但材料成分为“54% Fe，45% Ni，1% Mn”，疑有误，改“54% Fe”为“54% Cu”；

——熔断器系统E的图502图解中原文为“用于与模拟熔断体(见图501)…”，其中“图501”疑有误，改为“图504”；

——熔断器系统F的8.4.3.2最后一段原为“最后，在额定电流下再按8.4测量毫伏电压降”，其中“8.4”疑有误，改为“8.3.4”；

——由于最新的IEC 60269-1中8.2条款有较大改动，而IEC 60269-3相应的条款未作修改，由此产生了 IEC 60269-3 和 IEC 60269-1 条款号不对应现象。现根据 IEC 60269-1 条款对本部分作相应校正，具体如下：

a) 熔断器系统 A 的“8.2.4”和“8.2.4.1”条款号分别改为“8.2.2.3”和“8.2.2.3.1”，原 8.2.4.1 条文中“8.2.4.2”改为“8.2.2.3.2”；此外 8.11.2.4.2 条文中的“8.2.1、8.2.2 和 8.2.4.1”改为“8.2.1、8.2.2.1 和 8.2.2.3.1”；

b) 熔断器系统 B 的“8.2.4.1”条款号改为“8.2.2.3.1”，条文中“8.2.4.2”改为“8.2.2.3.2”；

c) 熔断器系统 F 的“8.2.5”条款号改为“8.2.4”。

本部分代替 GB 13539.3—1999《低压熔断器　第 3 部分：非熟练人员使用的熔断器的补充要求（主要用于家用和类似用途的熔断器）》和 GB/T 13539.5—1999《低压熔断器　第 3 部分：非熟练人员使用的熔断器的补充要求（主要用于家用和类似用途的熔断器）标准化熔断器示例》。本部分主要由原 GB 13539.3 大部分内容及 GB/T 13539.5 全部内容合并而成。本部分与 GB 13539.3—1999 和 GB/T 13539.5—1999 相比，主要存在以下技术差异：

——原 GB 13539.3 中 8.11.2.5 绝缘材料的相比，漏电起痕指数试验删去；

——熔断器系统 A 中增加了图 115～图 117“爱迪生螺纹及量规”、图 124“惠氏螺纹 W 3/16”和图 125“熔断器底座同轴度规 C17”；

——熔断器系统 B 中额定电压由原来的 240 V 或 380 V 改为 230 V 或 400 V；此外更改了表 202 的“gG”熔断体的约定时间和约定电流；

——熔断器系统 D 中额定电压由原来的 380 V 改为 400 V；

——熔断器系统 E 中图 503 标题由原“熔断体保持架”改为“标准限位件”；

——熔断器系统 F 中增加了熔管上标志的颜色，并将表 605“熔断体试验一览表”中原来的“过载”名称改为“额定电流”。

本部分的附录 A、附录 B、附录 C 为资料性附录。

本部分由中国电器工业协会提出。

本部分由全国低压电器标准化技术委员会（SAC/TC 189）归口。

本部分负责起草单位：上海电器科学研究所（集团）有限公司。

本部分参加起草单位：浙江西熔电气有限公司、中国质量认证中心。

本部分主要起草人：季慧玉、吴庆云。

本部分参加起草人：李全安、郎建才。

本部分所代替标准的历次版本发布情况为：

——GB 13539.3—1999、GB/T 13539.5—1999。

低压熔断器 第3部分:非熟练人员使用的熔断器的补充要求(主要用于家用和类似用途的熔断器)标准化熔断器系统示例A至F

1 总范围

下列非熟练人员使用的熔断器系统应符合GB 13539.1所有条款及相应熔断器系统规定的要求。

本部分有6个系统,每个系统涉及一种非熟练人员使用的标准化熔断器的具体示例。

- 熔断器系统A:D型熔断器系统
- 熔断器系统B:圆管式熔断器(NF圆管式熔断器系统)
- 熔断器系统C:圆管式熔断器(BS圆管式熔断器系统)
- 熔断器系统D:圆管式熔断器(意大利圆管式熔断器系统)
- 熔断器系统E:插脚式熔断器
- 熔断器系统F:用于插头的圆管式熔断体(BS插头熔断器系统)

注1:本部分列出了符合GB 13539.1—2008要求的熔断器标准型式,只要符合这些要求,也可增加其他型式。关于熔断器未来结构的建议见附录C。

注2:下列熔断器系统是指有关其安全方面的标准化系统。颜色编码不适用于每个熔断器系统。当某个熔断器系统规定颜色编码时,该颜色编码仅适用于那个熔断器系统。

1.2 规范性引用文件

下列文件中的条款通过GB 13539的本部分的引用而成为本部分的条款。凡是注日期的引用文件,其随后所有的修改单(不包括勘误的内容)或修订版均不适用于本部分,然而,鼓励根据本部分达成协议的各方研究是否可使用这些文件的最新版本。凡是不注日期的引用文件,其最新版本适用于本部分。

GB/T 2423.8 电工电子产品环境试验 第二部分:试验方法 试验Ed:自由跌落(GB/T 2423.8—1995,idt IEC 60068-2-32:1990)

GB 10963.1—2005 电气附件 家用及类似场所用过电流保护断路器 第1部分:用于交流的断路器(IEC 60898-1:2002,IDT)

GB 13539.1—2008 低压熔断器 第1部分:基本要求(IEC 60269-1:2006,IDT)

IEC 60664 (所有部分)低压系统内设备的绝缘配合

IEC 60999:1990 连接器件——电气铜导线用有螺纹式和无螺纹式夹紧装置的安全要求

熔断器系统A——D型熔断器系统

1 总则

除GB 13539.1—2008规定外,补充下列要求。

1.1 范围

下列补充要求适用于额定电流不超过100 A,额定电压交流和直流均不超过500 V的由非熟练人员使用的家用和类似用途的"gG"熔断器。

除 GB 13539.1—2008 外，补充规定以下熔断器特性：

- 额定电压；
- 熔断体的额定耗散功率和熔断器支持件的额定接受耗散功率；
- 时间-电流特性；
- 门限、I^2t 特性、约定时间和约定电流；
- 额定分断能力；
- 熔断器标志；
- 设计的标准条件；
- 试验。

2 术语和定义

GB 13539.1—2008 适用。

3 正常工作条件

GB 13539.1—2008 适用。

4 分类

GB 13539.1—2008 适用。

5 熔断器特性

除 GB 13539.1—2008 规定外，补充下列要求。

5.2 额定电压

熔断器的交流额定电压，D01，D02，D03[1] 为 400 V；DⅡ、DⅢ、DⅣ为 500 V。

熔断器的直流额定电压，D01，D02，D03 为 250 V；DⅡ、DⅢ、DⅣ为 500 V。

5.3.1 熔断体的额定电流

熔断体额定电流由图 110 和图 111 给出。

5.3.2 熔断器支持件额定电流

载熔件额定电流由图 112～图 114 给出，熔断器底座额定电流由图 118～图 120 给出。

5.3.3 标准限位件的额定电流

标准限位件的额定电流与该标准限位件能容纳的熔断体的最大额定电流相同。

5.5 熔断体的额定耗散功率和熔断器支持件的额定接受耗散功率

D 型熔断体的最大耗散功率值见表 101。

表 101 最大耗散功率值

额定电流 I_n/A	最大耗散功率/W	
	D01～D03	DⅡ～DⅣ
2	2.5	3.3
4	1.8	2.3
6	1.8	2.3
10	2.0	2.6
13	2.2	2.8

1) D0 型熔断器也适用于交流 415 V 电网。

表 101（续）

额定电流 I_n/ A	最大耗散功率/ W	
	D01～D03	DⅡ～DⅣ
16	2.5	3.2
20	3.0	3.5
25	3.5	4.5
35[a]	4.0	5.2
50	5.0	6.5
63	5.5	7.0
80	6.5	8.0
100	7.0	9.0

[a] 在某些国家，以 32 A 和 40 A 代替 35 A。

5.6 时间-电流特性极限

5.6.1 时间-电流特性，时间-电流带和过载曲线

除由门限及约定时间和约定电流给定弧前时间极限外，时间-电流带见图 101～图 103。由制造厂提供的时间-电流特性在电流方向的误差不得大于±10%。

根据 8.7.4 试验电压下测得的弧前和熔断时间应在图 101～图 103 规定的时间-电流带（包括制造误差）内。

5.6.2 约定时间和约定电流

除 GB 13539.1—2008 规定外，约定时间和约定电流的补充规定见表 102。

表 102 “gG”熔断体的约定时间和约定电流

额定电流 I_n/ A	约定时间/ h	约定电流	
		I_{nf}	I_f
2,4	1	$1.5I_n$	$2.1I_n$
6,10	1	$1.5I_n$	$1.9I_n$
$13 \leqslant I_n \leqslant 35$	1	$1.25I_n$	$1.6I_n$

5.6.3 门限

对于“gG”熔断体，除 GB 13539.1—2008 规定外，补充规定见表 103。

表 103 额定电流为 2 A、4 A、6 A、10 A、13 A 和 35 A“gG”熔断体规定弧前时间门限值

I_n/A	I_{min}(10s)/ A	I_{max}(5s)/ A	I_{min}(0.1s)/ A	I_{max}(0.1s)/ A
2	3.7	9.2	6.0	23.0
4	7.8	18.5	14.0	47.0
6	11.0	28.0	26.0	72.0
10	22.0	46.5	58.0	111.0
13	26.0	59.8	75.4	144.3
35	89.0	175.0	255.0	445.0

5.7 分断范围和分断能力

5.7.2 额定分断能力

额定分断能力最小值如下：

——交流不低于 50 kA。

——直流不低于 8 kA。

注：D 型熔断器通常使用在交流短路电流大于 20 kA 和直流场合，为此，所有熔断器必须满足本条款的要求。

6 标志

除 GB 13539.1—2008 适用外，补充下列要求。

符合本熔断器系统要求和试验的熔断体和熔断器支持件可标志“GB 13539.3”。符合本部分的产品，由国家试验站授予国家认可。国家认可标记可标在熔断器相应部件上，标志是永久性的，应进行相应的耐久试验。

6.4 标准限位件标志

——容易识别的制造厂名称或商标；

——额定电流或色标。

注：对尺寸非常小的标准限位件，如果包装上已注明了制造厂名称，则标准限位件可省略该标志。

7 设计的标准条件

除 GB 13539.1—2008 规定外，补充下列要求。

7.1 机械设计

允许与本部分所规定的尺寸不同，但这种尺寸不同应具有技术上的先进性和对符合本标准的要求和安全无不利的影响，特别是互换性与非互换性。此外这种尺寸不同的熔断器应符合本标准的其他所有合理要求。

7.1.2 包括接线端子的联接

接线端子应能接上表 104 规定的相应截面积的导体。

如果熔断器底座接线端子与开关板、熔断器箱等内部导线联接，外部联接导线与型式试验或部分型式试验成套设备的电源接线端子分别联接，表 104 中规定的最大截面积可以减小，DⅡ为 6 mm^2，DⅢ为 16 mm^2，DⅣ为 35 mm^2。

表 104 硬铜导体(单股或多股线)或软铜导体的截面积

熔断器底座		截面积/mm^2
尺 码	I_n/A	
D01	16	1.5～4
D02	63	1.5～25
D03	100	10～50
DⅡ	25	1.5～10
DⅢ	63	2.5～25
DⅣ	100	10～50
注：本表是临时的，等待 17B 和/或 23F 分技术委员会的结果。		

7.1.3 熔断器触头

熔断器触头应镀镍或用防护性能至少与其相近的其他材料作保护。

额定电流大于或等于 50 A 的熔断体触头应有不小于 3 μm 的镀银层保护。

7.1.4 标准限位件的结构

触头件(如有)应呈整件，并由含铜量至少为 50%的铜合金制成。触头表面应平展无毛刺。

DⅡ和 DⅢ尺码的标准限位件的金属部件在指定范围内的两侧应具有光滑的接触表面。并且，这两个接触表面都应凸出相邻陶瓷材料之外。

对于 DⅡ,DⅢ,DⅣ熔断器,起限位作用的环形零件应用陶瓷材料制成。限位环表面的颜色应与图 111 中规定的熔断器指示器的颜色一致。

注:标准限位件保证非互换性,因此它设计成仅由特殊工具才能插入或更换。对非熟练人员来说是无法更换或插入。

由目测检查是否符合本条款要求。

对于 DⅡ 和 DⅢ 尺码的熔断器底座的两种型式,有两种标准限位件:

——旋入式标准限位件(图 122);

——插入式标准限位件(图 123)。

见图 121～图 124。

7.1.6 载熔件的结构

不管载熔件是否装在熔断器底座上,载熔件应能将熔断体保持在应有的位置中。

对于装有带指示装置的熔断体的载熔件,应有适当的观察指示装置的孔。观察孔必须用可靠固定的透明窗加以封闭或用其他方法防止材料从指示器中喷出。

螺旋盖应用含铜量至少为 50%的铜合金或含铜量至少为 62%的轧制铜板制成。

绝缘部件应由陶瓷或其他具有足够耐热性材料制成。

用于电压试验装置的孔可任选。

见图 112～图 116。

7.1.7 熔断体的结构

熔断体中保证非互换性的部件应不能拆除或者更换。

对有指示装置的熔断器,当熔断体装入熔断器支持件或载熔件时,该指示仍应可见。

熔断体的壳体应由陶瓷制成。触头件由纯铜或含铜量至少为 62%的铜合金制成。熔断指示器的颜色根据图 111 规定。

见图 110 和图 111。

7.1.8 非互换性

熔断器应设计成熔断体不会因疏忽而被其他额定电流大于预定值的熔断体所取代。

对于额定电流小于 10 A 的熔断体,不要求有非互换性。

7.1.9 熔断器底座的结构

熔断器底座应设计成固定可靠,不可能无意中被移动。

附有标准限位件的熔断器底座应有适当的措施使标准限位件保持在应有的位置上,并且只有借助适当的工具才能拆装。

用于防接近带电部件的熔断器底座的罩壳安装时应能经受住紧固时产生的机械应力,并应固定牢靠,使得只有借助工具或有意识的动作才能拆下。

接线端子应能适合于接入适当截面的导体。

载流部件应由含铜量至少为 50%的铜合金或含铜量至少为 62%的轧制铜材制成。

对导轨安装的熔断器底座,当插入或取出熔断体时,该底座不会脱离导轨(在螺旋式熔断器情况下,施加到载熔件上的力矩是表 115 规定值的 2/3)。

熔断器底座可以沿导轨长度方向来回移动。

对表面安装的熔断器底座,当它装在平面上时不应摇动。

对于 DⅡ 和 DⅢ 尺码的熔断器底座,对应于不同的标准限位件结构,有两种不同的熔断器底座:

——旋入式标准限位件的熔断器底座(图 119);

——插入式标准限位件的熔断器底座(图 120)。

见图 115、图 117～图 120 和图 124。

7.2 绝缘性能

最小爬电距离,电气间隙以及通过绝缘材料或密封填料的最小距离应符合表 105 的规定。

表 105 爬电距离、电气间隙和通过密封填料的距离

爬电距离/mm	DⅡ～DⅣ	D01～D03
熔断体熔断后,不同电位的金属部件(包括触头)之间	5	4
载熔件、熔断体和标准限位件均就位时,带电部件和易接近的金属部件(包括熔断器底座的固定螺钉或者导轨安装金属件)之间	5	3
带电部件和罩子固定螺钉或导轨安装金属件(不接地并且不易被标准试指所接近)之间	3	2
电气间隙/mm	DⅡ～DⅣ	D01～D03
熔断体熔断后,不同电位的金属部件(包括触头)之间	5	3
载熔件、熔断体和标准限位件均就位时,带电部件和易接近的金属部件(包括熔断器底座的固定螺钉或者导轨安装金属件)之间	5	3
带电部件和罩子固定螺钉或导轨安装金属件(不接地并且不易被标准试指所接近)之间	3	2
距离/mm	DⅡ～DⅣ	D01～D03
带电部件和安装板前接线熔断器底座的表面之间	10	6
至少覆盖 2.5 mm 密封填料的带电部件和安装板前接线熔断器底座的表面之间	5	3
注 1:本表的标准试验试指系 GB 4208 中规定的试验试指。 注 2:本表是临时的,等待 17B 分技术委员会,23 技术委员会和 28A 分技术委员会的结果。		

7.3 温升、熔断体的耗散功率以及熔断器支持件的接受耗散功率

以下表 106 代替 GB 13539.1—2008 中表 5。

表 106 接线端子的温升极限

当熔断器底座配以 GB 13539.1—2008 中 8.3.4.2 的表 17 所示的导体(其截面积相应于熔断器底座额定电流)时,接线端子的温升极限不应超过右栏规定值	65K

7.7 I^2t 特性

7.7.1 弧前 I^2t 值

除 GB 13539.1—2008 中表 7 外,下表 107 的弧前 I^2t 值适用。

表 107 "gG"熔断体 0.01 s 时的弧前 I^2t 值

I_n/A	I^2t_{min}/(A^2s)	I^2t_{max}/(A^2s)
2	1.0	23.0
4	6.2	90.2
6	24.0	225.0
10	100.0	676.0
13	170.0	900.0
35	2 250.0	8 000.0

7.7.2 熔断 I^2t 值

本部分表 107 和 GB 13539.1—2008 中表 7 中给定的最大弧前 I^2t 值应作为最大熔断 I^2t 值,并用 GB 13539.1—2008 中 8.7.1 规定的分断能力试验验证。

7.8 "gG"熔断体的过电流选择性

额定电流比为 1∶1.6 的 16 A 及以上的串联熔断体必须在整个分断能力范围内进行选择性分断(见 8.7.4)。

考虑到使用断路器的选择性，给出下列 I^2t 值：

表 108　与断路器配合的选择性 I^2t 值

I_n/ A	I^2t_{min}/ (A^2s)	I_p/ A
16	250	500
20	450	670
25	810	900
35	2 000	1 410
50	4 000	2 000
63	6 300	2 510
80	10 000	3 160
100	16 000	4 000

7.9　防电击保护

熔断器在正常使用条件下的防护等级至少为 IP2X。

对于 D 型熔断器，更换熔断体可分为两步："拆熔断体和载熔件"和"已拆除熔断体和载熔件"。第一步可认为 D 型熔断器仍处于正常使用条件下，只有熔断体和载熔件被拆除后，防护等级才可暂时降为 IP1X。

注：防电击的完整保护"IP2X"暂时取消(D 型熔断器系统经非熟练人员多年的安全使用后)认为不会有危险，就如更换白炽灯一样有足够的经验，有类似的安全度。

8　试验

除 GB 13539.1—2008 规定外，补充规定如下。

8.1.4　熔断器的布置与尺寸

熔断器底座和载熔件的螺旋套的厚度用带有尖头的千分尺测量。测量分为两组，每组包括三次测量，两组测量的平均值至少等于图 112～图 114 和图 118～图 120 的规定数据。

两组测量是通过两根至少相差 30°的不同径线上测得的。

通常，沿着径线上的三次测量应在径线上平均分布，可能的话，在最不利点上测量。

对于轧制螺纹，一次在螺纹顶端测量，一次在末端，还有一次在两端之间的任意一处。

对于载熔件，测量绝缘件上凸出的螺旋套部分。

对于熔断器底座，螺纹的第一圈不必测量。

8.1.5.1　完整试验

按表 109 和表 110 要求补充试验。

表 109　熔断体试验一览表

试验项目及相应条款	试品数量					
	3	4	1	1	2	1
8.4.3.2　额定电流验证	×					
8.7.4　选择性验证		×				
8.11.1　机械强度			×	×		
8.11.2.4　高温耐热贮存					×	×
8.11.2.6　尺寸和非互换性	×	×				

表 110 熔断器底座、载熔件和标准限位件试验一览表

试验项目及相应条款	试品数量										
	熔断器底座				载熔件					标准限位件	
	1	1	3	1	1	1	1	3	1	1	1
8.9 耐热性	×				×						
8.11.1 机械强度		×				×	×			×	×
8.11.2.4 高温耐热贮存			×	×				×	×		
8.11.2.6 尺寸和非互换性										×	×

8.1.5.2 同一熔断体系列的试验

除 GB 13539.1—2008 外,补充下述规定:

接触部件和陶瓷熔管形状不同的熔断体,只要不相同点仅提供非互换性而不影响性能,则可认为符合同一系列要求。

8.2 绝缘性能验证

8.2.1 熔断器支持件的布置

除 GB 13539.1—2008 外,补充下述规定。

金属覆盖物(可由铝箔制成)不应压在视察窗上。对于载熔件,从绝缘部件外层的下缘量起,应留有 3 mm 距离不被金属覆盖物所遮盖。

8.2.2.3 试验方法

除 GB 13539.1—2008 外,补充下述规定。

8.2.2.3.1 耐压试验应在 GB 13539.1—2008 中 8.2.2.3.2 规定的潮湿处理后立即进行。熔断器支持件应承受 GB 13539.1—2008 表 15 规定的试验电压。

8.2.6 爬电距离、电气间隙和通过密封填料的距离

8.2.6.1 试验方法

在完整的熔断器上测量爬电距离,电气间隙和距离。先用表 104 规定的最小截面积导体,然后用最大截面积导体。

注:对于宽度小于 1 mm 的任何槽,其爬电距离只计槽宽。宽度小于 1 mm 的任何空气间隙,在计算总电气间隙时应忽略不计。

8.2.6.2 试验结果的判别

爬电距离,电气间隙和距离不应小于表 105 规定的数值。

8.3 温升与耗散功率验证

8.3.1 熔断器的布置

载熔件应以表 111 所示的力矩来固定。

表 111 验证温升和耗散功率时的试验力矩

尺码	力矩/(N·m)
D01	1.0
D02	1.0
D03	1.7
DⅡ	2.7
DⅢ	4.3
DⅣ	6.7

施加在接线端子螺钉上的力矩为表 116 规定值的 2/3。

8.3.3 熔断体耗散功率的测量

熔断体的耗散功率应在熔断体的端帽之间进行测量(见图 109)。

8.3.4.1 熔断器支持件的温升

温升试验应采用一个如图 104 规定的模拟熔断体在熔断器支持件(见图 109)的额定电流下进行。

8.3.5 试验结果的判别

当熔断器底座配以 GB 13539.1—2008 中 8.3 的表 17 所示的导体(其截面积相应于熔断器底座额定电流)时,接线端子的温升极限应符合表 106 的规定。

熔断体的耗散功率应不超过表 114 的规定。

8.4.3.1 约定不熔断电流与约定熔断电流验证

试验在如图 105 和图 106 所示的试验底座上进行。

8.4.3.2 熔断体额定电流验证

3 个熔断体承受 100 次循环,每次循环包括 1 h 的通电和 15 min 的断电。

对额定电流小于 16 A 的熔断体,试验电流为 $1.2I_n \pm 2.5\%$;对额定电流大于或等于 16 A 的熔断体,应按 GB 13539.1—2008 中 8.4.3.2 规定进行试验,但试品数量为 3 个。

在操作循环期间,熔断体不应熔断。然后熔断体允许冷却至接近室温,通以 0.9 倍 I_{nf} 电流(I_{nf} 见 GB 13539.1—2008 中表 2 和本部分表 102),熔断体在 GB 13539.1—2008 中表 2 和本部分表 102 中规定的约定时间内不应熔断。

然后熔断器允许冷却至接近室温,通以 I_f 试验电流,熔断体在约定时间内应熔断。

8.4.3.5 约定电缆过载保护

对小于 16A 的熔断器,GB 13539.1—2008 中 8.4.3.5 试验顺序不适用。

注:(仅对于 gG 熔断器)GB 13539.1—2008 的试验被认为在周围温度为 30 ℃的典型应用中,当电流为 $1.45I_n$ 时能给出满意的结果。为了证实熔断器和微型断路器(MCB)是等效的保护电器,一些国家可规定特殊试验。特殊试验内容详见本部分附录 A。

8.4.3.6 指示装置和撞击器(如有)的动作

除 GB 13539.1—2008 对指示装置的规定外,补充以下内容:

如果降低电压进行本项试验,则试验电路的电压应为 100 V±5 V,试验电流为 $2I_f\,{}^{+20}_{\ 0}\%$。

8.5.2 试验电路的特性

对于直流试验,除以下内容外,GB 13539.1—2008 表 21 的规定适用。

表 112 根据 8.5.5.1 的试验

	No. 1、No. 2	No. 3、No. 4、No. 5
时间常数	15 ms $^{+5}_{\ 0}$ ms[a]	≤3 ms

[a] 上述时间常数在 GB 13539.1—2008 规定的极限范围内。

8.5.5 试验方法

8.5.5.1 为了验证熔断器是否符合 GB 13539.1—2008 中 7.5 的要求,试验应按 GB 13539.1—2008 中表 20 进行。附录 B 给出了表 20 的 No.1 和 No.2 试验的替代试验。

8.5.8 试验结果的判别

除 GB 13539.1—2008 中 8.5.8 规定外,补充以下内容。

试验后,只要标准限位件和载熔体不损坏,熔断体端帽允许出现小孔、气泡、斑点和局部膨胀。视察窗如发黑,可忽略。

8.7.4 过电流选择性验证

试品按 GB 13539.1—2008 中 8.5 分断能力试验的规定进行布置。

两个试品在 I_{min} 电流下进行试验,另外两个试品在 I_{max} 电流下进行试验。试验电流值见表 113。

交流试验电压为 $1.1U_n/\sqrt{3}$。

试验电路的其他特性与 No.2 分断能力的试验电路（见 GB 13539.1—2008 中表 20）相同。

测定的 I^2t 值应满足表 113 规定的 I^2t 值。

表 113 选择性试验的试验电流和 I^2t 极限值

I_n/A	最小弧前 I^2t 值		熔断 I^2t 值		选择比
	预期 I_{min}/kA(有效期)	I^2t_{min}/(A^2s)	预期 I_{max}/kA(有效值)	I^2t_{max}/(A^2s)	
2	0.013	0.67	0.064	16.4	
4	0.035	4.90	0.130	67.6	
6	0.064	16.40	0.220	193.6	
10	0.130	67.60	0.400	640.0	
13	0.200	160.00	0.480	922.0	
16	0.270	291.00	0.550	1 210.0	1∶1.6
20	0.400	640.00	0.790	2 500.0	
25	0.550	1 210.00	1.000	4 000.0	
32	0.790	2 500.00	1.200	5 750.0	
35	0.870	3 030.00	1.300	6 750.0	
40	1.000	4 000.00	1.500	9 000.0	
50	1.200	5 750.00	1.850	13 700.0	
63	1.500	9 000.00	2.300	21 200.0	
80	1.850	13 700.00	3.000	36 000.0	
100	2.300	21 200.00	4.000	64 000.0	

在试验电流为 I_{min} 时测得的弧前 I^2t 值应高于表 113 第 3 栏规定的 I^2t 值。在试验电流为 I_{max} 时测得的熔断 I^2t 值应低于表 113 第 5 栏规定的 I^2t 值。

8.9 耐热性验证

8.9.1 熔断器底座

本试验仅在非陶瓷绝缘材料的熔断器底座上进行。

8.9.1.1 试验布置

熔断器底座应装上一个符合图 104 规定的模拟熔断体，该模拟熔断体通过试验电流时的耗散功率应在表 114 规定的范围之内。

施加到载熔件上的力矩是表 115 规定值的 2/3。连接导体的截面积取决于装入熔断器底座的最大熔断体的最大额定电流（见 GB 13539.1—2008 表 17）。

表 114 模拟熔断体在额定电流和约定熔断电流（包括误差）时的耗散功率

尺码	D01	D02	D03	DⅡ	DⅢ	DⅣ
额定电流 I_n 时的耗散功率/W	2.5	5.5	7.0	4.0	7.0	9.0
试验电流 I_f 时的耗散功率[a]/W	6.7	14.1	17.9	10.3	17.9	23.0
施加到模拟熔断体上的力/N	35.0	50.0	75.0	50.0	75.0	110.0

[a] 这些数值允许误差±3%。

把熔断器放置在如图 107 规定的试验装置上，并放入烘箱。密封用于外接导体的孔，连接导体的长度应至少伸出烘箱外 1 m。在试验期间，在烘箱内与试品同一平面距试品约 15 cm 处测得空气温度必须保持在 80 ℃±5 ℃。

8.9.1.2 试验方法

烘箱内的空气温度升到 80 ℃±5 ℃，保持 2 h 后，试品立即通以与 I_f 相接近的试验电流。通电期间内温度保持不变。在该试验电流下，模拟熔断体的耗散功率应在表 114 规定的范围内。在整个 2 h 的试验期间电流应保持不变。试验结束时，在图 107 中注 4 方向平稳施力，通过杠杆作用，在模拟熔断体上施加一个符合表 114 规定的力。为了施加力必须移去视察窗。试品可连接到降低电压的电源(≥42 V)上去。

8.9.1.3 试验结果的判别

施加力后，电流应继续流过试品。施加力保持 15 min，电流应无变化。此外，试验后熔断器底座不应有妨碍它继续使用的损坏。

8.9.2 载熔件

8.9.2.1 试验布置

熔断器底座应安装在一块 15 mm 厚的胶合板上。试品布置应与正常使用情况相同。熔断器底座应装上一个符合图 104 规定的模拟熔断体。导体的截面积取决于熔断器底座的额定电流(见 GB 13539.1—2008 表 17)。导体长度在安装试验装置的烘箱外至少为 1 m。

施加到载熔件上的力矩应符合表 115 的规定。旋紧和旋松载熔件需用一个过渡接头。过渡接头的内部形状能使它与载熔件的绝缘部件实现紧密连接。用一把带正方形截面芯杆的力矩扳手(见图 108)如正常使用旋紧过渡接头。过渡接头和指定的试验装置均应放入上述的烘箱内。

8.9.2.2 试验方法

烘箱内的空气温度上升到 80 ℃±5 ℃，2 h 后，熔断器立即通以与 I_f 相接近的试验电流 2 h。该试验电流必须调整得使模拟熔断体的耗散功率处于表 114 所示值的范围内。

在 2 h 的试验期间，试验电流应保持不变。在打开烘箱以后，立即将试验期间加热的过渡接头装上力矩扳手，用该力矩扳手将载熔件旋松二次再旋紧。

8.9.2.3 试验结果的判别

试验后，载熔件应不出现妨碍它进一步使用的损坏，特别是绝缘材料应不出现任何裂缝或不允许的收缩。

8.10 触头不变坏验证

GB 13539.1—2008 中 8.10 适用。

8.10.1 熔断器布置

除 GB 13539.1—2008 中 8.10.1 适用外，作下列补充：

模拟熔断体见本标准图 104。

施加在载熔件上的力矩为表 115 规定的 40%。

8.10.2 试验方法

对 GB 13539.1—2008 中 8.10.2 第 1 段的补充：

试验电流为约定不熔断电流；

通电时间为 75%约定时间；

断电时间为 25%约定时间；

约定时间和约定不熔断电流见 GB 13539.1—2008 表 2。本试验可降低电压进行。

在断电时间使样品温度冷却至 35 ℃以下，可以使用强迫冷却(如风冷)。

GB 13539.1—2008 中 8.10.2 第 3 段由下列文字代替：

循环试验开始前，当稳定状态条件达到时，应在额定电流下测量触头的温升。250 个循环后(如果需要在 750 个循环后)重复测量。

在 50、250 和 750 个循环后，使用直流电流 $I_m=(0.05\sim0.30)I_n$ 测量触头电压降。I_m 大小的选择应使得到的电压降不小于 100 μV。

在测量期间 I_m 的误差不大于 $^{+10}_{\ 0}\%$。电压降在图 109 中标志为 A、B、C、D 的点之间进行测量。

根据测得的电压降可确定触头电阻值。在测量前，试品应冷却到室温。如果室温在整个测量期间不为 20 ℃，由下式决定 R_{20} 值。

$$R_{20}=R_T/[1+\alpha_{20}\times(T-20)]$$

式中：

R_{20}——20 ℃时电阻值；

R_T——温度 T 时电阻值；

α_{20}——电阻温度系数。

8.10.3 试验结果的判别

在 250 个循环结束(式(1))和在 750 个循环结束(式(2))时，式(1)和式(2)应得到满足：

$$(R_{250}-R_{50})/R_{50}\leqslant 15\% \quad \cdots\cdots(1)$$

$$(R_{750}-R_{50})/R_{50}\leqslant 40\% \quad \cdots\cdots(2)$$

亦可用根据图 109 测量温升的方法来验证，测量点为熔断器底座的接线端头(图 109)。这种情况下，不应超过下列极限值：

在 250 个循环后测得的温升值不应超过试验开始时的温升值 15 K，在 750 个循环后测得的温升值不应超过试验开始时的温升值 20 K。

8.11 机械试验及其他试验

8.11.1 机械强度

8.11.1.1 标准限位件的机械强度

下列试验仅适合于 DⅡ、DⅢ尺码标准限位件(旋入式标准限位件)。

标准限位件应设计成载流部件为一整体，并在使用中承受机械压力。

用检查和下列试验验证：

以 1 N·m 的力矩将标准限位件旋入熔断器底座中，该力矩保持 1 min，用一个适当的手柄工具将其旋出。此外，在标准限位件的金属部件和陶瓷部件之间以两个方向施加一个 10 N 的轴向力。试验是在提交的标准限位件上进行。对具有胶合部件的标准限位件，应将试品浸入温度等于 20 ℃±5 ℃的水中 24 h 后，重复本试验。接着将试品放置在 200 ℃±5 ℃温度环境中 1 h 后，再重复本试验。

试验后，试品不应出现妨碍其继续使用的变化。特别是螺纹不应损坏，陶瓷部件仍应相互紧固，不会从金属部件上脱落下来。

8.11.1.2 载熔件机械强度

用一根直径为 6 mm 的钢杆从内部向视察窗缓慢施加 2.5 N 力(对于 D01 和 D02 载熔件)或 5 N 力(对于其他载熔件)。在试验中，视察窗既不应弄破也不应移位。

一根试棒(其外径为图 110 或图 111 规定的 d_3 或 d_4 的最大值)插入载熔件 5 次。试后根据图 110 或图 111 具有最小外径 d_3 或 d_4 的熔断体(光滑陶瓷表面)在载熔件颠倒过来后，应保留在载熔件中。

8.11.1.3 熔断体机械强度

熔断体应有足够的机械强度，其触头应可靠固定。以下列试验进行验证：

将熔断体装入合适的载熔件(见图 112、图 113 或图 114)内，再将载熔件旋入已装有标准限位件(见图 121、图 122 或图 123)的熔断器底座(见图 118、图 119 或图 120)中，标准限位件的直径 d_1 应取相应额定电流规定的最小值。

施加到载熔件上的力矩等于表 115 的规定值，然后旋出载熔件。载熔件旋入和旋出各 5 次。试验后熔断体不应损坏，用手不能将熔断体端帽移去。

8.11.1.4 熔断器机械强度

载熔件装入符合本部分规定的熔断体,使用表 115 给定的力矩将载熔件旋入配有标准限位件的熔断器底座中 5 次和旋出 5 次。试验后,试品不应出现有碍于继续使用的变化。

注:8.11.1.3 和 8.11.1.4 试验可以同时进行。

表 115 机械强度的试验力矩

尺码	力矩/(N·m)
D01	1.5
D03	1.5
D03	2.5
DⅡ	4.0
DⅢ	6.5
DⅣ	10.0

螺钉螺纹的机械强度:

安装熔断器用的螺钉,包括接线端子的螺钉和固定罩子的螺钉(但不包括将熔断器底座固定在支撑面上的螺钉)需进行以下试验。

用合适的试验扳手或螺钉旋具将螺钉旋紧旋松。如果是金属螺纹操作各 5 次。如果是非金属螺纹则各 10 次。施加的力矩见表 116。

为试验接线端子螺钉,应在接线端子处接上制造厂或 GB 13539.1—2008 中规定的最大截面的导体。每次操作后要移动导体使导体对接线端子螺钉呈现新的接触面。

表 116 螺钉螺纹的机械强度

螺纹的标称直径/mm	力矩/(N·m)
≤2.6	0.4
>2.6~3.0	0.5
>3.0~3.5	0.8
>3.5~4.0	1.2
>4.0~5.0	2.0
>5.0~6.0	2.5
>6.0~8.0	5.5
>8.0~10.0	7.5

试验时,不得有任何影响螺钉连接继续使用的损坏。

8.11.2.4 耐热贮存能力

8.11.2.4.1 试验布置

载熔件和熔断器底座各 3 只放在温度为 180 ℃±5 ℃的烘箱中烘 168 h,以验证支撑载流部件的非陶瓷绝缘部件。

罩子应在温度为 100 ℃±5 ℃的烘箱中烘 168 h。

完整熔断器 1 只应在 150 ℃±5 ℃温度下烘 1 h,以验证粘合部件、密封填料和颜色标志耐热贮存能力。

8.11.2.4.2 试验方法

在冷却到室温以后,进行下列试验。

一组载熔件和熔断器底座放入 GB 13539.1—2008 中 8.2.2.3.2 规定的潮湿箱中，经这项处理后，应立即按 GB 13539.1—2008 中 8.2.1、8.2.2.1 和 8.2.2.3.1 规定（除表 15 外）在 2.0 kV 试验电压下进行绝缘性能验证试验。

另外两组载熔件和熔断器底座按下述方法进行试验。

载熔件装入符合本部分规定的熔断体，使用表 111 规定的力矩将载熔件旋入装有标准限位件的熔断器底座中 5 次和旋出 5 次。

8.11.2.4.3 试验结果的判别

试验后，试品不应有妨碍其继续使用的改变。机械强度（特别是粘合部件的机械强度）必须保持不变。

密封填料不得发生使带电部件裸露的位移。试验后颜色标志也不应有明显变化。

8.11.2.6 尺寸和非互换性

测量熔断体的尺寸并与熔断器其他部件有关的尺寸进行比较，来验证熔断器是否符合 GB 13539.1—2008 中 8.1.4 和本部分 7.1.8 的要求。

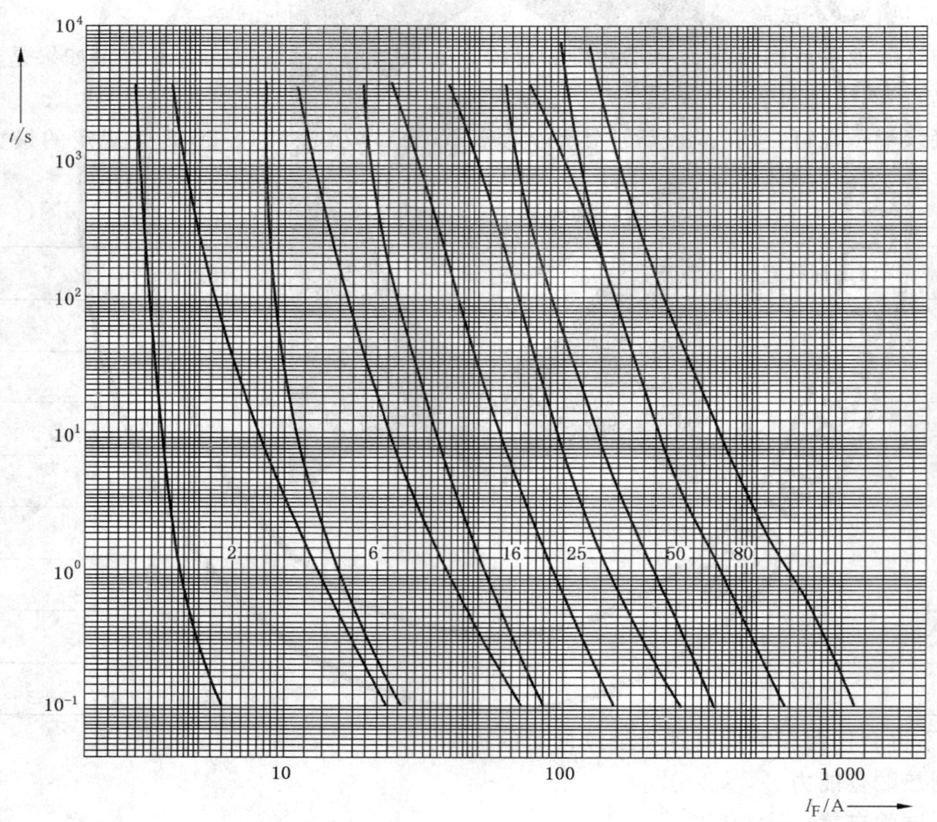

图 101 “gG”熔断体的时间-电流带

单位为毫米

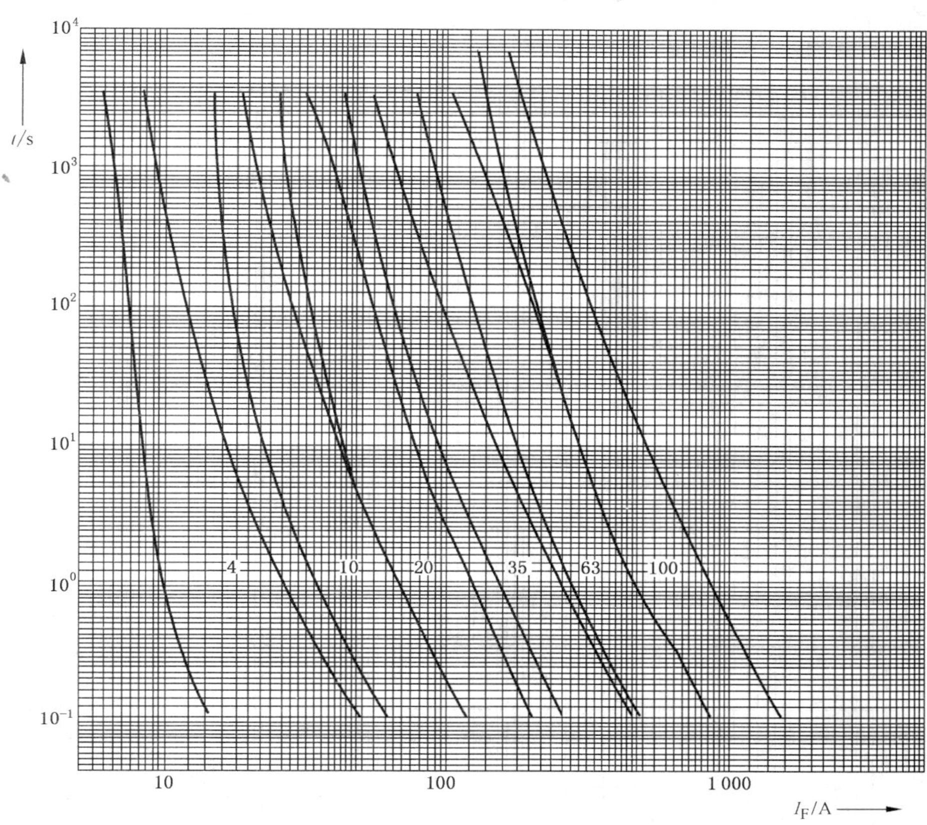

图 102 “gG”熔断体的时间-电流带

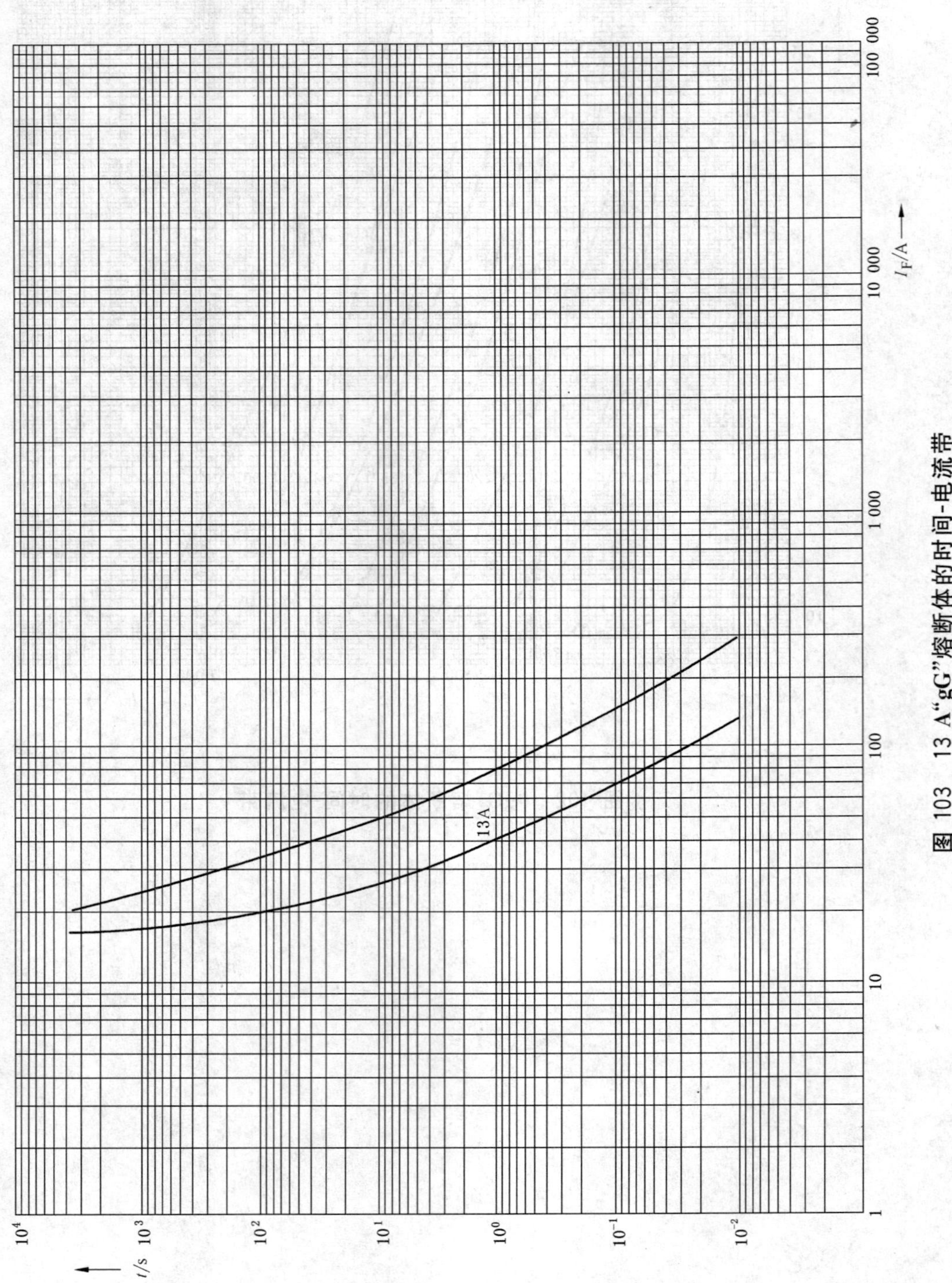

图 103　13 A“gG”熔断体的时间-电流带

单位为毫米

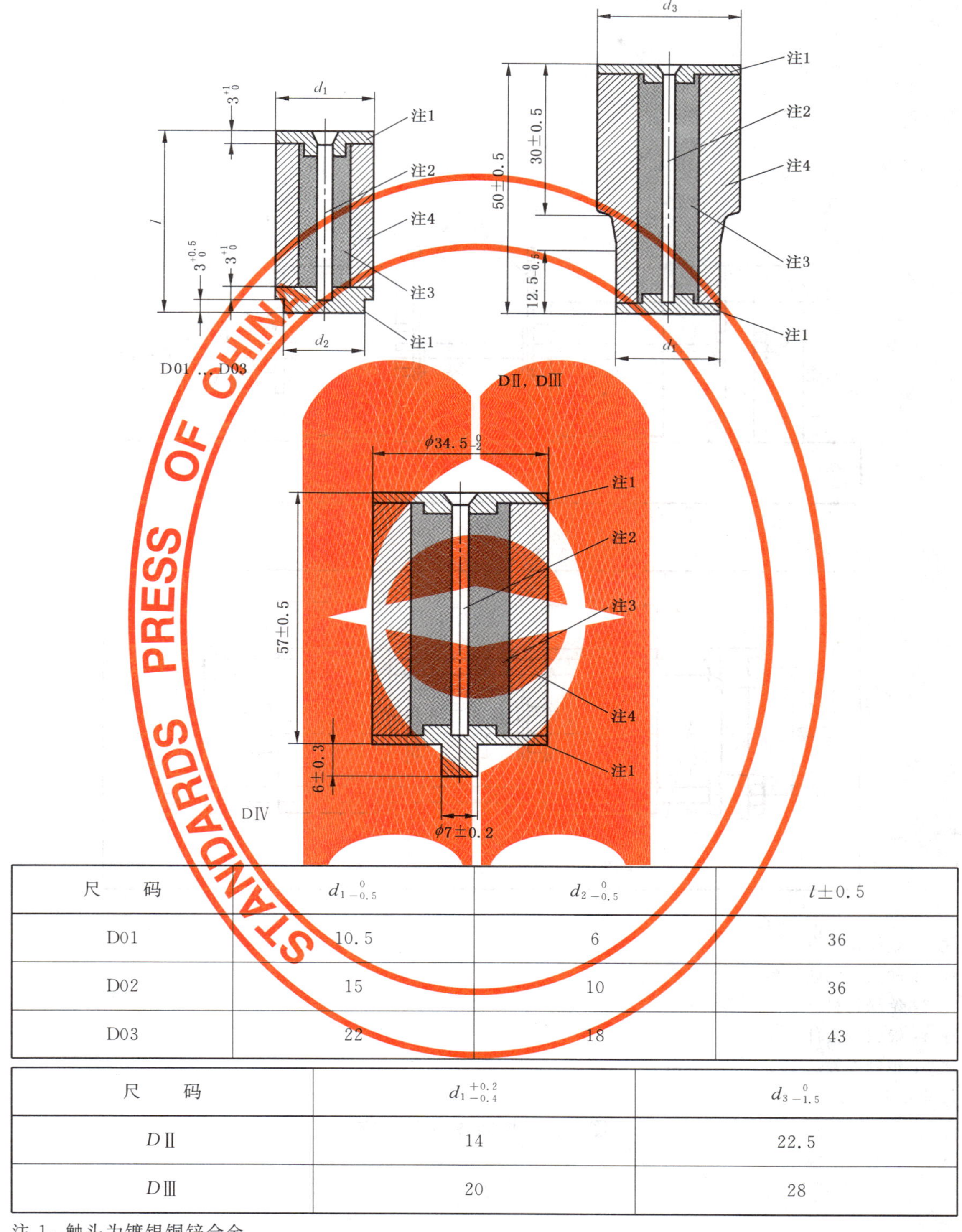

尺　码	$d_{1\ -0.5}^{\ \ 0}$	$d_{2\ -0.5}^{\ \ 0}$	$l\pm0.5$
D01	10.5	6	36
D02	15	10	36
D03	22	18	43

尺　码	$d_{1\ -0.4}^{\ +0.2}$	$d_{3\ -1.5}^{\ \ 0}$
DⅡ	14	22.5
DⅢ	20	28

注 1：触头为镀银铜锌合金。

注 2：铜镍 56/44 或具有类似电阻率和温度系数的材料。

注 3：石英砂。

注 4：陶瓷熔管。

图 104　根据 8.3 和 8.9.1.1 的模拟熔断体

单位为毫米

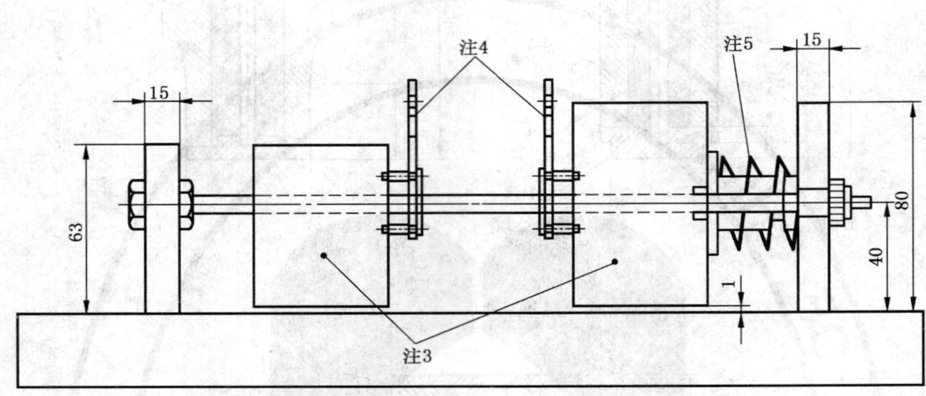

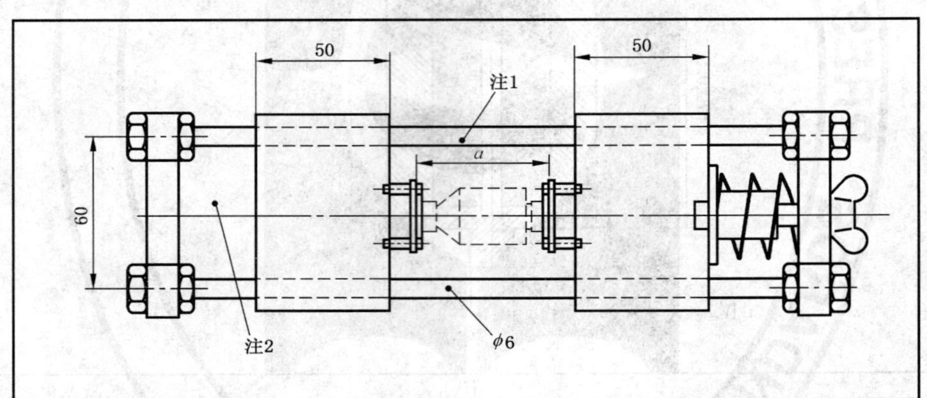

注 1：金属棒。

注 2：触头力调整距离。

注 3：绝缘材料。

注 4：镀银触头件。

注 5：钢制弹簧。

尺寸 a：见图 106。

图 105　熔断体试验底座

尺　　码	尺　　寸		接触力/N
	a	ϕ_i	
D01	35^{+2}_{0}	11.5	40±10%
D02	35^{+2}_{0}	16.0	80±10%
D03	42^{+2}_{0}	23.0	120±10%
DⅡ	49^{+2}_{0}	14.5	200±10%
DⅢ	49^{+2}_{0}	20.5	320±10%
DⅣ	$56^{+2.5}_{0}$	—	550±10%

单位为毫米

镀银触头件(见图 105 注 4)

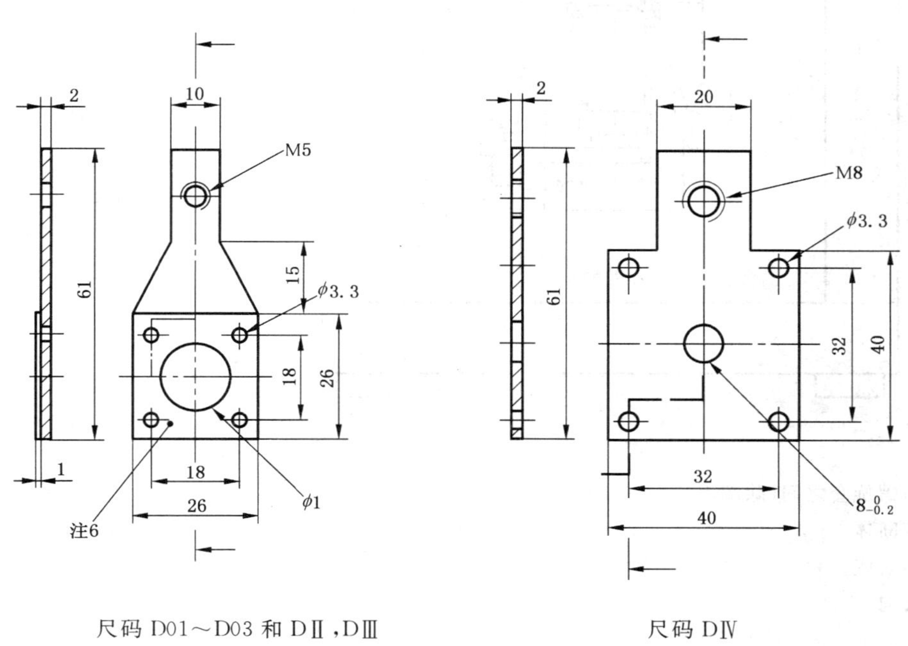

尺码 D01～D03 和 DⅡ,DⅢ　　　　尺码 DⅣ

注 6:绝缘材料的中心定位板。

图 106　熔断体试验底座

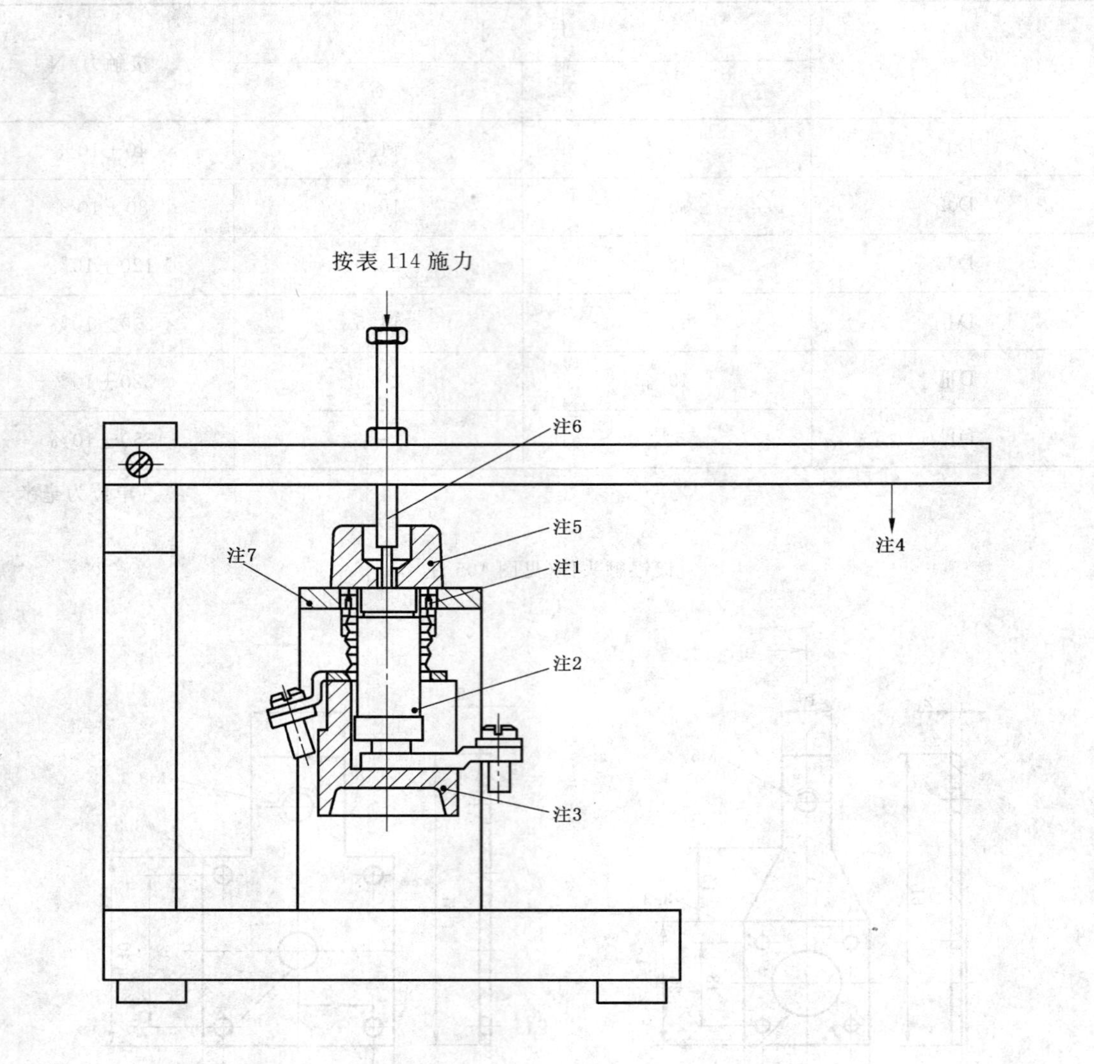

注 1：端帽与螺旋套之间(除端面外)的间隔。

注 2：模拟熔断体。

注 3：熔断器底座。

注 4：施力方向。

注 5：载熔件。

注 6：活塞。

注 7：装配台架。

图 107　根据 8.9.1.2 的熔断器底座试验装置

图 108　根据 8.9.2 的力矩扳手举例

图 109　电压降(B,C)或温升(A,D)测量点

单位为毫米

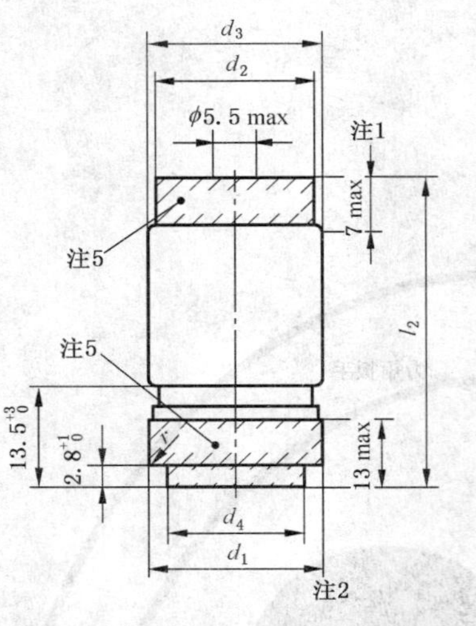

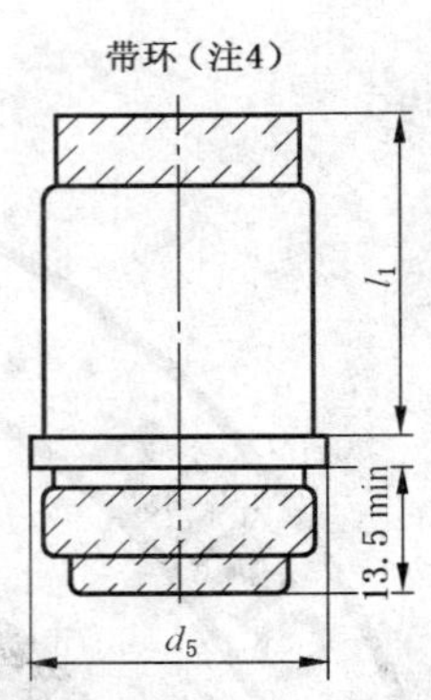

	I_n/A	$d_1 \pm 0.3$ (注 2)	d_2 (min)	d_3	d_4 (max)	d_5 (注 4)	l_1 (注 4)	$l_2 \pm 1$	r (max)
D01	2 4 6 10 13 16	7.3 7.3 7.3 8.5 8.5 9.7	9.8	$11_{-0.7}^{0}$	6	—	—	36	1
D02	20 25 35(注 3) 50(注 4) 63	10.9 12.1 13.3 14.5 15.9	13.8	$15.3_{-1.3}^{0}$	10	16.7(max) 16.7(max) 16.7(max) $16.7_{-1.3}^{0}$ 16.7(max)	18.5	36	1
D03	80(注 4) 100	22 25	20.6	22.5_{-1}^{0}	18	$25.6_{-2.3}^{0}$ 25.6(max)	22.5	43	1.6

注 1：熔断指示器直径。

注 2：在 13.5 mm 的范围内，d_1 的最大值不应超出。

注 3：一些国家用 32 A 和 40 A 代替额定电流 35 A。

注 4：制造厂可选是否带环，为了保证正确插入，对 50 A 和 80 A 额定电流，环是必需的。对尺码 D02 和 D03 的其他额定电流，环也可以使用。

注 5：阴影区为接触区。

熔管由陶瓷制成。

除所示尺寸外，本图不作为设计依据。

图 110　尺码 D01～D03 的 D 型熔断体

单位为毫米

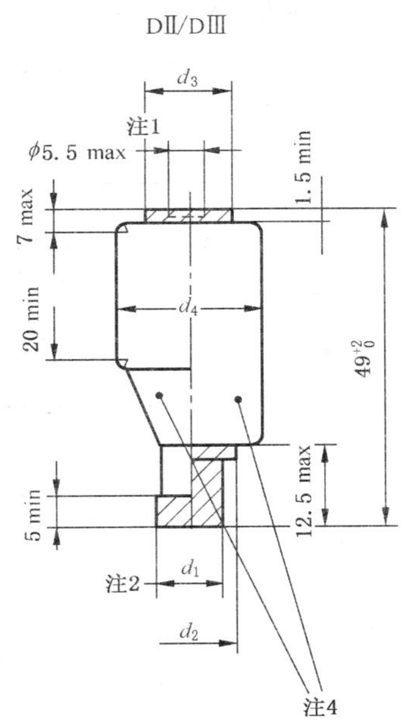

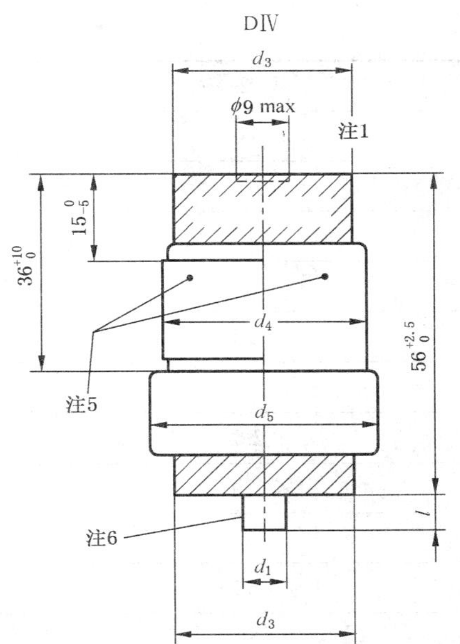

除所示尺寸外，本图不作为设计依据。
阴影区为接触区。
熔管由陶瓷制成。

	I_n/A	d_1 (注 2)		d_2 (max)	d_3	d_4	$d_{5\,-2}^{\;\;0}$	$l\pm0.3$
DⅡ	2	6	+0.2 −0.4	14.2	11 min	$22.5^{\;\;0}_{-1.5}$	—	—
	4							
	6							
	10	8						
	13							
	16	10			13 min			
	20	12						
	25	14						
DⅢ	35(注 3)	16	+0.2 −0.4	20.2	15 min	$28^{\;\;0}_{-2}$	—	—
	50	18						
	63	20						
DⅣ	80(注 6)	5	±0.2	—	$32^{\;\;0}_{-8}$	$34.5^{\;\;0}_{-2}$	38.5	6
	100	7						

图 111　尺码 DⅡ～DⅣ的 D 型熔断体

I_n/ A	熔断指示器颜色
2	玫瑰色
4	棕色
6	绿色
10	红色
13	黑色
16	灰色
20	蓝色
25	黄色
35(注 3)	黑色
50	白色
63	纯铜色
80	银色
100	红色

注 1：熔断指示器直径。

注 2：对 DⅡ和 DⅢ熔断体从触头底部测量起 10 mm 范围内，d_1 的尺寸不能超过最大值。

注 3：一些国家用 32 A 和 40 A 替代额定电流 35 A。

注 4：任选一种形状。

注 5：任选一种金属外壳。

注 6：对额定电流 80 A 熔断体，定位销不作规定。

尺码 D01～D03 熔断体也必须采用这些颜色。

图 111（续）

单位为毫米

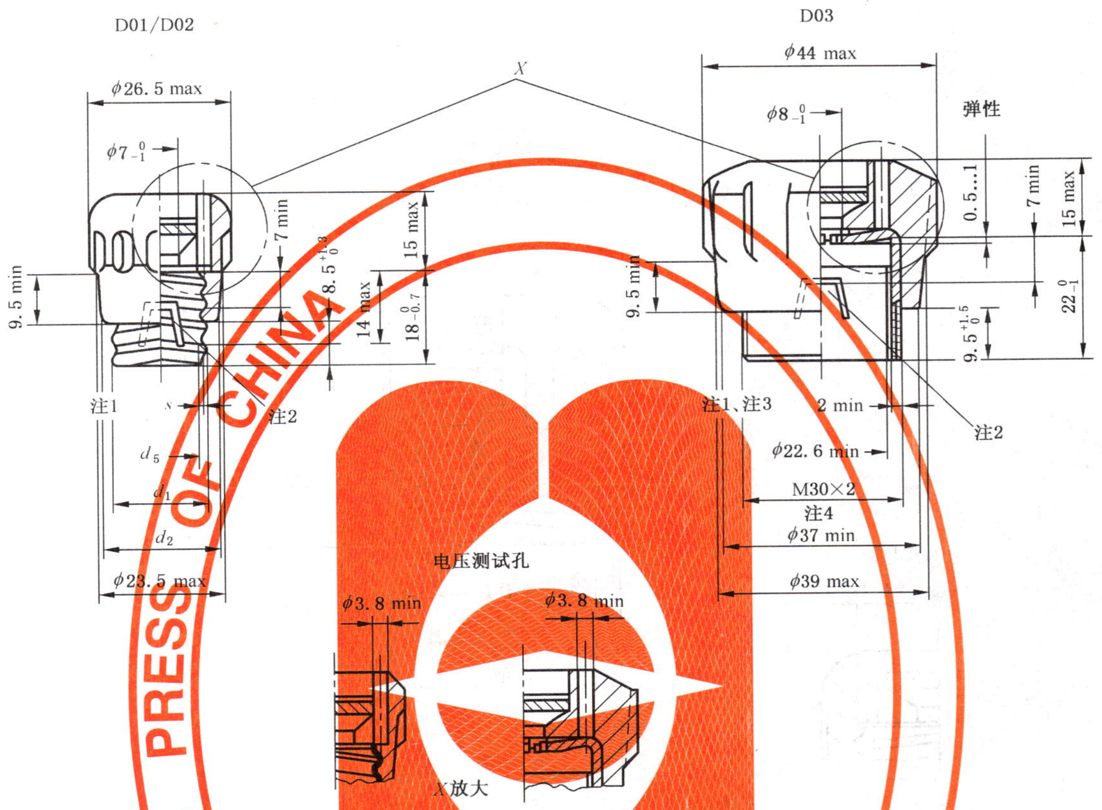

除所示尺寸外，本图不作设计依据。

绝缘部件由陶瓷或足够耐热性的材料制成。

	I_n/A	d_1	d_2 (min)	d_5 (max)	s(注 1) (min)
D01	16	E14	18	11.1	0.27
D02	63	E18	22	15.4	0.37

注 1：平均值。

注 2：固定夹，也允许用其他固定方法。

注 3：螺纹第一圈的偏差：$^{0}_{-0.25}$。

注 4：螺纹按 ISO 965-1 中的等级符号 8 g 规定。

注 5：电压测试孔可选。

图 112　尺码 D01～D03 的 D 型载熔件

单位为毫米

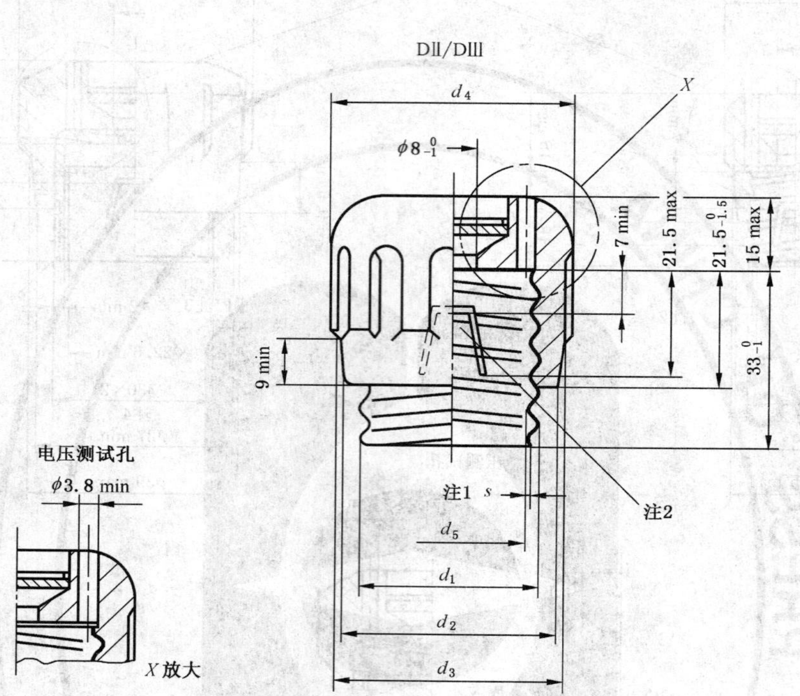

除所示尺寸外，本图不作设计依据。

绝缘部件由陶瓷或足够耐热性的材料制成。

	I_n/A	d_1	d_2 (min)	d_3 (max)	d_4 (max)	d_5 (min)	s(注 1) (min)
DⅡ	25	E27	32	34	38	22.6	0.27
DⅢ	63	E33	40	43	48	28.1	0.37

注 1：平均值。

注 2：固定夹，也允许用其他固定方法。

注 3：电压测试孔可选。

图 113　尺码 DⅡ～DⅢ的 D 型载熔件

单位为毫米

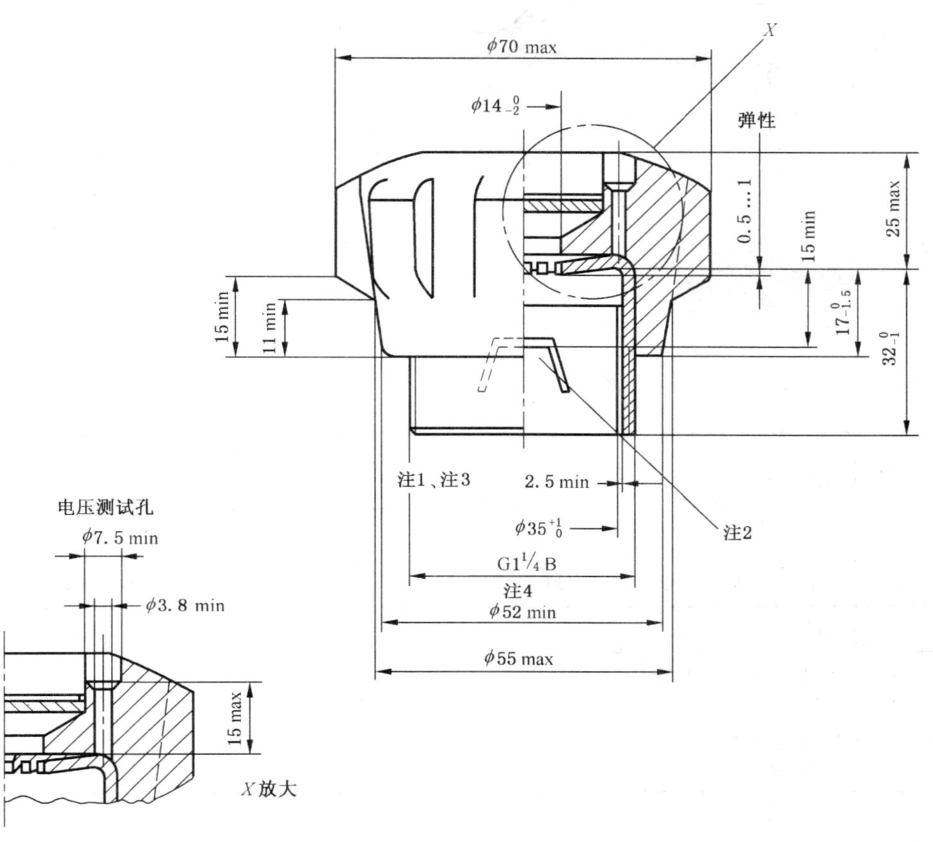

除所示尺寸外，本图不作设计依据。

注 1：平均值。

注 2：固定夹，也允许用其他固定方法。

注 3：螺纹第一圈的偏差 $_{-0.5}^{0}$。

注 4：螺纹按 ISO 228-1 规定，极限量规按 ISO 228-2 规定。

注 5：电压测试孔可选。

图 114　尺码 DⅣ的 D 型载熔件

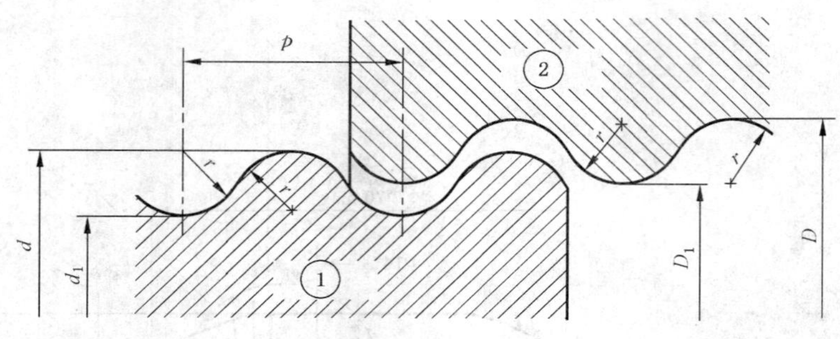

① 螺栓。

② 螺母。

单位为毫米

缩　写	螺　　栓				螺　　母			
	外径 d		内径 d_1		外径 D		内径 D_1	
	max	min	max	min	min	max	min	max
E14	13.89	13.7	12.29	12.1	13.97	14.16	12.37	12.56
E18	18.5	18.25	16.8	16.55	18.6	18.85	16.9	17.15
E27	26.45	26.15	24.26	23.96	26.55	26.85	24.36	24.66
E33	33.05	32.65	30.45	30.05	33.15	33.55	30.55	30.95

缩　　写	每 25.4 mm 螺纹数 z	螺距 p	倒圆 r
E14	9	2.822	0.822
E18	≈8.5	3	0.875
E27	7	3.629	1.025
E33	6	4.233	1.187

图 115　D 型熔断器爱迪生螺纹:极限尺寸

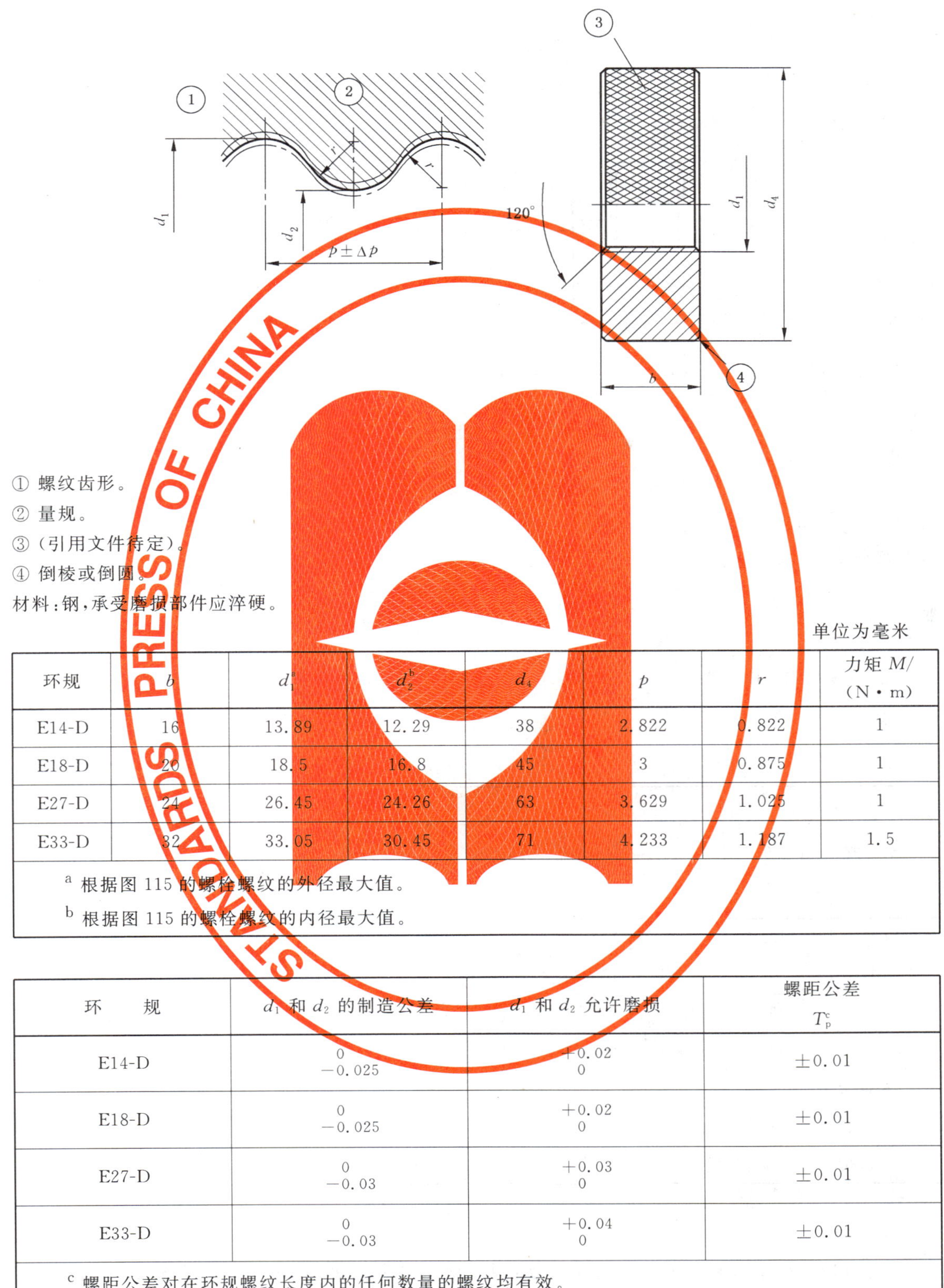

① 螺纹齿形。

② 量规。

③（引用文件待定）。

④ 倒棱或倒圆。

材料：钢，承受磨损部件应淬硬。

单位为毫米

环规	b	d_1^a	d_2^b	d_4	p	r	力矩 M/(N·m)
E14-D	16	13.89	12.29	38	2.822	0.822	1
E18-D	20	18.5	16.8	45	3	0.875	1
E27-D	24	26.45	24.26	63	3.629	1.025	1
E33-D	32	33.05	30.45	71	4.233	1.187	1.5

a 根据图 115 的螺栓螺纹的外径最大值。

b 根据图 115 的螺栓螺纹的内径最大值。

环　　规	d_1 和 d_2 的制造公差	d_1 和 d_2 允许磨损	螺距公差 T_p^c
E14-D	0 −0.025	+0.02 0	±0.01
E18-D	0 −0.025	+0.02 0	±0.01
E27-D	0 −0.03	+0.03 0	±0.01
E33-D	0 −0.03	+0.04 0	±0.01

c 螺距公差对在环规螺纹长度内的任何数量的螺纹均有效。

使用最大力矩 M 应能将通过规旋过螺纹的全部长度。

不通过规不能以自身重量进入螺纹中。

图 116　D 型熔断器爱迪生螺纹量规：用于载熔件螺旋套的通过环规

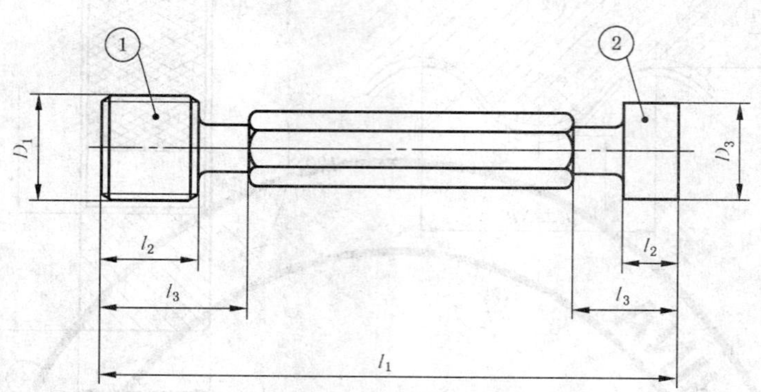

① 螺纹通过塞规。
② 螺纹不通过塞规。

细节参见下页。

材料：钢，承受磨损部件应淬硬。

单位为毫米

塞　规	D_1^a	D_3^b	l_1^c	l_2		l_3	
				螺纹通过规 0 −0.3	不通过规 0 −0.3	螺纹通过规	不通过规
E14-D-Gd	13.97	12.56	103	16	8	24	16
E18-D-Gd	18.6	17.15	120	20	10	30	20
E27-D-Gd	26.55	24.66	142	24	14	36	26
E33-D-Gd	33.15	30.95	167	32	15	47	30

[a] 见下表。

[b] 根据图 115 的螺母螺纹的内径最大值。

[c] 全长 l_1 是个近似值。

图 117　D 型熔断器爱迪生螺纹量规：用于熔断器底座螺旋套的通过和不通过塞规

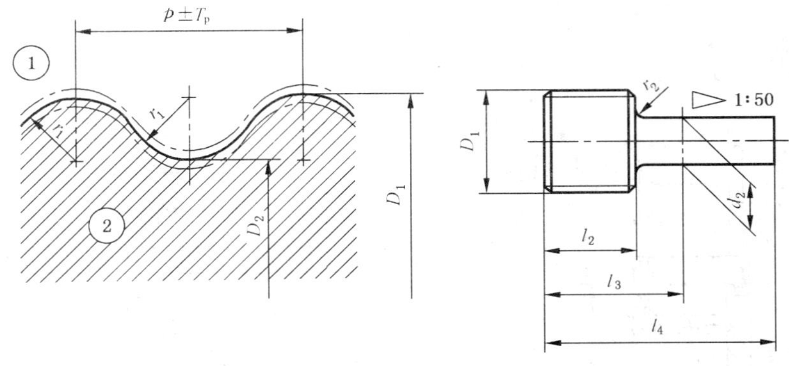

① 螺纹齿形。

② 塞规。

单位为毫米

通过塞规	D_1[a]	D_2[b]	d_2 ±0.01	l_2 0 −0.3	l_3 min	l_4	p	r_1	r_2
E14-D-Gk	13.97	12.37	7	16	24	44	2.822	0.822	2
E18-D-Gk	18.6	16.9	12	20	30	52	3	0.875	2.5
E27-D-Gk	26.55	24.36	12	24	36	60	3.629	1.025	2.5
E33-D-Gk	33.15	30.55	16	32	47	72	4.233	1.187	4

[a] 根据图 115 的螺母螺纹外径下限值。

[b] 根据图 115 的螺母螺纹内径下限值。

通过塞规	D_1 和 D_2 的制造公差	D_1 和 D_2 允许磨损	螺距公差 T_p[c]	力矩 M/(N·m)
E14-D-Gk	+0.025 0	0 −0.02	±0.01	1
E18-D-Gk	+0.025 0	0 +0.02	±0.01	1
E27-D-Gk	+0.03 0	0 −0.03	±0.01	1
E33-D-Gk	+0.03 0	0 −0.04	±0.01	1.5

[c] 螺距公差 T_p 对在螺纹长度内的任何数量的螺纹均有效。

使用最大力矩 M 至少应能将通过规旋到底。不通过规不能以自身重量进入螺纹中。

图 117（续）

单位为毫米

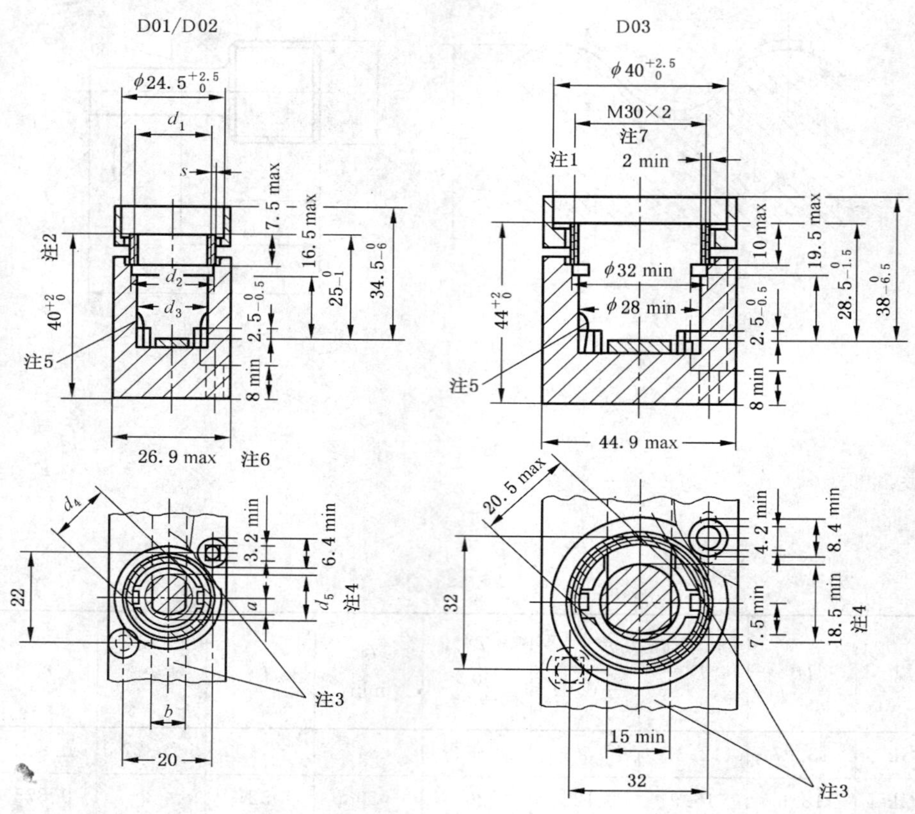

	I_n/A	a (min)	b (min)	d_1	d_2 (min)	d_3 (min)	d_4	d_5 (min)	s(min)		Q/mm² (注 3) (min)
										公差 (注 1)	
D01	16	2.5	5	E14	15	13	9.7 max	6.5	0.3	−0.05	10
D02	63	4	6	E18	19.5	17	13.7 max	10.5	0.65	−0.15	30
D03	100	见图								−0.25	60

注 1：螺纹第一圈的允差。

注 2：优先值——对轨道安装底座，其数值参考安装轨的顶面高度尺寸。

注 3：连接板的截面至少为 Q mm²，在连接板本身固定的区域内和接线端子区域内这个截面可以减小。此连接板的截面是以至少含铜 62％的铜合金计算。连接板由纯铜或传导性比含铜 62％的铜合金更好的材料制成时，相应的截面可以减小。

注 4：在阴影线圆周范围内，触头面上不允许有凸出部分。

注 5：标准限位件的弹性夹。夹与带电部件之间不允许有导电连接。

注 6：对多个熔断器底座，乘以相关的系数。

注 7：螺纹按 ISO 965-1 中的等级符号 7H 规定。

绝缘部件由陶瓷或足够耐热性的材料制成。

除所示尺寸外，本图不作设计依据。

图 118　尺码 D01～D03 的 D 型熔断器底座

单位为毫米

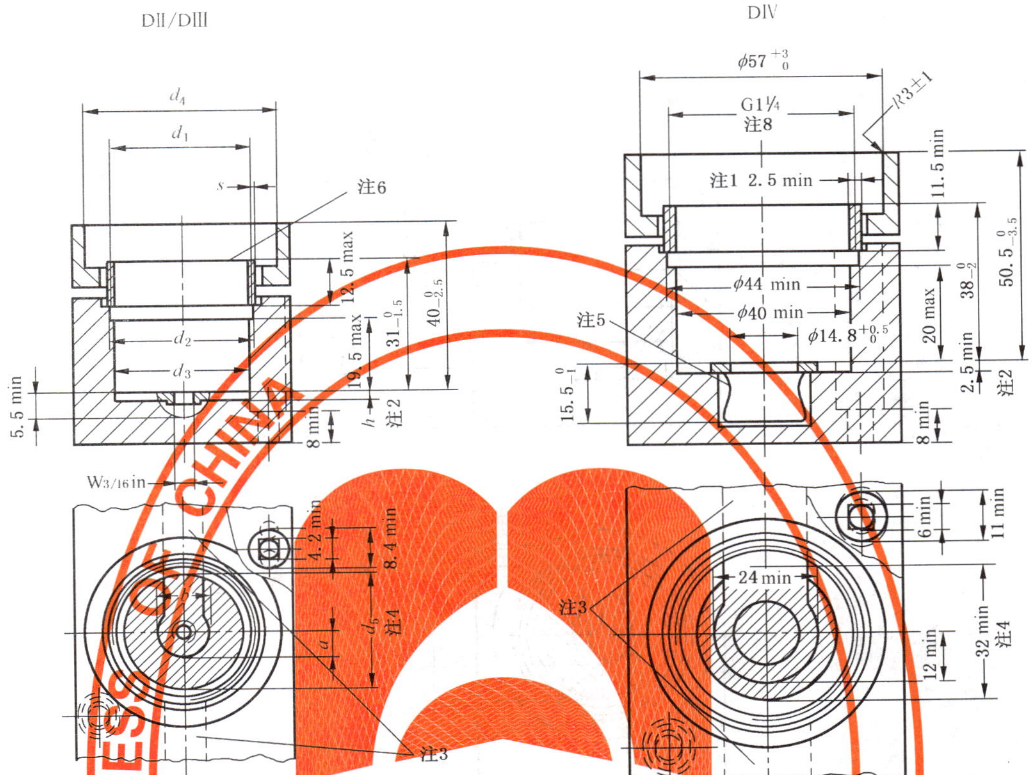

除所示尺寸外,本图不作设计依据。

绝缘部件由陶瓷或足够耐热性的材料制成。

	I_n/A	a (min)	b (min)	d_1	d_2 (min)	d_3 (min)	d_4 (注 7)	d_5 (min)	h (注 2) (min)	s(min)		Q/mm² (注 3) (min)
											公差 (注 1)	
DⅡ	25	5	10	E27	27	25.5	35^{+2}_{0}	24.5	2	0.5	−0.1	15
DⅢ	63	6	12	E33	33.5	31.5	$45^{+2.5}_{0}$	30.5	2.5	0.65	−0.15	30
DⅣ	100	见图									−0.5	60

注 1:螺纹第一圈的允差。

注 2:对 $W_{3/16}$ 英寸螺纹来讲,底部连接板的厚度(即连接板螺纹部分的至少有效长度)分别是 2.2 mm(DⅡ)和 3.2 mm(DⅢ)。

注 3:连接板的截面至少为 Q mm²,在连接板本身固定的区域内和接线端子区域内这个截面可以减小。此连接板的截面是以至少含铜 62%的铜合金计算。连接板由纯铜或导热、导电性比含铜 62%的铜合金更好的材料制成时,相应的截面可以减小。

注 4:在阴影线圆周范围内,触头面上不允许有凸出部分。

注 5:标准限位件的弹性夹。

注 6:从螺旋套顶部开始,螺纹的有效长度至少 7 mm。

注 7:当尺码 DⅢ 熔断器底座用作成套装配(例如终端电器箱)时,相应的保护盖的 d_4 直径的允差可以减低为 $45_{-1.5}^{0}$ mm。

注 8:螺纹按 ISO 228-1 规定,极限规按 ISO 228-2 规定。

图 119 尺码 DⅡ～DⅣ 的 D 型熔断器底座

单位为毫米

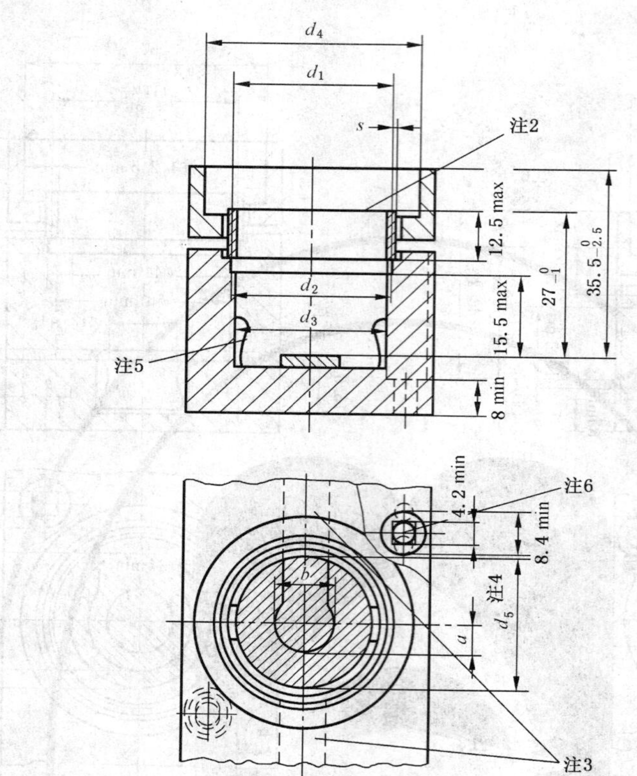

除所示尺寸外，本图不作设计依据。

绝缘部件由陶瓷或足够耐热性的材料制成。

载流部件由铜或铜合金制成。

	I_n/A	a (min)	b (min)	d_1	d_2 (min)	d_3 (min)	d_4 (注 7)	d_5 (min)	s(min)	公差 (注 1)	Q/mm² (注 3) (min)
DⅡ	25	5	10	E27	27	25.5	35^{+2}_{0}	24.5	0.5	−0.1	15
DⅢ	63	6	12	E33	33.5	31.5	$45^{+2.5}_{0}$ (注 7)	30.5	0.65	−0.15	30

注 1：螺纹第一圈的允差：(E27)$_{-0.1}^{0}$，(E33)$_{-0.15}^{0}$。

注 2：从螺旋套顶部开始，螺纹的有效长度至少 7 mm。

注 3：连接板的截面至少为 Q mm²，在连接板本身固定的区域内和接线端子区域内这个截面可以减小。此连接板的截面是以至少含铜 62％的铜合金计算。连接板由纯铜或导热、导电性比含铜 62％的铜合金更好的材料制成时，相应的截面可以减小。

注 4：在阴影线圆周范围内，触头面上不允许有凸出部分。

注 5：标准限位件的弹性夹。

注 6：开通或封闭任选，椭圆形孔是允许的。

注 7：当尺码 DⅢ熔断器底座用作成套装配（例如终端电器箱）时，相应的保护盖的 d_4 直径的允差可以降低为 $45_{-1.5}^{0}$ mm。

图 120 尺码 DⅡ～DⅢ的用于插入式标准限位件的 D 型熔断器底座

单位为毫米

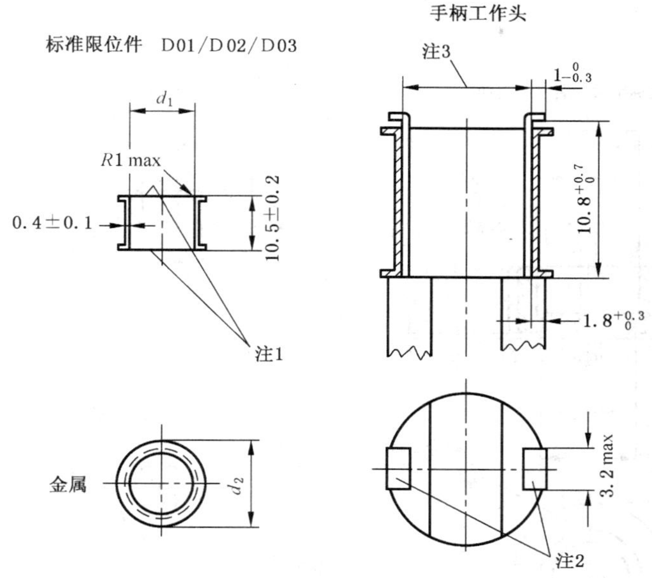

	I_n/A	d_1 ±0.1	d_2 ±0.1
D01	2	7.9	12
	4	7.9	
	6	7.9	
	10	9.1	
	13	9.1	
	16	(注 4)	(注 4)
D02	20	11.5	16.6
	25	12.7	
	35	13.9	
	50	15.1	
	63	(注 4)	(注 4)
D03	80	23	27
	100	(注 4)	(注 4)

注 1：颜色按照图 111 的表。

注 2：工作头的夹子。

注 3：弹性范围为 5 mm～24 mm。

注 4：标准限位件不适用于最大额定值。

除所示尺寸外，本图不作设计依据。

图 121　尺码 D01～D03 的 D 型熔断器标准限位件和操作手柄

单位为毫米

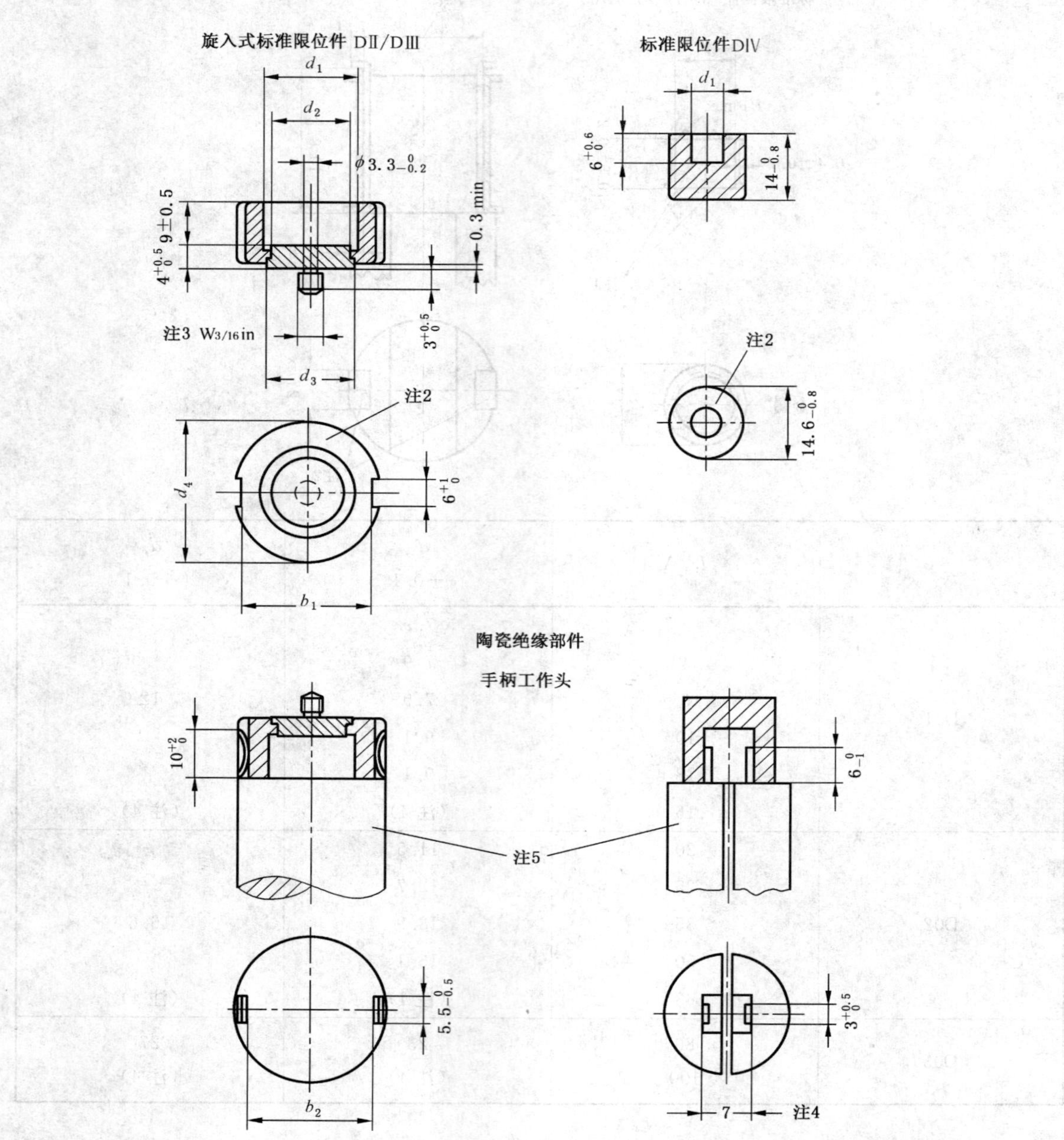

除所示尺寸外，本图不作设计依据。

图 122　尺码 DⅡ～DⅣ的 D 型熔断器标准限位件和操作手柄

	I_n/A	d_1 $^{+0.8}_{0}$		d_2 (min)	d_3 (min)	d_4 $^{0}_{-1.5}$	b_1 (min) $^{0}_{-1.5}$	b_2 (max)
DⅡ	2	6.5	0 +0.8	4.5	6.5	24	20	19 (注 6)
	4	6.5						
	6	6.5						
	10	8.5		6.5				
	13	8.5						
	16	10.5		8.5	8.5			
	20	12.5		9.5	9.5			
	25	14.5						
DⅢ	35 (注 1)	16.5	0 +0.8	15	15	30	26	25 (注 7)
	50	18.5						
	63	20.5						
DⅣ	80	6	±0.5	—	—	—	—	—
	100	8		—	—	—	—	—

注 1：一些国家用 32 A 和 40 A 替代额定电流 35 A。

注 2：颜色按照图 111 的表。

注 3：螺纹有效长度至少为 2.5 mm。

注 4：弹性范围为 5 mm～9 mm。

注 5：绝缘材料。

注 6：弹性范围为 18 mm～20.5 mm。

注 7：弹性范围为 24 mm～26.5 mm。

图 122（续）

单位为毫米

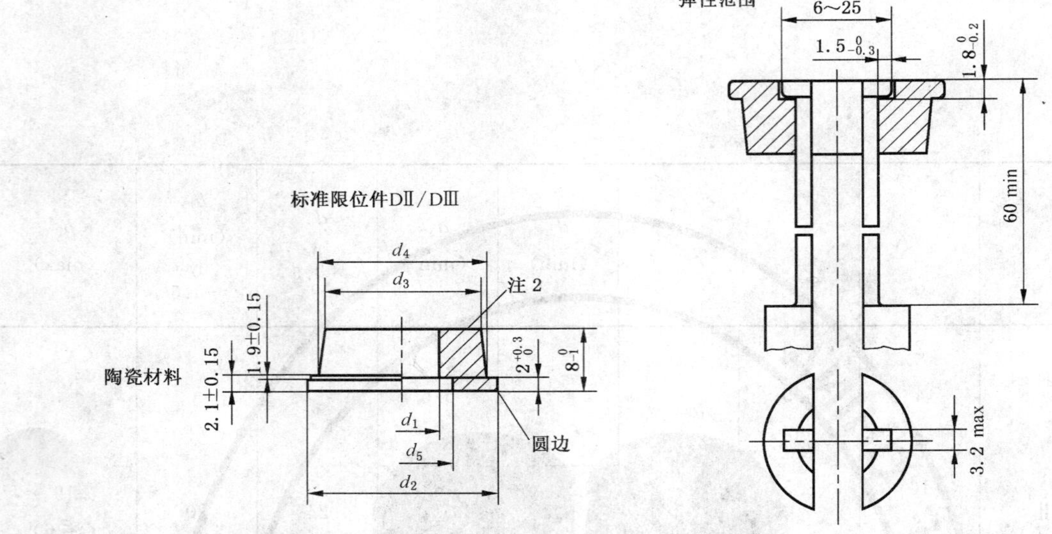

除所示尺寸外，本图不作为设计依据。

	I_n/A	d_1 $^{+0.8}_{0}$	d_2 ±0.5	d_3 ±0.5	d_4 ±0.5	d_5 (min)	表面的颜色
DⅡ	2	6.5	22.5	18.5	20.5	10	玫瑰色
	4						棕色
	6						绿色
	10	8.5				12	红色
	16	10.5				14	灰色
	20	12.5				15.5	蓝色
	25	(注 3)					
DⅢ	2	6.5	28.5	24.5	26.5	10	玫瑰色
	4						棕色
	6						绿色
	10	8.5				12	红色
	16	10.5				14	灰色
	20	12.5				16	蓝色
	25	14.5				18	黄色
	35(注 1)	16.5				20	黑色
	50	18.5				21.5	白色
	63	(注 3)					

注 1：一些国家用 32 A 和 40 A 替代额定电流 35 A。

注 2：着色表面。

注 3：标准限位件不适用于最大额定值。

图 123　尺码 DⅡ～DⅢ 的 D 型熔断器插入式标准限位件和操作手柄

单位为毫米

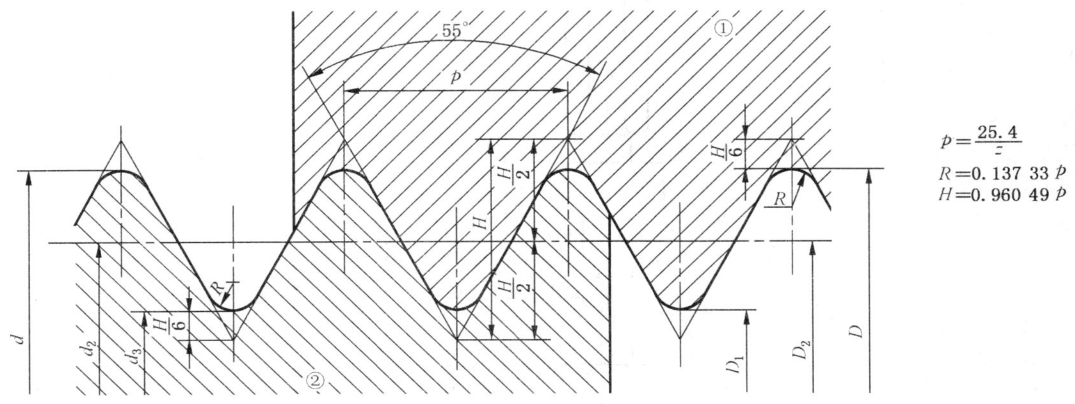

① 螺母。

② 螺栓。

标准尺寸

缩写	全螺纹 $d=D$	每 25.4mm 螺纹数 z	螺距 p	螺距直径 $d_2=D_2$	内径 $d_3=D_1$	内芯截面/mm^2
$W_{3/16}$	4.762	24	1.058	4.084	3.406	9.1

螺纹极限

缩写	螺栓螺纹						螺母螺纹				
	外径 d		螺距直径 d_2		内径 d_3		外径 D	螺距直径 D_2		内径 D_1	
	max	min	max	min	max	min	min	max	min	max	min
$W_{3/16}$	4.732	4.593	4.054	3.965	3.376	3.183	4.762	4.216	4.084	3.744	3.406

图 124 用于旋入式标准限位件和相应尺码为 DⅡ及 DⅢ熔断器底座的 W 3/16 惠氏螺纹

单位为毫米

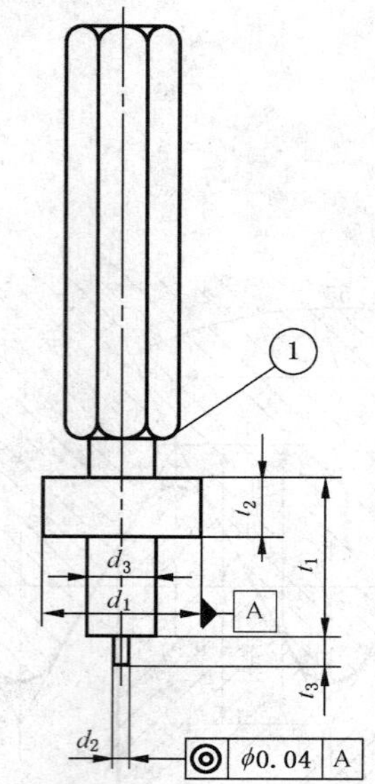

① 轻度圆边。

尺码	d_1		d_2		d_3	t_1		t_2		t_3		量规
	max	min	max	min		max	min	max	min	max	min	
DⅡ	24.3	24.2	3	2.9	12	31	30.5	11.5	11	5	4.5	C17A
DⅢ	30.5	30.4	3	2.9	12	31	30.5	11.5	11	5	4.5	C17B
DⅣ	38.9	38.8	14.4	14.3	24	38	37.5	17	16.5	14	13.5	C17C
DO1	12.3	12.2	6.2	6.1	10	22	21.75	7	6.5	3	2.75	C17E
DO2	16.85	16.75	10.2	10.1	14	22	21.75	7	6.5	3	2.75	C17F
DO3	27.7	27.6	18.2	18.1	22	25.5	25.25	9.5	9	3	2.75	C17G

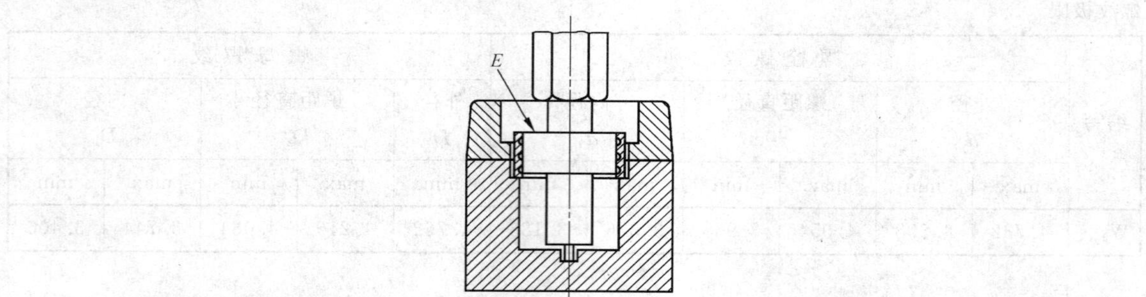

此规检查底部触头内用于标准限位件(尺码 DⅡ至 DⅣ)的孔或空腔(尺码 D01 至 D03)与螺旋套螺纹的同轴度。

以合适的力将规放入熔断器底座内,使得表面 E 与螺旋套上端基本上处于同一水平面。

材料:钢。

图 125 熔断器底座同轴度规 C17

附 录 A
（资料性附录）
电缆过载保护的特殊试验[1)]
（用于熔断器系统 A）

对于 $I_n > 10$ A 的熔断器需做以下试验：

A.1 熔断器的布置

在一个包括熔断器底座、载熔件、标准限位件、罩和相关熔断体的熔断器上进行该试验。

试验布置按 GB 13539.1—2008 中 8.3.1 规定，试验应在环境温度为 30^{+5}_{0} ℃时进行。

注：如制造厂允许可在较低温度下试验。

A.2 试验方法和试验结果的判别

熔断器通以一个等于 $1.13I_n$ 的试验电流，时间为 GB 13539.1—2008 表 2 中规定的约定时间，熔断体不应熔断。然后试验电流在 5 s 内连续升高至 $1.45I_n$，在约定时间内熔断体应熔断。

熔断器系统 B——圆管式熔断器（NF 圆管式熔断器系统）

1 总则

除 GB 13539.1—2008 规定外，补充下列要求。

1.1 范围

下列补充要求适用于熔断体尺寸符合本系统图 201 规定、额定电流不超过 63 A 和额定电压为交流 230 V 或 400 V 的由非熟练人员使用的家用和类似用途的"gG"熔断器。

除 GB 13539.1—2008 外，补充规定以下熔断器特性：

- 额定电压；
- 熔断体的额定耗散功率和熔断器支持件的额定接受耗散功率；
- 时间-电流特性；
- 门限、I^2t 特性、约定时间和约定电流；
- 额定分断能力；
- 熔断器标志；
- 设计的标准条件；
- 试验。

2 术语和定义

除 GB 13539.1—2008 外，补充下列要求。

有关接线端子的定义由 IEC 60999:1990 给出。

下列术语和定义适用于本熔断器系统。

2.1.201

螺钉型接线端子 screw-type terminal

用于一根可拆卸的导体的连接、或用于两根或多根可拆卸的导体的互相连接的接线端子，其连接直接地或间接地用各种螺钉或螺母来完成。

1）见 8.4.3.5 中注。

2.1.202

柱式接线端子　pillar terminal

导体插入一个孔内或型腔内，用螺钉下端来紧固导体的接线端子，其紧固压力可直接来自螺钉端部或通过由螺钉端部施加压力的过渡元件。

3　正常工作条件

GB 13539.1—2008 适用。

4　分类

GB 13539.1—2008 适用。

5　熔断器特性

除 GB 13539.1—2008 外，补充下列要求。

5.2　额定电压

额定电压为交流 230 V 或 400 V。

5.3.1　熔断体的额定电流

熔断体的最大额定电流在图 201 的表中给出。

5.3.2　熔断器支持件的额定电流

熔断器支持件的额定电流与熔断体的最大额定电流相同(见本熔断器系统 5.3.1)。

5.5　熔断体的额定耗散功率和熔断器支持件的额定接受耗散功率

熔断体最大额定耗散功率和熔断器支持件额定接受耗散功率见表 201。

表 201　额定耗散功率的最大值和额定接受耗散功率值

尺寸/mm	额定电流 I_n/A	额定电压 U_n/V	耗散功率/接受耗散功率/W
6.3×23	6	230	1.0
8.3×23	10	230	1.3
10.3×25.8	16	230	2.3
8.5×31.5	20	400	2.6
10.3×31.5	25	400	3.2
10×38	32	400	3.2
16.7×35	63	400	6.8

5.6.2　约定时间和约定电流

除 GB 13539.1—2008 外，补充规定见表 202。

表 202　“gG”熔断体的约定时间和约定电流

额定电流 I_n/A	约定时间/h	约定电流	
		I_{nf}	I_f
$I_n \leqslant 4$	1	$1.5I_n$	$2.1I_n$
$4 < I_n < 16$	1	$1.5I_n$	$1.9I_n$
$16 \leqslant I_n \leqslant 63$	1	$1.25I_n$	$1.6I_n$

5.6.3　门限

对“gG”熔断体，除 GB 13539.1—2008 外，补充表 203 门限特性。

表 203　额定电流小于 16 A 的“gG”熔断体规定弧前时间的门限值

I_n/ A	I_{min}(10s)/ A	I_{max}(5s)/ A	I_{min}(0.1s)/ A	I_{max}(0.1s)/ A
6	11.0	28.0	26.0	72.0
10	22.0	46.5	47.0	110.0

5.7.2　额定分断能力

最小分断能力见表 204。

表 204　最小额定分断能力

额定电压/ V	最小额定分断能力/ kA
230	6
400	20

6　标志

GB 13539.1—2008 适用。

7　设计的标准条件

除 GB 13539.1—2008 外，补充下列要求。

7.1　机械设计

熔断体尺寸应符合图 201 的要求。

7.1.2　包括接线端子的联接

见 GB 13539.1—2008 和 IEC 60999:1990。

在本标准中仅包括用于铜导线的接线端子。

熔断器底座应配有能装上相应于表 205、与额定电流对应的铜导线截面的接线端子。

表 205　接线端子应接受的铜导线标称截面

熔断器底座额定电流/ A	软导线(注 2)/ mm^2	单股硬导线或电缆/ mm^2
6	0.5～1	0.75～1.5
10	0.75～1.5	1～2.5
16	1～2.5	1.5～4
20	1.5～4	1.5～4
25	1.5～4	2.5～6
32	2.5～6(注 1)	4～10
63	6～16	10～25
注 1：注意到某些应用场合，较大的空间是必要的。 注 2：接线端子仅用作夹紧单股硬导线时，允许导线尺寸为 1 mm^2～6 mm^2。		

应通过测量和依次装上最大、最小截面的导线进行验证。

7.1.6　载熔件结构

不管载熔件是否装在熔断器底座上，载熔件应能将熔断体保持在应有的位置中。

对于装有带指示装置的熔断体的载熔件，应有适当的观察指示装置的孔。观察孔必须用可靠固定的透明窗加以封闭或用其他方法防止材料从指示器中喷出。

7.1.7 熔断体结构

熔断体中保证非互换性的部件应不能拆除或者更换。

对有指示装置的熔断器,当熔断体装入熔断器支持件或载熔件时,该指示仍应可见。

7.1.8 非互换性

熔断器应设计成熔断体不会因疏忽而被其他额定电流大于预定值的熔断体所取代。

7.1.9 熔断器底座结构

熔断器底座应设计成固定可靠,不可能无意中被移动。

附有标准限位件的熔断器底座应有适当的措施使标准限位件保持在应有的位置上,并且只有借助适当的工具才能拆装。

用于防接近带电部件的熔断器底座的罩壳安装时应能经受住紧固时产生的机械应力,并应固定牢靠,使得只有借助工具或有意识的动作才能拆下。

接线端子应能适合于接入适当截面的导体。

7.2 绝缘性能

如 GB 13539.1—2008 中 7.2 所述和 IEC 60664 的要求,应遵守表 206 中给出的爬电距离和电气间隙。

表 206 爬电距离和电气间隙

最小爬电距离和电气间隙	mm
1 熔断体熔断后,在同一极上被断开的带电部件之间:	3
2 不同极的带电部件之间:	3
3 a)带电部件与本表的 5 中未列出的易接近的金属部件,装饰性零件和金属盖板,机械部件(如这些部件和带电部件隔开的话)之间; b)带电部件与用于设备底座平面安装的螺钉或固定件之间; c)带电部件与用于设备底座嵌入式安装的螺钉或固定件之间; d)带电部件与罩子螺钉或罩板之间; e)带电部件与伸进电器的导线管之间:	3
4 机械金属部件和易接近的金属部件,包括用于支撑嵌入式安装设备底座的框架(如需要绝缘的话)之间:	3
5 除接线端子外的带电部件与金属外壳或金属盒子以及底座的支撑表面之间:	4
6 接线端子与金属外壳或金属盒子以及底座的支撑表面之间:	6
最短距离 7 至少覆盖 2 mm 密封填料的带电部件与底座的支撑表面之间:	3
注:对于宽度小于 1 mm 的任何槽,其爬电距离只计槽宽,宽度小于 1 mm 的任何空气间隙,在计算总电气间隙时应忽略不计。	

该性能可通过测量来验证,测量可在不连接导线的试品上或装上按表 205 最大截面导线的试品上进行。

上述确定的要求不适合于用一内部绝缘片作隔离的金属罩或金属外壳。

如果一个绝缘材料的外壳内部覆盖一层金属片,这种情况下该金属片应看作是易接近的金属部件。

在计算爬电距离时不考虑超过槽深的填料厚度。

这些条件通过检测来验证。

7.3 温升、熔断体的耗散功率以及熔断器支持件的接受耗散功率

以下表 207 代替 GB 13539.1—2008 中表 5。

表 207 接线端子的温升极限

当熔断器底座配以 GB 13539.1—2008 中 8.3.4.2 的表 17 所示的导体(其截面积相应于熔断器底座额定电流)时,接线端子的温升极限不应超过右栏规定值	65K

7.7 I^2t 特性

7.7.1 弧前 I^2t 值

除 GB 13539.1—2008 表 7 规定外,补充规定见表 208。

表 208 "gG"熔断体 0.01 s 时的弧前 I^2t 值

I_n/ A	I^2t_{min}/ (A^2s)	I^2t_{max}/ (A^2s)
6	24.00	225.00
10	100.00	576.00

7.7.2 熔断 I^2t 值

以上规定的最大弧前 I^2t 值可作为最大熔断 I^2t 值。对于额定电流大于 16 A 的熔断体,GB 13539.1—2008 表 7 规定的最大弧前 I^2t 值可作为最大熔断 I^2t 值。

7.8 "gG"熔断体的过电流选择性

额定电流比为 1:1.6 的 16 A 及以上的串联熔断体必须在整个分断范围内作选择性熔断(见本熔断器系统 8.7.4)。

7.9 防电击保护

熔断器在正常使用条件下的防护等级至少为 IP2X。

按照 GB 13539.1—2008 中 7.9 的规定,提出以下具体要求。

a) 熔断器应设计成不同极的载熔件与熔断体之间不得接触;

b) 应能容易更换熔断体且不触及带电部件;

c) 当熔断器底座按正常使用条件安装并接好导体后,载熔件已就位,不论是否装上熔断体,具有防直接接触的电器带电部件应不易接近;

注:对于准备装入设备但无防直接接触保护的熔断器,此要求不适用于那些靠隔板结构或设备本身提供保护的部件。

d) 当载熔件被取下时,必须在有意识动作之后,才有可能接近带电部件。

这些要求应按本熔断器系统 8.8 进行验证。

8 试验

除 GB 13539.1—2008 外,补充下列要求。

8.1.5.1 完整试验

按表 209 的要求补充试验。

表 209 熔断体试验一览表

试验项目及相应条款	试品数量			
8.7.4 过电流选择性验证	1	1	1	1
	×	×	×	×

8.1.6 熔断器支持件试验

按表 210 的要求补充试验。

表 210 熔断器支持件试验及试品数量一览表

试验项目及相应条款	试 品 数 量
8.12 验证接线端子的可靠性	1
	×

8.2.2.3.1 在进行潮湿处理(按 GB 13539.1—2008 中 8.2.2.3.2 规定)后,立即进行耐压试验。

熔断器支持件应承受 GB 13539.1—2008 表 15 规定的试验电压。

8.3.1 熔断器的布置

用表 211 规定值的 2/3 力矩旋紧螺钉型接线端子的螺钉。

表 211 螺钉的螺纹直径和应施力矩

螺纹的标称直径 d/mm	力矩/(N·m)		
	Ⅰ	Ⅱ	Ⅲ
$d \leqslant 2.8$	0.2	0.4	0.4
$2.8 < d \leqslant 3.0$	0.25	0.5	0.5
$3.0 < d \leqslant 3.2$	0.3	0.6	0.6
$3.2 < d \leqslant 3.6$	0.4	0.8	0.8
$3.6 < d \leqslant 4.1$	0.7	1.2	1.2
$4.1 < d \leqslant 4.7$	0.8	1.8	1.8
$4.7 < d \leqslant 5.3$	0.8	2.0	2.0
$5.3 < d \leqslant 6.0$	1.2	2.5	3.0
$6.0 < d \leqslant 8.0$	2.5	3.5	6.0
$8.0 < d \leqslant 10.0$	—	4.0	10.0
$10.0 < d \leqslant 12.0$		(在考虑中)	
$12.0 < d \leqslant 15.0$		(在考虑中)	

第Ⅰ栏适用于旋紧时不凸出孔外的无头螺钉以及不能用刀口宽度大于螺钉直径的螺钉旋具旋紧的其他螺钉。

第Ⅱ栏适用于螺钉旋具旋紧的其他螺钉。

第Ⅲ栏适用于螺钉旋具以外的工具旋紧的其他螺钉和螺母。

8.3.3 熔断体耗散功率的测量

在敞开的空间,将熔断体垂直放置在如图 203～图 204 所示的其中一个试验底座中,并按表 212 规定的数值进行熔断体试验。

表 212 选择与调整试验底座的有关参数

熔断体 I_n/A	底座编号(见图 203)	套圈编号(见图 203)	距离 b/mm	接触压力/N
6	1	1	48	6～8
10	1	2	48	6～8
16	2	3	56	14～17
20	2	3	62	14～17
25	2	3	62	14～17
32	2	3	68	18～22
63	3	4	80	38～42

滑动轴销应导向良好。

除弹簧、连接螺钉和用作下面条款规定测量触头电阻的试验件外，套圈和熔断器底座上的其他部件均由含铜量为58%～70%的黄铜制成。另外，套圈应镀银。

每次试验后，都必须检查触头表面情况是否良好。

8.3.4.1 **熔断器支持件的温升**

模拟熔断体的最大耗散功率由表201给定，模拟熔断体的尺寸应符合图202的规定。

8.4 **动作验证**

8.4.1 **熔断器的布置**

在图203所示的其中一个试验底座上进行熔断体的试验，有关参数从表212中选取。将熔断体放在如图205所示的聚丙烯酸树脂罩壳下，每次试验前，都必须检查套圈表面情况是否良好。

8.4.3.6 **指示装置和撞击器(如有)的动作**

除GB 13539.1—2008外，补充如下规定。

如果降低电压进行试验，试验电路电压应为100 V±5 V。

8.5 **分断能力验证**

8.5.1 **熔断器的布置**

在图206所示的试验底座上进行熔断体试验，有关参数从表213中选取。触头套圈应由黄铜制成，表面镀银。

试验前，必须检查套圈表面情况是否良好。

表213 调整试验底座的有关参数

熔断体 I_n/A	套圈编号	距离 b/mm	接触压力/N
6	5	70	8～10
10	5	70	8～10
16	6	73	14～16
20	5	79	14～16
25	6	79	14～16
32	6	85	22～24
63	7	85	38～42

8.5.5 **试验方法**

8.5.5.1 为了验证熔断器是否符合GB 13539.1—2008中7.5的要求，试验应按GB 13539.1—2008中表20进行。附录B给出了表20的No.1和No.2试验的替代试验。

8.5.8 **试验结果的判别**

GB 13539.1—2008中8.5.8适用，发生下列情况可以不考虑。

——指示装置发生故障；

——熔断体的任何破裂都不能妨碍不用工具取出熔断体；

——套圈上出现不足以危及熔断器底座或载熔件的小气泡，局部膨胀和小孔。

8.7.4 **过电流选择性验证**

为了验证是否符合本系统7.7.1和7.7.2规定的要求，需要4只试品进行试验，2只试品验证最小弧前I^2t值，另2只试品验证熔断I^2t值。

试品布置按GB 13539.1—2008中8.5对分断能力试验的规定。

验证熔断I^2t值的试验电压应为：

交流$1.1\times400/\sqrt{3}$ V(对于400 V熔断器)和

交流 1.1×230 V（对于 230 V 熔断器）。

8.8　外壳防护等级验证

8.8.1　防电击保护验证

验证 7.9 规定的要求，应按下述方法进行。

——通过检查验证 b)项要求。

——用 GB 10963.1—2005 中图 9 规定的试指验证 c)项要求。

——用 GB 10963.1—2005 中图 9 规定的试指验证 d)项要求。

遇到防护隔板或准备敲落的部件，标准试指上应施加 20 N 力。

注：建议用灯来试探接触，所用电源电压至少是 40 V。

8.9　耐热性验证

进行下列两项试验。

烘箱内试验：

将试品放在温度为 100 ℃±5 ℃的烘箱中烘 1 h。

试验结束时，不应察觉到明显损坏，用密封填料作保护的带电部件不得裸露。

注：密封填料的微小位移可忽略。

球压试验：

对于非陶瓷的外部绝缘材料部件，还应用 GB 10963.1—2005 中图 16 规定的球压试验装置进行试验。

将一个 5 mm 直径的钢球用 20 N 力压在处于水平放置的试品的外表面上。试验在温度为 125 ℃±5 ℃的烘箱内进行。1 h 后烘箱内停止施压，移去钢球。再过 5 min 后，测得的压痕直径不得超过 2 mm。

经过这些试验后，用手将载熔件（无熔断体）拔出和插上 50 次。

接着再验证罩子从熔断器底座上的拔出力大小。施力方向垂直于熔断器底座的安装面，其值应大于 1.5 N。

借助一个 150 g 的重物平稳地施加该力。罩子不应与熔断器底座分离。

8.10　触头不变坏验证

8.10.1　熔断器布置

模拟熔断体的最大耗散功率和尺寸由本系统的 8.3.4.1 和图 202 给出，一个典型的带有弹簧加载触头件的熔断器底座由图 204 给出。

施加至接线端子螺钉上的力矩由本熔断器系统 8.3.1 规定。

此外，GB 13539.1—2008 中 8.3.1 与本熔断器系统中 7.3 适用。

8.10.2　试验方法

通电时间为 75%约定时间。

断电时间为 25%约定时间。

试验电流为约定不熔断电流。

约定时间与约定不熔断电流见 GB 13539.1—2008 表 2。

可降低电压试验。

8.10.3　试验结果的判别

在 250 个循环后测得的接线端子温升值不应超过试验开始时的温升值（第一个循环）15 K。

在 750 个循环后（如有必要）测得的接线端子温升值不应超过试验开始时的温升值（第一个循环）20 K。

8.11.1.1　熔断器支持件的机械强度

为了验证熔断器是否符合 GB 13539.1—2008 中 7.11 的要求，需进行以下试验。

8.11.1.1.1　验证耐撞击性能

用本熔断器系统 8.11.1.1.1.1 所述装置进行验证试验，试验条件在本熔断器系统 8.11.1.1.1.2 中规定。

8.11.1.1.1.1　试验装置

按照 GB 10963.1—2005 中图 10 所示，试验装置由一根绕轴摆动的摆臂和装在摆臂下部的落锤组成。

摆臂由外径为 9 mm，内径为 8 mm 的钢管制成，并包括：

——摆臂的上部安装转轴的器件。转轴到装置的框架的距离可调，使摆臂只能在与框架支架面垂直的面内移动；

——摆臂的下部有用以固定下述落锤的器件。

摆臂转轴到安装在摆臂上的落锤轴线之间的距离等于 1 m。

落锤通过 GB 10963.1—2005 中图 11 所示器件固定在钢管上，为能将摆臂保持在水平位置，施加在落锤轴上垂直方向的力为：

——2 N，落锤为 a 型，质量 150 g，见 GB 10963.1—2005 图 11。

按照尺寸将试品安装在 GB 10963.1—2005 图 12 所示的支架上。

支架应布置成：

——试品放置应使撞击目标位于通过摆臂转轴的垂直面内；

——试品能绕着一根垂直轴转动；

——试品能在水平方向平行于摆臂转轴移动。

8.11.1.1.1.2　试验步骤

按正常使用情况将外壳安装在支承架上，进线孔应打开，并用 8.3.1 表 211 规定值的 2/3 力矩旋紧罩子上的螺钉。

嵌装式外壳放置在层压板的凹面内，使外壳盒的凸缘(如有)与层压板表面外相平。

外壳盒单独进行试验，将外壳盒靠在支承架上使正面直接朝向落锤。

调整支架和摆臂轴的位置，使试品的撞击点落在通过摆臂转轴的垂直面内。落锤从规定高度落下，高度等于试品撞击点与落锤自由下落撞击点间的垂直距离。

注：对敲落孔不进行撞击。

根据试品外壳耐撞击能力的分类，由表 214 规定所用落锤和下落高度。

表 214　撞击试验的落锤和下落高度

试品型号	落锤型式	下落高度/cm
普通外壳	a	15

试品应承受 10 次撞击。撞击次数均匀分布在外壳和罩板(如有)上。

前 5 次撞击按以下方式进行。

——对于嵌装式试品，一次撞击在中心处，在罩板两边各撞击一次，另二次撞击在离中心处和罩板一边相等距离的位置上；

——对于其他型式的试品，一次撞击在中心处，在两侧各撞击一次。每侧撞击一次后，将试品绕一垂直轴旋转一个合适角度(大不于 60°)在试品的中间位置撞击一次，共 2 次。

后 5 次撞击是将试品绕垂直于支架的轴线旋转 90°后以同样方式进行。

如果有电缆进线孔，试品的安装应使的撞击点的两根连线尽可能与这些孔等距。

试验后，外壳不应出现可能降低其防护功能的损坏，也不得出现可能削弱试品性能或降低试品质量的裂缝和变形。

不改变防直接接触性能的小裂缝可忽略。

如果有双层罩板，只要内层罩板符合试验要求，带电部件不裸露，则外层盖板的破裂是允许的。

8.11.1.1.2 结构要求的验证

载熔件应包含一个将其取出时能将熔断体保持在位置上的装置。

用一个与被试载熔件对应的熔断器底座来验证这个装置的性能。

载熔件装上图207规定的试棒（其尺寸按相应的熔断器额定电流选取），并按正常使用情况装在熔断器底座上。

然后将载熔件从熔断器底座中取出。在采用弹性装置（如弹簧片）保持熔断体的场合，载熔件应在最不利的位置上停留约10 s。

试棒不应受自重作用而从载熔件中脱落出来。

对于螺旋式载熔件，螺纹套管应紧固牢靠，带电接触面不得变得粗糙。

通过检查及进行以下试验来验证这些要求。

按正常使用情况，将装有最大尺寸的熔断体的载熔件完全旋入接着旋出50次，每次旋紧时所施力矩按表215的规定。

表215 载熔件试验的外施力矩

熔断器底座的额定电流/A	力矩/(N·m)
6	0.6
10	0.6
16	1.0
20	1.0
25	1.0
32	1.0
63	1.7

8.11.1.4 螺钉螺纹的机械强度

安装熔断器用的螺钉，包括接线端子的螺钉和固定罩子的螺钉（但不包括将熔断器底座固定在支撑面上的螺钉）需进行以下试验。

用合适的试验扳手或螺钉旋具将螺钉旋紧旋松。如果是金属螺纹操作各5次。如果是非金属螺纹则各10次。施加的力矩见表216。

为试验接线端子螺钉，应在接线端子处接上制造厂或GB 13539.1—2008中规定的最大截面的导体。每次操作后要移动导体，使导体对接线端子螺钉呈现新的接触面。

表216 螺钉螺纹的机械强度

螺纹的标称直径/mm	力矩/(N·m)
≤2.6	0.4
>2.6～3.0	0.5
>3.0～3.5	0.8
>3.5～4.0	1.2
>4.0～5.0	2.0
>5.0～6.0	2.5
>6.0～8.0	5.5
>8.0～10.0	7.5

试验时，不得有任何影响螺钉连接继续使用的损坏。

8.11.2.6 **尺寸和非互换性**

测量熔断体的尺寸并与熔断器其他部件有关的尺寸进行比较，来验证熔断器是否符合GB 13539.1—2008中8.1.4和本熔断器系统7.1.8的要求。

8.12 接线端子的可靠性验证

按IEC 60999:1990第8章的要求试验。

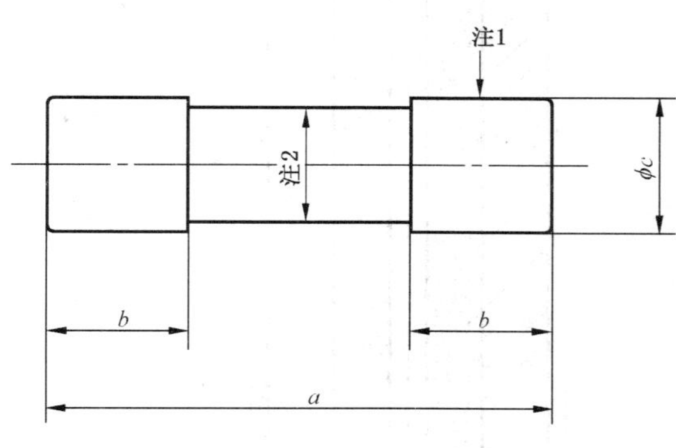

注1：圆柱部分在规定的范围内不得超过允差。

注2：端帽间熔管直径不应超过 c。

单位为毫米

230 V/400 V					
尺　　寸	I_{nmax}/A	U_n/V	a	b	c
6.3×23	6	230	$23.0_{-0.8}^{0}$	$5.0_{-0.6}^{+0.2}$	6.3±0.1
8.3×23	10	230	$23.0_{-0.8}^{0}$	$5.0_{-0.6}^{+0.2}$	8.5±0.1
10.3×25.8	16	230	25.8±0.4	6.3±0.4	10.3±0.1
8.5×31.5	20	400	31.5±0.5	6.3±0.4	8.5±0.1
10.3×31.5	25	400	31.5±0.5	6.3±0.4	10.3±0.1
10×38	32	400	38.0±0.6	$10.0_{-0.3}^{+0.5}$	10.3±0.1
16.7×35	63	400	$35.0_{-0.1}^{+0.8}$	9.5±0.5	16.7±0.1

除所示尺寸外，本图不作为设计依据。

图201　熔断体

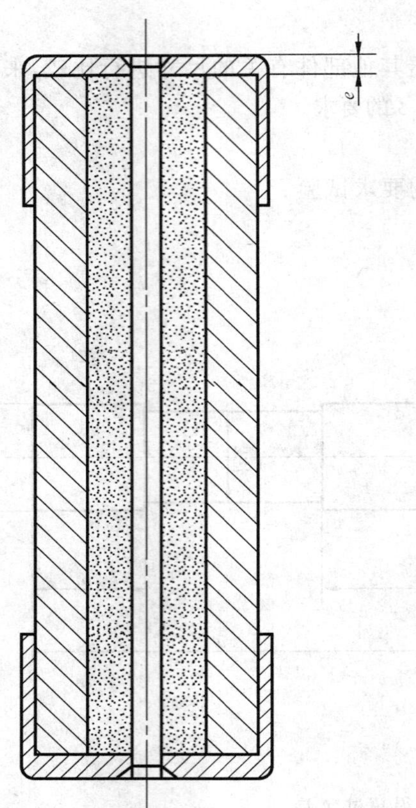

尺寸 e	
6 A	0.5 mm
10 A	1 mm
16 A	1.5 mm
20 A	1.5 mm
25 A	1.5 mm
32 A	2 mm
63 A	2 mm

端帽铜镀镍或铜镀银。

熔管由陶瓷材料制成。

熔体由铜镍 56/44 合金或者由相似电阻率和温度系数的材料制成，用钎焊或电阻焊将熔体和端帽进行连接。

填料和灭弧的材料和熔断体通常使用的材料相同。

其他尺寸见图 201。

耗散功率值见表 201，公差为$^{+5}_{0}$%。

除所示尺寸外，本图不作为设计依据。

图 202 模拟熔断体

单位为毫米

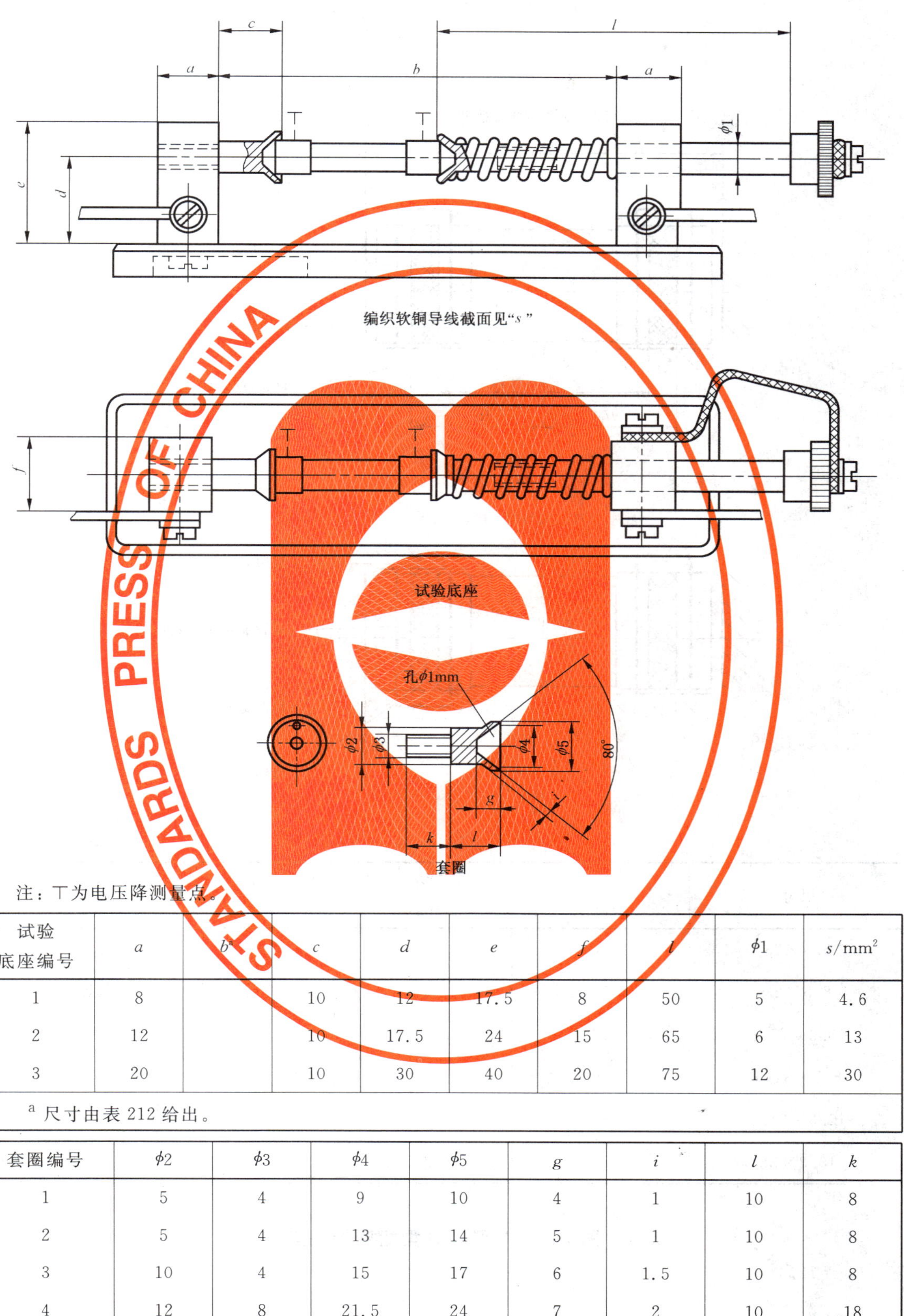

注：丅为电压降测量点。

试验底座编号	a	b[a]	c	d	e	f	l	ϕ1	s/mm²
1	8		10	12	17.5	8	50	5	4.6
2	12		10	17.5	24	15	65	6	13
3	20		10	30	40	20	75	12	30

[a] 尺寸由表 212 给出。

套圈编号	ϕ2	ϕ3	ϕ4	ϕ5	g	i	l	k
1	5	4	9	10	4	1	10	8
2	5	4	13	14	5	1	10	8
3	10	4	15	17	6	1.5	10	8
4	12	8	21.5	24	7	2	10	18

图 203 测量熔断体电压降及验证其动作特性的试验底座和套圈

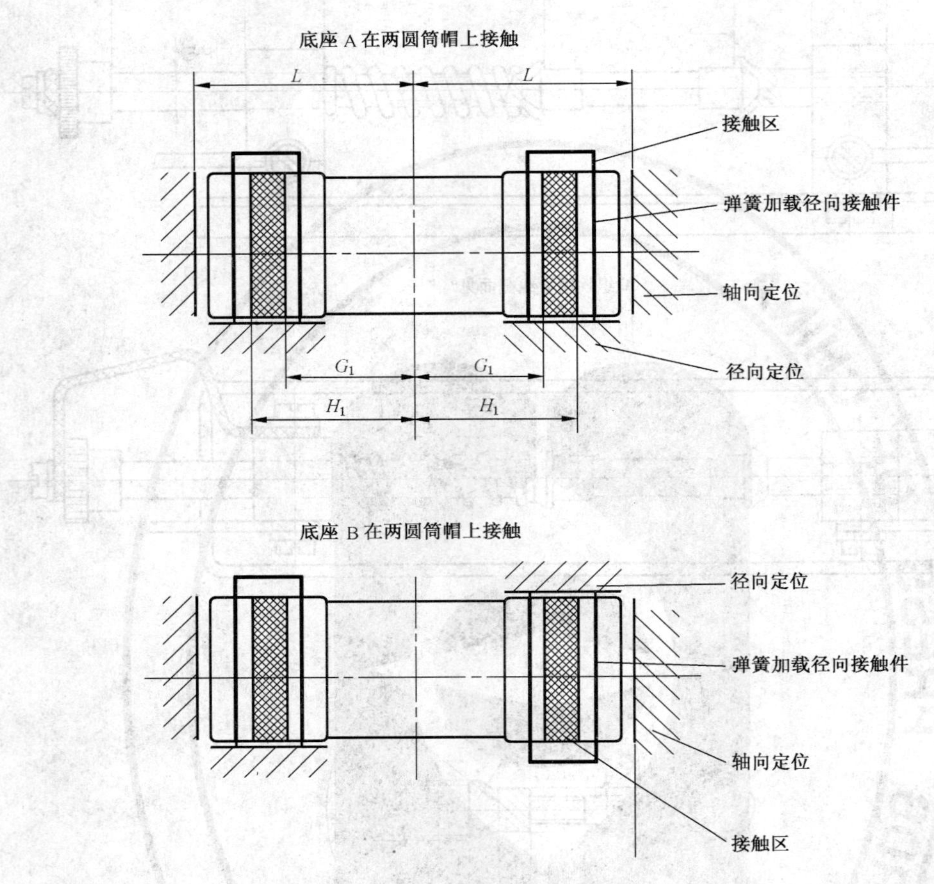

单位为毫米

尺寸	I_n/ A	G_1 max	H_1 min	L
6.3×23	6	8	9.5	$11.5^{+0.8}_{0}$
8.5×23	10	8	10	$11.5^{+0.8}_{0}$
10.3×25.8	16	8.5	10.5	$13.10^{+0.8}_{0}$
8.5×31.5	20	11.5	14	$16^{+0.8}_{0}$
10.3×31.5	25	11.5	14	$16^{+0.8}_{0}$
10.3×38	32	12.5	15	$19.30^{+0.8}_{0}$

图 204 A 型和 B 型熔断器底座

单位为毫米

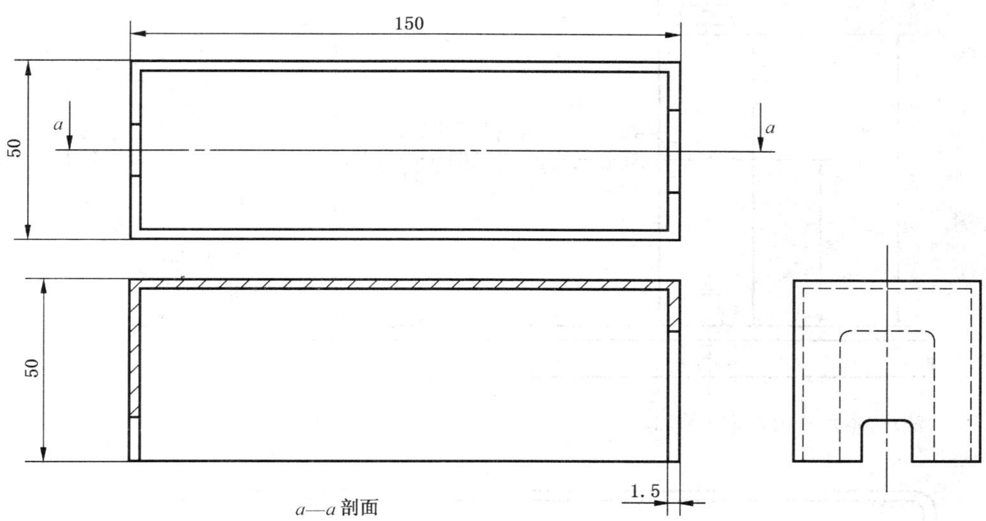

图 205　用于图 203 试验底座、熔断体动作验证用罩

单位为毫米

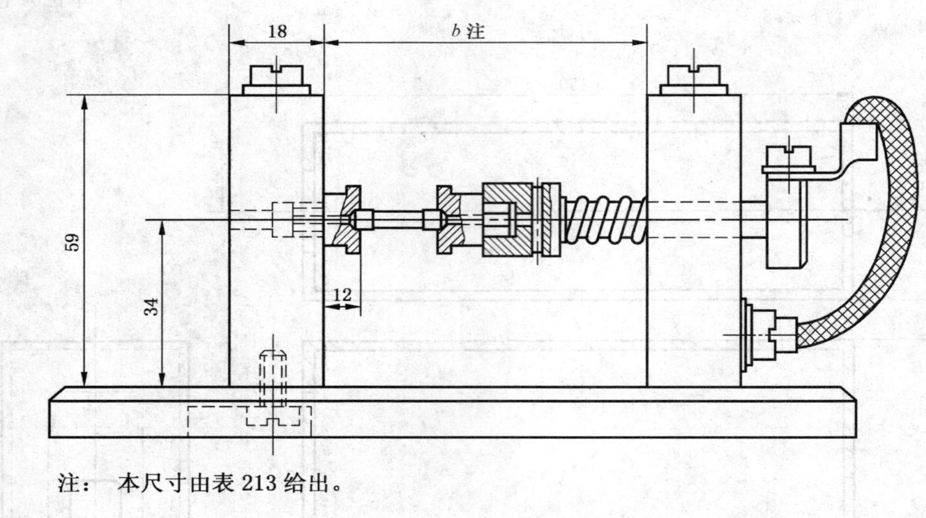

注：　本尺寸由表 213 给出。

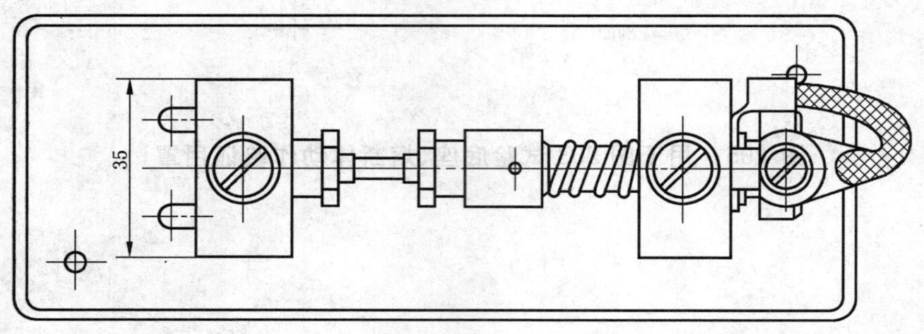

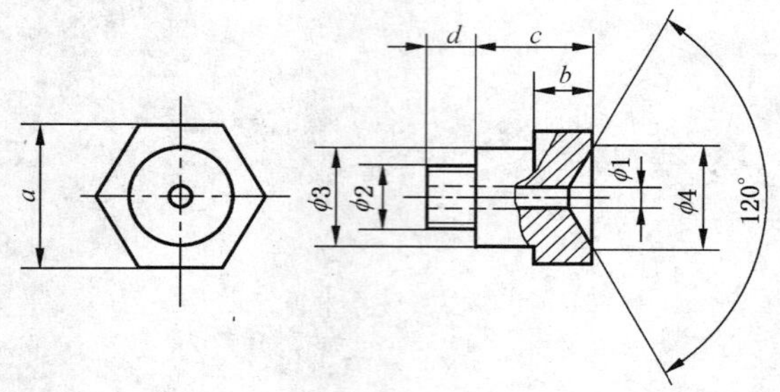

套圈编号	$\phi1$	$\phi2$	$\phi3$	$\phi4$	a	b	c	d
5	2.5	8	12	10	14	5	12	5
6	2.5	8	12	12	17	6	12	5
7	2.5	8	12	18.5	24	8	12	5

图 206　分断能力验证的试验底座和套圈

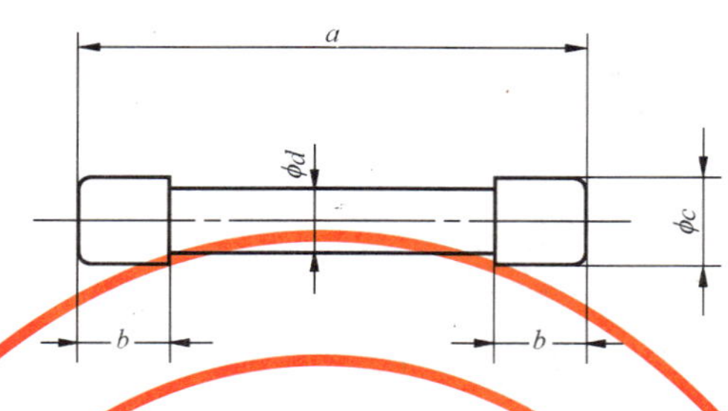

材料:承受磨损的硬钢部件应淬硬。

尺　　寸	额定电流/ A	额定电压/ V	a/ mm	b/ mm	c/ mm	d/ mm
6.3×23	6	230	$22.2\,^{0}_{-0.1}$	$4.4\,^{+0.1}_{0}$	$6.2\,^{0}_{-0.02}$	$5.2\,^{0}_{-0.05}$
8.3×23	10	230	$22.2\,^{0}_{-0.1}$	$4.4\,^{+0.1}_{0}$	$8.4\,^{0}_{-0.02}$	$7.4\,^{0}_{-0.05}$
10.3×25.8	16	230	$25.4\,^{0}_{-0.1}$	$5.9\,^{+0.1}_{0}$	$10.2\,^{0}_{-0.02}$	$9.2\,^{0}_{-0.05}$
8.5×31.5	20	400	$31.0\,^{0}_{-0.1}$	$5.9\,^{+0.1}_{0}$	$8.4\,^{0}_{-0.02}$	$7.4\,^{0}_{-0.05}$
10.3×31.5	25	400	$31.0\,^{0}_{-0.1}$	$5.9\,^{+0.1}_{0}$	$10.2\,^{0}_{-0.02}$	$9.2\,^{0}_{-0.05}$
10×38	32	400	$37.4\,^{0}_{-0.1}$	$9.7\,^{+0.1}_{0}$	$10.2\,^{0}_{-0.02}$	$9.2\,^{0}_{-0.05}$
16.7×35	63	400	$34.9\,^{0}_{-0.1}$	$9.1\,^{+0.1}_{0}$	$16.6\,^{0}_{-0.02}$	$15.6\,^{0}_{-0.05}$

图 207　验证载熔件插拔时保持熔断体用试棒

熔断器系统 C——圆管式熔断器(BS 圆管式熔断器系统)

1　总则

除 GB 13539.1—2008 规定外,补充下列要求。

1.1　范围

下列补充要求适用于由非熟练人员使用的配有以下两个类型圆管式熔断体的家用和类似用途的“gG”熔断器。

类型Ⅰ:额定电流交流至 45 A,额定电压为交流 240 V;

类型Ⅱ:额定电流交流至 100 A,额定电压为交流 415 V。

除 GB 13539.1—2008 外,补充规定以下熔断器特性:

- 额定电压;
- 熔断体的额定耗散功率和熔断器支持件的额定接受耗散功率;
- 时间-电流特性;
- 门限、I^2t 特性、约定时间和约定电流;
- 额定分断能力;

- 熔断器标志；
- 设计的标准条件；
- 试验。

2 术语和定义

GB 13539.1—2008 适用。

3 正常工作条件

GB 13539.1—2008 适用。

4 分类

GB 13539.1—2008 适用。

5 熔断器特性

除 GB 13539.1—2008 规定外，补充下列要求。

5.3 额定电流

5.3.1 熔断体的额定电流

最大额定电流见图 301。

5.3.2 熔断器支持件的额定电流

熔断器支持件的额定电流见图 302 和图 303。

5.5 熔断体的额定耗散功率和熔断器支持件的额定接受耗散功率

熔断体的最大耗散功率见图 301。

熔断器支持件的接受耗散功率见图 303。

5.6 时间-电流特性极限

5.6.1 时间-电流特性、时间-电流曲线和过载曲线

除了用门限、约定时间和约定电流给定弧前时间极限外，图 304 和图 305 还提供了未计制造误差的时间-电流带，所给的时间-电流特性在电流方向的误差不得大于±10%。

5.6.2 约定时间和约定电流

除 GB 13539.1—2008 外，补充规定见表 301。

表 301 "gG"熔断体的约定时间和约定电流

额定电流 I_n/A	约定时间/h	约定电流	
		I_{nf}	I_f
$I_n<16$	1	$1.25I_n$	$1.6I_n$

5.7 分断范围和分断能力

5.7.2 额定分断能力

额定分断能力为 31.5 kA(对于 415 V 的熔断体)和 20 kA(对于 240 V 的熔断体)。

6 标志

GB 13539.1—2008 适用。

7 设计的标准条件

除 GB 13539.1—2008 规定外，补充下列要求。

7.1 机械设计

7.1.2 包括接线端子的联接

见 IEC 60999:1990 第 7 章。

7.1.6 载熔件结构

不管载熔件是否装在熔断器底座上,载熔件应能将熔断体保持在应有的位置中。

对于装有带指示装置的熔断体的载熔件,应有适当的观察指示装置的孔。观察孔必须用可靠固定的透明窗加以封闭或用其他方法防止材料从指示器中喷出。

7.1.7 熔断体结构

熔断体中保证非互换性的部件应不能拆除或者更换。

对有指示装置的熔断器,当熔断体装入熔断器支持件或载熔件时,该指示仍应可见。

7.1.8 非互换性

熔断器应设计成熔断体不会因疏忽而被其他额定电流大于预定值的熔断体所取代。

7.1.9 熔断器底座结构

熔断器底座应设计成固定可靠,不可能无意中被移动。

附有标准限位件的熔断器底座应有适当的措施使标准限位件保持在应有的位置上,并且只有借助适当的工具才能拆装。

用于防接近带电部件的熔断器底座的罩壳安装时应能经受住紧固时产生的机械应力,并应固定牢靠,使得只有借助工具或有意识的动作才能拆下。

接线端子应能适合于接入适当截面的导体。

7.3 温升、熔断体的耗散功率以及熔断器支持件的接受耗散功率

以下表 302 代替 GB 13539.1—2008 中表 5。

表 302 接线端子的温升极限

当熔断器底座配以 GB 13539.1—2008 中 8.3.4.2 的表 17 所示的导体(其截面积相应于熔断器底座额定电流)时,接线端子的温升极限不应超过右栏规定值	65K

7.9 防电击保护

对 GB 13539.1—2008 中 7.9 所有三种情况,熔断器的防电击保护等级均至少为 IP2X。

8 试验

除 GB 13539.1—2008 规定外,补充下列要求。

8.1 总则

8.1.4 熔断器的布置

熔断体的尺寸见图 301,熔断器支持件的尺寸见图 302 和图 303。

8.3 温升与耗散功率验证

8.3.1 熔断器的布置

熔断体试验装置见图 302 和图 303,试验装置应垂直安装。100 A 熔断体应用 25 mm^2 的 PVC 绝缘铜导体连到试验装置上。对于其他电流等级的熔断体,其连接导体截面积按 GB 13539.1—2008 表 17 规定。

8.3.3 熔断体耗散功率测量

熔断体在图 306 所示的试验底座上进行试验。

8.4 动作验证

8.4.1 熔断器的布置

熔断体的试验布置按本熔断器系统 8.3.1 规定。

8.5 分断能力验证

8.5.1 熔断器的布置

熔断体的试验布置见图 307。

8.5.5 试验方法

8.5.5.1 为了验证熔断器是否符合 GB 13539.1—2008 中 7.5 的要求，试验应按 GB 13539.1—2008 中表 20 进行。附录 B 给出了表 20 的 No.1 和 No.2 试验的替代试验。

8.5.8 试验结果的判别

除 GB 13539.1—2008 规定外，测量对金属外壳的飞弧的细熔丝不应熔断。也不应对试验底座有机械损伤。

8.10 触头不变坏验证

8.10.1 熔断器的布置

试验布置按本熔断器系统 8.3.1 规定。

试验按 GB 13539.1—2008 中 8.3.4.1 规定进行。使用作为模拟熔断体的符合图 301 尺寸的熔断体。

模拟熔断体的尺寸应符合图 301 规定。

模拟熔断体的耗散功率不低于图 301 所给的按图 306 的标准化耗散功率试验底座上进行试验的熔断体最大额定耗散功率。

模拟熔断体应设计成在通以过载电流 I_{nf} 情况下不熔断。

8.10.2 试验方法

通电时间为 75% 约定时间。

断电时间为 25% 约定时间。

试验电流为约定不熔断电流。

约定时间和约定不熔断电流见 GB 13539.1—2008 中表 2。

可以降低电压进行试验。

8.10.3 试验结果的判别

在 250 个循环后测得的接线端子温升值不应超过试验开始时的温升值(第一个循环)15 K。

在 750 个循环后(如有必要)测得的接线端子温升值不应超过试验开始时的温升值(第一个循环)20 K。

8.11.1.4 螺钉螺纹的机械强度

安装熔断器用的螺钉，包括接线端子的螺钉和固定罩子的螺钉(但不包括将熔断器底座固定在支撑面上的螺钉)需进行以下试验。

用合适的试验扳手或螺钉旋具将螺钉旋紧旋松。如果是金属螺纹操作各 5 次。如果是非金属螺纹则各 10 次。施加的力矩见表 303。

表 303 螺钉螺纹的机械强度

螺纹的标称直径/mm	力矩/(N·m)
≤2.6	0.4
>2.6～3.0	0.5
>3.0～3.5	0.8
>3.5～4.0	1.2
>4.0～5.0	2.0
>5.0～6.0	2.5
>6.0～8.0	5.5
>8.0～10.0	7.5

为试验接线端子螺钉，应在接线端子处接上制造厂或 GB 13539.1—2008 中规定的最大截面的导体。每次操作后要移动导体，使导体对接线端子螺钉呈现新的接触面。

试验时，不得有任何影响螺钉连接继续使用的损坏。

8.11.2.6 尺寸和非互换性

测量熔断体的尺寸并与熔断器其他部件有关的尺寸进行比较，来验证熔断器是否符合 GB 13539.1—2008 中 8.1.4 和本部分 7.1.8 的要求。

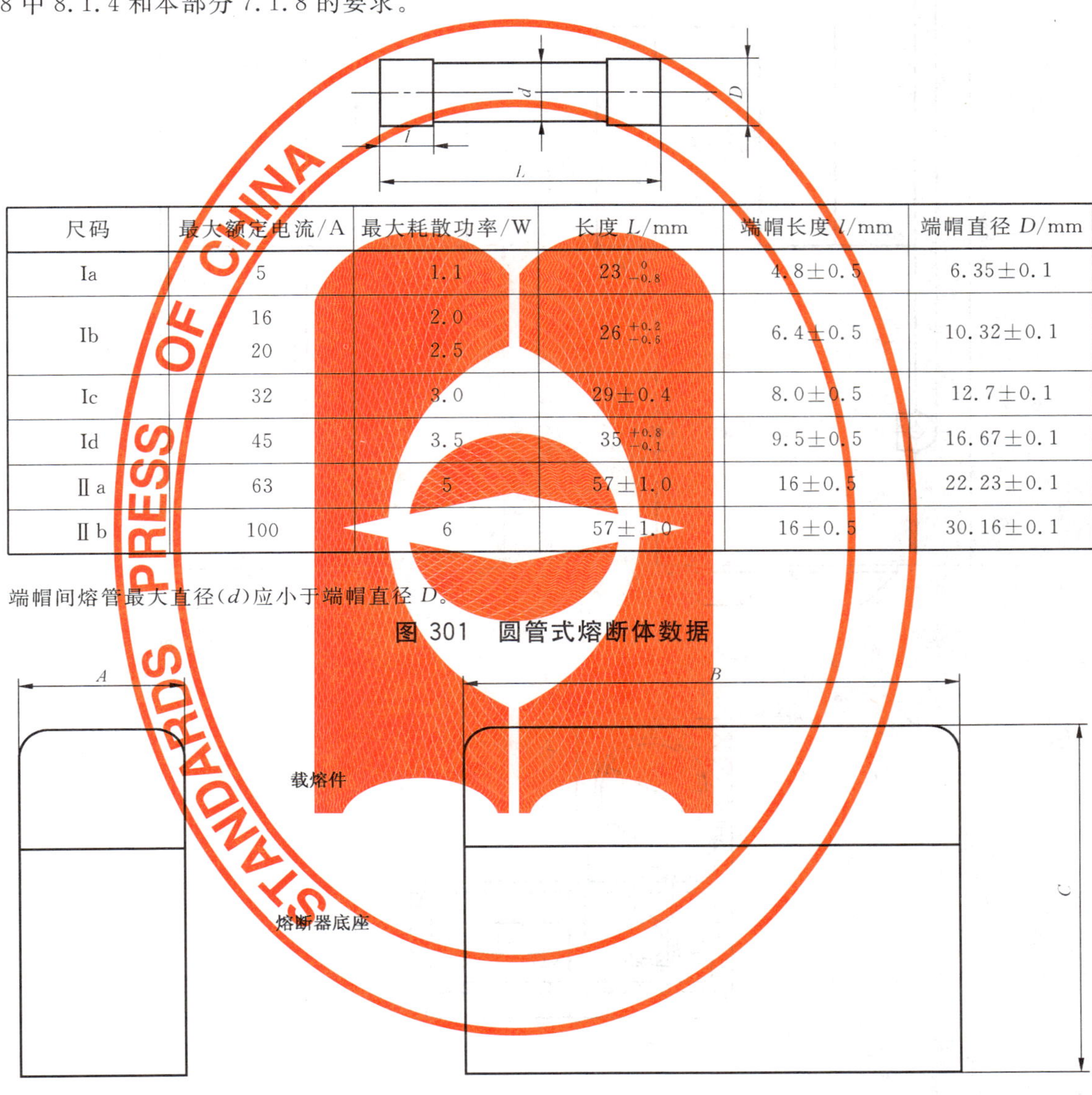

尺码	最大额定电流/A	最大耗散功率/W	长度 L/mm	端帽长度 l/mm	端帽直径 D/mm
Ia	5	1.1	$23^{0}_{-0.8}$	4.8±0.5	6.35±0.1
Ib	16 20	2.0 2.5	$26^{+0.2}_{-0.6}$	6.4±0.5	10.32±0.1
Ic	32	3.0	29±0.4	8.0±0.5	12.7±0.1
Id	45	3.5	$35^{+0.8}_{-0.1}$	9.5±0.5	16.67±0.1
Ⅱa	63	5	57±1.0	16±0.5	22.23±0.1
Ⅱb	100	6	57±1.0	16±0.5	30.16±0.1

端帽间熔管最大直径(d)应小于端帽直径 D。

图 301 圆管式熔断体数据

额定电流/A	熔断体尺码	接受耗散功率/W	A/mm max	B/mm max	C/mm max
20	Ia、Ib	2.5	25.4	77.0	56.0
32	Ic	3.0	28.0	77.0	56.0
45	Id	3.5	30.0	80.0	60.0

注：本图仅供说明，不排除符合要求尺寸的其他形式。

图 302 240 V 圆管式熔断体用熔断器底座和载熔件的典型外形尺寸

单位为毫米

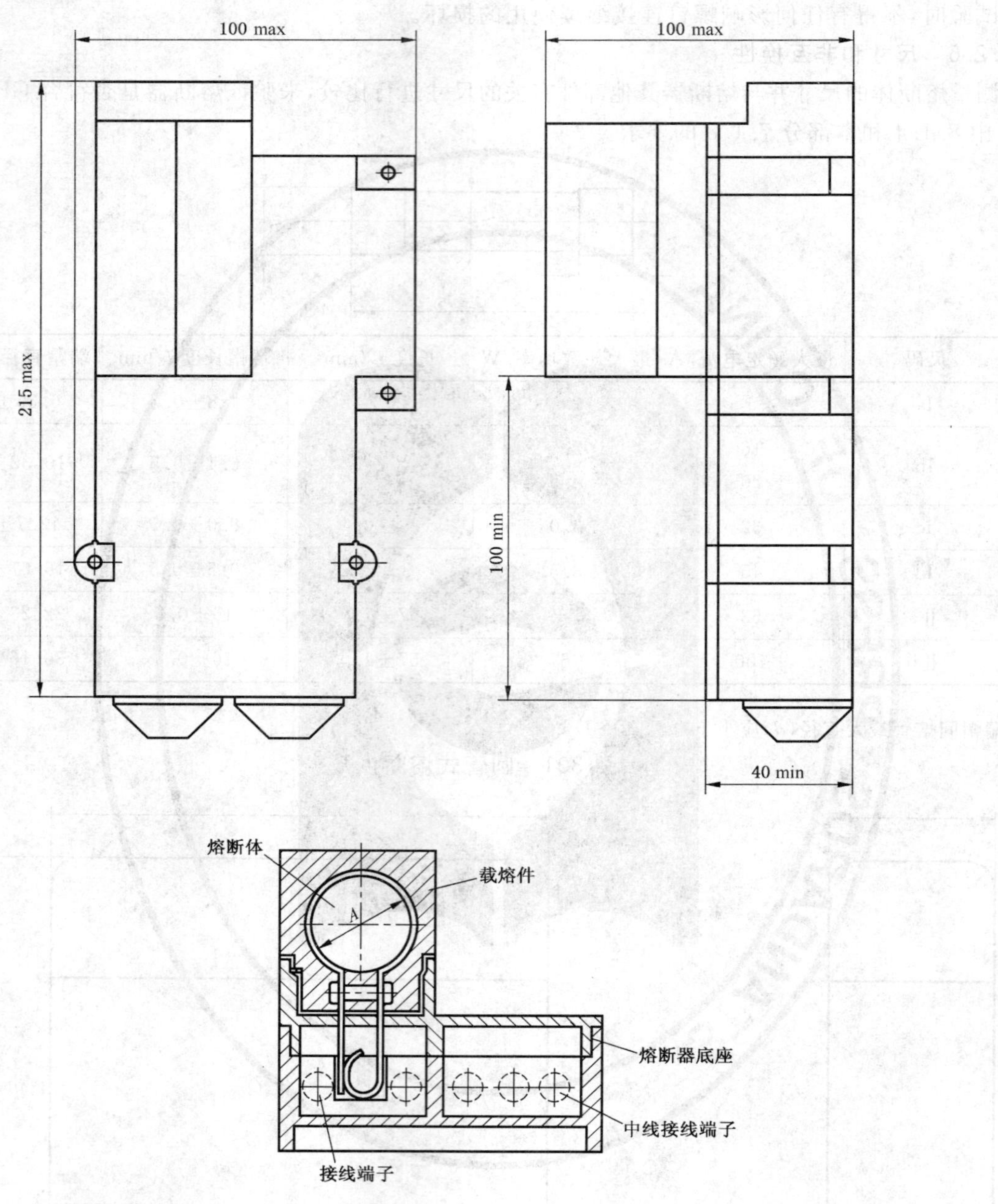

注 1：第三角投影。

注 2：本图仅供说明，不排除符合要求尺寸的其他形式。

最大额定电流/ A	熔断体尺码	额定接受耗散功率/ W	A/ mm
63	Ⅱa	5.0	22.2
100	Ⅱb	6.0	30.1

图 303　尺码Ⅱa、Ⅱb，415 V 圆管式熔断体用典型熔断器底座和载熔件

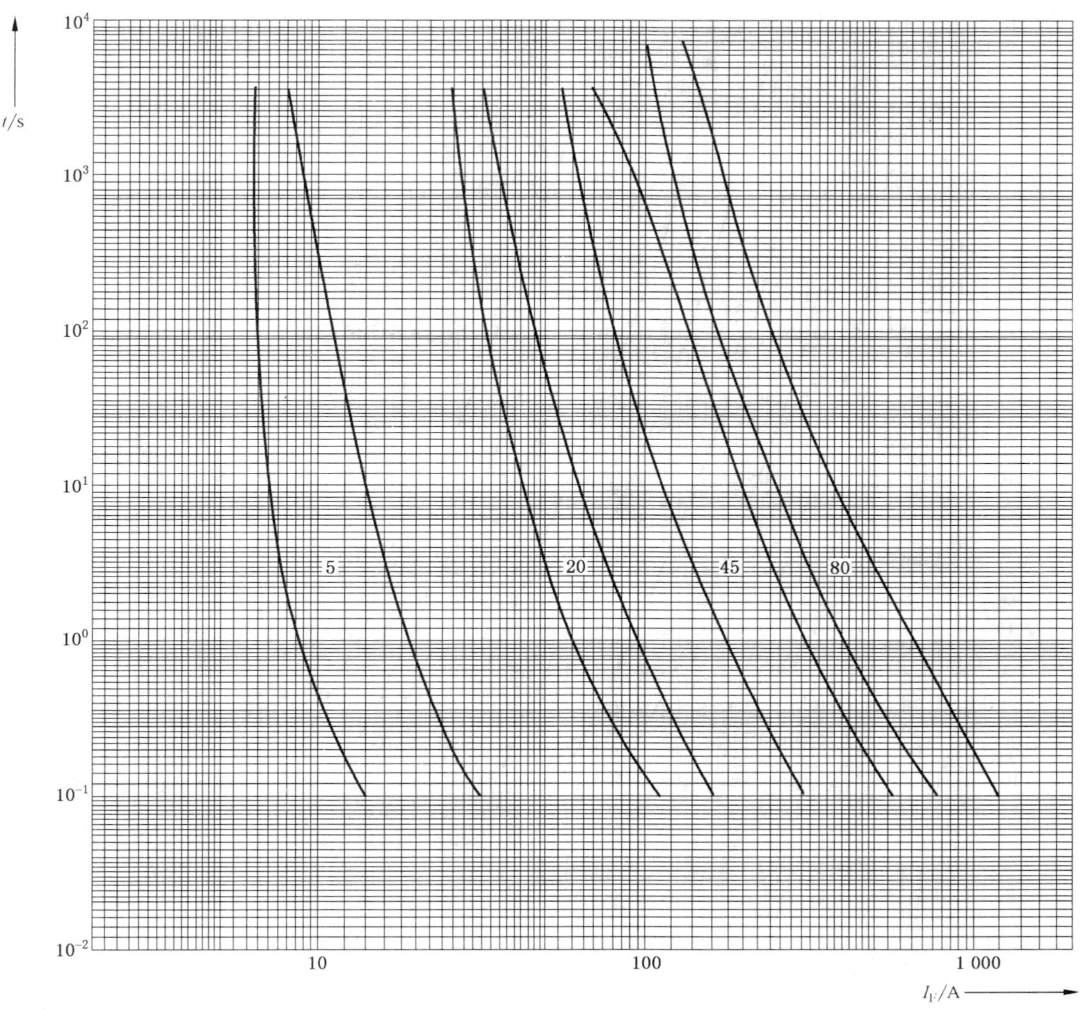

图 304 "gG"熔断体时间-电流带

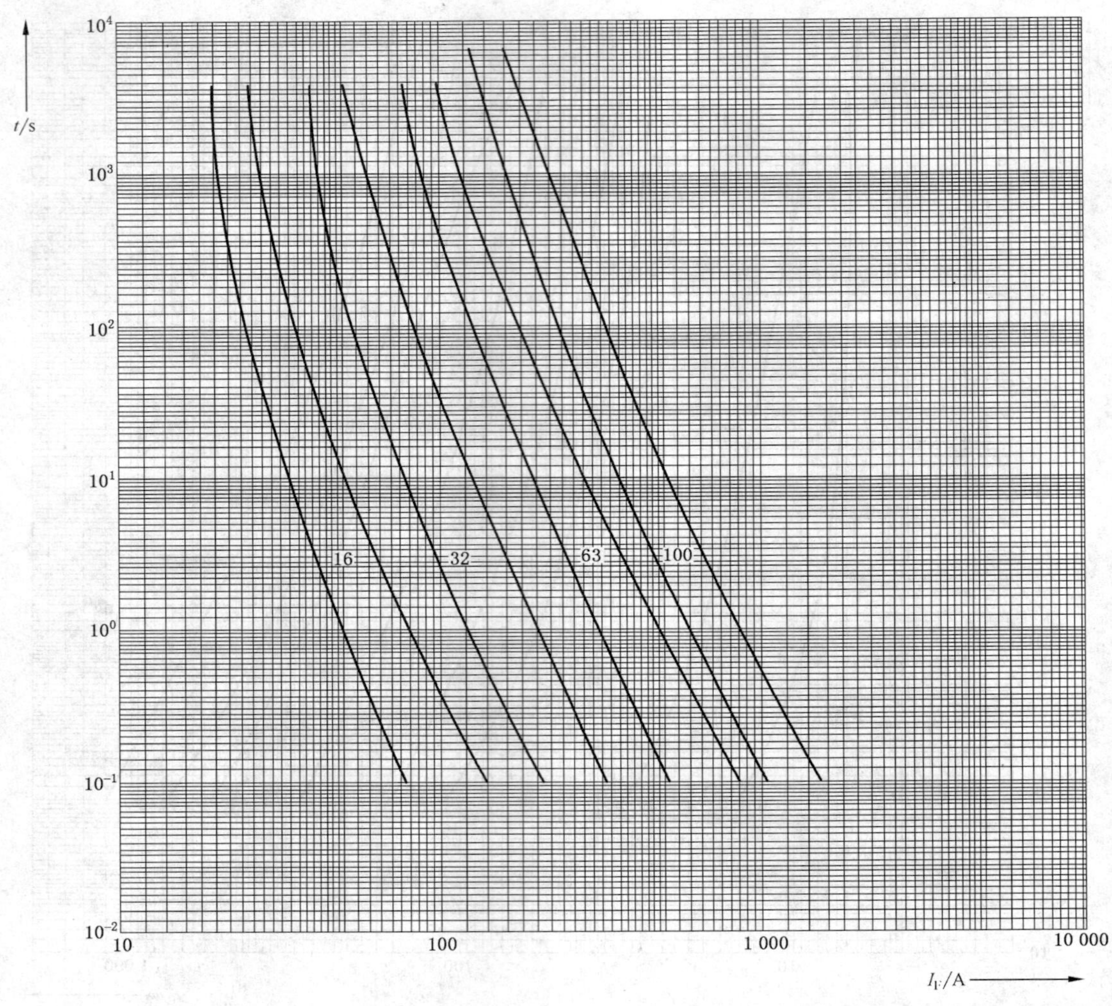

图 305 “gG”熔断体时间-电流带

单位为毫米

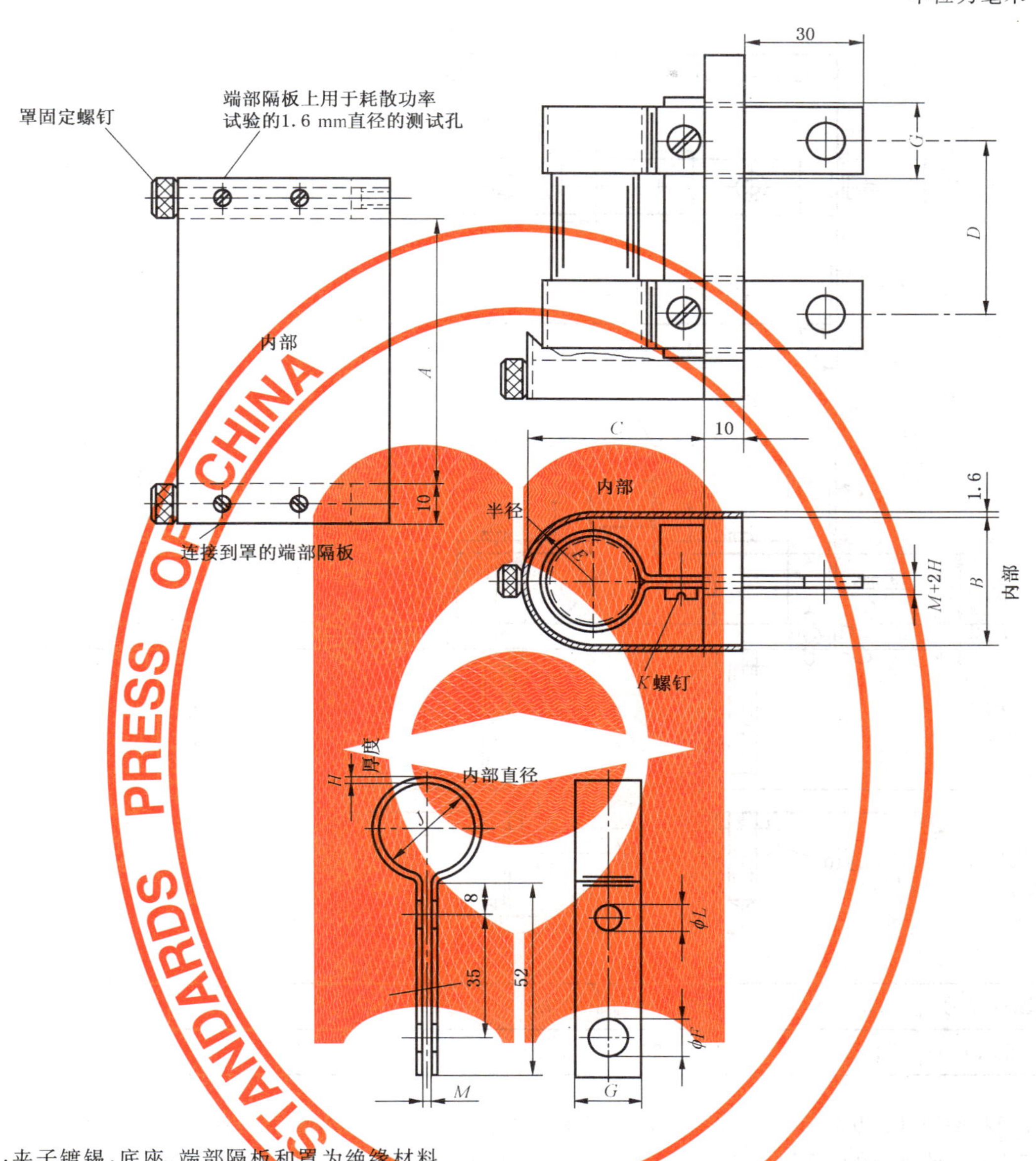

材料:夹子镀锡,底座、端部隔板和罩为绝缘材料。

A (max)	尺码	A	B	C	D	E	F	G	H	J	K	L	M[a]
100	Ⅱb	63.5	38	47.7	41.3	19	8.7	16	1.2	30.1	M5	5.2	1.6
63	Ⅱa	63.5	30	40	41.3	15	8.7	16	1.2	22.2	M5	5.2	1.6
45	Ⅰd	42	25	34	25.5	12.5	5	10	0.6	16.7	M3.5	4	1.6
32	Ⅰc	42	25	34	25.5	12.5	5	10	0.6	12.7	M3.5	4	1.6
20	Ⅰb	29	19	28	19	9.5	4	6.5	0.6	10.3	M3.5	4	1.6
5	Ⅰa	29	19	28	19	9.5	4	6.5	0.6	6.3	M3.5	4	0.8

[a] 此尺寸仅作指导,为了保证熔断器端帽和夹子之间合适的接触压力此尺寸应进行调整。

图 306 耗散功率试验的标准试验底座

单位为毫米

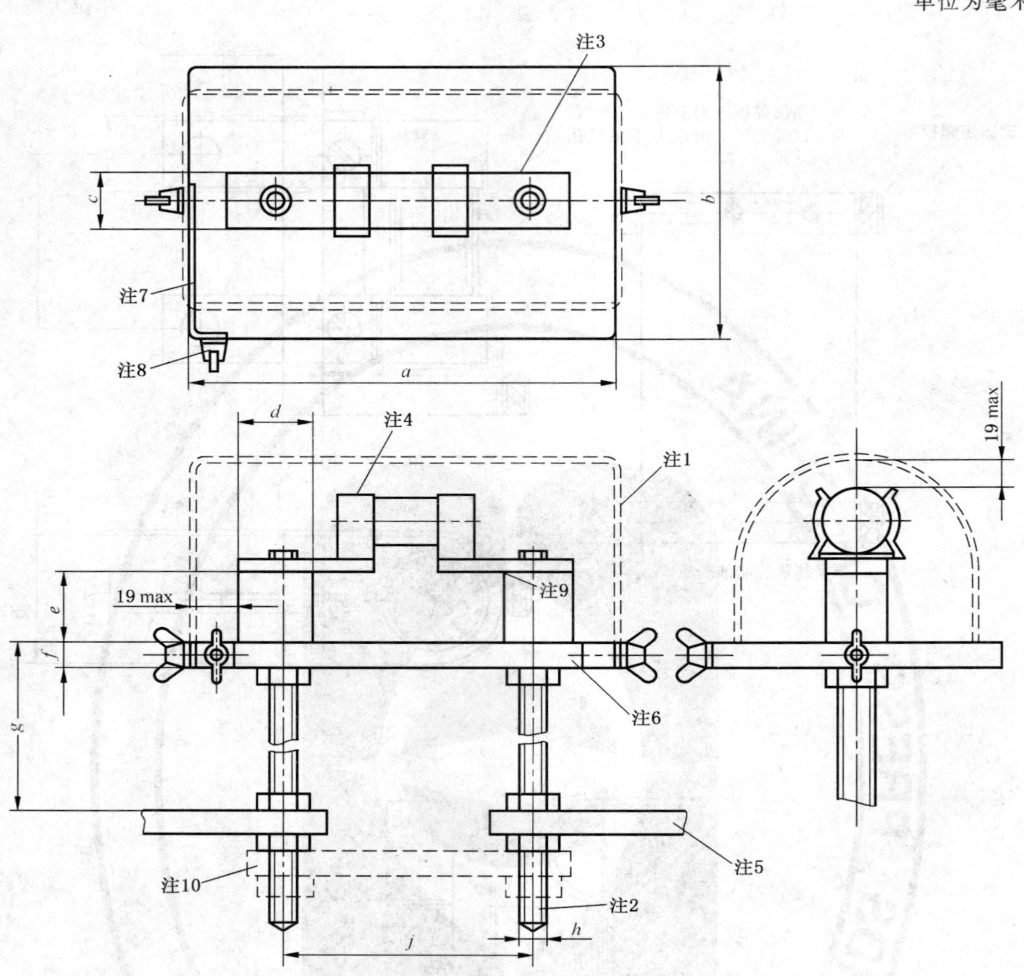

熔断体型号	*a*	*b*	*c*	*d*	*e*	*f*	*g*	*h*	*j*
Ⅰ、Ⅱa、Ⅱb	187	127	25	36.5	38	12.7	114	M12	111

注 1：可拆卸的罩子由金属编织物，软钢板或有孔软钢板制成，其厚度应保证有适当的刚性。金属编织物或有孔软钢板上的每个孔的面积不超过 8.5 mm^2。只要罩子与带电金属部件之间的电气间隙不超过 19 mm，罩子的截面可与图示不同。

注 2：高导电率铜制双头连接螺栓。

注 3：最小截面为 25 mm×6.3 mm 的铜过渡连接板，其长度与安装中心应适合于被试熔断体。

注 4：熔断器夹尺寸应适合于被试熔断体，具体尺寸待定。

注 5：试验底座以外的试验连接布置不作规定(GB 13539.1—2008 中 8.5.1 第二段不适用)。

注 6：底座用绝缘材料制成。试验底座应具有足够的刚性以承受所遇到的力，而对被试熔断体不施加外加负荷。

注 7：铜条。

注 8：连接在接线端子与试验电源一个极之间的直径约 0.1 mm、自由长度不小于 75 mm 的细铜熔丝。

注 9：倒角。

注 10：用作整定试验用的短路铜连接板，可开槽以便于拆卸。连接板尺寸按额定分断能力选择。

图 307　分断能力试验底座

熔断器系统 D——圆管式熔断器（意大利圆管式熔断器系统）

1 总则

除 GB 13539.1—2008 规定外，补充下列要求。

1.1 范围

以下补充要求适用于装有额定电流不超过 63 A 和额定电压不超过交流 400 V 的 C 型熔断体、由非熟练人员使用的家用和类似用途的“gG”熔断器，其尺寸见图 401 和图 402。

除 GB 13539.1—2008 外，补充规定以下熔断器特性：

- 额定电压；
- 熔断体的额定耗散功率和熔断器支持件的额定接受耗散功率；
- 时间-电流特性；
- 门限、I^2t 特性、约定时间和约定电流；
- 额定分断能力；
- 熔断器标志；
- 设计的标准条件；
- 试验。

2 术语和定义

GB 13539.1—2008 适用。

3 正常工作条件

GB 13539.1—2008 适用。

4 分类

GB 13539.1—2008 适用。

5 熔断器特性

除 GB 13539.1—2008 规定外，补充下列要求。

5.3.1 熔断体的额定电流

熔断体的额定电流、尺码和指示装置(如有)的颜色见表 401。

表 401 熔断体：额定电流、尺码和指示装置(如有)的颜色

熔断器尺码	额定电流/A										
	2	4	6	10	16	20	25	32	40	50	63
0	×	×	×	×	×	×					
1	×	×	×	×	×	×	×				
2						×	×	×			
3								×	×	×	
4									×	×	×
指示装置的颜色	玫瑰色	棕色	绿色	红色	灰色	蓝色	黄色	黑色	黄铜色	白色	纯铜色

5.3.2 熔断器支持件的额定电流

熔断器支持件的额定电流见表402。

表 402 熔断器支持件的额定电流

尺码	熔断器支持件的额定电流/A
0	20
1	25
2	32
3	50
4	63

5.5 熔断体的额定耗散功率和熔断器支持件的额定接受耗散功率

熔断体的最大额定耗散功率值见表403。

表 403 熔断体的最大额定耗散功率

熔断体的额定电流/A	2	4	6	10	16	20	25	32	40	50	63
熔断体的最大耗散功率/W	2.5	2.5	2.5	2.6	2.8	3.5	4.0	4.6	5.2	6.5	7

熔断器支持件的额定接受耗散功率见表404。

表 404 熔断器支持件的额定接受耗散功率

尺码	熔断器支持件的额定接受耗散功率/W
0	3.5
1	4.0
2	4.6
3	6.5
4	7.0

5.6 时间-电流特性极限

5.6.1 时间-电流特性、时间-电流带和过载曲线

除了用门限和约定电流给定弧前时间极限外，时间-电流带见图403和图404。

5.6.2 约定时间和约定电流

除GB 13539.1—2008规定外，额定电流小于16 A的熔断体约定电流见表405。

表 405 额定电流小于16 A的熔断体的约定时间和约定电流

熔断体额定电流/A	约定时间/h	约定电流	
		I_{nf}	I_f
2～4	1	$1.5I_n$	$2.1I_n$
6～10			$1.9I_n$

5.6.3 门限

除GB 13539.1—2008门限外，小于16 A的熔断体的门限值见表406。

表 406 额定电流小于16 A的"gG"熔断体规定弧前时间的门限值

I_n/A	I_{min}(10s)/A	I_{max}(5s)/A	I_{min}(0.1s)/A	I_{max}(0.1s)/A
2	3.7	8.5	6	23
4	8.0	18	14	45
6	12	26	28	75
10	22	38	50	85

5.7.2 额定分断能力

最小分断能力见表 407。

表 407 最小额定分断能力

额定电压/ V	最小额定分断能力/ kA
230	6
400	20

6 标志

GB 13539.1—2008 适用。

7 设计的标准条件

除 GB 13539.1—2008 规定外，补充下列要求。

7.1 机械设计

熔断体和熔断器底座应符合图 401 和图 402 的规定。

7.1.2 包括接线端子的联接

接线端子应能容纳表 408 规定的截面积的导体。

表 408 导体截面积

尺 码	硬导体截面积/ mm^2	软导体截面积/ mm^2
0	1.0～4	0.75～2.5
1	1.0～6	0.75～4
2	2.5～10	1.5～6
3	4.0～16	2.5～10
4	6.0～25	4.0～16

7.1.6 载熔件结构

不管载熔件是否装在熔断器底座上，载熔件应能将熔断体保持在应有的位置中。

对于装有带指示装置的熔断体的载熔件，应有适当的观察指示装置的孔。观察孔必须用可靠固定的透明窗加以封闭或用其他方法防止材料从指示器中喷出。

7.1.7 熔断体结构

熔断体中保证非互换性的部件应不能拆除或者更换。

对有指示装置的熔断器，当熔断体装入熔断器支持件或载熔件时，该指示仍应可见。

7.1.8 非互换性

熔断器应设计成熔断体不会因疏忽而被其他额定电流大于预定值的熔断体所取代。

7.1.9 熔断器底座结构

熔断器底座应设计成固定可靠，不可能无意中被移动。

附有标准限位件的熔断器底座应有适当的措施使标准限位件保持在应有的位置上，并且只有借助适当的工具才能拆装。

用于防接近带电部件的熔断器底座的罩壳安装时应能经受住紧固时产生的机械应力，并应固定牢靠，使得只有借助工具或有意识的动作才能拆下。

接线端子应能适合于接入适当截面的导体。

7.2 绝缘性能

电气间隙和爬电距离应不小于表 409 所示值。

表 409 爬电距离和电气间隙

最小爬电距离和电气间隙	mm
1 熔断体熔断后,在同一极上被断开的带电部件之间	3
2 不同极的带电部件之间	3
3 a) 带电部件与本表的 5 中未列出的易接近的金属部件,装饰性零件和金属盖板,机械部件(如这些部件和带电部件隔开的话)之间 b) 带电部件与用于设备底座平面安装的螺钉或固定件之间 c) 带电部件与用于设备底座嵌入式安装的螺钉或固定件之间 d) 带电部件与罩子螺钉或罩板之间 e) 带电部件与伸进电器的导线管之间	3
4 机械金属部件和易接近的金属部件,包括用于支撑嵌入式安装设备底座的框架(如需要绝缘的话)之间	3
5 除接线端子外的带电部件与金属外壳或金属盒子以及底座的支撑表面之间	4
6 接线端子与金属外壳或金属盒子以及底座的支撑表面之间	6
最短距离 7 至少覆盖 2 mm 密封填料的带电部件与底座的支撑表面之间	3
注:对于宽度小于 1 mm 的任何槽,其爬电距离只计槽宽,宽度小于 1 mm 的任何空气间隙,在计算总电气间隙时应忽略不计。	

7.3 温升、熔断体的耗散功率和熔断器支持件的接受耗散功率

以下表 410 代替 GB 13539.1—2008 中表 5。

表 410 接线端子的温升极限

当熔断器底座配以 GB 13539.1—2008 中 8.3.4.2 的表 17 所示的导体(其截面积相应于熔断器底座额定电流)时,接线端子的温升极限不应超过右栏规定值	65 K

7.7 I^2t 特性

7.7.1 0.01s 时的最小弧前 I^2t 值

数值见表 411。

表 411 0.01 s 时的最小弧前 I^2t 值

I_n/A	2	4	6	10
I^2t_{min}/(A^2s)	1	6.2	24	100

7.7.2 0.01s 时的最大熔断 I^2t 值

数值见表 412。

表 412 0.01 s 时的最大熔断 I^2t 值

I_n/A	2	4	6	10	16	20	25	32	40	50	63
I^2t_{max}/(A^2s)	30	80	330	400	1 000	1 800	3 000	5 000	9 000	16 000	27 000

7.9 防电击保护

熔断器应设计成当熔断器底座如正常使用那样安装好,并接好线,标准限位件(如有)、熔断体和载

熔件均已就位时,带电部件是不可接近的。若熔断器底座的裸露带电部件在熔断器底座安装时准备用防护罩(不作为熔断器的部件)加以覆盖,则这些带电部件被认为是不可接近的。

熔断器在正常使用条件下的防护等级至少为 IP2X。更换熔断体时防护等级可暂时降为 IP1X(见附录 C)。

在使用载熔件的场合,当载熔件从熔断器底座中取出或插入时,熔断体不应从载熔件中自行脱落。

8 试验

除 GB 13539.1—2008 规定外,补充下列要求。

8.1.6 熔断器支持件的试验

对 GB 13539.1—2008 表 14 的补充见表 413。

表 413 熔断器支持件的完整试验和被试熔断器支持件数量一览表

试验项目及相应条款	试品数量			
	1	1	1	1
8.9.1 烘箱内试验	×			
8.9.2.1 125 ℃时的球压试验				×
8.9.2.2 70 ℃或 $T+40K$ 时的球压试验			×	
8.11.1.6.1 撞击试验		×		
8.11.1.6.2 载熔件结构		×		
8.11.1.6.3 螺旋型熔断器支持件的机械强度			×	

8.3 温升与耗散功率验证

8.3.1 熔断器的布置

用表 416 规定值的 2/3 力矩旋紧螺钉接线端子上的螺钉。

8.3.3 熔断体耗散功率的测量

熔断体的耗散功率应在端帽间测量。

试验应在图 405 所示的试验底座上进行。

试验的接触压力见表 414。

表 414 试验底座的接触压力

试验底座	熔断体尺码	接触压力/N
A	0	15(1±10%)
	1	20(1±10%)
	2	25(1±10%)
B	3	40(1±10%)
	4	50(1±10%)

8.3.4.1 熔断器支持件的温升

用图 406 所示的模拟熔断体进行试验。

对于螺旋型熔断器支持件,应用表 415 规定值的 2/3 力矩旋紧相应的载熔件。

表 415 螺旋型载熔件的外施力矩

尺 码	力矩/(N·m)
0	1.0
1	1.2
2	1.4
3	1.8
4	3.0

8.4 动作验证

8.4.1 熔断器的布置

除 GB 13539.1—2008 规定外,补充以下规定。

熔断体应在图 405 规定的试验底座上进行试验,并放在图 407 规定的聚丙烯酸树脂罩壳下。

熔断器应在水平位置上进行试验,每次试验前都必须检查试验底座的触头件表面情况是否良好。

8.5 分断能力的验证

8.5.1 熔断器的布置

除 GB 13539.1—2008 规定外,补充以下规定。

熔断体应在图 405 规定的试验底座上进行试验。外施接触压力见表 414。每次试验前都必须检查试验底座的触头件表面情况是否良好。

8.5.5 试验方法

8.5.5.1 为了验证熔断器是否符合 GB 13539.1—2008 中 7.5 的要求,试验应按 GB 13539.1—2008 中表 20 进行。附录 B 给出了表 20 的 No.1 和 No.2 试验的替代试验。

8.5.8 试验结果的判别

触头件上出现的小气泡,局部膨胀及小孔可忽略。

8.7.4 过电流选择性验证

为验证本熔断器系统 7.7.1 和 7.7.2 要求,试品布置按 GB 13539.1—2008 中 8.5 对分断能力试验的规定,验证熔断 I^2t 的试验电压为:

$$1.1\times 400\ \text{V a.c.}/\sqrt{3}$$

8.9 耐热性验证

8.9.1 烘箱内试验

下列试验适用于熔断器支持件。

熔断器支持件在温度为 100 ℃±2 ℃的烘箱内放置 1 h。

试验期间,熔断器支持不应出现影响其继续使用的任何变化,密封填料(如有)的流动也不应使带电部件裸露。

试验后,熔断器支持件允许冷却至接近室温,当熔断器支持件按正常使用情况安装时通常接触不到的带电部件此时应不能触及。即使对标准试指(见 GB 10963.1—2005 图 9)施以一个不大于 5 N 的力,上述部件也不应触及。

试验后标志仍应清晰可辨。只要无本部分含意内的对安全性的损伤,褪色、小泡或密封填料的微小位移均可忽略。

8.9.2 球压试验

下列试验适用于熔断器支持件。

8.9.2.1 对必须将载流部件保持在位置上的绝缘材料部件,应按 GB 10963.1—2005 中 9.14.2 规定的试验装置进行球压试验。

作保护用的导体不作为载流部件。将试品的表面呈水平放置，用 20 N 力将直径为 5 mm 的钢球压在此表面上。

试验在温度为 125 ℃±2 ℃的烘箱内进行。1 h 后将钢球从试品上取下。以浸入冷水的方式使试品在 10 s 内冷却到接近室温。

测量钢球在试品上的压痕直径，其值不得大于 2 mm。

8.9.2.2 对无需将载流部件保持在位置上（即使与其接触）和与保护电路部件（如有）相接触的绝缘材料部件也应按以上规定进行球压试验，但试验的温度为 70 ℃±2 ℃，或 40 ℃±2 ℃加上有关部件在8.3 试验中所确定的最高温升，两者取较大值。陶瓷材料部件不进行本项试验。

8.10 触头不变坏验证

8.10.1 熔断器的布置

模拟熔断体应具有最大耗散功率并符合本部分图 406 尺寸规定。本熔断器系统 8.3.4.1 适用。

施加在接线端子螺钉上的力矩应符合本熔断器系统 8.3.1 规定。

8.10.2 试验方法

通电时间为 75% 约定时间。

断电时间为 25% 约定时间。

试验电流为约定不熔断电流。

约定时间、约定不熔断电流按 GB 13539.1—2008 中表 2 规定，可以降低电压试验。

8.10.3 试验结果的判别

在 250 个循环后测得的接线端子温升值不应超过试验开始时的温升值（第一个循环）15 K。

在 750 个循环后（如有必要）测得的接线端子温升值不应超过试验开始时的温升值（第一个循环）20 K。

8.11 机械试验及其他试验

8.11.1.4 螺钉螺纹的机械强度

安装熔断器用的螺钉，包括接线端子的螺钉和固定罩子的螺钉（但不包括将熔断器底座固定在支撑面上的螺钉）需进行以下试验。

用合适的试验扳手或螺钉旋具将螺钉旋紧旋松。如果是金属螺纹操作各 5 次。如果是非金属螺纹则各 10 次。施加的力矩见表 416。

表 416 螺钉螺纹的机械强度

螺纹的标称直径/mm	力矩/(N·m)
≤2.6	0.4
>2.6～3.0	0.5
>3.0～3.5	0.8
>3.5～4.0	1.2
>4.0～5.0	2.0
>5.0～6.0	2.5
>6.0～8.0	5.5
>8.0～10.0	7.5

为试验接线端子螺钉，应在接线端子处接上制造厂或 GB 13539.1—2008 中规定的最大截面的导体。每次操作后要移动导体，使导体对接线端子螺钉呈现新的接触面。

试验时，不得有任何影响螺钉连接继续使用的损坏。

8.11.1.6 熔断器支持件的机械强度

熔断器支持件应具有合适的机械性能以承受在安装与使用中产生的压力。

用本熔断器系统 8.11.1.6.1～8.11.1.6.3 规定的试验来检查是否符合要求。

8.11.1.6.1 撞击试验

试验在按正常使用情况装上外壳或盖板的熔断器支持件上进行。用 GB 10963.1—2005 中图 10～图 12 规定的试验装置对试品进行撞击试验。

撞击件具有半径 10 mm 的半圆球面，由尼龙制成，其硬度为洛氏硬度 HR100，质量为 150 g±1 g。

撞击件牢靠地固定在外径为 9 mm、壁厚为 0.5 mm 钢管的下端，钢管的上端用枢轴固定使其只能在垂直面内摆动。

枢轴的轴线在撞击件轴线上方 1 000 mm±1 mm。

尼龙撞击件的洛氏硬度由直径为 12.700 mm±0.002 5 mm、初始负载为 500 N±2.5 N、额外负载为 100 N±2 N 的球进行测定。

测定塑料的洛氏硬度的附加资料见 ASTM D 785-89[1]。

试验装置应这样设计，使得要保持钢管在水平位置，必须在撞击件的表面施加一个 1.9 N～2.0 N 的力。

试品安装在厚 8 mm、边长 175 mm 的正方形层压板上，板的上下两边固定在作为安装支架的刚性支架上。

安装支架质量为 10 kg±1 kg，用枢轴安装在刚性框架上，框架安装在实心墙上。

安装支架应设计为：

——样品的放置能使撞击点位于通过枢轴的轴线的垂直平面内；

——样品应能从水平方向取出，并能围绕与层压板表面垂直的轴线旋转；

——层压板能围绕垂直轴转动。

嵌入式熔断器试品安装在一块层压板（或类似材料）的凹槽中而不是安装在有关的安装盒内，该层压板或类似材料固定在另一块层压板上，假如使用的是一木块，其木纹方向应与撞击方向相垂直。嵌入式固定熔断器应用螺钉固定在该木块的凹槽突缘上。

嵌入式爪钩固定熔断器应借助爪钩将熔断器固定在木块上。

安装试品应使撞击点落在通过枢轴轴线的垂直面内。撞击件自 10 cm 高处落下。

下落高度是摆释放时检查点的位置与撞击瞬间该点位置之间的垂直距离。检查点是撞击件表面的一点，该点是通过摆杆的轴线和撞击件的轴线的交点并垂直于该两轴线构成的平面的直线与撞击件表面的交点。

理论上撞击件的重心应该是检查点，但实际上要确定重心是困难的，因此按上述方法来确定检查点。

试品承受 10 次撞击，10 次撞击均匀分布在试品上。

前 5 次撞击一般按以下方式进行。

——对于嵌入式熔断器，一次撞击在载熔件上，其余几次撞击应按如下分布在外表面上：

- 在木块凹槽两端各撞击一次；
- 此后，试品作水平移动，在前几次撞击点之间接近中间位置，最好在凸出部位（如有）撞击两次。

——对于其他型式熔断器，一次撞击在载熔件上，其余几次撞击应按如下分布在外表面上：

- 试品绕一垂直轴尽可能地旋转（但不大于 60°）后，在试品两边各撞击一次；
- 另两次撞击在前几次撞击点之间接近中间位置，最好撞击在凸出部位上（如有）。

---

1) 美国材料试验学会标准：塑料和电气绝缘材料的洛氏硬度的试验方法。

后5次撞击是在试品绕垂直于层压板的轴线旋转90°后以相同方式进行。

多极熔断器的罩盖和罩子在试验时可对他们分别试验,但任何点只撞击一次。

试验后,试品不应有本部分含义内的损伤,带电部件不应变得易于接近。

若有疑问,再验证是否能拆除和更换外部部件(诸如安装盒、外壳、罩子和罩板等)而不破坏这些部件或其绝缘衬垫。

但是,对于衬有内盖的罩板,若有损坏,应对内盖重复进行试验,不得再有损坏。

表面涂层的损坏,不会使爬电距离和电气间隙降低至本熔断器系统7.2规定值之下的小凹痕以及不会对防电击保护产生有影响的小碎片均可忽略。

肉眼看不见的裂缝,纤维加强压制件表面裂缝等可以忽略。熔断器支持件任何部件外表面上的裂缝或孔也可忽略,只要熔断器支持件(即使没这些部件)能符合本熔断器系统要求。

如果装饰罩衬有内盖,拆除装饰罩后,其内盖仍然能承受试验,则装饰罩上的裂缝可忽略。

8.11.1.6.2 **载熔件结构**

所有载熔件都应具有一个当它从熔断器底座中取出时能将熔断体保持在位置上的装置。

用一个与被试载熔件相应的熔断器底座来验证该装置的性能。载熔件装上试棒,试棒触头尺寸等于与熔断器额定电流有关的如图401规定的相关熔断体的最大触头尺寸,并按正常使用条件装入熔断器底座。

然后,从熔断器底座中取出载熔件,并更换一根新的试棒,试棒触头尺寸等于图402规定的最小触头尺寸。

载熔件在最不利的位置上保持约10 s。试棒不能因自重作用而从载熔件中脱落。

试验所用的试棒重量应尽量与有关熔断体的重量相近。另外触头表面应用抛光的钢制成。

8.11.1.6.3 **螺旋型熔断器支持件的机械强度**

本试验仅适用于螺旋型熔断器。

装有符合图401规定的有关熔断体的载熔件旋入熔断器底座和旋出5次。所施力矩见表415。试验后,试品不应出现妨碍其继续使用的任何改变。

8.11.2.6 **尺寸及非互换性**

测量熔断体的尺寸并与熔断器其他部件有关的尺寸进行比较,来验证熔断器是否符合GB 13539.1—2008中8.1.4和本部分7.1.8的要求。

单位为毫米

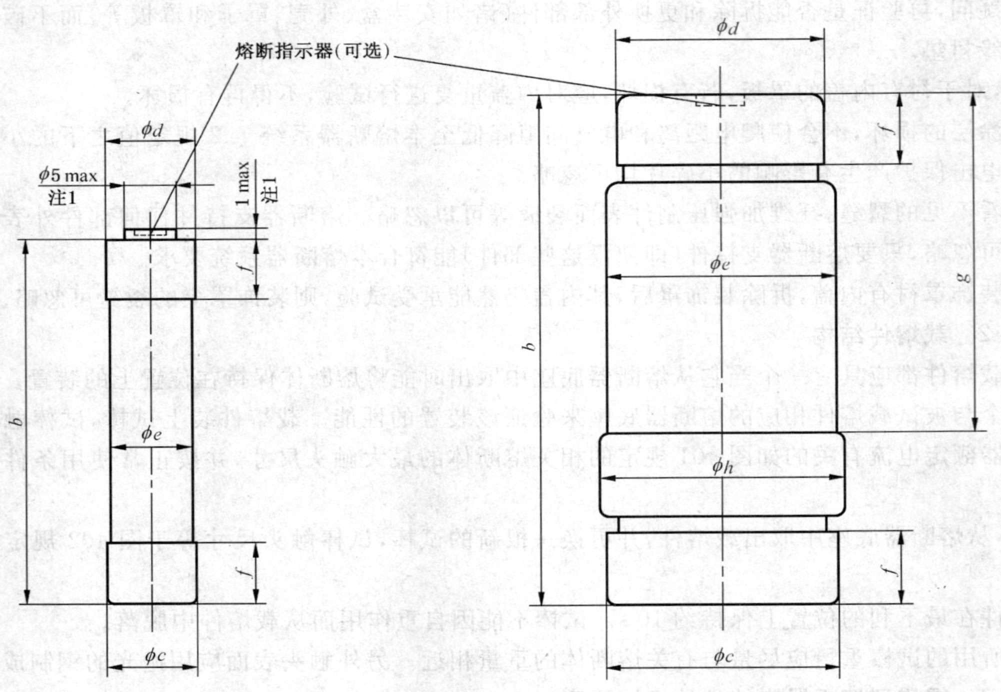

尺　码	b	c	d	e (max)	f (min)	g	h
0	31.5±0.5	8.8±0.2	8.3±0.2	8	4	—	—
1	36±0.8	9±0.4	8.5±0.4	8.2	5	—	—
2	38±0.8	10.2±0.4	9.8±0.4	9.5	5	—	—
3	50±1	$13.7^{+0.6}_{0}$	$12.5^{+0.6}_{0}$	13.5	5	33±2	14^{+1}_{0}
4	50±1	$22^{+0.8}_{0}$	$20^{+0.8}_{0}$	22	6	33±2	23.5^{+1}_{0}

载流部件由铜或铜合金制成。

注 1：仅用于带熔断指示器的熔断体。

除所示尺寸外，本图不作为设计依据。

图 401　C 型圆管式熔断体

单位为毫米

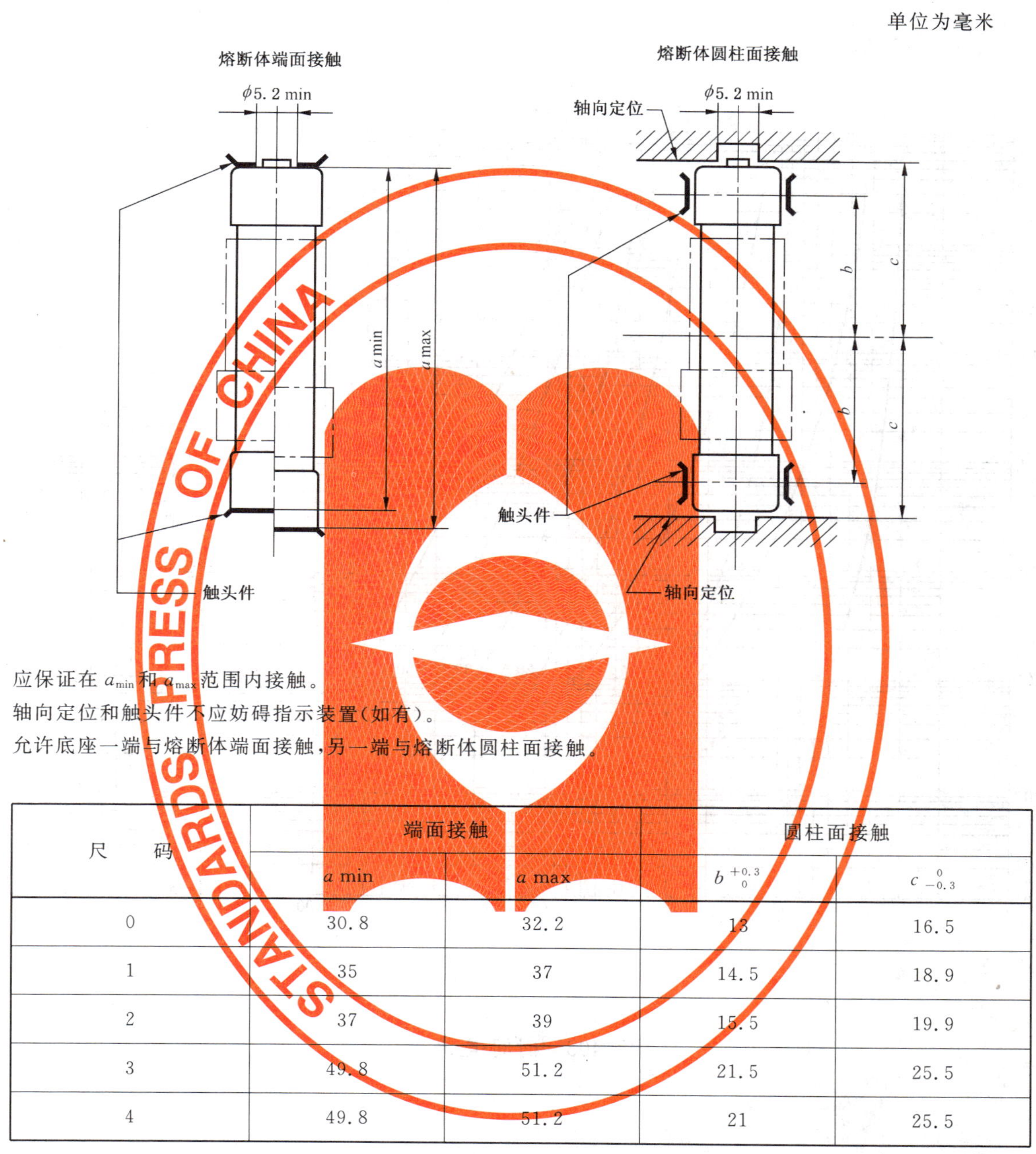

应保证在 a_{min} 和 a_{max} 范围内接触。
轴向定位和触头件不应妨碍指示装置(如有)。
允许底座一端与熔断体端面接触,另一端与熔断体圆柱面接触。

尺　码	端面接触		圆柱面接触	
	a min	a max	$b\ ^{+0.3}_{0}$	$c\ ^{0}_{-0.3}$
0	30.8	32.2	13	16.5
1	35	37	14.5	18.9
2	37	39	15.5	19.9
3	49.8	51.2	21.5	25.5
4	49.8	51.2	21	25.5

除所示尺寸外,本图不作为设计依据。

图 402　熔断器底座

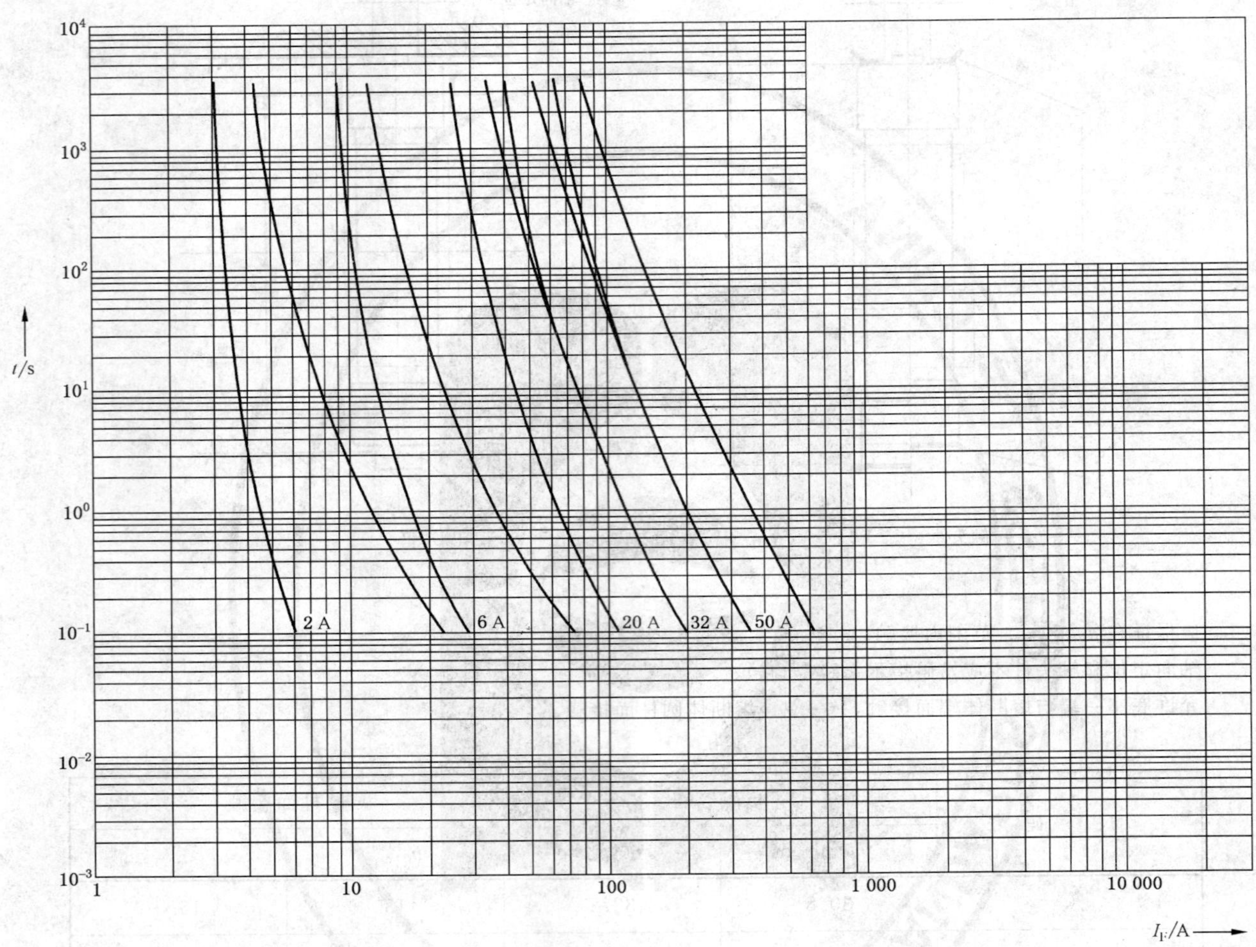

图 403　时间-电流带

10^4
10^3
10^2
10^1
10^0
10^-1
10^-2
10^-3
t/s
1
10
100
1 000
10 000
I_F/A
4 A
10 A
16 A
25 A
40 A
63 A

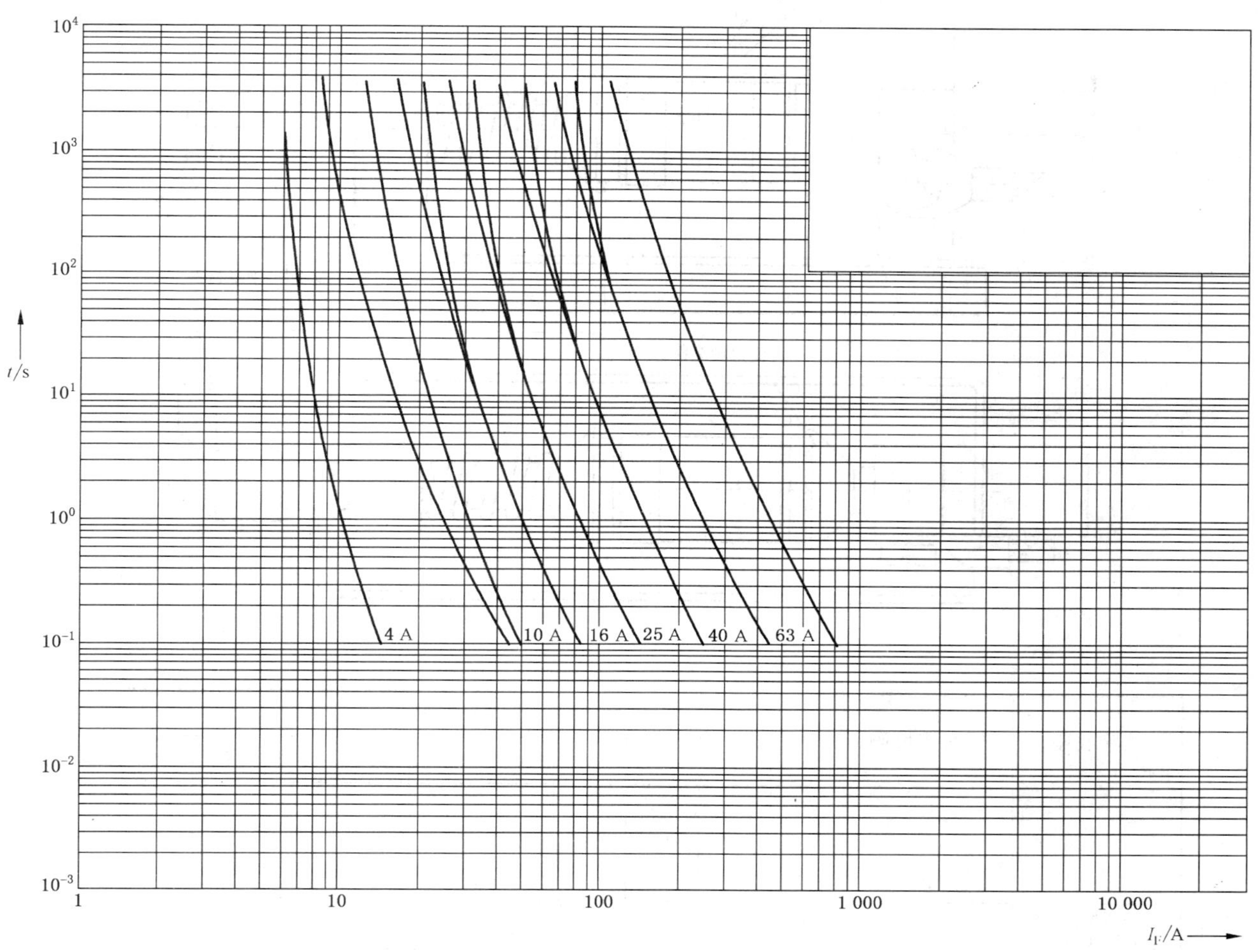

图 404 时间-电流带

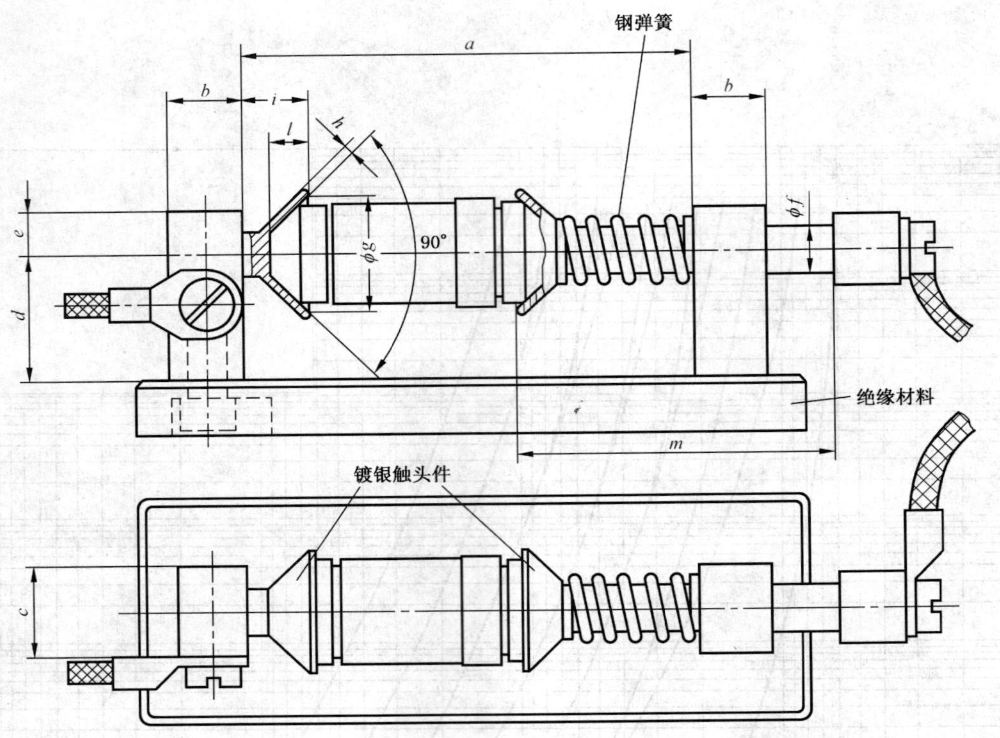

<table>
<tr><th rowspan="2">试验底座</th><th rowspan="2">熔断体尺码</th><th colspan="11">尺寸/mm</th></tr>
<tr><th>a</th><th>b</th><th>c</th><th>d</th><th>e</th><th>f</th><th>g</th><th>h</th><th>i</th><th>l</th><th>m</th></tr>
<tr><td>A</td><td>0
1
2</td><td>70
73
74</td><td>12</td><td>15</td><td>19</td><td>7</td><td>6</td><td>13</td><td>3</td><td>10</td><td>5</td><td>53</td></tr>
<tr><td>B</td><td>3
4</td><td>90
95</td><td>16</td><td>20</td><td>28</td><td>10</td><td>10</td><td>25</td><td>3</td><td>14</td><td>9</td><td>67</td></tr>
</table>

注：载流部件除弹簧外由含铜量58%～70%的黄铜制成。

图 405 试验底座

单位为毫米

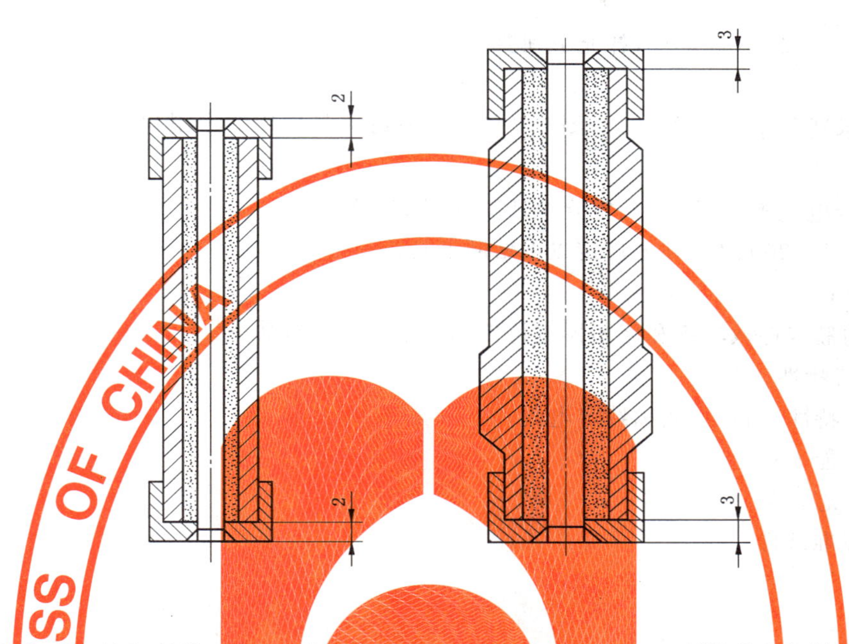

注：端帽由铜锡合金制成，镀镍。熔管由陶瓷材料制成。熔体由56%铜和44%镍的合金制成，或者由相似电阻系数和温度系数的类似材料(如康铜)制成，用硬钎焊焊接在端帽上。灭弧介质和填料与通常熔断体使用的材料相同，其他尺寸在图401规定。

耗散功率值在表403规定。

图406 模拟熔断体

单位为毫米

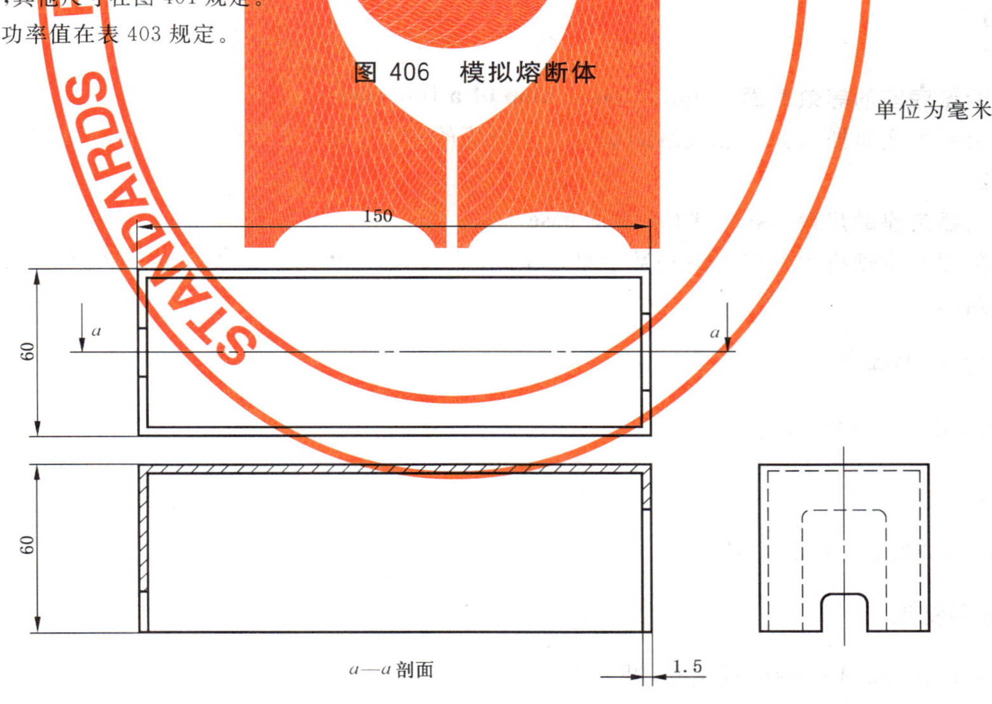

图407 验证熔断体动作特性的罩子

熔断器系统 E——插脚式熔断器

1 总则

除 GB 13539.1—2008 规定外,补充下列要求。

1.1 范围

下列补充要求适用于符合图 501～图 503 的由非熟练人员使用的家用和类似用途的"gG"插脚式熔断器。

熔断器的额定电流不大于 50 A,额定电压为交流 230 V。

除 GB 13539.1—2008 外,补充规定以下熔断器特性:

- 额定电压;
- 熔断体的额定耗散功率和熔断器支持件的额定接受耗散功率;
- 时间-电流特性;
- 门限、I^2t 特性、约定时间和约定电流;
- 额定分断能力;
- 熔断器标志;
- 设计的标准条件;
- 试验。

2 术语和定义

除 GB 13539.1—2008 规定外,补充下列要求。

2.3 特性量

2.3.501

熔断器底座的等效截面 equivalent section of a fuse-base

当熔断器底座插入其所能接纳的最大额定电流的熔断体时,被保护铜导线的最小截面。

2.3.502

熔断器底座的尺码 size of the fuse-base

熔断器底座规格用约定的罗马数字来定义,在定义时,考虑底座的等效截面和所能接纳的最大额定电流熔断体。

3 正常工作条件

GB 13539.1—2008 适用。

4 分类

GB 13539.1—2008 适用。

5 熔断器特性

除 GB 13539.1—2008 规定外,补充下列要求。

5.3.3 标准限位件的额定电流

标准限位件的额定电流与该标准限位件能容纳的熔断体的最大额定电流相同。

5.5 熔断体的额定耗散功率

熔断体的额定耗散功率最大值见表 501。

表 501 额定耗散功率最大值

熔断体额定电流/A	2,4,6	10	16	20	25	32	40	50
熔断体最大额定耗散功率/W	1.0	1.3	2.2	2.5	3.0	3.2	4.0	5.0

5.6 时间-电流特性极限

5.6.2 约定时间和约定电流

除 GB 13539.1—2008 规定外,补充规定见表 502。

表 502 额定电流小于 16 A 的熔断体约定时间和约定电流

额定电流 I_n/A	约定时间/h	约定电流	
		I_{nf}	I_f
$2 \leqslant I_n \leqslant 4$	1	$1.5I_n$	$2.1I_n$
$6 \leqslant I_n \leqslant 10$	1	$1.5I_n$	$1.9I_n$

5.6.3 门限

除 GB 13539.1—2008 规定外,补充规定见表 503。

表 503 额定电流小于 16 A 的"gG"熔断体规定弧前时间的门限值

额定电流 I_n/A	电流	弧前时间/s	电流	弧前时间/s
$2 \leqslant I_n \leqslant 4$	5 I_n	≤0.05	1.75 I_n	≥10
$6 \leqslant I_n \leqslant 10$	7 I_n	≤0.1		

5.7.2 额定分断能力

最小值为 6 kA。

6 标志

除 GB 13539.1—2008 规定外,补充下列要求。

6.1 熔断器支持件标志

除一般标志外,按图 502 补充如下信息:

——以平方毫米为单位的等效截面,后面标上"mm^2"

6.2 熔断体标志

除一般标志外,按图 501 补充如下信息:

——被保护铜导线的最小截面(单位为 mm^2);

——识别被保护铜导线最小截面的颜色编码。

6.4 标准限位件标志

按图 503 在标准限位件上标上如下信息:

——以平方毫米为单位的等效截面,后面标上"mm^2"。

7 设计的标准条件

除 GB 13539.1—2008 规定外,补充下列要求。

7.1.4 标准限位件的结构

7.1.4.1 标准限位件应设计成一整体(符合图 503)。

7.1.4.2 标准限位件应设计成当熔断器底座按正常使用情况安装和接线时,能可靠地固定在熔断器底座内。

7.1.4.3 标准限位件应设计成当熔断器底座按正常使用情况安装和接线时,标准限位件不能容易地移去，只有从熔断器底座的背后才能取出标准限位件，从熔断器底座前面取出标准限位件会损坏标准限位件。

7.1.6 载熔件结构

不管载熔件是否装在熔断器底座上，载熔件应能将熔断体保持在应有的位置中。

对于装有带指示装置的熔断体的载熔件，应有适当的观察指示装置的孔。观察孔必须用可靠固定的透明窗加以封闭或用其他方法防止材料从指示器中喷出。

7.1.7 熔断体结构

熔断体中保证非互换性的部件应不能拆除或者更换。

对有指示装置的熔断器，当熔断体装入熔断器支持件或载熔件时，该指示仍应可见。

7.1.8 非互换性

熔断器应设计成熔断体不会因疏忽而被其他额定电流大于预定值的熔断体所取代。

7.1.9 熔断器底座结构

熔断器底座应设计成固定可靠，不可能无意中被移动。

附有标准限位件的熔断器底座应有适当的措施使标准限位件保持在应有的位置上，并且只有借助适当的工具才能拆装。

用于防接近带电部件的熔断器底座的罩壳安装时应能经受住紧固时产生的机械应力，并应固定牢靠，使得只有借助工具或有意识的动作才能拆下。

接线端子应能适合于接入适当截面的导体。

7.3 温升、熔断体的耗散功率以及熔断器支持件的接受耗散功率

以下表 504 代替 GB 13539.1—2008 中表 5。

表 504 接线端子的温升极限

当熔断器底座配以 GB 13539.1—2008 中 8.3.4.2 的表 17 所示的导体（其截面积相应于熔断器底座额定电流）时，接线端子的温升极限不应超过右栏规定值	65 K

7.9 防电击保护

熔断器应设计成当熔断器底座如正常使用那样安装好，并接好线，标准限位件（如有）、熔断体和载熔件均已就位时，带电部件是不可接近的。若熔断器底座的裸露带电部件在熔断器底座安装时准备用防护罩（不作为熔断器的部件）加以覆盖，则这些带电部件被认为是不可接近的。

熔断器在正常使用条件下的防护等级至少为 IP2X。更换熔断体时防护等级可暂时降为 IP1X（见附录 C）。

在使用载熔件的场合，当载熔件从熔断器底座中取出或插入时，熔断体不应从载熔件中自行脱落。

8 试验

除 GB 13539.1—2008 规定外，补充下列要求。

8.3 温升与耗散功率验证

8.3.1 熔断器的布置

试验时，接线端子螺钉或螺母按表 505 规定值的 2/3 力矩旋紧。

表 505 力矩

螺钉或螺栓的标称直径/mm	力矩/(N·m)
2.6	0.4
3.0	0.5
3.5	0.8
4.0	1.2
5.0	2.0
6.0	2.5
8.0	5.5
10.0	7.5

8.3.3 熔断体耗散功率的测量

熔断体应安装在表 506 规定的熔断器支持件上并使用相应截面积的导线连接。

表 506 截面积

熔断体额定电流/ A	熔断器支持件尺码	截面积/ mm^2
≤10	Ⅰ	1.5
16	Ⅱ	2.5
20	Ⅱ	4
25～32	Ⅲ	6
40～50	Ⅳ	10

为了测量耗散功率，熔断体触头两端电压降在图 504 标志“S”的两点之间测量。

8.3.4 试验方法

在通以额定电流 1 h 后，测量熔断器底座温升与熔断体耗散功率。

8.3.4.1 熔断器支持件的温升

用图 504 规定的模拟熔断体以交流进行温升试验，与熔断器底座尺码相应的模拟熔断体的耗散功率见表 507。

表 507 模拟熔断体的耗散功率

熔断器支持件尺码	熔断体最大额定电流/ A	模拟熔断体的耗散功率/ W
Ⅰ	16	$2.2\ _{-5}^{\ 0}\%$
Ⅱ	20	$2.5\ _{-5}^{\ 0}\%$
Ⅲ	32	$3.2\ _{-5}^{\ 0}\%$
Ⅳ	50	$5.0\ _{-5}^{\ 0}\%$

模拟熔断体外壳用绝缘材料制成，全封闭并涂无光泽黑漆。

填充物为石英砂 SiO_2，均匀，颗粒度 180 μm～350 μm。

发热元件是由 54%Cu，45%Ni，1%Mn(ρ=0.50 Ω·mm^2/m)组成的康铜丝，总长度为 30 mm，其直径见表 508。康铜丝焊在两个插脚中专门为此开的槽里(见图 504)。

为了调节康铜丝所需的自由长度(a)，两个插脚的直径 b 不作规定。插脚由含 58%铜及 3%铅、剩余部分为锌的黄铜制成，其表面至少有 10 μm 的银镀层，经过抛光使表面硬化。

发热元件放在外壳底的上方 20 mm 处，在通以额定电流时，温升不超过 120 K。

每个模拟熔断体的耗散功率在图 504 中标志“S”的两点之间测量。

在每次试验前，插脚校正到直径 $7\ _{-0.10}^{+0.15}$ mm。

表 508 模拟熔断体

熔断器底座尺码	电阻丝		插脚	
	ϕ/mm	a/mm	b/mm	c/mm
Ⅰ	0.9	11.0	9.5	0.9
Ⅱ	1.1	11.8	9.1	1.1
Ⅲ	1.5	10.7	9.6	1.5
Ⅳ	2.2	14.3	7.9	2.2

8.5.5 试验方法

8.5.5.1 为了验证熔断器是否符合 GB 13539.1—2008 中 7.5 的要求，试验应按 GB 13539.1—2008 中表 20 进行。附录 B 给出了表 20 的 No.1 和 No.2 试验的替代试验。

8.10 触头不变坏验证

GB 13539.1—2008 中 8.10 适用。

8.10.1 熔断器布置

GB 13539.1—2008 中 8.10.1 适用，并作下述补充：

模拟熔断体见图 504，其耗散功率见表 507。

8.10.2 试验方法

对 GB 13539.1—2008 中 8.10.2 第一段补充如下：

试验电流为约定不熔断电流。

通电时间为 75%约定时间。

断电时间为 25%约定时间。

约定时间和约定不熔断电流见 GB 13539.1—2008 中表 2 及本熔断器系统表 502，试验电压可低于额定电压。

在断电时间内，试品应冷却到 35 ℃以下，允许强迫冷却（如风冷）。

GB 13539.1—2008 中 8.10.2 第三段最后一句由下列规定替代：

在 50 个循环和 250 个循环（如有必要在 500 个循环和 750 个循环）后用直流电流 $I_m=(0.05\sim0.20)I_n$ 测量触头电压降。I_m 的选取应使得到的电压降至少为 100 μV。

测量时 I_m 的误差不大于 $^{+1}_{0}$%。在图 504 中标志“S”的两点之间测量电压降，此电压降应被转换成电阻值。在测量前，试品应冷却到室温。如果室温在整个测量期间不为 20 ℃，由下式决定 R_{20} 值：

$$R_{20}=R_T/[1+a_{20}\times(T-20)]$$

式中：

R_{20}——20 ℃时电阻值；

R_T——温度 T 时电阻值；

a_{20}——电阻温度系数。

8.10.3 试验结果判别

下列极限不应超过：

$$(R_{250}-R_{50})/R_{50}\leqslant15\%$$

在 750 个循环试验后，下列极限不应超过：

$$(R_{750}-R_{50})/R_{50}\leqslant40\%$$

可用测量温升的方法代替上述的验证。熔断器底座接线端子选为测量点，在此情况下下列极限不应超过：

在 250 个循环后测得的温升值不应超过试验开始时的温升值 15 K。

在 750 个循环后测得的温升值不应超过试验开始时的温升值 20 K。

8.11.1.4 螺钉螺纹的机械强度

安装熔断器用的螺钉，包括接线端子的螺钉和固定罩子的螺钉（但不包括将熔断器底座固定在支撑面上的螺钉）需进行以下试验。

用合适的试验扳手或螺钉旋具将螺钉旋紧旋松。如果是金属螺纹操作各 5 次。如果是非金属螺纹则各 10 次。施加的力矩见表 509。

表 509 螺钉螺纹的机械强度

螺纹的标称直径/mm	力矩/(N·m)
≤2.6	0.4
>2.6～3.0	0.5
>3.0～3.5	0.8
>3.5～4.0	1.2
>4.0～5.0	2.0
>5.0～6.0	2.5
>6.0～8.0	5.5
>8.0～10.0	7.5

为试验接线端子螺钉，应在接线端子处接上制造厂或 GB 13539.1—2008 中规定的最大截面的导体。每次操作后要移动导体，使导体对接线端子螺钉呈现新的接触面。

试验时，不得有任何影响螺钉连接继续使用的损坏。

8.11.2.6 尺寸和非互换性

测量熔断体的尺寸并与熔断器其他部件有关的尺寸进行比较，来验证熔断器是否符合 GB 13539.1—2008 中 8.1.4 和本熔断器系统 7.1.8 的要求。

单位为毫米

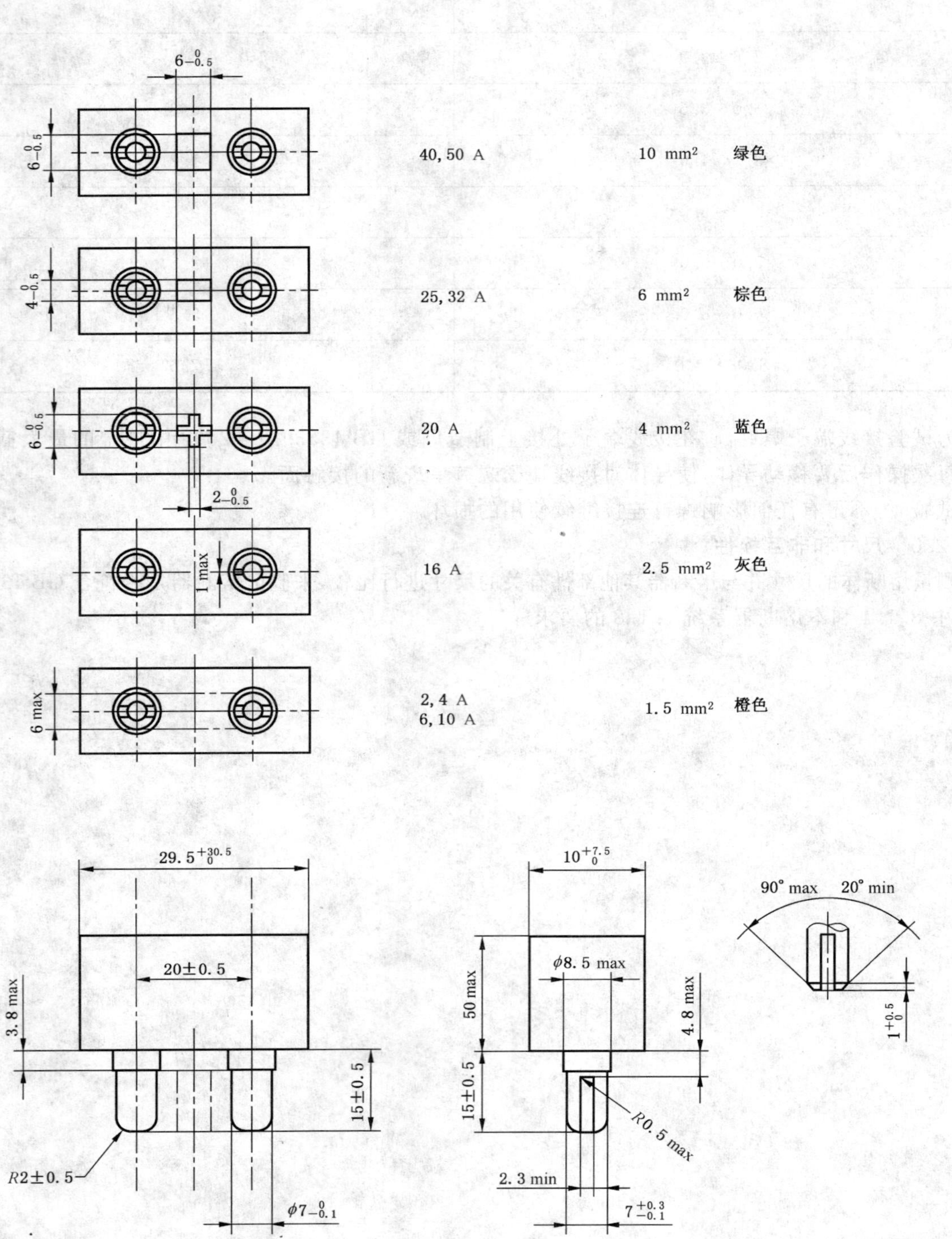

图 501 插脚式熔断器——熔断体

单位为毫米

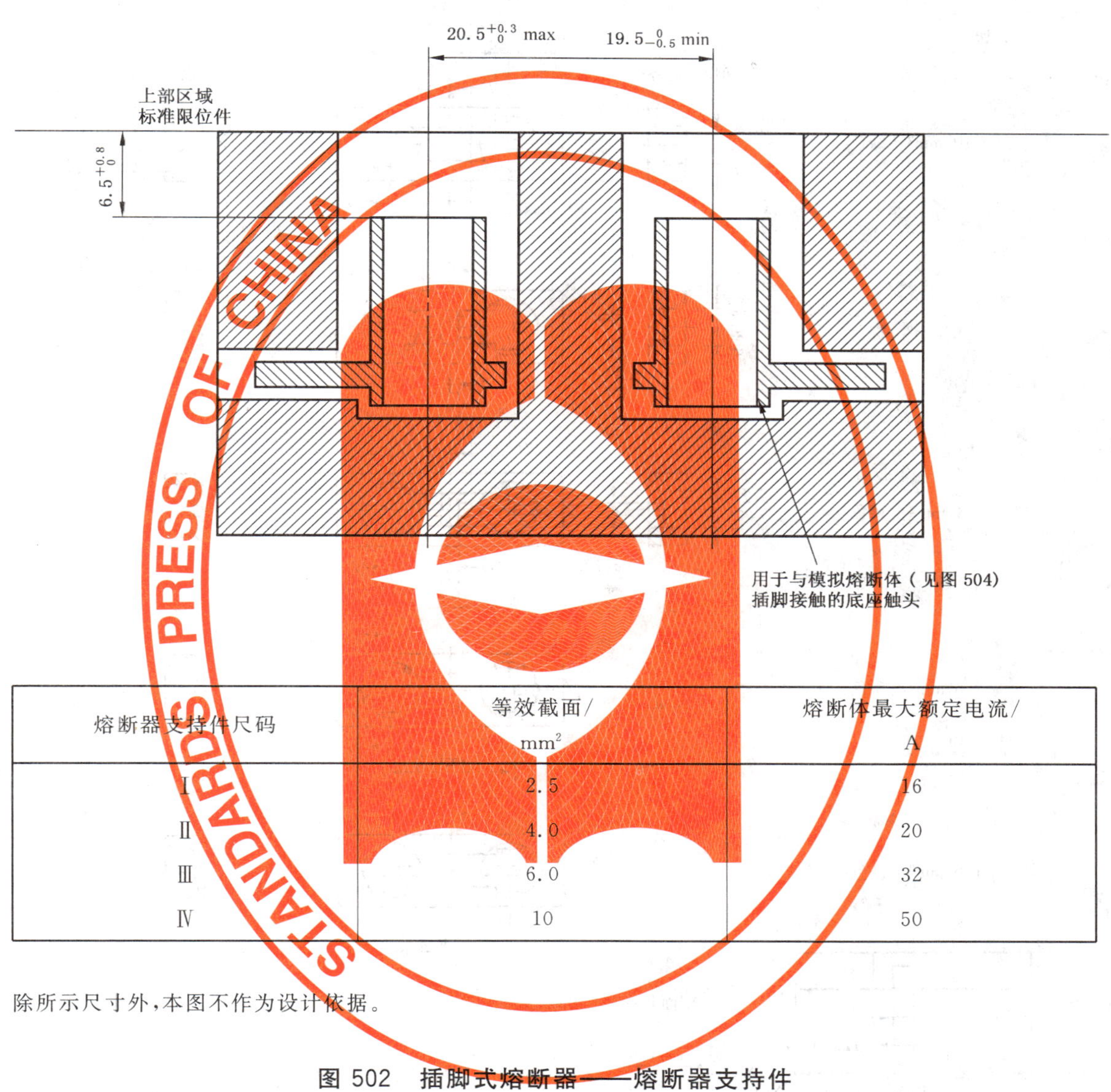

熔断器支持件尺码	等效截面/mm²	熔断体最大额定电流/A
Ⅰ	2.5	16
Ⅱ	4.0	20
Ⅲ	6.0	32
Ⅳ	10	50

除所示尺寸外，本图不作为设计依据。

图 502　插脚式熔断器——熔断器支持件

单位为毫米

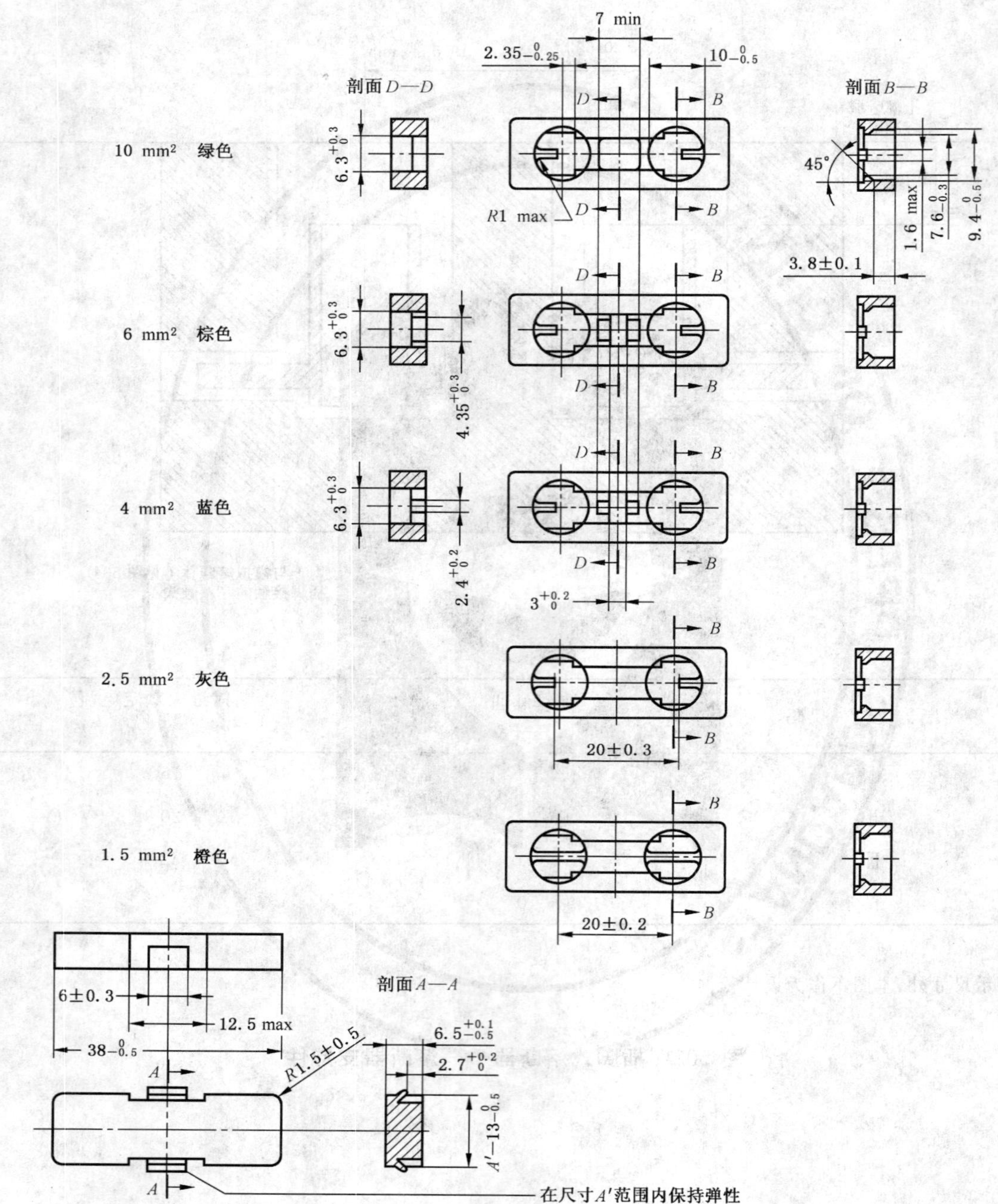

图 503 插脚式熔断器——230 V 标准限位件

单位为毫米

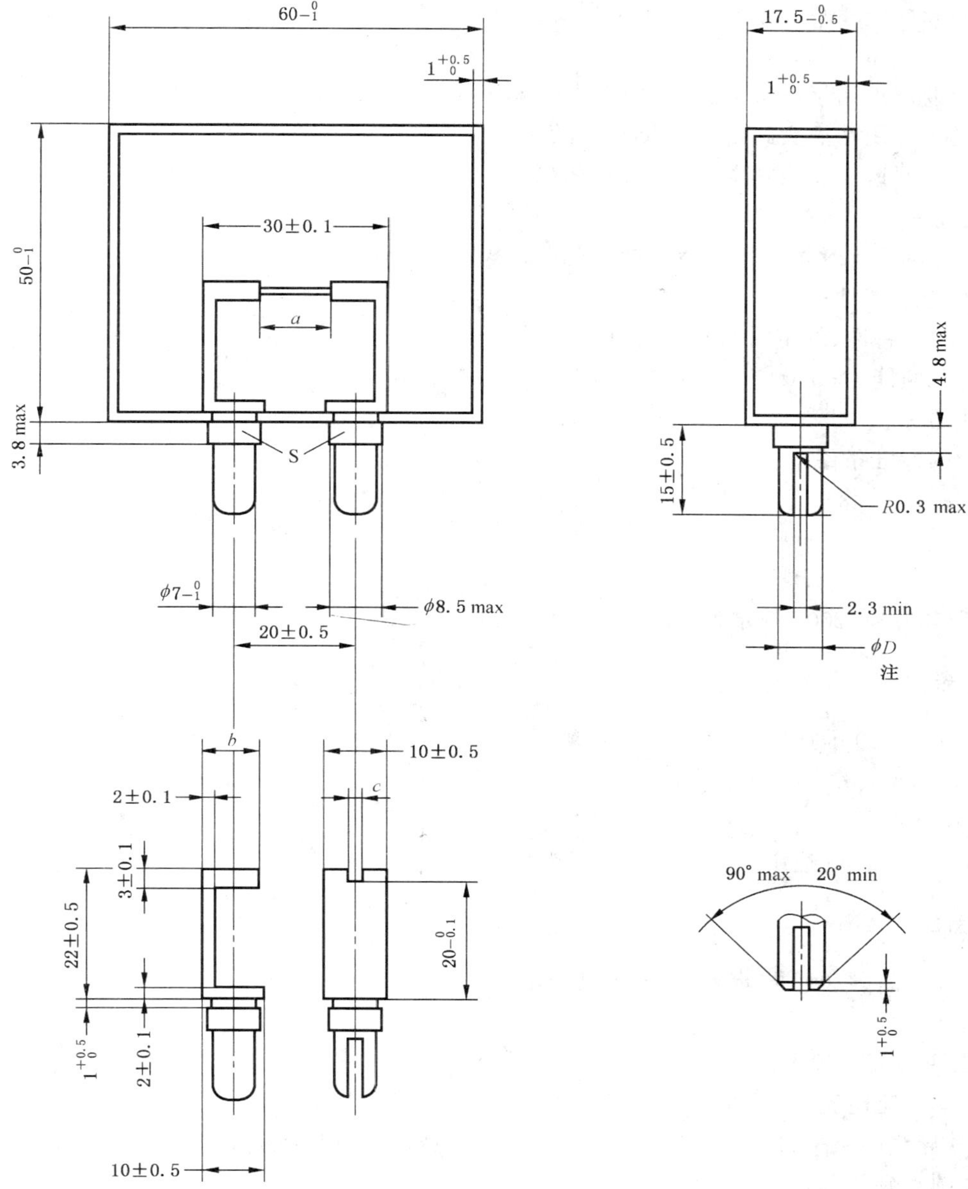

注：劈开后到 $\phi7_{+0.10}^{+0.15}$。

图 504　温升试验用的模拟熔断体

熔断器系统 F——用于插头的圆管式熔断体(BS 插头系统)

1 总则

除 GB 13539.1—2008 规定外,补充下列要求。

1.1 范围

下列补充要求适用于额定电流不超过 13 A、额定电压不超过交流 240 V、由非熟练人员使用的家用和类似用途的主要用在插头的"gG"熔断体。熔断体尺寸由图 601 给出。

除 GB 13539.1—2008 外,补充规定以下熔断器特性:

- 额定电压;
- 熔断体的额定耗散功率和熔断器支持件的额定接受耗散功率;
- 时间-电流特性;
- 门限、I^2t 特性、约定时间和约定电流;
- 额定分断能力;
- 熔断器标志;
- 设计的标准条件;
- 试验。

2 术语和定义

除 GB 13539.1—2008 规定外,补充下列要求。

3 正常工作条件

GB 13539.1—2008 适用。

4 分类

GB 13539.1—2008 适用。

5 熔断器特性

除 GB 13539.1—2008 规定外,补充下列要求。

5.2 额定电压

额定电压为交流 240 V。

5.3.1 熔断体额定电流

为满足软导线的保护,优选额定值为 3 A、13 A。其他额定值必须小于 13 A,从 *R*10 和 *R*20 优先数系列选取,并圆整到最邻近的整数值。

5.3.2 熔断器支持件额定电流

为适当地保护软导线,用于插头的熔断器可要求特殊的电流等级。

5.5 熔断体额定耗散功率和熔断器支持件额定接受耗散功率

为了保证插头保持在可接受的温升极限范围内,在规定试验条件下,通以额定电流时熔断体额定耗散功率应不超过 1 W。

5.6.1 时间-电流特性、时间-电流带和过载曲线

时间-电流带见图 602。

5.6.2 约定时间和约定电流

约定时间和约定电流见表 601。

表 601 约定时间和约定电流

熔断体额定电流 I_n/A	约定时间/h	约定电流	
		I_{nf}	I_f
≤13	0.5	$1.6I_n$	$1.9I_n$

5.6.3 门限

规定弧前时间的门限值见表 602。

表 602 用于插头的“gG”熔断体规定弧前时间的门限值

I_n/A	I_{min}(10 s)/A	I_{max}(5 s)/A	I_{min}(0.1 s)/A	I_{max}(0.1 s)/A
3	5.5	9.5	7	19
13	30	55	70	140

5.7.2 额定分断能力

额定分断能力的最小值不应低于交流 6 kA。

6 标志

除 GB 13539.1—2008 规定外，补充下列要求。

熔管上标志的颜色：额定电流 13A 的为棕色，额定电流 3 A 的为红色，其他额定电流的为黑色。

7 设计的标准条件

除 GB 13539.1—2008 规定外，补充下列要求。

7.1.7 熔断体结构

熔断体中保证非互换性的部件应不能拆除或者更换。

对有指示装置的熔断器，当熔断体装入熔断器支持件或载熔件时，该指示仍应可见。

7.1.8 非互换性

熔断器应设计成熔断体不会因疏忽而被其他额定电流大于预定值的熔断体所取代。

7.3 温升、熔断体的耗散功率以及熔断器支持件的接受耗散功率

以下表 603 代替 GB 13539.1—2008 中表 5。

表 603 接线端子的温升极限

当熔断器底座配以 GB 13539.1—2008 中 8.3.4.2 的表 17 所示的导体(其截面积相应于熔断器底座额定电流)时，接线端子的温升极限不应超过右栏规定值	65 K

7.7 I^2t 特性

7.7.1 弧前 I^2t 值

额定电流 3 A 和 13 A 熔断体，标准化极限值见表 604。

表 604 在 0.01s 时“gG”熔断体弧前 I^2t 值

I_n/A	I^2t_{min}/(A^2s)	I^2t_{max}/(A^2s)
3	2	19
13	250	1 000

7.9 防电击保护

熔断器应设计成当熔断器底座如正常使用那样安装好，并接好线，标准限位件(如有)、熔断体和载熔件均已就位时，带电部件是不可接近的。若熔断器底座的裸露带电部件在熔断器底座安装时准备用防护罩(不作为熔断器的部件)加以覆盖，则这些带电部件被认为是不可接近的。

熔断器在正常使用条件下的防护等级至少为 IP2X。更换熔断体时防护等级可暂时降为 IP1X(见附录 C)。

在使用载熔件的场合，当载熔件从熔断器底座中取出或插入时，熔断体不应从载熔件中自行脱落。

8 试验

除 GB 13539.1—2008 规定外，补充下列要求。

8.1.4 熔断体的布置

对于所有电气试验，熔断体应安装在图 603 所示的试验熔断器底座中。熔断体轴线与试验熔断器底座垂直。

8.1.5 熔断体试验

被试熔断体每个等级需 48 只试品。全部试验都应进行，除非熔断体组成同一熔断体系列（见 GB 13539.1—2008 中 8.1.5.2），在此情况下试验应按表 605 进行。

如果不是由于熔断体故障的原因需要重做试验，重复试验在备用熔断体上进行。备用熔断体的初始冷态电阻应与原熔断体数值相近。

表 605 熔断体试验一览表

	试品数量															
以初始冷态电阻递减排列的试品数量	1～3	4～6	7～9	10～12	13～15	16～18	19～21	22～24	25～27	28～30	31～33	34～36	37～39	40～42	43～45	46～48
试验条款	试验项目															
同一系列中最大额定电流试验	×	×	×	×	×	×	×	×	×	×	×	×	×	×	×	×
同一系列中中间额定电流试验	×	×	×	*	*	*	×	×	×			*		*	×	
同一系列中最小额定电流试验	×	×	×	*	*	*	×	×	×		×	*		*	×	
8.3 温升、耗散功率	×															
8.4.3.1 a) 约定不熔断电流		×	×													
b) 约定熔断电流			×													
8.4.3.2 额定电流	×															
8.4.3.3.2 门限[a] a) c) b) d)				×	×									×	×	
8.5 No.5 分断能力							×									
8.5 No.4 分断能力								×								
8.5 No.3 分断能力									×							
8.5 No.2 分断能力										×						
8.5 No.1 分断能力											×					
8.7.3[a] 0.01 s 时弧前 I^2t a) I^2t_{min}						×										
b) I^2t_{max}												×				
8.11.1 机械强度																×

a 虽然电流范围可以由制造厂提供，但 3 A 与 13 A 熔断体应保证试验。制造厂提供的全部电流范围必须包括 3 A 与 13 A 熔断体。

表605代替GB 13539.1—2008中表11～表13。

试品以不超过10%额定电流的测量电流测试始初冷态电阻值，然后分类并按冷态电阻值递减序列编号，这些编号用来确定按表605所示的各种试验的试品。

8.1.5.2 同一熔断体系列的试验

除GB 13539.1—2008外，以下规定适用：

不同额定电流的熔断体中石英砂颗粒度可以不同。

8.2.4 试验结果的判别

任何试验均不得失败。

8.3 温升与耗散功率验证

8.3.1 熔断器的布置

试验底座(见本熔断器系统8.1.4)用导线截面2.5 mm^2，长度为0.3 m±0.05 m具有PVC或类似绝缘的单芯铜电缆连接，周围环境应避免通风，用适当的温度计或热电偶在与熔断体的水平距离1 m～2 m处测得的温度应在15 ℃～25 ℃范围之内。

8.3.4 试验方法

按照表605选择三个熔断体进行试验。连续通以1 h额定电流后，移去试验底座上的罩。在通额定电流时，测量熔断体两端帽表面之间的毫伏电压降。对于本试验，推荐使用直流电源。假如使用交流电源，应注意避免由于波形失真引起的误差。

8.3.5 试验结果的判别

对任何额定电流的熔断体，测得的毫伏电压降与额定电流的乘积应不超过1 W。

8.4 动作验证

8.4.1 熔断器的布置

按照本熔断器系统8.3.1规定布置，试验电源为基本正弦波形的交流。

8.4.3.1 约定不熔断电流和约定熔断电流验证

按表605选取的6个熔断体通以约定不熔断电流($1.6I_n$)，在约定时间30 min内熔断体不应熔断。

按表605选取的3个熔断体通以约定熔断电流($1.9I_n$)，在约定时间30 min内保证熔断。记录熔断时间以验证时间-电流特性。

8.4.3.2 “gG”熔断体额定电流的验证

在以下试验中，电流应保持在调整值的±2.5%范围内。

按8.3进行耗散功率试验的3个熔断体(允许冷却到室温)应承受100次循环电流。每次循环包括接通$1.2I_n$电流1 h，然后断电15 min。试验应连续进行。当特殊情况时，允许中断一次。

完成上述试验后，接着通以$1.4I_n$电流1 h。

最后，在额定电流下再按8.3.4测量毫伏电压降，其值应不超过原来测量值的10%，熔断体的标志仍可辨认。

8.5 分断能力试验

8.5.1 熔断器的布置

熔断体应安装在如图603所示的封闭熔断器底座上，图中的电缆接头应拆除，将2根25 mm×3 mm截面的铜排用螺栓通过试验接线端子直接连接到熔断器底座上。

在铜排靠近安装接线端子的附近应有坚固的接线端子，这样熔断器底座可由忽略阻抗的铜导体短接，以便校正试验。

典型的试验回路连接如图604所示，试验熔断器底座的金属外壳应用一根细熔丝(FW)连接到电源一极上。熔丝由铜制成，直径不大于0.1 mm，自由长度不小于75 mm。

8.5.2 试验电路特性

除GB 13539.1—2008表20由表606代替外，GB 13539.1—2008中8.5.2适用。

表 606　分断能力试验参数

分断能力试验编号	No. 1	No. 2	No. 3	No. 4	No. 5
预期电流	6 000A	取决于额定电流[a]	$I_3=6.3I_n$	$I_4=4I_n$	$I_5=2.5I_n$
试验电流允差	$^{+10^b}_{0}$ %	±10%			
功率因数	0.3^b～0.4	不作规定(见 8.5.4)			
电压过零后接通角	70°±10°	$0^{\circ}{}^{+20^{\circ}}_{0}$	不作规定		
工频恢复电压(有效值)	额定电压的 $110^{+5^b}_{0}$ %				

[a] 见附录 B 的表 B.1。
[b] 如制造厂同意,允差可以超过。

8.5.4　试验电路整定

功率因数按 GB 13539.1—2008 附录 A 的方法测定,优先选用方法 1。

试验 No.2～No.5(见表 606)的试验电流仅用调节串联电阻来获得,此时空心电抗器维持 No.1 试验时的调节值。

8.5.5　试验方法

8.5.5.1　为了验证熔断器是否符合 GB 13539.1—2008 中 7.5 的要求,试验应按 GB 13539.1—2008 中表 20 进行。附录 B 给出了表 20 的 No.1 和 No.2 试验的替代试验。

8.5.8　试验结果的判别

熔断体应能分断而无外部效应,且损坏程度不会超过下述规定。

对 GB 13539.1—2008 补充如下:

熔断体不应有持续燃弧或者足以引起细熔丝熔化的飞弧或火焰喷出。

8.7　I^2t 特性和过电流选择性验证

8.7.3　熔断体在 0.01 s 时一致性验证

六个熔断体进行 I^2t 试验。

a)　三个试品分别承受表 604 规定的 I^2t_{min} 值 0.01 s 脉冲电流,熔断体不应熔断;

b)　三个试品分别承受表 604 规定的 I^2t_{max} 值 0.01 s 脉冲电流,熔断体应全部熔断。

8.10　触头不变坏验证

按照本部分生产的熔断体应直接用于插头,而不是用于约定的熔断器底座中。插头触头的相应试验应由插头制造厂进行。

因此,本部分不适宜制定熔断体的触头不变坏试验。

8.11.1　机械强度

根据表 605 选取的三个熔断体放在按 GB/T 2423.8 规定的跌落桶中进行试验,桶端盖是 20 mm 厚的硬木(铁树),跌落高度为 350 mm。如制造厂同意,可以用一个钢底的跌落桶代替进行试验,跌落距离可以更高(即用于插头的试验)。

每次仅有一个熔断体试验,跌落桶每分钟旋转 5 转,熔断体承受 50 次跌落,即桶转 25 转。

试后,熔管不破裂,填料不漏出,用手试验时端帽能保持紧固。

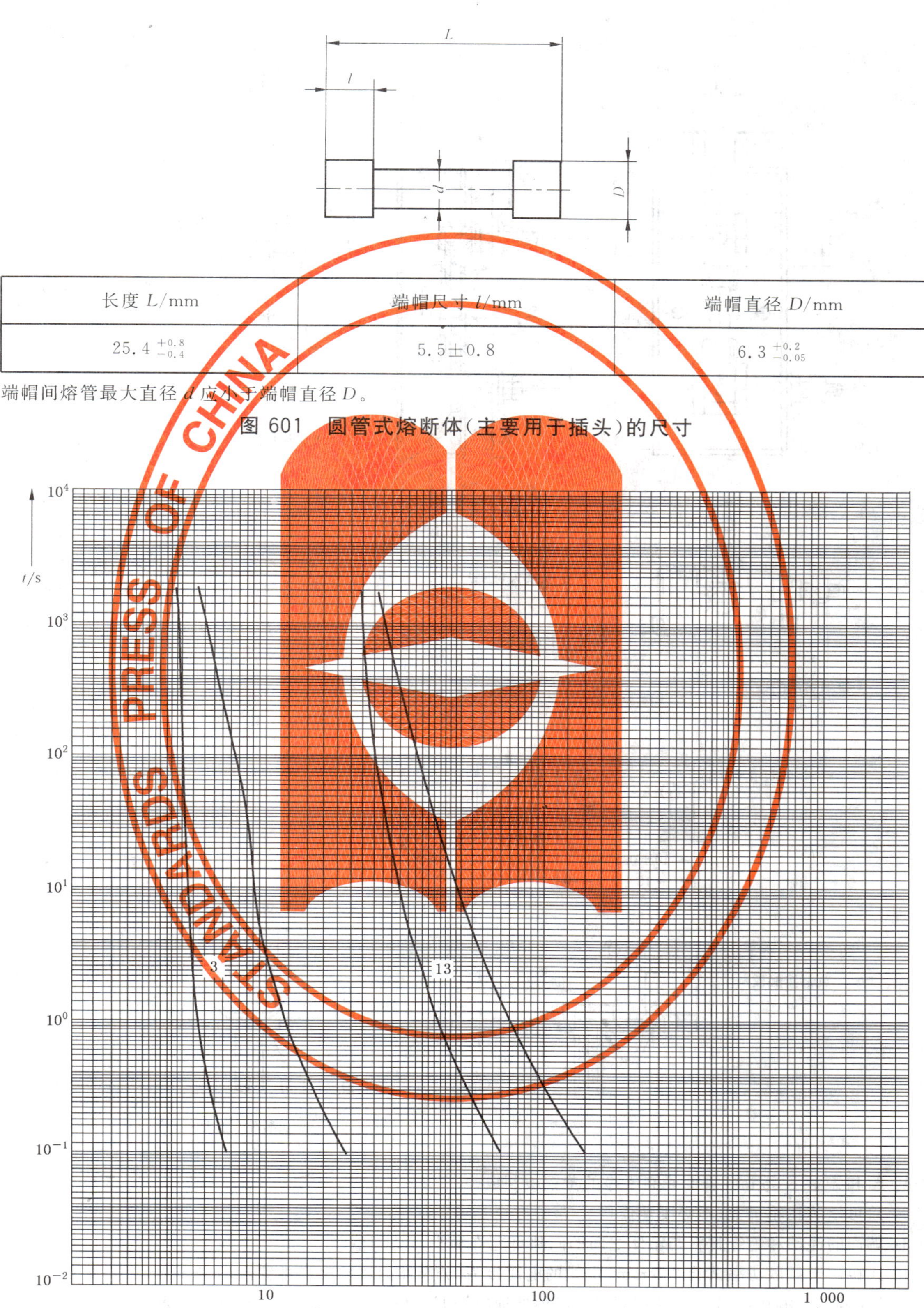

长度 L/mm	端帽尺寸 l/mm	端帽直径 D/mm
$25.4^{+0.8}_{-0.4}$	5.5±0.8	$6.3^{+0.2}_{-0.05}$

端帽间熔管最大直径 d 应小于端帽直径 D。

图 601　圆管式熔断体(主要用于插头)的尺寸

图 602　"gG"熔断体时间-电流带

单位为毫米

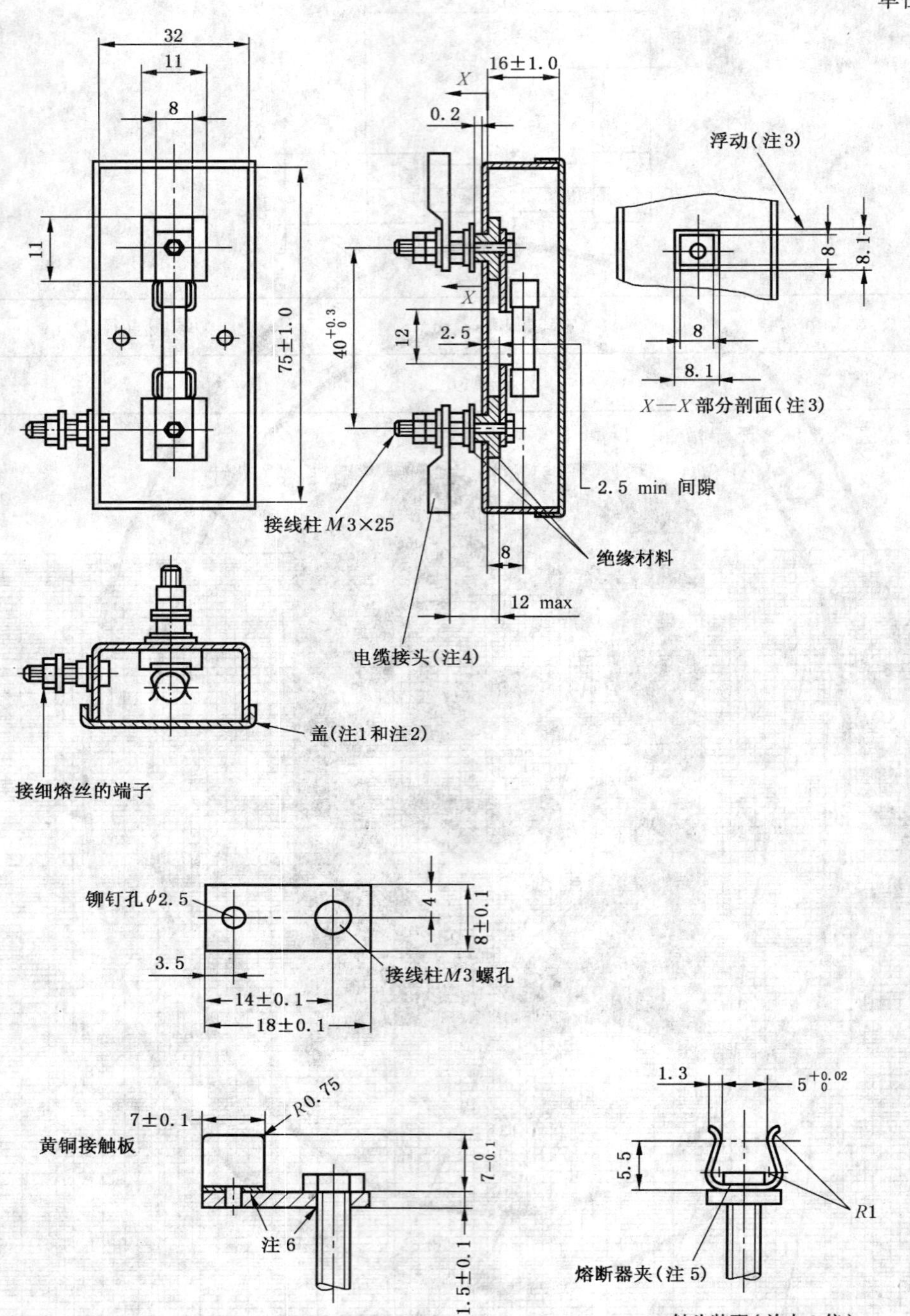

注1：箱和盖由1.25 mm表面光亮干净的黄铜板制成。

注2：盖可压装在箱子上，不必刚性连接。

注3：端面的浮动和绝缘材料与箱体之间的间隙可允许触头自动调整。

注4：连接用于耗散功率试验2.5 mm² 电缆的电缆接头(分断能力试验由铜排替代，见8.5.1)。

注5：熔断器夹，由0.45 mm铍青铜制成并经热处理(170 HV最小)。夹的底部应平整，抛光并镀银。

注6：熔断器夹、接触板和接线柱之间用钎焊连接。

图603　试验熔断器底座

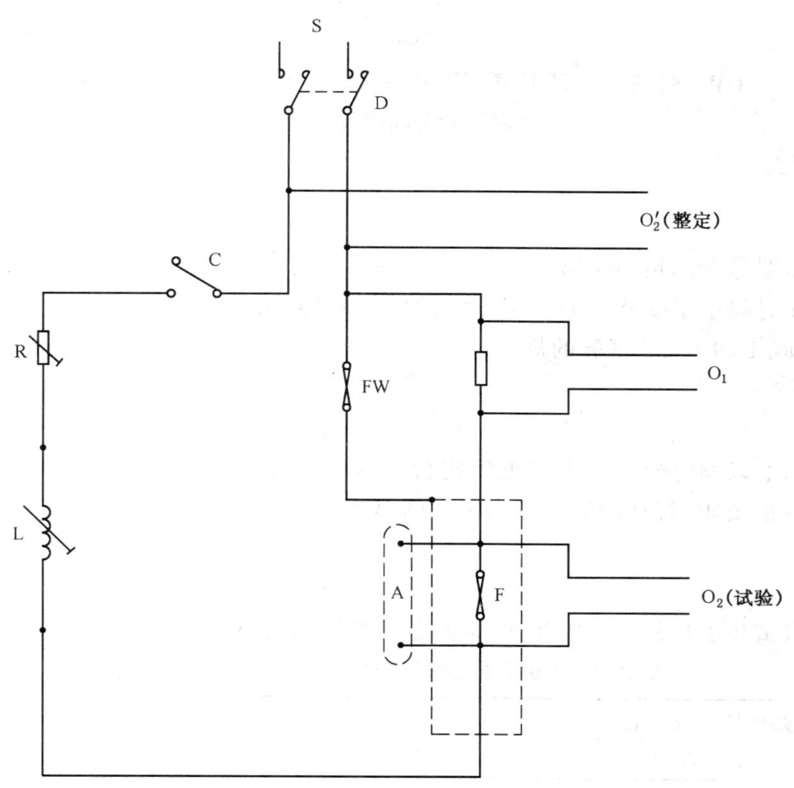

A——整定试验用的可拆连接；
C——闭合电路用的电器；
D——保护电源用断路器或其他电器；
F——被试熔断器；
FW——细熔丝；
L——可调电抗器；
O_1——记录电流的测量电路；
O_2——试验时记录电压的测量电路；
O_2'——整定时记录电压的测量电路；
R——可调电阻；
S——电源。

图 604　分断能力试验用的典型电路图

附　录　B
（资料性附录）
GB 13539.1—2008 表 20 中 No.1 和 No.2 试验的替代试验
（用于全部熔断器系统）

B.1　试验方法

为了验证熔断器是否满足 GB 13539.1—2008 中 7.5 的要求，试验应按 GB 13539.1—2008 中表 20 进行试验。对于在时间小于 0.01 s 时 I^2t 为常数的熔断体，可采用下列试验方法达到 GB 13539.1—2008 中表 20 的 No.1 和 No.2 试验的规定。

B.2　No.1 试验

应在三只试品上以额定分断能力的电流进行试验。作为指南，三次试验中，只要电弧始燃角符合 GB13539.1—2008 的要求，接通瞬间可按本附录图 B.1 规定。

B.3　No.2 试验

试验应在三只试品上进行。作为指南，试验预期电流见表 B.1。

表 B.1　No.2 分断能力试验预期电流的近似值

熔断体的额定电流/ A	预期电流/ A
≤2	100
>2～4	160
>4～6	315
>6～10	500
>10～16	630
>16～20	800
>20～25	1 000
>25～32	1 250
>32～40	1 600
>40～50	2 000
>50～63	2 500
>63～80	3 150
>80～100	5 000

注：若有疑问，可按 GB 13539.1—2008 关于 I_2 的定义(见 GB 13539.1—2008 中 8.5.4 表 20)。

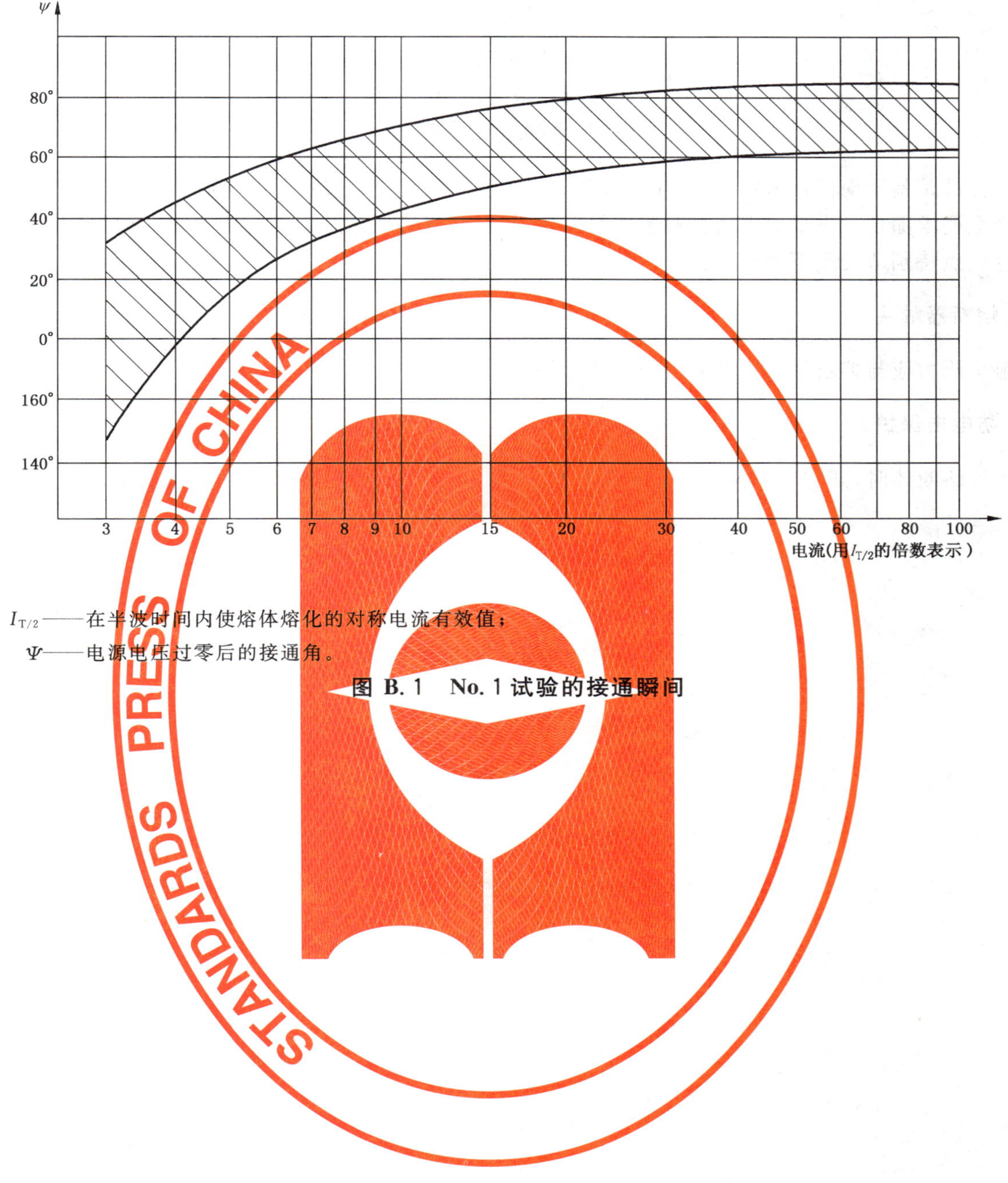

$I_{T/2}$——在半波时间内使熔体熔化的对称电流有效值；

Ψ——电源电压过零后的接通角。

图 B.1 No.1 试验的接通瞬间

附 录 C
（资料性附录）
关于熔断器未来结构的建议
（用于全部熔断器系统）

本标准是基于现行技术状况，即在许多国家多年使用的健全的熔断器系统基础上制定的。

安全要求随技术进步而提高。对于新的熔断器结构，建议把注意力放在所要提高的熔断器的特性上。这一点特别适用于下列条款：

C.1 熔断器触头

触头压力应与熔断器使用者使用的技巧无关。

C.2 防电击保护

更换熔断体时，其防电击保护等级至少为IP2X。

参 考 文 献

[1] IEC 60529:1989 Degrees of protection provided by enclosures (IP Code)

[2] ISO 228-1:2000 Pipe threads where pressure-tight joints are not made on the threads—Part 1:Dimensions, tolerances and designation

[3] ISO 228-2:1987 Pipe threads where pressure-tight joints are not made on the threads—Part 2:Verification by means of limit gauges

[4] ISO 965-1:1998 ISO general-purpose metric screw threads—Tolerances—Part 1:Principles and basic data

ICS 71.060.30
G 11

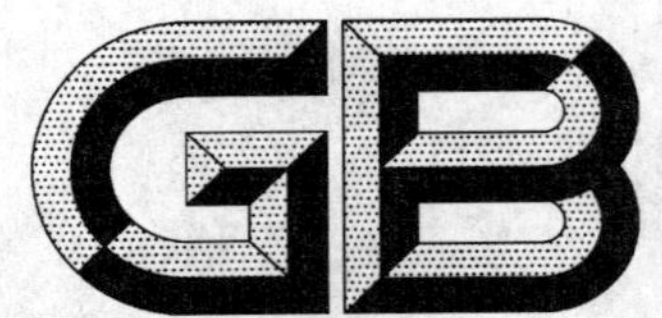

中华人民共和国国家标准

GB/T 13549—2008
代替 GB/T 13549—1992

工业氯磺酸

Chlorsulphonic acid for industrial use

2008-06-04 发布　　2008-12-01 实施

中华人民共和国国家质量监督检验检疫总局
中国国家标准化管理委员会　发布

前　　言

本标准代替 GB/T 13549—1992《工业氯磺酸》。

本标准与 GB/T 13549—1992 相比主要变化如下：

——增加了前言；

——修改了规范性引用文件的内容；

——增加了安全提示；

——修改了碘标准溶液的配制方法；

——修改了检验规则的内容；

——修改了标志、包装、运输和贮存的内容；

——修改了安全的内容；

——删除了附加说明的内容。

本标准由中国石油和化学工业协会提出。

本标准由全国化学标准化技术委员会硫和硫酸分技术委员会(SAC/TC 63/SC 7)归口。

本标准起草单位：南化集团研究院、浙江巨化股份有限公司硫酸厂。

本标准主要起草人：邱爱玲、邹惠玲、冯俊婷、章志萍、郑学根、张汝爱。

本标准为第一次修订。

工 业 氯 磺 酸

1 范围

本标准规定了工业氯磺酸的要求、试验方法、检验规则以及标志、包装、运输、贮存和安全。

本标准适用于由气态三氧化硫和氯化氢合成所制得的工业氯磺酸。

分子式：HSO_3Cl

相对分子质量：116.52（2003年国际相对原子量）

2 规范性引用文件

下列文件中的条款通过本标准的引用而成为本标准的条款。凡是注日期的引用文件，其随后所有的修改单（不包括勘误的内容）或修订版均不适用于本标准，然而，鼓励根据本标准达成协议的各方研究是否可使用这些文件的最新版本。凡是不注日期的引用文件，其最新版本适用于本标准。

GB 190 危险货物包装标志

GB/T 191 包装储运图示标志

GB/T 601 化学试剂 标准滴定溶液的制备

GB/T 602 化学试剂 杂质测定用标准溶液的制备（GB/T 602—2002，ISO 6353-1：1982，Reagents for chemical analysis—Part 1：General test methods，NEQ）

GB/T 603 化学试剂 试验方法中所用制剂及制品的制备（GB/T 603—2002，ISO 6353-1：1982，Reagents for chemical analysis—Part 1：General test methods，NEQ）

GB/T 1250 极限数值的表示方法和判定方法

GB/T 6678—2003 化工产品采样总则

GB/T 6680—2003 液体化工产品采样通则

GB/T 6682 分析实验室用水规格和试验方法（GB/T 6682—2008，ISO 3696：1987，MOD）

GB/T 9725 化学试剂 电位滴定法通则

GB 12268 危险货物品名表

GB/T 15258 化学品安全标签编写规定

3 要求

工业氯磺酸的产品质量分为优等品、一等品和合格品，其技术指标应符合表1的规定。

表 1

项目		指标		
		优等品	一等品	合格品
外观		无明显混浊的液体	允许轻微混浊的液体	允许有混浊的液体
氯磺酸（HSO_3Cl）的质量分数/%	≥	98.0	97.0	95.0
硫酸（H_2SO_4）的质量分数/%	≤	2.0	2.5	4.0
灰分的质量分数/%	≤	0.03	—	—
铁（Fe）的质量分数/%	≤	0.01	0.01	—
铜（Cu）的质量分数/%	≤	0.003	0.003	—
色度/mL	≤	10	—	—
注：指标中的“—”表示该类别产品的技术要求中没有此项目。				

4 试验方法

安全提示——本标准中使用的部分试剂具有毒性或腐蚀性，部分操作具有危险性。氯磺酸在空气中发烟，与水能发生剧烈反应，放出大量的热，甚至爆炸。本标准并未揭示所有可能的安全问题，使用者操作时应小心谨慎并有责任采取适当的安全和健康措施。

本标准中所用的试剂和水，在没有注明其他要求时，均指分析纯试剂和符合 GB/T 6682 规定的三级水。试验中所用标准滴定溶液、杂质测定用标准溶液、制剂及制品，在没有注明其他要求时，均按 GB/T 601、GB/T 602、GB/T 603 的规定制备。

4.1 外观的测定

4.1.1 仪器

比色管：分度值 25 mL～50 mL。

4.1.2 分析步骤

向比色管内加入 25 mL 氯磺酸试样，置于距离约 30cm 的白色瓷板或滤纸的背景前，目视测定。

4.2 氯磺酸的质量分数和硫酸的质量分数的测定　化学滴定法（仲裁法）

4.2.1 原理

以酚酞为指示剂，用氢氧化钠标准滴定溶液滴定氯磺酸试验溶液，再以铬酸钾为指示剂，用硝酸银标准滴定溶液滴定。第一次滴定总酸度，计算出三氧化硫的质量分数。第二次滴定计算出氯化氢的质量分数。据此，计算出氯磺酸的质量分数和硫酸的质量分数。

4.2.2 试剂

4.2.2.1　过氧化氢溶液：1＋9。

4.2.2.2　乙酸溶液：1＋99。

4.2.2.3　氢氧化钠标准滴定溶液：$c(NaOH)=0.1\ mol/L$。

4.2.2.4　硝酸银标准滴定溶液：$c(AgNO_3)=0.1\ mol/L$。

4.2.2.5　酚酞指示液：10 g/L。

4.2.2.6　铬酸钾指示液：50 g/L。

4.2.3 仪器

安瓿球：容积 2 mL～3 mL。

4.2.4 分析步骤

取一干燥安瓿球称量，精确至 0.000 1 g。在微火上小心将球部烤热，迅速将毛细管插入装有试样的瓶中，吸取约 0.15 g 试样，立即熔封毛细管的尖端，并用小火将毛细管外壁沾附的酸液烤干，冷却后再称量，精确至 0.000 1 g。

将安瓿球置于盛有 100 mL 水的 250 mL 带塞锥形瓶中，塞上瓶塞，瓶外用毛巾或双层纱布包好，强烈振荡使安瓿球破碎，放置 10 min，使生成的酸雾全部吸收，用玻璃棒轻轻压碎安瓿球的毛细管，用水冲洗瓶颈及玻璃棒，摇匀溶液，备用。

加 3 滴酚酞指示液（4.2.2.5），用氢氧化钠标准滴定溶液（4.2.2.3）滴定至溶液呈粉红色，且 30 s 内不褪色。然后加 3 滴过氧化氢溶液（4.2.2.1），1 滴乙酸溶液（4.2.2.2），3 mL 铬酸钾指示液（4.2.2.6），用硝酸银标准滴定溶液（4.2.2.4）滴定至溶液出现砖红色为终点。

4.2.5 结果计算

4.2.5.1　三氧化硫（SO_3）的质量分数 w_1，数值以％表示，按公式（1）计算：

$$w_1=\frac{(V_1c_1-V_2c_2)\times M/2}{m\times 1\ 000}\times 100=\frac{(V_1c_1-V_2c_2)\times M}{20m} \qquad \cdots\cdots\cdots\cdots(1)$$

式中：

V_1——氢氧化钠标准滴定溶液（4.2.2.3）的体积的数值，单位为毫升（mL）；

c_1——氢氧化钠标准滴定溶液(4.2.2.3)的浓度的准确数值,单位为摩尔每升(mol/L);

V_2——硝酸银标准滴定溶液(4.2.2.4)的体积的数值,单位为毫升(mL);

c_2——硝酸银标准滴定溶液(4.2.2.4)的浓度的准确数值,单位为摩尔每升(mol/L);

M——三氧化硫的摩尔质量的数值,单位为克每摩尔(g/mol)(M=80.06);

m——试料的质量的数值,单位为克(g)。

4.2.5.2 氯化氢(HCl)的质量分数 w_2,数值以%表示,按公式(2)计算:

$$w_2 = \frac{V_2 c_2 \times M}{m \times 1\ 000} \times 100 = \frac{V_2 c_2 M}{10m} \quad \cdots\cdots(2)$$

式中:

V_2——硝酸银标准滴定溶液(4.2.2.4)的体积的数值,单位为毫升(mL);

c_2——硝酸银标准滴定溶液(4.2.2.4)的浓度的准确数值,单位为摩尔每升(mol/L);

M——氯化氢的摩尔质量的数值,单位为克每摩尔(g/mol)(M=36.46);

m——试料的质量的数值,单位为克(g)。

4.2.5.3 化合成硫酸(H_2SO_4)的水分(H_2O)的质量分数 w_3,数值以%表示,按公式(3)计算:

$$w_3 = 100 - (w_1 + w_2) \quad \cdots\cdots(3)$$

式中:

w_1——按公式(1)计算的三氧化硫(SO_3)的质量分数,以%表示;

w_2——按公式(2)计算的氯化氢(HCl)的质量分数,以%表示。

4.2.5.4 硫酸(H_2SO_4)的质量分数 w_4,数值以%表示,按公式(4)计算:

$$w_4 = 5.444 w_3 \quad \cdots\cdots(4)$$

式中:

w_3——按公式(3)计算的水分的质量分数,以%表示;

5.444——硫酸(H_2SO_4)的相对分子质量与水(H_2O)的相对分子质量的比值(98.08/18.015)。

4.2.5.5 氯磺酸(HSO_3Cl)的质量分数 w_5,数值以%表示,根据公式(5)计算的 α 值按相应的公式计算:

$$\alpha = \frac{w_2}{w_1 - 4.444 w_3} \quad \cdots\cdots(5)$$

若 $\alpha<0.455$,则三氧化硫过量,w_5 按公式(6)计算:

$$w_5 = 3.195 w_2 \quad \cdots\cdots(6)$$

若 $\alpha=0.455$,w_5 按公式(7)计算:

$$w_5 = w_1 + w_2 - 4.444 w_3 \quad \cdots\cdots(7)$$

若 $\alpha>0.455$,则氯化氢过量,w_5 按公式(8)计算:

$$w_5 = 1.455 w_1 - 6.468 w_3 \quad \cdots\cdots(8)$$

式中:

w_1——按公式(1)计算的三氧化硫(SO_3)的质量分数,以%表示;

w_2——按公式(2)计算的氯化氢(HCl)的质量分数,以%表示;

w_3——按公式(3)计算的水分(H_2O)的质量分数,以%表示;

4.444——三氧化硫(SO_3)的相对分子质量与水(H_2O)的相对分子质量的比值(80.06/18.015);

0.455——氯化氢(HCl)的相对分子质量与三氧化硫(SO_3)的相对分子质量的比值(36.46/80.06);

3.195——氯磺酸(HSO_3Cl)的相对分子质量与氯化氢(HCl)的相对分子质量的比值(116.52/36.46);

1.455——氯磺酸(HSO_3Cl)的相对分子质量与三氧化硫(SO_3)的相对分子质量的比值(116.52/80.06);

6.468——氯磺酸(HSO_3Cl)的相对分子质量与水(H_2O)的相对分子质量的比值(116.52/18.015)。

取平行测定结果的算术平均值为测定结果,平行测定结果的绝对差值应不大于0.6%。

4.3 氯磺酸的质量分数和硫酸的质量分数的测定 电位滴定法

4.3.1 原理

先以玻璃电极为指示电极，饱和甘汞电极为参比电极，进行总酸度的电位滴定；再以银电极为指示电极，饱和甘汞电极为参比电极，进行氯化氢的电位滴定。

4.3.2 试剂

本方法使用的水为新制备的无二氧化碳蒸馏水。

4.3.2.1 氯化钾。

4.3.2.2 氢氧化钠标准滴定溶液：$c(NaOH)=0.1$ mol/L。

4.3.2.3 硝酸银标准滴定溶液：$c(AgNO_3)=0.1$ mol/L。

4.3.2.4 明胶溶液：2 g/L。

4.3.3 仪器

4.3.3.1 电位计：灵敏度±2 mV。

4.3.3.2 玻璃电极。

4.3.3.3 甘汞电极：双盐桥型。

4.3.3.4 银电极。

4.3.3.5 磁力搅拌器。

4.3.4 分析步骤

取一干燥安瓿球称量，精确至 0.000 1 g。在微火上小心将球部烤热，迅速将毛细管插入装有试样的瓶中，吸取约 1 g 试样，立即熔封毛细管的尖端，并用小火将毛细管外壁沾附的酸液烤干，冷却后再称量，精确至 0.000 1 g。将安瓿球置于盛有 150 mL 水的 500 mL 带塞锥形瓶中，塞上瓶塞，瓶外用毛巾或双层纱布包好后，强烈振荡使安瓿球破碎，放置 10 min，使生成的酸雾全部吸收，用玻璃棒轻轻压碎安瓿球的毛细管。然后将溶液移入 500 mL 容量瓶中，用水稀释至刻度，摇匀，备用。

量取试验溶液 50.00 mL，置于 300 mL 烧杯中。加水至 150 mL 后，插入玻璃电极(4.3.3.2)和饱和甘汞电极(4.3.3.3)，用氢氧化钠标准滴定溶液(4.3.2.2)作电位滴定。

另外量取试验溶液 50.00 mL，置于 100 mL 烧杯中，加入 1 mL 明胶溶液(4.3.2.4)，插入银电极(4.3.3.4)和饱和甘汞电极(4.3.3.3)，用硝酸银标准滴定溶液(4.3.2.3)作电位滴定。

4.3.5 结果计算

按 GB/T 9725 中二级微商法的规定确定终点，然后按 4.2.5 计算。

4.4 灰分的质量分数的测定 称量法

4.4.1 原理

试料蒸发至干后，在 800℃时灼烧，冷却后称量。

4.4.2 仪器

4.4.2.1 石英皿(或瓷皿)：容量 90 mL～100 mL。

4.4.2.2 高温电炉：可控制温度(800±50)℃。

4.4.3 分析步骤

将石英皿(4.4.2.1)在(800±50)℃灼烧至恒量，置于干燥器中冷却至室温后，称量，精确至 0.000 1 g。称取约 20 g 试样于已恒量的石英皿中(精确至 0.01 g)，在砂浴(或可调温电炉)上小心加热蒸发至干，移入高温电炉(4.4.2.2)内，在(800±50)℃灼烧 30 min，取出石英皿，冷却至室温后称量，精确至 0.000 1 g。

4.4.4 结果计算

灰分的质量分数 w_6，数值以%表示，按公式(9)计算：

$$w_6=\frac{m_1}{m}\times 100 \qquad \cdots\cdots(9)$$

式中：

m_1——试料灼烧后的灰分的质量的数值，单位为克(g)；

m——试料的质量的数值，单位为克(g)。

取平行测定结果的算术平均值为测定结果，平行测定结果的绝对差值应不大于0.007%。

4.5 铁的质量分数的测定 分光光度法

4.5.1 原理

试料蒸干后，残渣溶解于盐酸中，用盐酸羟胺还原溶液中的铁，在pH为2～9的条件下，二价铁离子与邻菲啰啉反应生成橙色络合物，在波长为510 nm处，用分光光度计测其吸光度。

4.5.2 试剂

4.5.2.1 盐酸溶液：$c(HCl)=1$ mol/L。

4.5.2.2 硫酸溶液：1+1。

4.5.2.3 邻菲啰啉溶液：1 g/L。

称取0.1 g邻菲啰啉溶于少量水中，加入0.5 mL盐酸溶液(4.5.2.1)，溶解后用水稀释至100 mL，避光保存。

4.5.2.4 盐酸羟胺溶液：10 g/L。

4.5.2.5 乙酸-乙酸钠缓冲溶液：pH≈4.5。

4.5.2.6 铁(Fe)标准溶液：100 μg/mL。

称取0.863 g硫酸铁铵$[NH_4Fe(SO_4)_2 \cdot 12H_2O]$，精确至0.001 g，溶解于200 mL水中，加5 mL浓盐酸，移至1 000 mL容量瓶中，用水稀释至刻度，摇匀。

4.5.2.7 铁(Fe)标准溶液：10 μg/mL。

量取10.00 mL铁标准溶液(4.5.2.6)置于100 mL容量瓶中，用水稀释至刻度，摇匀。该溶液使用时配制。

4.5.3 仪器

分光光度计：具有510 nm波长。

4.5.4 分析步骤

4.5.4.1 试液的制备

称取10 g～20 g试样，精确至0.01 g，置于50 mL烧杯中，在砂浴(或可调电炉)上蒸发至干，冷却，加2 mL盐酸溶液(4.5.2.1)和25 mL水，加热使其溶解，移入100 mL容量瓶中，用水稀释至刻度，摇匀，备用。

若用测定灰分后的灼烧后残渣测定铁的质量分数，先用5 mL硫酸溶液(4.5.2.2)溶解残渣，蒸干，冷却，加2 mL盐酸溶液(4.5.2.1)和25 mL水，加热使其溶解，移入100 mL容量瓶中，用水稀释至刻度，摇匀，备用。

4.5.4.2 工作曲线的绘制

量取0 mL，2.0 mL，4.0 mL，6.0 mL，8.0 mL，10.0 mL铁标准溶液(4.5.2.7)，分别置于6个50 mL容量瓶中，加水至约25 mL，加2.5 mL盐酸羟胺溶液(4.5.2.4)，5 mL乙酸-乙酸钠缓冲溶液(4.5.2.5)，5 min后加5 mL邻菲啰啉溶液(4.5.2.3)，用水稀释至刻度，摇匀，放置15 min～30 min，显色。

在510 nm波长处，用1 cm吸收池，以水为参比，测出标准显色溶液的吸光度。

从每一标准显色溶液的吸光度值减去空白溶液的吸光度值，以所得吸光度值差为纵坐标，相应的铁质量为横坐标，绘制工作曲线。

4.5.4.3 测定

量取一定量的试液(4.5.4.1)，使其相应的铁质量在20 μg～100 μg之间，置于50 mL容量瓶中，加水至约25 mL，然后按4.5.4.2中所述“加2.5 mL盐酸羟胺溶液……以水为参比”的步骤操作，测定溶液的吸光度。

同时做空白试验。

4.5.5 结果计算

从试液的吸光度值减去空白试验的吸光度值，根据所得的吸光度值差从工作曲线上查出相应的铁的质量。

铁(Fe)的质量分数 w_7，数值以%表示，按公式(10)计算：

$$w_7=\frac{m_1\times10^{-6}}{m}\times100 \qquad (10)$$

式中：

m_1——从工作曲线上查得的铁的质量的数值，单位为微克(μg)；

m——分取试料的质量的数值，单位为克(g)。

取平行测定结果的算术平均值为测定结果，平行测定结果的绝对差值应不大于0.002%。

4.6 铜的质量分数的测定　分光光度法

4.6.1 原理

在pH为8.5～10的氨性介质中，二价铜离子与双环己酮草酰二腙反应生成蓝色络合物，在600 nm波长处，用分光光度计测其吸光度。

4.6.2 试剂

4.6.2.1 硝酸溶液：1+1。

4.6.2.2 硫酸溶液：1+1。

4.6.2.3 柠檬酸氢二铵溶液：100 g/L。

4.6.2.4 氨水溶液：1+1。

4.6.2.5 氨-氯化铵缓冲溶液：pH≈9.5。

4.6.2.6 双环己酮草酰二腙溶液：1.5 g/L。

称取1.5 g双环己酮草酰二腙置于烧杯中，加入100 mL乙醇(95%)，温热溶解。有不溶物时过滤。移入1 000 mL容量瓶中，用水稀释至刻度，摇匀。

4.6.2.7 铜(Cu)标准溶液：1 000 μg/mL。

称取1.000 0 g金属铜(含铜99.9%以上)，置于150 mL烧杯中，加20 mL硝酸溶液(4.6.2.1)，盖上表面皿，加热溶解，再加20 mL硫酸溶液(4.6.2.2)，缓慢加热至冒白烟，以赶尽硝酸，冷却，加入50 mL水再加热，使盐类溶解，小心移入1 000 mL容量瓶中，用水稀释至刻度，摇匀。

4.6.2.8 铜(Cu)标准溶液：10 μg/mL。

量取1.00 mL铜标准溶液(4.6.2.7)，移入100 mL容量瓶中，摇匀，用水稀释至刻度，摇匀。该溶液使用时配制。

4.6.2.9 邻甲酚肽肽指示液：0.4 g/L。

称取0.1 g邻甲酚肽肽溶于250 mL乙醇(95%)中。

4.6.3 仪器

4.6.3.1 恒温水浴锅。

4.6.3.2 分光光度计：具有600 nm波长。

4.6.4 分析步骤

4.6.4.1 工作曲线的绘制

量取0 mL，1.0 mL，2.0 mL，3.0 mL，4.0 mL，5.0 mL，6.0 mL铜标准溶液(4.6.2.8)，分别置于七个50 mL容量瓶中，加水至约25 mL，加入10 mL柠檬酸氢二铵溶液(4.6.2.3)，2滴邻甲酚肽肽指示液(4.6.2.9)，一边摇动一边加入氨水溶液(4.6.2.4)至呈现微红色，再加入5 mL氨-氯化铵缓冲溶液(4.6.2.5)，于15℃～30℃水浴中放置5 min。加入10 mL双环己酮草酰二腙溶液(4.6.2.6)，用水稀释至刻度，摇匀，置于水浴中放置 15 min。

在分光光度计上 600 nm 波长处，用 2 cm 吸收池，以水为参比，测量溶液的吸光度。

从每份标准显色溶液的吸光度值减去空白溶液的吸光度值，以所得的吸光度值差为纵坐标，相应的铜质量为横坐标，绘制工作曲线。

4.6.4.2 测定

称取 20 g～50 g 试样，精确至 0.01 g，置于 50 mL 烧杯中，在砂浴(或可调温电炉)上缓慢加热蒸发至剩余约 0.3 mL～0.5 mL，取下冷却，加少量水，加热使盐类溶解，冷却，加入 10 mL 柠檬酸氢二铵溶液(4.6.2.3)，2 滴邻甲酚肽肽指示液(4.6.2.9)，一边摇动一边加入氨水溶液(4.6.2.4)至呈现微红色，再加入 5 mL 氨-氯化铵缓冲溶液(4.6.2.5)，小心移入 50 mL 容量瓶中，于 15℃～30℃ 水浴中放置 5 min。加入 10 mL 双环己酮草酰二腙溶液(4.6.2.6)，用水稀释至刻度，摇匀，置于水浴中放置15 min。

在分光光度计上 600 nm 波长处，用 2 cm 吸收池，以水为参比，测量试液的吸光度。

同时做空白试验。

4.6.5 结果计算

从试液的吸光度值减去空白试验的吸光度值，根据所得吸光度值差从工作曲线上查出相应的铜的质量。

铜(Cu)的质量分数 w_8，数值以%表示，按公式(11)计算：

$$w_8 = \frac{m_1 \times 10^{-6}}{m} \times 100 \qquad \cdots\cdots(11)$$

式中：

m_1——从工作曲线上查得的铜的质量的数值，单位为微克(μg)；

m——试料的质量的数值，单位为克(g)。

取平行测定结果的算术平均值为测定结果，平行测定结果的绝对差值应不大于 0.000 2%。

4.7 色度的测定

4.7.1 原理

目视比较试样和色阶对比溶液的颜色，测定试样的色度。

4.7.2 试剂

4.7.2.1 碘。

4.7.2.2 碘化钾。

4.7.2.3 碘标准溶液：1 000 μg/mL。

称取 2.0 g 碘化钾(4.7.2.2)和 0.500 g 碘(4.7.2.1)，溶于 10 mL 水中。完全溶解后，小心移入 500 mL 容量瓶中，用水稀释至刻度，摇匀。再移入烘干的棕色磨口玻璃瓶中，贮存于暗处，备用。

4.7.2.4 色阶对比溶液。

取 12 个 100 mL 容量瓶，用滴定管按表 2 所示准确加入碘标准溶液(4.7.2.3)，然后用水稀释至刻度，摇匀。该溶液使用时配制。

4.7.3 仪器

具塞玻璃比色管：分度值 25 mL～50 mL。

4.7.4 分析步骤

向比色管内加入 20.0 mL 试样，塞上管塞并放置 2 h。

另取 12 支比色管，各加入 20.0 mL 色阶对比溶液(4.7.2.4)，在白色瓷板或滤纸的背景前，目视比较试样和色阶对比溶液的颜色。

取与试样颜色相同的色阶对比溶液的色度值，作为试样的色度值。当样品颜色介于相邻两色阶对比溶液颜色之间时，取较大值作为试样的色度值。所得结果以整毫升数表示。

表 2

色度值/mL	碘标准溶液体积/mL
1	1.00
2	2.00
3	3.00
4	4.00
5	5.00
6	6.00
7	7.00
8	8.00
9	9.00
10	10.00
15	15.00
20	20.00

5 检验规则

5.1 工业氯磺酸应由生产企业的质量监督检验部门检验，一般以一贮罐为一批，生产企业应保证每批出厂的产品各项指标符合本标准的要求。每批产品都应附有质量证明书，其内容包括：产品名称、产品等级、生产企业名称、生产企业地址、商标、批号、生产日期、净含量、本标准编号等。

5.2 使用单位有权按照本标准的规定对所收到的工业氯磺酸进行验收，核准其质量指标是否符合本标准的要求。当供需双方对产品质量发生异议时，应由有资质的第三方检验机构仲裁检验。

5.3 本标准所列的指标中外观、氯磺酸的质量分数、硫酸的质量分数、灰分的质量分数、铁的质量分数和色度等六项为出厂检验项目，应逐批检验，其中铁的质量分数在产品装运时测定。铜的质量分数为抽检项目，每月抽检一次。

5.4 检验用的样品，由质检部门专人随机采样。采样按 GB/T 6680—2003 中 7.1.2 和 GB/T 6678—2003 中 7.6 的规定进行。取样总量不得少于 250 mL。

5.5 将取得的样品混合均匀，立即装入清洁、干燥、具磨口塞的玻璃瓶中，瓶上应贴有标签，注明产品名称、生产企业名称、批号、采样日期、采样者姓名等。一瓶用于检验，另一瓶作为保留样。

5.6 检验结果按 GB/T 1250 中规定的修约值比较法判定是否符合本标准。若检验结果有一项指标不符合本标准的要求，应重新取两倍量的样品作为实验室样品进行复验，复验结果即使有一项指标不符合本标准的要求，则整批产品为不合格。

6 标志、包装、运输和贮存

6.1 工业氯磺酸容器上应有明显、牢固的标志，内容包括：产品名称、产品等级、生产企业名称、生产企业地址、商标、批号、生产日期、净含量、本标准编号、符合 GB 190 规定的“腐蚀品”标志和 GB/T 191 规定的“怕雨”标志。

6.2 工业氯磺酸应装于专用的槽车或特制金属罐内。槽车或罐应定期清理。

6.3 工业氯磺酸的包装罐应严密封口，再装入坚固木箱或铁桶内，箱内用不燃材料作衬垫，箱外用铁丝或铁皮捆紧。包装罐每罐净含量不超过 50 kg。

6.4 运输氯磺酸应遵照相应的各种运输方式的运送危险货物的条例，如遇雨、雪，须以避水用具遮盖，避水用具严禁有滴漏现象。

6.5 氯磺酸应贮存在阴凉、干燥、通风良好的库房内，不可遭雨水浸入，应与易燃和可燃物、易爆物、金属粉末、氧化剂、油脂类等分开存放，不可混贮混运。包装产品不得迭放、倾斜或翻滚。

6.6 工业氯磺酸的标签应符合 GB 15258 的规定。

7 安全

7.1 工业氯磺酸属于 GB 12268 规定的一级无机酸性腐蚀品，具有腐蚀性和强吸湿性，操作时必须穿戴防护眼镜、耐酸手套、全身防护服和耐酸靴子。

7.2 工作现场应备有应急水源。

7.3 工业氯磺酸若溅在身上，应立即脱去被污染衣着，用大量流动清水冲洗至少 15 min，就医；工业氯磺酸若溅入眼睛，应立即提起眼睑，用大量流动清水冲洗至少 15 min，就医；若误服工业氯磺酸，不要催吐，立即就医。

7.4 工作环境禁止吸烟、进食和饮水，工作毕，淋浴更衣。

7.5 工业氯磺酸遇水能发生爆炸，如包装容器发生少量渗漏，只能用黄砂等不起反应的吸附材料吸附。

ICS 21.220.10
G 42

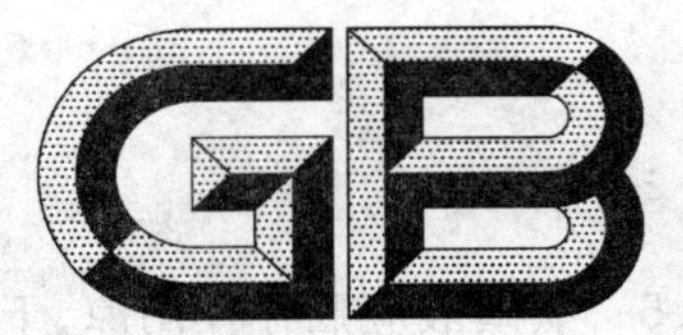

中华人民共和国国家标准

GB 13552—2008
代替 GB 13552—1998

汽车多楔带

Automotive V-ribbed belts

(ISO 9981:1998 Belt drives—Pulleys and V-ribbed belts for the automotive industry—PK profile:Dimensions,NEQ;ISO 11749:1995 Belt drive—V-ribbed belts for the automotive industry—Fatigue test,NEQ)

2008-12-30 发布 2009-12-01 实施

中华人民共和国国家质量监督检验检疫总局
中国国家标准化管理委员会 发布

前　言

本标准4.2是强制性的，其余是推荐性的。

本标准对应于ISO 9981:1998《带传动——汽车多楔带和带轮——PK型:尺寸》和ISO 11749:1995《带传动——汽车工业用多楔带——疲劳试验》，本标准与ISO 9981:1998和ISO 11749:1995一致性程度为非等效。

本标准代替GB 13552—1998《汽车多楔带》。

本标准中与ISO 9981:1998和ISO 11749:1995的主要差异如下：

——根据日本汽车工业协会标准JASO E109:1994《汽车多楔带》增加了有效长度极限偏差、楔高参考值、楔角、露出高度测量方法；

——根据JASO E109:1994增加带的三轮疲劳试验机传动功率、张力、疲劳寿命；

——根据JASO E109:1994增加带的拉伸性能、耐低温性能、外观质量；

——增加了检验规则、标志、包装、运输、贮存。

本标准与GB 13552—1998相比主要变化如下：

——加严了有效长度的极限偏差(1998年版的4.5.4，本版的3.5.4)；

——增加了对疲劳试验设备的具体要求，同时增加了两轮试验机的试验程序以及对设备的具体要求(见A.2，A.4.2.1.2)；

——将多楔带疲劳试验指标由50 h增加到80 h(1998年版的5.2，本版的4.2)；

——将多楔带疲劳试验方法由正文改为附录A(1998年版的6.2，本版的附录A)。

本标准的附录A为规范性附录。

本标准由中国石油和化学工业协会提出。

本标准由全国带轮与带标准化技术委员会摩擦型带传动分技术委员会(SAC/TC 428/SC 3)归口。

本标准起草单位：贵州大众橡胶有限公司、杭州金泰胶带有限公司、浙江紫金港胶带有限公司、宁波丰茂远东橡胶有限公司、无锡贝尔特胶带有限公司、西北工业大学、青岛橡胶工业研究所。

本标准主要起草人：项雪薇、宋惠颜、汪金芳、陈海、曾军、尤建平、李树军、韩德深、邓平、许喆。

本标准所代替标准的历次版本发布情况为：

——GB 13552—1992，GB 13552—1998。

汽 车 多 楔 带

1 范围

本标准规定了汽车多楔带(以下简称带)的产品分类、要求、试验方法、检验规则及标记、包装、储运。

本标准适用于汽车内燃机的风扇、电机、水泵、压缩机、动力转向泵、增压器等传动用带。

2 规范性引用文件

下列文件中的条款通过本标准的引用而成为本标准的条款。凡是注日期的引用文件,其随后所有的修改单(不包括勘误的内容)或修订版均不适用于本标准,然而,鼓励根据本标准达成协议的各方研究是否可使用这些文件的最新版本。凡是不注日期的引用文件,其最新版本适用于本标准。

GB/T 11357 带轮的材质、表面粗糙度及平衡(GB/T 11357—1989,eqv ISO 254:1981)

GB/T 17516.2 V带和多楔带传动 测定节面位置的动态试验方法 第2部分:多楔带(GB/T 17516.2—1998,idt ISO 8370-2:1993)

3 形状尺寸及原材料要求

3.1 型号

带的型号用来表示截面形状和尺寸。汽车多楔带一般采用PK型号。

3.2 规格、标记

汽车多楔带的尺寸特性包括带楔数、型号和有效长度,采用以下数字和字母进行标记。

a) 第一组数字表示带楔数;

b) 一组字母表示型号;

c) 第二组数字表示以毫米为单位的有效长度。

示例:

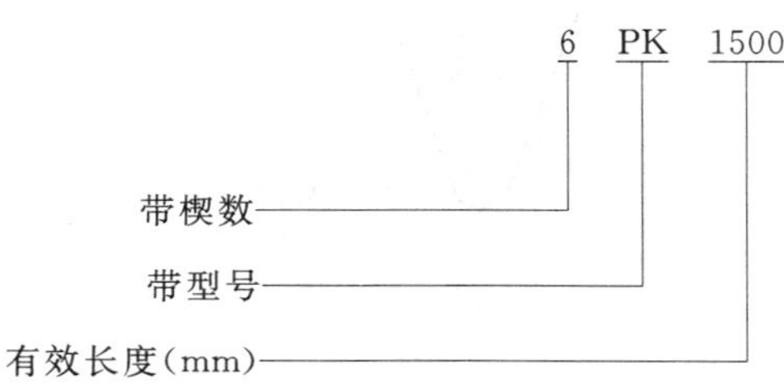

3.3 形状及结构

汽车多楔带是截面如图1所示的环形带。

3.4 使用材料

3.4.1 橡胶

粘合胶和楔胶的组成应是均匀一致的。

3.4.2 带背织物

采用以棉纤维、合成纤维或它们的混纺纤维织成的织物作为带背织物。织物的经向和纬向的密度应均匀,且无疵点和扭曲变形。

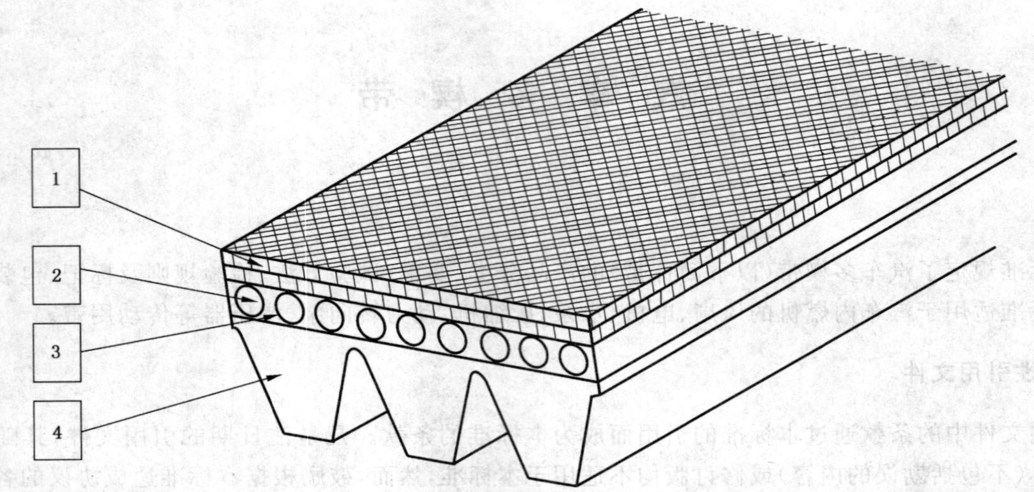

1——带背织物；

2——抗拉体；

3——粘合胶；

4——楔胶。

图 1　多楔带的结构

3.4.3　抗拉体

采用以合成纤维制成的线绳，其捻度应均匀一致。

3.5　尺寸

3.5.1　截面尺寸

带的截面尺寸的参考值如图 2 和表 1 所示。

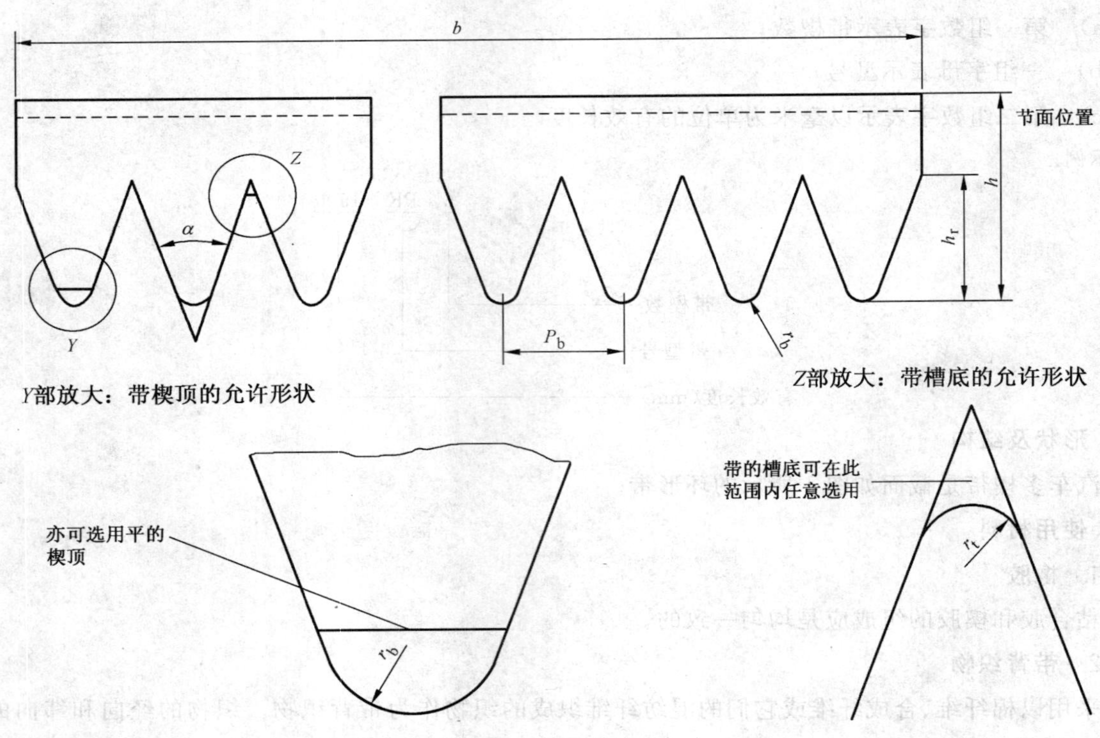

图 2　带的横截面

表 1　带的截面尺寸

单位为毫米

名　　称	尺　　寸
楔距 P_b	3.56
楔角 α	40°
楔底弧半径 r_t	0.25(最大值)
楔顶弧半径 r_b	0.5(最小值)
带厚 h	4～6(参考)
楔高 h_t	2～3(参考)
注：表中楔距和带高仅为参考值。楔距累积公差是一个重要指标，但它常常受带工作时的张紧力和抗拉体的模量的影响。	

3.5.2　有效线差及露出高度

带的有效线差及露出高度如图 3 所示。露出高度按 5.1 方法进行测定，有效线差按 GB/T 17516.2 的测定方法进行测量。有效线差和露出高度的公称值和极限偏差均由供需双方协商确定。

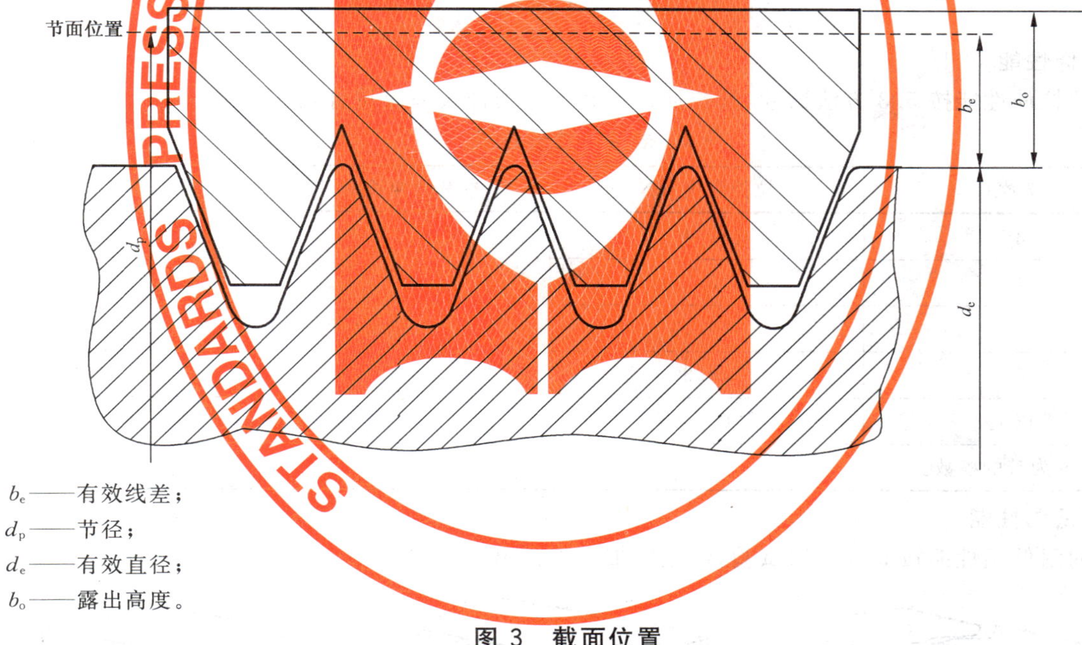

b_e——有效线差；
d_p——节径；
d_e——有效直径；
b_o——露出高度。

图 3　截面位置

3.5.3　最小带轮直径

为使带达到应有的使用寿命，所用带轮的直径应不小于表 2 的规定值。

表 2　最小轮径

单位为毫米

项　　目	正　向　弯　曲	反　向　弯　曲
有效直径	55	—
外径	—	85

3.5.4　有效长度的极限偏差

带的长度用有效长度表示，按 5.1 所述方法进行测定。有效长度一般应为 10 mm 的整倍数，其极限偏差如表 3 所示。

表 3　有效长度的极限偏差

单位为毫米

有效长度 L_e	极　限　偏　差
≤1 000	±5.0
>1 000,≤1 200	±6.0
>1 200,≤1 500	±8.0
>1 500,≤2 000	±9.0
>2 000,≤2 500	±10.0
>2 500,≤3 000	±11.0
注：有效长度大于 3 000 mm 时，其极限偏差由带的制造方与使用方协商确定。	

4　要求

4.1　外观要求

带的外观不得有由目测能确认的有害的扭曲、歪斜、裂纹、气泡、异物等缺陷。

4.2　疲劳寿命

根据实际使用情况或按供需双方协议，选用二轮、三轮或四轮台架试验机按附录 A 方法测定带的疲劳寿命。在达到规定的试验运转时间时，带上不得出现图 4 所示的损坏现象。疲劳寿命不应低于 80 h。

4.3　拉伸性能

带的拉伸性能按 5.3 方法试验，其拉伸强度和参考力伸长率应符合表 4 规定。

表 4　拉伸性能

楔数	拉伸强度/kN	参考力伸长率/%	参考力/kN
3	≥2.40	≤3.0	0.75
4	≥3.20		1.00
5	≥4.00		1.25
6	≥4.80		1.50
7 以上	≥0.8×n		0.25×n
注：n 为带的楔数。			

4.4　耐低温性能

带的耐低温性能按 5.3 方法试验，试验后带上不得出现裂纹。

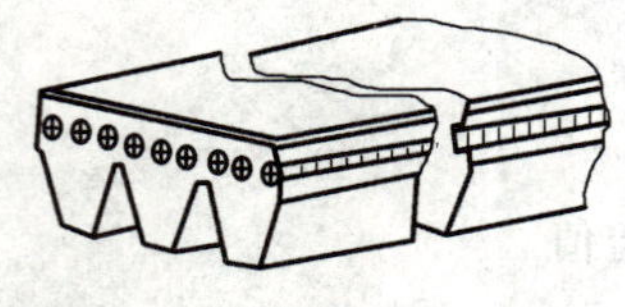
带断裂

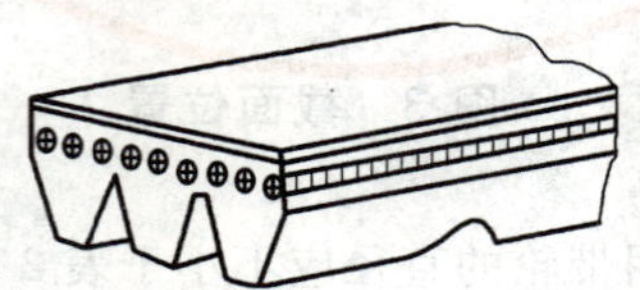
带齿缺损（一处或多处）

带齿裂纹（深达抗拉体）

图 4　外观缺陷

5　试验方法

5.1　长度及露出高度的测量

5.1.1　装置

带的有效长度是将带安装在由以下部分构成的测量装置上测量的，如图 5 所示。

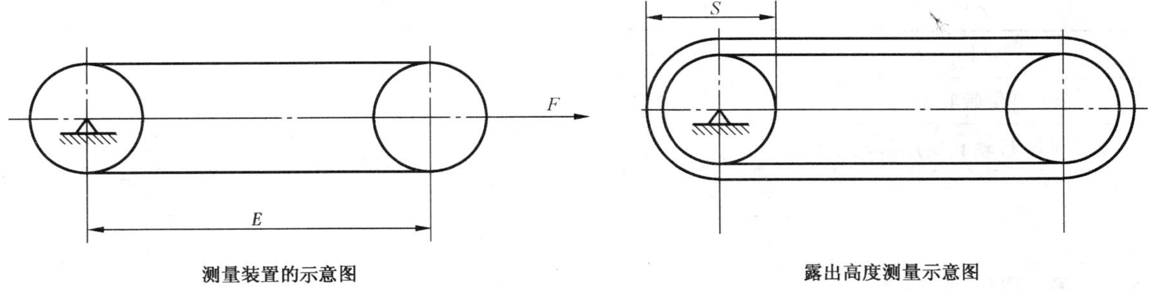

测量装置的示意图　　　　露出高度测量示意图

图 5　长度及露出高度的测量装置

5.1.1.1　两个直径相等的带轮，其中一个是固定的，另一个是可移动的。两带轮的带轮轮槽截面与尺寸应符合图 6 和表 5，荐用有效直径可根据表 6 给出的量值确定。

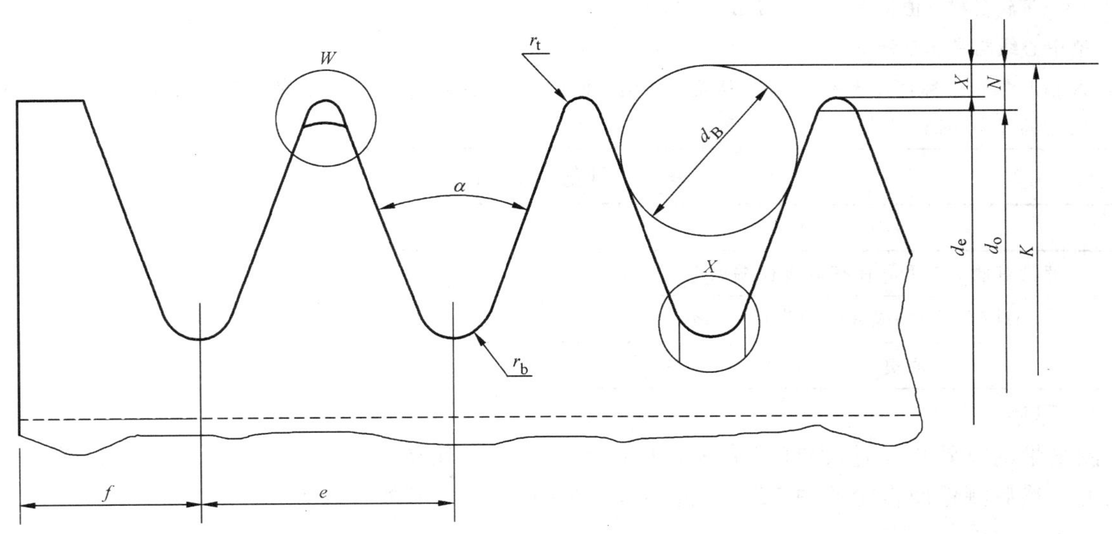

*W*部放大：带轮楔顶的允许形状　　　　*X*部放大：带轮槽底的允许形状

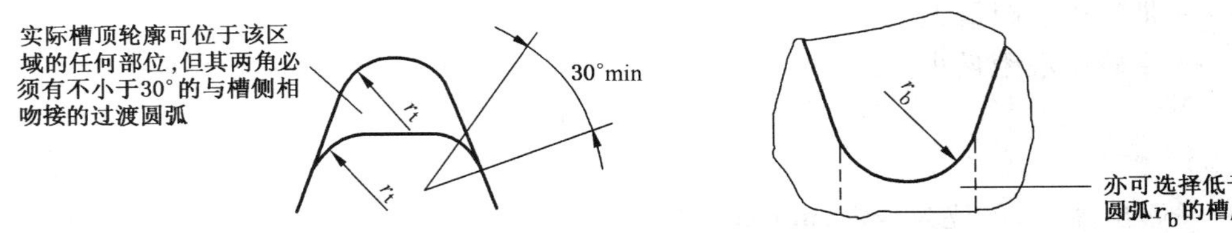

图 6　轮槽截面图

5.1.1.2　加力装置，用于对可移动带轮施加总测量力。

5.1.1.3　测量装置用于测量两带轮中心距。

5.1.2　测量力

为测量带的有效长度而施加的测量力应符合表 6 的规定。

表 5 PK 型带轮轮槽尺寸

单位为毫米

项 目	极 限 偏 差	规 定 值
槽距 e	±0.05[a,b]	3.56
测量带轮槽角 α[c]	±0°15′	40°
运转试验带轮和实用带轮槽角 α[c]	±1°	40°
r_t	最小值	0.25
r_b	最大值	0.5
测量用球(或柱)直径 d_B	±0.01	2.5
$2x$	公称值	0.99
$2N$[d]	最大值	1.68
f	最小值	2.5

a e 值公差用于检测两相邻轮槽轴线间距。

b 任一带轮各槽 e 值偏差之和不得超出±0.3。

c 槽中心线与带轮轴线的夹角应为 90°±0.5°。

d N 值与带轮公称直径无关,它是指从置于轮槽内的测量用球(或柱)与轮槽的接触点到测量用球(或柱)外缘之间的径向距离。

表 6 测量带轮和测量力

项 目	数 值
带轮有效周长 U_e(在有效直径端点上)/mm	300
球(或柱)外缘处带轮直径 K/mm	96.48±0.13
每楔测量力 F/N	100

5.1.3 程序

测量带的有效长度时,先将带转动至少两圈,使带楔与轮槽配合好,并使测量力平均分配在带的两直段上。然后测量两带轮的中心距 E,并用式(1)计算出带的有效长度 L_e 及露出高度 b_o。

$$L_e = E_{max} + E_{min} + U_e \quad \cdots\cdots(1)$$

式中:

L_e——带的有效长度;

U_e——测量带轮的有效圆周长;

E_{max}——带轮中心距最大值;

E_{min}——带轮中心距最小值。

$$b_o = S - d_e$$

式中:

b_o——露出高度,单位为毫米(mm);

d_e——带轮有效直径,单位为毫米(mm);

S——计算用值(见图 5),单位为毫米(mm)。

5.2 拉伸试验

5.2.1 试样

从一条带上切取长 250 mm 的三段作为三个试样。在每个试样的中部画两长相距 100 mm 的标线,用以测定伸长率。如果在一条带上不能切出三个试样,则试样个数由带的制造方和使用方协商确定。

5.2.2 试验程序

在 25 ℃±5 ℃的环境中，在拉力试验机上对试样进行拉伸试验。试验速度为 50 mm/min±5 mm/min。

测定当试样拉断时的最大拉力，作为拉伸强度。

一般来说，标准测定值应是对三个测定值取平均值圆整至仅含两位小数所得到的结果。

在夹持部位断裂的试样的测定值应予以舍弃，并在同一条带上再切取试样进行试验以补充缺少的测定值。

5.3 耐低温试验

5.3.1 试样

按 5.1 所述从带上切取三个试样。在 100 ℃±2 ℃温度下对试样进行 70^{+2}_{0} h 的预处理。

5.3.2 程序

将试样冷却至室温并置于 −30 ℃±1 ℃温度下达 70^{+2}_{0} h，取出后立即对其按表 7 要求在一圆柱体上进行弯曲试验。弯曲弧度至少为 90°。

根据带在使用中的状态确定是采用弯曲条件 A2 还是采用弯曲条件 B2。

表 7 弯曲条件

项 目	条件 A2	条件 B2
试验室温度/℃	25±5	25±5
圆柱体直径/mm	40	70
弯曲方向	正向弯曲	反向弯曲
注：带楔部向内侧弯曲的状态称正向弯曲，带楔部向外侧弯曲的状态称反向弯曲。		

5.4 疲劳试验

带的疲劳试验按附录 A 规定进行。

6 检验规则

6.1 带应由制造厂质量检验部门检验合格，并出具合格证后方能出厂。

6.2 每条带应逐条按 3.5.4 和 4.1 检验外观质量和有效长度。

6.3 截面尺寸每 1 000 条抽取一条进行检查，拉伸性能试验每月至少进行两次。

6.4 耐低温性能试验每季度至少进行一次。

6.5 对同样型号同等材质的带每次抽取两条进行疲劳寿命试验，每半年至少进行一次。

6.6 在 6.3～6.5 所述的各项试验中有不合格项目时，应在该批带中另取双倍试样，对不合格项目及有关项目进行复试，若试验结果中有一项仍不合格，则该批产品为不合格品。

7 标志、标签、包装、运输、贮存

7.1 标志

每条带上应有水洗不掉的明显标志，包括以下内容：

a) 规格标记；

b) 生产厂家及商标；

c) 制造年月。

7.2 标签和包装

每条带应用纸套和塑料膜包装，每 50 条至 100 条带采用合适的包装袋或包装箱进行包装，每个外包装上应注明生产厂家、商标、规格、数量及生产年月。在袋或箱内应附有以硬纸板或塑料薄膜制作的标签，其上应包括以下内容：

a) 制造厂名或商标；

b） 规格标记；

c） 袋或箱内带的条数；

d） 制造年月；

e） 需方要求注明的零件号；

f） 质检部门合格章。

7.3 运输、贮存

7.3.1 带在运输和贮存中，应避免阳光直射和雨雪浸淋，保持清洁，防止酸、碱、油及有机溶剂等有害于带质量的物质接触，带的贮存位置应离热源装置 1 m 以上，贮存中不能使带受到过大的弯曲和挤压。

7.3.2 贮存时库房温度宜保持在－15 ℃～40 ℃，相对湿度 50％～80％。

附　录　A
（规范性附录）
带传动　汽车工业用多楔带　疲劳试验

A.1　总述

在 A.2.1 规定的两轮、三轮或四轮试验机上按下面规定的条件测定带的运转性能。

注 1：四轮试验机试验的最短多楔带为 1 000 mm（见图 A.1）；带长为 800 mm 至 1 000 mm 的多楔带在三轮试验机上试验（见图 A.2）；较短的带应在两轮试验机上试验（见图 A.3），详见表 A.1。

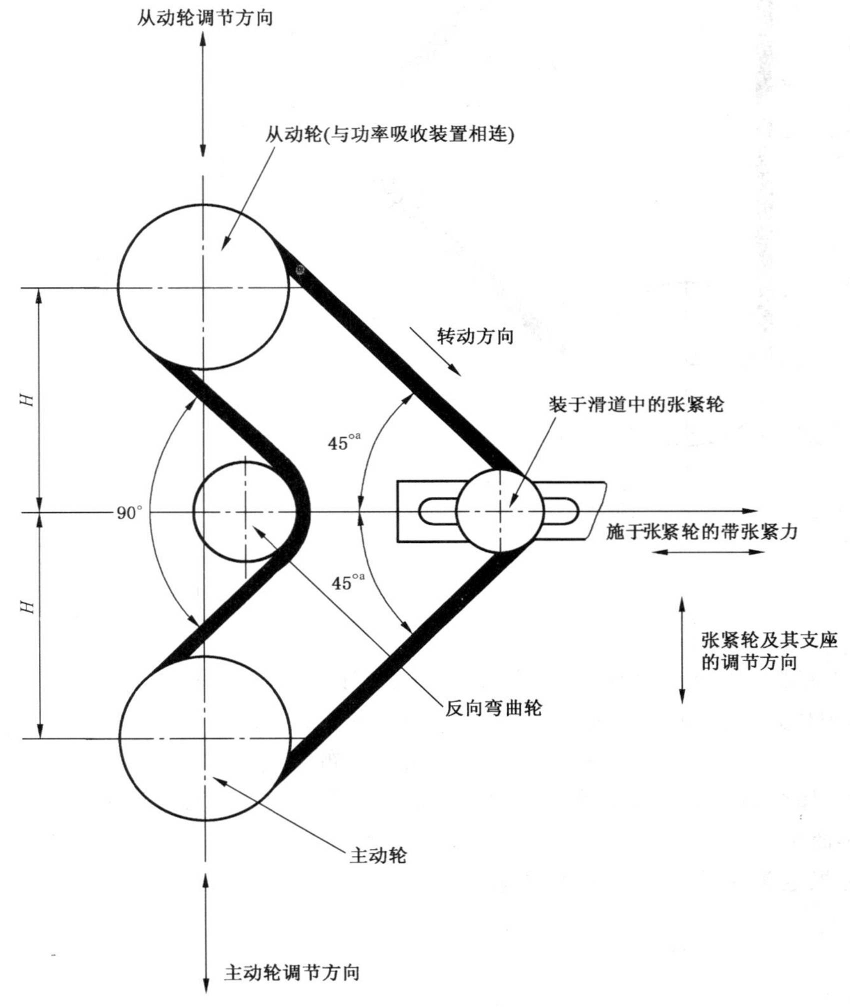

注：安装在带轮上的带所在平面与各带轮中心确定的平面的夹角应调整到±15′。

[a] 45°是试验开始时该夹角的大小，试验过程中可由于带的再张紧而有所改变。

图 A.1　四轮试验机的布置

表 A.1　运转试验用带的要求

试　验　设　备	带　的　楔　数	带的有效长度/mm
三轮试验机	3	800～1 000
四轮试验机	3	1 000～1 300

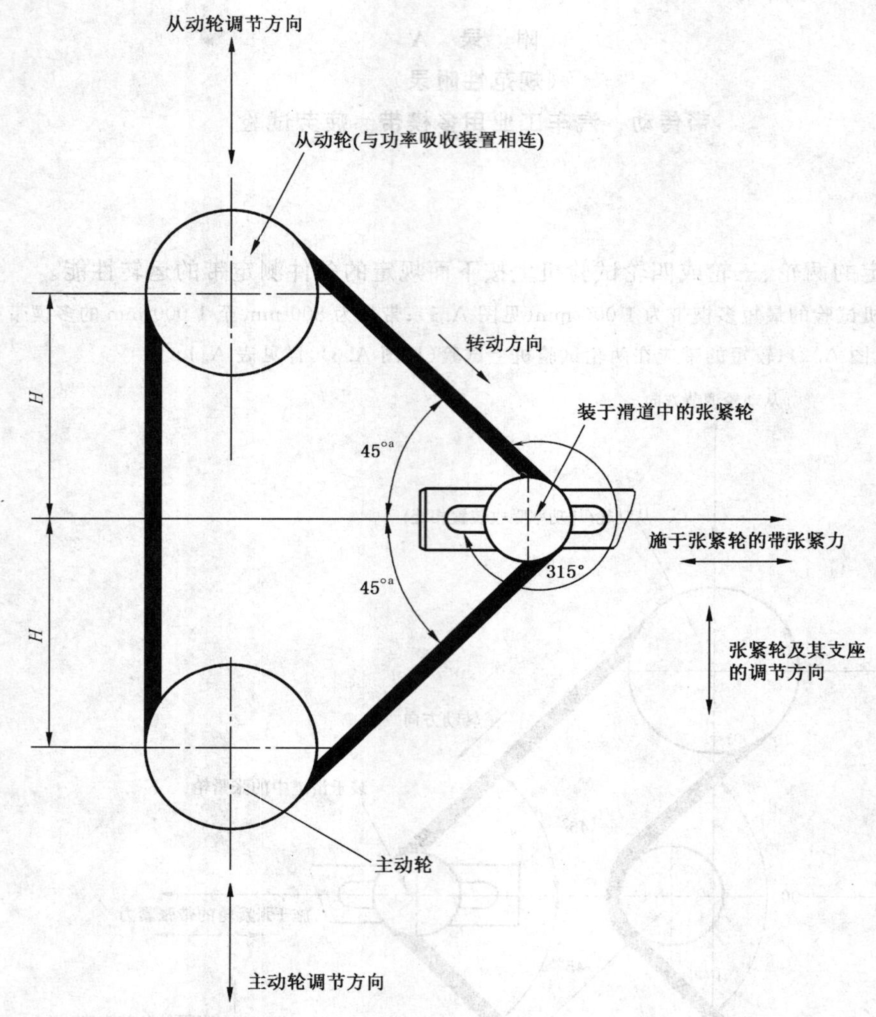

注：安装在带轮上的带所在平面与各带轮中心确定的平面的夹角应调整到±15′。

[a] 45°是试验开始时该夹角的大小，试验过程中可由于带的再张紧而有所改变。

图 A.2 三轮试验机布置

一些试验条件，如试验中的传动功率，最低允许带寿命(以小时为单位)、带的再次张紧次数，应由带的制造方与用户协商决定。

当带不再满足规定条件时，即认为带已失效。

A.2 设备

A.2.1 疲劳试验机

试验机应具有牢固的结构，其所有部件应能承受试验中产生的应力而不受损害。

试验机的主要部件如下面所述(见图 A.1、图 A.2 和图 A.3)

a) 一个主动轮及适当的驱动装置。

b) 一个从动轮及与之相联的适当的功率吸收装置。

c) 功率吸收装置应准确且可用适当方式(例如用重砣)加以校正。

d) 反向弯曲张紧轮，仅用于四轮试验机(见图 A.1)。

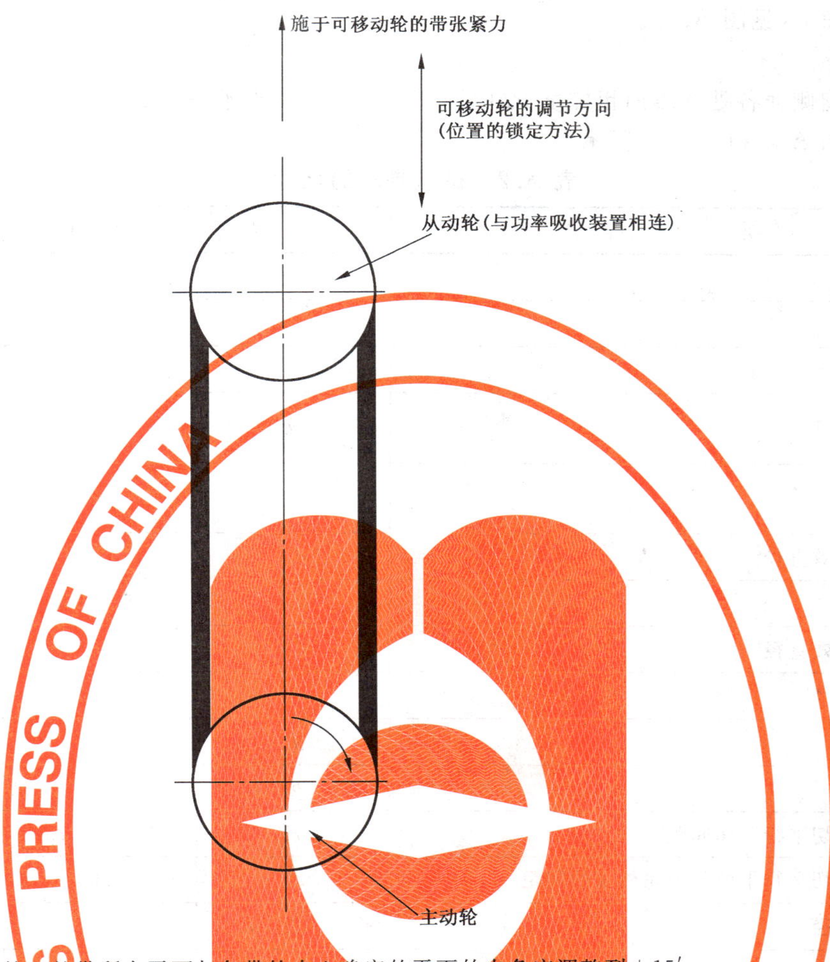

注：安装在带轮上的带所在平面与各带轮中心确定的平面的夹角应调整到±15′。

图 A.3 二轮试验机布置

e) 一个直接承受试验张力的部件：

对三轮或四轮试验机来说，是一个张紧轮(见图 A.1 和图 A.2)。

对两轮试验机来说，是一个可移动带轮(见图 A.3)。

f) 一个测量带的滑动量的装置，测量精度为±1%。

各带轮的布置和旋转方向如图 A.1、图 A.2 和图 A.3 所示。

为使各试验机能适应于带的各种长度，主动轮和从动轮的位置，张紧轮及其支座的位置(对三轮试验机来说)和反向弯曲张紧轮的位置(对四轮试验机来说)应可以调整，从而使带轮布置能满足每种带长度的需要。

为使规定张力能合乎要求地加到带上，同时为适应带的伸长，安装在支座中(必要时)的张紧力及其轴承装置应能沿张力作用线自由滑动。

在此情况下对四轮试验机来说，张力作用线应位于各轮中心所在平面上，并平分多楔带在张紧轮和反向弯曲张紧轮处形成的夹角。

在此情况下对三轮试验机来说，张力作用线应位于各轮中心所在平面上，并平分多楔带在张紧轮处形成的夹角。

在两轮试验机中，两带轮之一(主动轮或从动轮)应可移动，以使试验机能试验长 800 mm 的 V 带。试验机上应装有紧固装置，它能在带承受规定张力的情况下固定可移动带轮的位置。为使规定张力合乎要求地施加到带上，同时为适应带的伸长，张力作用线应通过主动轮和从动轮轮轴的中心，并位于两轮中心所在的平面上(见图 A.3)。

A.2.2 试验带轮

试验带轮轮槽侧面各处的表面粗糙度 *Ra*(见 GB/T 1135)的算术平均值不得大于 0.8 μm。试验带轮的尺寸要求如图 A.4 和表 A.2 所示。

表 A.2 试验带轮的尺寸

单位为毫米

项目	符号	数值	极限偏差
槽数		3	
槽间距	e	3.56	±0.05[a,b]
槽角[c]		40°	±0°30′
槽底圆弧半径[d]	r_b	0.5	0 −0.05
槽顶圆弧半径[e]	r_t	0.25	+0.10 0
主动轮和从动轮有效直径[e]	d_{e1}	121	±0.02
张紧轮有效直径[e]	d_{e2}	45 或 55[f]	±0.2
主动轮和从动轮有效直径[g]	d_{e2}	63	±0.2
反向弯曲张紧轮外径[h]	d_{r3}	60 或 76[i]	±0.2
节径[j]	d_p	$d_p = d_e + 2b_e$	—
有效线差	b_e	2	公称值
测量圆球或圆柱外切平行平面间距[k]	K	$K = d_e + 2x$	—
测量圆球或圆柱外切平行平面与带轮外缘的间距	$2x$	0.99	—
测量圆球或圆柱直径	d_B	2.5	±0.01
轮槽中心线到带轮端面的间距	f	>2.5	—

a 系指两相邻轮槽对称轴之间距离的偏差。

b 一个带轮所有 e 值之和的累积偏差应不大于±0.3 mm。

c 轮槽的对称轴与带轮轴线的夹角应为 90°+0.5°。

d 在本标准时规定了 r_b 和 r_c 的极限偏差(ISO 9981 无此规定),因它们在本标准中是试验轮的一个重要参数。

e 仅适用于三轮或四轮试验机。

f 45 mm 在 ISO 9981 中是最小推荐值,因而可用于试验;55 mm 是用于实际设计的最佳推荐值。

g 仅适用于两轮试验机。

h 仅适用于四轮试验机。

i 对最小反向弯曲轮直径不进行标准化规定。60 mm 仅是试验用值,不可用于实际传动装置。

j 多楔带与带轮配合时的实际节径比带轮有效直径稍大,其准确值只有将所用多楔带安装在带轮上运转才能测得,有效线差的公称值(b_e=2 mm)可用近似计算传动比。当需要更高的精确度时,应向带的制造者询问。计算公式见 GB/T 17516.2—1998。

k 在一个带轮上各槽上测得的直径的差值应不大于 0.15 mm,比较各槽直径可用比较各槽的测量圆球或圆柱外切平面间距来代替。

A.3 试验室条件

试验的环境温度应为:

a) 试验室温度为 18 ℃~32 ℃。试验期间,试验传动装置附近不得有来自试验传动装置以外的空气流。

b) 恒温箱内的温度控制在 85 ℃±5 ℃。

注 1：径向跳动和轴向跳动(TIR)值应不超过 0.25 mm，两者的跳动分别通过测量在带轮转动情况下借助弹簧压力而与轮槽保持良好接触的圆球的径向跳动量而测知。

注 2：轮槽的以 Ra 为指标的表面粗糙度应小于 0.8 μm。因在该情况下，Ra 是试验轮的一个主要参数，所以 Ra 值被确定为 0.87。Ra 的定义和测量方法见 GB/T 11357。

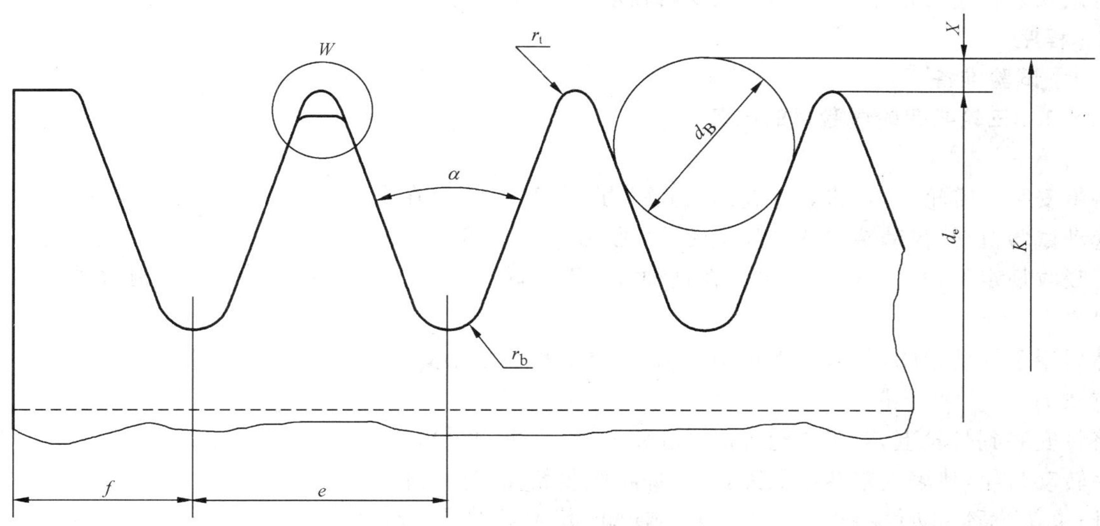

W部放大：

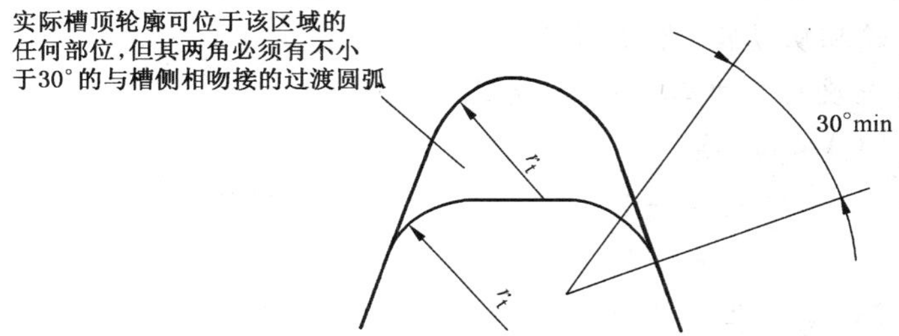

图 A.4 轮槽横截面

A.4 试验方法

A.4.1 试验条件

主动轮的转速为 4 900 r/min，转速极限偏差为±2%。三轮或四轮疲劳试验机推荐带的传动功率(以 3 楔计算)为 8 kW，张紧力为(680±30)N。若用户有特殊要求的可由制造方与用户针对 3～5 楔的多楔带协商确定。具体试验条件用下式计算。

用主动轮的转速来计算扭矩。扭矩在不对由带的滑动而产生的从动轮转速损失进行补偿的情况下应保持恒定。

扭矩 M 由式(A.1)给出：

$$M = \frac{P_s \times 9\ 545}{v} \quad \cdots\cdots\cdots\cdots (A.1)$$

式中：

M——扭矩，单位为牛顿米(N·m)；

P_s——给定的传动功率，单位为千瓦(kW)；

v——主动轮转速，单位为转每分(r/min)。

对试验设备应妥善保养，以尽量减少由轴承损耗、润滑等产生的附加负荷。

A.4.2 程序

A.4.2.1 试验准备

A.4.2.1.1 三轮或四轮试验机的准备

方法 A

将带安装到带轮上，对张紧轮施加试验张力(见 A.4.1)。在张紧轮支座能在滑道中自由移动的情况下起动试验机，使传动装置达到规定转速(见 A.4.1)。尽量迅速地向从动轮施加规定负荷，使功率吸收装置吸收规定的功率。让传动装置在这种条件下运转 5 min±15 s(不包括起动和制动时间)后到期至少停机 10 min。

然后用手转动带轮，使多楔带传动数圈，并立即将张紧轮支座固定位置。

方法 B

将带安装到带轮上，对张紧轮施加试验张紧力(见 A.4.1)，并使张紧轮支座能在滑道中自由移动然后用手转动带轮，使多楔带转动数圈，并立即将张紧轮支座固定位置。

注：在使用新带轮进行试验时，应先用一条非试验用带按试验程序要求进行至少 48 h 的磨合运转，然后再进行试验。

A.4.2.1.2 两轮试验机的准备

按与 A.4.2.1.1 所述相同的程序进行准备，仅将其中的“张紧轮支座”改为“可移动带轮支座”即可。

A.4.2.2 试验

在恒温箱内温度达到 85 ℃±5 ℃后，起动(在 A 中为“重新启动”)试验机，使传动装置达到规定转速。向从动轮施加试验负荷，测定带在主动轮和从动轮之间的滑动量。

让试验机在此条件下连续运转，直至带失效或滑动率增量(g)达到 4%为止。

滑动率增量(g)用百分率来表示，可按式(A.2)计算：

$$g = (i_o - i_t) \times 100 \quad \cdots\cdots\cdots\cdots (A.2)$$

式中：

$$i_o = \frac{n_o}{N_o}$$

$$i_t = \frac{n_t}{N_t}$$

n_o——从动轮初始转速；

n_t——从动轮在试验终止时的转速；

N_o——主动轮初始转速；

N_t——主动轮在试验终止时的转速。

式中所有转速均为试验负荷下的转速。

A.4.2.3 带的再张紧

在带失效以前，当滑动率增量达到 4%时，立即使试验机停机至少 20 min(冷却至 15 ℃～35 ℃)，然后松开张紧轮支座(对三轮或四轮试验来讲)，对带施加试验张力，用手转动带轮使带转动二圈至三圈，按 A.4.2.1 所述将张紧轮支座重新固定位置，并按 A.4.2.2 重复上述试验程序。

A.4.2.4 以此作为疲劳寿命的计时起点，运转10 h以后每隔2 h测定一次滑动率并停机检查带的破损情况，然后重新起动试验机。

A.4.2.5 当其滑动率增量第三次达到4%时，或当带出现图4所示破损情况时，终止试验并记录疲劳寿命。

A.5 试验报告

试验报告至少包含以下内容：

a) 指出按本标准进行试验；

b) 被试验带的标记；

c) 所用试验机的型号(如果需要应指出张紧轮的有效直径或反向弯曲张紧轮的外径)；

d) 所采用的试验准备方法(方法A或者方法B)；

e) 满足规定条件的运转时间(以h为单位)；

f) 传动功率及多楔带的楔数；

g) 再张紧次数和每次再张紧时的运转时间(以h为单位)；

h) 试验期间的平均环境温度；

i) 试验日期。

ICS 71.120
Q 76

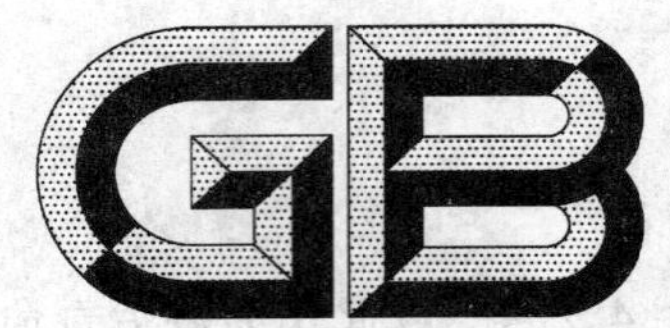

中华人民共和国国家标准

GB/T 13554—2008
代替 GB/T 13554—1992

高效空气过滤器

High efficiency particulate air filter

2008-11-04 发布　　2009-06-01 实施

中华人民共和国国家质量监督检验检疫总局
中国国家标准化管理委员会　发布

前　　言

本标准代替 GB/T 13554—1992《高效空气过滤器》。

本标准与 GB/T 13554—1992 相比主要变化如下：

——将“4　分类”改为“4　分类和标记”。将过滤器常用规格的内容作为参考资料放在附录 A 中；

——将超高效过滤器的分类改为按效率的高低分为三类；

——将“5.1　材料”中增加了对几种常见材料的要求；

——在“5.1.2b)”中滤纸的抗张强度分为有隔板过滤器滤纸和无隔板过滤器滤纸两种不同要求。原来的抗张强度值作为对有隔板过滤器滤料的要求，对无隔板过滤器则提出了应有的更高要求；

——在“5.1.2c)”中增加了对滤料厚度的要求；

——在“5.1.6　密封垫”中提出了密封垫材料应达到的硬度标准；

——在“5.2　结构”中提出对过滤器各组成部分结构的详细要求；

——在“5.3　生产环境条件”中分别提出对高效过滤器和超高效过滤器生产环境的不同要求；

——在“6.3　检漏”中，增加了对 D 类、E 类、F 类超高效过滤器及对生物工程使用的 A 类、B 类高效过滤器的检漏要求，并给出渗漏的不合格判定方法；

——在“7.3　检漏”中增加了对不同检漏方法的说明；

——在“7.8　耐振动”中用 GB/T 4857.23 的方法作为标准试验方法；

——在“8　检验规则”中提高了对产品的质量要求。

本标准附录 B、附录 C 为规范性附录，附录 A 为资料性附录。

本标准由中华人民共和国住宅和城乡建设部提出。

本标准负责起草单位：中国建筑科学研究院。

本标准参加起草单位：(排名不分前后)清华大学核能与新能源技术研究院、苏州华泰空气过滤器有限公司、河南核净洁净技术有限公司、北京市信都净化设备有限责任公司、北京同创空气净化设备厂、北京亚都科技股份有限公司、北京昌平长城空气净化设备工程公司、苏州蓝林净化空调设备制造有限公司、烟台宝源净化有限公司、河南省米净瑞发净化设备有限公司、天津市津航净化空调工程公司、山西新华化工有限责任公司、上海松华空调净化设备有限公司、重庆造纸工业研究设计院有限责任公司。

本标准的主要起草人：张益昭、江锋、冯朝阳、刘卫洪、冯昕、李剑峰、邢新铭、陈卉、朱增恒、李同山、杨云涛、吴松山、樊宝仁、史洪涛、汪世云、孙骏。

本标准所代替标准的历次版本发布情况为：

——GB/T 13554—1992。

高效空气过滤器

1 范围

本标准规定了高效空气过滤器和超高效空气过滤器(以下简称过滤器)的分类、技术要求、质量检验规则以及产品标志、包装、运输、存放等的基本要求。

本标准适用于常温、常湿条件下送风及排风净化系统和设备使用的高效空气过滤器和超高效空气过滤器。

本标准不适用于军用、核工业及其他有特殊要求的过滤器。

2 规范性引用文件

下列文件中的条款通过本标准的引用而成为本标准的条款。凡是注日期的引用文件,其随后所有的修改单(不包括勘误的内容)或修订版均不适用于本标准,然而,鼓励根据本标准达成协议的各方研究是否可使用这些文件的最新版本。凡是不注日期的引用文件,其最新版本适用于本标准。

GB/T 191 包装储运图示标志

GB/T 451.3 纸和纸板厚度的测定法

GB/T 453 纸和纸板抗张强度的测定(恒速加荷法)

GB/T 912 碳素结构钢和低合金结构钢热轧薄钢板及钢带

GB/T 3198 铝及铝合金箔

GB/T 3280 不锈钢冷轧钢板和钢带

GB/T 3880.1 一般工业用铝及铝合金板、带材 第1部分:一般要求

GB/T 3880.2 一般工业用铝及铝合金板、带材 第2部分:力学性能

GB/T 4857.23 包装 运输包装件 随机振动试验方法

GB/T 5849 细木工板

GB/T 6165 高效空气过滤器性能试验方法 效率和阻力

GB 8624 建筑材料及制品燃烧性能分级

GB/T 9846.3 胶合板 第3部分:普通胶合板通用技术条件

3 术语、定义和缩略语

3.1 术语和定义

下列术语和定义适用于本标准。

3.1.1

高效空气过滤器 high efficiency particulate air filter

用于进行空气过滤且使用GB/T 6165规定的钠焰法检测,过滤效率不低于99.9%的空气过滤器。

3.1.2

超高效空气过滤器 ultra low penetration air filter

用于进行空气过滤且使用GB/T 6165规定的计数法检测,过滤效率不低于99.999%的空气过滤器。

3.1.3

粒径 particle diameter

指用某种测定方法测出的粒子名义直径。单位以μm表示。

3.1.4

中值直径 median diameter

指气溶胶粒径累计分布占总量50%时所对应的粒径值。实用中常用计数中值直径和质量中值直径。

3.1.5

效率 efficiency

指过滤器捕集气溶胶微粒的能力。被过滤器过滤掉的气溶胶浓度与原始气溶胶浓度之比,以百分数表示。

3.1.6

透过率 penetration

指过滤器过滤后的气溶胶浓度与原始气溶胶浓度之比,以百分数表示。效率 E 与透过率 P 的关系为:

$$E=1-P$$

3.1.7

有隔板过滤器 separator-style filter

其滤芯是按所需深度将滤料往返折叠制成,在被折叠的滤料之间靠波纹状分隔板支撑着,形成空气通道的过滤器。

3.1.8

无隔板过滤器 minipleat-style filter

其滤芯是按所需深度将滤料往返折叠制成,在被折叠的滤料之间用线状粘结剂或其他支撑物支撑着,形成空气通道的过滤器。

3.1.9

额定风量 rated air volume flow rate

由过滤器生产厂家所规定,标识过滤器工作能力的技术参数,表示过滤器在单位时间内所处理的最大空气体积流量,单位为 m^3/h。

3.1.10

阻力 resistance

指过滤器通过额定风量时,过滤器前、后的静压差。单位以 Pa 表示。

3.1.11

单分散气溶胶 monodisperse aerosol

用分布方程描述时,粒径几何标准差 $\sigma_g \leqslant 1.15$ 的为单分散气溶胶。几何标准差 $1.15 < \sigma_g \leqslant 1.5$ 的气溶胶为准单分散气溶胶。

3.1.12

多分散气溶胶 polydisperse aerosol

用分布方程描述时,粒径几何标准差 $\sigma_g > 1.5$ 的气溶胶为多分散气溶胶。

3.2 符号与缩略语

下列符号与略缩语适用于本标准。

CNC 凝结核计数器

DEHS 癸二酸二辛酯,Sebacic acid-bis(2-ethyl-)ester(通用名 di-ethyl-hexyl-sebacate)

DOP 邻苯二甲酸二辛酯,Phthalic acid-bis(2-ethyl-)ester(通用名 di-octyl-phthalate)

OPC 光学粒子计数器

PSL 聚苯乙烯乳胶球

4 分类和标记

4.1 按结构分类

按过滤器滤芯结构分类可分为有隔板过滤器和无隔板过滤器两类(见图1)。

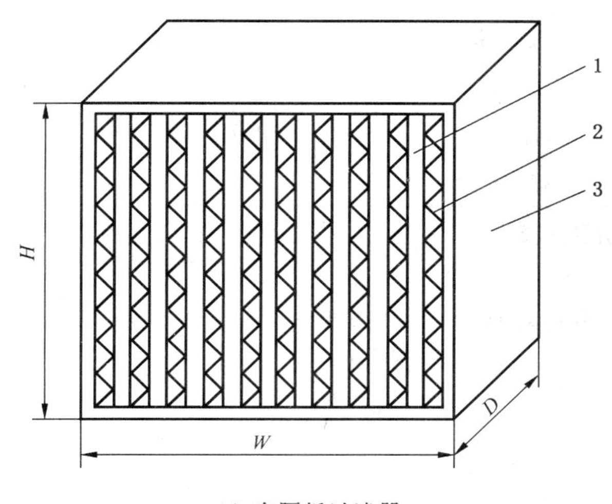

a) 有隔板过滤器

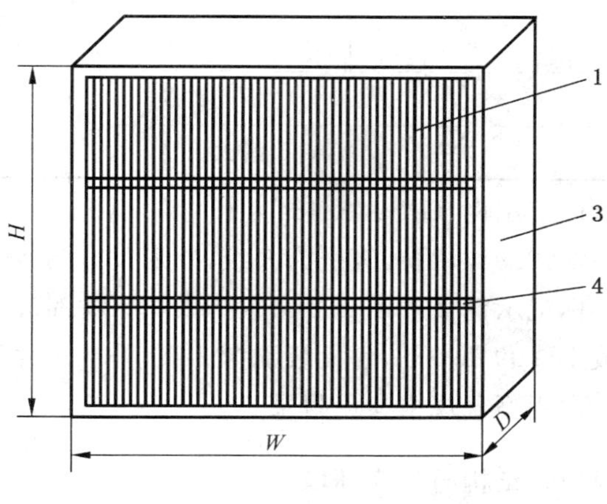

b) 无隔板过滤器

1——滤料；
2——分隔板；
3——框架；
4——分隔物。

图1 有隔板过滤器和无隔板过滤器

4.2 按效率和阻力分类

4.2.1 高效空气过滤器的分类

按GB/T 6165规定的钠焰法检测的过滤器过滤效率和阻力性能，高效空气过滤器分为A、B、C三类。

4.2.2 超高效空气过滤器的分类

按GB/T 6165规定的计数法检测过滤器过滤效率和阻力性能，超高效空气过滤器分为D、E、F三类。

4.3 按耐火程度分类

根据GB 8624规定，过滤器按所使用材料的耐火级别分为1、2、3三级。

4.4 标记

型号规格代号见表1：

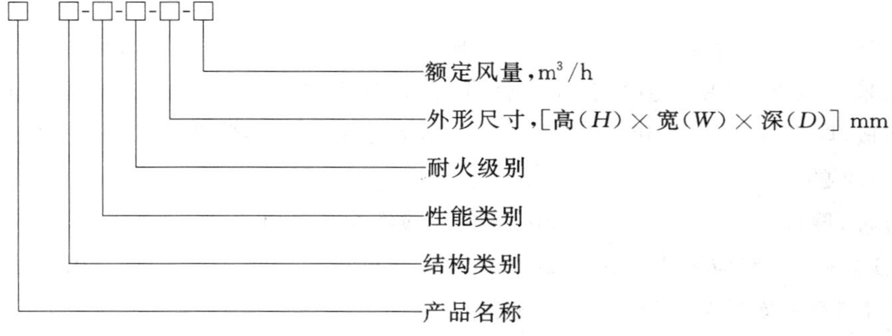

图2 过滤器型号规格表示方法

表1 规格型号代码

序 号	项目名称	含 义	代 号
1	产品名称	高效空气过滤器	G
		超高效空气过滤器	CG
2	结构类别	有分隔板过滤器	Y
		无分隔板过滤器	W
3	性能类别	按效率、阻力高低分六类	A、B、C、D、E、F
4	耐火级别	按结构耐火级别分三级	1,2,3

标记示例:GY-A-3-484×484×220-1000 表示有分隔板高效过滤器,性能类别为A,额定风量下的效率≥99.9%,耐火级别为3级,外形尺寸为484 mm×484 mm×220 mm。

标记示例:CGW-D-2-610×1220×80-2400 表示无隔板超高效过滤器,性能类别为D,额定风量下的效率≥99.999%,耐火级别为2级,外形尺寸为610 mm×1 220 mm×80 mm。

常用型号规格参见附录A。

5 材料、结构与生产环境

过滤器的技术条件应符合本标准的要求,并按规定批准的图纸和技术文件进行生产。

5.1 材料

5.1.1 基本要求

材料的选用,应根据使用要求,本着适用经济的原则进行。

各种材料的耐火性能应符合同类过滤器性能要求,所使用的材料和过滤器制造、贮存、运输、使用环境中应保持性能稳定、不产尘。当有耐腐蚀要求时,所有材料都必须具有相应的防腐性能。

允许使用符合本标准的其他材料。

5.1.2 滤料

a) 透过率、阻力应符合本标准中同类过滤器滤料的性能要求;

b) 抗张强度:应按 GB/T 453 规定的方法测定。

——用于有隔板过滤器的滤纸:纵向大于等于0.3 kN/m,横向大于等于0.2 kN/m;

——用于无隔板过滤器的滤纸:纵向大于等于0.7 kN/m,横向大于等于0.5 kN/m;

c) 厚度应按 GB/T 451.3 规定的方法测量,不宜超过0.40 mm,滤料应均匀,不应含有硬块,表面不应有裂纹、擦伤、针孔、色斑等;

d) 其他性能应符合有关标准的要求。

5.1.3 边框

制做边框的材料应有一定的强度和刚度。材料的厚度应根据材质和边长选定,以满足边框强度和刚度的要求。当采用以下材料时,应符合相关标准,并根据需要,采取相应的防锈或防腐措施。

a) 冷轧钢板,厚度应为1.0 mm~2 mm,成型焊接后镀锌、喷塑或采取其他防锈措施。材料符合 GB/T 912 的规定;

b) 铝合金板,厚度宜为1.5 mm~2 mm。材料应符合 GB/T 3880.1 和 GB/T 3880.2 的规定;

c) 木板、胶合板,厚度应为15 mm~20 mm。应根据用户要求进行刷漆等相应防腐处理。材料符合 GB/T 5849 及 GB/T 9846.3 的规定;

d) 不锈钢板,厚度应为1.0 mm~2 mm。材料应符合 GB/T 3280 的规定;

e) 其他强度和刚度符合要求的材料。

5.1.4 分隔物

有隔板过滤器的分隔板,可采用铝箔、塑料板、胶版印刷纸等;无隔板过滤器的分隔物,可采用热溶胶、玻璃纤维纸条、阻燃丝线等。

用于高效及超高效过滤器分隔物的材料应满足:

a) 铝箔应符合 GB/T 3198 的规定;

b) 采用纸隔板时,可采用表面经浸胶处理的纸隔板或 120 g/m^2 的双面胶版印刷纸;

c) 采用塑料隔板时,耐温应不低于 50°;

d) 其他符合要求的材料。

5.1.5 粘结剂和密封胶

粘结剂用于滤料的拼接、修补及密封垫与框架的粘接,其剪力强度和拉力强度应高于滤料。密封胶用于滤芯与框架的密封,应能在常温、常压下固化,且能保证过滤器在 10 倍初阻力条件下运行时不开裂、不脱胶并具有弹性,粘结剂和密封胶的耐火性能应满足同类过滤器性能要求。当客户对于过滤器产品中的有机物释气性能有特殊要求时,粘结剂与密封胶的释气性能应能满足客户要求。

5.1.6 密封垫

a) 密封垫应选用有弹性不易老化的闭孔材料;

b) 密封垫硬度(用邵氏硬度 W 性硬度计测试)为 33±2,压缩永久变形:≤60%(40% 130 ℃ 24);

c) 当客户对于过滤器产品中的有机物释气性能有特殊要求时,密封垫的释气性能应能满足客户要求。

5.1.7 防护网

可用不锈钢拉板网、冲孔板、点焊镀锌铁丝网、点焊不锈钢丝网或喷塑钢板网。

5.2 结构

5.2.1 滤芯

a) 有隔板过滤器的滤芯

当滤芯固定在框架中时,分隔板应露出滤料褶痕为 3 mm~5 mm,分隔板缩入框架端面为 5 mm~8 mm。分隔板应平行于框架中心线,分隔板与中心线倾斜偏差不大于 6 mm,且不得发生突变性偏差。

滤料的褶纹和分隔板应垂直于框架的上下端板,从任一褶或分隔板的一端引一铅垂线,该褶或分隔板另一端偏离铅垂线不大于 9 mm。褶纹和分隔板不应弯曲,从任一褶或分隔板两端连一直线检查,弯曲造成的偏离不大于 6 mm。

b) 无隔板过滤器的滤芯

当滤芯固定在框架中时,滤料和分隔物应缩入框架端面为 3 mm~5 mm。相邻褶幅高度偏差不大于 0.5 mm。在 300 mm 范围内分隔物的直线度偏差不大于 1 mm。分隔物应与褶痕垂直,每条分隔物形成的直线与褶痕垂直度偏差不大于 2 mm;分隔物间距的偏差不大于 3 mm。

5.2.2 边框

5.2.2.1 边框结构应坚固,应有足够的刚性和整体稳定性。

5.2.2.2 边框的四个角和拼接处不得松动,粘结剂和密封胶不应脱胶、开裂,滤料在边框中不应松动和变形。边框边宽 15 mm~20 mm。对边长小于 600 mm 的过滤器,边框宽度宜大于等于 15 mm,对边长大于或等于 600 mm 的过滤器,框架边框宽度宜为 20 mm。

5.2.3 密封垫

a) 密封垫断面采用长方形(宽度宜大于 15 mm 且不超出边框,厚度 5 mm~8 mm)或半圆形(直径宜为 15 mm),长方形断面密封垫的粘接面和密封面应去皮;

b) 密封垫用整体或拼接成形,拼接应在拐角处,拼接时宜采用 Ω 型或燕尾型连接等方式,连接处应用粘接剂粘接牢固。整个密封垫的拼接不应超过四处;

c) 密封垫与边框应粘接牢固,密封垫的内外边缘不得超过边框的内外边缘。

5.2.4 液槽密封

对采用液槽密封方式的过滤器,过滤器边框的一面应沿周长设一圈刀口。固定过滤器的框架上根据过滤器密封面尺寸设一圈沟槽。安装时,将刀口插入填充非牛顿流体材料的沟槽中进行密封。非牛顿流体密封材料(如:凝胶状石油混合物、硅酮、聚氨酯等)性能应保证在工作温度下不流淌,柔韧。刀口高度应与液槽深度相匹配,以保证密封的严密性。刀口高度、液槽深度由过滤器使用情况下的面风速或过滤器终阻力确定。

5.2.5 滤料拼接和修补

a) 有分隔板的 A 类、B 类过滤器,每台过滤器的滤料允许有一个拼接接头;C 类、D 类、E 类、F 类过滤器的滤料不允许有拼接接头;
b) 用搭接方式拼接两块滤料,搭接宽度不应小于 13 mm;
c) 搭接接口不应设置在滤料折叠的转弯处;
d) 每个修补面积一般不宜超过$(2\times2)cm^2$,修补的总面积不应超过过滤器端面净面积的 1%。

5.3 生产环境

过滤器的生产环境条件应保证过滤器生产全过程(至装箱时)不受污染。高效过滤器组装车间室内的空气洁净度宜达到 ISO 8 级。超高效过滤器组装车间室内的空气洁净度宜达到 ISO 7 级。

6 要求

6.1 外观

a) 过滤器上不应有污染物(泥、油、粘性物)和损伤,不允许出现框架凹凸、扭曲或破裂、涂料层不均匀及剥落;
b) 滤料、分隔物、防护网无变形、密封垫无松脱;
c) 密封胶齐整无裂纹,沿滤料和分隔板浸润高度不大于 5 mm;
d) 应具有符合本标准 9.1 的标志要求。

6.2 尺寸偏差

a) 端面
边长大于 500 mm 的,其偏差为 0,−3.2 mm;
边长小于或等于 500 mm 的,其偏差为 0,−1.6 mm。
b) 深度
深度尺寸的偏差为+1.6 mm,0。
c) 对角线
过滤器每个端面的两对角线之差,当对角线长度大于 700 mm 时,其偏差应小于或等于 4.5 mm;当对角线长度小于或等于 700 mm 时,其偏差应小于或等于 2.3 mm。
d) 垂直度
框架端面应与侧面垂直,其偏差不应大于±3°。
e) 平面度
过滤器端面及侧板平面度应小于或等于 1.6 mm;两端面平行度偏差应小于或等于 1.6 mm。
f) 分隔板的倾斜度
滤芯分隔板和褶纹应垂直于框架的上下端板,其上下端板垂线偏差应小于或等于 6 mm。

6.3 检漏

对 C 类、D 类、E 类、F 类过滤器及用于生物工程的 A 类、B 类过滤器应在额定风量下检查过滤器的泄漏。过滤器厂商可选择定性试验(如大气尘检漏试验)或者定量试验(局部透过率试验)来确定过滤器是否存在局部渗漏缺陷。表 2 给出了定性以及定量试验下的过滤器渗漏的不合格判定标准:

表 2 定性以及定量试验下的过滤器渗漏的不合格判定标准

<table>
<tr><th>类 别</th><th>额定风量下的效率/%</th><th>定性检漏试验下的
局部渗漏限值粒/采样周期</th><th>定量试验下的
局部透过率限值/%</th></tr>
<tr><td>A</td><td>99.9(钠焰法)</td><td rowspan="3">下游大于等于 0.5 μm 的微粒采样计数超过 3 粒/min(上游对应粒径范围气溶胶浓度须不低于 3×10^4/L)</td><td>1</td></tr>
<tr><td>B</td><td>99.99(钠焰法)</td><td>0.1</td></tr>
<tr><td>C</td><td>99.999(钠焰法)</td><td>0.01</td></tr>
<tr><td>D</td><td>99.999(计数法)</td><td rowspan="3">下游大于等于 0.1 μm 的微粒采样计数超过 3 粒/min(上游对应粒径范围气溶胶浓度须不低于 3×10^6/L)</td><td>0.01</td></tr>
<tr><td>E</td><td>99.999 9(计数法)</td><td>0.001</td></tr>
<tr><td>F</td><td>99.999 99(计数法)</td><td>0.000 1</td></tr>
</table>

在大多数情况下,宜选择扫描检漏来判断过滤器是否存在局部渗漏缺陷。而当过滤器的形状不便于进行扫描检漏试验时,可采用其他方法(如检测 100%风量和 20%风量下的效率测试、烟缕目测检漏试验等)进行检漏试验。

6.4 效率

a) 应按 GB/T 6165 的要求进行检验,高效及超高效过滤效率应符合表 3、表 4 的规定。

表 3 高效空气过滤器性能

类 别	额定风量下的钠焰法效率/%	20%额定风量下的钠焰法效率/%	额定风量下的初阻力/Pa
A	99.99>E≥99.9	无要求	≤190
B	99.999>E≥99.99	99.99	≤220
C	E≥99.999	99.999	≤250

表 4 超高效空气过滤器性能

类 别	额定风量下的计数法效率/%	额定风量下的初阻力/Pa	备 注
D	99.999	≤250	扫描检漏
E	99.999 9	≤250	扫描检漏
F	99.999 99	≤250	扫描检漏

b) 若用户提出其所需 B 类过滤器不需检漏,则可按用户要求不检测 20%额定风量下的效率。

6.5 阻力

按 GB/T 6165 的要求进行检验,阻力应符合表 3、表 4 的规定。

6.6 滤芯紧密度

按本标准 7.6 的方法检验时,置于滤芯上的木块位移不得超过 3.2 mm。

6.7 耐压

高效过滤器经受 10 倍初阻力的风量通过过滤器并持续 60 min 后,应满足同类过滤器对外观质量、尺寸偏差、效率和阻力的要求。

6.8 耐振动

高效过滤器经包装运输试验后,应满足同类过滤器对外观质量、尺寸偏差、效率和阻力的要求。

6.9 耐火

各耐火级别过滤器所对应的滤料、分隔板及边框等材料的最低耐火级别见表 5 所示。用于制作过滤器耐火级别为 1 级的滤料、分隔板、边框,以及用于制作过滤器耐火级别为 2 级的滤料等材料的耐火级别应至少为 GB 8624 中所规定的 A2 级。用于制作耐火级别为 2 级的分隔板及边框等材料的耐火级别应至少为 GB 8624 中所规定的 E 级。

表 5 过滤器的耐火级别

级　别	滤料的最低耐火级别	框架、分隔板的最低耐火级别
1	A2	A2
2	A2	E
3	F	F

7 试验方法

7.1 外观

用目测检查。

7.2 尺寸偏差

应在稳固、平整的水平工作台上进行尺寸偏差的检查。

7.2.1 长度用钢板米尺检查，其分度值不大于 1 mm。

7.2.2 平面度用平板和塞尺检查，平板精度为 3 级，塞尺厚度范围为 0.02 mm～0.5 mm。

7.2.3 垂直度用角度规检查，其分度值不大于 0.5′。

7.3 检漏

7.3.1 检漏方法的选择

可用计数扫描法、光度计扫描法、烟缕目测法对过滤器进行检漏。计数扫描法适用于各类过滤器。光度计扫描法、烟缕目测法仅适用于高效过滤器的检漏。

7.3.2 计数扫描法

计数扫描法的试验装置及试验过程详见附录 B。

计数扫描法的尘源可采用液态或固态气溶胶。例如：DEHS、DOP、聚苯乙烯小球、大气尘等。

可对被试过滤器的局部透过率进行试验，通过衡量其是否超过所允许的限值来判断过滤器是否存在局部渗漏缺陷。

也可使用光学粒子计数器对高效及超高效过滤器进行定性扫描检漏。扫描过程中，光学粒子计数器计数显示任一点在所观察的粒径档（高效过滤器为≥0.5 μm；超高效过滤器为≥0.1 μm）出现“非零”读数（超过 3 粒/min），即说明此处为漏点。当大气尘浓度足够大时（对于高效过滤器，上游≥0.5 μm 的气溶胶浓度须大于等于 3×10^4 粒/L；对于超高效过滤器，上游≥0.1 μm 的气溶胶浓度须大于等于 3×10^6 粒/L。），可选择大气尘作为定性扫描检漏试验的测试气溶胶。

检漏试验应在过滤器额定风量下进行，采样口与过滤器端面应保持 1 cm～5 cm 的距离。当检漏采样流率大于 2.83 L/min 时，扫描速度不应超过 8 cm/s；当检漏采样流率小于等于 2.83 L/min 时，扫描速度不应超过 2 cm/s。对整个过滤器被检面扫描。

7.3.3 烟缕目测法

通过烟缕试验，可用目测观察高效过滤器有无渗漏。

将过滤器水平放在风口上，四周密封，用喷雾器发生气溶胶，使气溶胶粒子质量平均直径为 0.3 μm～1.0 μm，质量浓度宜为 1.5 g/m³。使含气溶胶的气流以约 1.3 cm/s 的速度向上流过被试过滤器。

用灯光垂直照射过滤器出风面，过滤器四周及观察背景应是黑暗的，注意屏蔽掉过滤器周围的干扰气流。

观察出风面，若出现烟缕说明有渗漏，看不到烟缕说明无渗漏。

7.3.4 光度计扫描法

使用光度计扫描法，其试验装置及试验过程详见附录 C。

用喷雾器发生气溶胶，使气溶胶粒子质量中值直径约为 0.7 μm，其上风侧浓度应为 0 mg/m³～20 mg/m³。

7.3.5 局部渗漏缺陷的修复

可对扫描检漏试验发现的局部渗漏缺陷进行修复，但所进行修复应满足下列条件：

a) 用于修补渗漏缺陷的材料应为过滤器用户所接受；

b) 对每只过滤器，修补总面积不应大于过滤器滤芯面积的 1%，对于单点修补，修补面积不宜大于 2 cm×2 cm；

在修补完成，并且经足够时间供修补用密封胶充分固化后，应对渗漏处及临近区域再次进行扫描检漏试验。

7.4 效率

在效率试验前，C 类、D 类、E 类、F 类过滤器必须先在过滤器的额定风量下进行足够时间的空抽，以消除过滤器自身散发颗粒物对于效率测试的影响。

7.4.1 高效过滤器应按 GB/T 6165 规定的方法测定额定风量下的效率。

7.4.2 超高效过滤器应按 GB/T 6165 规定的方法，用固体或液体单分散气溶胶或多分散气溶胶为尘源；用凝结核计数器(CNC)或光学粒子计数器(OPC)测定过滤器额定风量下的效率。

7.5 阻力

应按 GB/T 6165 规定的方法试验。

7.6 滤芯紧密度

将组装好的过滤器端面向上平放在平台上，把一块 102 mm×152 mm 的木块背面粘上一块与木块同面积厚 6.4 mm 的闭孔海绵氯丁橡胶。粘橡胶的面放在过滤器滤芯的中心使 152 mm 的那一边与滤料褶痕平行。木块正面放一个 2.7 kg 的重物，在木块侧面中心处施加一个 15.7 N±0.9 N 的力，这个力平行于过滤器端面且与滤料褶痕垂直。测量施力后木块由原来位置的位移。

7.7 耐压

各类外观质量、尺寸偏差、效率和阻力检验合格的过滤器，应经受 10 倍初阻力的风量通过过滤器并持续 60 min，重新确认过滤器各部分没有损坏和变形后，再重复效率和阻力的试验。

7.8 耐振动

外观质量、尺寸偏差、效率和阻力检验合格的过滤器，应按 GB/T 4857.23 进行试验。经运输试验后的过滤器按外观质量、尺寸偏差、效率和阻力的要求复检。

7.9 耐火

用于制作耐火级别为 1 级和 2 级的滤料、分隔板及边框等材料，应按 GB 8624 进行试验。

8 检验规则

8.1 检验分类

8.1.1 出厂检验

每台产品必须进行出厂检验，出厂检验项目如表 6 所列序号 1～5 项。

表 6 过滤器检验项目

序号	检验项目名称	本标准所属条款	备注
1	外观	6.1、7.1	次项
2	尺寸偏差	6.2、7.2	次项
3	检漏(非用于生物工程的 A 类、B 类过滤器不需检漏)	6.3、7.3	主项
4	效率	6.4、7.4	主项
5	阻力	6.5、7.5	主项
6	滤芯紧密度	6.6、7.6	主项

表 6（续）

序　号	检验项目名称	本标准所属条款	备　　注
7	耐压	6.7、7.7	主项
8	耐振动	6.8、7.8	主项
9	耐火	6.9、7.9	主项

8.1.2　**型式检验**

8.1.2.1　有下列情况之一，必须进行型式检验：

a)　新产品或老产品转厂生产的试制定型鉴定；

b)　产品结构和制造工艺、材料等的更改对性能有影响时；

c)　产品停产超过一年后，恢复生产时；

d)　出厂检验结果与上次型式检验有较大差异时；

e)　批量生产时，每两年应进行一次；

f)　国家质量监督机构提出进行型式检验的要求时。

8.1.2.2　型式检验项目如表 6 所列序号 1～9 项。

8.1.2.3　型式检验抽样方法

在制造厂提供的合格产品中抽取，同一批次少于等于 100 台抽 3 台，多于 100 台抽 5 台。

8.2　判定规则

8.2.1　**出厂检验**

次项均不合格或主项中任意一项不合格，则为不合格产品，否则为合格产品。

8.2.2　**型式检验**

次项均不合格或主项中任意一项不合格，则为不合格产品，否则为合格产品。

9　标志、包装、运输和贮存

9.1　标志

每台高效过滤器必须在垂直于褶和隔板的外框的表面明显处设有标志（标签或直接印刷体），标志应牢固固定于过滤器的外框，标志上字迹清楚，不易擦洗掉。标志的内容至少应包括：

a)　制造商的名称及符号；

b)　过滤器型号、规格尺寸及编号；

c)　额定风量；以 m^3/h 表示；

d)　额定风量下的效率或透过率；并注明其检测方法；

e)　是否通过检漏实验；

f)　额定风量下的初阻力；以 Pa 表示；

g)　指示气流方向的箭头；

h)　产品出厂（检测）年、月、日；

i)　产品合格证。

9.2　包装

9.2.1　包装要求：

包装应确实能保护出厂检验合格的过滤器在装卸、运输、搬运、存放直到用户安装就位前免受因外力引起的损伤和毁坏。

9.2.2　包装方法：

装箱前过滤器应装在塑料袋中，过滤器的气流截面方向应增加硬纸板保护，外包装箱可采用硬纸板。

包装箱上应注明与所包装过滤器相一致的型号规格、制造厂名以及数量，并应按 GB/T 191 规定应用文字或图例标明“小心轻放”、“怕湿”、“向上”及堆码极限的标志。

9.3 运输

在运输过程中过滤器按包装箱上标志放置，堆放高度以不损坏或压坏过滤器为原则（最大堆放高度应不超过三层，或采用托盘），不宜跟其他货物混合运输。

过滤器在运输中应采取固定措施，当固定物跨过箱体折角时，应用软质材料将固定物与箱体隔开，保护好箱体。

在装卸或搬运过程中，操作人员应采取稳妥措施，防止搬运过程中过滤器滑落。

9.4 贮存

a） 过滤器存放地点，应在温度、湿度变化小，清洁干澡且通风系统良好的环境中，严禁露天堆放；

b） 贮存时应用垫仓板把过滤器与地面隔开，防止过滤器受潮；

c） 过滤器应按箱体标识放置，堆放高度以不损坏、压坏或造成倒塌危险为原则（最大堆放高度不宜超过三层），以免过滤器受重压变形和再次搬运时的损坏；

d） 贮存期超过三年以上的过滤器应进行重新测试。

附 录 A
（资料性附录）
高效过滤器常用规格型号

A.1 有隔板高效空气过滤器常用规格见表 A.1

表 A.1 有隔板高效空气过滤器常用规格表

序号	常用规格	额定风量/(m^3/h)	序号	常用规格	额定风量/(m^3/h)
1	484 mm×484 mm×220 mm	1 000	11	320 mm×320 mm×150 mm	300
2	484 mm×726 mm×220 mm	1 500	12	484 mm×484 mm×150 mm	700
3	484 mm×968 mm×220 mm	2 000	13	484 mm×726 mm×150 mm	1 050
4	630 mm×630 mm×220 mm	1 500	14	484 mm×968 mm×150 mm	1 400
5	630 mm×945 mm×220 mm	2 250	15	630 mm×630 mm×150 mm	1 000
6	630 mm×1 260 mm×220 mm	3 000	16	630 mm×945 mm×150 mm	1 500
7	610 mm×610 mm×292 mm	2 000	17	630 mm×1 260 mm×150 mm	2 000
8	610 mm×915 mm×292 mm	3 000	18	610 mm×610 mm×150 mm	1 000
9	610 mm×1 220 mm×292 mm	4 000	19	610 mm×915 mm×150 mm	1 500
10	320 mm×320 mm×220 mm	400	20	610 mm×1 220 mm×150 mm	2 000

A.2 无隔板高效空气过滤器常用规格见表 A.2

表 A.2 无隔板高效空气过滤器常用规格表

序号	常用规格	额定风量/(m^3/h)	序号	常用规格	额定风量/(m^3/h)
1	305 mm×305 mm×69 mm	250	9	610 mm×915 mm×90 mm	1 500
2	305 mm×305 mm×80 mm	250	10	570 mm×1 170 mm×69 mm	1 500
3	305 mm×305 mm×90 mm	250	11	570 mm×1 170 mm×80 mm	1 500
4	610 mm×610 mm×69 mm	1 000	12	570 mm×1 170 mm×90 mm	1 500
5	610 mm×610 mm×80 mm	1 000	13	610 mm×1 220 mm×69 mm	2 000
6	610 mm×610 mm×90 mm	1 000	14	610 mm×1 220 mm×80 mm	2 000
7	610 mm×915 mm×69 mm	1 500	15	610 mm×1 220 mm×90 mm	2 000
8	610 mm×915 mm×80 mm	1 500			

附 录 B
(规范性附录)
计数扫描检漏试验

B.1 计数扫描法试验过程描述

计数扫描检漏试验通过粒子计数来检测过滤元件(过滤器)是否存在局部渗漏缺陷。

计数扫描检漏试验中,被试过滤器被安装在试验台上,在额定风量下进行试验。被测过滤器应首先完成额定风量下的阻力测试并被清吹后进行本项试验。测试风道系统中应设有足够长的混合段,使得被引入的测试气溶胶与试验空气充分混合,进而实现气溶胶在扫描风道截面上的均匀分布。

过滤器厂商可根据自身情况或与用户之间的协议,选择对过滤器进行定性检漏试验或者定量检漏试验(局部透过率试验)。二者的试验装置基本一致,区别在于对试验参数以及对渗漏缺陷的判定方式。

计数扫描检漏试验中,可通过自动行走机构或者手动对被测过滤器出风侧的粒子浓度场进行扫描检测,并判断所测区域是否存在渗漏缺陷。如有渗漏,则应记录渗漏处的坐标位置。

在对被测过滤器出风侧进行扫描检漏时,应采用本标准所描述的采样头配合粒子计数器进行。试验过程中,探头在靠近过滤器出风侧的位置以确定的速度移动,扫描中探头所覆盖的轨迹间应无空隙或略有重叠。当采用多个并排的测量系统(多个探头与多台粒子计数器联合使用)同时测量时,可以缩短扫描的时间。

根据探头坐标以及探头移动速度,在扫描过程中通过对粒子浓度进行测定,就可以对可能存在的渗漏进行定位。而后将探头对该处及邻近区域进行重复试验,以判断该处是否存在渗漏缺陷。

当采用定量检漏试验时,可通过过滤器下游的局部透过率平均值来计算该过滤器的计数法效率。

计数扫描检漏试验可使用单分散相或多分散相气溶胶,但测试气溶胶粒径分布应满足本标准规定。

当采用单分散相气溶胶时,可使用总计数法,检测仪器为凝结核计数器(CNC)或光学粒子计数器(OPC)。

当采用多分散相气溶胶时,应使用光学粒子计数器进行检测。

B.2 试验装置

B.2.1 试验装置的构成

附图 B.1 为试验装置构成的示意图。这种装置既适用于单分散相气溶胶检漏试验也适用于多分散相气溶胶试验,二者之间的区别仅仅在于测试气溶胶的发生技术和测量方法。

B.2.2 试验风道系统

B.2.2.1 试验空气的调节

试验空气在与试验气溶胶混合前应经过预处理,应配置合适的预过滤器(如选用性能符合国标规定的粗效、中效以及高效过滤器)来保证其洁净度(不应低于 ISO 7 级)

B.2.2.2 风量调节

试验风道应有风量调节措施(如改变风机转速或者使用风量调节阀),测试过程中,试验风量应能维持在被测过滤器额定风量的±3%以内。

B.2.2.3 风量测试

风量测量应采用标准或经过标定的方法(如利用孔板、喷嘴、文丘里管的压降测试风量)。

最大测量误差不应超过测量值的5%。

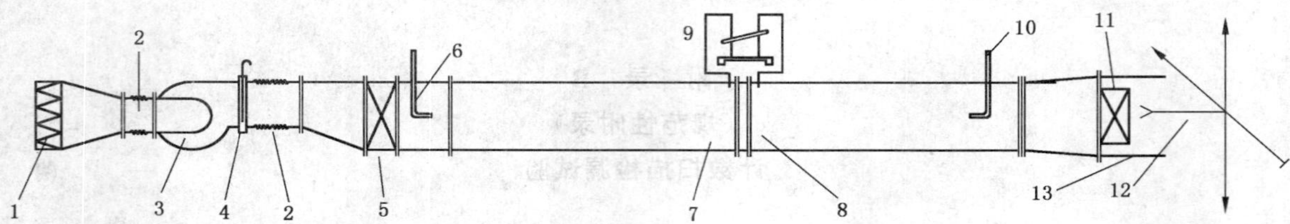

1——预过滤器；

2——软连接；

3——风机；

4——阀门；

5——高效过滤器(大气尘定性试验不需要)；

6——测试气溶胶注入；

7——稳定段；

8——孔板流量计；

9——压差计；

10——上游采样；

11——被试过滤器；

12——下游扫描采样机构；

13——围挡。

图 B.1 计数扫描法试验台原理示意图

B.2.2.4 气溶胶混合风道

试验风道中应设置混合段，混合段的长度应能保证测试气溶胶在测试段达到足够的浓度均匀性。在上游风道紧靠被测过滤器的断面上，至少布置 9 个均匀分布的测点上进行测量，其中任一点的气溶胶浓度不得偏离平均值超过 10%。

B.2.2.5 被测过滤器安装台

被测过滤器的安装机构应能保证过滤器的可靠密封。

B.2.2.6 被测过滤器

用于渗漏试验的过滤器不应存在任何可见损伤或其他异常，过滤器可以按要求装在试验台上并有良好密封。试验过程中，过滤器的温度应与试验空气的温度相同。被测过滤器的搬运与装卸要小心，被试过滤器上应有清晰的永久性标识，标识内容应包括：

a) 过滤器的名称；

b) 过滤器风向标记。

B.2.2.7 压差测量孔

压差测量孔所能测出的压差值为被试过滤器上游气流测量断面静压平均值与周围环境空气的压差，上游压力测量断面应位于流速均匀的区域。

B.3 测试气溶胶

B.3.1 测试气溶胶的种类

用于高效以及超高效过滤器计数扫描检漏的气溶胶可以为 DOP、DEHS、PSL 等，但不局限于这些物质。所发生的气溶胶可以为单分散相气溶胶也可以为多分散相气溶胶，但无论发生哪种气溶胶，应保证所发生气溶胶的浓度以及粒径分布在测试过程中保持稳定。

当采用单分散相气溶胶进行计数扫描检漏试验时，测试气溶胶的计数中径与滤料 MPPS 的偏差不应超过 10%。当采用多分散相气溶胶进行检漏试验时，测试气溶胶的计数中径与滤料 MPPS 的偏差可以达到 50%。当无法确知滤料的 MPPS 时，由过滤器买卖双方协商确认所采用的气溶胶计数中值直径。

B.3.2 测试气溶胶的浓度

为了获得具有统计意义的结果，在上游浓度不超过计数器浓度测量上限的前提下，下游的采样粒子数应足够大。当进行定量分析时，依据被测过滤器的效率以及所需下游最小计数(不低于10粒确定，但不应超过 1×10^7 粒/cm^3。

当进行定性分析时，对于高效过滤器，以大于等于0.5 μm的微粒为准，上游气溶胶浓度须大于或等于 3×10^4 粒/L；当检测超高效过滤器时，以大于或等于0.1 μm的微粒为准，气溶胶浓度需大于或等于 3×10^5 粒/L。

B.3.3 气溶胶测试仪器

当选用单分散相气溶胶进行计数扫描检漏试验时，既可选择光学粒子计数器，也可以选择凝结核粒子计数器对被测过滤器下游粒子浓度进行测量。

工作不正常的气溶胶发生器可能产生大量粒径远小于滤料MPPS的粒子，而这些粒子都将被凝结核计数器统计为正常粒子，这将导致实验结果的误差。因此，但当选用凝结核粒子计数器进行测量时，应保证不会出现这种情况。

当选用多分散相气溶胶进行检漏试验时，应选用离散式光散射粒子计数器(如：光学粒子计数器)对被测过滤器下游进行测试。

B.4 扫描系统

过滤器生产商可以选择自动扫描机构，也可以选择人工手动扫描的方式进行过滤器扫描检漏试验。

但是，手动扫描方式无法保证扫描过程的平稳和均匀，而对于扫描过程中粒子数的记录也比较麻烦。因而，手动扫描不宜用于需对测量结果进行定量分析的场合，本标准的介绍将以自动扫描装置为主。

B.4.1 下游采样探头

采样探头的开口面积为8 cm^2～10 cm^2，形状宜为正方形。当采用矩形探头时，边长之比不应超过15∶1。选取探头的采样流量时，应保证探头开口处流速与过滤器面风速相差不大于25%。

使用并列的几只探头(几台计数器并用)可缩短测量时间。

探头距过滤器出风表面1 cm～5 cm。

B.4.2 探头臂

下游采样探头固定在一个可移动的探头臂上。

B.4.3 气溶胶输送管

下游的气溶胶输送管应尽快且无损失地将粒子送入粒子计数器的测量室。因此，输送管应尽可能短，沿途无死弯。管路材料表面光滑，不散发粒子。

B.4.4 扫描行走机构

扫描行走机构应包括驱动、导向与控制，他们使探头以垂直于气流的方向匀速移动。探头的移动速度可调，但最高不应超过8 cm/s。实际行走速度与设定值的偏离不应超过10%。扫描机构可以测定探头移动过程中的坐标及对漏点进行定位以及标记，探头机构在过滤器下游断面任一点的回位精度宜至少为1 mm。

B.5 隔离措施

被测过滤器的下游应与周围环境的污浊空气隔离。此外，对过滤器边缘漏点定位时也需要隔离。隔离措施的实例包括：用足够长度的围挡包围被试过滤器。

B.6 检测报告

检测报告的内容应包括：

a) 被测过滤器：型号、尺寸、额定风量；

b) 试验气溶胶：物质、中值直径、几何标准偏差；

c) 上、下游粒子计数器：型号、操作数据；

d) 下游采样：探头形状及尺寸、探头移动速度、探头距离、轨迹重叠情况等；

e) 渗漏信号设定；

f) 试验空气的温度和相对湿度；

g) 确认被测过滤器无渗漏的证明；

h) 过滤器修补情况说明。

附　录　C
（规范性附录）
光度计扫描检漏试验

C.1　光度计扫描法试验过程描述

光度计扫描检漏试验适用于检测高效过滤器的泄漏和密封情况。

高效过滤器渗漏指认的标准透过率为 0.01%，即扫描探头在过滤器出风面某点处静止不动时测出的透过率大于 0.01% 即认为是渗漏。

气溶胶应与试验空气混合均匀，确保被测过滤器整个迎风面上的试验气溶胶浓度均匀（空间一致性），还要保持在整个试验期间气溶胶浓度恒定（时间一致性）。

C.2　试验装置与材料

C.2.1　试验装置的构成

试验装置主要包括气溶胶发生器、风机、管道、风量调节装置、静压箱和光度计等（试验系统的示意图见附图 C.1）。气溶胶发生器为一个或多个工作压力约为 133 kPa 的 Laskin 喷嘴，气溶胶物质可为 DOP、DEHOS 等，气溶胶的质量中值直径约 0.7 μm，几何标准差约 1.8。

C.2.2　试验装置的风道系统

风道系统进风量大小可通过调节风机频率或风量调节发开赌阀开度调解，若从室外进风宜设加热器。

C.2.3　屏蔽措施

试验装置中的静压箱在与被测过滤器连接时，要求接口处严密、不泄漏。同时被测过滤器出风面的边缘要求有屏蔽，防止扫描过程中，受到外界的气流干扰。（可采用一定高度的、带有密封垫片的矩形框架夹紧固定来进行屏蔽，某些场合也采用“风幕”方式来屏蔽。）

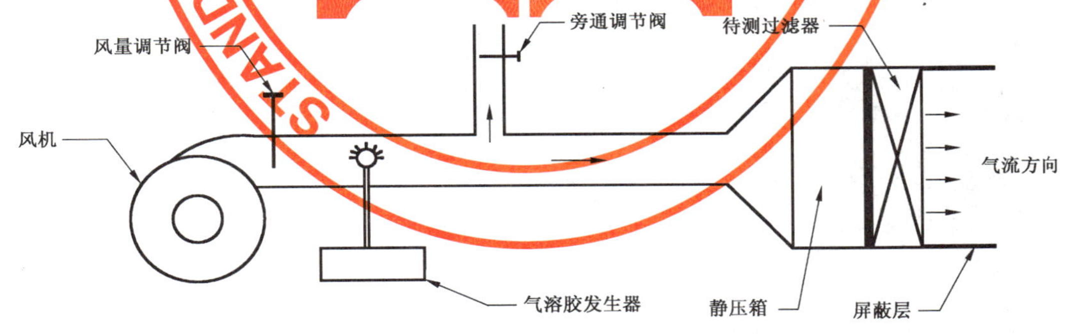

图 C.1　扫描检漏试验系统示意图

C.3　试验步骤

C.3.1　试验中通过调节风机转速或阀门，使被测过滤器的出风面的平均风速为 0.45 m/s±0.05 m/s。

C.3.2　使用线性或对数刻度光度计进行扫描检漏试验。

C.3.3　使用线性光度计时，将被测过滤器上游气溶胶的浓度调整到 10 mg/m³～20 mg/m³ 之间，用光度计采样，调整光度计指针至满刻度，然后，让光度计吸入无尘空气，调整零点。完成上述调整，即可以进行扫描试验。

C.3.4　使用对数光度计时，将被测过滤器上游气溶胶的浓度调整到零点之上最小刻度的 1.0×10^{4} 或更高，然后按厂家说明对光度计进行校准和调零。

C.3.5　光度计的采样流量为 28.3 L/min±10%。注意扫描探头的尺寸，保证采样口处的风速等于或略高于 0.45 m/s 的过滤器试验风速。

C.3.6　扫描探头的采样口距被测过滤器出风侧表面的距离约 1 cm～5 cm。

C.3.7　矩形扫描探头的扫描速度不大于 5 cm/s，矩形扫描探头的面积扫描速度不大于 1.55 cm/s。

C.3.8　扫描路线应覆盖整个被测过滤器的表面。沿过滤器周边另设一条独立的扫描路线，用于检查滤芯与边框的密封情况。探头往复行走的覆盖区域可略有重叠。

C.3.9　渗漏不合格的判定：透过率超过 0.01%即判定为泄漏。

ICS 77.120.99
H 65

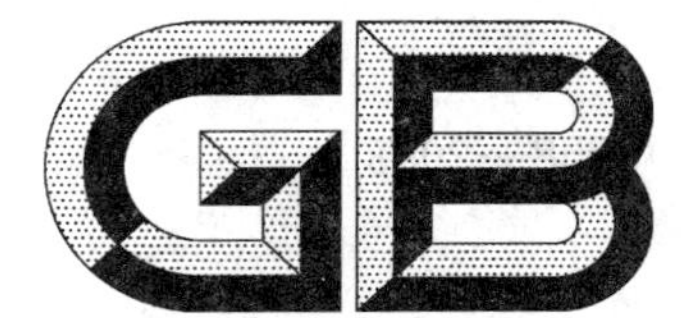

中华人民共和国国家标准

GB/T 13558—2008
代替 GB/T 13558—1992

氧 化 镝

Dysprosium oxide

2008-03-31 发布

2008-09-01 实施

中华人民共和国国家质量监督检验检疫总局
中国国家标准化管理委员会 发布

前 言

本标准是对 GB/T 13558—1992《氧化镝》的修订。本标准与 GB/T 13558—1992 对比，主要变化如下：

——根据 GB/T 17803《稀土产品牌号表示方法》的规定，采用数字牌号表示方法；

——删除了原标准中 Dy_2O_3/REO 含量大于 95%的产品牌号；

——纯度不小于 99.99%的产品牌号，除考核相邻稀土杂质外，增加了其他稀土杂质的考核，其他杂质的考核用合量；

——对某些牌号的非稀土杂质 Fe_2O_3、SiO_2、CaO 及 Cl^- 的含量作了调整；

——取消了对非稀土杂质 CuO 的考核指标；

——增加了对非稀土杂质 Al_2O_3 的考核指标。

本标准由国家发展和改革委员会稀土办公室提出。

本标准由全国稀土标准化技术委员会归口。

本标准由广东珠江稀土有限公司负责起草。

本标准由宜兴新威利成稀土有限公司、江西金世纪新材料股份有限公司参加起草。

本标准主要起草人：金燕华、陈察荀、邓汉芹、俞志春、饶勇。

本标准所代替标准的历次版本发布情况为：

——GB/T 13558—1992。

氧 化 镝

1 范围

本标准规定了氧化镝的要求、试验方法、检验规则及标志、包装、运输和贮存。

本标准适用于化学法制得的氧化镝，主要供作金属镝和镝铁合金原料、玻璃及钕铁硼永磁体添加剂等用。

2 规范性引用文件

下列文件中的条款通过本标准的引用而成为本标准的条款。凡是注日期的引用文件，其随后所有的修改单(不包括勘误的内容)或修订版均不适用于本标准，然而，鼓励根据本标准达成协议的各方研究是否可使用这些文件的最新版本。凡是不注日期的引用文件，其最新版本适用于本标准。

GB/T 8170 数值修约规则

GB/T 12690(所有部分) 稀土金属及其氧化物中非稀土杂质化学分析方法

GB/T 14635(所有部分) 稀土金属及其化合物化学分析方法

GB/T 18115.9 稀土金属及其氧化物中稀土杂质化学分析方法 镝中镧、铈、镨、钕、钐、铕、钆、铽、钬、铒、铥、镱、镥和钇量的测定

3 要求

3.1 化学成分

氧化镝的化学成分应符合表1的规定。如需方对产品有特殊要求，供需双方可另行协商。

表 1

产品牌号	化学成分(质量分数)/%													
	REO 不小于	Dy_2O_3/REO 不小于	杂质含量，不大于											灼减，不大于
			稀土杂质/REO						非稀土杂质					
			Gd_2O_3	Tb_4O_7	Ho_2O_3	Er_2O_3	Y_2O_3	其他稀土杂质	Fe_2O_3	SiO_2	CaO	Al_2O_3	Cl^-	
101040	99	99.99	0.001	0.003	0.002	0.001	0.002	0.001	0.000 5	0.005	0.005	0.01	0.01	1.0
101035	99	99.95	合量 0.05						0.001	0.005	0.005	0.02	0.02	1.0
101030	99	99.9	合量 0.10						0.002	0.01	0.01	0.03	0.02	1.0
101025	99	99.5	合量 0.5						0.003	0.01	0.02	0.04	0.04	1.0
101020	99	99.0	合量 1.0						0.005	0.02	0.03	0.05	0.05	1.0

3.2 外观

3.2.1 产品为白色或淡黄色粉末，颜色随纯度不同略有变化。

3.2.2 产品应洁净，无可见的夹杂物。

4 试验方法

4.1 产品中稀土总量(REO)的分析方法按 GB/T 14635 的规定进行。

4.2 产品中稀土杂质含量的分析方法按 GB/T 18115.9 的规定进行。

4.3 产品中非稀土杂质含量及灼减量的分析方法按 GB/T 12690 的规定进行。

4.4 数值修约规则按 GB/T 8170 的规定进行。

4.5 产品外观用目测检查。

5 检测规则

5.1 检查与验收

5.1.1 产品由供方质量检验部门进行检验,保证产品质量符合本标准规定,并填写产品质量证明书。

5.1.2 需方可对收到的产品进行检验,如检验结果与本标准规定不符时,应在收到产品之日起两个月内向供方提出,由供需双方协商解决。如需仲裁,可委托双方认可的单位进行,并在需方共同取样。

5.2 组批

产品应成批提交验收,每批应由同一牌号的产品组成。

5.3 检验项目

每批产品应进行化学成分和外观的检验。

5.4 取样与制样

化学成分分析的仲裁取样件数按表 2 规定。用插管在每件(袋)中心及周围等距离处取三点,每件(袋)取样量不少于 10 g,将试样混匀后,用四分法迅速缩分至试样所需数量,装入清洁的塑料瓶(袋)中并封口。

表 2

件(袋)数	1～5	6～49	50～100	>100
取样件(袋)数	件(袋)数的 100%	5	件(袋)数的 10%取整数	件(袋)数的平方根取正整数

5.5 检验结果判定

化学成分仲裁分析结果与本标准规定不符时,则从该批产品中取双倍试样对不合格项目进行复检,如仍有一项结果不合格,则该批产品为不合格。

6 标志、包装、运输、贮存

6.1 标志和包装

每箱(桶)外注明:供方名称、产品名称、牌号、批号、净重、毛重、出厂日期及"防潮"标志或字样。产品分装于双层塑料袋或塑料瓶中并封口,每袋(瓶)净重分别为 5 kg、10 kg,再将袋(瓶)置于钙塑箱(木箱、铁桶)中,每箱(桶)净重分别为 25 kg、50 kg。如需方对产品包装有其他要求,供需双方可另行协商。

6.2 运输、贮存

产品需存放于干燥处,不得露天放置。运输时严防淋雨、受潮。

6.3 质量证明书

每批产品应附质量证明书,注明:

a) 供方名称;

b) 产品名称和牌号;

c) 批号;

d) 净重和件数;

e) 各项分析检验结果和供方质量检验部门印记;

f) 标准编号;

g) 出厂日期。

ICS 03.220.40;53.040.30
R 46

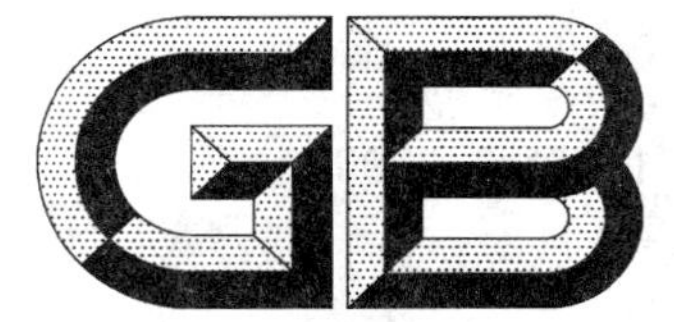

中华人民共和国国家标准

GB/T 13561.2—2008
代替 GB/T 13561.2—1992

港口连续装卸设备安全规程 第2部分:气力卸船机

Safety code on port's continuous handling facilities— Part 2:Pneumatic shipunloader

2008-05-27 发布 2008-12-01 实施

中华人民共和国国家质量监督检验检疫总局
中国国家标准化管理委员会 发布

前 言

GB/T 13561《港口连续装卸设备安全规程》分为四部分：

——第1部分：散粮筒仓系统；

——第2部分：气力卸船机；

——第3部分：带式输送机、埋刮板输送机和斗式提升机；

——第4部分：连续装卸机械。

本部分为GB/T 13561的第2部分。

本部分代替GB/T 13561.2—1992《港口连续装卸设备安全规程　气力卸船机》。

本部分与GB/T 13561.2—1992相比主要技术差异如下：

——取消了已废除的JB 1152，增加了GB/T 3811、GB/T 14742等，替换了原来的GB 3222、JT 5014.2；

——对基本要求、料管与风管、风机与消声器、电控装置、安全保护装置、使用与保养、检验与报废等内容进行了修改与完善（见本标准3.1，4.4，4.5，6.2.1，7.6，9.7，10等）；

——取消了3.1、3.11、4.8、8.1等条；

——取消了附录A及正文中相关的文字。

本部分由中华人民共和国交通部提出。

本部分由交通部港机标准归口单位归口。

本部分起草单位：交通部水运科学研究院、上海港机重工有限公司。

本部分主要起草人：俞晓红、周爱平、商伟军、陆范宜。

本部分所代替标准的历次版本发布情况为：

——GB/T 13561.2—1992。

港口连续装卸设备安全规程
第2部分：气力卸船机

1 范围

本部分规定了气力卸船机在设计、制造、安装试验、使用保养、检验与维修及报废等方面的安全技术要求。

本部分适用于岸边固定式、轨道式、浮式、轮胎式气力卸船机。

2 规范性引用文件

下列文件中的条款通过GB/T 13561的本部分的引用而成为本部分的条款。凡是注日期的引用文件，其随后所有的修改单(不包括勘误的内容)或修订版均不适用于本部分，然而，鼓励根据本部分达成协议的各方研究是否可使用这些文件的最新版本。凡是不注日期的引用文件，其最新版本适用于本部分。

GB/T 699 优质碳素结构钢

GB/T 700 碳素结构钢(GB/T 700—2006,ISO 630:1995,NEQ)

GB/T 985 气焊、手工电弧焊及气体保护焊焊缝坡口的基本形式与尺寸

GB/T 1184 形状和位置公差 未注公差值(GB/T 1184—1996,eqv ISO 2768-2:1989)

GB/T 1591 低合金高强度结构钢(GB/T 1591—1994,neq ISO 4950:1981)

GB/T 3811 起重机设计规范

GB 3836.1 爆炸性气体环境用防爆电气设备 第1部分：通用要求(GB 3836.1—2000,eqv IEC 60079-0:1998)

GB 4053.1 固定式钢直梯安全技术条件

GB 4053.2 固定式钢斜梯安全技术条件

GB 4053.3 固定式工业防护栏杆安全技术条件

GB/T 4942.1 旋转电机整体结构的防护等级(IP代码) 分级(GB/T 4942.1—2006,IEC 60034-5:2000,IDT)

GB/T 5905 起重机试验规范和程序(GB/T 5905—1986,idt ISO 4310:1981)

GB/T 6067 起重机械安全规程(GB/T 6067—1985,neq NF E52-122:1975)

GB/T 11345 钢焊缝手工超声波探伤方法和探伤结果分级

GB/T 14742 港口吸粮机试验方法

GB 16710.1 工程机械 噪声限值

GB/T 16710.2 工程机械 定置试验条件下机外辐射噪声的测定

JT/T 90 港口装卸机械风载荷计算及防风安全要求

JT/T 622 港口装卸机械电气安全规程

JTJ 244 港口设备安装工程质量检验标准

3 基本要求

3.1 气力卸船机的设计应包括钢结构的强度、刚度与稳定性、零部件的强度、输送系统的密闭性等设计内容。

3.2 物料输送风速应保证管道物流的形成和安全运输。

3.3 气吸系统所允许的最大风量泄漏为20%。

3.4 各管件、罐件应能承受风机额定压力的1.5倍。

3.5 结构件的布置应便于检查维修和排水。

3.6 气力卸船机所使用的钢材应符合GB/T 699、GB/T 700、GB/T 1591的规定。

3.7 气力卸船机主要构件,吸嘴、吸管、风管、分离器、除尘器、卸料器、风机等的对接焊缝应符合GB/T 11345中的要求。

3.8 其他焊缝应符合GB/T 985的规定。

4 主要零部件

4.1 吸嘴(包括直形吸嘴、清舱吸嘴及松动、强制喂料吸嘴)

4.1.1 应拆装方便,易于更换。

4.1.2 应安装触地保险装置。

4.2 分离器、除尘器

4.2.1 容积式或离心式分离器应使物流中颗粒完全分离下降,经卸料器转移到后续设备上。

4.2.2 除尘器排放口的粉尘浓度不得超过150 mg/m³,阻力不得超过2 kPa。

4.2.3 袋式除尘器除尘效率应大于99.5%。其他要求如下:

——对可燃性粉尘,滤袋材质应采用经处理的防静电材料;

——可采用压缩空气脉冲喷吹和回转反吹等清灰方式;

——脉冲清灰的喷吹周期定时可靠,喷吹气体中不允许有水、油等物;

——定期清除滤袋上的积尘,必要时应取下滤袋清洗、烘干;

——在正常使用下滤袋的寿命应不小于一年。

4.3 卸料器

4.3.1 旋转式卸料器的进料与排料应通顺,壳体散热良好,工作温度不得高于90℃。

4.3.2 防磨及减少漏气要求如下:

——星形转子叶片、壳体应采用耐磨材料;

——叶片端部采用可更换的密封镶片。

4.3.3 防卡要求如下:

——进料口应顺旋转方向倾斜;

——在进料口设防卡弹性挡板;

——卸料器传动轴上应设安全离合器或设过载保护安全销与速度开关;

——设防卡警报器。

4.4 料管、风管

4.4.1 料管法兰安装孔间位置度应按GB/T 1184的规定计算,以保证迅速安全更换。

4.4.2 弯管应采取耐磨措施,其曲率半径不得小于6倍管道内径。

4.4.3 软管应气密并采用耐磨材料制作。

4.4.4 具有伸缩性能的垂直或水平吸管应装有限位开关。此开关应防水、安全可靠。

4.5 风机与消声器

4.5.1 风机装有消声器和隔音房后应按GB/T 16710.2进行噪声测量,并满足GB 16710.1的相关规定。

4.5.2 风机工作时轴承温度不得超过95℃。

4.5.3 风机齿轮箱分缝处不得渗油。

4.5.4 风机应安装减振垫脚。

4.5.5 风机应放在单独的具有隔音效果的房间内，房间内应设通风设备。

4.5.6 当消声器用于含尘量高的排气口时应加装滤清器。露天使用时应设防雨罩。

5 金属结构

5.1 金属结构件材料的选用应符合 GB/T 3811 的相关规定。

5.2 金属结构件的焊缝质量应符合设计要求及 GB/T 3811 的相关规定。应根据实际使用状况定期对重要焊缝进行检查。

5.3 采用高强度螺栓连接时应符合 GB/T 3811 的相关规定，其连接表面应清除干净，并按设计规定值拧紧螺栓。

5.4 梯子、平台、走台栏杆应符合 GB/T 6067 及 GB 4053.1～4053.3 的相关规定。

5.5 臂架、尾架、人字架、门架金属结构应有足够的刚度、强度。

5.6 臂架应有俯仰限位、回转限位装置、锁定装置等安全装置。

5.7 司机室要求如下：

a) 司机室应符合 GB/T 6067 的规定。

b) 司机室内应设有：

   1) 应急电源切断装置，用于应急情况下停止设备的运转，并应具有清楚的标志和适当的保护；

   2) 司机与指挥人员联系的通讯设备；

   3) 声光信号警告装置；

   4) 读数清晰的幅度指示器；

   5) 手提式灭火器；

   6) 风速报警装置；

   7) 性能参数标牌。

c) 司机室的结构应足够坚固，能承受气力卸船机在工作期间或维修时所有作用在其上的正常载荷，包括司机和维修人员以及由于运动产生的力，司机室应与气力卸船机的悬挂或支承部分可靠连接。

d) 当臂架俯仰或臂架及物品坠落会影响司机室安全时，司机室不应设置在起重臂架的正下方。

e) 司机室应保证在事故状态下司机能安全地撤出，或应避免事故对司机的危害。

f) 操纵系统的设计和布置应考虑人、机器和环境的综合因素，以保证气力卸船机能安全可靠地运行。

g) 操作手柄应手感好，挡位清晰，零位准确明显，操作灵敏。

6 电气系统

6.1 电气设备

6.1.1 电器元件应与气力卸船机的机构特性、港口工作条件相适应。

——应具有耐潮湿、耐轻微腐蚀、防粉尘、防盐雾的性能；

——紧固用的螺栓和螺母应附有防松装置；

——紧固用的螺栓需经电镀等防锈处理。

6.1.2 室外设备的防护等级一般不低于 GB/T 4942.1、GB/T 4942.2 规定的 IP54。

6.1.3 防爆要求应符合 GB 3836.1 的规定。

6.1.4 金属结构、金属管体、电气设备的金属外壳和电缆外皮均应可靠地接地。

6.1.5 输送管及软管因摩擦产生静电时应接线将电荷传到接地的部件。

6.2 电控装置

6.2.1 设备中各主要运动部件之间应装有联动联锁电控装置，应按程序启动和止动，出现事故应紧急切断电源。

6.2.2 应设超载限制开关，当风机的负压超过其额定值时应自动断电。

6.3 照明

6.3.1 照明专用电路与主电路的进线端分开，当切断主电路控制电源时，照明不应断电，各照明线路应设短路保险。

6.3.2 电气房的照明度应不低于 50 lx；机器房、主要通道及扶梯平台入口处的照明度不低于 20 lx；舱内吸嘴工作面的照明度应大于 50 lx，司机室的照明度不低于 50 lx。

6.3.3 机上应按 JT/T 622 中的技术要求安装防爆灯具。

6.3.4 在经常检查的部位应设 24 V 或 36 V 防爆防水的安全灯插座。

7 安全保护装置

7.1 风机应设置安全阀，在压力超过额定值时可自行开启。

7.2 气力卸船机外露的活动部件，如联轴节、传动轴、开式齿轮等均应装设防护罩。

7.3 气力卸船机的露天电气设备均应装设防雨罩。

7.4 物料转载点及粉尘转移点应设有密封防尘装置。

7.5 防风装置应保证轨道式气力卸船机在非工作状态下的最大风力时安全可靠。

7.6 风级(风速)报警器，当风力大于工作状态的计算风速设定值时，应准确发出警报信号。

7.7 轨道式气力卸船机在轨道端部应设防止脱轨的行程限位器。

7.8 轨道式气力卸船机的行车轨道应可靠接地。

7.9 应设置防风系拉设施，抗风能力应满足 JT/T 90 的要求，防风系拉设施应始终保持良好的技术状态。

7.10 轨道式气力卸船机为防止由于风载荷引起起重机沿路面滑移，应设置楔块。

7.11 应在电气房、发动机房、司机室附近设置灭火器。

7.12 应设置有效的故障监视诊断装置来显示故障出现的位置与性质，以便及时报警。

7.13 臂架上的小车运行机构两端均应装设终点极限位置停止的极限安全保护装置，以及缓冲器和车轮的车挡等。

8 安装与试验

8.1 气力卸船机的安装应按相关文件规定及注意事项进行，并符合 JTJ 244 的相关规定。

8.2 气力卸船机安装后投入正式使用前应按 GB/T 5905、GB/T 14742 的相关规定进行试验，试验合格后方可正式使用。

9 使用与保养

9.1 气力卸船机装卸作业人员应经过相关职能部门的培训，经考试合格后方可上岗。

9.2 开机前须先启动后续设备，停机时应先关闭风机。

9.3 工作结束时，应使有轨气力卸船机的防风抗滑装置处于工作状态。

9.4 钢结构件有影响安全生产的缺陷，吸嘴有故障，伸缩管伸缩不灵，卸料器卡死或发热到限值，应立即停机。

9.5 风机有异常现象或消声器排放粉尘应立即停机检查。

9.6 应随时掌握吸嘴的工作位置，注意避免吸嘴与船上建筑物碰撞(如挂撞舱口等)。

9.7 发生故障时应及时停机检查。

9.8 定期检查各部件工作情况，并清除积尘。

9.9 定期检查各机构、管件、接头、弯头、安全阀、检修窗口的完好状态及气密情况。

9.10 检查各部件润滑情况，按规定加注润滑油、脂。

9.11 应经常检查维修自动开关，以保证接触良好，及时清除灰尘防止飞弧。按规定做好电气设备的检查工作。

9.12 在维修检查前应切断电源。

10 检验与报废

10.1 在使用中应按设备管理有关规定进行检验，并符合 GB/T 6067 的相关规定。

10.2 卸料器的叶片和外壳的间隙大于 1.0 mm 而无法修复时，应更换叶片。

10.3 除尘器滤袋破损后应予报废。

10.4 金属结构的报废应符合 GB/T 6067 中的规定。

10.5 发现主要构件磨损和腐蚀时应进行修复，有下列情况之一者应予报废：

——主要构件腐蚀达原厚度的 18%时；

——吸嘴、料管、弯头、分离器等严重磨蚀、变形、开裂不能修复时；

——座架塑性变形影响安全生产时。

ICS 65.080
G 20

中华人民共和国国家标准

GB/T 13566.1—2008/ISO 3944:1992
部分代替 GB/T 13566—1992

肥料　堆密度的测定
第1部分:疏松堆密度

Fertilizers—Determination of bulk density—Part 1:Loose density

[ISO 3944:1992,Fertilizers—Determination of bulk density (loose),IDT]

2008-12-31 发布　　　　2009-08-01 实施

中华人民共和国国家质量监督检验检疫总局
中国国家标准化管理委员会　发布

前　言

GB/T 13566《肥料　堆密度的测定》分为两个部分：

——第1部分：疏松堆密度；

——第2部分：振实堆密度。

本部分是GB/T 13566的第1部分。

本部分等同采用ISO 3944:1992《肥料——堆密度(疏松)的测定》。

为适应我国国情，本部分在采用国际标准时进行了编辑性修改。本部分与国际标准的主要差异是规范性引用文件用国家标准引导语代替相应的国际标准引导语。

本部分条款与国际标准条款一一对应。

为了便于使用，本部分还做了下列编辑性修改：

——“本国际标准”一词改为“GB/T 13566的本部分”或“本部分”；

——用小数点“.”代替小数点的逗号“,”；

——删除了国际标准的前言。

本部分代替GB/T 13566—1992《肥料　堆密度的测定》中的部分内容，GB/T 13566—1992中的肥料拍紧堆密度继续有效。

本部分与GB/T 13566—1992相比主要变化如下：

——标准名称修改为《肥料　堆密度的测定　第1部分：疏松堆密度》；

——删除了肥料拍紧堆密度的测定方法；

——增加了引言；

——增加了第2章规范性引用文件；

——增加了第6章试样的制备；

——增加了第9章试验报告。

本部分由中国石油和化学工业协会提出。

本部分由全国肥料和土壤调理剂标准化技术委员会(SAC/TC 105)归口。

本部分起草单位：国家化肥质量监督检验中心(上海)、湖北宜化化工股份有限公司。

本部分主要起草人：张求真、季敏、卞平官。

GB/T 13566于1992年首次发布。

引　　言

肥料的疏松堆密度和振实堆密度是提供关于肥料包装材料、仓库、储藏库大小要求的相关信息。通常振实堆密度比疏松堆密度大 10%，有时超过这个值。二者取决于实际密度、肥料的形状和颗粒的大小。

肥料的疏松堆密度在实际中可以用来计算肥料的给定质量的最大体积，肥料的给定质量所占的实际体积一般在被计算出的疏松堆密度和振实堆密度范围内。

肥料　堆密度的测定
第1部分:疏松堆密度

1　范围

GB/T 13566的本部分规定了固体肥料的疏松堆密度的测定方法。

本部分仅适用于干燥肥料,如肥料在运输、贮存过程中已吸湿,则必须在测定之前在恒定低湿度的环境试验室中干燥。

本部分不适用于粉状肥料,也不适用于含有大量粒径大于5 mm颗粒的肥料。

2　规范性引用文件

下列文件中的条款通过GB/T 13566的本部分的引用而成为本部分的条款。凡是注日期的引用文件,其随后所有的修改单(不包括勘误的内容)或修订版均不适用于本部分,然而,鼓励根据本部分达成协议的各方研究是否可使用这些文件的最新版本。凡是不注日期的引用文件,其最新版本适用于本部分。

ISO 7742:1988　固体肥料——样品的缩分

ISO 8358:1991　固体肥料——化学分析和物理分析用样品的准备

3　术语和定义

下列术语和定义适用于本部分。

3.1

肥料疏松堆密度　bulk density (loose) of a fertilizer

在明确规定条件下,固体肥料经倾注自由流入容器后,单位体积该肥料的质量。肥料疏松堆密度以克每立方厘米(g/cm^3)表示。

4　原理

通过指定的漏斗将试料倾倒入已知容积的指定测量筒中,然后称量测量筒中的试料。

5　仪器

5.1　天平:灵敏度1 g;

5.2　测定疏松堆密度的装置:其近似尺寸见图1,由下述部件构成:

5.2.1　可移动的测量筒:无嘴,其容量应预先测定,精确至1 cm^3;

注:测定疏松堆密度装置的各部件要与肥料接触,宜用耐腐蚀材料(如玻璃、塑料等)制成。

5.2.2　支架固定的漏斗。

5.3　刮板,近似尺寸为120 mm×20 mm或其他适宜的工具。

6　试样的准备

按ISO 7742和ISO 8358的方法准备试样,确保样品足够平行测定。

7　步骤

做两份试料的平行测定。

在关闭的漏斗(5.2.2)中，倾入一定量的试料，其量必须超过装满测量筒(5.2.1)所需的量。将漏斗的滑板全打开，使试料在(6～12)s 中流满测量筒。

若肥料流动不畅，可用直径约(3～4)mm 的玻璃棒清理漏斗出料口，使之畅通。

当试料溢出测量筒后关闭漏斗滑板。用刮板或其他合适的工具(5.3)刮去多余的试料。测量筒在充填中及充填后应避免震动。

小心地将测量筒从漏斗下方移出，用天平称量测量筒内的试料，精确至 1 g。

尺寸(近似)单位为毫米

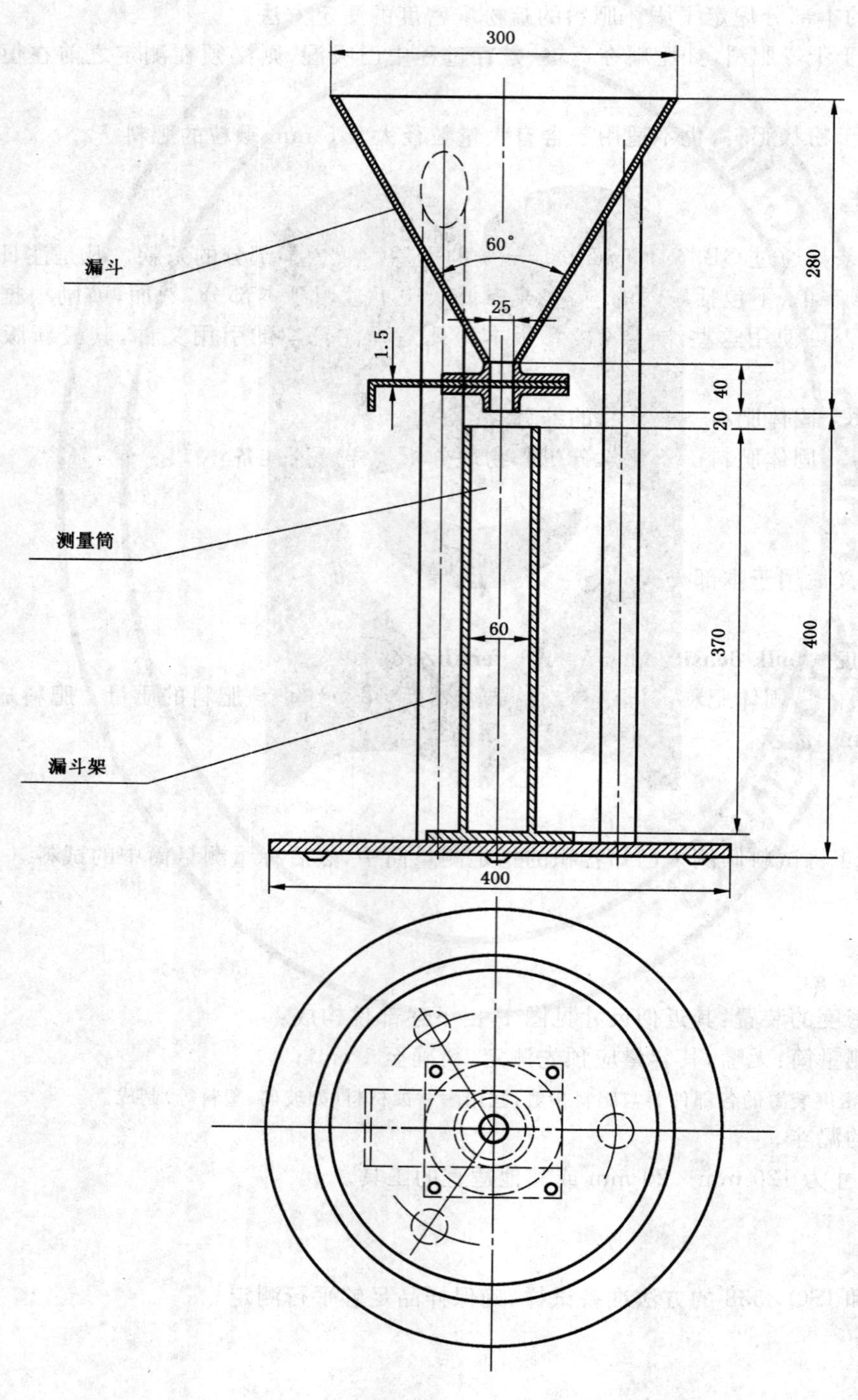

图 1

8 分析结果的表述

8.1 计算方法

肥料的疏松堆密度 ρ,以克每立方厘米(g/cm^3)表示,按下式计算:

$$\rho = \frac{m}{V}$$

式中:

m ——试料质量,单位为克(g);

V——测量筒的容量,单位为立方厘米(cm^3)。

若确保了重复性(8.2)要求,取二次测定的算术平均值作为结果。

8.2 重复性

同一操作者使用同一仪器进行两次快速连续的测定,其两次结果的差值不超过 0.01 g/cm^3。

9 试验报告

试验报告应包括下列部分:

a) 样品的认定;

b) 依据的检验方法;

c) 结果和表示的方法;

d) 测定过程中的任何异常情况;

e) 本部分中未列明的操作或可选操作。

ICS 79.120.10
J 65

中华人民共和国国家标准

GB/T 13568—2008/ISO 7007:1983
代替 GB/T 13568—1992

木工机床　细木工带锯机
术语和精度

Woodworking machines—Table bandsawing machines—Nomenclature and acceptance conditions

(ISO 7007:1983,IDT)

2008-04-22 发布　　　　2008-10-01 实施

中华人民共和国国家质量监督检验检疫总局
中国国家标准化管理委员会　发布

前　言

本标准等同采用ISO 7570:1986:《木工机床—细木工带锯机—术语和验收条件》(英文版)。

为便于使用,本标准作了下列编辑性修改:

——“本国际标准”一词改为“本标准”;

——用小数点“.”代替作为小数点的逗号“,”;

——删除法文术语和附录A;

——删除了国际标准的前言;

——增加了规范性引用文件的文字;

——对ISO 7007:1983引用的其他国际标准,用已被采用为我国的标准代替对应的国际标准。

本标准代替GB/T 13568—1992《细木工带锯机　精度》。

本标准与GB/T 13568—1992相比有如下差异:

——增加了术语;

——G1、G3、G4、G5、G6、G7和G8检验项目作了调整;

——将几何精度检验表中的“公差”改为“允差”;

——删除了工作精度检验。

本标准由中国机械工业联合会提出。

本标准由全国木工机床与刀具标准化技术委员会归口。

本标准起草单位:福州木工机床研究所。

本标准主要起草人:张震、郑莉

本标准所代替标准的历次版本发布情况为:

——GB/T 13568—1992。

木工机床 细木工带锯机 术语和精度

1 范围

本标准规定了细木工带锯机(以下简称机床)各部分的术语,同时参照 GB/T 17421.1—1998,规定了机床的几何精度检验,并给定了相应的允差,适用于一般用途、普通精度的机床。

本标准只规定机床的精度检验,不适用于机床的运转试验(如振动、异常噪声、零部件的爬行等检验)、也不适用于机床的特性检验(如速度、进给量等),这些检验一般宜在机床精度检验前进行。

本标准对机床的工作精度检验不作硬性规定。其应在用户与制造商之间预先的协议中另行规定。

2 规范性引用文件

下列文件中的条款通过本标准的引用而成为本标准的条款。凡是注日期的引用文件,其随后所有的修改单(不包括勘误的内容)或修订版均不适用于本标准,然而,鼓励根据本标准达成协议的各方研究是否可使用这些文件的最新版本。凡是不注日期的引用文件,其最新版本适用于本标准。

GB/T 17421.1—1998 机床检验通则 第1部分:在无负荷或精加工条件下机床的几何精度(eqv ISO 230-1:1996)

3 简要说明

3.1 本标准中的所有尺寸和允差的单位均为毫米。

3.2 使用本标准时应参照 GB/T 17421.1—1998,尤其是检验前机床的安装,主轴和其他运动部件的温升,以及检验方法。检具误差不得超过被检项目允差的1/3。

3.3 本标准中几何精度检验的顺序是按机床装配顺序给定的,其不限制实际检验时的顺序。为了便于检具的安装和检验的进行,可按任意顺序检验。

3.4 检验机床时本标准给定的检验项目未必总能或必需逐项检验。

3.5 检验项目的选择由用户决定,并与制造商达成一致意见,于机床定货时明确规定。被选择检验的项目往往是与用户感兴趣的机床性能有关。

3.6 在工件加工方向上的运动称为纵向运动。

3.7 当确定测量范围不同于本标准规定的测量范围上的允差时,应考虑允差的最小折算值为0.01 mm(见 GB/T 17421.1—1998 第2.3.1.1条)。

4 术语

机床术语见图1和表1。

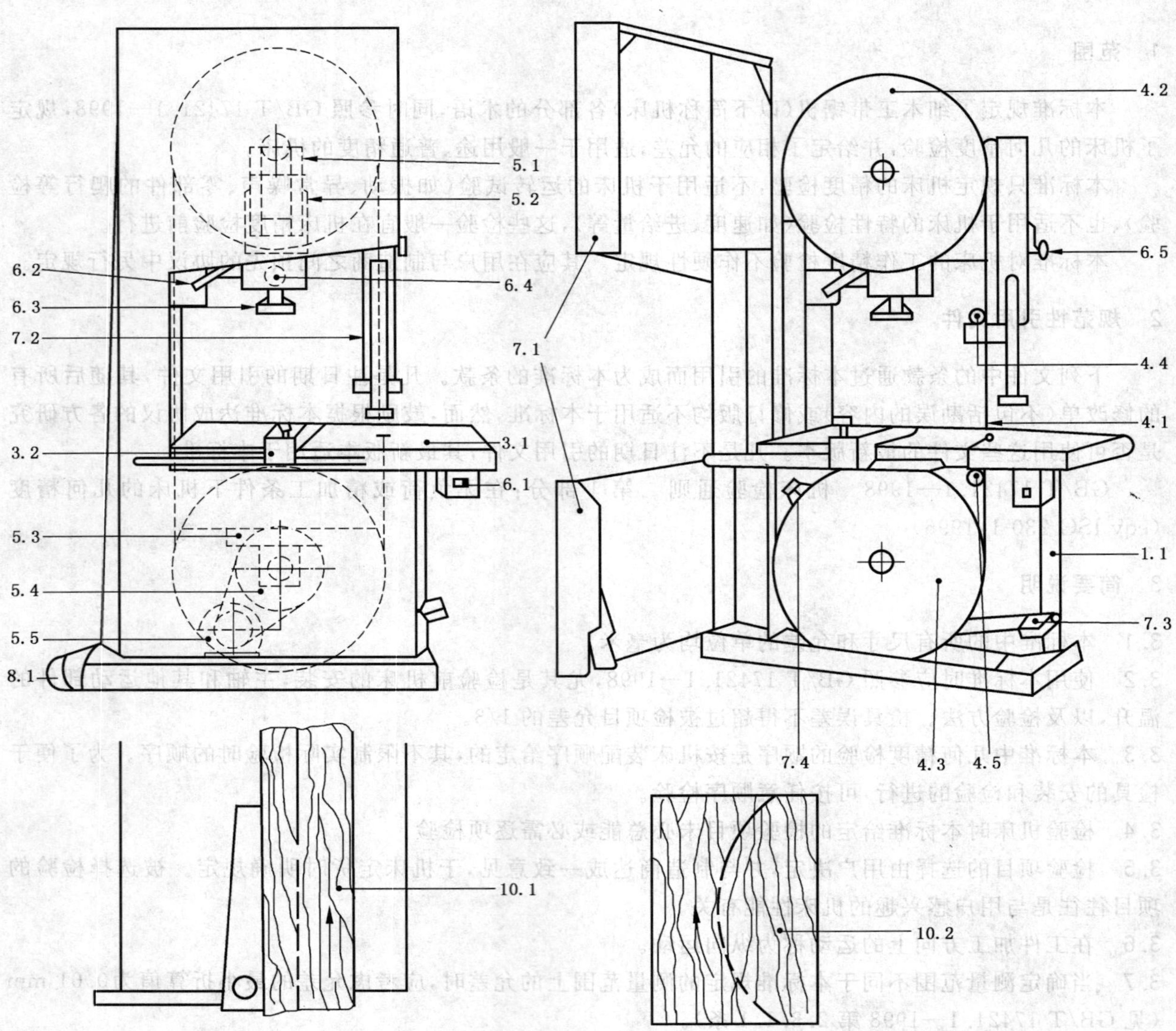

5.1
5.2
6.2
6.4
6.3
7.2
3.2
3.1
6.1
5.3
5.4
5.5
8.1
4.2
6.5
7.1
4.4
4.1
1.1
7.3
7.4
4.3
4.5
10.1
10.2

图 1

表 1 机床术语一览表

序号	中文术语	英文术语
	细木工带锯机	table bandsawing machines
1	机身部分	framework
1.1	床身	main frame
2	工件和/或刀具的进给部分	feed of workpiece and/or tools
3	工件的支承、夹紧和导向部分	workpiece support, clamp and guide
3.1	工作台	table
3.2	导向板	fence
4	刀夹和刀具部分	toolholders and tools
4.1	带锯条	sawblade
4.2	上锯轮	top saw wheel
4.3	下锯轮	bottom saw wheel
4.4	上锯卡	top saw guide
4.5	下锯卡	bottom saw guide
5	加工头和刀具的传动部分	workheads and tool drives
5.1	上锯轮轴承座	top saw wheel bearing housing
5.2	锯条张紧装置	sawblade tension device
5.3	下锯轮轴承座	bottom saw wheel bearing housing
5.4	下锯轮皮带轮	bottom wheel pulley
5.5	传动电机	driving motor
6	操纵部分	controls
6.1	启动按钮	starting switch
6.2	锯条张紧调节装置	adjustment for sawblade tension
6.3	锯条张紧指示器	saw tension indicator

表 1（续）

序号	中 文 术 语	英 文 术 语
	细木工带锯机	table bandsawing machines
6.4	锯轮距调节装置	saw tracking adjustment
6.5	锯卡的锁紧	saw guide lock
7	安全防护装置(实例)	safety devices(examples)
7.1	锯轮防护罩	covers for wheels
7.2	锯条防护罩的调节装置	adjustable guard for sawblade
7.3	制动器	brake
7.4	锯轮清洁装置	wheel cleaning device
8	其他	miscellaneous
8.1	吸尘口	dust extraction outlet
9	预留部分	free
10	加工实例	examples of work
10.1	直线锯切	straight ripping
10.2	曲线锯切	curved cutting

5 验收条件和允差——几何精度检验

5.1 机床几何精度检验按表2的规定。

表2 几何精度检验

序号	简 图	检验项目	允 差	检 具	参照 GB/T 17421.1—1998
G1	A	工作台面的平面度： a)横向直线度； b)纵向直线度； c)对角线方向直线度	a)和b) $A \leqslant 630$:0.30 $630 < A \leqslant 1\ 250$:0.40 $A > 1\ 250$:0.50 c) $A \leqslant 630$:0.40 $630 < A \leqslant 1\ 250$:0.50 $A > 1\ 250$:0.60	平尺 塞尺	5.2.1.2 5.3.2.2
G2	B	导向板对角线的直线度	$B \leqslant 630$:0.30 $B > 630$:0.40	平尺 塞尺	5.2.1.2

表 2（续）

序号	简图	检验项目	允差	检具	参照 GB/T 17421.1—1998
G3	*a*　*c*　*c*　*a*	导向板对工作台的垂直度	0.20/100	角尺 塞尺	5.5.1.2.2
G4	*D*/3　*D*/3　*D*　*D*	上下锯轮的平行度	$D\leqslant630$：0.30 $630<D\leqslant1\,000$：0.40 $D>1\,000$：0.50	千垂线 平尺或其他仪器	5.4.1.2.2 平尺应放在两锯轮的前面，在垂直轴等距离的两点测量平尺和锯轮表面的偏差

表 2（续）

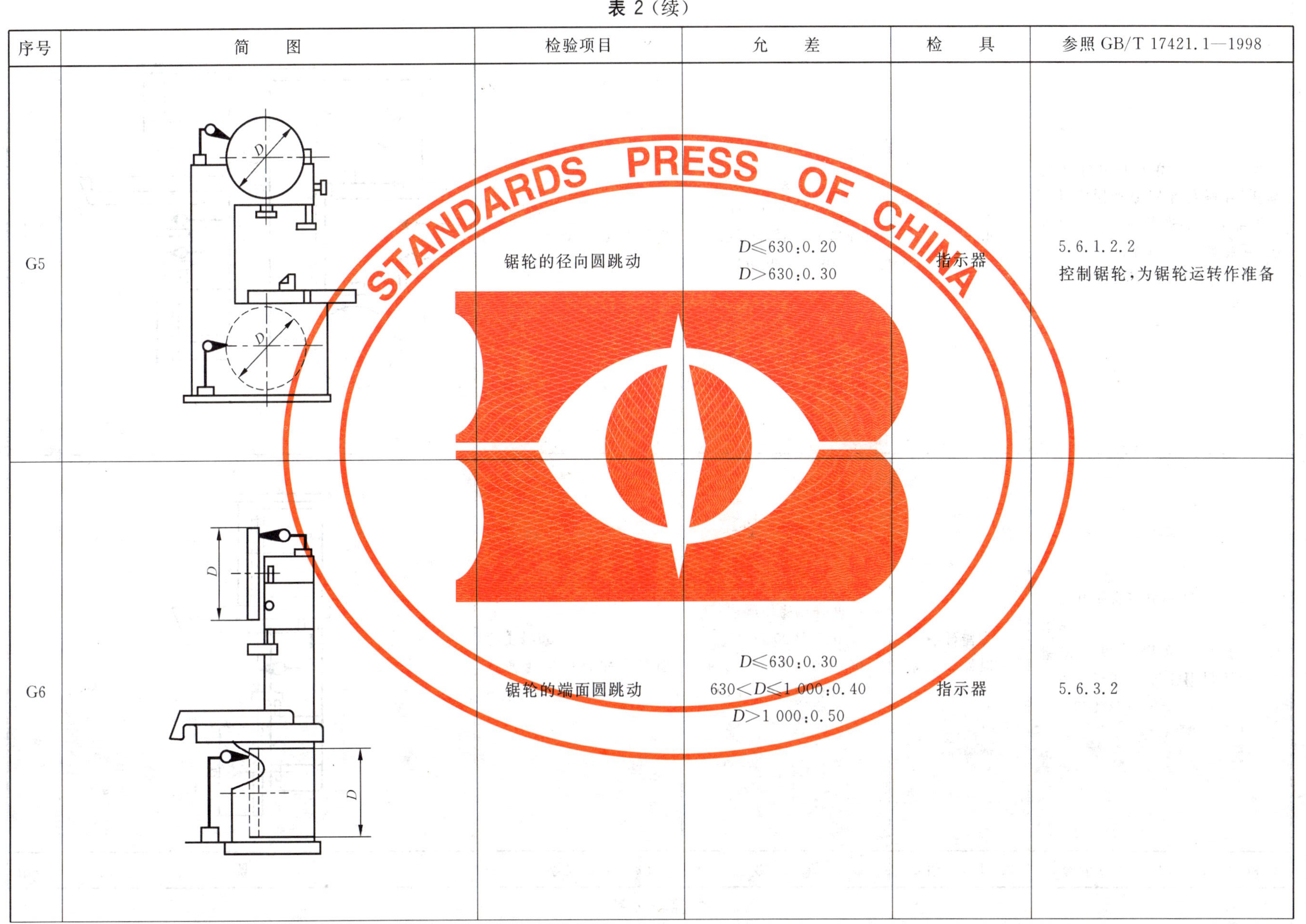

序号	简　图	检验项目	允　差	检　具	参照 GB/T 17421.1—1998
G5		锯轮的径向圆跳动	$D \leqslant 630$：0.20 $D > 630$：0.30	指示器	5.6.1.2.2 控制锯轮，为锯轮运转作准备
G6		锯轮的端面圆跳动	$D \leqslant 630$：0.30 $630 < D \leqslant 1\ 000$：0.40 $D > 1\ 000$：0.50	指示器	5.6.3.2

表 2（续）

序号	简　　图	检验项目	允　　差	检　　具	参照 GB/T 17421.1—1998
G7		锯条运动对锯条背面的平行度	$D \leqslant 630$:0.40 $630 < D \leqslant 1\ 000$:0.60 $D > 1\ 000$:0.80 检验锯条转一周	指示器和检验锯条	5.2.3.2.1 指示器应放在工作台上，指针指在与检验锯条背面垂直的位置。 检验锯条运转三周
G8		锯卡移动轨迹对锯条的平行度	$D \leqslant 630$:0.30 $630 < D \leqslant 1\ 000$:0.40 $D > 1\ 000$:0.50 检验锯条转一周	指示器和检验锯条	5.4.1.2.2 指示器应夹持在上锯卡上，使指针指在检验锯条侧面和背面。 指示器应在锯卡行程上、下两端 E 和 F 处读出

表 2（续）

序号	简　图	检验项目	允　差	检　具	参照 GB/T 17421.1—1998
G9	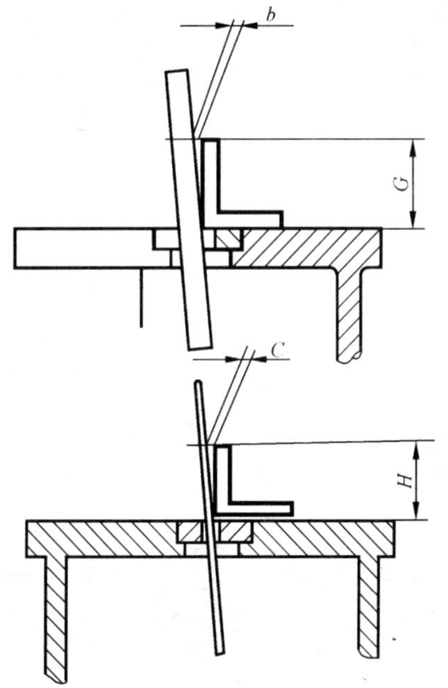	锯条对工作台的垂直度	锯剖面： b=0.20/200 垂直于锯剖面： c=0.10/200	角尺 检验锯片 塞尺	5.5.1.2.2 在检验锯片在侧面和背面检验

ICS 79.120.10
J 65

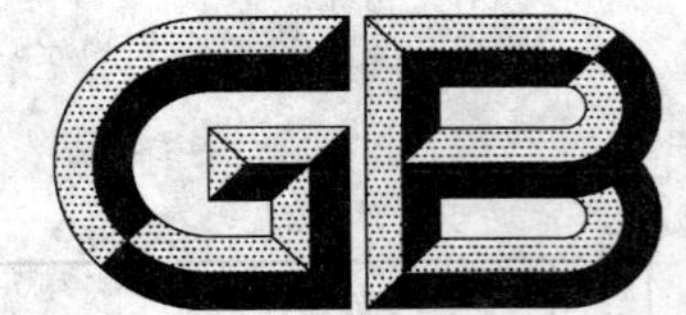

中华人民共和国国家标准

GB/T 13569—2008/ISO 7571:1986
代替 GB/T 13569—1992

木工机床　平刨床　术语和精度

Woodworking machines—Surface planing machines with cutterblock for one-side dressing—Nomenclature and acceptance conditions

(ISO 7571:1986,IDT)

2008-04-22 发布　　　　2008-10-01 实施

中华人民共和国国家质量监督检验检疫总局
中国国家标准化管理委员会　发布

前　　言

本标准等同采用 ISO 7571:1986《木工机床　平刨床　术语和验收条件》(英文版)。

为便于使用,本标准作了下列编辑性修改:

——“本国际标准”一词改为“本标准”;

——用小数点“.”代替作为小数点的逗号“,”;

——删除法文术语和附录 A;

——删除了国际标准的前言;

——增加了规范性引用文件的导语;

——对 ISO 7571 引用的其他国际标准,用已被采用为我国的标准代替对应的国际标准。

本标准代替 GB/T 13569—1992《木工平刨床　精度》。

本标准与 GB/T 13569—1992 相比有如下差异:

——增加了术语;

——G2、G4、G6、G7 精度检验项目作了调整;

——将几何精度检验表中的“公差”改为“允差”;

——删除了工作精度检验。

本标准由中国机械工业联合会提出。

本标准由全国木工机床与刀具标准化技术委员会归口。

本标准起草单位:福州木工机床研究所、福建省邵武市振达机械制造公司、扬州海潮机电科技有限公司。

本标准主要起草人:肖晓晖、杨华、杨高怀。

本标准所代替标准的历次版本发布情况为:

——GB/T 13569—1992。

木工机床　平刨床　术语和精度

1　范围

本标准规定了木工平刨床(以下简称机床)各部分的术语,同时参照GB/T 17421.1—1998,规定了机床的几何精度检验,并给定了相应的允差,适用于一般用途、普通精度的机床。

本标准只规定机床的精度检验,不适用于机床的运转试验(如振动、异常噪声、零部件的爬行等检验),也不适用于机床的特性检验(如速度、进给量等),这些检验一般宜在机床精度检验前进行。

本标准对机床的工作精度检验不作硬性规定。其应在用户与制造商之间预先的协议中另行规定。

本标准适用于ISO 7984:1989中12.211.1指示的那些机床。

2　规范性引用文件

下列文件中的条款通过本标准的引用而成为本标准的条款。凡是注日期的引用文件,其随后所有的修改单(不包括勘误的内容)或修订版均不适用于本标准,然而,鼓励根据本标准达成协议的各方研究是否可使用这些文件的最新版本。凡是不注日期的引用文件,其最新版本适用于本标准。

GB/T 17421.1—1998　机床检验通则　第1部分:在无负荷或精加工条件下机床的几何精度(eqv ISO 230-1:1996)

ISO 7984:1989　木工机床　木工机床及木工辅机的技术分类

3　简要说明

3.1　本标准中的所有尺寸和允差的单位均为毫米。

3.2　使用本标准时应参照GB/T 17421.1—1998,尤其是检验前机床的安装,主轴和其他运动部件的温升,以及检验方法。检具误差不得超过被检项目允差的1/3。

3.3　本标准中几何精度检验的顺序是按机床装配顺序给定的,其不限制实际检验时的顺序。为了便于检具的安装和检验的进行,可按任意顺序检验。

3.4　检验机床时本标准给定的检验项目未必总能或必需逐项检验。

3.5　检验项目的选择由用户决定,并与制造商达成一致意见,于机床定货时明确规定。被选择检验的项目往往是与用户感兴趣的机床性能有关。

3.6　在工件加工方向上的运动称为纵向运动。

3.7　当确定测量范围不同于本标准规定的测量范围上的允差时,应考虑允差的最小折算值为0.01 mm(见GB/T 17421.1—1998中的2.3.1.1)。

4　术语

机床术语见图1和表1。

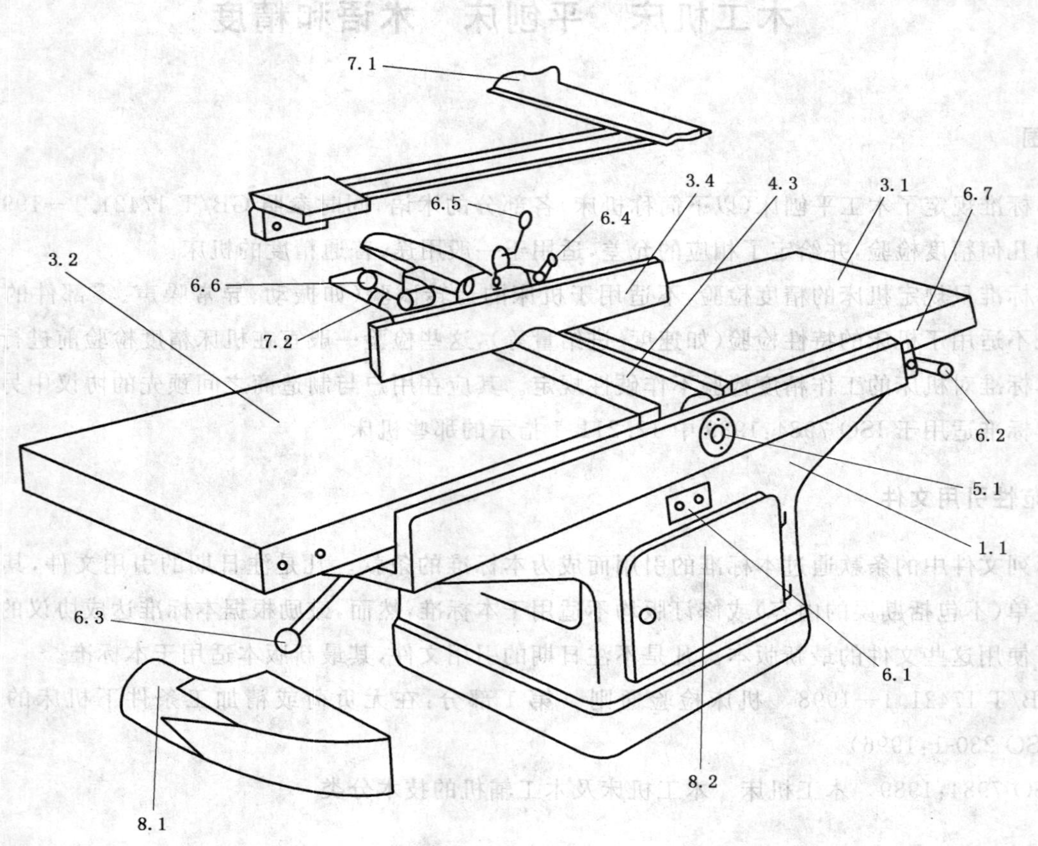

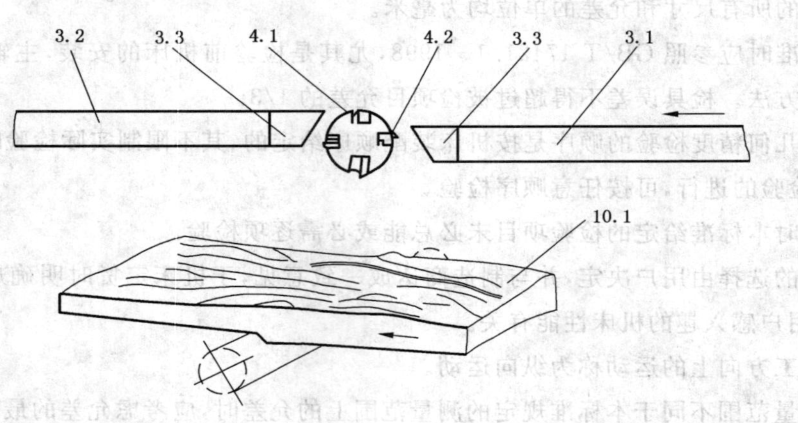

图 1

表 1 机床术语一览表

序号	中文术语	英文术语
	平刨床	surface planing machines with cutterblock for one-side dressing
1	机身部分	framework
1.1	床身	main frame
2	工件和/或刀具的进给部分	feed of workpiece and/or tools
3	工件的支承、夹紧和导向部分	workpiece support, clamp and guide
3.1	前工作台	infeed table
3.2	后工作台	outfeed table
3.3	平刨工作台唇板	table lip plates
3.4	可倾斜式导向板	canting fence
4	刀夹和刀具部分	tool-holders and tools
4.1	刨刀片	blade
4.2	刨刀楔形块	cutterblock wedge
4.3	刨刀体	cutterblock
5	加工头和刀具的传动部分	workheads and tool drives
5.1	轴承	bearing
6	操纵部分	controls
6.1	启动按钮	starting switch
6.2	前工作台上下调节装置	infeed table vertical adjustment
6.3	后工作台上下调节装置	outfeed table vertical adjustment
6.4	导向板角度调节装置	fence canting adjustment
6.5	导向板角度调节的锁紧装置	fence canting lock
6.6	导向板横向的锁紧	fence traverse lock
6.7	前工作台调整刻度尺	infeed table adjustment scale
7	安全防护装置	safety devices
7.1	刀头防护罩(桥式防护罩)	cutterblock guard (bridge type)
7.2	刀体后部防护罩	cutterblock rear guard
8	其他	miscellaneous
8.1	吸尘口	dust extraction hood
8.2	检修门	access door to control gear
9	预留部分	(free)
10	加工实例	examples of work
10.1	平刨	planing

5 验收条件和允差——几何精度检验

机床几何精度检验按表 2 的规定。

表 2 几何精度检验

序号	简 图	检验项目	允 差	检具	参照 GB/T 17421.1—1998
G1	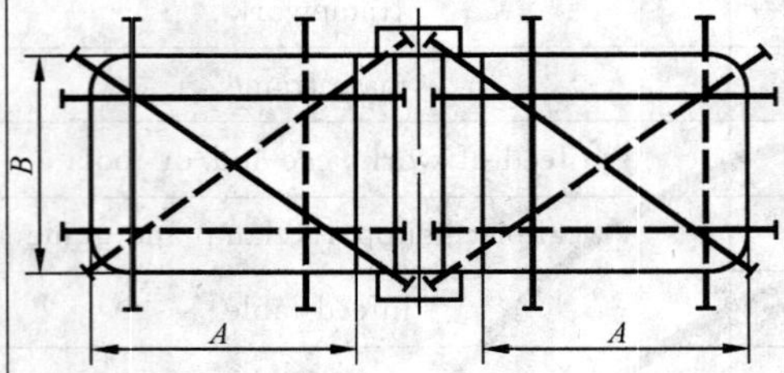	工作台面的平面度： a) 纵向直线度； b) 对角线方向直线度； c) 横向直线度	a)和 b)： $A^{a}\leqslant 630$ 0.10 $630<A\leqslant 1\ 250$ 0.20 $A>1\ 250$ 0.30 c)： $B^{b}\leqslant 400$ 0.10 $B>400$ 0.15	平尺 塞尺	5.2.1.2 5.3.2.2
G2	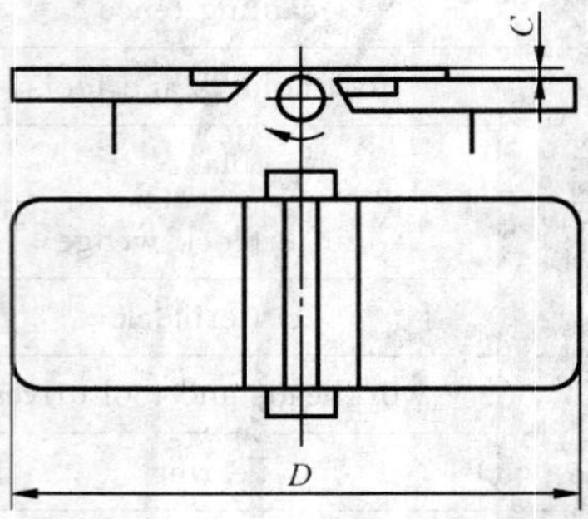	在纵向检验两工作台的平行度	$C=5$ $D^{c}\leqslant 1\ 250$ 0.10 $1\ 250<D\leqslant 2\ 500$ 0.25 $D>2\ 500$ 0.40	平尺 塞尺 量块	平到凸
G3	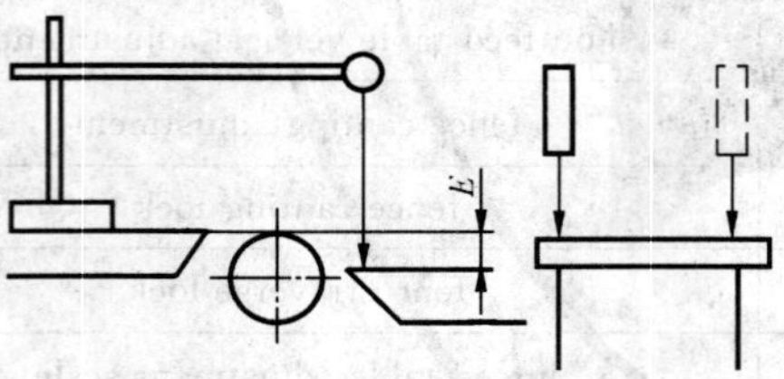	在横向检验工作台唇板的平行度	$E=5$ 0.10	指示器	5.4.1.2.2
G4	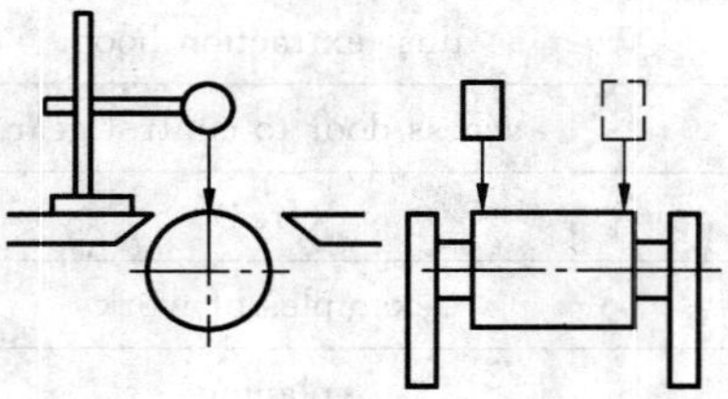	刀体对后工作台的平行度	当刀体装有刀片时:0.10 当刀体不装刀片时:0.05	指示器	5.4.1.2.4

表 2（续）

序号	简 图	检验项目	允 差	检具	参照 GB/T 17421.1—1998
G5	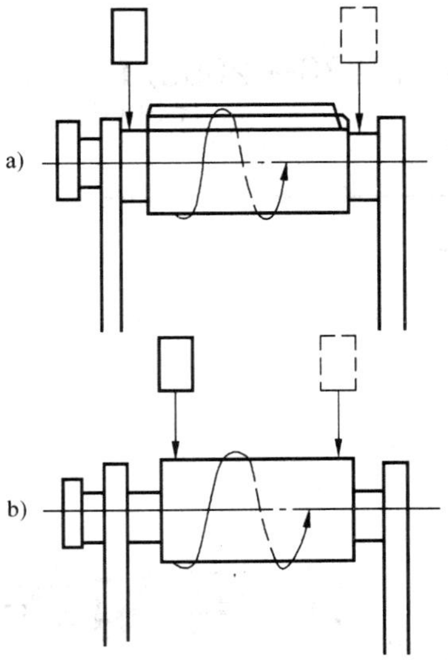 a) b)	刀体的径向圆跳动	0.03	指示器	5.6.1.2.2 a) 当刀体带刀片时，检查轴肩的径向圆跳动； b) 当刀体未带刀片时，检查刀体的径向圆跳动
G6	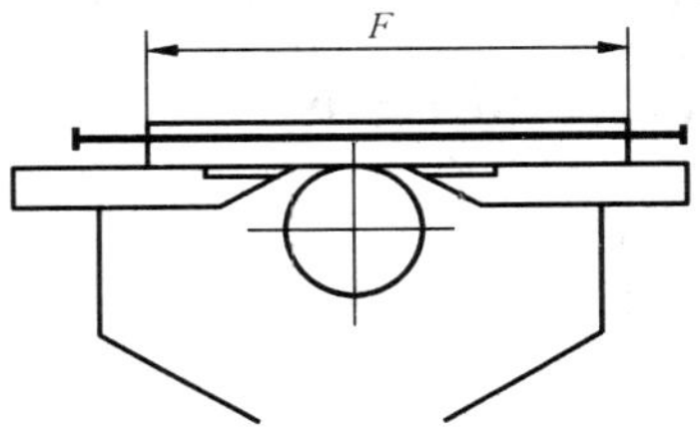 F	可倾斜式导向板的直线度	F[d]≤800 0.30 F>800 0.40	平尺 塞尺	5.2.1.2
G7	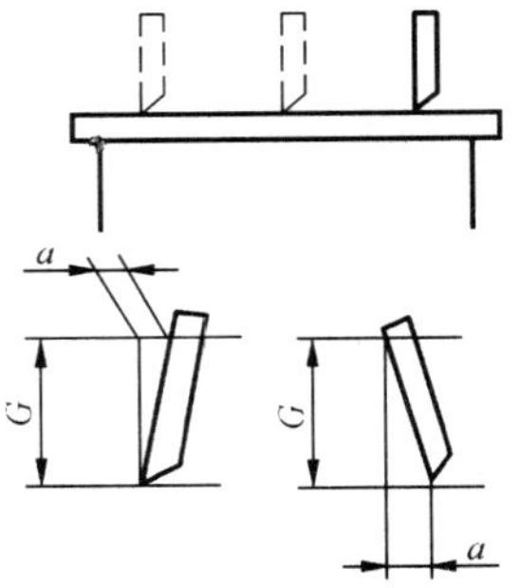 a G G a	可倾斜式导向板对工作台的垂直度	a/G 0.10/100	角尺 塞尺	

[a] 工作台长度。

[b] 工作台宽度。

[c] 工作台全长。

[d] 导向板长度。

ICS 79.120.10
J 65

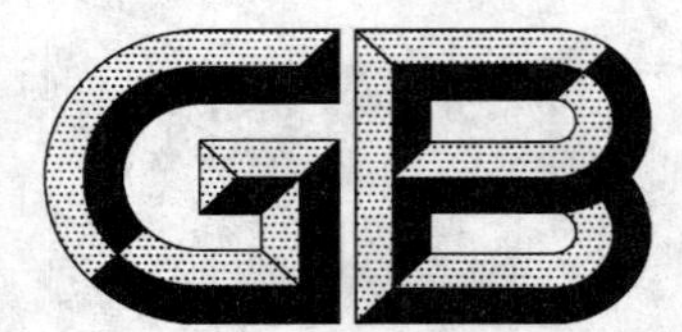

中华人民共和国国家标准

GB/T 13570—2008/ISO 7009:1983
代替 GB/T 13570—1992

木工机床 单轴铣床 术语和精度

Woodworking machines—Single spindle moulding machines—Nomenclature and acceptance conditions

(ISO 7009:1983,IDT)

2008-04-22 发布 2008-10-01 实施

中华人民共和国国家质量监督检验检疫总局
中国国家标准化管理委员会 发布

前　言

本标准等同采用 ISO 7009:1983《木工机床　单轴铣床　术语和验收条件》(英文版)。

为便于使用,本标准作了下列编辑性修改:

——“本国际标准”一词改为“本标准”;

——用小数点“.”代替作为小数点的逗号“,”;

——删除法文术语和附录 A;

——删除了国际标准的前言;

——增加了规范性引用文件的导语;

——对 ISO 7009 引用的国际标准,用已被采用为我国的标准代替。

本标准是对 GB/T 13570—1992《单轴木工铣床　精度》的修订。

本标准与 GB/T 13570—1992 相比有如下差异:

——增加了术语;

——删除了 G14;

——将几何精度检验表中的“公差”改为“允差”;

——删除了工作精度检验。

本标准由中国机械工业联合会提出。

本标准由全国木工机床与刀具标准化技术委员会归口。

本标准起草单位:福州木工机床研究所、广东省佛山市顺德区锐亚机械有限公司。

本标准主要起草人:郑莉、周华标。

本标准所代替标准的历次版本发布情况为:

——GB/T 13570—1992。

木工机床　单轴铣床　术语和精度

1　范围

本标准规定了木工单轴铣床(以下简称机床)各部分的术语,同时参照 GB/T 17421.1—1998,规定了机床的几何精度检验,并给定了相应的允差,适用于一般用途、普通精度的机床。

本标准只规定机床的精度检验,不适用于机床的运转试验(如振动、异常噪声、零部件的爬行等检验),也不适用于机床的特性检验(如速度、进给量等),这些检验一般宜在机床精度检验前进行。

本标准对机床的工作精度检验不作硬性规定。其应在用户与制造商之间预先的协议中另行规定。

2　规范性引用文件

下列文件中的条款通过本标准的引用而成为本标准的条款。凡是注日期的引用文件,其随后所有的修改单(不包括勘误的内容)或修订版均不适用于本标准,然而,鼓励根据本标准达成协议的各方研究是否可使用这些文件的最新版本。凡是不注日期的引用文件,其最新版本适用于本标准。

GB/T 17421.1—1998　机床检验通则　第1部分:在无负荷或精加工条件下机床的几何精度(eqv ISO 230-1:1996)

3　简要说明

3.1　本标准中的所有尺寸和允差的单位均为毫米。

3.2　使用本标准时应参照 GB/T 17421.1—1998,尤其是检验前机床的安装,主轴和其他运动部件的温升,以及检验方法。检具误差不得超过被检项目允差的1/3。

3.3　本标准中几何精度检验的顺序是按机床装配顺序给定的,其不限制实际检验时的顺序。为了便于检具的安装和检验的进行,可按任意顺序检验。

3.4　检验机床时本标准给定的检验项目未必总能或必需逐项检验。

3.5　检验项目的选择由用户决定,并与制造商达成一致意见,于机床定货时明确规定。被选择检验的项目往往是与用户感兴趣的机床性能有关。

3.6　在工件加工方向上的运动称为纵向运动。

3.7　当确定测量范围不同于本标准规定的测量范围上的允差时,应考虑允差的最小折算值为0.01 mm(见 GB/T 17421.1—1998 的 2.3.1.1)。

4　术语

机床术语见图1和表1。

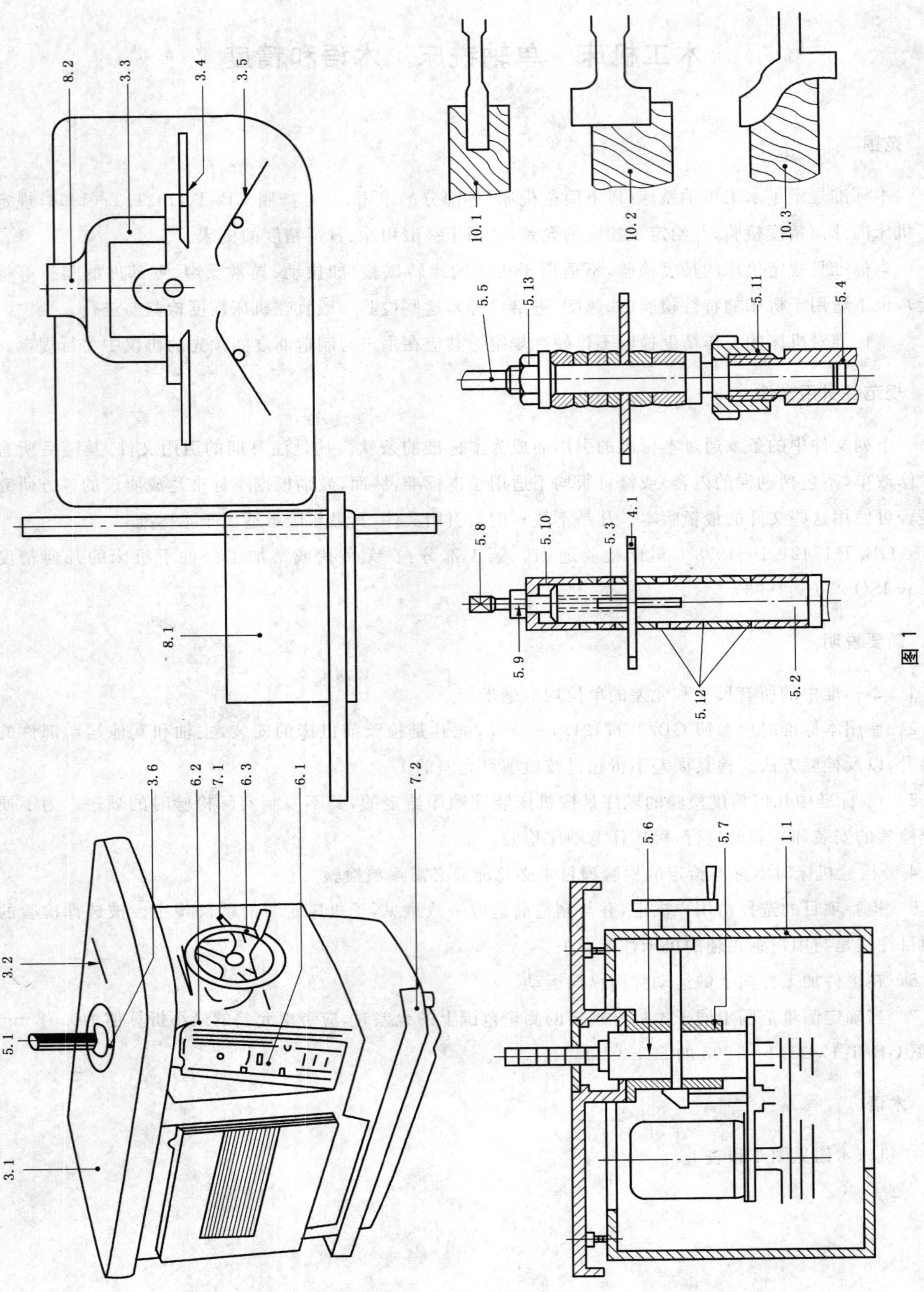

8.2
3.3
3.4
3.5
10.1
10.2
10.3
5.5
5.13
5.11
5.4
8.1
5.8
5.10
5.3
4.1
5.9
5.12
5.2
3.6
6.2
7.1
6.3
6.1
7.2
3.2
5.1
3.1
5.6
5.7
1.1

图 1

表 1 机床术语一览表

序号	中文术语	英文术语
	单轴铣床	single spindle moulding machine
1	机身部分	framework
1.1	床身	main frame
2	工件和/或刀具的进给部分	feed of workpiece and/or tools
3	工件的支承、夹紧和导向部分	workpiece support,clamp and guide
3.1	工作台	table
3.2	工作台定位槽	table slot
3.3	导向装置	fence
3.4	导向板	fence plates
3.5	压紧器	pressures
3.6	工作台圆环	table rings
4	刀头和刀具部分	toolheads and tools
4.1	刀头	cutter
5	加工头和刀具的传动部分	workheads and tool drives
5.1	主轴	spindle
5.2	铣刀芯轴	french spindle
5.3	铣刀芯轴键槽	french spindle slot
5.4	主轴	main spindle
5.5	主轴顶部	loose top spindle
5.6	轴套	main spindle housing
5.7	主轴套筒	main spindle slide
5.8	铣轴锁紧螺丝	french spindle locking screw
5.9	锁紧螺母	locknut for locking screw

表 1(续)

序号	中文术语	英文术语
	单轴铣床	single spindle moulding machine
5.10	轴盖	french cap
5.11	主轴上端螺母	main spindle top nut
5.12	隔套	spacing collar
5.13	主轴顶部螺母	top spindle nut
6	操纵部分	controls
6.1	起动按钮	starting switches
6.2	主轴锁紧装置	spindle lock
6.3	调速器	spindle vertical adjustment
7	安全防护装置	safety devices
7.1	主轴制动器	spindle brake
7.2	制动踏板	brake pedal
8	其他	miscellaneous
8.1	移动工作台	travelling table
8.2	吸尘口	dust extraction outlet
9	预留部分	(free)
10	加工实例	examples of work
10.1	开槽	grooving
10.2	铣削	rebating
10.3	成形铣削	moulding

5 验收条件和允差——几何精度检验

机床几何精度检验按表 2 的规定。

表 2 几何精度检验

序号	简图	检验项目	允差	检具	参照 GB/T 17421.1—1998
G1	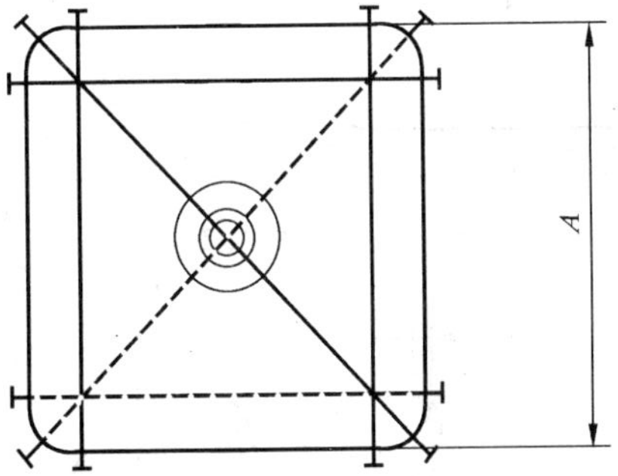	工作台面的平面度： a) 纵向直线度； b) 横向直线度； c) 对角线方向直线度	a)和 b)： $A^{a}\leqslant 630$ 0.10 $630<A\leqslant 1\ 250$ 0.15 $A>1\ 250$ 0.20 c)： $A\leqslant 630$ 0.15 $630<A\leqslant 1\ 250$ 0.25 $A>1\ 250$ 0.30	平尺 塞尺	5.2.1.2 5.3.2.2
G2	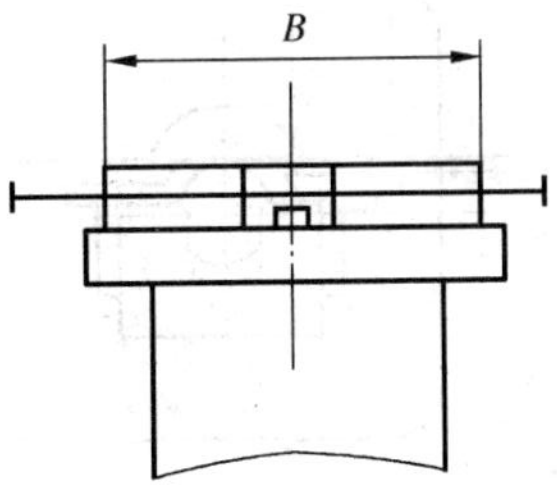	导向板面的直线度	金属导向板： $B^{b}\leqslant 630$ 0.10 $B>630$ 0.15 木质导向板： $B\leqslant 630$ 0.30 $B>630$ 0.40	平尺 塞尺	5.2.1.2

表 2（续）

序号	简图	检验项目	允差	检具	参照 GB/T 17421.1—1998
G3	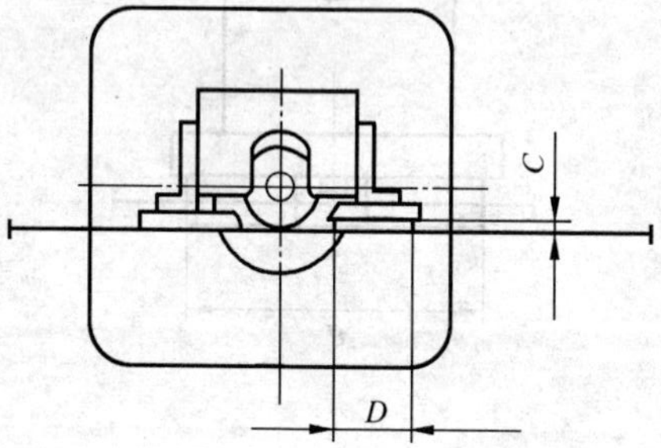	导向板面间的平行度	在 200 测量长度上： 金属导向板： 0.05 木质导向板： 0.20	平尺 塞尺	5.4.1.2.2 在切削深度 $C=2$ 处检验 D 为测量长度
G4	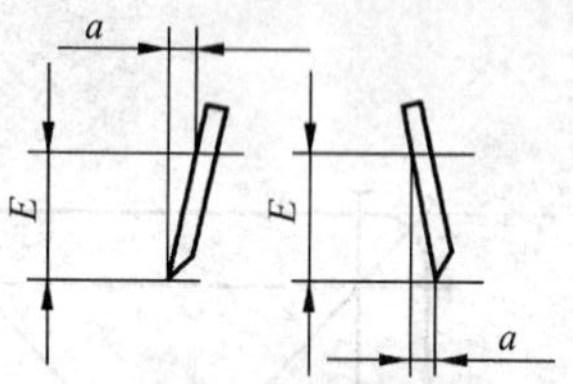	导向板面对工作台面的垂直度	金属导向板： 0.10/100[c] 木质导向板： 0.20/100	角尺 塞尺	5.2.1.2.1
G5	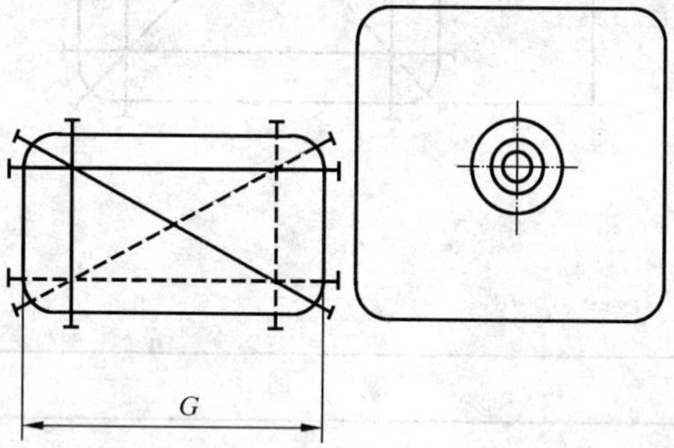	移动工作台面的平面度： a） 纵向直线度； b） 横向直线度； c） 对角线方向直线度	a)和 c)： $G\leqslant 630$ 0.20 $G>630$ 0.30 b)： 0.20	平尺 塞尺	5.2.1.2 5.3.2.2

表 2（续）

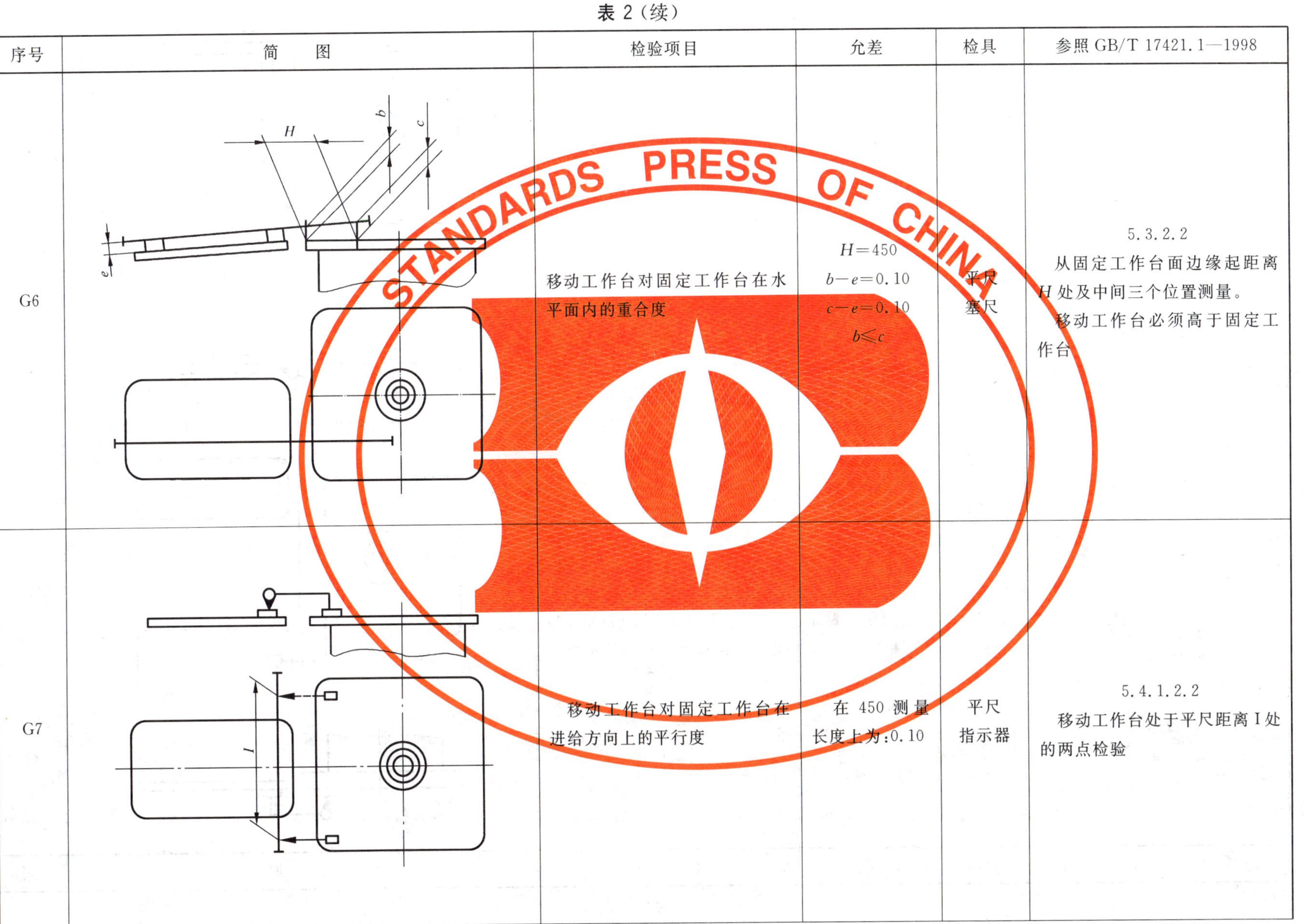

序号	简　图	检验项目	允差	检具	参照 GB/T 17421.1—1998
G6		移动工作台对固定工作台在水平面内的重合度	$H=450$ $b-e=0.10$ $c-e=0.10$ $b\leqslant c$	平尺 塞尺	5.3.2.2 从固定工作台面边缘起距离 H 处及中间三个位置测量。 移动工作台必须高于固定工作台
G7		移动工作台对固定工作台在进给方向上的平行度	在 450 测量长度上为:0.10	平尺 指示器	5.4.1.2.2 移动工作台处于平尺距离 l 处的两点检验

表 2（续）

序号	简　图	检验项目	允差	检具	参照 GB/T 17421.1—1998
G8	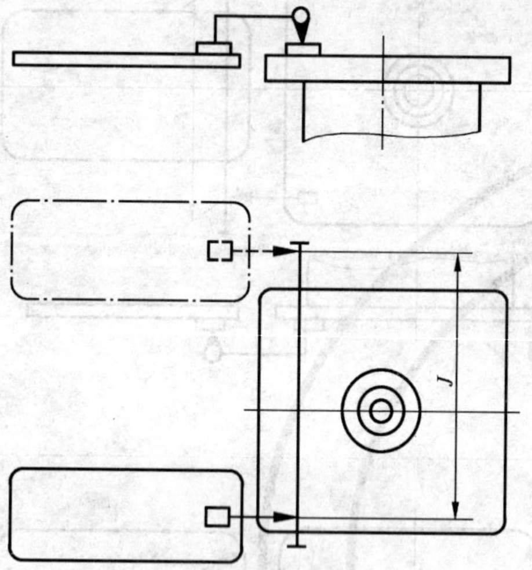 J	移动工作台运动对固定工作台在垂直面内的平行度	在 500 测量长度上为:0.10	平尺 指示器	5.4.2.2.2.2 *J* 为测量长度
G9	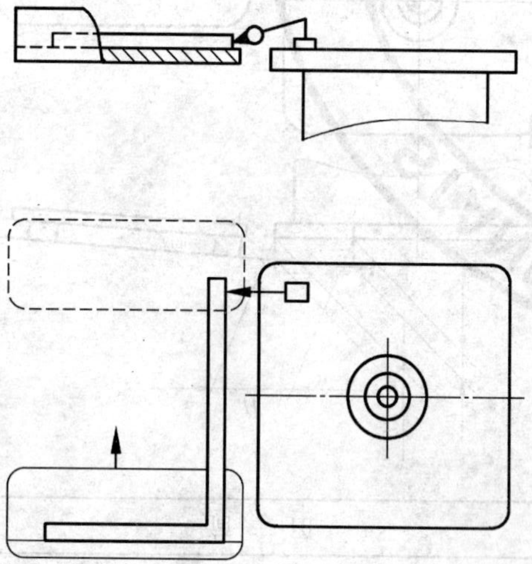	移动工作台上靠板对其运动的垂直度	0.10/500	角尺 指示器	5.5.2.2.2

表 2（续）

序号	简图	检验项目	允差	检具	参照 GB/T 17421.1—1998
G10		主轴的径向圆跳动	$n \leqslant 6\ 000$ r/min $d=0.03$ $f=0.04$ $n>6\ 000$ r/min $d=0.02$ $f=0.03$	指示器 检验棒	5.6.1.2.2 在轴肩处检验，指针指在检验棒顶部或 K 不小于 200 处检验
G11		主轴轴肩的端面圆跳动	0.02	检验棒 指示器	5.6.3.2

表 2(续)

序号	简　　图	检验项目	允差	检具	参照 GB/T 17421.1—1998
G12		主轴轴线对工作台面的垂直度	0.10/300[d]	检验棒 指示器	5.5.1.2.4.2
G13		工作台圆环孔轴线对主轴轴线的重合度	0.20	检验棒 指示器	5.4.4.2 只在圆环作导向用时检验

a 工作台宽度。

b 导向板长度。

c 测量高度。

d 测量半径。

ICS 79.120.10
J 65

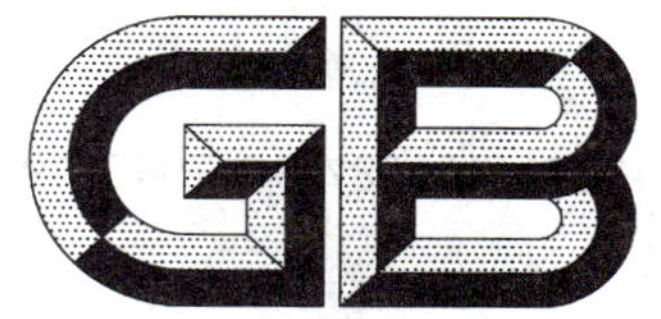

中华人民共和国国家标准

GB/T 13571—2008/ISO 7945:1985
代替 GB/T 13571—1992

木工机床　单轴钻床　术语和精度

Woodworking machines—Single spindle boring machines—Nomenclature and acceptance conditions

(ISO 7945:1985,IDT)

2008-04-22 发布　　2008-10-01 实施

中华人民共和国国家质量监督检验检疫总局
中国国家标准化管理委员会　发布

前 言

本标准等同采用ISO 7945:1985《木工机床　单轴钻床　术语和验收条件》(英文版)。

为便于使用,本标准作了下列编辑性修改:

——“本国际标准”一词改为“本标准”;

——用小数点“.”代替作为小数点的逗号“,”;

——删除法文术语和附录A;

——删除了国际标准的前言;

——增加了规范性引用文件的导语;

——对ISO 7945引用的其他国际标准,用已被采用为我国的标准代替对应的国际标准。

本标准是对GB/T 13571—1992《立式单面木工钻床　精度》的修订。

本标准与GB/T 13571—1992相比有如下差异:

——增加了术语;

——部分精度检验项目作了调整,删除了G5、G6、G7;

——将几何精度检验表中的“公差”改为“允差”;

——删除了工作精度检验。

本标准由中国机械工业联合会提出。

本标准由全国木工机床与刀具标准化技术委员会归口。

本标准起草单位:福州木工机床研究所。

本标准主要起草人:郑莉、肖晓晖。

本标准所代替标准的历次版本发布情况为:

——GB/T 13571—1992。

木工机床　单轴钻床　术语和精度

1　范围

本标准规定了木工单轴钻床(以下简称机床)各部分的术语,同时参照 GB/T 17421.1—1998,规定了机床的几何精度检验,并给定了相应的允差,适用于一般用途、普通精度的机床。

本标准只规定机床的精度检验,不适用于机床的运转试验(如振动、异常噪声、零部件的爬行等检验),也不适用于机床的特性检验(如速度、进给量等),这些检验一般宜在机床精度检验前进行。

本标准对机床的工作精度检验不作硬性规定。其应在用户与制造商之间预先的协议中另行规定。

2　规范性引用文件

下列文件中的条款通过本标准的引用而成为本标准的条款。凡是注日期的引用文件,其随后所有的修改单(不包括勘误的内容)或修订版均不适用于本标准,然而,鼓励根据本标准达成协议的各方研究是否可使用这些文件的最新版本。凡是不注日期的引用文件,其最新版本适用于本标准。

GB/T 17421.1—1998　机床检验通则　第1部分:在无负荷或精加工条件下机床的几何精度(eqv ISO 230-1:1996)

3　简要说明

3.1　本标准中的所有尺寸和允差的单位均为毫米。

3.2　使用本标准时应参照 GB/T 17421.1—1998,尤其是检验前机床的安装,主轴和其他运动部件的温升,以及检验方法。检具误差不得超过被检项目允差的1/3。

3.3　本标准中几何精度检验的顺序是按机床装配顺序给定的,其不限制实际检验时的顺序。为了便于检具的安装和检验的进行,可按任意顺序检验。

3.4　检验机床时本标准给定的检验项目未必总能或必需逐项检验。

3.5　检验项目的选择由用户决定,并与制造商达成一致意见,于机床定货时明确规定。被选择检验的项目往往是与用户感兴趣的机床性能有关。

3.6　在工件加工方向上的运动称为纵向运动。

3.7　当确定测量范围不同于本标准规定的测量范围上的允差时,应考虑允差的最小折算值为0.01 mm(见 GB/T 17421.1—1998 中的2.3.1.1)。

4　术语

机床术语见图1和表1。

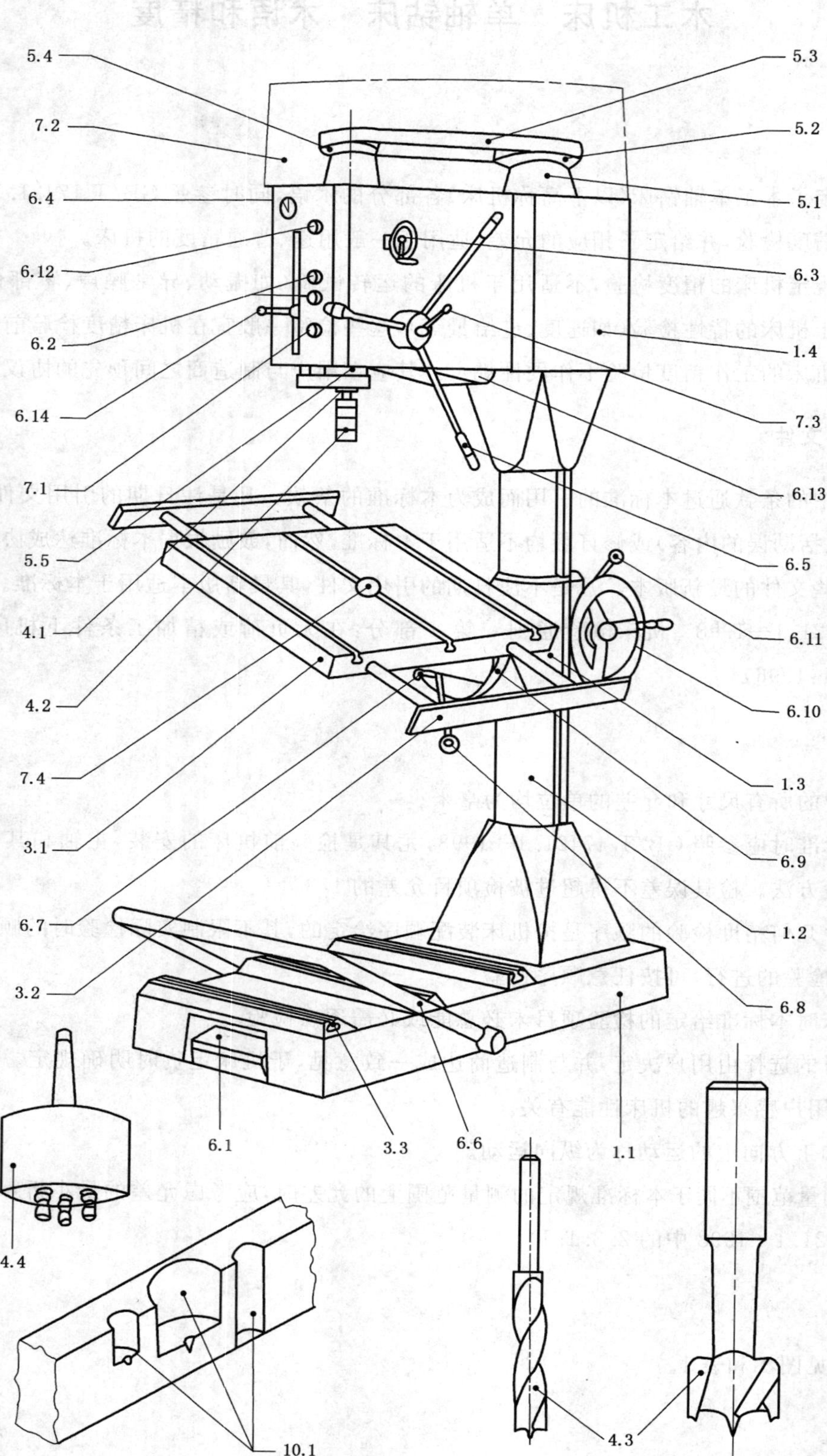

5.4
5.3
7.2
5.2
5.1
6.4
6.12
6.3
6.2
1.4
6.14
7.3
7.1
6.13
5.5
6.5
4.1
6.11
4.2
6.10
7.4
1.3
3.1
6.9
6.7
1.2
3.2
6.8
6.1
3.3
6.6
1.1
4.4
10.1
4.3

图 1

表 1 机床术语一览表

序号	中文术语	英文术语
	单轴钻床	single spindle boring machine
1	机身部分	framework
1.1	底座	base
1.2	立柱	column
1.3	支架	support
1.4	加工头	head
2	工件和/或刀具的进给部分	feed of workpiece and/or tools
3	工件的支承、夹紧和导向部分	workpiece support, clamp and guide
3.1	工作台	table
3.2	工作台延伸部分	table extension
3.3	立柱底部的支承	supports on column base
4	刀夹和刀具部分	toolholders and tools
4.1	钻轴	drilling spindle
4.2	钻夹头	drilling chuck
4.3	钻头	drill
4.4	多轴钻盒	multispindle end
5	加工头和刀具的传动部分	workheads and tool drives
5.1	电机	motor
5.2	电机皮带轮	motor pulley
5.3	传动皮带	drive belt
5.4	主轴皮带轮	spindle pulley
5.5	主轴套筒	spindle sleeve
6	操纵部分	controls
6.1	脚踏开关	foot operated switch
6.2	手动按钮	hand operated switch
6.3	调速器	speed adjustment control
6.4	速度指示器	speed indicator
6.5	主轴行程手动操作器	hand adjusted spindle travel operation
6.6	主轴行程脚踏操作器	foot adjusted spindle travel operation
6.7	工作台水平(方向)运动止动销	positioning pin for table-horizontal
6.8	工作台夹紧手柄	table clamping lever
6.9	刻度盘	graduated scale
6.10	工作台高度调节手轮	handwheel for adjusting table height
6.11	工作台高度夹紧手柄	clamping lever to table height
6.12	照明开关	light switch

表 1(续)

序号	中文术语	英文术语
	单轴钻床	single spindle boring machine
6.13	照明灯	light
6.14	钻削深度调节器	drill depth adjuster
7	安全防护装置(实例)	safety devices(example)
7.1	急停按钮	emergency stop
7.2	防护罩	hood
7.3	切断手柄(用脚踏板钻孔时使用)	cut-out lever(for use when drilling with foot pedal)
7.4	工作台嵌板(可更换)	table insert(replaceable)
8	其他	miscellaneous
9	预留部分	(free)
10	加工实例	examples of work
10.1	盲孔和通孔	blind hole and through hole

5 验收条件和允差——几何精度检验

机床几何精度检验按表 2 的规定。

表 2 几何精度检验

序号	简图	检验项目	允差	检具	参照 GB/T 17421.1—1998
G1	A; B	工作台面的平面度: a) 纵向直线度; b) 横向直线度; c) 对角线方向直线度	a): $A^{a} \leqslant 500$ 0.10 $A > 500$ 0.20 b): $B^{b} \leqslant 200$ 0.05 $B > 200$ 0.10 c): $A \leqslant 500$ 0.15 $A > 500$ 0.30	平尺 塞尺	5.3.2.2

表 2（续）

序号	简　图	检验项目	允差	检具	参照 GB/T 17421.1—1998
G2	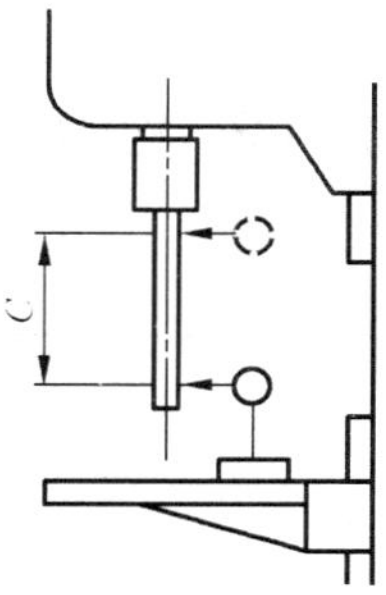 C	主轴的径向圆跳动	$C^{c}=150$ 0.35	指示器 检验棒	5.6.1.2.3
G3	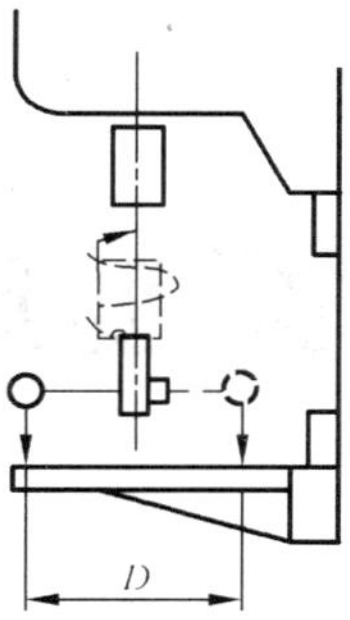 D	主轴轴线对工作台面的垂直度	$0.30/400^{d}$	指示器	5.5.1.2.4.2
G4	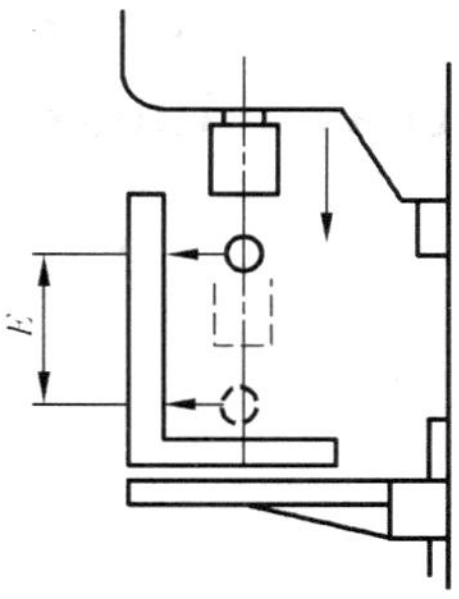 E	主轴上下运动对工作台面的垂直度	$0.30/150^{e}$	指示器 角尺	5.5.2.2.2

a 工作台长度。

b 工作台宽度。

c 距离 C。

d 距离 D。

e 距离 E。

ICS 79.120.10
J 65

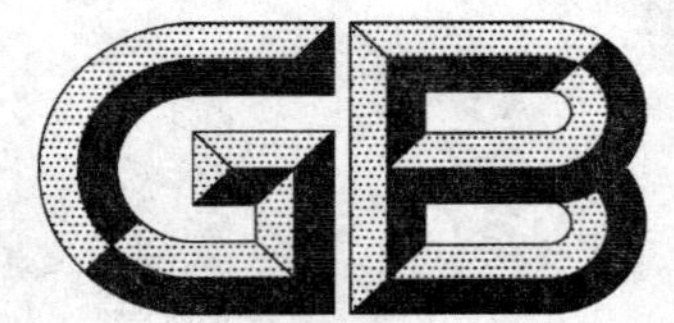

中华人民共和国国家标准

GB/T 13572—2008/ISO 7569:1986
代替 GB/T 13572—1992

木工机床 二、三、四面刨床 术语和精度

Woodworking machines—Planing machines for two-, three- or four-side dressing—Nomenclature and acceptance conditions

(ISO 7569:1986, IDT)

2008-08-11 发布　　2009-02-01 实施

中华人民共和国国家质量监督检验检疫总局
中国国家标准化管理委员会　发布

前　言

本标准等同采用 ISO 7569:1986《木工机床　二、三、四面刨床　术语和验收条件》(英文版)。

为便于使用,本标准作了下列编辑性修改:

——“本国际标准”一词改为“本标准”;

——用小数点“.”代替作为小数点的逗号“,”;

——删除法文术语和附录 A;

——删除了国际标准的前言;

——增加了规范性引用文件的导语;

——对 ISO 7569:1986 引用的其他国际标准,用已被采用为我国的标准代替对应的国际标准。

本标准代替 GB/T 13572—1992《二、三、四面木工刨床　精度》。

本标准与 GB/T 13572—1992 相比有如下差异:

——修改了标准名称;

——增加了术语;

——G3、G7、G8 几何精度检验项目作了调整;

——删除了工作精度检验。

本标准由中国机械工业联合会提出。

本标准由全国木工机床与刀具标准化技术委员会(SAC/TC 84)归口。

本标准起草单位:福建邵武振达机械制造有限公司、亚洲工友(威海)有限公司。

本标准主要起草人:杨华、林坚平、宋志敏。

本标准所代替标准的历次版本发布情况为:

——GB/T 13572—1992。

木工机床 二、三、四面刨床 术语和精度

1 范围

本标准规定了二、三、四面木工刨床(以下简称机床)各部分的术语,同时参照 GB/T 17421.1—1998,规定了机床的几何精度检验,并给定了相应的公差,适用于一般用途、普通精度的机床。

本标准只规定了机床的几何精度检验,不适用于机床的运转试验(如振动、异常噪声、零部件的爬行等检验),也不适用于机床的特性检验(如速度、进给量等),这些检验一般宜在机床的几何精度检验前进行。

本标准对机床的工作精度检验不作硬性规定,其应在用户与制造商之间预先的协议中另行规定。

本标准适用于 ISO 7984:1988 中 12.22、12.23 和 12.24 所指的那些机床。

2 规范性引用文件

下列文件中的条款通过本标准的引用而成为本标准的条款。凡是注日期的引用文件,其随后所有的修改单(不包括勘误的内容)或修订版均不适用于本标准,然而,鼓励根据本标准达成协议的各方研究是否可使用这些文件的最新版本。凡是不注日期的引用文件,其最新版本适用于本标准。

GB/T 17421.1—1998 机床检验通则 第 1 部分:在无负荷或精加工条件下机床的几何精度(eqv ISO 230-1:1996)

ISO 7984:1988 木工机床 木工机床及木工辅机的技术分类

3 简要说明

3.1 本标准中的所有尺寸和公差的单位均为毫米。

3.2 使用本标准时应参照 GB/T 17421.1—1998,尤其是检验前机床的安装,主轴和其他运动部件的温升,以及检验方法。检具误差不得超过被检项目公差的 1/3。

3.3 本标准中几何精度检验的顺序是按机床装配顺序给定的,其不限制实际检验时的顺序。为了便于检具的安装和检验的进行,可按任意顺序检验。

3.4 检验机床时本标准给定的检验项目未必总能或必需逐项检验。

3.5 检验项目的选择由用户决定,并与制造商达成一致意见,于机床定货时明确规定。被选择检验的项目往往是与用户感兴趣的机床性能有关。

3.6 在工件加工方向上的运动称为纵向运动。

3.7 当确定公差的测量范围不同于本标准规定的测量范围时,应考虑公差的最小折算值为0.01 mm(见 GB/T 17421.1—1998 中 2.3.1.1)。

4 术语

机床术语见图 1 和表 1。

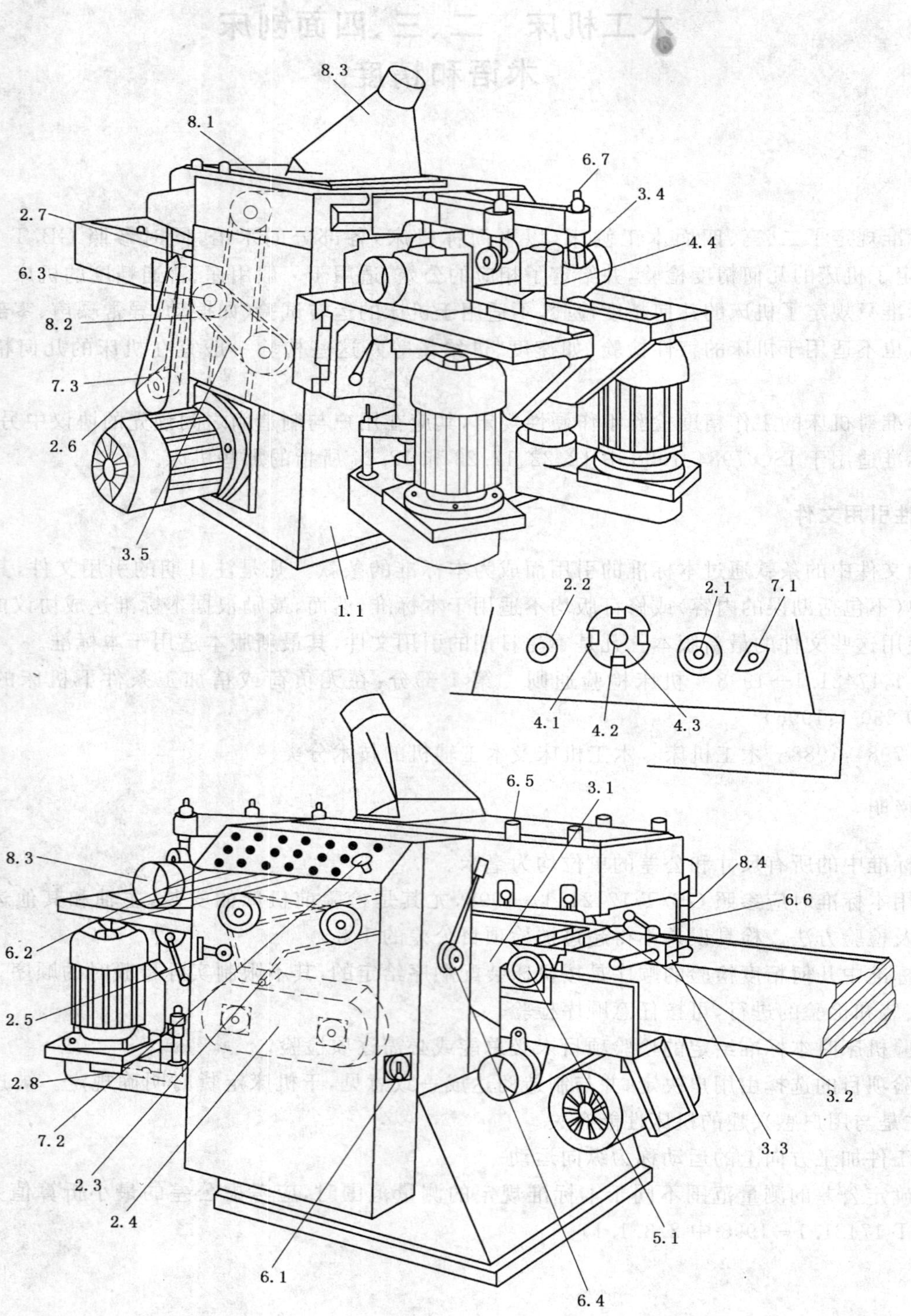

8.3
8.1
6.7
3.4
2.7
4.4
6.3
8.2
7.3
2.6
3.5
1.1
2.2
2.1
7.1
4.1
4.2
4.3
6.5
3.1
8.3
8.4
6.6
6.2
2.5
2.8
7.2
2.3
2.4
6.1
6.4
5.1
3.3
3.2

图 1

表 1 机床术语一览表

序号	中文术语	英文术语
	二、三、四面刨床	planing machines for two-, three- or four-side dressing
1	机身部分	framework
1.1	床身	main frame
2	工件和/或刀具的进给部分	feed of workpiece and/or tools
2.1	前进料辊	infeed roller
2.2	后出料辊	outfeed roller
2.3	进给辊传动链	feed roller drive chain
2.4	齿轮变速箱	variable speed gear
2.5	链张紧器	chain tensioner
2.6	下水平轴带传动装置	belt drive for bottom spindle
2.7	上水平轴带传动装置	belt drive for top spindle
2.8	垂直刀头皮带传动装置	belt drive for milling cutterblocks
3	工件的支承、夹紧和导向部分	workpiece support, clamp and guide
3.1	工作台	table
3.2	进给辊	feed roller
3.3	侧压紧器	lateral pressure
3.4	垂直压紧器	vertical pressure
3.5	工作台升降传动装置	transmission for table rise and fall movement
4	刀夹和刀具部分	tool-holders and tools
4.1	刨刀片	blades
4.2	压刀条	cutterblock wedge
4.3	刨刀轴	cutterblock planing

表 1（续）

序号	中文术语	英文术语
	二、三、四面刨床	planing machines for two-, three- or four-side dressing
4.4	垂直刀轴	cutterblock milling
5	加工头和刀具的传动部分	workheads and tool drives
5.1	刨刀体轴承	cutterblock bearing
6	操纵部分	controls
6.1	总开关	master switch
6.2	每一电机的控制开关	switches controlling each motor
6.3	工作台上下调整装置	table vertical adjustment control
6.4	进给速度调整装置	feed speed control
6.5	送料辊调整装置	drive feed roller control
6.6	侧压紧调整装置	lateral pressure control
6.7	垂直压紧调整装置	vertical pressure control
7	安全防护装置(举例)	safety devices(examples)
7.1	止逆爪	anti-kick-back fingers
7.2	急停开关	emergency stop
7.3	皮带防护罩	belt guard
8	其他	miscellaneous
8.1	护罩	hood
8.2	检修门	access door to control gear
8.3	吸尘口	dust extraction hood
8.4	切削深度刻度尺	scale for depth of cut
9	(预留部分)	(clause free)
10	加工实例	examples of work

5 验收条件和公差——几何精度检验

机床几何精度检验按表2的规定。

表2 几何精度检验

单位为毫米

序号	简图	检验项目	公差	检具	参照 GB/T 17421.1—1998
G1		各工作台面的平面度： a) 纵向直线度； b) 对角线方向直线度； c) 横向直线度	a)和 b)： A[a]$\leqslant$1 250,0.20； A>1 250,0.30 c)： B[b]$\leqslant$400,0.10； 400<$B\leqslant$1 000,0.15； B>1 000,0.20	平尺 塞尺	5.2.1.2 5.3.2.2
G2		在纵向检验两工作台面的平行度	$A\leqslant$1 250,0.20； A>1 250,0.30 （平到凸）	平尺 塞尺	

表 2（续）

单位为毫米

序号	简　图	检验项目	公差	检具	参照 GB/T 17421.1—1998
G3		在横向检验工作台唇板的平行度	C=5,0.10	指示器	5.4.1.2.2
G4		上压板对主工作台面的平行度	B≤400,0.10； 400<B≤1 000,0.15； B>1 000,0.20	平尺 指示器	5.4.1.2.4
G5		导向板间的平行度和直线度	D^c≤400,0.10； 400<D≤1 000,0.20； D>1 000,0.30	平尺 塞尺	

表 2（续）

单位为毫米

序号	简图	检验项目	公差	检具	参照 GB/T 17421.1—1998
G6	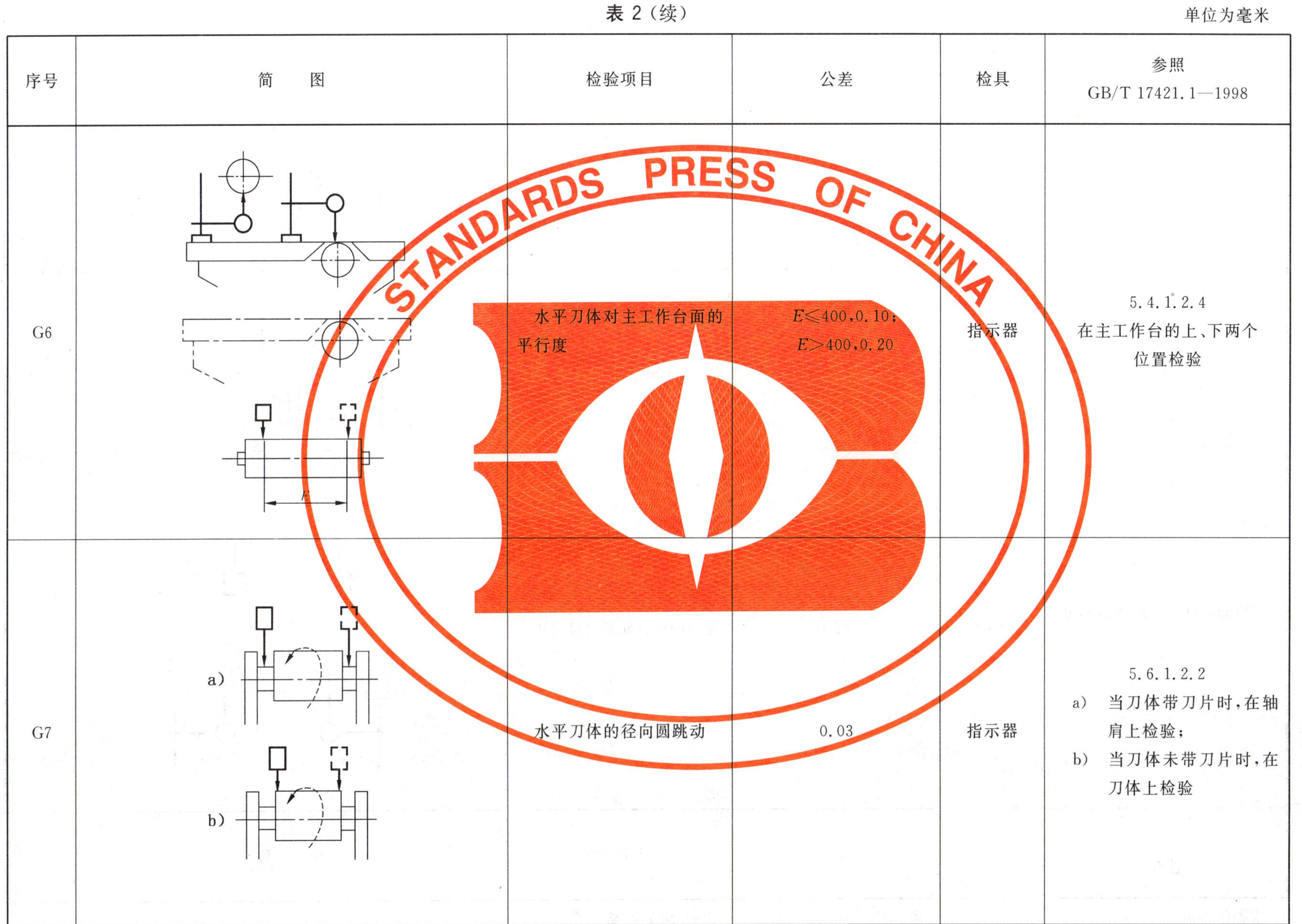	水平刀体对主工作台面的平行度	$E\leqslant400$，0.10；$E>400$，0.20	指示器	5.4.1.2.4 在主工作台的上、下两个位置检验
G7	a) b)	水平刀体的径向圆跳动	0.03	指示器	5.6.1.2.2 a) 当刀体带刀片时，在轴肩上检验； b) 当刀体未带刀片时，在刀体上检验

表 2（续）

单位为毫米

序号	简图	检验项目	公差	检具	参照 GB/T 17421.1—1998
G8	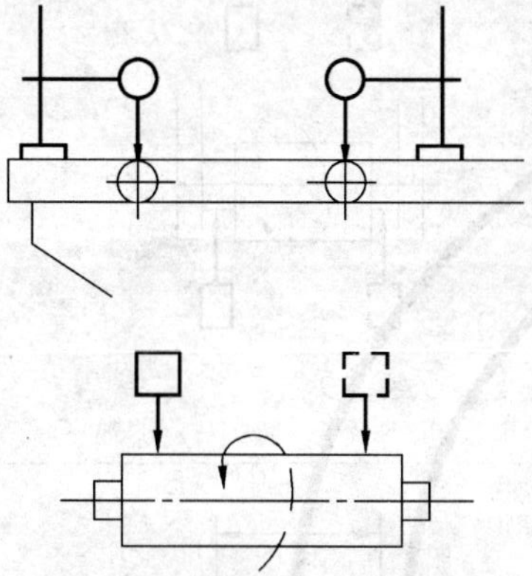	工作台托辊的径向圆跳动	0.15	指示器	5.6.1.2.2 在各托辊的两端和中间检验
G9	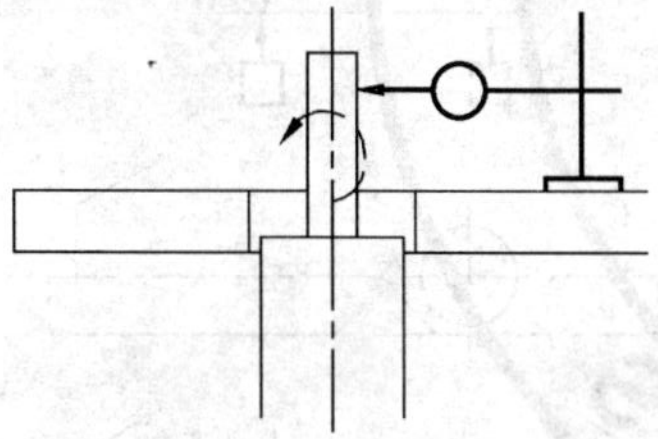	垂直主轴上端的径向圆跳动	0.03	指示器	5.6.1.2.2 在刀轴的上端检测
G10	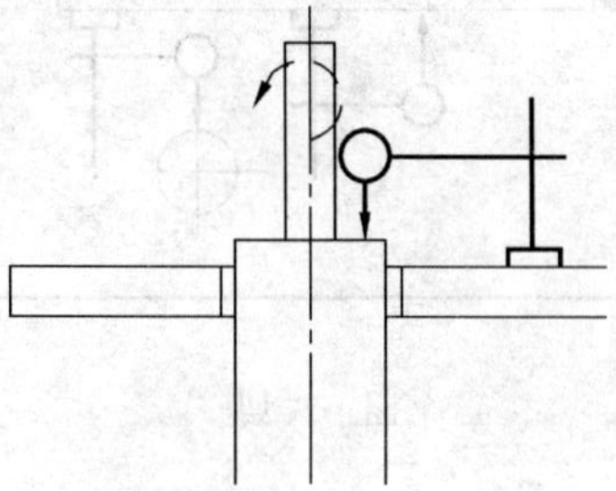	垂直主轴轴肩的端面圆跳动	0.02	指示器	5.6.3.2

表 2（续）

单位为毫米

序号	简图	检验项目	公差	检具	参照 GB/T 17421.1—1998
G11	90° G	垂直主轴对主工作台的垂直度	0.05/100	指示器	5.5.1.2.4.2 $G^{d}\geqslant 100$

a 工作台总长。

b 工作台宽度。

c 导向板总长度。

d G 为轴线与指示器之间的距离(测量半径)。

ICS 21.220.10
J 18

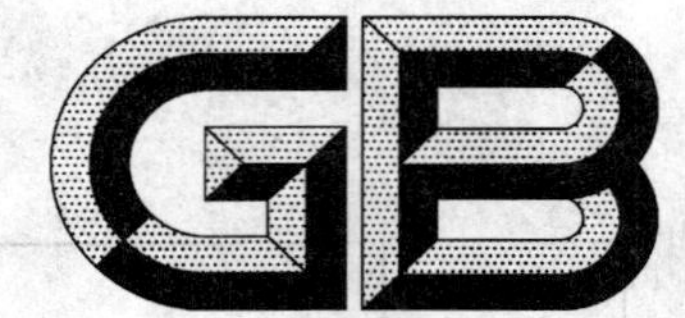

中华人民共和国国家标准

GB/T 13575.1—2008
代替 GB/T 13575.1—1992

普通和窄V带传动
第1部分：基准宽度制

Classical and narrow V-belt drives—Part 1: System based on datum width

[ISO 4183:1995, Belt drives—Classical and narrow V-belts—Grooved pulleys (system based on datum width), MOD]

2008-08-25发布　　2009-03-01实施

中华人民共和国国家质量监督检验检疫总局
中国国家标准化管理委员会　发布

前　言

GB/T 13575《普通和窄 V 带传动》由以下两部分组成：

——第 1 部分：基准宽度制；

——第 2 部分：有效宽度制。

本部分为 GB/T 13575 的第 1 部分。

本部分修改采用 ISO 4183:1995《带传动　普通和窄 V 带　槽轮(基准宽度制)》。与 ISO 4183:1995 相比，主要差异为：

——符号与我国标准不一致的按我国标准修改，如槽角由 α 改为 φ，基准宽度由 w_d 改为 b_d，基准线上槽深由 b 改为 h_a，基准线上槽深由 h 改为 h_f；

——槽角与基准直径的关系由单独一章文字叙述改为在表 4 中一并列出；

——增加了带截面尺寸；

——增加了传动设计内容。

本部分代替 GB/T 13575.1—1992《带传动　普通 V 带传动》，与 GB/T 13575.1—1992 相比，主要修改如下：

——名称改为"普通和窄 V 带传动　第 1 部分：基准宽度制"；

——将原标准附录中带的截面尺寸放入正文，并删减带长尺寸、增加基准宽度制窄 V 带截面尺寸；

——带轮基准直径增加 1 350 mm、1 700 mm、2 120 mm、2 360 mm 四个尺寸；

——删减带轮外径尺寸。

本部分由中国机械工业联合会提出。

本部分由全国带轮与带标准化技术委员会(SAC/TC 428)归口。

本部分起草单位：中机生产力促进中心、湖北汽车工业学院。

本部分主要起草人：黄刚、刘雍德、秦书安。

本部分由中机生产力促进中心负责解释。

本部分所代替标准的历次版本发布情况为：

——GB/T 13575.1—1992。

普通和窄 V 带传动
第 1 部分:基准宽度制

1 范围

本部分按基准宽度制规定了基准宽度制普通 V 带和窄 V 带传动的设计方法和传动装置的安装与使用等。

本部分适用于一般工业用 V 带传动。

专门用于普通 V 带的带轮不能配合使用窄 V 带,用于单根 V 带的多槽带轮不能配合使用联组带。

2 规范性引用文件

下列文件中的条款通过 GB/T 13575 的本部分的引用而成为本部分的条款。凡是注日期的引用文件,其随后所有的修改单(不包括勘误的内容)或修订版均不适用于本部分,然而,鼓励根据本部分达成协议的各方研究是否可使用这些文件的最新版本。凡是不注日期的引用文件,其最新版本适用于本部分。

GB/T 1171 一般传动用普通 V 带

GB/T 10412 普通和窄 V 带轮(基准宽度制)(GB/T 10412—2002,ISO 4183:1985,MOD)

GB/T 11356.1 带传动 V 带轮(基准宽度制) 槽形检验(GB/T 11356.1—2008,ISO 255:1990,MOD)

GB/T 11357 带轮的材质、表面粗糙度及平衡(GB/T 11357—2008,ISO 254:1998,MOD)

GB/T 11544 普通 V 带和窄 V 带尺寸(GB/T 11544—1997,neq ISO 4184:1992)

GB/T 15531 带传动 带轮 中心距调整极限值(GB/T 15531—2008,ISO 155:1998,MOD)

GB/T 12730 一般传动用窄 V 带

3 带

3.1 带的截面尺寸

带截面的基本尺寸见图 1 和表 1。

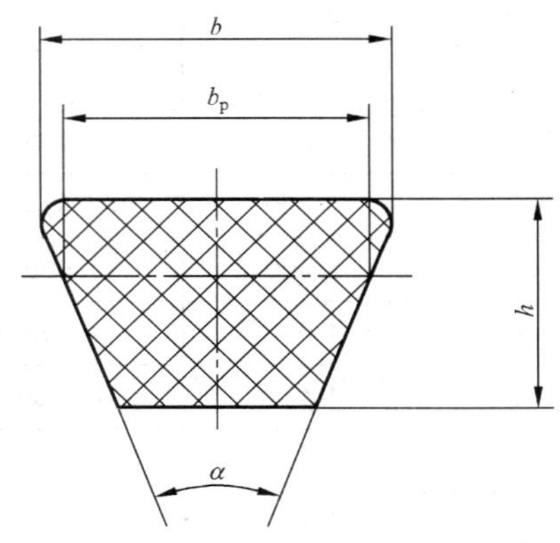

图 1 V 带截面示意图

表 1 带截面基本尺寸

单位为毫米

带型	节宽 b_p	顶宽 b	高度 h	楔角 α/(°)
Y	5.3	6.0	4.0	40°
Z	8.5	10.0	6.0	
A	11	13.0	8.0	
B	14	17.0	11.0	
C	19	22.0	14.0	
D	27	32.0	19.0	
E	32	38.0	23.0	
SPZ	8.5	10.0	8.0	40°
SPA	11	13.0	10.0	
SPB	14	17.0	14.0	
SPC	19	22.0	18.0	

3.2 带的基准长度

普通 V 带的基准长度系列见表 2，窄 V 带的基准长度系列见表 3。普通 V 带和窄 V 带的基准长度应符合 GB/T 11544。

表 2 普通 V 带基准长度

型号						
Y	Z	A	B	C	D	E
200	405	630	930	1 565	2 740	4 660
224	475	700	1 000	1 760	3 100	5 040
250	530	790	1 100	1 950	3 330	5 420
280	625	890	1 210	2 195	3 730	6 100
315	700	990	1 370	2 420	4 080	6 850
355	780	1 100	1 560	2 715	4 620	7 650
400	920	1 250	1 760	2 880	5 400	9 150
450	1 080	1 430	1 950	3 080	6 100	12 230
500	1 330	1 550	2 180	3 520	6 840	13 750
	1 420	1 640	2 300	4 060	7 620	15 280
	1 540	1 750	2 500	4 600	9 140	16 800
		1 940	2 700	5 380	10 700	
		2 050	2 870	6 100	12 200	
		2 200	3 200	6 815	13 700	
		2 300	3 600	7 600	15 200	
		2 480	4 060	9 100		
		2 700	4 430	10 700		
			4 820			
			5 370			
			6 070			

表 3　窄 V 带基准长度

L_d	不同型号的分布范围			
	SPZ	SPA	SPB	SPC
630	+			
710	+			
800	+	+		
900	+	+		
1 000	+	+		
1 120	+	+		
1 250	+	+	+	
1 400	+	+	+	
1 600	+	+	+	
1 800	+	+	+	
2 000	+	+	+	+
2 240	+	+	+	+
2 500	+	+	+	+
2 800	+	+	+	+
3 150	+	+	+	+
3 550	+	+	+	+
4 000		+	+	+
4 500		+	+	+
5 000			+	+
5 600			+	+
6 300			+	+
7 100			+	+
8 000			+	+
9 000				+
10 000				+
11 200				+
12 500				+

3.3　技术要求

3.3.1　普通 V 带应符合 GB/T 1171 的规定。

3.3.2　窄 V 带应符合 GB/T 12730 的规定。

4　带轮

4.1　轮槽截面尺寸

轮槽的截面尺寸见图 2 和表 4。

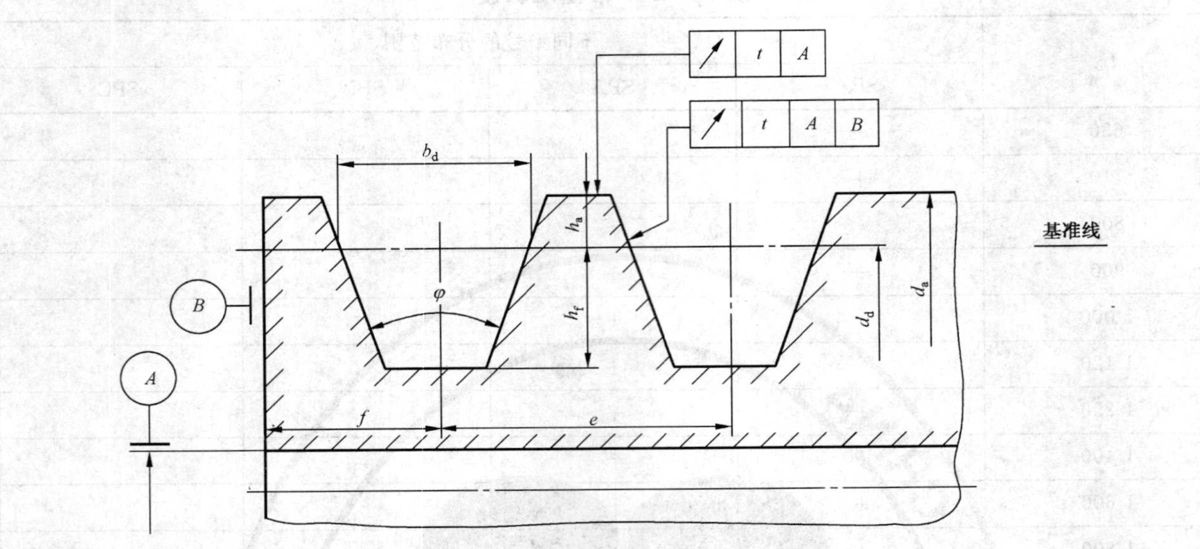

图 2 轮槽截面

表 4 轮槽截面尺寸

单位为毫米

<table>
<tr><th colspan="2">槽型</th><th rowspan="2">b_d</th><th rowspan="2">h_{amin}</th><th rowspan="2">h_{fmin}</th><th rowspan="2">e</th><th rowspan="2">e 值累计极限偏差</th><th rowspan="2">f_{min}</th><th colspan="4">d_d
与 φ 相对应的 d_d</th></tr>
<tr><th>普通 V 带</th><th>窄 V 带</th><th>φ=32°</th><th>φ=34°</th><th>φ=36°</th><th>φ=38°</th></tr>
<tr><td colspan="8"></td><td colspan="4">φ 的极限偏差:±0.5°</td></tr>
<tr><td>Y</td><td></td><td>5.3</td><td>1.6</td><td>4.7</td><td>8±0.3</td><td>±0.6</td><td>6</td><td>≤60</td><td>—</td><td>>60</td><td>—</td></tr>
<tr><td>Z</td><td>SPZ</td><td>8.5</td><td>2</td><td>7
9</td><td>12±0.3</td><td>±0.6</td><td>7</td><td>—</td><td>≤80</td><td>—</td><td>>80</td></tr>
<tr><td>A</td><td>SPA</td><td>11</td><td>2.75</td><td>8.7
11</td><td>15±0.3</td><td>±0.6</td><td>9</td><td>—</td><td>≤118</td><td>—</td><td>>118</td></tr>
<tr><td>B</td><td>SPB</td><td>14</td><td>3.5</td><td>10.8
14</td><td>19±0.4</td><td>±0.8</td><td>11.5</td><td>—</td><td>≤190</td><td>—</td><td>>190</td></tr>
<tr><td>C</td><td>SPC</td><td>19</td><td>4.8</td><td>14.3
19</td><td>25.5±0.5</td><td>±1.0</td><td>16</td><td>—</td><td>≤315</td><td>—</td><td>>315</td></tr>
<tr><td>D</td><td></td><td>27</td><td>8.1</td><td>19.9</td><td>37±0.6</td><td>±1.2</td><td>23</td><td>—</td><td>—</td><td>≤475</td><td>>475</td></tr>
<tr><td>E</td><td></td><td>32</td><td>9.6</td><td>23.4</td><td>44.5±0.7</td><td>±1.4</td><td>28</td><td>—</td><td>—</td><td>≤600</td><td>>600</td></tr>
</table>

4.2 基准直径

4.2.1 基准直径

表 5 规定了带轮的基准直径系列，基准直径的极限偏差为其基本尺寸的±0.8%。普通 V 带轮应符合 GB/T 10412 的规定。

注：窄 V 带轮应符合将要制定的基准宽度制窄 V 带轮国家标准。

表 5　V 带轮基准直径

单位为毫米

d_d	槽型						
	Y	Z SPZ	A SPA	B SPB	C SPC	D	E
20	+						
22.4	+						
25	+						
28	+						
31.5	+						
35.5	+						
40	+						
45	+						
50	+	+					
56	+	+					
63		•					
71		•					
75		•	+				
80	+	•	+				
85			+				
90	+	•	•				
95			•				
100	+	•	•				
106			•				
112	+	•	•				
118			•				
125	+	•	•	+			
132		•	•	+			
140		•	•	•			
150		•	•	•			
160		•	•	•			
170				•			
180		•	•	•			
200		•	•	•	+		
212					+		
224		•	•	•	•		
236					•		
250		•	•	•	•		
265					•		
280		•	•	•	•		
300					•		
315		•	•	•	•		
335					•		
355		•	•	•	•	+	
375						+	
400		•	•	•	•	+	
425						+	
450			•	•	•	+	
475						+	

表 5（续）

单位为毫米

d_{d}	槽型						
	Y	Z SPZ	A SPA	B SPB	C SPC	D	E
500		•	•	•	•	+	+
530							+
560			•	•	•	+	+
600				•	•	+	+
630		•	•	•	•	+	+
670							+
710			•	•	•	+	+
750				•	•	+	
800			•	•	•	+	+
900				•	•	+	+
1 000				•	•	+	+
1 060						+	
1 120				•	•	+	+
1 250					•	+	+
1 350							
1 400					•	+	+
1 500						+	+
1 600					•	+	+
1 700							
1 800						+	+
2 000					•	+	+
2 120							
2 240							+
2 360							
2 500							+

注 1：表中带“＋”符号的尺寸只适用于普通 V 带。

注 2：表中带“·”符号的尺寸同时适用于普通 V 带和窄 V 带。

注 3：不推荐使用表中未注符号的尺寸。

4.2.2 最小基准直径

表 6 规定了带轮的最小基准直径。

表 6 最小基准直径

单位为毫米

槽型	d_{dmin}
Y	20
Z	50
A	75
B	125
C	200
D	355
E	500
SPZ	63
SPA	90
SPB	140
SPC	224

4.2.3 带轮的技术要求

4.2.3.1 带轮外圆的径向圆跳动和基准圆的斜向圆跳动公差应符合 GB/T 10412 的规定。

4.2.3.2 同一带轮的任意两个轮槽基准直径间的公差应符合 GB/T 10412 的规定。

4.2.3.3 带轮的平衡和轮槽工作面的表面粗糙度应符合 GB/T 11357 的规定，轮槽的棱边要倒圆或倒钝。

4.2.3.4 轮槽槽形的检验按 GB/T 11356.1 的规定。

5 传动设计

5.1 设计已知条件

传动功率(通常指设备原动机的额定功率，或从动机的实际功率)，kW；

主动轮的转速，r/min；

传动比或从动轮的转速，r/min；

对传动空间方面的要求；

工况条件，如环境温度、介质条件、每天运转时间、载荷变动等。

5.2 设计功率

设计功率 P_d 按式(1)计算：

$$P_d = K_A \cdot P \qquad (1)$$

式中：

P_d——设计功率，单位为千瓦(kW)；

K_A——工况系数，按表 7 选取；

P——传递功率，单位为千瓦(kW)。

按表 7 选取工况系数时，在反复启动、正反转频繁、工作条件恶劣等场合，普通 V 带 K_A 应乘以 1.2，窄 V 带 K_A 应乘以 1.1，在增速传动场合 K_A 应乘以下列系数：

当 $1.25 \leqslant 1/i \leqslant 1.74$ 时为 1.05；

$1.75 \leqslant 1/i \leqslant 2.49$ 时为 1.11；

$2.50 \leqslant 1/i \leqslant 3.49$ 时为 1.18；

$1/i \geqslant 3.50$ 时为 1.25。

表 7 工况系数 K_A

工况		K_A					
		空、轻载启动			重载启动		
		每天工作小时数/h					
		<10	10~16	>16	<10	10~16	>16
载荷变动最小	液体搅拌机、通风机和鼓风机(≤7.5 kW)、离心式水泵和压缩机、轻负荷输送机	1.0	1.1	1.2	1.1	1.2	1.3
载荷变动小	带式输送机(不均匀负荷)、通风机(>7.5 kW)、旋转式水泵和压缩机(非离心式)、发电机、金属切削机床、印刷机、旋转筛、锯木机和木工机械	1.1	1.2	1.3	1.2	1.3	1.4
载荷变动较大	制砖机、斗式提升机、往复式水泵和压缩机、起重机、磨粉机、冲剪机床、橡胶机械、振动筛、纺织机械、重载输送机	1.2	1.3	1.4	1.4	1.5	1.6
载荷变动很大	破碎机(旋转式、颚式等)、磨碎机(球磨、棒磨、管磨)	1.3	1.4	1.5	1.5	1.6	1.8

注 1：空、轻载启动——电动机(交流启动、三角启动、直流并励)、四缸以上的内燃机、装有离心式离合器、液力联轴器的动力机。

注 2：重载启动——电动机(联机交流启动、直流复励或串励)、四缸以下的内燃机。

5.3 带型的选择

5.3.1 普通 V 带的带型根据设计功率和小带轮的转速按图 3 选取。

注：Y 型主要传递运动，故未列入图中。

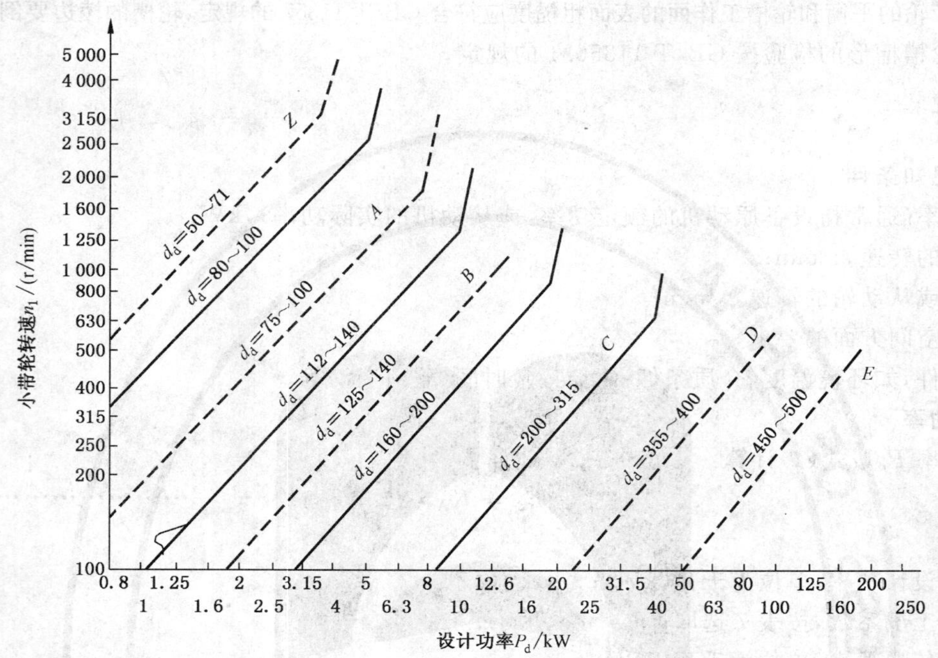

图 3 普通 V 带选型图

5.3.2 窄 V 带的带型根据设计功率和小带轮的转速按图 4 选取。

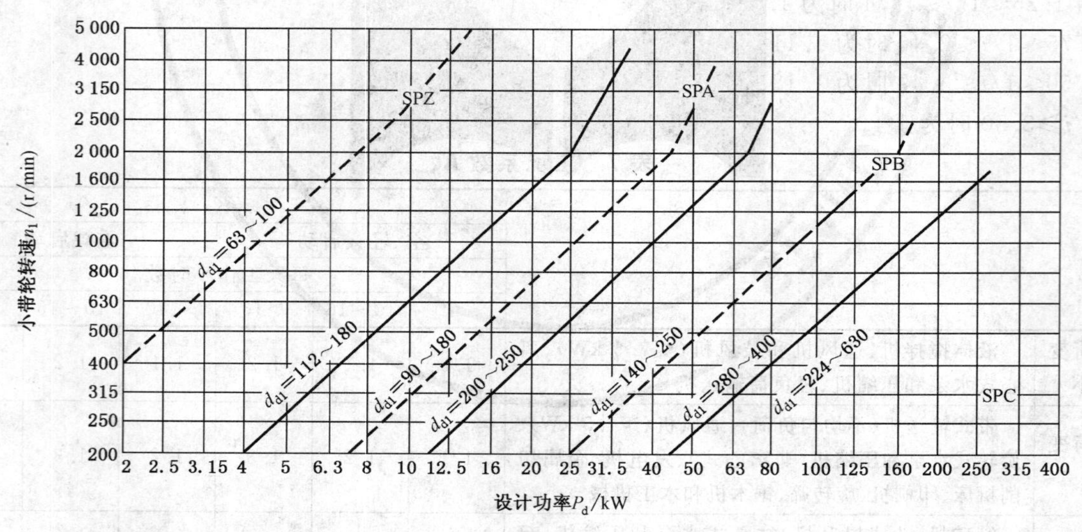

图 4 窄 V 带选型图

5.4 带传动的传动比

传动比用带轮的转速或节圆直径按式(2)或式(3)计算：

减速传动时：

$$i=\frac{n_1}{n_2}=\frac{d_{p_2}}{d_{p_1}} \qquad \cdots\cdots(2)$$

增速传动时：

$$i=\frac{n_2}{n_1}=\frac{d_{p_1}}{d_{p_2}} \qquad \cdots\cdots(3)$$

式中：

n_1——小带轮转速，单位为转每分钟(r/min)；

n_2——大带轮转速，单位为转每分钟(r/min)；

d_{p_1}——小带轮的节圆直径，单位为毫米(mm)；

d_{p_2}——大带轮的节圆直径，单位为毫米(mm)。

通常，带轮的节圆直径可视为其基准直径。

5.5 确定带轮直径

确定小带轮基准直径：应使 $d_{d_1} \geqslant d_{d_{min}}$。$d_{d_{min}}$ 见表 6。大带轮基准直径按式(4)计算：

$$d_{d_2} = i \times d_{d_1} \quad \cdots\cdots(4)$$

根据计算结果在表 5 中选取合适的大带轮直径。

5.6 带速

带速按式(5)计算：

$$v = \pi \times d_{d_1} \times n_1 / 60 \times 1\,000 / 60 \times 1\,000 \leqslant v_{max} \quad \cdots\cdots(5)$$

式中：

v——带速，单位为米每秒(m/s)。

普通 V 带传动 $v_{max}=30$ m/s；

窄 V 带传动 $v_{max}=40$ m/s。

当 $v \leqslant 35$ m/s 时，带轮选择普通材料；当 $v > 35$ m/s 时，选用高强度材料。

5.7 带的基准长度

按式(6)计算带所需带长，根据 L_{d_0} 由表 2 和表 3 选取带的基准长度 L_d。

$$L_{d_0} = 2a_0 + \frac{\pi}{2}(d_{d_1} + d_{d_2}) + \frac{(d_{d_2} - d_{d_1})^2}{4a_0} \quad \cdots\cdots(6)$$

式中：

L_{d_0}——计算的带的基准长度，单位为毫米(mm)；

d_{d_1}——小带轮的基准直径，单位为毫米(mm)；

d_{d_2}——大带轮的基准直径，单位为毫米(mm)；

a_0——设计要求的传动中心距，或在 $0.7(d_{d_1}+d_{d_2}) \leqslant a_0 \leqslant 2(d_{d_1}+d_{d_2})$ 范围内选取，单位为毫米(mm)。

5.8 传动中心距

传动的实际中心距用式(7)计算：

$$a = A + \sqrt{A^2 - B} \quad \cdots\cdots(7)$$

式中：

$A=\frac{L_d}{4}+\frac{\pi(d_{d_1}+d_{d_2})}{8}$，单位为毫米(mm)；

$B=\frac{(d_{d_2}-d_{d_1})^2}{8}$，单位为毫米(mm)。

5.9 小带轮包角

$$\alpha_1 = 180° - 57.3° \times \frac{d_{d_2} - d_{d_1}}{a} \quad \cdots\cdots(8)$$

一般应使 $\alpha_1 \geqslant 120°$。

5.10 额定功率

表 8～表 14 给出了包角为 180°($i=1$)、特定基准长度、载荷平稳时，单根普通 V 带基本额定功率的推荐值。

表 15～表 18 给出了包角为 180°($i=1$)、特定基准长度、载荷平稳时，单根窄 V 带基本额定功率的

推荐值。

如果安装参数或运行工况发生变化，则上述基本额定功率值必须乘以修正系数。表19给出了包角的修正系数。表20和表21分别给出了普通V带和SP型窄V带的带长修正系数。

5.11 带的根数

$$Z=\frac{P_{\mathrm{d}}}{(P_1+\Delta P_1)K_{\alpha}K_{\mathrm{L}}} \qquad \cdots\cdots(9)$$

式中：

P_{d}——设计功率，单位为千瓦(kW)；

P_1——单根普通V带的基本额定功率，单位为千瓦(kW)；

ΔP_1——$i\neq1$时，单根普通V带额定功率的增量，单位为千瓦(kW)；

K_{α}——包角修正系数；

K_{L}——带长修正系数。

对于窄V带，公式(9)中应以P_{N}代替$P_1+\Delta P_1$。

5.12 压轴力

作用在轴上的力按式(10)计算：

$$F_{\mathrm{r}}=2F_0Z\sin\alpha_1/2 \qquad \cdots\cdots(10)$$

式中：

F_{r}——作用在轴上的力，单位为牛(N)；

F_0——初拉力，单位为牛(N)；

Z——带的根数；

α_1——小带轮包角，单位为度(°)。

表 8 Y 型 V 带单根基准额定功率 P_1 和功率增量 ΔP_1

n_1/(r/min)	d_{d_1}/mm								i 或 $1/i$										v/(m/s) ≈
	20	25	28	31.5	35.5	40	45	50	1～1.01	1.02～1.04	1.05～1.08	1.09～1.12	1.13～1.18	1.19～1.24	1.25～1.34	1.35～1.5	1.51～1.99	≥2.00	
	P_1/kW								ΔP_1/kW										
200	—	—	—	—	—	—	—	0.04											
400	—	—	—	—	—	—	0.04	0.05											
700	—	—	—	0.03	0.04	0.04	0.05	0.06											
800	—	0.03	0.03	0.04	0.05	0.05	0.06	0.07						0.00					
950	0.01	0.03	0.04	0.04	0.05	0.06	0.07	0.08											
1 200	0.02	0.03	0.04	0.05	0.06	0.07	0.08	0.09											
1 450	0.02	0.04	0.05	0.06	0.06	0.08	0.09	0.11											
1 600	0.03	0.05	0.05	0.06	0.07	0.09	0.11	0.12											5
2 000	0.03	0.05	0.06	0.07	0.08	0.11	0.12	0.14							0.01				
2 400	0.04	0.06	0.07	0.09	0.09	0.12	0.14	0.16											
2 800	0.04	0.07	0.08	0.10	0.11	0.14	0.16	0.18											
3 200	0.05	0.08	0.09	0.11	0.12	0.15	0.17	0.20											
3 600	0.06	0.08	0.10	0.12	0.13	0.16	0.19	0.22								0.02			
4 000	0.06	0.09	0.11	0.13	0.14	0.18	0.20	0.23											10
4 500	0.07	0.10	0.12	0.14	0.16	0.19	0.21	0.24											
5 000	0.08	0.11	0.13	0.15	0.18	0.20	0.23	0.25											
5 500	0.09	0.12	0.14	0.16	0.19	0.22	0.24	0.26									0.03		
6 000	0.10	0.13	0.15	0.17	0.20	0.24	0.26	0.27											

表 9　Z 型 V 带单根基准额定功率 P_1 和功率增量 ΔP_1

n_1/(r/min)	d_{d_1}/mm						i 或 $1/i$										v/(m/s) ≈
	50	56	63	71	80	90	1.00～1.01	1.02～1.04	1.05～1.08	1.09～1.12	1.13～1.18	1.19～1.24	1.25～1.34	1.35～1.50	1.51～1.99	≥2.00	
	P_1/kW						ΔP_1/kW										
200	0.04	0.04	0.05	0.06	0.10	0.10											
400	0.06	0.06	0.08	0.09	0.14	0.14											
700	0.09	0.11	0.13	0.17	0.20	0.22			0.00								
800	0.10	0.12	0.15	0.20	0.22	0.24											5
960	0.12	0.14	0.18	0.23	0.26	0.28					0.01						
1 200	0.14	0.17	0.22	0.27	0.30	0.33											
1 450	0.16	0.19	0.25	0.30	0.35	0.36							0.02				
1 600	0.17	0.20	0.27	0.33	0.39	0.40											10
2 000	0.20	0.25	0.32	0.39	0.44	0.48											
2 400	0.22	0.30	0.37	0.46	0.50	0.54											
2 800	0.26	0.33	0.41	0.50	0.56	0.60						0.03					15
3 200	0.28	0.35	0.45	0.54	0.61	0.64											
3 600	0.30	0.37	0.47	0.58	0.64	0.68											
4 000	0.32	0.39	0.49	0.61	0.67	0.72											20
4 500	0.33	0.40	0.50	0.62	0.67	0.73								0.05			
5 000	0.34	0.41	0.50	0.62	0.66	0.73		0.02							0.06		
5 500	0.33	0.41	0.49	0.61	0.64	0.65											
6 000	0.31	0.40	0.48	0.56	0.61	0.56											

表 10　A 型 V 带单根基准额定功率 P_1 和功率增量 ΔP_1

n_1/(r/min)	d_{d_1}/mm								i 或 $1/i$										v/(m/s) ≈
	75	90	100	112	125	140	160	180	1~1.01	1.02~1.04	1.05~1.08	1.09~1.12	1.13~1.18	1.19~1.24	1.25~1.34	1.35~1.51	1.52~1.99	≥2.00	
	P_1/kW								ΔP_1/kW										
200	0.15	0.22	0.26	0.31	0.37	0.43	0.51	0.59	0.00	0.00	0.01	0.01	0.01	0.01	0.02	0.02	0.02	0.03	
400	0.26	0.39	0.47	0.56	0.67	0.78	0.94	1.09	0.00	0.01	0.01	0.02	0.02	0.03	0.03	0.04	0.04	0.05	5
700	0.40	0.61	0.74	0.90	1.07	1.26	1.51	1.76	0.00	0.01	0.02	0.03	0.04	0.05	0.06	0.07	0.08	0.09	
800	0.45	0.68	0.83	1.00	1.19	1.41	1.69	1.97	0.00	0.01	0.02	0.03	0.04	0.05	0.06	0.08	0.09	0.10	
950	0.51	0.77	0.95	1.15	1.37	1.62	1.95	2.27	0.00	0.01	0.03	0.04	0.05	0.06	0.07	0.08	0.10	0.11	
1 200	0.6	0.93	1.14	1.39	1.66	1.96	2.36	2.74	0.00	0.02	0.03	0.05	0.07	0.08	0.10	0.11	0.13	0.15	10
1 450	0.68	1.07	1.32	1.61	1.92	2.28	2.73	3.16	0.00	0.02	0.04	0.06	0.08	0.09	0.11	0.13	0.15	0.17	15
1 600	0.73	1.15	1.42	1.74	2.07	2.45	2.94	3.40	0.00	0.02	0.04	0.06	0.09	0.11	0.13	0.15	0.17	0.19	
2 000	0.84	1.34	1.66	2.04	2.44	2.87	3.42	3.93	0.00	0.03	0.06	0.08	0.11	0.13	0.16	0.19	0.22	0.24	20
2 400	0.92	1.50	1.87	2.30	2.74	3.22	3.80	4.32	0.00	0.03	0.07	0.10	0.13	0.16	0.19	0.23	0.26	0.29	25
2 800	1.00	1.64	2.05	2.51	2.98	3.48	4.06	4.54	0.00	0.04	0.08	0.11	0.15	0.19	0.23	0.26	0.30	0.34	30
3 200	1.04	1.75	2.19	2.68	3.16	3.65	4.19	4.58	0.00	0.04	0.09	0.13	0.17	0.22	0.26	0.30	0.34	0.39	
3 600	1.08	1.83	2.28	2.78	3.26	3.72	4.17	4.40	0.00	0.05	0.10	0.15	0.19	0.24	0.29	0.34	0.39	0.44	35
4 000	1.09	1.87	2.34	2.83	3.28	3.67	3.98	4.00	0.00	0.05	0.11	0.16	0.22	0.27	0.32	0.38	0.43	0.48	40
4 500	1.07	1.83	2.33	2.79	3.17	3.44	3.48	3.13	0.00	0.06	0.12	0.18	0.24	0.30	0.36	0.42	0.48	0.54	
5 000	1.02	1.82	2.25	2.64	2.91	2.99	2.67	1.81	0.00	0.07	0.“	0.20	0.27	0.34	0.40	0.47	0.54	0.60	
5 500	0.96	1.70	2.07	2.37	2.48	2.31	1.51	—	0.00	0.08	0.15	0.23	0.30	0.38	0.46	0.53	0.60	0.68	
6 000	0.80	1.50	1.80	1.96	1.87	1.37	—	—	0.00	0.08	0.“	0.24	0.32	0.40	0.49	0.57	0.65	0.73	

表 11　B 型 V 带单根基准额定功率 P_1 和功率增量 ΔP_1

n_1/(r/min)	d_{d_1}/mm								i 或 $1/i$										v/(m/s) ≈
	125	140	160	180	200	224	250	280	1～1.01	1.02～1.04	1.05～1.08	1.09～1.12	1.13～1.18	1.19～1.24	1.25～1.34	1.35～1.51	1.52～1.99	≥2.00	
	P_1/kW								ΔP_1/kW										
200	0.48	0.59	0.74	0.88	1.02	1.19	1.37	1.58	0.00	0.01	0.01	0.02	0.03	0.04	0.04	0.05	0.06	0.06	5
400	0.84	1.05	1.32	1.59	1.85	2.17	2.50	2.89	0.00	0.01	0.03	0.04	0.06	0.07	0.08	0.10	0.11	0.13	
700	1.30	1.64	2.09	2.53	2.96	3.47	4.00	4.61	0.00	0.02	0.05	0.07	0.10	0.12	0.15	0.17	0.20	0.22	10
800	1.44	1.82	2.32	2.81	3.30	3.86	4.46	5.13	0.00	0.03	0.06	0.08	0.11	0.14	0.17	0.20	0.23	0.25	
950	1.64	2.08	2.66	3.22	3.77	4.42	5.10	5.85	0.00	0.03	0.07	0.10	0.13	0.17	0.20	0.23	0.26	0.30	15
1 200	1.93	2.47	3.17	3.85	4.50	5.26	6.04	6.90	0.00	0.04	0.08	0.13	0.17	0.21	0.25	0.30	0.34	0.38	
1 450	2.19	2.82	3.62	4.39	5.13	5.97	6.82	7.76	0.00	0.05	0.10	0.15	0.20	0.25	0.31	0.36	0.40	0.46	20
1 600	2.33	3.00	3.86	4.68	5.46	6.33	7.20	8.13	0.00	0.06	0.11	0.17	0.23	0.28	0.34	0.39	0.45	0.51	
1 800	2.50	3.23	4.15	5.02	5.83	6.73	7.63	8.46	0.00	0.06	0.13	0.19	0.25	0.32	0.38	0.44	0.51	0.57	25
2 000	2.64	3.42	4.40	5.30	6.13	7.02	7.87	8.60	0.00	0.07	0.14	0.21	0.28	0.35	0.42	0.49	0.56	0.63	
2 200	2.76	3.58	4.60	5.52	6.35	7.19	7.97	8.53	0.00	0.08	0.16	0.23	0.31	0.39	0.46	0.54	0.62	0.70	30
2 400	2.85	3.70	4.75	5.67	6.47	7.25	7.89	8.22	0.00	0.08	0.17	0.25	0.24	0.42	0.51	0.59	0.68	0.76	35
2 800	2.96	3.85	4.89	5.76	6.43	6.95	7.14	6.80	0.00	0.10	0.20	0.29	0.39	0.49	0.59	0.69	0.79	0.89	40
3 200	2.94	3.83	4.8	5.52	5.95	6.05	5.60	4.26	0.00	0.11	0.23	0.34	0.45	0.56	0.68	0.79	0.90	1.01	
3 600	2.80	3.63	4.46	4.92	4.98	4.47	3.12	—	0.00	0.13	0.25	0.38	0.51	0.63	0.76	0.89	1.01	1.14	
4 000	2.51	3.24	3.82	3.92	3.47	2.14	—	—	0.00	0.14	0.28	0.42	0.56	0.70	0.84	0.99	1.13	1.27	
4 500	1.93	2.45	2.59	2.04	0.73	—	—	—	0.00	0.16	0.32	0.48	0.63	0.79	0.95	1.11	1.27	1.43	
5 000	1.09	1.29	0.81	—	—	—	—	—	0.00	0.18	0.36	0.53	0.71	0.89	1.07	1.24	1.42	1.60	

表 12 C 型 V 带单根基准额定功率 P_1 和功率增量 ΔP_1

n_1/(r/min)	d_{d_1}/mm								i 或 $1/i$										v/(m/s) ≈
	200	224	250	280	315	355	400	450	1～1.01	1.02～1.04	1.05～1.08	1.09～1.12	1.13～1.18	1.19～1.24	1.25～1.34	1.35～1.51	1.52～1.99	≥2.00	
	P_1/kW								ΔP_1/kW										
200	1.39	1.70	2.03	2.42	2.84	3.36	3.91	4.51	0.00	0.02	0.04	0.06	0.08	0.10	0.12	0.14	0.16	0.18	5
300	1.92	2.37	2.85	3.40	4.04	4.75	5.54	6.40	0.00	0.03	0.06	0.09	0.12	0.15	0.18	0.21	0.24	0.26	
400	2.41	2.99	3.62	4.32	5.14	6.05	7.06	8.20	0.00	0.04	0.08	0.12	0.16	0.20	0.23	0.27	0.31	0.35	10
500	2.87	3.58	4.33	5.19	6.17	7.27	8.52	9.80	0.00	0.05	0.10	0.15	0.20	0.24	0.29	0.34	0.39	0.44	
600	3.30	4.12	5.00	6.00	7.14	8.45	9.82	11.29	0.00	0.06	0.12	0.18	0.24	0.29	0.35	0.41	0.47	0.53	15
700	3.69	4.64	5.64	6.76	8.09	9.50	11.02	12.63	0.00	0.07	0.14	0.21	0.27	0.34	0.41	0.48	0.55	0.62	
800	4.07	5.12	6.23	7.52	8.92	10.46	12.10	13.80	0.00	0.08	0.16	0.23	0.31	0.39	0.47	0.55	0.63	0.71	20
950	4.58	5.78	7.04	8.49	10.05	11.73	13.48	15.23	0.00	0.09	0.19	0.27	0.37	0.47	0.56	0.65	0.74	0.83	
1 200	5.29	6.71	8.21	9.81	11.53	13.31	15.04	16.59	0.00	0.12	0.24	0.35	0.47	0.59	0.70	0.82	0.94	1.06	25
1 450	5.84	7.45	9.04	10.72	12.46	14.12	15.53	16.47	0.00	0.14	0.28	0.42	0.58	0.71	0.85	0.99	1.14	1.27	30
1 600	6.07	7.75	9.38	11.06	12.72	14.19	15.24	15.57	0.00	0.16	0.31	0.47	0.63	0.78	0.94	1.10	1.25	1.41	35
1 800	6.28	8.00	9.63	11.22	12.67	13.73	14.08	13.29	0.00	0.18	0.35	0.53	0.71	0.88	1.06	1.23	1.41	1.59	40
2 000	6.34	8.06	9.62	11.04	12.14	12.59	11.95	9.64	0.00	0.20	0.39	0.59	0.78	0.98	1.17	1.37	1.57	1.76	
2 200	6.26	7.92	9.34	10.48	11.08	10.70	8.75	4.44	0.00	0.22	0.43	0.65	0.86	1.08	1.29	1.51	1.72	1.94	
2 400	6.02	7.57	8.75	9.50	9.43	7.98	4.34	—	0.00	0.23	0.47	0.70	0.94	1.18	1.41	1.65	1.88	2.12	
2 600	5.61	6.93	7.85	8.08	7.11	4.32	—	—	0.00	0.25	0.51	0.76	1.02	1.27	1.53	1.78	2.04	2.29	
2 800	5.01	6.08	6.56	6.13	4.16	—	—	—	0.00	0.27	0.55	0.82	1.10	1.37	1.64	1.92	2.19	2.47	
3 200	3.23	3.57	2.93	—	—	—	—	—	0.00	0.31	0.61	0.91	1.22	1.53	1.63	2.14	2.44	2.75	

表 13　D 型 V 带单根基准额定功率 P_1 和功率增量 ΔP_1

n_1/(r/min)	d_{d_1}/mm								i 或 $1/i$										v/(m/s) ≈
	355	400	450	500	560	630	710	800	1～1.01	1.02～1.04	1.05～1.08	1.09～1.12	1.13～1.18	1.19～1.24	1.25～1.34	1.35～1.51	1.52～1.99	≥2.00	
	P_1/kW								ΔP_1/kW										
100	3.01	3.66	4.37	5.08	5.91	6.88	8.01	9.22	0.00	0.03	0.07	0.10	0.14	0.17	0.21	0.24	0.28	0.31	5
150	4.20	5.14	6.17	7.18	8.43	9.82	11.38	13.11	0.00	0.05	0.11	0.15	0.21	0.26	0.31	0.36	0.42	0.47	
200	5.31	6.52	7.90	9.21	10.76	12.54	14.55	16.76	0.00	0.07	0.14	0.21	0.28	0.35	0.42	0.49	0.56	0.63	10
250	6.36	7.88	9.50	11.09	12.97	15.13	17.54	20.18	0.00	0.09	0.18	0.26	0.35	0.44	0.57	0.61	0.70	0.78	
300	7.35	9.13	11.02	12.88	15.07	17.57	20.35	23.39	0.00	0.10	0.21	0.31	0.42	0.52	0.62	0.73	0.83	0.94	15
400	9.24	11.45	13.85	16.20	18.95	22.05	25.45	29.08	0.00	0.14	0.28	0.42	0.56	0.70	0.83	0.97	1.11	1.25	
500	10.90	13.55	16.40	19.17	22.38	25.94	29.76	33.72	0.00	0.17	0.35	0.52	0.70	0.87	1.04	1.22	1.39	1.56	20
600	12.39	15.42	18.67	21.78	25.32	29.18	33.18	37.13	0.00	0.21	0.42	0.62	0.83	1.04	1.25	1.46	1.67	1.88	25
700	13.70	17.07	20.63	23.99	27.73	31.68	35.59	39.14	0.00	0.24	0.49	0.73	0.97	1.22	1.46	1.70	1.95	2.19	
800	14.83	18.46	22.25	25.76	29.55	33.38	36.87	39.55	0.00	0.28	0.56	0.83	1.11	1.39	1.67	1.95	2.22	2.50	30
950	16.15	20.06	24.01	27.50	31.04	34.19	36.35	36.76	0.00	0.33	0.66	0.99	1.32	1.60	1.92	2.31	2.64	2.97	35
1 100	16.98	20.99	24.84	28.02	30.85	32.65	32.52	29.26	0.00	0.38	0.77	1.15	1.53	1.91	2.29	2.68	3.06	3.44	40
1 200	17.25	21.20	24.84	26.71	29.67	30.15	27.88	21.32	0.00	0.42	0.84	1.25	1.67	2.09	2.50	2.92	3.34	3.75	
1 300	17.26	21.06	24.35	26.54	27.58	26.37	21.42	10.73	0.00	0.45	0.91	1.35	1.81	2.26	2.71	3.16	3.61	4.06	
1 450	16.77	20.15	22.02	23.59	22.58	18.06	7.99	—	0.00	0.51	1.01	1.51	2.02	2.52	3.02	3.52	4.03	4.53	
1 600	15.63	18.31	19.59	18.88	15.13	6.25	—	—	0.00	0.56	1.11	1.67	2.23	2.78	3.33	3.89	4.45	5.00	
1 800	12.97	14.28	13.34	9.59	—	—	—	—	0.00	0.63	1.24	1.88	2.51	3.13	3.74	4.38	5.01	5.62	

表 14 E 型 V 带单根基准额定功率 P_1 和功率增量 ΔP_1

n_1/(r/min)	d_{d_1}/mm								i 或 $1/i$										v/(m/s) ≈
	500	560	630	710	800	900	1 000	1 120	1~1.01	1.02~1.04	1.05~1.08	1.09~1.12	1.13~1.18	1.19~1.24	1.25~1.34	1.35~1.51	1.52~1.99	≥2.00	
	P_1/kW								ΔP_1/kW										
100	6.21	7.32	8.75	10.31	12.05	13.96	15.64	18.07	0.00	0.07	0.14	0.21	0.28	0.34	0.41	0.48	0.55	0.62	5
150	8.60	10.33	12.32	14.56	17.05	19.76	22.14	25.58	0.00	0.10	0.20	0.31	0.41	0.52	0.62	0.72	0.83	0.93	
200	10.86	13.09	15.65	18.52	21.70	25.15	28.52	32.47	0.00	0.14	0.28	0.41	0.55	0.69	0.83	0.96	1.10	1.24	10
250	12.97	15.67	18.77	22.23	26.03	30.14	34.11	38.71	0.00	0.17	0.34	0.52	0.69	0.86	1.03	1.20	1.37	1.55	15
300	14.96	18.10	21.69	25.69	30.05	34.71	39.17	44.26	0.00	0.21	0.41	0.62	0.83	1.03	1.24	1.45	1.65	1.86	
350	16.81	20.38	24.42	28.89	33.73	38.64	43.66	49.04	0.00	0.24	0.48	0.72	0.96	1.20	1.45	1.69	1.92	2.17	20
400	18.55	22.49	26.95	31.83	37.05	42.49	47.52	52.98	0.00	0.28	0.55	0.83	1.00	1.38	1.65	1.93	2.20	2.48	
500	21.65	26.25	31.36	36.85	42.53	48.20	53.12	57.94	0.00	0.34	0.64	1.03	1.38	1.72	2.07	2.41	2.75	3.10	25
600	24.21	29.30	34.83	40.58	46.26	51.48	55.45	58.42	0.00	0.41	0.83	1.24	1.65	2.07	2.48	2.89	3.31	3.72	30
700	26.21	31.59	37.26	42.87	47.96	51.95	54.00	53.62	0.00	0.48	0.97	1.45	1.93	2.41	2.89	3.38	3.86	4.34	35
800	27.57	33.03	38.52	43.52	47.38	49.21	48.19	42.77	0.00	0.55	1.10	1.65	2.21	2.76	3.31	3.86	4.41	4.96	40
950	28.32	33.40	37.92	41.02	41.59	38.19	30.08	—	0.00	0.65	1.29	1.95	2.62	3.27	3.92	4.58	5.23	5.89	
1 100	27.30	31.35	33.94	33.74	29.06	17.65	—	—	0.00	0.76	1.52	2.27	3.03	3.79	4.40	5.30	6.06	6.82	
1 200	25.53	28.49	29.17	25.91	16.46	—	—	—	0.00										
1 300	22.82	24.31	22.56	15.44	—	—	—	—	0.00										
1 450	16.82	15.35	8.85	—	—	—	—	—	0.00										

表 15　SPZ 型窄 V 带单根基准额定功率

d_{d_1}/mm	i 或 $1/i$	小轮转速 n_1/(r/min)																	
		200	400	700	800	950	1 200	1 450	1 600	2 000	2 400	2 800	3 200	3 600	4 000	4 500	5 000	5 500	6 000
		额定功率 P_N/kW																	
	1	0.20	0.35	0.54	0.60	0.68	0.81	0.93	1.00	1.17	1.32	1.45	1.56	1.66	1.74	1.81	1.85	1.87	1.85
	1.05	0.21	0.37	0.58	0.64	0.73	0.88	1.01	1.09	1.27	1.44	1.59	1.73	1.84	1.94	2.04	2.11	2.15	2.16
63	1.2	0.22	0.39	0.61	0.68	0.78	0.94	1.08	1.17	1.38	1.57	1.74	1.89	2.03	2.15	2.27	2.37	2.43	2.47
	1.5	0.23	0.41	0.65	0.72	0.83	1.00	1.16	1.25	1.48	1.69	1.88	2.06	2.21	2.35	2.50	2.63	2.72	2.77
	≥3	0.24	0.43	0.68	0.76	0.88	1.06	1.23	1.33	1.58	1.81	2.03	2.22	2.40	2.56	2.74	2.88	3.00	3.08
	1	0.25	0.44	0.70	0.78	0.90	1.08	1.25	1.35	1.59	1.81	2.00	2.18	2.33	2.46	2.59	2.68	2.73	2.74
	1.05	0.26	0.46	0.74	0.82	0.95	1.14	1.32	1.43	1.69	1.93	2.15	2.34	2.51	2.67	2.82	2.94	3.02	3.05
71	1.2	0.27	0.49	0.77	0.87	1.00	1.20	1.40	1.51	1.79	2.05	2.29	2.51	2.70	2.87	3.05	3.20	3.30	3.26
	1.5	0.28	0.51	0.81	0.91	1.04	1.26	1.47	1.59	1.90	2.18	2.43	2.67	2.88	3.08	3.28	3.45	3.58	3.67
	≥3	0.29	0.53	0.85	0.95	1.09	1.33	1.55	1.68	2.00	2.30	2.58	2.83	3.07	3.28	3.51	3.71	3.86	3.98
	1	0.31	0.55	0.88	0.99	1.14	1.38	1.60	1.73	2.05	2.34	2.61	2.85	3.06	3.24	3.42	3.56	3.64	3.66
	1.05	0.32	0.57	0.92	1.03	1.19	1.44	1.67	1.81	2.15	2.47	2.75	3.01	3.24	3.45	3.65	3.81	3.92	3.97
80	1.2	0.33	0.59	0.96	1.07	1.24	1.50	1.75	1.89	2.25	2.59	2.90	3.18	3.43	3.65	3.89	4.07	4.20	4.27
	1.5	0.34	0.61	0.99	1.11	1.28	1.56	1.82	1.97	2.36	2.71	3.04	3.34	3.61	3.86	4.12	4.33	4.48	4.58
	≥3	0.35	0.64	1.03	1.15	1.33	1.62	1.90	2.06	2.46	2.84	3.18	3.51	3.80	4.06	4.35	4.58	4.77	4.89
	1	0.37	0.67	1.09	1.21	1.40	1.70	1.98	2.14	2.55	2.93	3.26	3.57	3.84	4.07	4.30	4.46	4.55	4.56
	1.05	0.38	0.69	1.12	1.26	1.45	1.76	2.06	2.23	2.65	3.05	3.41	3.73	4.02	4.27	4.53	4.71	4.83	4.87
90	1.2	0.39	0.71	1.16	1.30	1.50	1.82	2.13	2.31	2.76	3.17	3.55	3.90	4.21	4.48	4.76	4.97	5.11	5.17
	1.5	0.40	0.74	1.19	1.34	1.55	1.88	2.20	2.39	2.86	3.30	3.70	4.06	4.39	4.68	4.99	5.23	5.39	5.48
	≥3	0.41	0.76	1.23	1.38	1.60	1.95	2.28	2.47	2.96	3.42	3.84	4.23	4.58	4.89	5.22	5.48	5.68	5.79
	1	0.43	0.79	1.28	1.44	1.66	2.02	2.36	2.55	3.05	3.49	3.90	4.26	4.58	4.85	5.10	5.27	5.35	5.32
	1.05	0.44	0.81	1.32	1.48	1.71	2.08	2.43	2.64	3.15	3.62	4.05	4.43	4.76	5.05	5.34	5.53	5.63	5.63
100	1.2	0.45	0.83	1.35	1.52	1.76	2.14	2.51	2.72	3.25	3.74	4.19	4.59	4.95	5.26	5.57	5.79	5.92	5.94
	1.5	0.46	0.85	1.39	1.56	1.81	2.20	2.58	2.80	3.35	3.86	4.33	4.76	5.13	5.46	5.80	6.05	6.20	6.25
	≥3	0.47	0.87	1.43	1.60	1.86	2.27	2.66	2.88	3.46	3.99	4.48	4.92	5.32	5.67	6.03	6.30	6.48	6.56
	1	0.51	0.93	1.52	1.70	1.97	2.40	2.80	3.04	3.62	4.16	4.64	5.06	5.42	5.72	5.99	6.14	6.16	6.05
	1.05	0.52	0.95	1.55	1.74	2.02	2.46	2.88	3.12	3.73	4.28	4.78	5.23	5.61	5.92	6.22	6.40	6.45	6.36
112	1.2	0.53	0.98	1.59	1.78	2.07	2.52	2.95	3.20	3.83	4.41	4.93	5.39	5.79	6.13	6.45	6.65	6.73	6.66
	1.5	0.54	1.00	1.63	1.83	2.12	2.58	3.03	3.28	3.93	4.53	5.07	5.55	5.98	6.33	6.68	6.91	7.01	6.97
	≥3	0.55	1.02	1.66	1.87	2.17	2.65	3.10	3.37	4.04	4.65	5.21	5.72	6.16	6.54	6.91	7.17	7.29	7.28
	1	0.59	1.09	1.77	1.91	2.30	2.80	3.28	3.55	4.24	4.85	5.40	5.88	6.27	6.58	6.83	6.92	6.84	6.57
	1.05	0.60	1.11	1.81	2.03	2.35	2.86	3.35	3.63	4.34	4.98	5.55	6.04	6.46	6.78	7.06	7.18	7.12	6.88
125	1.2	0.61	1.13	1.84	2.07	2.40	2.93	3.43	3.72	4.44	5.10	5.69	6.21	6.64	6.99	7.29	7.44	7.41	7.19
	1.5	0.62	1.15	1.88	2.11	2.45	2.99	3.50	3.80	4.54	5.22	5.83	6.37	6.83	7.19	7.52	7.69	7.69	7.50
	≥3	0.63	1.17	1.91	2..15	2.50	3.05	3.58	3.88	4.65	5.35	5.98	6.53	7.01	7.40	7.75	7.95	7.97	7.81
	1	0.68	1.26	2.06	2.31	2.68	3.26	3.82	4.13	4.92	5.63	6.24	6.75	7.16	7.45	7.64	7.60	7.34	6.81
	1.05	0.69	1.28	2.09	2.35	2.73	3.32	3.89	4.21	5.02	5.75	6.38	6.92	7.35	7.66	7.87	7.86	7.62	7.12
140	1.2	0.70	1.30	2.13	2.39	2.77	3.39	3.96	4.30	5.13	5.87	6.53	7.08	7.53	7.86	8.10	8.12	7.90	7.43
	1.5	0.71	1.32	2.17	2.43	2.82	3.45	4.04	4.38	5.23	6.00	6.67	7.25	7.72	8.07	8.33	8.37	8.18	7.74
	≥3	0.72	1.34	2.20	2.47	2.87	3.51	4.11	4.46	5.33	6.12	6.81	7.41	7.90	8.27	8.56	8.63	8.47	8.04
	1	0.80	1.49	2.44	2.73	3.17	3.86	4.51	4.88	5.80	6.60	7.27	7.81	8.19	8.40	8.41	8.11	7.47	6.45
	1.05	0.81	1.51	2.47	2.78	3.22	3.92	4.59	4.97	5.90	6.72	7.42	7.97	8.37	8.61	8.64	8.37	7.75	6.76
160	1.2	0.82	1.53	2.51	2.82	3.27	3.98	4.66	5.05	6.00	6.84	7.56	8.13	8.56	8.81	8.88	8.62	8.03	7.07
	1.5	0.83	1.55	2.54	2.86	3.32	4.05	4.74	5.13	6.11	6.97	7.70	8.30	8.74	9.02	9.11	8.88	8.31	7.37
	≥3	0.84	1.57	2.58	2.90	3.37	4.11	4.81	5.21	6.21	7.09	7.85	8.46	8.93	9.22	9.34	9.14	8.60	7.68
	1	0.92	1.71	2.81	3.15	3.65	4.45	5.19	5.61	6.63	7.50	8.20	8.71	9.01	9.08	8.81	8.11	6.93	5.22
	1.05	0.93	1.74	2.84	3.19	3.70	4.51	5.26	5.69	6.74	7.63	8.35	8.88	9.20	9.29	9.04	8.36	7.21	5.53
180	1.2	0.94	1.76	2.88	3.23	3.75	4.57	5.34	5.77	6.84	7.75	8.49	9.04	9.38	9.49	9.28	8.62	7.49	5.84
	1.5	0.95	1.78	2.92	3.28	3.80	4.63	5.41	5.86	6.94	7.87	8.63	9.21	9.57	9.70	9.51	8.88	7.77	6.15
	≥3	0.96	1.80	2.95	3.32	3.85	4.69	5.49	5.94	7.04	8.00	8.78	9.37	9.75	9.90	9.74	9.14	8.06	6.45
v/(m/s)≈			5			10		15		20	25	30		35	40				
注：表格中带黑框的速度为电机的负荷转速。																			

表 16 SPA 型窄 V 带单根基准额定功率

d_{d_1}/mm	i 或 $1/i$	小轮转速 n_1/(r/min)																	
		200	400	700	800	950	1 200	1 450	1 600	2 000	2 400	2 800	3 200	3 600	4 000	4 500	5 000	5 500	6 000
		额定功率 P_N/kW																	
90	1	0.43	0.75	1.17	1.30	1.48	1.76	2.02	2.16	2.49	2.77	3.00	3.16	3.26	3.29	3.24	3.07	2.77	2.34
	1.05	0.45	0.80	1.25	1.39	1.59	1.90	2.18	2.34	2.72	3.05	3.32	3.53	3.67	3.76	3.76	3.64	3.40	3.03
	1.2	0.47	0.85	1.34	1.49	1.70	2.04	2.35	2.53	2.96	3.33	3.64	3.90	4.09	4.22	4.28	4.22	4.04	3.72
	1.5	0.50	0.89	1.42	1.58	1.81	2.18	2.52	2.71	3.19	3.60	3.96	4.27	4.50	4.68	4.80	4.80	4.67	4.41
	≥3	0.52	0.94	1.5	1.67	1.92	2.32	2.69	2.90	3.42	3.88	4.29	4.63	4.92	5.14	5.30	5.37	5.31	5.10
100	1	0.53	0.94	1.49	1.65	1.89	2.27	2.61	2.80	3.27	3.67	3.99	4.25	4.42	4.50	4.42	4.31	3.97	3.46
	1.05	0.55	0.99	1.57	1.75	2.00	2.41	2.78	2.99	3.50	3.94	4.32	4.61	4.83	4.96	5.00	4.89	4.61	4.15
	1.2	0.57	1.03	1.65	1.84	2.11	2.54	2.95	3.17	3.73	4.22	4.64	4.98	5.25	5.43	5.52	5.46	5.24	4.84
	1.5	0.60	1.08	1.73	1.93	2.22	2.68	3.11	3.36	3.96	4.50	4.96	5.35	5.66	5.89	6.04	6.04	5.88	5.53
	≥3	0.62	1.13	1.81	2.02	2.33	2.82	3.28	3.54	4.19	4.78	5.29	5.72	6.08	6.35	6.56	6.62	6.51	6.22
112	1	0.64	1.16	1.86	2.07	2.38	2.86	3.31	3.57	4.18	4.71	5.15	5.49	5.72	5.85	5.83	5.61	5.16	4.47
	1.05	0.67	1.21	1.94	2.16	2.49	3.00	3.48	3.75	4.41	4.99	5.47	5.86	6.14	6.31	6.35	6.18	5.80	5.17
	1.2	0.69	1.26	2.02	2.26	2.6	3.14	3.65	3.94	4.64	5.27	5.79	6.23	6.55	6.77	6.87	6.76	6.43	5.86
	1.5	0.71	1.30	2.10	2.35	2.71	3.28	3.82	4.12	4.87	5.54	6.12	6.60	6.97	7.23	7.39	7.34	7.06	6.55
	≥3	0.74	1.35	2.18	2.44	2.82	3.42	3.98	4.30	5.11	5.82	6.44	6.96	7.38	7.69	7.91	7.91	7.70	7.24
125	1	0.77	1.40	2.25	2.52	2.90	3.50	4.06	4.38	5.15	5.80	6.34	6.76	7.03	7.16	7.09	6.75	6.11	5.14
	1.05	0.79	1.45	2.33	2.61	3.01	3.64	4.23	4.56	5.38	6.08	6.67	7.13	7.45	7.62	7.61	7.33	6.74	5.00
	1.2	0.82	1.50	2.42	2.70	3.12	3.78	4.40	4.73	5.61	6.36	6.99	7.49	7.36	9.08	8.13	7.9	7.37	6.52
	1.5	0.84	1.54	2.50	2.80	3.23	3.92	4.56	4.93	5.84	6.63	7.31	7.86	8.28	8.54	8.65	8.48	8.01	7.21
	≥3	0.86	1.59	2.58	2.89	3.34	4.06	4.73	5.12	6.07	6.91	7.63	8.23	8.69	9.01	9.17	9.06	8.64	7.91
140	1	0.92	1.66	2.71	3.03	3.49	4.23	4.91	5.29	6.22	7.01	7.64	8.11	8.39	8.48	8.27	7.69	6.71	5.28
	1.05	0.94	1.72	2.79	3.12	3.60	4.37	5.07	5.48	6.45	7.29	7.97	8.48	8.81	8.94	8.79	8.27	7.34	5.97
	1.2	0.96	1.77	2.87	3.21	3.71	4.50	5.24	5.66	6.68	7.56	8.29	8.85	9.22	9.40	9.31	8.85	7.98	6.66
	1.5	0.99	1.82	2.95	3.31	3.82	4.64	5.41	5.84	6.91	7.84	8.61	9.22	9.64	9.85	9.83	9.42	8.61	7.35
	≥3	1.01	1.86	3.03	3.40	3.93	4.78	5.58	6.03	7.14	8.12	8.94	9.59	10.05	10.32	10.35	10.00	9.25	8.05
160	1	1.11	2.04	3.30	3.70	4.27	5.17	6.01	6.47	7.60	8.53	9.24	9.72	9.94	9.87	9.34	8.28	6.62	4.31
	1.05	1.13	2.08	3.38	3.79	4.38	5.31	6.17	6.66	7.83	8.80	9.57	10.09	10.35	10.33	9.85	8.85	7.25	5.00
	1.2	1.15	2.13	3.46	3.88	4.49	5.45	6.34	6.84	8.06	9.08	9.89	10.46	10.77	10.79	10.38	9.43	7.88	5.70
	1.5	1.18	2.18	3.55	3.98	4.60	5.59	6.51	7.03	8.29	9.36	10.21	10.83	11.18	11.25	10.90	10.01	8.52	6.39
	≥3	1.20	2.22	3.63	4.07	4.71	5.73	6.68	7.21	8.52	9.63	10.53	11.20	11.60	11.72	11.42	10.58	9.15	7.08
180	1	1.30	2.39	3.89	4.36	5.04	6.10	7.07	7.62	8.9	9.93	10.67	11.09	11.15	10.81	9.78	7.99	6.33	1.83
	1.05	1.32	2.44	3.97	4.45	5.15	6.23	7.24	7.80	9.13	10.21	11.00	11.46	11.56	11.27	10.29	8.57	6.02	2.57
	1.2	1.34	2.49	4.05	4.54	5.25	6.37	7.41	7.99	9.37	10.49	11.32	11.83	11.98	11.73	10.31	9.15	6.65	3.26
	1.5	1.37	2.53	4.13	4.64	5.36	6.51	7.57	8.17	9.60	10.76	11.64	12.20	12.39	12.19	11.33	9.72	7.29	3.95
	≥3	1.39	2.58	4.21	4.73	5.47	6.65	7.74	8.35	9.83	11.04	11.96	12.56	12.81	12.65	11.85	10.3	7.92	4.64
200	1	1.49	2.75	4.47	5.01	5.79	7.00	8.10	8.72	10.13	11.22	11.92	12.19	11.98	11.25	9.50	6.75	2.89	
	1.05	1.51	2.79	4.55	5.10	5.89	7.14	8.27	8.90	10.37	11.49	12.24	12.56	12.40	11.71	10.02	7.33	3.52	
	1.2	1.53	2.84	4.63	5.19	6.00	7.27	8.44	9.08	10.60	11.77	12.56	12.93	12.81	12.17	10.54	7.91	4.16	
	1.5	1.55	2.89	4.71	5.29	6.11	7.41	8.61	9.27	10.83	12.05	12.89	13.30	13.23	12.63	11.06	8.43	4.79	
	≥3	1.58	2.93	4.79	5.38	6.22	7.55	8.77	9.45	11.06	12.32	13.21	13.67	13.64	13.09	11.58	9.06	5.43	
224	1	1.71	3.17	5.16	5.77	6.67	8.05	9.30	9.97	11.51	12.59	13.15	13.13	12.45	11.04	8.15	3.87		
	1.05	1.73	3.21	5.24	5.87	6.78	8.19	9.46	10.16	11.74	12.86	13.47	13.49	12.86	11.50	8.67	4.44		
	1.2	1.75	3.26	5.32	5.96	6.89	8.33	9.63	10.34	11.97	13.14	13.79	13.86	13.28	11.96	9.19	5.02		
	1.5	1.78	3.30	5.40	6.05	6.99	8.46	9.80	10.53	12.2	13.42	14.12	14.23	13.69	12.42	9.71	5.60		
	≥3	1.80	3.35	5.48	6.14	7.10	8.60	9.96	10.71	12.43	13.69	14.44	14.60	14.11	12.89	10.23	6.17		
250	1	1.95	3.62	5.88	6.59	7.60	9.15	10.53	11.26	12.85	13.84	14.13	13.62	12.22	9.83	5.29			
	1.05	1.97	3.66	5.97	6.68	7.71	9.29	10.69	11.44	13.08	14.12	14.45	13.99	12.64	10.29	5.81			
	1.2	1.99	3.71	6.05	6.77	7.82	9.43	10.86	11.63	13.31	14.39	14.77	14.36	13.05	10.75	6.33			
	1.5	2.02	3.75	6.13	6.87	7.93	9.56	11.03	11.81	13.54	14.67	15.1	14.73	13.47	11.21	6.85			
	≥3	2.04	3.80	6.21	6.96	8.04	9.70	11.19	12.00	13.77	14.95	15.42	15.10	13.83	11.67	7.36			
v/(m/s)≈		5		10		15		20	25	30	35	40							

注：同表 15 注。

表 17 SPB 型窄 V 带单根基准额定功率

d_{d1}/mm	i 或 $1/i$	小轮转速 n_K/(r/min)																
		200	400	700	800	950	1 200	1 450	1 600	1 800	2 000	2 200	2 400	2 800	3 200	3 600	4 000	4 500
		额定功率 P_N/kW																
140	1	1.08	1.92	3.02	3.35	3.83	4.55	5.19	5.54	5.95	6.31	6.62	6.86	7.15	7.17	6.89	6.23	5.00
	1.05	1.12	2.02	3.19	3.55	4.06	4.84	5.55	5.93	6.39	6.80	7.15	7.44	7.84	7.95	7.77	7.25	6.10
	1.2	1.17	2.12	3.35	3.74	4.29	5.14	5.90	6.32	6.83	7.29	7.69	8.03	8.52	8.73	8.65	8.23	7.20
	1.5	1.22	2.21	3.53	3.94	4.52	5.43	6.25	6.71	7.27	7.70	8.23	8.61	9.20	9.51	9.52	9.80	8.30
	≥3	1.27	2.31	3.70	4.13	4.76	5.72	6.61	7.40	7.71	8.26	8.76	9.20	9.89	10.29	10.40	10.18	9.39
160	1	1.37	2.47	3.92	4.37	5.01	5.98	6.86	7.33	7.89	8.38	8.80	9.13	9.52	9.53	9.10	8.21	6.36
	1.05	1.41	2.57	4.10	4.57	5.24	6.28	7.21	7.72	8.33	8.87	9.33	9.71	10.2	10.31	9.98	9.18	7.45
	1.2	1.46	2.66	4.27	4.76	5.17	6.57	7.56	8.11	8.77	9.36	9.87	10.30	10.89	11.09	10.86	10.16	8.55
	1.5	1.51	2.76	4.44	4.96	5.70	6.86	7.92	8.50	9.21	9.85	10.41	10.88	11.57	11.87	11.74	11.13	9.65
	≥3	1.56	2.86	4.61	5.15	5.93	7.15	8.27	8.89	9.65	10.33	10.94	11.47	12.25	12.65	12.61	12.11	10.75
180	1	1.65	3.01	4.82	5.37	6.16	7.38	8.46	9.05	9.74	10.34	10.83	11.21	11.62	11.49	10.77	9.40	6.68
	1.05	1.70	3.11	4.99	5.57	6.40	7.67	8.82	9.44	10.18	10.83	11.37	11.80	12.30	12.27	11.65	10.37	7.77
	1.2	1.75	3.20	5.16	5.76	6.63	7.97	9.17	9.83	10.62	11.32	11.91	12.39	12.98	13.05	12.52	11.35	8.87
	1.5	1.80	3.30	5.83	5.96	6.86	8.26	9.53	10.22	11.06	11.80	12.44	12.97	13.66	13.83	13.40	12.32	9.97
	≥3	1.85	3.40	5.50	6.15	7.09	8.55	9.88	10.61	11.50	12.29	12.98	13.56	14.35	14.61	14.28	13.30	11.07
200	1	1.94	3.54	5.69	6.35	7.30	8.74	10.02	10.70	11.50	12.18	12.72	13.11	13.41	13.01	11.83	9.77	5.85
	1.05	1.99	3.64	5.86	6.55	7.53	9.04	10.37	11.09	11.94	12.67	13.25	13.69	14.10	13.79	12.71	10.75	6.95
	1.2	2.03	3.74	6.03	6.75	7.76	9.33	10.73	11.48	12.38	13.15	13.79	14.28	14.78	14.57	13.69	11.72	8.04
	1.5	2.08	3.84	6.21	6.94	7.99	9.52	11.03	11.87	12.82	13.64	11.33	14.86	15.46	15.36	14.46	12.70	9.14
	≥3	2.13	3.93	6.38	7.14	8.23	9.91	11.43	12.26	13.26	14.13	14.86	15.45	16.14	16.14	15.34	13.68	10.24
224	1	2.28	4.18	6.73	7.52	8.63	10.33	11.81	12.59	13.49	14.21	14.76	15.10	15.14	14.22	12.23	9.04	3.18
	1.05	2.32	4.28	6.90	7.71	8.86	10.62	12.17	12.98	13.93	14.70	15.29	15.69	15.83	15.00	13.11	10.01	4.28
	1.2	2.37	4.37	7.07	7.91	9.10	10.92	12.58	13.37	14.37	15.19	15.83	16.27	16.51	15.78	13.98	10.99	5.38
	1.5	2.42	4.47	7.24	8.10	9.33	11.21	12.87	13.76	14.80	15.68	16.37	16.86	17.19	16.57	14.86	11.96	6.47
	≥3	2.47	4.57	7.41	8.30	9.56	11.50	13.23	14.15	15.24	16.16	16.90	17.44	17.87	17.35	15.74	12.94	7.57
250	1	2.64	4.86	7.84	8.75	10.04	11.99	13.66	14.51	15.47	16.19	16.68	16.89	16.44	14.69	11.48	6.63	
	1.05	2.69	4.96	8.01	8.94	10.27	12.28	14.01	14.90	15.91	16.68	17.21	17.47	17.13	15.47	12.36	7.61	
	1.2	2.74	5.05	8.18	9.14	10.50	12.57	14.37	15.29	16.35	17.17	17.75	18.06	17.81	16.25	13.23	8.58	
	1.5	2.79	5.15	8.35	9.33	10.74	12.87	14.72	15.68	16.78	17.66	18.28	18.65	18.49	17.03	14.11	9.55	
	≥3	2.83	5.25	8.52	9.53	10.97	13.16	15.07	16.07	17.22	18.15	18.82	19.23	19.17	17.81	14.99	10.53	
280	1	3.05	5.63	9.09	10.14	11.62	13.82	15.65	16.56	17.52	18.17	18.48	18.43	17.13	14.04	8.92	1.55	
	1.05	3.10	5.73	9.26	10.33	11.85	14.11	16.01	16.95	17.96	18.65	19.01	19.01	17.81	14.82	9.80	2.53	
	1.2	3.15	5.83	9.43	10.53	12.08	14.41	16.36	17.34	18.39	19.14	19.55	19.60	18.49	15.60	10.68	3.50	
	1‘5	3.20	5.93	9.6	10.72	12.32	14.70	16.72	17.73	18.83	19.63	20.09	20.18	19.18	16.38	11.56	4.48	
	≥3	3.25	6.02	9.77	10.92	12.55	14.99	17.07	18.12	19.27	20.12	20.62	20.77	19.86	17.16	12.43	5.45	
315	1	3.53	6.53	10.51	11.71	13.40	15.84	17.79	18.70	19.55	20.00	19.97	19.44	16.71	11.47	3.40		
	1.05	3.58	6.62	10.68	11.91	13.68	16.13	18.15	19.09	20.00	20.49	20.51	20.03	17.39	12.25	4.28		
	1.2	3.63	6.72	10.85	12.11	13.86	16.43	18.50	19.48	20.44	20.97	21.05	20.61	18.07	13.03	5.16		
	1.5	3,68	6.82	11.02	12.30	14.09	16.72	18.85	19.87	20.88	21.46	21.58	21.20	18.76	13.81	6.04		
	≥3	3.73	6.92	11.19	12.50	14.38	17.01	19.21	20.26	21.32	21.95	22.12	21.78	19.44	14.59	6.91		
355	1	4.08	7.53	12.10	13.46	15.33	17.99	19.96	20.78	21.39	21.42	20.79	19.46	14.45	5.91			
	1.05	4.18	7.63	12.27	13.65	15.57	18.28	20.31	21.17	21.83	21.91	21.33	20.05	15.13	6.69			
	1.2	4.17	7.73	12.44	13.85	15.80	18.57	20.67	21.56	22.27	22.39	21.87	20.63	15.81	7.47			
	1.5	4.22	7.82	12.61	14.04	16.03	18.86	21.02	21.95	22.71	22.88	22.40	21.22	16.50	8.85			
	≥3	4.27	7.92	12.78	14.24	16.26	19.16	21.37	22.34	23.15	23.37	22.94	21.80	17.18	9.03			
400	1	4.68	8.64	13.82	15.34	17.39	20.17	22.02	22.62	22.76	22.07	20.46	17.87	9.37				
	1.05	4.73	8.74	13.99	15.53	17.62	20.46	22.37	23.01	23.19	22.55	21.00	18.46	10.05				
	1.2	4.78	8.84	14.16	15.73	17.85	20.75	22.72	23.4	23.63	23.04	21.54	19.04	10.74				
	1.5	4.83	8.94	14.33	15.92	18.09	21.05	23.08	23.79	24.07	23.53	22.07	19.63	11.42				
	≥3	4.87	9.03	14.50	16.12	18.32	21.34	23.43	24.18	24.51	24.02	22.61	20.21	12.10				
v/(m/s)≈		5	10	15		20	25 30		35	40								
注：同表 15 注。																		

表 18 SPC 型窄 V 带单根基准额定功率

d_{d1}/mm	i 或 $1/i$	小轮转速 n_K/(r/min)																
		200	300	400	500	600	700	800	950	1 200	1 450	1 600	1 800	2 000	2 200	2 400	2 800	3 200
		额定功率 P_N/kW																
224	1	2.90	4.08	5.19	6.23	7.21	8.13	8.99	10.19	11.89	13.22	13.81	14.35	14.58	14.47	14.01	11.89	8.01
	1.05	3.02	4.26	5.43	6.53	7.57	8.55	9.47	10.76	12.61	14.09	14.77	15.43	15.78	15.79	15.44	13.57	9.93
	1.2	3.14	4.44	5.67	6.83	7.92	8.97	9.95	11.33	13.33	14.95	15.73	16.51	16.98	17.11	16.88	15.25	11.85
	1.5	3.26	4.62	5.91	7.13	8.28	9.39	10.43	11.90	14.05	15.82	16.69	17.59	18.17	18.43	18.32	16.92	13.77
	≥3	3.38	4.80	6.15	7.43	8.64	9.81	10.91	12.47	14.77	16.69	17.65	18.66	19.37	19.75	19.75	18.60	15.68
250	1	3.50	4.95	6.31	7.60	8.81	9.95	11.02	12.51	14.61	16.21	16.52	17.52	17.70	17.44	16.69	13.60	8.12
	1.05	3.62	5.13	6.55	7.89	9.17	10.37	11.50	13.07	15.33	17.08	17.88	18.59	18.90	18.76	18.13	15.28	10.04
	1.2	3.74	5.31	6.79	8.19	9.53	10.79	11.98	13.64	16.05	17.95	18.83	19.67	20.10	20.08	19.57	16.96	11.96
	1.5	3.86	5.49	7.03	8.49	9.89	11.21	12.46	14.21	16.77	18.82	19.79	20.75	21.30	21.40	21.01	18.64	13.88
	≥3	3.98	5.67	7.27	8.79	10.25	11.63	12.94	14.78	17.49	19.69	20.75	21.83	22.50	22.72	22.45	20.32	15.80
280	1	4.18	5.94	7.59	9.15	10.62	12.01	13.31	15.10	17.60	19.44	20.20	20.75	20.75	20.13	18.86	14.11	6.10
	1.05	4.30	6.12	7.83	9.45	10.98	12.43	13.79	15.67	18.32	20.31	21.16	21.83	21.95	21.45	20.30	15.79	8.02
	1.2	4.42	6.30	8.07	9.75	11.34	12.85	14.27	16.24	19.04	21.18	22.12	22.91	23.15	22.77	21.73	17.47	9.93
	1.5	4.54	6.48	8.31	10.05	11.70	13.27	14.75	16.81	19.76	22.05	23.07	23.99	24.34	24.09	23.17	19.15	11.85
	≥3	4.66	6.66	8.55	10.35	12.06	13.69	15.23	17.38	20.48	22.92	24.03	25.07	25.54	25.41	24.61	20.83	13.77
315	1	4.97	7.08	9.07	10.94	12.70	14.36	15.90	18.01	20.88	22.87	23.58	23.91	23.47	22.18	19.98	12.53	
	1.05	5.09	7.26	9.31	11.24	13.06	14.78	16.38	18.58	21.60	23.74	24.54	24.99	24.67	23.50	21.42	14.20	
	1.2	5.21	7.44	9.55	11.54	13.42	15.20	16.86	19.15	22.32	24.60	25.50	26.07	25.87	24.82	32.86	15.88	
	1.5	5.33	7.62	9.79	11.84	13.73	15.62	17.34	19.72	23.04	25.47	26.46	27.15	27.07	26.14	24.30	17.56	
	≥3	5.45	7.80	10.03	12.14	14.14	16.04	17.82	20.29	23.76	26.34	27.42	28.23	28.26	27.46	25.74	19.24	
355	1	5.87	8.37	10.72	12.94	15.02	16.96	18.76	21.17	24.34	26.29	26.80	26.62	25.37	22.94	19.22		
	1.05	5.99	8.55	10.96	13.24	15.38	17.38	19.24	21.74	25.06	27.16	27.76	27.70	26.57	24.26	20.66		
	1.2	6.11	8.73	11.20	13.54	15.74	17.80	19.72	22.31	25.78	28.03	28.72	28.78	27.77	25.58	22.10		
	1.5	6.23	8.91	11.44	13.84	16.10	18.22	20.20	22.88	26.50	28.90	29.68	29.86	28.97	26.90	23.54		
	≥3	6.35	9.09	11.68	14.14	16.46	18.64	20.68	23.45	27.22	29.77	30.64	30.94	30.17	28.22	24.98		
400	1	6.86	9.80	12.56	15.15	17.56	19.79	21.84	24.52	27.83	29.46	29.53	28.42	25.81	21.54	15.48		
	1.05	6.98	9.98	12.80	15.45	17.92	20.21	22.32	25.09	28.55	30.33	30.49	29.50	27.01	22.86	16.91		
	1.2	7.10	10.16	13.04	15.75	18.28	20.63	22.80	25.66	29.27	31.20	31.45	30.58	28.21	24.18	18.35		
	1.5	7.22	10.34	13.28	16.04	18.64	21.05	23.28	26.23	29.99	32.07	32.41	31.66	29.41	25.50	19.79		
	≥3	7.34	10.52	13.52	16.34	19.00	21.47	23.76	26.80	30.70	32.94	33.37	32.74	30.60	26.82	21.23		
450	1	7.96	11.37	14.56	17.54	20.29	22.81	25.07	27.94	31.15	32.06	31.33	28.69	23.95	16.89			
	1.05	8.08	11.55	14.80	17.83	20.65	23.23	25.55	28.51	31.87	32.93	32.29	29.77	25.15	18.21			
	1.2	8.20	11.73	15.04	18.13	21.01	23.65	26.03	29.08	32.59	33.80	33.25	30.85	26.34	19.53			
	1.5	8.32	11.91	15.28	18.43	21.37	24.07	26.51	29.65	33.31	34.67	34.21	31.92	27.54	20.85			
	≥3	8.44	12.09	15.52	18.73	21.73	24.48	26.99	30.22	34.03	35.54	35.16	33.00	28.74	22.17			
500	1	9.04	12.91	16.52	19.86	22.92	25.67	28.09	31.04	33.85	33.58	31.70	26.94	19.35				
	1.05	9.16	13.09	16.76	20.16	23.28	26.09	28.57	31.61	34.57	34.45	32.66	28.02	20.54				
	1.2	9.28	13.27	17.00	20.46	23.64	26.51	29.05	32.18	35.29	35.31	33.62	29.10	21.74				
	1.5	9.40	13.45	17.24	20.76	24.00	26.93	29.53	32.75	36.01	36.18	34.57	30.18	22.94				
	≥3	9.52	13.63	17.48	21.06	24.35	27.35	30.01	33.32	36.73	37.05	35.53	31.26	24.14				
560	1	10.32	14.74	18.82	22.56	25.93	28.90	31.43	34.29	36.18	33.83	30.05	21.90					
	1.05	10.44	14.92	19.06	22.86	26.29	29.32	31.91	34.86	36.90	34.70	31.01	22.98					
	1.2	10.56	15.09	19.30	23.16	26.65	29.74	32.39	35.43	37.62	35.57	31.97	24.05					
	1.5	10.68	15.27	19.54	23.46	27.01	30.16	32.87	36.00	38.34	36.44	32.93	25.14					
	≥3	10.80	15.45	19.78	23.76	27.37	30.58	33.35	36.57	39.06	37.31	33.89	26.22					
630	1	11.80	16.82	21.42	25.56	29.25	32.37	34.88	37.37	37.52	31.74	24.90						
	1.05	11.92	17.00	21.66	25.88	29.61	32.79	35.36	37.94	38.24	32.61	25.92						
	1.2	12.04	17.18	21.90	26.18	29.96	33.21	35.84	38.51	38.96	33.48	26.88						
	1.5	12.16	17.36	22.14	26.48	30.32	33.63	36.32	39.07	39.68	34.35	27.84						
	≥3	12.28	17.54	22.38	26.78	30.68	34.04	36.80	39.64	40.40	35.22	28.79						
v/(m/s)≈			10	15		20	25	30	35	40								
注：同表 15 注。																		

表 19　包角修正系数 K_α

α_1/(°)	K_α
180	1.00
175	0.99
170	0.98
165	0.96
160	0.95
155	0.93
150	0.92
145	0.91
140	0.89
135	0.88
130	0.86
125	0.84
120	0.82
115	0.80
110	0.78
105	0.76
100	0.74
95	0.72
90	0.69

表 20　普通 V 带带长修正系数 K_L

Y L_d	K_L	Z L_d	K_L	A L_d	K_L	B L_d	K_L	C L_d	K_L	D L_d	K_L	E L_d	K_L
200	0.81	405	0.87	630	0.81	930	0.83	1 565	0.82	2 740	0.82	4 660	0.91
224	0.82	475	0.90	700	0.83	1 000	0.84	1 760	0.85	3 100	0.86	5 040	0.92
250	0.84	530	0.93	790	0.85	1 100	0.86	1 950	0.87	3 330	0.87	5 420	0.94
280	0.87	625	0.96	890	0.87	1 210	0.87	2 195	0.90	3 730	0.90	6 100	0.96
315	0.89	700	0.99	990	0.89	1 370	0.90	2 420	0.92	4 080	0.91	6 850	0.99
355	0.92	780	1.00	1 100	0.91	1 560	0.92	2 715	0.94	4 620	0.94	7 650	1.01
400	0.96	920	1.04	1 250	0.93	1 760	0.94	2 880	0.95	5 400	0.97	9 150	1.05
450	1.00	1 080	1.07	1 430	0.96	1 950	0.97	3 080	0.97	6 100	0.99	12 230	1.11
500	1.02	1 330	1.13	1 550	0.98	2 180	0.99	3 520	0.99	6 840	1.02	13 750	1.15
		1 420	1.14	1 640	0.99	2 300	1.01	4 060	1.02	7 620	1.05	15 280	1.17
		1 540	1.54	1 750	1.00	2 500	1.03	4 600	1.05	9 140	1.08	16 800	1.19
				1 940	1.02	2 700	1.04	5 380	1.08	10 700	1.13		
				2 050	1.04	2 870	1.05	6 100	1.11	12 200	1.16		
				2 200	1.06	3 200	1.07	6 815	1.14	13 700	1.19		
				2 300	1.07	3 600	1.09	7 600	1.17	15 200	1.21		
				2 480	1.09	4 060	1.13	9 100	1.21				
				2 700	1.10	4 430	1.15	10 700	1.24				
						4 820	1.17						
						5 370	1.20						
						6 070	1.24						

表 21 窄 V 带带长修正系数

L_d	K_L			
	SPZ	SPA	SPB	SPC
630	0.82			
710	0.84			
800	0.86	0.81		
900	0.88	0.83		
1 000	1.90	0.85		
1 120	0.93	0.87		
1 250	0.94	0.89	0.82	
1 400	0.96	0.91	0.84	
1 600	1.00	0.93	0.86	
1 800	1.01	0.95	0.88	
2 000	1.02	0.96	0.90	0.81
2 240	1.05	0.98	0.92	0.83
2 500	1.07	1.00	0.94	0.86
2 800	1.09	1.02	0.96	0.88
3 150	1.11	1.04	0.98	0.90
3 550	1.13	1.06	1.00	0.92
4 000		1.08	1.02	0.94
4 500		1.09	1.04	0.96
5 000			1.06	0.98
5 600			1.08	1.00
6 300			1.10	1.02
7 100			1.12	1.04
8 000			1.14	1.06
9 000				1.08
10 000				1.10
11 200				1.12
12 500				1.14

6 传动装置的安装与使用

6.1 初拉力的计算

初拉力按式(11)计算：

$$F_0 = 500 \times \frac{(2.5 - K_\alpha)P_d}{K_\alpha Z v} + mv^2 \qquad \cdots\cdots(11)$$

式中：

F_0——单根带的初拉力，单位为牛(N)；

P_d——设计功率，单位为千瓦(kW)；

Z——V 带根数；

v——带速，单位为米每秒(m/s)；

K_α——包角修正系数；

m——V 带单位长度质量(见表 22 和表 23)，单位为千克每米(kg/m)。

表 22 普通 V 带单位长度质量 m

带型	Y	Z	A	B	C	D	E
m/(kg/m)	0.023	0.060	0.105	0.170	0.300	0.630	0.970

表 23 窄 V 带单位长度质量 m

带　　型	SPZ	SPA	SPB	SPC
m/(kg/m)	0.072	0.112	0.192	0.370

6.2 初拉力的测定

初拉力的测定，通常是在 V 带与两带轮切点的跨度中点处，施加一规定的垂直带边的力 G(见图 5)，使跨度每 100 m 产生挠度 1.6 mm。

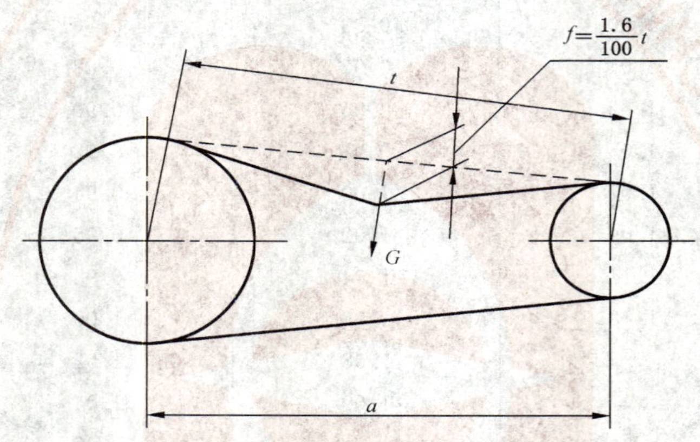

图 5 初拉力的测定

跨度长 t 可以实测，或用式(12)计算：

$$t=\sqrt{a^2-\frac{(d_{a_2}-d_{a_1})^2}{4}} \qquad (12)$$

式中：

t——跨度长，单位为毫米(mm)；

a——两轮轴的中心距，单位为毫米(mm)；

d_{a_2}——大带轮的外径，单位为毫米(mm)；

d_{a_1}——小带轮的外径，单位为毫米(mm)。

对测定初拉力所加的 G 值，应随 V 带的使用程度不同而改变。

G 值由式(13)～式(15)算出：

新安装的 V 带：
$$G=\frac{1.5F_0+\Delta F_0}{16} \qquad (13)$$

运转后的 V 带：
$$G=\frac{1.3F_0+\Delta F_0}{16} \qquad (14)$$

最小极限值：
$$G=\frac{F_0+\Delta F_0}{16} \qquad (15)$$

式中：

G——垂直力，单位为牛(N)；

ΔF_0——初拉力的增量，见表 24，单位为牛(N)。

表 24　初拉力的增量 ΔF_0

带型	Y	Z	A	B	C	D	E	SPZ	SPA	SPB	SPC
ΔF_0/N	6	10	15	20	29.4	58.8	108	20	25	40	78

6.3　安装前的准备

安装前应检查带是否配组，不配组的带不得同组安装。新旧带不能同组混装使用。

6.4　安装

套装带时不得强行撬入，应在 GB/T 15531 规定的中心距调整极限值范围内将中心距离缩小，待 V 带进入轮槽后再进行张紧。张紧时应在传动装置同一边上试一下每根带的松紧程度，如不均匀可空转几圈使其均匀后再张紧到规定的位置。

6.5　中心距的调整和初拉力的检查

中心距的调整（见图 6）应在 GB/T 15531 规定的中心距调整极限值范围内进行，调整中同时检查带的初拉力值，检查方法见图 5。其测试力 G 值可按式(13)～式(15)，并根据带的新旧程度进行计算。

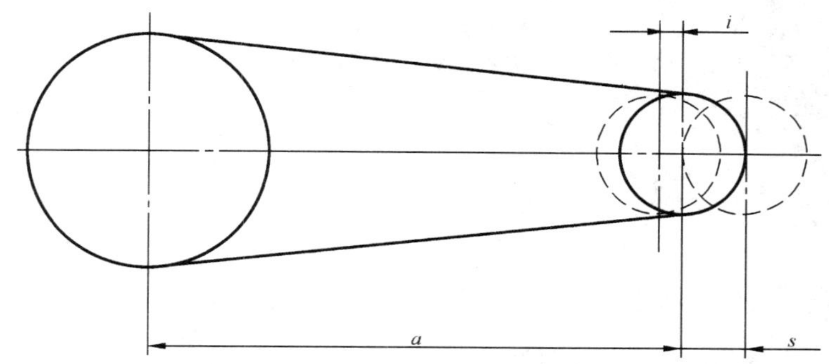

注 1：安装时所需最小中心距：$a_{\min}=a-i$；张紧 V 带或补偿 V 带伸长所需最大中心距：$a_{\max}=a+s$。

注 2：i 为中心距减小极限值，s 为中心距增大极限值。对于单根 V 带，$i=2b_d+0.009L_d$；$s=0.02L_d$。

图 6　中心距的调整

6.6　带轮相对位置

传动装置中，各带轮轴线应相互平行，各带轮相对应的 V 型槽的对称平面应重合，其误差不得超过 20′（见图 7）。

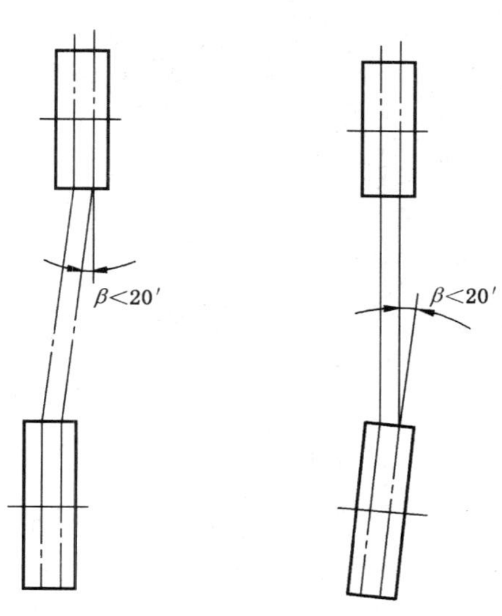

图 7　带轮安装的位置

6.7 使用与维护

a) 对安装完的新带，在运转 24 h 或 48 h 后应按 6.2 和 6.5 有关规定进行检查和调整。

b) 带传动装置应加防护罩，并应能保证通风和排污。

ICS 21.220.10
J 18

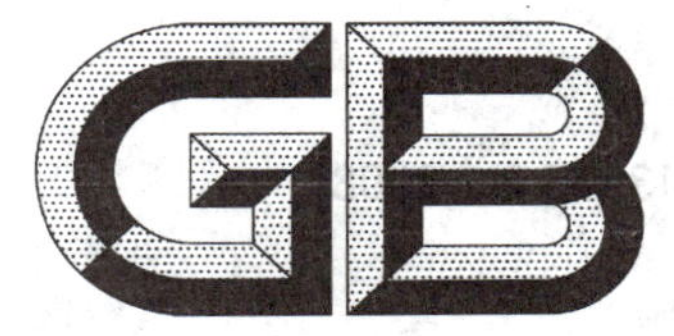

中华人民共和国国家标准

GB/T 13575.2—2008
代替 GB/T 13575.2—1992,GB/T 17197—1997

普通和窄V带传动 第2部分:有效宽度制

Classical and Narrow V-belt drives—Part 2: Effective system

(ISO 5291:1993, Belt drives-Grooved pulleys for joined classical V-belts-Groove sections AJ, BJ, CJ and DJ(effective system), NEQ)

2008-08-25 发布　　2009-03-01 实施

中华人民共和国国家质量监督检验检疫总局
中国国家标准化管理委员会　发布

前 言

GB/T 13575《普通和窄 V 带传动》由以下两部分组成：

——第 1 部分：基准宽度制；

——第 2 部分：有效宽度制。

本部分为 GB/T 13575 的第 2 部分。

本部分与 ISO 5291：1993《带传动　普通联组 V 带轮　槽型 AJ，BJ，CJ 和 DJ（有效宽度制）》的一致性程度为非等效，本部分将其作为附录与 GB/T 13575.2—1992《带传动　窄 V 带传动》整合。与 ISO 5291：1993 相比，主要差异为：

——修改部分标准符号，使其与我国原有术语一致，以便于使用。如有效宽度由 w_e 改为 b_e，槽深由 h_g 改为 h_c，槽深允许增加量由 δ_{h1} 改为 g，允许减小量由 δ_{h2} 改为 q，带轮槽角由 α 改为 φ，有效线差 b_e 改为 Δe。

——增加有效宽度制窄 V 带、带轮尺寸和设计方法作为标准主要内容。

本部分代替 GB/T 13575.2—1992《带传动　窄 V 带传动》和 GB/T 17197—1997《带传动　联组普通 V 带轮（有效宽度制）》，与 GB/T 13575.2—1992 和 GB/T 17197—1997 相比，主要技术差异如下：

——名称改为"普通和窄 V 带传动　第 2 部分：有效宽度制"，将有效宽度制窄 V 带尺寸由附录改到正文；

——将有效宽度制联组普通 V 带轮整合进入本部分，作为规范性附录。

本部分的附录 A 是规范性附录。

本部分由中国机械工业联合会提出。

本部分由全国带轮与带标准化技术委员会（SAC/TC 428）归口。

本部分起草单位：中机生产力促进中心、湖北汽车工业学院、长春理工大学。

本部分主要起草人：秦书安、刘雍德、张学忱、黄刚。

本部分由中机生产力促进中心负责解释。

本部分所代替标准的历次版本发布情况为：

——GB/T 13575.2—1992；

——GB/T 17197—1997。

普通和窄 V 带传动
第 2 部分：有效宽度制

1 范围

本部分按有效宽度制规定了窄 V 带传动带轮及带的主要尺寸、极限偏差和技术要求，传动设计方法和传动装置的安装与使用等。适用于一般工业用 V 带传动。

本部分附录按有效宽度制规定了槽型为 AJ、BJ、CJ 和 DJ 的联组用普通 V 带轮的基本特性，包括带轮轮槽截面尺寸、带轮有效直径和轮槽的几何检验。适用于一般工业动力传动。

多槽带轮不能配合使用联组 V 带。

2 规范性引用文件

下列文件中的条款通过 GB/T 13575 的本部分的引用而成为本部分的条款。凡是注日期的引用文件，其随后所有的修改单(不包括勘误的内容)或修订版均不适用于本部分，然而，鼓励根据本部分达成协议的各方研究是否可使用这些文件的最新版本。凡是不注日期的引用文件，其最新版本适用于本部分。

GB/T 10413 窄 V 带轮(有效宽度制)(GB/T 10413—2002,ISO 5290:2001,MOD)

GB/T 11356.2—1997 带传动 普通及窄 V 带传动用带轮(有效宽度制) 槽形检验(eqv ISO 9980:1990)

GB/T 11357 带轮的材质、表面粗糙度及平衡(GB/T 11357—2008,ISO 254:1998,MOD)

GB/T 11544 普通 V 带和窄 V 带尺寸(GB/T 11544—1997,neq ISO 4184:1992)

GB/T 15531 带传动 带轮 中心距调整极限值(GB/T 15531—2008,ISO 155:1998,MOD)

3 窄 V 带

3.1 单根窄 V 带截面尺寸见图 1 和表 1。

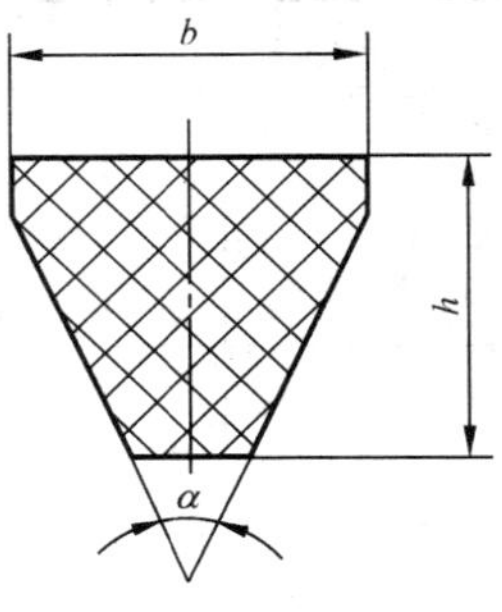

图 1 单根带截面

表 1　单根带截面尺寸

带型	b/ mm	h/ mm	α
9N	9.5	8	
15N	16	13.5	40°
25N	25.5	23	

3.2　联组窄 V 带截面尺寸见图 2 和表 2。

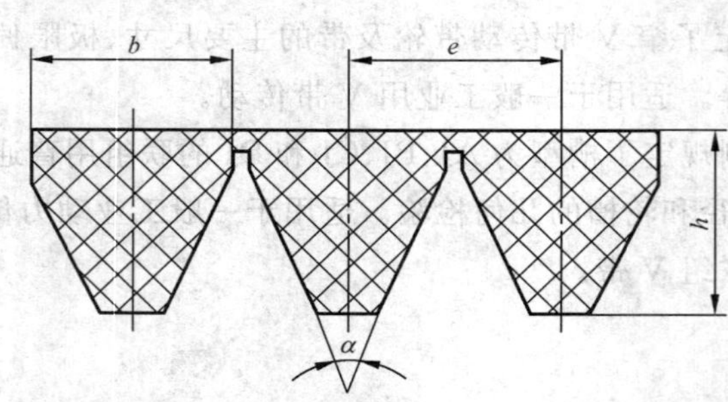

图 2　联组窄 V 带截面

表 2　联组窄 V 带截面尺寸

带型	b/ mm	h/ mm	e/ mm	α	联组数
9J	9.5	10	10.3		
15J	16	16	17.5	40°	2～5
25J	25.5	26.5	28.6		
注：联组数一般不超过 5。					

3.3　有效长度

有效宽度制窄 V 带的有效长度见表 3。有效长度的极限偏差应符合 GB/T 11544 中的规定。

表 3　带的有效长度系列

单位为毫米

L_e	带　型		
基本尺寸	9N、9J	15N、15J	25N、25J
630	+		
670	+		
710	+		
760	+		
800	+		
850	+		
900	+		
950	+		
1 015	+		
1 080	+		
1 145	+		
1 205	+		
1 270	+	+	
1 345	+	+	
1 420	+	+	

表 3（续）

单位为毫米

L_e	带型		
基本尺寸	9N、9J	15N、15J	25N、25J
1 525	+	+	
1 600	+	+	
1 700	+	+	
1 800	+	+	
1 900	+	+	
2 030	+	+	
2 160	+	+	
2 290	+	+	
2 410	+	+	
2 540	+	+	+
2 690	+	+	+
2 840	+	+	+
3 000	+	+	+
3 180	+	+	+
3 350	+	+	+
3 550	+	+	+
3 810		+	+
4 060		+	+
4 320		+	+
4 570		+	+
4 830		+	+
5 080		+	+
5 380		+	+
5 690		+	+
6 000		+	+
6 350		+	+
6 730		+	+
7 100		+	+
7 620		+	+
8 000		+	+
8 500		+	+
9 000		+	+
9 500			+
10 160			+
10 800			+
11 430			+
12 060			+
12 700			+

4 带轮

4.1 轮槽截面及尺寸

轮槽截面见图 3，轮槽截面尺寸见表 4。

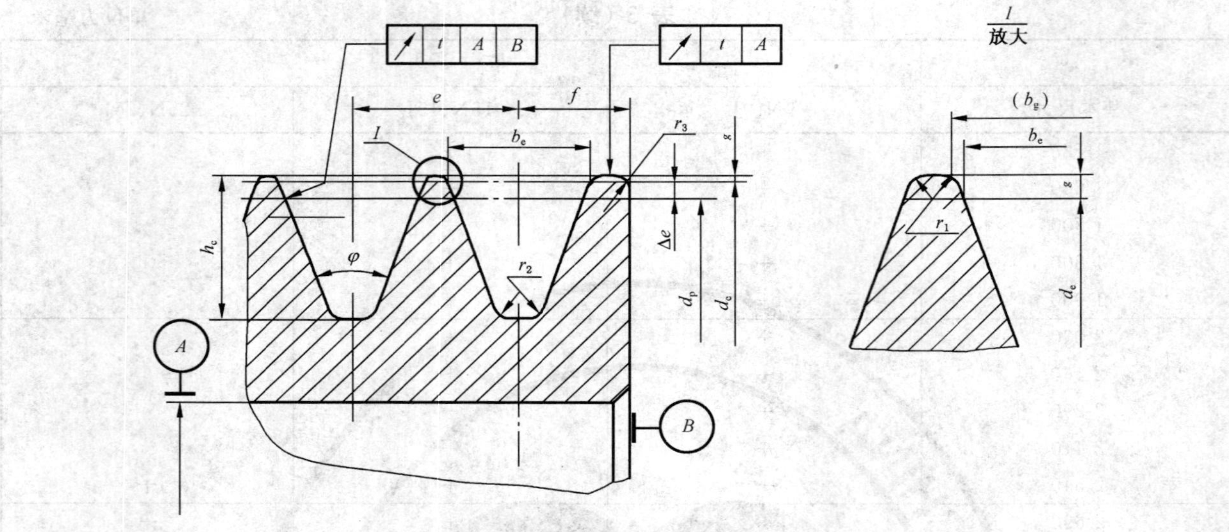

图 3 轮槽截面

表 4 轮槽截面尺寸

单位为毫米

槽型	d_e	φ/(°)	b_e	Δe	e	f_{min}	h_c	(b_g)	g	r_1	r_2	r_3
9N、9J	≤90	36	8.9	0.6	10.3±0.25	9	$9.5^{+0.5}_{0}$	9.23	0.5	0.2～0.5	0.5～1.0	1～2
	>90～150	38						9.24				
	>150～305	40						9.26				
	>305	42						9.28				
15N、15J	≤255	38	15.2	1.3	17.5±0.25	13	$15.5^{+0.5}_{0}$	15.54	0.5	0.2～0.5	0.5～1.0	2～3
	>255～405	40						15.56				
	>405	42						15.58				
25N、25J	≤405	38	25.4	2.5	28.6±0.25	19	$25.5^{+0.5}_{0}$	25.74	0.5	0.2～0.5	0.5～1.0	3～5
	>405～570	40						25.76				
	>570	42						25.78				

4.2 有效直径

4.2.1 表 5 规定了带轮的有效直径系列。

表 5 有效直径系列

单位为毫米

9N、9J	15N、15J	25N、25J
67	180	315
71	190	335
75	200	355
80	212	375
85	224	400
90	236	425
92.5	243	450
100	250	475
103	258	500
112	265	530
118	272	560
125	280	600
132	300	630
140	315	750
150	335	800

表 5（续）　　单位为毫米

9N、9J	15N、15J	25N、25J
160 165 175 200 250	355 375 400 475 500	900 1 000 1 120 1 250 1 320
265 315	530 600	1 600 1 800
355 400 475	630 710 800	2 000 2 500
500 630 800 850	950 1 000 1 120 1 250 1 600 1 800	

4.2.2　表 6 规定了窄 V 带带轮最小有效直径。

表 6　最小有效直径　　单位为毫米

槽型	9N、9J	15N、15J	25N、25J
d_{emin}	67	180	315

4.3　带轮的技术要求

4.3.1　带轮的平衡和轮槽工作面表面粗糙度按 GB/T 11357 的规定，轮槽的棱边要倒圆或倒钝。

4.3.2　带轮外圆的径向圆跳动和节圆附近的斜向圆跳动公差 t(见图 3)应符合 GB/T 10413 的规定。

4.3.3　带轮各轮槽间距的累积误差不得超过±0.8 mm。

4.3.4　轮槽槽形的检验按 GB/T 11356.2—1997 的规定。

5　传动设计

窄 V 带传动的设计按以下步骤和方法进行。

5.1　设计已知条件

传动功率(通常指设备原动机的额定功率，或从动机的实际功率)，kW；

主动轴的转速，r/min；

传动比或从动轴的转速，r/min；

对传动空间方面的要求；

工况条件，如环境温度、介质条件、每天运转时间、载荷变动等。

5.2　设计功率的确定

设计功率 P_d 按下式计算：

$$P_d = K_A \cdot P \qquad (1)$$

式中：

P_d——设计功率，单位为千瓦(kW)；

K_A——工况系数，按表 7 选取；

P——所需传递功率，单位为千瓦(kW)。

选取工况系数时，在反复启动，正反转频繁，工作条件恶劣等场合 K_A 应乘以系数 1.1。

增速传动场合，K_A 应乘以下列系数：

当 $1.25 \leqslant 1/i \leqslant 1.74$ 时为 1.05；

1.75≤$1/i$≤2.49 时为 1.11；

2.50≤$1/i$≤3.49 时为 1.18；

$1/i$≥3.50 时为 1.25。

表 7 载荷工况系数 K_A

工况		K_A					
		空、轻载启动			重载启动		
		每天工作小时数/h					
		<10	10～16	>16	<10	10～16	>16
载荷变动最小	液体搅拌机、通风机和鼓风机(≤7.5 kW)、离心机和压缩机、风扇轻负荷输送机	1.0	1.1	1.2	1.1	1.2	1.3
载荷变动小	带式输送机(不均匀负荷)、通风机(>7.5 kW)、发电机、天轴、洗涤机械、机床、冲床、压力机、剪床、印刷机械、正位移旋转泵、旋转筛与振动筛	1.1	1.2	1.3	1.2	1.3	1.4
载荷变动较大	制砖机、励磁机、斗式提升机、活塞式压缩机、输送机、锤磨机、纸厂打浆机、活塞泵、正位移鼓风机、磨粉机、锯木机等木材加工机械、纺织机械	1.2	1.3	1.4	1.4	1.5	1.6
载荷变动很大	破碎机、研磨机、卷扬机、橡胶压延机、压出机、炼胶机	1.3	1.4	1.5	1.5	1.6	1.8

注 1：空、轻载启动——电动机(交流启动、三角启动、直流并励)，四缸以上的内燃机，装有离心式离合器、液力联轴器的动力机。

注 2：重载启动——电动机(联机交流启动、直流复励或串励)，四缸以下的内燃机。

5.3 带型的选择

根据设计功率和小带轮的转速，按图 4 选取带型，如果选择点处于两种带型的交界处，就按两种带型分别设计，最后按实际情况选择其中一种。

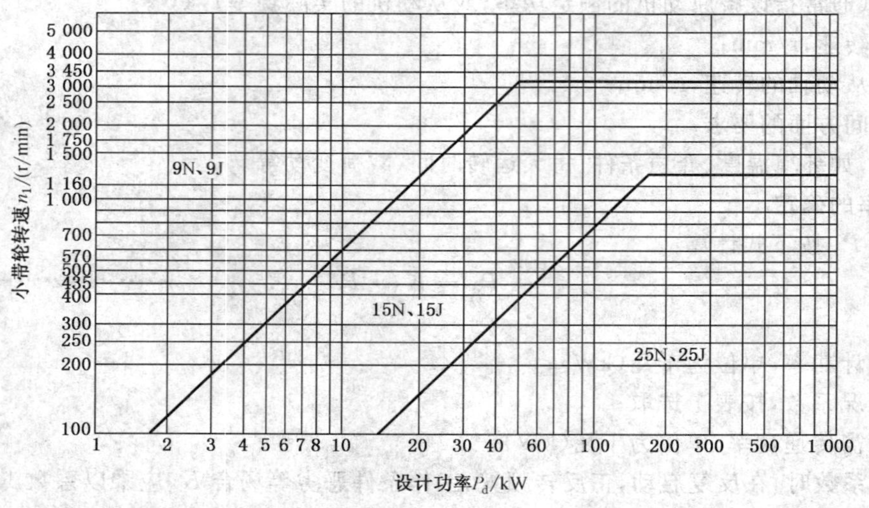

图 4 窄 V 带选型图

5.4 带轮直径的确定

减速传动时：

$$i = \frac{n_1}{n_2} = \frac{d_{p2}}{d_{p1}} \quad \cdots\cdots (2)$$

增速传动时：

$$i = \frac{n_2}{n_1} = \frac{d_{p1}}{d_{p2}} \quad \cdots\cdots (3)$$

式中：

d_{p2}——大带轮的节径，单位为毫米(mm)；

d_{p1}——小带轮的节径，单位为毫米(mm)；

n_1——小带轮转速，单位为转每分钟(r/min)；

n_2——大带轮转速，单位为转每分钟(r/min)。

确定时必须保证：

a) 小带轮直径应等于或大于表 6 中推荐的最小值；

b) 计算带的线速度 v，使之不超过 35 m/s。

$$即\ v = \frac{\pi n_i d_{p1}}{60 \times 1\ 000} \leqslant 35\ \text{m/s} \quad \cdots\cdots (4)$$

带轮的节径可由表 4 中的 Δe 值确定，即：$d_p = d_e - 2\Delta e$

5.5 带的有效长度和中心距的确定

当带轮直径确定以后，根据结构初定中心距 a_0，一般使

$$0.7(d_{e2} + d_{e1}) \leqslant a_0 \leqslant 2(d_{e2} + d_{e1}) \quad \cdots\cdots (5)$$

此时带的有效长度：

$$L_{e0} = 2a_0 + \pi/2(d_{e2} + d_{e1}) + \frac{(d_{e2} + d_{e1})^2}{4a_0} \quad \cdots\cdots (6)$$

式中：

L_{e0}——计算的窄 V 带有效长度，单位为毫米(mm)；

d_{e1}——小带轮有效直径，单位为毫米(mm)；

d_{e2}——大带轮有效直径，单位为毫米(mm)。

将计算出的 L_{e0} 值按表 3 标准值圆整，然后再根据选出的标准有效长度值 L_e，计算实际中心距。即：

$$a = A + \sqrt{(A^2 - B)} \quad \cdots\cdots (7)$$

式中：

$A = \frac{L_e}{4} - \frac{\pi(d_{e2} + d_{e1})}{8}$，单位为毫米(mm)；

$B = \frac{(d_{e2} - d_{e1})^2}{8}$，单位为毫米(mm)。

在设计时应考虑中心距的调整余量，中心距调整余量应在 GB/T 15531 规定的极限值范围内。

5.6 带轮包角

小带轮包角 α_1，由下式算出：

$$\alpha_1 = 180° - 57.3° \times \frac{d_{e2} - d_{e1}}{a} \quad \cdots\cdots (8)$$

5.7 V 带根数的确定

$$Z = \frac{P_d}{(P_1 + \Delta P_1)K_L K_\alpha} \quad \cdots\cdots (9)$$

式中：

Z——带的根数；

P_d——设计功率,单位为千瓦(kW);

P_1——单根 V 带的基本额定功率,单位为千瓦(kW);

ΔP_1——由传动比不同所附加的功率,单位为千瓦(kW);

P_1 和 ΔP_1,见表 10、表 11、表 12;

K_L——长度修正系数,见表 8;

K_α——包角修正系数,见表 9。

表 8　长度修正系数 K_L

单位为毫米

L_e	带型		
	9N、9J	15N、15J	25N、25J
630	0.83		
670	0.84		
710	0.85		
760	0.86		
800	0.87		
850	0.88		
900	0.89		
950	0.9		
1 050	0.92		
1 080	0.93		
1 145	0.94		
1 205	0.95		
1 270	0.96	0.85	
1 345	0.97	0.86	
1 420	0.98	0.87	
1 525	0.99	0.88	
1 600	1.00	0.89	
1 700	1.01	0.90	
1 800	1.02	0.91	
1 900	1.03	0.92	
2 030	1.04	0.93	
2 160	1.06	0.94	
2 290	1.07	0.95	
2 410	1.08	0.96	
2 540	1.09	0.96	0.87
2 690	1.10	0.97	0.88
2 840	1.11	0.98	0.88
3 000	1.12	0.99	0.89
3 180	1.13	1.00	0.90
3 350	1.14	1.01	0.91
3 550	1.15	1.02	0.92
3 810		1.03	0.93
4 060		1.04	0.94
4 320		1.05	0.94
4 570		1.06	0.95

表 8（续）

单位为毫米

L_e	带型		
	9N、9J	15N、15J	25N、25J
4 830		1.07	0.96
5 080		1.08	0.97
5 380		1.09	0.98
5 690		1.09	0.98
6 000		1.10	0.99
6 350		1.11	1.00
6 730		1.12	1.01
7 100		1.13	1.02
7 620		1.14	1.03
8 000		1.15	1.03
8 500		1.16	1.04
9 000		1.17	1.05
9 500			1.06
10 160			1.07
10 800			1.08
11 430			1.09
12 060			1.09
12 700			1.10

表 9　包角修正系数 K_α

α_1/(°)	K_α
180	1.00
175	0.99
170	0.98
165	0.96
160	0.95
155	0.93
150	0.92
145	0.91
140	0.89
135	0.88
130	0.86
125	0.84
120	0.82
115	0.80
110	0.78
105	0.76
100	0.74
95	0.72
90	0.69

表 10　9N、9J 基本额定功率值

n_1/(r/min)	d_{e1}/mm													
	67	71	75	80	90	100	112	125	140	160	180	200	250	315
	P_1													
575	0.52	0.60	0.68	0.78	0.97	1.16	1.39	1.64	1.92	2.30	2.67	3.03	3.93	5.06
690	0.60	0.70	0.79	0.91	1.14	1.37	1.64	1.93	2.26	2.70	3.14	3.57	4.62	5.94
725	0.63	0.73	0.82	0.95	1.90	1.43	1.71	2.02	2.37	2.83	3.28	3.73	4.83	6.21
870	0.73	0.84	0.96	1.10	1.39	1.67	2.01	2.37	2.78	3.32	3.86	4.38	5.67	7.27
950	0.78	0.91	1.03	1.19	1.50	1.80	2.17	2.56	3.00	3.59	4.17	4.73	6.11	7.83
1 160	0.91	1.07	1.22	1.40	1.77	2.14	2.58	3.05	3.58	4.27	4.96	5.63	7.25	9.22
1 425	1.07	1.26	1.44	1.66	2.11	2.55	3.08	3.63	4.27	5.10	5.91	6.70	8.58	10.81
1 750	1.26	1.47	1.69	1.96	2.50	3.03	3.66	4.32	5.07	6.05	7.00	7.91	10.04	12.45
2 850	1.78	2.12	2.45	2.86	3.67	4.47	5.39	6.35	7.41	8.75	9.98	11.09	13.32	
3 450	2.01	2.41	2.80	3.28	4.22	5.12	6.17	7.24	8.41	9.82	11.05	12.10		
100	0.12	0.13	0.15	0.17	0.21	0.24	0.29	0.34	0.39	0.47	0.54	0.61	0.79	1.02
200	0.21	0.24	0.27	0.31	0.38	0.46	0.54	0.64	0.74	0.88	1.02	1.16	1.50	1.94
300	0.30	0.35	0.39	0.44	0.55	0.66	0.78	0.92	1.07	1.28	1.48	1.68	2.18	2.81
400	0.38	0.44	0.50	0.57	0.71	0.85	1.01	1.19	1.39	1.66	1.92	2.18	2.83	3.65
500	0.46	0.53	0.60	0.69	0.86	1.03	1.23	1.45	1.70	2.03	2.35	2.67	3.46	4.46
600	0.54	0.62	0.70	0.80	1.01	1.21	1.45	1.71	2.00	2.39	2.77	3.15	4.08	5.25
700	0.61	0.70	0.80	0.92	1.15	1.38	1.66	1.96	2.29	2.74	3.18	3.61	4.68	6.02
800	0.68	0.79	0.89	1.03	1.29	1.55	1.87	2.20	2.58	3.08	3.58	4.07	5.26	6.76
900	0.75	0.87	0.99	1.13	1.43	1.72	2.07	2.44	2.86	3.42	3.97	4.51	5.83	7.48
1 000	0.81	0.94	1.08	1.24	1.56	1.89	2.27	2.68	3.14	3.75	4.36	4.95	6.39	8.17
1 100	0.88	1.02	1.16	1.34	1.70	2.05	2.46	2.91	3.42	4.08	4.73	5.38	6.93	8.84
1 200	0.94	1.09	1.25	1.44	1.83	2.21	2.66	3.14	3.68	4.40	5.10	5.79	7.46	9.48
1 300	1.00	1.17	1.33	1.54	1.95	2.36	2.84	3.36	3.95	4.71	5.47	6.20	7.97	10.09
1 400	1.06	1.24	1.42	1.64	2.08	2.51	3.03	3.58	4.21	5.02	5.82	6.60	8.46	10.67
1 500	1.12	1.31	1.50	1.73	2.20	2.67	3.21	3.80	4.46	5.32	6.17	6.99	8.93	11.22
1 600	1.17	1.38	1.58	1.83	2.32	2.81	3.39	4.01	4.71	5.62	6.50	7.36	9.39	11.74
1 700	1.23	1.44	1.66	1.92	2.44	2.96	3.57	4.22	4.95	5.91	6.83	7.73	9.83	12.22
1 800	1.28	1.51	1.73	2.01	2.56	3.10	3.74	4.42	5.19	6.19	7.16	8.09	10.25	12.67
1 900	1.33	1.57	1.81	2.10	2.68	3.24	3.91	4.63	5.43	6.47	7.47	8.43	10.65	13.08
2 000	1.39	1.63	1.88	2.19	2.79	3.38	4.08	4.82	5.66	6.74	7.77	8.77	11.03	13.45
2 100	1.44	1.70	1.95	2.27	2.90	3.52	4.25	5.02	5.88	7.00	8.07	9.09	11.39	13.78
2 200	1.49	1.76	2.02	2.35	3.01	3.65	4.41	5.21	6.11	7.26	8.36	9.40	11.73	14.07
2 300	1.53	1.81	2.09	2.44	3.12	3.78	4.57	5.39	6.32	7.51	8.63	9.70	12.04	14.32
2 400	1.58	1.87	2.16	2.52	3.22	3.91	4.72	5.58	6.53	7.75	8.90	9.98	12.33	14.52
2 500	1.63	1.93	2.23	2.60	3.33	4.04	4.88	5.76	6.74	7.98	9.16	10.25	12.60	
2 600	1.67	1.98	2.29	2.68	3.43	4.16	5.03	5.93	6.94	8.21	9.41	10.51	12.84	
2 700	1.72	2.04	2.36	2.75	3.53	4.29	5.17	6.10	7.13	8.43	9.64	10.75	13.05	
2 800	1.76	2.09	2.42	2.83	3.63	4.41	5.32	6.27	7.32	8.64	9.87	10.98	13.24	
2 900	1.80	2.14	2.48	2.90	3.72	4.52	5.46	6.43	7.50	8.85	10.08	11.20	13.40	
3 000	1.84	2.19	2.54	2.97	3.82	4.64	5.59	6.59	7.68	9.04	10.29	11.40	13.53	
3 100	1.88	2.24	2.60	3.04	3.91	4.75	5.73	6.74	7.85	9.23	10.48	11.58		
3 200	1.92	2.29	2.66	3.11	4.00	4.86	5.86	6.89	8.02	9.41	10.66	11.75		
3 300	1.96	2.34	2.72	3.18	4.09	4.97	5.98	7.04	8.18	9.58	10.83	11.90		
3 400	2.00	2.39	2.77	3.25	4.17	5.07	6.11	7.18	8.33	9.74	10.98	12.04		
3 500	2.03	2.43	2.82	3.31	4.26	5.17	6.23	7.31	8.48	9.89	11.12	12.15		
3 600	2.07	2.47	2.88	3.37	4.34	5.27	6.34	7.44	8.62	10.04	11.25	12.25		
3 700	2.10	2.52	2.93	3.43	4.42	5.37	6.46	7.57	8.76	10.17	11.37	12.33		
3 800	2.13	2.56	2.98	3.49	4.50	5.46	6.57	7.69	8.88	10.29	11.47	12.40		
3 900	2.16	2.60	3.03	3.55	4.57	5.55	6.67	7.80	9.00	10.40	11.56			
4 000	2.19	2.64	3.07	3.61	4.65	5.64	6.77	7.91	9.12	10.51	11.63			
4 100	2.22	2.67	3.12	3.66	4.72	5.73	6.87	8.02	9.22	10.60	11.69			
4 200	2.25	2.71	3.16	3.72	4.79	5.81	6.96	8.12	9.32	10.68	11.74			
4 300	2.28	2.75	3.20	3.77	4.85	5.89	7.05	8.21	9.41	10.75				
4 400	2.31	2.78	3.25	3.82	4.92	5.96	7.14	8.30	9.50	10.81				
4 500	2.33	2.81	3.29	3.87	4.98	6.04	7.22	8.39	9.57	10.86				
4 600	2.35	2.84	3.32	3.91	5.04	6.11	7.30	8.46	9.64	10.90				
4 700	2.38	2.87	3.36	3.96	5.10	6.17	7.37	8.53	9.70	10.92				
4 800	2.40	2.90	3.40	4.00	5.15	6.24	7.44	8.60	9.75	10.93				
4 900	2.42	2.93	3.43	4.04	5.21	6.30	7.50	8.66	9.79					
5 000	2.44	2.96	3.46	4.08	5.26	6.36	7.56	8.71	9.83					

P_1 和附加功率值 ΔP_1

kW

i									
1.00～1.01	1.02～1.05	1.06～1.11	1.12～1.18	1.19～1.26	1.27～1.38	1.39～1.57	1.58～1.94	1.95～3.38	3.39～以上
ΔP_1									
0.0	0.01	0.02	0.04	0.05	0.07	0.08	0.09	0.09	0.10
0.0	0.01	0.03	0.05	0.07	0.08	0.09	0.10	0.11	0.12
0.0	0.01	0.03	0.05	0.07	0.08	0.10	0.11	0.12	0.13
0.0	0.01	0.03	0.06	0.08	0.10	0.12	0.13	0.14	0.15
0.0	0.01	0.04	0.07	0.09	0.11	0.13	0.14	0.16	0.17
0.0	0.02	0.05	0.08	0.11	0.13	0.16	0.17	0.19	0.20
0.0	0.02	0.06	0.10	0.13	0.16	0.19	0.21	0.23	0.25
0.0	0.03	0.07	0.12	0.16	0.20	0.23	0.26	0.29	0.30
0.0	0.04	0.11	0.20	0.27	0.33	0.38	0.43	0.47	0.50
0.0	0.05	0.14	0.24	0.33	0.39	0.46	0.52	0.57	0.60
0.0	0.00	0.00	0.01	0.01	0.01	0.01	0.02	0.02	0.02
0.0	0.00	0.01	0.01	0.02	0.02	0.03	0.03	0.03	0.03
0.0	0.00	0.01	0.02	0.03	0.03	0.04	0.05	0.05	0.05
0.0	0.01	0.02	0.03	0.04	0.05	0.05	0.06	0.07	0.07
0.0	0.01	0.02	0.03	0.05	0.06	0.07	0.08	0.08	0.09
0.0	0.01	0.02	0.04	0.06	0.07	0.08	0.09	0.10	0.10
0.0	0.01	0.03	0.05	0.07	0.08	0.09	0.11	0.11	0.12
0.0	0.01	0.03	0.06	0.08	0.09	0.11	0.12	0.13	0.14
0.0	0.01	0.04	0.06	0.08	0.10	0.12	0.14	0.15	0.16
0.0	0.01	0.04	0.07	0.09	0.11	0.13	0.15	0.16	0.17
0.0	0.02	0.04	0.08	0.10	0.13	0.15	0.17	0.18	0.19
0.0	0.02	0.05	0.08	0.11	0.14	0.16	0.18	0.20	0.21
0.0	0.02	0.05	0.09	0.12	0.15	0.17	0.20	0.21	0.23
0.0	0.02	0.06	0.10	0.13	0.16	0.19	0.21	0.23	0.24
0.0	0.02	0.06	0.10	0.14	0.17	0.20	0.23	0.25	0.26
0.0	0.02	0.06	0.11	0.15	0.18	0.21	0.24	0.26	0.28
0.0	0.02	0.07	0.12	0.16	0.19	0.23	0.26	0.28	0.30
0.0	0.03	0.07	0.12	0.17	0.21	0.24	0.27	0.30	0.31
0.0	0.03	0.08	0.13	0.18	0.22	0.25	0.29	0.31	0.33
0.0	0.03	0.08	0.14	0.19	0.23	0.27	0.30	0.33	0.35
0.0	0.03	0.08	0.15	0.20	0.24	0.28	0.32	0.34	0.36
0.0	0.03	0.09	0.15	0.21	0.25	0.29	0.33	0.36	0.38
0.0	0.03	0.09	0.16	0.22	0.26	0.31	0.35	0.38	0.40
0.0	0.03	0.10	0.17	0.23	0.27	0.32	0.36	0.39	0.42
0.0	0.04	0.10	0.17	0.24	0.29	0.33	0.38	0.41	0.43
0.0	0.04	0.10	0.18	0.25	0.30	0.35	0.39	0.43	0.45
0.0	0.04	0.11	0.19	0.25	0.31	0.36	0.41	0.44	0.47
0.0	0.04	0.11	0.19	0.26	0.32	0.37	0.42	0.46	0.49
0.0	0.04	0.12	0.20	0.27	0.33	0.39	0.44	0.48	0.50
0.0	0.04	0.12	0.21	0.28	0.34	0.40	0.45	0.49	0.52
0.0	0.05	0.12	0.21	0.29	0.35	0.41	0.47	0.51	0.54
0.0	0.05	0.13	0.22	0.30	0.37	0.43	0.48	0.52	0.56
0.0	0.05	0.13	0.23	0.31	0.38	0.44	0.50	0.54	0.57
0.0	0.05	0.14	0.24	0.32	0.39	0.45	0.51	0.56	0.59
0.0	0.05	0.14	0.24	0.33	0.40	0.47	0.53	0.57	0.61
0.0	0.05	0.14	0.25	0.34	0.41	0.48	0.54	0.59	0.63
0.0	0.05	0.15	0.26	0.35	0.42	0.49	0.56	0.61	0.64
0.0	0.06	0.15	0.26	0.36	0.43	0.51	0.57	0.62	0.66
0.0	0.06	0.15	0.27	0.37	0.45	0.52	0.59	0.64	0.68
0.0	0.06	0.16	0.28	0.38	0.46	0.54	0.60	0.66	0.69
0.0	0.06	0.16	0.28	0.39	0.47	0.55	0.62	0.67	0.71
0.0	0.06	0.17	0.29	0.40	0.48	0.56	0.63	0.69	0.73
0.0	0.06	0.17	0.30	0.41	0.49	0.58	0.65	0.71	0.75
0.0	0.06	0.17	0.30	0.41	0.50	0.59	0.66	0.72	0.76
0.0	0.07	0.18	0.31	0.42	0.51	0.60	0.68	0.74	0.78
0.0	0.07	0.18	0.32	0.43	0.53	0.62	0.69	0.75	0.80
0.0	0.07	0.19	0.33	0.44	0.54	0.63	0.71	0.77	0.82
0.0	0.07	0.19	0.33	0.45	0.55	0.64	0.72	0.79	0.83
0.0	0.07	0.19	0.34	0.46	0.56	0.66	0.74	0.80	0.85
0.0	0.07	0.20	0.35	0.47	0.57	0.67	0.75	0.82	0.87

表 11　15N、15J 基本额定功率值 P_1

n_1/(r/min)	d_{e1}/mm												
	180	190	200	212	224	236	250	280	315	355	400	450	500
	P_1												
485	4.63	5.09	5.55	6.10	6.65	7.19	7.82	9.16	10.70	12.44	14.36	16.45	18.51
575	5.36	5.90	6.44	7.08	7.71	8.35	9.08	10.64	12.43	14.44	16.65	19.06	21.40
690	6.26	6.90	7.53	8.28	9.03	9.78	10.64	12.46	14.55	16.89	19.45	22.21	24.88
725	6.53	7.20	7.86	8.64	9.43	10.20	11.10	13.00	15.18	17.61	20.27	23.13	25.89
870	7.61	8.39	9.17	10.09	11.00	11.91	12.96	15.17	17.69	20.49	23.51	26.73	29.78
950	8.19	9.03	9.87	10.86	11.85	12.82	13.95	16.32	19.01	21.99	25.19	28.56	31.73
1 160	9.63	10.63	11.62	12.79	13.95	15.09	16.41	19.16	22.25	25.61	29.15	32.78	36.04
1 425	11.31	12.49	13.65	15.02	16.37	17.69	19.21	22.35	25.81	29.46	33.17	36.73	
1 750	13.15	14.52	15.86	17.43	18.97	20.46	22.16	25.60	29.26	32.93	36.34		
2 850	17.30	19.00	20.60	22.40	24.06	25.58	27.15						
3 450	17.95	19.56	21.02	22.56	23.86								
50	0.62	0.67	0.73	0.79	0.86	0.93	1.00	1.17	1.36	1.57	1.81	2.07	2.34
60	0.73	0.79	0.86	0.94	1.02	1.09	1.19	1.38	1.60	1.86	2.14	2.46	2.77
70	0.83	0.91	0.99	1.08	1.17	1.26	1.36	1.59	1.85	2.14	2.47	2.83	3.19
80	0.94	1.03	1.11	1.22	1.32	1.42	1.54	1.80	2.09	2.42	2.79	3.20	3.61
90	1.05	1.14	1.24	1.35	1.47	1.58	1.72	2.00	2.33	2.70	3.11	3.57	4.02
100	1.15	1.26	1.36	1.49	1.62	1.74	1.89	2.20	2.56	2.97	3.43	3.93	4.44
150	1.65	1.81	1.96	2.15	2.33	2.52	2.73	3.19	3.71	4.31	4.98	5.71	6.44
200	2.13	2.33	2.54	2.78	3.02	3.26	3.54	4.14	4.83	5.61	6.47	7.43	8.38
250	2.59	2.84	3.09	3.39	3.69	3.99	4.33	5.06	5.91	6.87	7.93	9.10	10.26
300	3.05	3.34	3.64	3.99	4.34	4.69	5.10	5.97	6.97	8.10	9.35	10.73	12.10
350	3.49	3.83	4.17	4.58	4.98	5.38	5.85	6.85	8.00	9.30	10.74	12.33	13.89
400	3.92	4.30	4.69	5.15	5.61	6.06	6.59	7.72	9.02	10.48	12.11	13.89	15.64
450	4.34	4.77	5.20	5.71	6.22	6.73	7.32	8.57	10.01	11.64	13.44	15.41	17.34
500	4.75	5.23	5.70	6.26	6.83	7.38	8.03	9.41	10.99	12.77	14.75	16.89	19.00
550	5.16	5.68	6.19	6.81	7.42	8.03	8.73	10.23	11.95	13.89	16.02	18.35	20.61
600	5.56	6.12	6.68	7.34	8.00	8.66	9.42	11.04	12.90	14.98	17.27	19.76	22.18
650	5.95	6.56	7.15	7.87	8.58	9.28	10.10	11.83	13.82	16.05	18.49	21.14	23.70
700	6.34	6.98	7.62	8.39	9.15	9.90	10.77	12.62	14.73	17.10	19.69	22.48	25.18
750	6.72	7.41	8.09	8.90	9.70	10.50	11.43	13.38	15.62	18.12	20.85	23.78	26.60
800	7.10	7.82	8.54	9.40	10.25	11.10	12.07	14.14	16.50	19.12	21.98	25.04	27.96
850	7.47	8.23	8.99	9.89	10.79	11.68	12.71	14.88	17.35	20.10	23.08	26.26	29.28
900	7.83	8.63	9.43	10.38	11.32	12.26	13.33	15.61	18.19	21.05	24.15	27.43	30.53
950	8.19	9.03	9.87	10.86	11.85	12.82	13.95	16.32	19.01	21.99	25.19	28.56	31.73
1 000	8.54	9.42	10.29	11.33	12.36	13.38	14.55	17.02	19.81	22.89	26.19	29.65	32.86
1 100	9.23	10.18	11.13	12.25	13.36	14.46	15.72	18.37	21.36	24.62	28.09	31.66	34.93
1 200	9.89	10.92	11.93	13.14	14.33	15.50	16.85	19.67	22.82	26.24	29.83	33.48	36.73
1 300	10.54	11.63	12.71	13.99	15.26	16.50	17.93	20.90	24.21	27.75	31.42	35.07	38.22
1 400	11.16	12.32	13.46	14.82	16.15	17.46	18.96	22.07	25.50	29.14	32.84	36.43	39.41
1 500	11.76	12.98	14.19	15.61	17.01	18.38	19.94	23.17	26.70	30.39	34.08	37.54	
1 600	12.33	13.61	14.88	16.36	17.82	19.25	20.87	24.20	27.80	31.52	35.13	38.38	
1 700	12.89	14.22	15.54	17.08	18.60	20.07	21.75	25.16	28.80	32.50	35.99	38.95	
1 800	13.41	14.80	16.17	17.77	19.33	20.85	22.56	26.03	29.70	33.33	36.63		
1 900	13.91	15.35	16.76	18.41	20.02	21.57	23.32	26.83	30.48	34.00	37.05		
2 000	14.39	15.88	17.33	19.02	20.66	22.24	24.02	27.55	31.15	34.52			
2 100	14.84	16.37	17.85	19.58	21.25	22.86	24.65	28.18	31.69	34.86			
2 200	15.27	16.83	18.35	20.11	21.80	23.42	25.22	28.71	32.11				
2 300	15.66	17.26	18.80	20.59	22.30	23.93	25.72	29.16	32.40				
2 400	16.03	17.65	19.22	21.03	22.74	24.37	26.15	29.51	32.56				
2 500	16.37	18.01	19.60	21.42	23.14	24.75	26.51	29.75					
2 600	16.67	18.34	19.94	21.76	23.47	25.07	26.79	29.89					
2 700	16.95	18.63	20.23	22.05	23.75	25.33	27.00	29.93					
2 800	17.19	18.88	20.49	22.30	23.97	25.51	27.12						
2 900	17.41	19.10	20.70	22.49	24.13	25.62	27.16						
3 000	17.59	19.28	20.87	22.63	24.23	25.67	27.11						
3 100	17.73	19.41	20.98	22.71	24.27	25.63	26.98						
3 200	17.84	19.51	21.06	22.74	24.24	25.52							
3 300	17.91	19.56	21.08	22.71	24.14	25.34							
3 400	17.95	19.57	21.05	22.63	23.97								
3 500	17.95	19.54	20.97	22.48									
3 600	17.90	19.46	20.84	22.26									
3 700	17.82	19.33	20.66										
3 800	17.70	19.16	20.42										

和附加功率值 ΔP_1

kW

i									
1.00～1.01	1.02～1.05	1.06～1.11	1.12～1.18	1.19～1.26	1.27～1.38	1.39～1.57	1.58～1.94	1.95～3.38	3.39～以上
ΔP_1									
0.0	0.04	0.11	0.19	0.26	0.31	0.37	0.41	0.45	0.48
0.0	0.05	0.13	0.23	0.31	0.37	0.44	0.49	0.53	0.57
0.0	0.06	0.16	0.27	0.37	0.45	0.52	0.59	0.64	0.68
0.0	0.06	0.16	0.28	0.39	0.47	0.55	0.62	0.67	0.71
0.0	0.07	0.20	0.34	0.46	0.56	0.66	0.74	0.81	0.88
0.0	0.08	0.21	0.37	0.51	0.61	0.72	0.81	0.88	0.93
0.0	0.10	0.26	0.45	0.62	0.75	0.88	0.99	1.08	1.14
0.0	0.12	0.32	0.56	0.76	0.92	1.08	1.21	1.32	1.40
0.0	0.14	0.39	0.69	0.93	1.13	1.33	1.49	1.62	1.72
0.0	0.24	0.64	1.12	1.52	1.84	2.16	2.43	2.65	2.80
0.0	0.28	0.78	1.35	1.84	2.23	2.61	2.94	3.20	3.39
0.0	0.00	0.01	0.02	0.03	0.03	0.04	0.04	0.05	0.05
0.0	0.00	0.01	0.02	0.03	0.04	0.05	0.05	0.06	0.06
0.0	0.01	0.02	0.03	0.04	0.05	0.05	0.06	0.06	0.07
0.0	0.01	0.02	0.03	0.04	0.05	0.06	0.07	0.07	0.08
0.0	0.01	0.02	0.04	0.05	0.06	0.07	0.08	0.08	0.09
0.0	0.01	0.02	0.04	0.05	0.06	0.08	0.09	0.09	0.10
0.0	0.01	0.03	0.06	0.08	0.10	0.11	0.13	0.14	0.15
0.0	0.02	0.04	0.08	0.11	0.13	0.15	0.17	0.19	0.20
0.0	0.02	0.06	0.10	0.13	0.16	0.19	0.21	0.23	0.25
0.0	0.02	0.07	0.12	0.16	0.19	0.23	0.26	0.28	0.30
0.0	0.03	0.08	0.14	0.19	0.23	0.27	0.30	0.32	0.34
0.0	0.03	0.09	0.16	0.21	0.26	0.30	0.34	0.37	0.39
0.0	0.04	0.10	0.18	0.24	0.29	0.34	0.38	0.42	0.44
0.0	0.04	0.11	0.20	0.27	0.32	0.38	0.43	0.46	0.49
0.0	0.05	0.12	0.22	0.29	0.36	0.42	0.47	0.51	0.54
0.0	0.05	0.13	0.24	0.32	0.39	0.45	0.51	0.56	0.59
0.0	0.05	0.15	0.25	0.35	0.42	0.49	0.55	0.60	0.64
0.0	0.06	0.16	0.27	0.37	0.45	0.53	0.60	0.65	0.69
0.0	0.06	0.17	0.29	0.40	0.48	0.57	0.64	0.70	0.74
0.0	0.07	0.18	0.31	0.43	0.52	0.61	0.68	0.74	0.79
0.0	0.07	0.19	0.33	0.45	0.55	0.64	0.72	0.79	0.84
0.0	0.07	0.20	0.35	0.48	0.58	0.68	0.77	0.84	0.89
0.0	0.08	0.21	0.37	0.51	0.61	0.72	0.81	0.88	0.93
0.0	0.08	0.22	0.39	0.53	0.65	0.76	0.85	0.93	0.98
0.0	0.09	0.25	0.43	0.59	0.71	0.83	0.94	1.02	1.08
0.0	0.10	0.27	0.47	0.64	0.78	0.91	1.02	1.11	1.18
0.0	0.11	0.29	0.51	0.69	0.84	0.98	1.11	1.21	1.28
0.0	0.12	0.31	0.55	0.75	0.91	1.06	1.19	1.30	1.38
0.0	0.12	0.34	0.59	0.80	0.97	1.14	1.28	1.39	1.48
0.0	0.13	0.36	0.63	0.85	1.03	1.21	1.36	1.49	1.57
0.0	0.14	0.38	0.67	0.91	1.10	1.29	1.45	1.58	1.67
0.0	0.15	0.40	0.71	0.96	1.16	1.36	1.53	1.67	1.77
0.0	0.16	0.43	0.74	1.01	1.23	1.44	1.62	1.76	1.87
0.0	0.17	0.45	0.78	1.07	1.29	1.51	1.70	1.86	1.97
0.0	0.17	0.47	0.82	1.12	1.36	1.59	1.79	1.95	2.07
0.0	0.18	0.49	0.86	1.17	1.42	1.67	1.88	2.04	2.16
0.0	0.19	0.52	0.90	1.23	1.49	1.74	1.96	2.14	2.26
0.0	0.20	0.54	0.94	1.28	1.55	1.82	2.05	2.23	2.36
0.0	0.21	0.56	0.98	1.33	1.62	1.89	2.13	2.32	2.46
0.0	0.21	0.58	1.02	1.39	1.68	1.97	2.22	2.41	2.56
0.0	0.22	0.61	1.06	1.44	1.75	2.04	2.30	2.51	2.66
0.0	0.23	0.63	1.10	1.49	1.81	2.12	2.39	2.60	2.75
0.0	0.24	0.65	1.14	1.55	1.88	2.20	2.47	2.69	2.85
0.0	0.25	0.67	1.18	1.60	1.94	2.27	2.56	2.79	2.95
0.0	0.26	0.70	1.22	1.65	2.00	2.35	2.64	2.88	3.05
0.0	0.26	0.72	1.25	1.71	2.07	2.42	2.73	2.97	3.15
0.0	0.27	0.74	1.29	1.76	2.13	2.50	2.81	3.06	3.25
0.0	0.28	0.76	1.33	1.81	2.20	2.57	2.90	3.16	3.34
0.0	0.29	0.79	1.37	1.87	2.26	2.65	2.98	3.25	3.44
0.0	0.30	0.81	1.41	1.92	2.33	2.73	3.07	3.34	3.54
0.0	0.31	0.83	1.45	1.97	2.39	2.80	3.15	3.44	3.64
0.0	0.31	0.85	1.49	2.03	2.46	2.88	3.24	3.53	3.74

表 12 25N、25J 基本额定功率值 P_1

n_1/(r/min)	d_{e1}/mm												
	315	335	355	375	400	425	450	475	500	560	630	710	800
	P_1												
485	19.26	21.66	24.05	26.42	29.35	32.26	35.14	38.00	40.82	47.48	55.04	63.38	72.37
575	22.15	24.94	27.71	30.44	33.83	37.18	40.49	43.76	46.98	54.55	63.06	72.33	82.13
690	25.64	28.89	32.11	35.28	39.20	43.06	46.85	50.59	54.26	62.80	72.24	82.30	92.60
725	26.66	30.04	33.38	36.68	40.75	44.75	48.68	52.55	56.33	65.12	74.78	84.98	95.30
870	30.61	34.51	38.35	42.13	46.76	51.28	55.70	60.00	64.18	73.72	83.90	94.15	
950	32.62	30.79	40.87	44.87	49.76	54.52	59.15	63.63	67.96	77.72	87.89	97.75	
1 160	37.29	42.02	46.63	51.11	56.51	61.69	66.63	71.33	75.78	85.34	94.36		
1 425	41.78	47.00	51.99	56.76	62.38	67.60	72.41	76.79	80.71				
1 750	44.87	50.23	55.20	59.77	64.87	69.28							
10	0.62	0.68	0.75	0.81	0.89	0.97	1.05	1.13	1.21	1.40	1.62	1.86	2.14
20	1.16	1.28	1.41	1.53	1.68	1.84	1.99	2.14	2.29	2.66	3.08	3.55	4.08
30	1.67	1.85	2.03	2.21	2.44	2.66	2.89	3.11	3.33	3.86	4.48	5.18	5.95
40	2.16	2.40	2.64	2.88	3.17	3.47	3.76	4.05	4.34	5.04	5.84	6.75	7.77
50	2.64	2.94	3.23	3.52	3.89	4.25	4.61	4.97	5.33	6.19	7.18	8.30	9.56
60	3.11	3.46	3.81	4.15	4.59	5.02	5.44	5.87	6.30	7.31	8.49	9.82	11.31
70	3.57	3.97	4.37	4.78	5.27	5.77	6.27	6.76	7.25	8.42	9.78	11.32	13.04
80	4.02	4.48	4.93	5.39	5.95	6.51	7.08	7.63	8.19	9.52	11.06	12.80	14.74
90	4.46	4.97	5.48	5.99	6.62	7.25	7.87	8.50	9.12	10.60	12.32	14.26	16.43
100	4.90	5.46	6.02	6.58	7.28	7.97	8.66	9.35	10.04	11.67	13.57	15.71	18.10
110	5.33	5.95	6.56	7.17	7.93	8.69	9.45	10.20	10.95	12.73	14.80	17.14	19.75
120	5.76	6.43	7.09	7.75	8.58	9.40	10.22	11.03	11.85	13.78	16.02	18.56	21.39
130	6.18	6.90	7.62	8.33	9.22	10.10	10.99	11.86	12.74	14.82	17.24	19.97	23.01
140	6.60	7.37	8.14	8.90	9.85	10.80	11.75	12.69	13.62	15.86	18.44	21.36	24.61
150	7.01	7.83	8.65	9.47	10.48	11.49	12.50	13.50	14.50	16.88	19.63	22.74	26.21
160	7.42	8.29	9.16	10.03	11.11	12.18	13.25	14.31	15.37	17.90	20.82	24.12	27.79
170	7.82	8.75	9.67	10.58	11.72	12.86	13.99	15.11	16.24	18.91	21.99	25.48	29.35
180	8.22	9.20	10.17	11.14	12.34	13.54	14.73	15.91	17.09	19.91	23.16	26.83	30.91
190	8.62	9.65	10.67	11.68	12.95	14.21	15.46	16.70	17.94	20.90	24.31	28.17	32.45
200	9.02	10.09	11.16	12.23	13.55	14.87	16.18	17.49	18.79	21.89	25.46	29.50	33.98
250	10.95	12.27	13.58	14.89	16.52	18.14	19.75	21.35	22.94	26.73	31.09	36.01	41.45
300	12.82	14.38	15.93	17.48	19.40	21.30	23.20	25.09	26.96	31.42	36.53	42.28	48.62
350	14.63	16.42	18.21	19.98	22.19	24.38	26.56	28.72	30.86	35.96	41.79	48.32	55.48
400	16.38	18.41	20.42	22.42	24.91	27.37	29.82	32.24	34.65	40.35	46.86	54.12	62.03
450	18.09	20.34	22.58	24.80	27.55	30.28	32.98	35.66	38.32	44.60	51.74	59.66	68.24
500	19.75	22.22	24.67	27.10	30.12	33.10	36.06	38.98	41.88	48.70	56.43	64.94	74.08
550	21.36	24.05	26.71	29.35	32.61	35.84	39.03	42.19	45.31	52.64	60.90	69.94	79.55
600	22.93	25.82	28.69	31.53	35.03	38.50	41.92	45.29	48.62	56.42	65.16	74.64	84.61
650	24.46	27.55	30.61	33.64	37.38	41.07	44.70	48.28	51.81	60.03	69.19	79.03	89.23
700	25.93	29.22	32.47	35.69	39.65	43.55	47.38	51.15	54.86	63.47	72.98	83.08	93.40
750	27.37	30.84	34.28	37.67	41.84	45.94	49.96	53.91	57.78	66.72	76.51	86.79	97.07
800	28.75	32.41	36.02	39.58	43.95	48.23	52.43	56.54	60.55	69.78	79.79	90.13	100.24
850	30.09	33.92	37.70	41.41	45.97	50.43	54.79	59.03	63.17	72.64	82.78	93.08	
900	31.38	35.38	39.32	43.18	47.91	52.53	57.03	61.40	65.65	75.29	85.49	95.63	
950	32.62	36.79	40.87	44.87	49.76	54.52	59.15	63.63	67.96	77.72	87.89	97.75	
1 000	33.82	38.13	42.35	46.49	51.52	56.41	61.14	65.71	70.10	79.93	89.98	99.42	
1 050	34.96	39.41	43.77	48.02	53.19	58.19	63.01	67.64	72.08	81.89	91.73	100.63	
1 100	36.05	40.64	45.11	49.48	54.76	59.85	64.74	69.41	73.87	83.61	93.14		
1 150	37.09	41.80	46.39	50.85	56.23	61.40	66.33	71.03	75.48	85.08	94.19		
1 200	38.07	42.90	47.59	52.13	57.60	62.82	67.78	72.48	76.90	86.28	94.87		
1 250	39.00	43.93	48.71	53.32	58.86	64.11	69.09	73.76	78.11	87.20			
1 300	39.87	44.89	49.75	54.42	60.01	65.28	70.24	74.86	79.12	87.84			
1 350	40.68	45.79	50.71	55.43	61.04	66.31	71.23	75.77	79.92	88.19			
1 400	41.43	46.61	51.59	56.34	61.96	67.21	72.06	76.50	80.50				
1 450	42.12	47.36	52.38	57.15	62.76	67.96	72.72	77.03	80.86				
1 500	42.74	48.04	53.08	57.86	63.44	68.57	73.22	77.36	80.98				
1 550	43.30	48.64	53.70	58.46	63.99	69.03	73.53	77.48					
1 600	43.80	49.16	54.22	58.96	64.42	69.33	73.66	77.39					
1 650	44.23	49.60	54.64	59.34	64.71	69.47	73.61						
1 700	44.58	49.96	54.97	59.61	64.86	69.45	73.36						
1 750	44.87	50.23	55.20	59.77	64.87	69.26							
1 800	45.08	50.42	55.33	59.80	64.74	68.91							
1 850	45.22	50.52	55.35	59.71	64.46								
1 900	45.29	50.52	55.27	59.50	64.03								
1 950	45.28	50.44	55.08	59.16									
2 000	45.18	50.26	54.77	58.69									

和附加功率值 ΔP_1

kW

i									
1.00～1.01	1.02～1.05	1.06～1.11	1.12～1.18	1.19～1.26	1.27～1.38	1.39～1.57	1.58～1.94	1.95～3.38	3.39～以上
ΔP_1									
0.0	0.20	0.55	0.97	1.32	1.59	1.87	2.10	2.29	2.43
0.0	0.24	0.66	1.15	1.56	1.89	2.21	2.49	2.71	2.88
0.0	0.29	0.79	1.38	1.87	2.27	2.66	2.99	3.26	3.45
0.0	0.30	0.83	1.44	1.97	2.38	2.79	3.14	3.42	3.63
0.0	0.37	0.99	1.73	2.36	2.86	3.35	3.77	4.11	4.35
0.0	0.40	1.09	1.89	2.58	3.12	3.66	4.12	4.49	4.75
0.0	0.49	1.33	2.31	3.15	3.81	4.47	5.03	5.48	5.80
0.0	0.60	1.63	2.84	3.87	4.68	5.49	6.18	6.73	7.13
0.0	0.73	2.00	3.49	4.75	5.75	6.74	7.58	8.26	8.75
0.0	0.00	0.01	0.02	0.03	0.03	0.04	0.04	0.05	0.05
0.0	0.01	0.02	0.04	0.05	0.07	0.08	0.09	0.09	0.10
0.0	0.01	0.03	0.06	0.08	0.10	0.12	0.13	0.14	0.15
0.0	0.02	0.05	0.08	0.11	0.13	0.15	0.17	0.19	0.20
0.0	0.02	0.06	0.10	0.14	0.16	0.19	0.22	0.24	0.25
0.0	0.03	0.07	0.12	0.16	0.20	0.23	0.26	0.28	0.30
0.0	0.03	0.08	0.14	0.19	0.23	0.27	0.30	0.33	0.35
0.0	0.03	0.09	0.16	0.22	0.26	0.31	0.35	0.38	0.40
0.0	0.04	0.10	0.18	0.24	0.30	0.35	0.39	0.42	0.45
0.0	0.04	0.11	0.20	0.27	0.33	0.39	0.43	0.47	0.50
0.0	0.05	0.13	0.22	0.30	0.36	0.42	0.48	0.52	0.55
0.0	0.05	0.14	0.24	0.33	0.39	0.46	0.52	0.57	0.60
0.0	0.05	0.15	0.26	0.35	0.43	0.50	0.56	0.61	0.65
0.0	0.06	0.16	0.28	0.38	0.46	0.54	0.61	0.66	0.70
0.0	0.06	0.17	0.30	0.41	0.49	0.58	0.65	0.71	0.75
0.0	0.07	0.18	0.32	0.43	0.53	0.62	0.69	0.76	0.80
0.0	0.07	0.19	0.34	0.46	0.56	0.65	0.74	0.80	0.85
0.0	0.08	0.21	0.36	0.49	0.59	0.69	0.78	0.85	0.90
0.0	0.08	0.22	0.38	0.52	0.62	0.73	0.82	0.90	0.95
0.0	0.08	0.23	0.40	0.54	0.66	0.77	0.87	0.94	1.00
0.0	0.10	0.29	0.50	0.68	0.82	0.96	1.08	1.18	1.25
0.0	0.13	0.34	0.60	0.81	0.99	1.16	1.30	1.42	1.50
0.0	0.15	0.40	0.70	0.95	1.15	1.35	1.52	1.65	1.75
0.0	0.17	0.46	0.80	1.09	1.32	1.54	1.73	1.89	2.00
0.0	0.19	0.51	0.90	1.22	1.48	1.73	1.95	2.12	2.25
0.0	0.21	0.57	1.00	1.36	1.64	1.93	2.17	2.36	2.50
0.0	0.23	0.63	1.10	1.49	1.81	2.12	2.38	2.60	2.75
0.0	0.25	0.69	1.20	1.63	1.97	2.31	2.60	2.83	3.00
0.0	0.27	0.74	1.30	1.76	2.14	2.50	2.82	3.07	3.25
0.0	0.29	0.80	1.40	1.90	2.30	2.70	3.03	3.30	3.50
0.0	0.31	0.86	1.49	2.03	2.47	2.89	3.25	3.54	3.75
0.0	0.34	0.91	1.59	2.17	2.63	3.08	3.47	3.78	4.00
0.0	0.36	0.97	1.69	2.31	2.79	3.27	3.68	4.01	4.25
0.0	0.38	1.03	1.79	2.44	2.96	3.47	3.90	4.25	4.50
0.0	0.40	1.09	1.89	2.58	3.12	3.66	4.12	4.49	4.75
0.0	0.42	1.14	1.99	2.71	3.29	3.85	4.33	4.72	5.00
0.0	0.44	1.20	2.09	2.85	3.45	4.04	4.55	4.96	5.25
0.0	0.46	1.26	2.19	2.98	3.62	4.24	4.77	5.19	5.50
0.0	0.48	1.31	2.29	3.12	3.78	4.43	4.98	5.43	5.75
0.0	0.50	1.37	2.39	3.26	3.95	4.62	5.20	5.67	6.00
0.0	0.52	1.43	2.49	3.39	4.11	4.81	5.42	5.90	6.25
0.0	0.55	1.49	2.59	3.53	4.27	5.01	5.63	6.14	6.50
0.0	0.57	1.54	2.69	3.66	4.44	5.20	5.85	6.37	6.75
0.0	0.59	1.60	2.79	3.80	4.60	5.39	6.07	6.61	7.00
0.0	0.61	1.66	2.89	3.93	4.77	5.58	6.28	6.85	7.25
0.0	0.63	1.72	2.99	4.07	4.93	5.78	6.50	7.08	7.50
0.0	0.65	1.77	3.09	4.20	5.10	5.97	6.72	7.32	7.75
0.0	0.67	1.83	3.19	4.34	5.26	6.16	6.93	7.55	8.00
0.0	0.69	1.89	3.29	4.48	5.42	6.35	7.15	7.79	8.25
0.0	0.71	1.94	3.39	4.61	5.59	6.55	7.37	8.03	8.50
0.0	0.73	2.00	3.49	4.75	5.75	6.74	7.58	8.26	8.75
0.0	0.76	2.06	3.59	4.88	5.92	6.93	7.80	8.50	9.00
0.0	0.78	2.12	3.69	5.02	6.08	7.12	8.02	8.73	9.25
0.0	0.80	2.17	3.79	5.15	6.25	7.32	8.23	8.97	9.50
0.0	0.82	2.23	3.89	5.29	6.41	7.51	8.45	9.21	9.75
0.0	0.84	2.29	3.99	5.43	6.53	7.70	8.67	9.44	10.00

6 传动装置的安装与使用

6.1 初拉力的计算

初拉力可按下式计算：

$$F_0 = 0.9\left[500 \times \frac{(2.5 - K_\alpha)P_d}{K_\alpha \times Z \times v} + mv^2\right] \quad \cdots\cdots(10)$$

式中：

F_0——单根带的初拉力，单位为牛(N)；

P_d——设计功率，单位为千瓦(kW)；

Z——单根 V 带根数；

v——带速，单位为米每秒(m/s)；

m——V 带单位长度质量(见表 13)，单位为千克每米(kg/m)；

K_α——包角修正系数，见表 9。

6.2 初拉力的测定

初拉力的测定，通常是在 V 带与两带轮切点的跨度中点处，施加一规定的垂直于带边的力 G(见图 5)，使跨度长每 100 mm 产生的挠度为 1.6 mm。

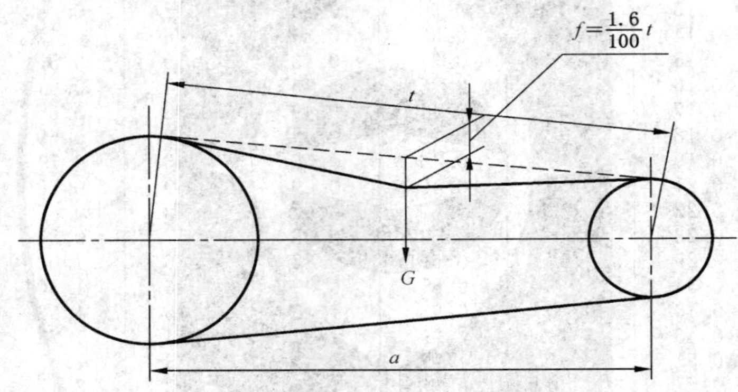

图 5 初拉力的测定

跨度长 t 用实测的方法，也可用计算的方法得到。

计算公式：

$$t = \sqrt{a^2 - \frac{(d_{e2} - d_{e1})^2}{4}} \quad \cdots\cdots(11)$$

式中：

t——跨度长，单位为毫米(mm)；

a——两轮轴的中心距，单位为毫米(mm)；

d_{e2}——大带轮的有效直径，单位为毫米(mm)；

d_{e1}——小带轮的有效直径，单位为毫米(mm)。

测定初拉力所加的 G 值，应随 V 带的使用程度不同而改变，用式(12)～式(17)分别计算。

多根带的传动：

新安装的带：
$$G = \frac{1.5F_0 + \Delta F_0}{16} \quad \cdots\cdots(12)$$

运转后的带：
$$G = \frac{1.3F_0 + \Delta F_0}{16} \quad \cdots\cdots(13)$$

最小极限值：
$$G = \frac{F_0 + \Delta F_0}{16} \quad \cdots\cdots(14)$$

单根带传动：

新安装的带：
$$G=\frac{1.5F_0+\frac{\Delta F_0\cdot t}{L_e}}{16} \qquad (15)$$

运转后的带：
$$G=\frac{1.3F_0+\frac{\Delta F_0\cdot t}{L_e}}{16} \qquad (16)$$

最小值：
$$G=\frac{F_0+\frac{\Delta F_0\cdot t}{L_e}}{16} \qquad (17)$$

式中：

F_0——初拉力，单位为牛顿(N)；

t——两带轮切点间的跨度，单位为毫米(mm)；

ΔF_0——初拉力增量，见表 13，单位为牛顿(N)；

L_e——V 带有效长度，单位为毫米(mm)。

表 13 窄 V 带的单位长度质量 m 与 ΔF_0 值

带　型	m/(kg/m)	ΔF_0/N
9N	0.08	20
15N	0.20	40
25N	0.57	100
9J	0.122	20
15J	0.252	40
25J	0.693	100

对于联组窄 V 带，通常是在最小组合数的联组带上进行测定，测定方法同上，只是所需总的 G 值应等于单根窄 V 带所需 G 值乘以联组数。

6.3 安装前的准备

a) 安装前应检查带是否配组，不配组的带不得同组安装。新旧带不能同组混装使用。

b) 在联组带安装前必须检查轮槽的尺寸和间距，对超过规定公差值的带轮应更换。

6.4 安装

套装带时不得强行撬入，应在 GB/T 15531 规定的中心距调整极限值范围内将中心距离缩小，待 V 带进入轮槽后再进行张紧。张紧时应在传动装置同一边上试一下每根带的松紧程度，如不均匀可空转几圈使其均匀后再张紧到规定的位置。

6.5 中心距的调整和初拉力的检查

中心距的调整(见图 6)应按 GB/T 15531 规定的中心距调整极限值范围内进行，调整中同时检查带的初拉力值，检查方法见图 5。其测试力 G 值可按式(12)～式(17)计算。

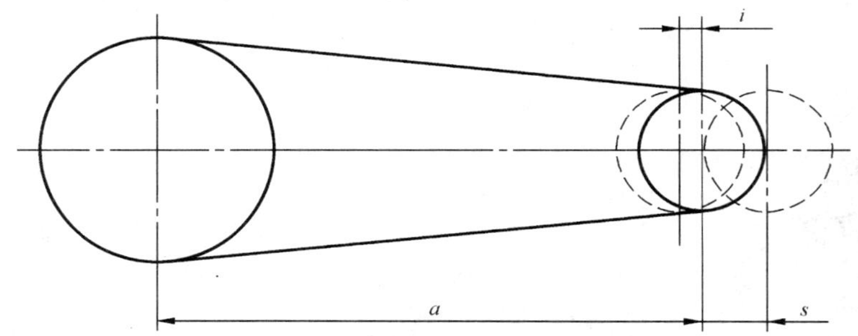

注 1：安装时所需最小中心距：$a_{min}=a-i$；张紧 V 带或补偿 V 带伸长所需最大中心距：$a_{max}=a+s$。

注 2：i 为中心距减小极限值，s 为中心距增大极限值。对于单根 V 带，$i=2b_e+0.009L_e$；$s=0.02L_e$。

图 6 中心距的调整

6.6 带轮相对位置

传动装置中，各带轮轴线应相互平行，各带轮相对应的 V 型槽的对称平面应重合，其误差不得超过20′(见图 7)。

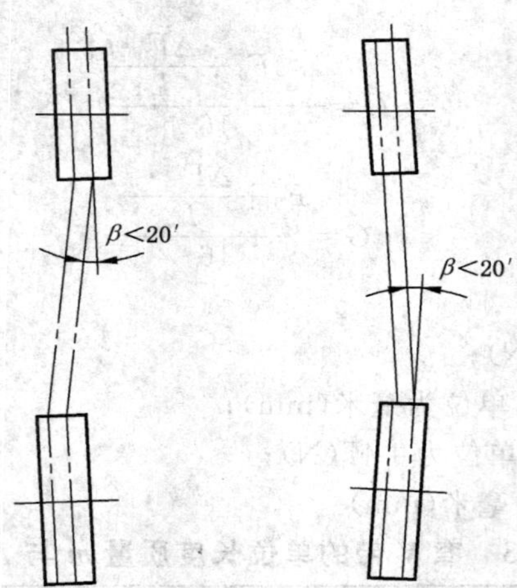

图 7 带轮安装位置

6.7 使用与维护

a) 对安装完的新带，在运转 24 h 或 48 h 后应按 6.2 和 6.5 有关规定进行检查和调整。

b) 带传动装置应加防护罩，并应能保证通风和排污。

附 录 A
（规范性附录）
联组普通 V 带轮（有效宽度制）

A.1 轮槽截面尺寸

A.1.1 轮槽截面尺寸见图 A.1、图 A.2 和表 A.1。

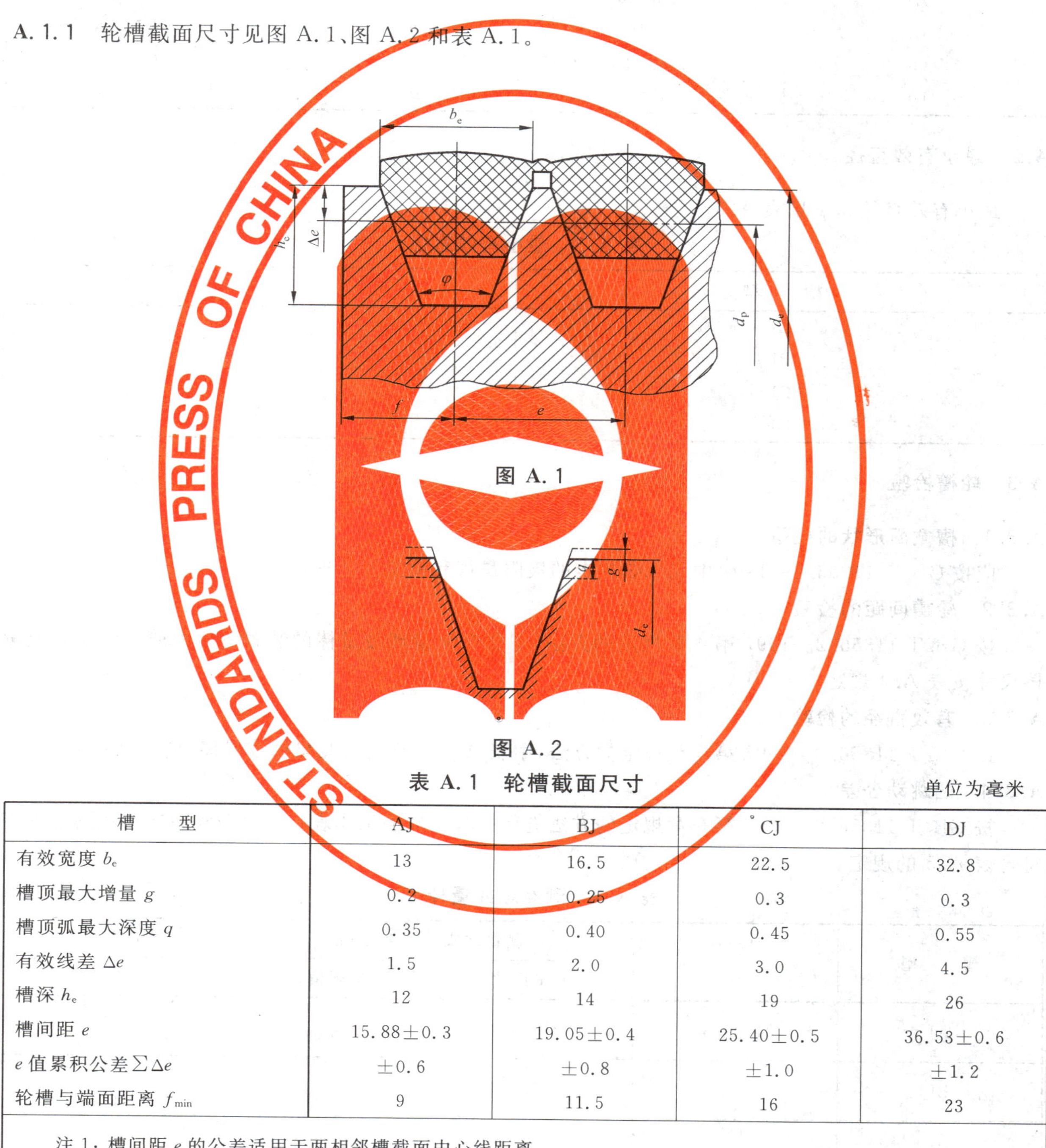

图 A.1

图 A.2

表 A.1 轮槽截面尺寸

单位为毫米

槽 型	AJ	BJ	CJ	DJ
有效宽度 b_e	13	16.5	22.5	32.8
槽顶最大增量 g	0.2	0.25	0.3	0.3
槽顶弧最大深度 q	0.35	0.40	0.45	0.55
有效线差 Δe	1.5	2.0	3.0	4.5
槽深 h_e	12	14	19	26
槽间距 e	15.88±0.3	19.05±0.4	25.40±0.5	36.53±0.6
e 值累积公差 $\sum\Delta e$	±0.6	±0.8	±1.0	±1.2
轮槽与端面距离 f_{min}	9	11.5	16	23

注 1：槽间距 e 的公差适用于两相邻槽截面中心线距离。
注 2：带轮各实际槽距对公称值 e 的误差总和不得超过表中规定的 e 值累积公差。
注 3：f 值的公差应与带轮的找正一起考虑。

A.1.2 轮槽槽角见表 A.2。

表 A.2 单位为毫米

槽型	槽角 φ		
	34°	36°	38°
	有效直径 d_e		
AJ	$d_e \leqslant 125$		$d_e > 125$
BJ	$d_e \leqslant 195$		$d_e > 195$
CJ	$d_e \leqslant 325$		$d_e > 325$
DJ		$d_e \leqslant 490$	$d_e > 490$

A.2 最小有效直径

最小有效直径 d_{emin} 见表 A.3。

表 A.3 最小有效直径 单位为毫米

槽型	d_{emin}
AJ	80
BJ	132
CJ	212
DJ	375

A.3 轮槽检验

A.3.1 槽截面形状的检验

应按 GB/T 11356.2—1997 中 3.2.3 规定的极限量规和检验方法进行检验。

A.3.2 轮槽间距的检验

按 GB/T 11356.2—1997 第 4 章规定的方法,用带有测量球或量棒的装置进行检验。测量球或量棒尺寸按表 A.4 规定。

A.3.3 有效直径的检验

按 GB/T 11356.2—1997 第 5 章规定的方法,用表 A.4 中规定的测量球或量棒进行检验。

A.3.4 圆跳动公差

按 GB/T 11356.2—1997 第 6 章规定的方法进行检验。轮槽工作表面的径向和斜向圆跳动公差应符合表 A.5 的规定。

表 A.4 测量球或量棒尺寸 单位为毫米

槽型	槽角 φ	测量球或量棒直径 d_B		修正项
		基本尺寸	极限偏差	2x
AJ	34°和 38°	11.6	$^{0}_{-0.043}$	9
BJ	34° 38°	14.7	$^{0}_{-0.043}$	11 12
CJ	34° 38°	20	$^{0}_{-0.052}$	15 16
DJ	36° 38°	28.5	$^{0}_{-0.052}$	20 21

表 A.5　轮槽工作表面的径向和斜向圆跳动公差

单位为毫米

d_e	径向圆跳动	斜向圆跳动
$d_e \leqslant 125$	0.2	0.3
$125 < d_e \leqslant 315$	0.3	0.4
$315 < d_e \leqslant 710$	0.4	0.6
$710 < d_e \leqslant 1\ 000$	0.6	0.8
$1\ 000 < d_e \leqslant 1\ 250$	0.8	1.0
$1\ 250 < d_e \leqslant 1\ 600$	1.0	1.2
$1\ 600 < d_e \leqslant 2\ 500$	1.2	1.2

ICS 21.040.30
J 04

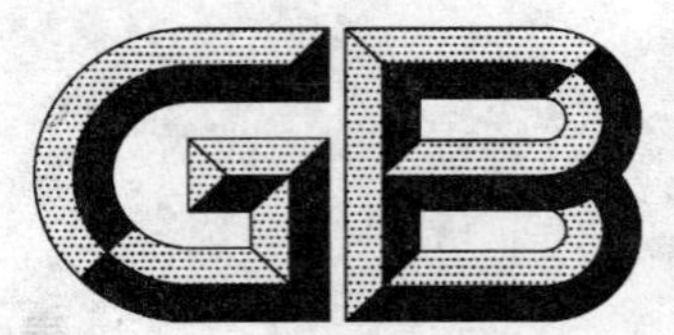

中华人民共和国国家标准

GB/T 13576.1—2008
代替 GB/T 13576.1—1992

锯齿形(3°、30°)螺纹 第1部分:牙型

Buttress threads with the flank angles of 3 and 30 degrees—Part 1:Profiles

2008-07-30 发布 2009-02-01 实施

中华人民共和国国家质量监督检验检疫总局
中国国家标准化管理委员会 发布

前　　言

GB/T 13576《锯齿形(3°、30°)螺纹》分为四个部分：

——第1部分：牙型；

——第2部分：直径与螺距系列；

——第3部分：基本尺寸；

——第4部分：公差。

本部分为GB/T 13576的第1部分。

本部分代替GB/T 13576.1—1992《锯齿形(3°、30°)螺纹　牙型》。

本部分与GB/T 13576.1—1992相比，没有技术性变化。

本部分由全国螺纹标准化技术委员会(SAC/TC 108)提出并归口。

本部分起草单位：中机生产力促进中心。

本部分主要起草人：李晓滨。

本部分所代替标准的历次版本发布情况为：

——GB/T 13576.1—1992。

锯齿形(3°、30°)螺纹 第1部分:牙型

1 范围

GB/T 13576 的本部分规定了锯齿形螺纹的基本牙型和设计牙型。

本部分适用于一般用途机械传动和紧固的锯齿形螺纹连接。

2 规范性引用文件

下列文件中的条款通过 GB/T 13576 的本部分的引用而成为本部分的条款。凡是注日期的引用文件,其随后所有的修改单(不包括勘误的内容)或修订版均不适用于本部分,然而,鼓励根据本部分达成协议的各方研究是否可使用这些文件的最新版本。凡是不注日期的引用文件,其最新版本适用于本部分。

GB/T 14791　螺纹术语(GB/T 14791—1993,neq ISO 5408:1983)

3 术语和代号

3.1 术语

GB/T 14791 所规定的术语和定义适用于 GB/T 13576 的本部分。

3.2 代号

D——基本牙型和设计牙型上的内螺纹大径;

d——基本牙型和设计牙型上的外螺纹大径(公称直径);

D_2——基本牙型和设计牙型上的内螺纹中径;

d_2——基本牙型和设计牙型上的外螺纹中径;

D_1——基本牙型和设计牙型上的内螺纹小径;

d_1——基本牙型上的外螺纹小径;

d_3——设计牙型上的外螺纹小径;

P——螺距;

H——原始三角形高度;

H_1——基本牙型牙高和设计牙型上的内螺纹牙高;

h_3——设计牙型上的外螺纹牙高;

a_c——小径间隙;

R——外螺纹牙底倒角圆弧半径。

4 基本牙型

基本牙型见图 1。图中的粗实线代表基本牙型。

5 基本牙型的尺寸

基本牙型的尺寸见表 1。

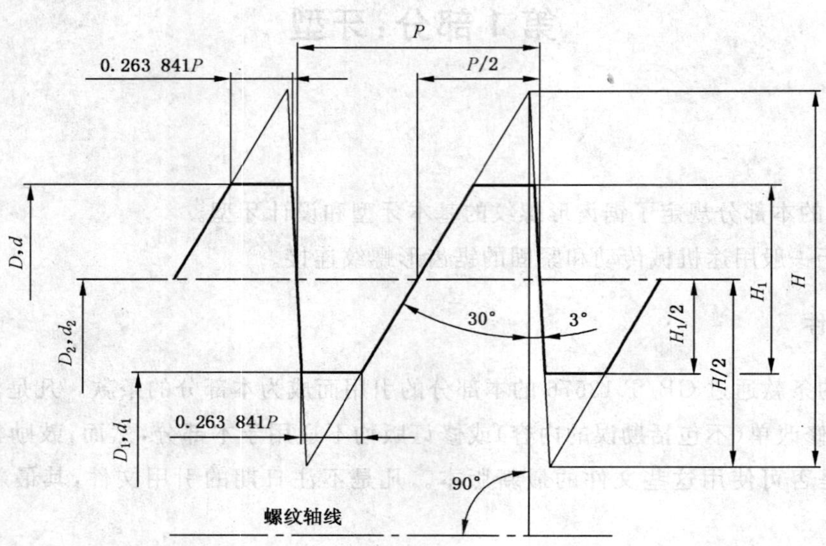

图 1 基本牙型

表 1 基本牙型尺寸

单位为毫米

螺距 P	H 1.587 911P	H/2 0.793 956P	H_1 0.75P	牙顶和牙底宽 0.263 841P
2	3.176	1.588	1.500	0.528
3	4.764	2.382	2.250	0.792
4	6.352	3.176	3.000	1.055
5	7.940	3.970	3.750	1.319
6	9.527	4.764	4.500	1.583
7	11.115	5.558	5.250	1.847
8	12.703	6.352	6.000	2.111
9	14.291	7.146	6.750	2.375
10	15.879	7.940	7.500	2.638
12	19.055	9.527	9.000	3.166
14	22.231	11.115	10.500	3.694
16	25.407	12.703	12.000	4.221
18	28.582	14.291	13.500	4.749
20	31.758	15.879	15.000	5.277
22	34.934	17.467	16.500	5.805
24	38.110	19.055	18.000	6.332
28	44.462	22.231	21.000	7.388
32	50.813	25.407	24.000	8.443
36	57.165	28.582	27.000	9.498
40	63.516	31.758	30.000	10.554
44	69.868	34.934	33.000	11.609

6 设计牙型

设计牙型见图 2。图中的粗实线代表设计牙型。

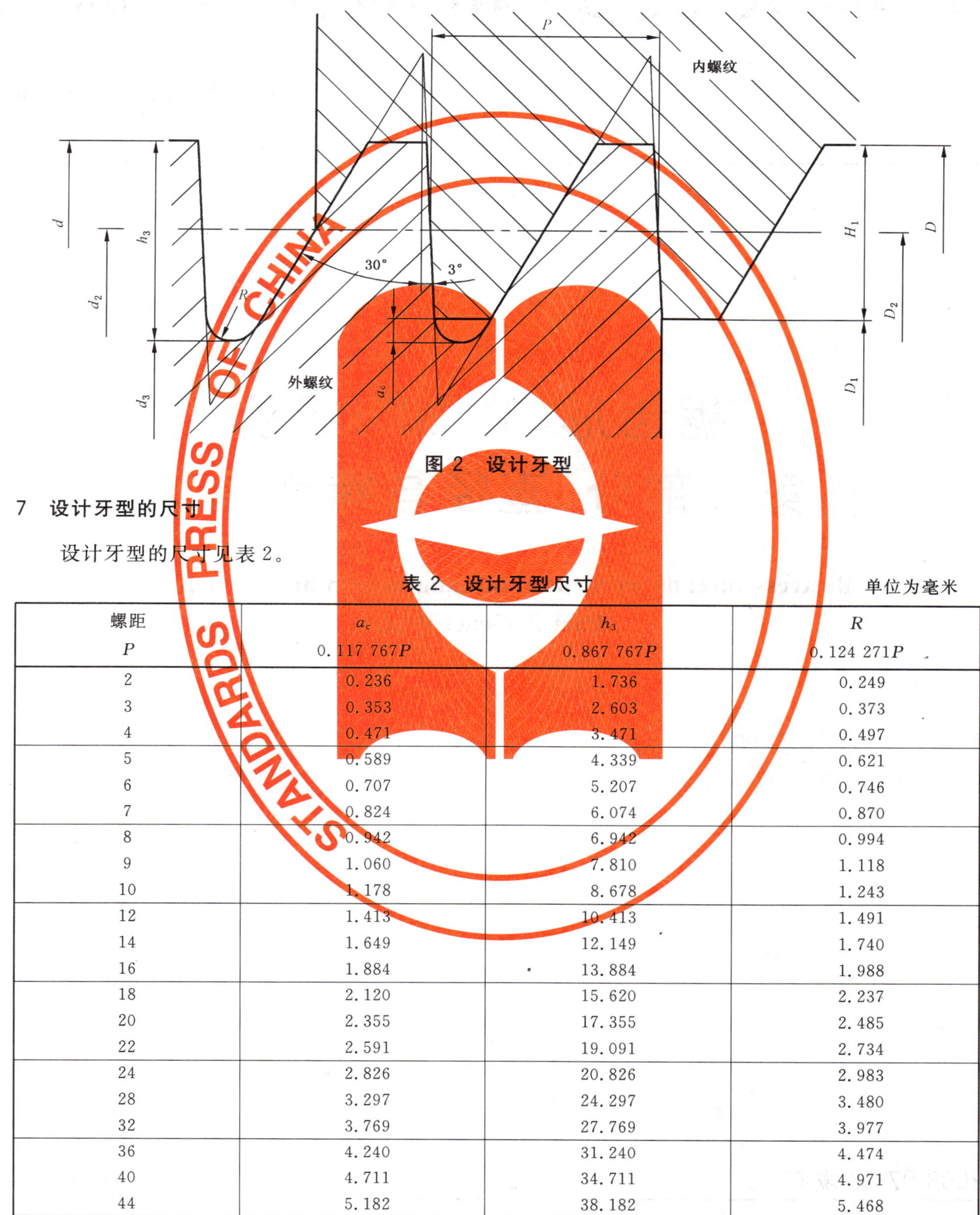

图 2 设计牙型

7 设计牙型的尺寸

设计牙型的尺寸见表 2。

表 2 设计牙型尺寸

单位为毫米

螺距 P	a_c 0.117 767P	h_3 0.867 767P	R 0.124 271P
2	0.236	1.736	0.249
3	0.353	2.603	0.373
4	0.471	3.471	0.497
5	0.589	4.339	0.621
6	0.707	5.207	0.746
7	0.824	6.074	0.870
8	0.942	6.942	0.994
9	1.060	7.810	1.118
10	1.178	8.678	1.243
12	1.413	10.413	1.491
14	1.649	12.149	1.740
16	1.884	13.884	1.988
18	2.120	15.620	2.237
20	2.355	17.355	2.485
22	2.591	19.091	2.734
24	2.826	20.826	2.983
28	3.297	24.297	3.480
32	3.769	27.769	3.977
36	4.240	31.240	4.474
40	4.711	34.711	4.971
44	5.182	38.182	5.468

ICS 21.040.30
J 04

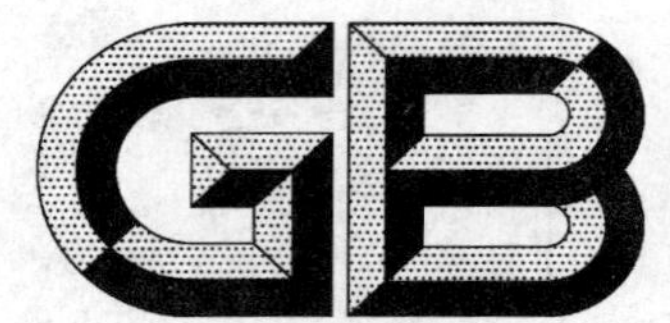

中华人民共和国国家标准

GB/T 13576.2—2008
代替 GB/T 13576.2—1992

锯齿形(3°、30°)螺纹 第2部分:直径与螺距系列

Buttress threads with the flank angles of 3 and 30 degrees—Part 2:General plan

2008-07-30 发布　　　　2009-02-01 实施

中华人民共和国国家质量监督检验检疫总局
中国国家标准化管理委员会　发布

前　　言

GB/T 13576《锯齿形(3°、30°)螺纹》分为四个部分：

——第1部分：牙型；

——第2部分：直径与螺距系列；

——第3部分：基本尺寸；

——第4部分：公差。

本部分为GB/T 13576的第2部分。

本部分代替GB/T 13576.2—1992《锯齿形(3°、30°)螺纹　直径与螺距系列》。

本部分与GB/T 13576.2—1992相比，主要技术性变化为：在标准系列表内增加了10个第三系列直径(见表1)。

本部分由全国螺纹标准化技术委员会(SAC/TC 108)提出并归口。

本部分起草单位：中机生产力促进中心。

本部分主要起草人：李晓滨。

本部分所代替标准的历次版本发布情况为：

——GB/T 13576.2—1992。

锯齿形(3°、30°)螺纹
第2部分:直径与螺距系列

1 范围

GB/T 13576 的本部分规定了锯齿形螺纹的直径与螺距组合系列。其牙型符合 GB/T 13576.1 的规定。

本部分适用于一般用途的机械传动和紧固锯齿形螺纹连接。

2 规范性引用文件

下列文件中的条款通过 GB/T 13576 的本部分的引用而成为本部分的条款。凡是注日期的引用文件,其随后所有的修改单(不包括勘误的内容)或修订版均不适用于本部分,然而,鼓励根据本部分达成协议的各方研究是否可使用这些文件的最新版本。凡是不注日期的引用文件,其最新版本适用于本部分。

GB/T 13576.1 锯齿形(3°、30°)螺纹 第1部分:牙型

GB/T 14791 螺纹术语(GB/T 14791—1993,neq ISO 5408:1983)

3 术语和定义

GB/T 14791 所规定的术语和定义适用于 GB/T 13576 的本部分。

4 直径与螺距系列及其选择

锯齿形螺纹的直径与螺距标准组合系列见表1。

表1中,优先选用第一系列直径,其次选用第二系列直径。

新产品设计中,不宜选用表1内的第三系列直径。

表1中,应选择与直径处于同一行内的螺距。优先选用粗黑框内的螺距。

如果需要使用表1规定以外的螺距,则选用表中邻近直径所对应的螺距。

5 螺纹标记

标准锯齿形螺纹的标记应由螺纹特征代号“B”、公称直径和导程的毫米值、螺距代号“P”和螺距毫米值组成。公称直径与导程之间用“×”号分开;螺距代号“P”和螺距值用圆括号括上。对单线锯齿形螺纹,其标记应省略圆括号部分(螺距代号“P”和螺距值)。

对标准左旋锯齿形螺纹,其标记内应添加左旋代号“LH”。右旋锯齿形螺纹不标注其旋向代号。

标记示例:

公称直径为 40 mm、导程和螺距为 7 mm 的右旋单线锯齿形螺纹标记为:B40×7;

公称直径为 40 mm、导程为 14 mm、螺距为 7 mm 的右旋双线锯齿形螺纹标记为:B40×14(P7);

公称直径为 40 mm、导程和螺距为 7 mm 的左旋单线锯齿形螺纹标记为:B40×7LH。

表 1　直径与螺距的标准组合系列

单位为毫米

公称直径			螺距																				
第一系列	第二系列	第三系列	44	40	36	32	28	24	22	20	18	16	14	12	10	9	8	7	6	5	4	3	2
10																							2
12																						3	2
	14																					3	2
16																					4		2
	18																				4		2
20																					4		2
	22																8			5		3	
24																	8			5		3	
	26																8			5		3	
28																	8			5		3	
	30														10				6			3	
32															10				6			3	
	34														10				6			3	
36															10				6			3	
	38														10			7				3	
40															10			7				3	
	42														10			7				3	
44														12				7				3	
	46													12			8					3	
48														12			8					3	
	50													12			8					3	
52														12			8					3	
	55												14			9						3	
60													14			9						3	
	65											16			10						4		
70												16			10						4		
	75											16			10						4		
80												16			10						4		
	85										18			12							4		
90											18			12							4		
	95										18			12							4		
100										20				12							4		
		105								20				12							4		

表 1（续）

单位为毫米

公称直径			螺距																				
第一系列	第二系列	第三系列	44	40	36	32	28	24	22	20	18	16	14	12	10	9	8	7	6	5	4	3	2
	110									20				12							4		
		115							22				14						6				
120									22				14						6				
		125							22				14						6				
	130								22				14						6				
		135						24					14						6				
140								24					14						6				
		145						24					14						6				
	150							24				16							6				
		155						24				16							6				
160							28					16							6				
		165					28					16							6				
	170						28					16							6				
		175					28					16					8						
180							28				18						8						
		185				32					18						8						
	190					32					18						8						
		195				32					18						8						
200						32					18						8						
	210				36					20							8						
220					36					20							8						
	230				36					20							8						
240					36				22								8						
	250			40					22					12									
260				40					22					12									
	270			40				24						12									
280				40				24						12									
	290		44					24						12									
300			44					24						12									
	320		44											12									
340			44											12									
	360													12									
380														12									

表 1（续）

单位为毫米

公称直径			螺距																				
第一系列	第二系列	第三系列	44	40	36	32	28	24	22	20	18	16	14	12	10	9	8	7	6	5	4	3	2
	400													12									
420											18												
	440										18												
460											18												
	480										18												
500											18												
	520							24															
540								24															
	560							24															
580								24															
	600							24															
620								24															
	640							24															

ICS 21.040.30
J 04

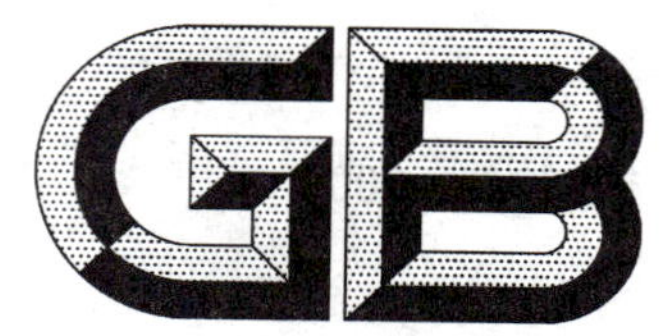

中华人民共和国国家标准

GB/T 13576.3—2008
代替 GB/T 13576.3—1992

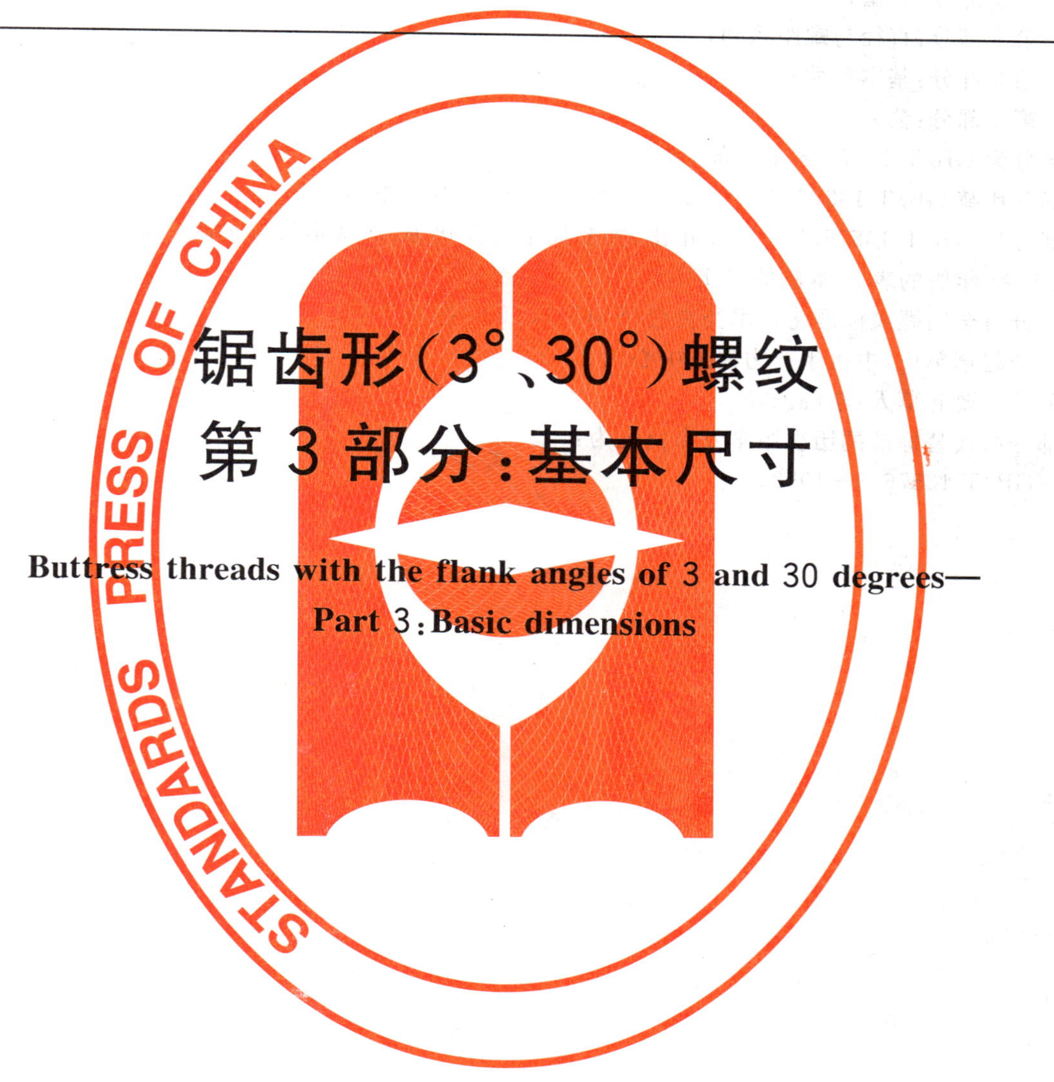

锯齿形(3°、30°)螺纹 第3部分:基本尺寸

Buttress threads with the flank angles of 3 and 30 degrees—
Part 3: Basic dimensions

2008-07-30 发布　　　　2009-02-01 实施

中华人民共和国国家质量监督检验检疫总局
中国国家标准化管理委员会　发布

前言

GB/T 13576《锯齿形(3°、30°)螺纹》分为四个部分:

——第1部分:牙型;

——第2部分:直径与螺距系列;

——第3部分:基本尺寸;

——第4部分:公差。

本部分为GB/T 13576的第3部分。

本部分代替GB/T 13576.3—1992《锯齿形(3°、30°)螺纹 基本尺寸》。

本部分与GB/T 13576.3—1992相比,主要技术性变化为:在基本尺寸表内增加了10个第三系列直径(见1992年版的表2;本版的表1)。

本部分由全国螺纹标准化技术委员会(SAC/TC 108)提出并归口。

本部分起草单位:中机生产力促进中心。

本部分主要起草人:李晓滨。

本部分所代替标准的历次版本发布情况为:

——GB/T 13576.3—1992。

锯齿形(3°、30°)螺纹 第3部分:基本尺寸

1 范围

GB/T 13576 的本部分规定了锯齿形螺纹的基本尺寸。锯齿形螺纹的牙型和直径与螺距系列分别符合 GB/T 13576.1 和 GB/T 13576.2 的规定。

本部分适用于一般用途的机械传动和紧固锯齿形螺纹连接。

2 规范性引用文件

下列文件中的条款通过 GB/T 13576 的本部分的引用而成为本部分的条款。凡是注日期的引用文件,其随后所有的修改单(不包括勘误的内容)或修订版均不适用于本部分,然而,鼓励根据本部分达成协议的各方研究是否可使用这些文件的最新版本。凡是不注日期的引用文件,其最新版本适用于本部分。

GB/T 13576.1 锯齿形(3°、30°)螺纹 第1部分:牙型

GB/T 13576.2 锯齿形(3°、30°)螺纹 第2部分:直径与螺距系列

GB/T 14791 螺纹术语(GB/T 14791—1993,neq ISO 5408:1983)

3 术语和代号

3.1 术语

GB/T 14791 所规定的术语和定义适用于 GB/T 13576 的本部分。

3.2 代号

a_c——小径间隙;

D——设计牙型上的内螺纹大径;

D_2——设计牙型上的内螺纹中径;

D_1——设计牙型上的内螺纹小径;

d——设计牙型上的外螺纹大径(公称直径);

d_2——设计牙型上的外螺纹中径;

d_3——设计牙型上的外螺纹小径;

H_1——基本牙型牙高和设计牙型上的内螺纹牙高;

h_3——设计牙型上的外螺纹牙高;

P——螺距;

R——外螺纹牙底倒角圆弧半径。

4 基本尺寸

各直径在设计牙型上的所处位置见图1。有关设计牙型的尺寸规定见 GB/T 13576.1。

锯齿形螺纹的基本尺寸值应符合表1的规定。其中:

$$d_2 = D_2 = d - H_1 = d - 0.75P$$

$$D_1 = d - 2H_1 = d - 1.5P$$

$$d_3 = d - 2h_3 = d - 1.735\,534P$$

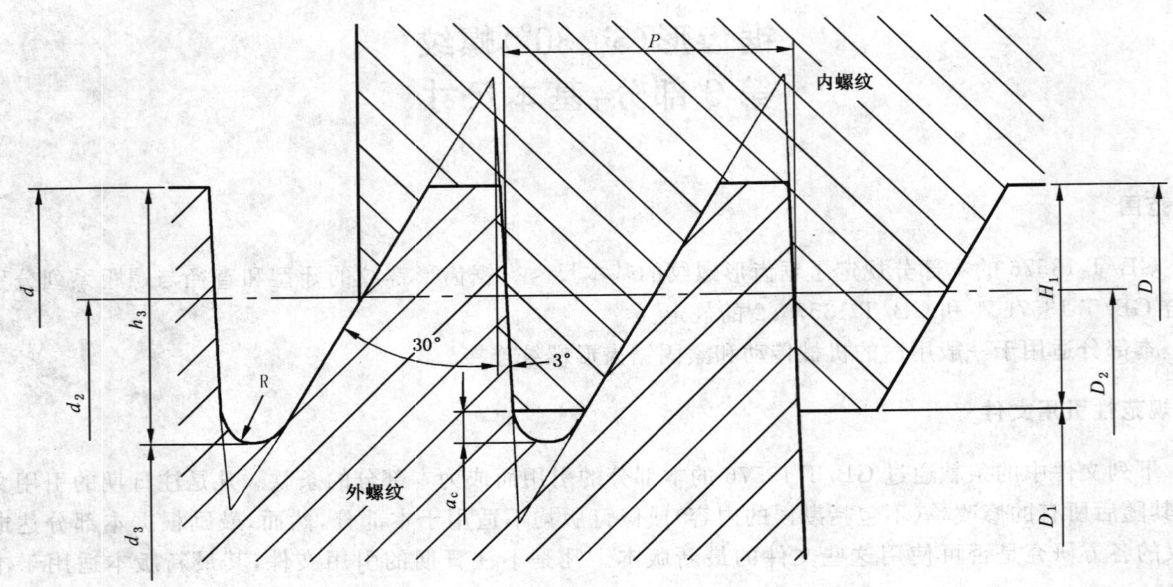

图 1 设计牙型

表 1 基本尺寸

单位为毫米

公称直径 d			螺距	中径	小径	
第一系列	第二系列	第三系列	P	$d_2=D_2$	d_3	D_1
10			2	8.500	6.529	7.000
12			2 3	10.500 9.750	8.529 6.793	9.000 7.500
	14		2 3	12.500 11.750	10.529 8.793	11.000 9.500
16			2 4	14.500 13.500	12.529 9.058	13.000 10.000
	18		2 4	16.500 15.000	14.529 11.058	15.000 12.000
20			2 4	18.500 17.000	16.529 13.058	17.000 14.000
	22		3 5 8	19.750 18.250 16.000	16.793 13.322 8.116	17.500 14.500 10.000
24			3 5 8	21.750 20.250 18.000	18.793 15.322 10.116	19.500 16.500 12.000
	26		3 5 8	23.750 22.250 20.000	20.793 17.322 12.116	21.500 18.500 14.000

表 1（续）

单位为毫米

公称直径 d			螺距 P	中径 $d_2=D_2$	小径	
第一系列	第二系列	第三系列			d_3	D_1
28			3	25.750	22.793	23.500
			5	24.250	19.322	20.500
			8	22.000	14.116	16.000
	30		3	27.750	24.793	25.500
			6	25.500	19.587	21.000
			10	22.500	12.645	15.000
32			3	29.750	26.793	27.500
			6	27.500	21.587	23.000
			10	24.500	14.645	17.000
	34		3	31.750	28.793	29.500
			6	29.500	23.587	25.000
			10	26.500	16.645	19.000
36			3	33.750	30.793	31.500
			6	31.500	25.587	27.000
			10	28.500	18.645	21.000
	38		3	35.750	32.793	33.500
			7	32.750	25.851	27.500
			10	30.500	20.645	23.000
40			3	37.750	34.793	35.500
			7	34.750	27.851	29.500
			10	32.500	22.645	25.000
	42		3	39.750	36.793	37.500
			7	36.750	29.851	31.500
			10	34.500	24.645	27.000
44			3	41.750	38.793	39.500
			7	38.750	31.851	33.500
			12	35.000	23.174	26.000
	46		3	43.750	40.793	41.500
			8	40.000	32.116	34.000
			12	37.000	25.174	28.000
48			3	45.750	42.793	43.500
			8	42.000	34.116	36.000
			12	39.000	27.174	30.000
	50		3	47.750	44.793	45.500
			8	44.000	36.116	38.000
			12	41.000	29.174	32.000

表 1（续）

单位为毫米

公称直径 d			螺距 P	中径 $d_2=D_2$	小径	
第一系列	第二系列	第三系列			d_3	D_1
52			3	49.750	46.793	47.500
			8	46.000	38.116	40.000
			12	43.000	31.174	34.000
	55		3	52.750	49.793	50.500
			9	48.250	39.380	41.500
			14	44.500	30.703	34.000
60			3	57.750	54.793	55.500
			9	53.250	44.380	46.500
			14	49.500	35.703	39.000
	65		4	62.000	58.058	59.000
			10	57.500	47.645	50.000
			16	53.000	37.231	41.000
70			4	67.000	63.058	64.000
			10	62.500	52.645	55.000
			16	58.000	42.231	46.000
	75		4	72.000	68.058	69.000
			10	67.500	57.645	60.000
			16	63.000	47.231	51.000
80			4	77.000	73.058	74.000
			10	72.500	62.645	65.000
			16	68.000	52.231	56.000
	85		4	82.000	78.058	79.000
			12	76.000	64.174	67.000
			18	71.500	53.760	58.000
90			4	87.000	83.058	84.000
			12	81.000	69.174	72.000
			18	76.500	58.760	63.000
	95		4	92.000	88.058	89.000
			12	86.000	74.174	77.000
			18	81.500	63.760	68.000
100			4	97.000	93.058	94.000
			12	91.000	79.174	82.000
			20	85.000	65.289	70.000
		105	4	102.000	98.058	99.000
			12	96.000	84.174	87.000
			20	90.000	70.289	75.000

表 1（续）

单位为毫米

公称直径 d			螺距 P	中径 $d_2=D_2$	小径	
第一系列	第二系列	第三系列			d_3	D_1
	110		4 12 20	107.000 101.000 95.000	103.058 89.174 75.289	104.000 92.000 80.000
		115	6 14 22	110.500 104.500 98.500	104.587 90.703 76.818	106.000 94.000 82.000
120			6 14 22	115.500 109.500 103.500	109.587 95.703 81.818	111.000 99.000 87.000
		125	6 14 22	120.500 114.500 108.500	114.587 100.703 86.818	116.000 104.000 92.000
	130		6 14 22	125.500 119.500 113.500	119.587 105.703 91.818	121.000 109.000 97.000
		135	6 14 24	130.500 124.500 117.000	124.587 110.703 93.347	126.000 114.000 99.000
140			6 14 24	135.500 129.500 122.000	129.587 115.703 98.347	131.000 119.000 104.000
		145	6 14 24	140.500 134.500 127.000	134.587 120.703 103.347	136.000 124.000 109.000
	150		6 16 24	145.500 138.000 132.000	139.587 122.231 108.347	141.000 126.000 114.000
		155	6 16 24	150.500 143.000 137.000	144.587 127.231 113.347	146.000 131.000 119.000
160			6 16 28	155.500 148.000 139.000	149.587 132.231 111.405	151.000 136.000 118.000
		165	6 16 28	160.500 153.000 144.000	154.587 137.231 116.405	156.000 141.000 123.000

表 1（续）

单位为毫米

公称直径 d			螺距 P	中径 $d_2=D_2$	小径	
第一系列	第二系列	第三系列			d_3	D_1
	170		6	165.500	159.587	161.000
			16	158.000	142.231	146.000
			28	149.000	121.405	128.000
		175	8	169.000	161.116	163.000
			16	163.000	147.231	151.000
			28	154.000	126.405	133.000
180			8	174.000	166.116	168.000
			18	166.500	148.760	153.000
			28	159.000	131.405	138.000
		185	8	179.000	171.116	173.000
			18	171.500	153.760	158.000
			32	161.000	129.463	137.000
	190		8	184.000	176.116	178.000
			18	176.500	158.760	163.000
			32	166.000	134.463	142.000
		195	8	189.000	181.116	183.000
			18	181.500	163.760	168.000
			32	171.000	139.463	147.000
200			8	194.000	186.116	188.000
			18	186.500	168.760	173.000
			32	176.000	144.463	152.000
	210		8	204.000	196.116	198.000
			20	195.000	175.289	180.000
			36	183.000	147.521	156.000
220			8	214.000	206.116	208.000
			20	205.000	185.289	190.000
			36	193.000	157.521	166.000
	230		8	224.000	216.116	218.000
			20	215.000	195.289	200.000
			36	203.000	167.521	176.000
240			8	234.000	226.116	228.000
			22	223.500	201.818	207.000
			36	213.000	177.521	186.000
	250		12	241.000	229.174	232.000
			22	233.500	211.818	217.000
			40	220.000	180.579	190.000

表 1（续）

单位为毫米

公称直径 d			螺距	中径	小径	
第一系列	第二系列	第三系列	P	$d_2=D_2$	d_3	D_1
260			12	251.000	239.174	242.000
			22	243.500	221.818	227.000
			40	230.000	190.579	200.000
	270		12	261.000	249.174	252.000
			24	252.000	228.347	234.000
			40	240.000	200.579	210.000
280			12	271.000	259.174	262.000
			24	262.000	238.347	244.000
			40	250.000	210.579	220.000
	290		12	281.000	269.174	272.000
			24	272.000	248.347	254.000
			44	257.000	213.637	224.000
300			12	291.000	279.174	282.000
			24	282.000	258.347	264.000
			44	267.000	223.637	234.000
	320		12	311.000	299.174	302.000
			44	287.000	243.637	254.000
340			12	331.000	319.174	322.000
			44	307.000	263.637	274.000
	360		12	351.000	339.174	342.000
380			12	371.000	359.174	362.000
	400		12	391.000	379.174	382.000
420			18	406.500	388.760	393.000
	440		18	426.500	408.760	413.000
460			18	446.500	428.760	433.000
	480		18	466.500	448.760	453.000
500			18	486.500	468.760	473.000
	520		24	502.000	478.347	484.000
540			24	522.000	498.347	504.000
	560		24	542.000	518.347	524.000
580			24	562.000	538.347	544.000
	600		24	582.000	558.347	564.000
620			24	602.000	578.347	584.000
	640		24	622.000	598.347	604.000

ICS 21.040.30
J 04

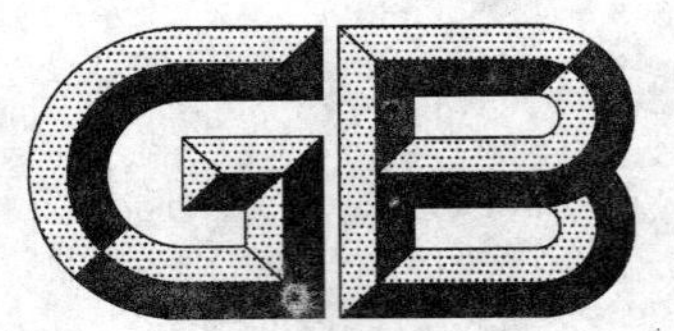

中华人民共和国国家标准

GB/T 13576.4—2008
代替 GB/T 13576.4—1992

锯齿形(3°、30°)螺纹 第4部分:公差

Buttress threads with the flank angles of 3 and 30 degrees—Part 4:Tolerances

2008-07-30 发布 2009-02-01 实施

中华人民共和国国家质量监督检验检疫总局
中国国家标准化管理委员会 发布

前　言

GB/T 13576《锯齿形(3°、30°)螺纹》分为四个部分：

——第1部分：牙型；

——第2部分：直径与螺距系列；

——第3部分：基本尺寸；

——第4部分：公差。

本部分为GB/T 13576的第4部分。

本部分代替GB/T 13576.4—1992《锯齿形(3°、30°)螺纹　公差》。

本部分与GB/T 13576.4—1992相比，主要技术内容变化如下：

——本部分将旧标准内螺纹中径公差带位置A改为H(1992年版的第3章；本版的第4章)；

——本部分较旧标准增加了一种外螺纹中径公差带位置e(1992年版的第3章；本版的第4章)；

——本部分将旧标准的附录B(大径定心的公差值，参考件)内容移入标准正文，删除了旧标准的表3(1992年版的第3章和附录B；本版的第4章)；

——本部分修改了旧标准所规定的推荐公差带(1992年版的第7章；本版的第6章)；

——在螺纹标记内，本部分不允许标注旋合长度具体数值，而旧标准则可以标注旋合长度的具体数值(1992年版的第6章；本版的第8章)；

——本部分将旧标准的附录A(基本偏差和公差计算式，参考件)内容移入标准正文(1992年版的附录A；本版的第9章)。

本部分由全国螺纹标准化技术委员会(SAC/TC 108)提出并归口。

本部分起草单位：中机生产力促进中心。

本部分主要起草人：李晓滨。

本部分所代替标准的历次版本发布情况为：

——GB/T 13576.4—1992。

锯齿形(3°、30°)螺纹 第4部分:公差

1 范围

GB/T 13576的本部分规定了锯齿形螺纹的公差和标记。锯齿形螺纹的牙型和直径与螺距系列分别符合GB/T 13576.1和GB/T 13576.2的规定。

本部分适用于一般用途机械传动和紧固的锯齿形螺纹连接。

2 规范性引用文件

下列文件中的条款通过GB/T 13576的本部分的引用而成为本部分的条款。凡是注日期的引用文件,其随后所有的修改单(不包括勘误的内容)或修订版均不适用于本部分,然而,鼓励根据本部分达成协议的各方研究是否可使用这些文件的最新版本。凡是不注日期的引用文件,其最新版本适用于本部分。

GB/T 1800.3—1998 极限与配合 基础 第3部分:标准公差和基本偏差数值表(eqv ISO 286-1:1988)

GB/T 13576.1 锯齿形(3°、30°)螺纹 第1部分:牙型

GB/T 13576.2 锯齿形(3°、30°)螺纹 第2部分:直径与螺距系列

GB/T 14791 螺纹术语(GB/T 14791—1993,neq ISO 5408:1983)

3 术语和代号

3.1 术语和定义

GB/T 14791所规定的术语和定义适用于GB/T 13576的本部分。

3.2 代号

D——设计牙型上的内螺纹基本大径;

D_2——设计牙型上的内螺纹基本中径;

D_1——设计牙型上的内螺纹基本小径;

d——设计牙型上的外螺纹基本大径(公称直径);

d_2——设计牙型上的外螺纹基本中径;

d_3——设计牙型上的外螺纹小径;

P——螺距;

Ph——导程;

N——中等旋合长度组;

L——长旋合长度组;

l_N——中等旋合长度;

T——公差;

T_D——内螺纹大径公差

T_{D_2}——内螺纹中径公差;

T_{D_1}——内螺纹小径公差;

T_d——外螺纹大径公差;

T_{d_2}——外螺纹中径公差；

T_{d_3}——外螺纹小径公差；

EI、ei——下偏差；

ES、es——上偏差。

4 公差

4.1 公差带位置

按下面规定选取锯齿形螺纹的公差带位置。

内螺纹大径 D、中径 D_2 和小径 D_1 的公差带位置为 H，其基本偏差 EI 为零，见图 1。

外螺纹大径 d 和小径 d_3 的公差带位置为 h，其基本偏差 es 为零；外螺纹中径 d_2 的公差带位置为 e 和 c，其基本偏差 es 为负值，见图 2。

外螺纹大径和小径的公差带基本偏差总为零，与中径公差带位置无关。

锯齿形螺纹中径的基本偏差值见表 1。

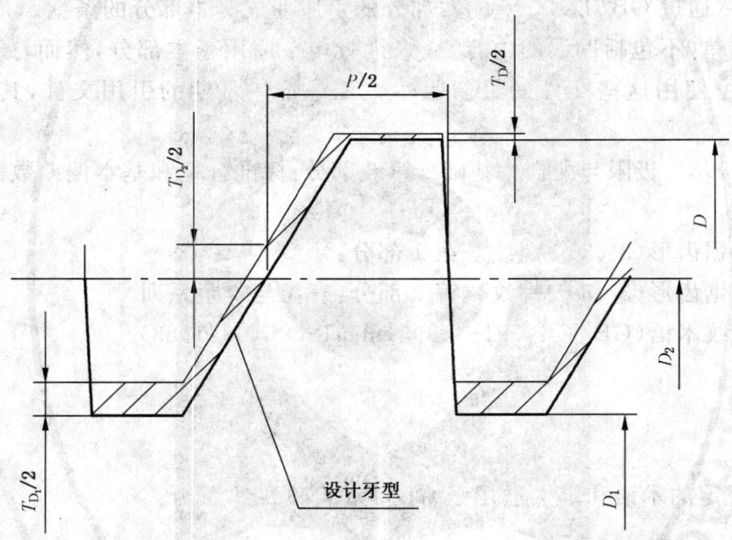

图 1 内螺纹的公差带位置

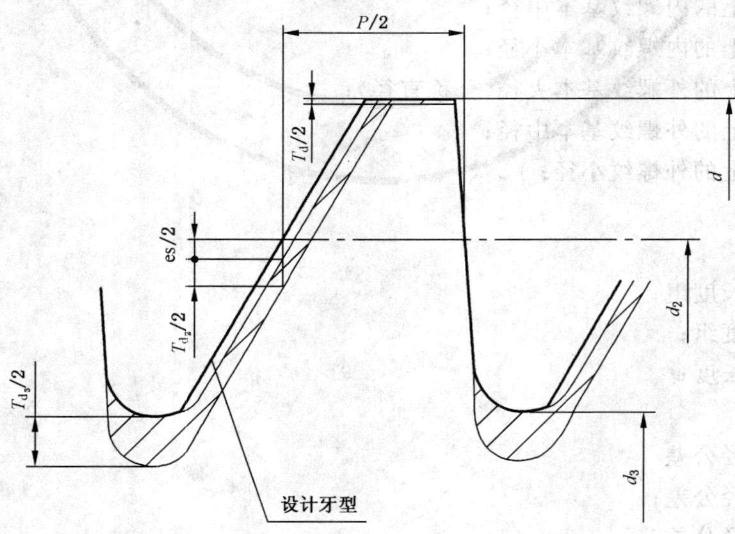

图 2 外螺纹的公差带位置

表 1　锯齿形螺纹中径的基本偏差

单位为微米

螺　距 P/mm	内螺纹 D_2	外螺纹 d_2	
	H EI	c es	e es
2	0	−150	−71
3	0	−170	−85
4	0	−190	−95
5	0	−212	−106
6	0	−236	−118
7	0	−250	−125
8	0	−265	−132
9	0	−280	−140
10	0	−300	−150
12	0	−335	−160
14	0	−355	−180
16	0	−375	−190
18	0	−400	−200
20	0	−425	−212
22	0	−450	−224
24	0	−475	−236
28	0	−500	−250
32	0	−530	−265
36	0	−560	−280
40	0	−600	−300
44	0	−630	−315

4.2　公差等级

按下面规定选取锯齿形螺纹中径和小径的公差等级。其中外螺纹的小径 d_3 与其中径 d_2 应选取相同的公差等级。

螺纹直径	公差等级
内螺纹中径 D_2	7、8、9
外螺纹中径 d_2	7、8、9
外螺纹小径 d_3	7、8、9
内螺纹小径 D_1	4

锯齿形内螺纹大径和外螺纹大径的公差等级分别为 GB/T 1800.3—1998 所规定的 IT10 和 IT9。

内螺纹小径 D_1 的公差值见表 2；

内螺纹大径 D 和外螺纹大径 d 的公差值见表 3；

外螺纹小径 d_3 的公差值见表 4；

内螺纹中径 D_2 的公差值见表 5；

外螺纹中径 d_2 的公差值见表 6。

表 2 内螺纹小径公差(T_{D_1})

单位为微米

螺距 P/mm	4 级公差	螺距 P/mm	4 级公差
2	236	18	1 120
3	315	20	1 180
4	375	22	1 250
5	450	24	1 320
6	500	28	1 500
7	560	32	1 600
8	630	36	1 800
9	670	40	1 900
10	710	44	2 000
12	800		
14	900		
16	1 000		

表 3 内、外螺纹大径公差

单位为微米

公称直径 d/mm		内螺纹大径公差 T_D	外螺纹大径公差 T_d
>	≤	H10	h9
6	10	58	36
10	18	70	43
18	30	84	52
30	50	100	62
50	80	120	74
80	120	140	87
120	180	160	100
180	250	185	115
250	315	210	130
315	400	230	140
400	500	250	155
500	630	280	175
630	800	320	200

表 4　外螺纹小径公差（T_{d_3}）

单位为微米

基本大径 d/mm		螺距 P/mm	中径公差带位置为 c			中径公差带位置为 e		
			公差等级			公差等级		
>	≤		7	8	9	7	8	9
5.6	11.2	2	388	445	525	309	366	446
		3	435	501	589	350	416	504
11.2	22.4	2	400	462	544	321	383	465
		3	450	520	614	365	435	529
		4	521	609	690	426	514	595
		5	562	656	775	456	550	669
		8	709	828	965	576	695	832
22.4	45	3	482	564	670	397	479	585
		5	587	681	806	481	575	700
		6	655	767	899	537	649	781
		7	694	813	950	569	688	825
		8	734	859	1 015	601	726	882
		10	800	925	1 087	650	775	937
		12	866	998	1 223	691	823	1 048
45	90	3	501	589	701	416	504	616
		4	565	659	784	470	564	689
		8	765	890	1 052	632	757	919
		9	811	943	1 118	671	803	978
		10	831	963	1 138	681	813	988
		12	929	1 085	1 273	754	910	1 098
		14	970	1 142	1 355	805	967	1 180
		16	1 038	1 213	1 438	853	1 028	1 253
		18	1 100	1 288	1 525	900	1 088	1 320
90	180	4	584	690	815	489	595	720
		6	705	830	986	587	712	868
		8	796	928	1 103	663	795	970
		12	960	1 122	1 335	785	947	1 160
		14	1 018	1 193	1 418	843	1 018	1 243
		16	1 075	1 263	1 500	890	1 078	1 315
		18	1 150	1 338	1 588	950	1 138	1 388
		20	1 175	1 363	1 613	962	1 150	1 400
		22	1 232	1 450	1 700	1 011	1 224	1 474
		24	1 313	1 538	1 800	1 074	1 299	1 561
		28	1 388	1 625	1 900	1 138	1 375	1 650

表 4（续）

单位为微米

基本大径 d/mm		螺距 P/mm	中径公差带位置为 c			中径公差带位置为 e		
			公差等级			公差等级		
>	≤		7	8	9	7	8	9
180	355	8	828	965	1 153	695	832	1 020
		12	998	1 173	1 398	823	998	1 223
		18	1 187	1 400	1 650	987	1 200	1 450
		20	1 263	1 488	1 750	1 050	1 275	1 537
		22	1 288	1 513	1 775	1 062	1 287	1 549
		24	1 363	1 600	1 875	1 124	1 361	1 636
		32	1 530	1 780	2 092	1 265	1 515	1 827
		36	1 623	1 885	2 210	1 343	1 605	1 930
		40	1 663	1 925	2 250	1 363	1 625	1 950
		44	1 755	2 030	2 380	1 440	1 715	2 065
355	640	12	1 035	1 223	1 460	870	1 058	1 295
		18	1 238	1 462	1 725	1 038	1 263	1 525
		24	1 363	1 600	1 875	1 124	1 361	1 636
		44	1 818	2 155	2 530	1 503	1 840	2 215

表 5　内螺纹中径公差（T_{D_2}）

单位为微米

基本大径 d/mm		螺距 P/mm	公差等级		
>	≤		7	8	9
5.6	11.2	2	250	315	400
		3	280	355	450
11.2	22.4	2	265	335	425
		3	300	375	475
		4	355	450	560
		5	375	475	600
		8	475	600	750
22.4	45	3	335	425	530
		5	400	500	630
		6	450	560	710
		7	475	600	750
		8	500	630	800
		10	530	670	850
		12	560	710	900

表 5（续）

单位为微米

基本大径 d/mm		螺距 P/mm	公差等级		
>	≤		7	8	9
45	90	3	355	450	560
		4	400	500	630
		8	530	670	850
		9	560	710	900
		10	560	710	900
		12	630	800	1 000
		14	670	850	1 060
		16	710	900	1 120
		18	750	950	1 180
90	180	4	425	530	670
		6	500	630	800
		8	560	710	900
		12	670	850	1 060
		14	710	900	1 120
		16	750	950	1 180
		18	800	1 000	1 250
		20	800	1 000	1 250
		22	850	1 060	1 320
		24	900	1 120	1 400
		28	950	1 180	1 500
180	355	8	600	750	950
		12	710	900	1 120
		18	850	1 060	1 320
		20	900	1 120	1 400
		22	900	1 120	1 400
		24	950	1 180	1 500
		32	1 060	1 320	1 700
		36	1 120	1 400	1 800
		40	1 120	1 400	1 800
		44	1 250	1 500	1 900
355	640	12	760	950	1 200
		18	900	1 120	1 400
		24	950	1 180	1 480
		44	1 290	1 610	2 000

表 6 外螺纹中径公差(T_{d_2})

单位为微米

基本大径 d/mm		螺距 P/mm	公差等级		
>	≤		7	8	9
5.6	11.2	2	190	236	300
		3	212	265	335
11.2	22.4	2	200	250	315
		3	224	280	355
		4	265	335	425
		5	280	355	450
		8	355	450	560
22.4	45	3	250	315	400
		5	300	375	475
		6	335	425	530
		7	355	450	560
		8	375	475	600
		10	400	500	630
		12	425	530	670
45	90	3	265	335	425
		4	300	375	475
		8	400	500	630
		9	425	530	670
		10	425	530	670
		12	475	600	750
		14	500	630	800
		16	530	670	850
		18	560	710	900
90	180	4	315	400	500
		6	375	475	600
		8	425	530	670
		12	500	630	800
		14	530	670	850
		16	560	710	900
		18	600	750	950
		20	600	750	950
		22	630	800	1 000
		24	670	850	1 060
		28	710	900	1 120

表 6（续）

单位为微米

基本大径 d/mm		螺距 P/mm	公差等级		
>	≤		7	8	9
180	355	8	450	560	710
		12	530	670	850
		18	630	800	1 000
		20	670	850	1 060
		22	670	850	1 060
		24	710	900	1 120
		32	800	1 000	1 250
		36	850	1 060	1 320
		40	850	1 060	1 320
		44	900	1 120	1 400
355	640	12	560	710	900
		18	670	850	1 060
		24	710	900	1 120
		44	950	1 220	1 520

5 旋合长度

锯齿形螺纹旋合长度分为中等旋合长度组 N 和长旋合长度组 L。各组的长度范围见表 7。

表 7 螺纹旋合长度

单位为毫米

基本大径 d/mm		螺距 P/mm	旋合长度		
			N		L
>	≤		>	≤	>
5.6	11.2	2	6	19	19
		3	10	28	28
11.2	22.4	2	8	24	24
		3	11	32	32
		4	15	43	43
		5	18	53	53
		8	30	85	85
22.4	45	3	12	36	36
		5	21	63	63

表 7（续）

单位为毫米

基本大径 d/mm		螺距 P/mm	旋合长度		
			N		L
>	≤		>	≤	>
22.4	45	6	25	75	75
		7	30	85	85
		8	34	100	100
		10	42	125	125
		12	50	150	150
45	90	3	15	45	45
		4	19	56	56
		8	38	118	118
		9	43	132	132
		10	50	140	140
		12	60	170	170
		14	67	200	200
		16	75	236	236
		18	85	265	265
90	180	4	24	71	71
		6	36	106	106
		8	45	132	132
		12	67	200	200
		14	75	236	236
		16	90	265	265
		18	100	300	300
		20	112	335	335
		22	118	355	355
		24	132	400	400
		28	150	450	450
180	355	8	50	150	150
		12	75	224	224
		18	112	335	335
		20	125	375	375
		22	140	425	425
		24	150	450	450
		32	200	600	600
		36	224	670	670
		40	250	750	750
		44	280	850	850

表 7（续）

单位为毫米

基本大径 d/mm		螺距 P/mm	旋合长度		
			N		L
>	≤		>	≤	>
355	640	12	87	260	260
		18	132	390	390
		24	174	520	520
		44	319	950	950

6 推荐公差带

应优先按表 8 和表 9 的规定选取螺纹公差带。

注：螺纹公差带代号的标注方法见第 8 章。

根据使用场合，选择锯齿形螺纹的精度等级：

——中等：用于一般用途螺纹；

——粗糙：用于制造螺纹有困难的场合。

如果不能确定螺纹旋合长度的实际值，推荐按中等旋合长度组 N 选取螺纹公差带。

表 8 内螺纹推荐公差带

精度等级	中径公差带	
	N	L
中等	7H	8H
粗糙	8H	9H

表 9 外螺纹推荐公差带

精度等级	中径公差带	
	N	L
中等	7e	8e
粗糙	8c	9c

7 多线螺纹公差

多线螺纹的顶径和底径公差与具有相同螺距单线螺纹的顶径和底径公差相等。

多线螺纹的中径公差等于具有相同螺距单线螺纹的中径公差（表 5 和表 6）乘以修正系数。修正系数见表 10。

表 10 多线螺纹的中径公差修正系数

线数	2	3	4	≥5
修正系数	1.12	1.25	1.4	1.6

8 螺纹标记

完整的锯齿形（3°、30°）螺纹标记应包括螺纹特征代号、尺寸代号、公差带代号和旋合长度代号。

螺纹特征代号和尺寸代号的标注方法见 GB/T 13576.2 第 5 章的规定。

锯齿形螺纹的公差带代号仅包含中径公差带代号。公差带代号由公差等级数字和公差带位置字母（内螺纹用大写字母；外螺纹用小写字母）组成。螺纹尺寸代号与公差带代号间用“-”号分开。

标记示例：

中径公差带为 7H 的内螺纹：B40×7-7H；

中径公差带为 7e 的外螺纹：B40×7-7e；

中径公差带为 7e 的双线、左旋外螺纹：B40×14 (P7) LH-7e。

表示内、外螺纹配合时，内螺纹公差带代号在前，外螺纹公差带代号在后，中间用“/”号分开。

标记示例：

公差带为 7H 的内螺纹与公差带为 7e 的外螺纹组成配合：B40×7-7H/7e；

公差带为 7H 的双线内螺纹与公差带为 7e 的双线外螺纹组成配合：B40×14 (P7)-7H/7e。

对长旋合长度组的螺纹，应在公差带代号后标注代号“L”。旋合长度代号与公差带间用“-”号分开。中等旋合长度组螺纹不标注旋合长度代号“N”。

标记示例：

长旋合长度的配合螺纹：B40×7-7H/7e-L；

中等旋合长度的外螺纹：B40×7-7e。

9 计算公式

当按本章公式计算出的数值与表 1～表 7 内所规定数值有差异时，以公差表所规定的数值为准。

中径和顶径公差值及基本偏差值的计算值需圆整到 R40 优先数系的最临近值。

外螺纹小径公差值的计算值无需进行圆整。

9.1 基本偏差

$EI_H=0$；

$es_h=0$；

$es_c=-(125+11P)$ （当 $P\leqslant 2$ mm 时）；

$es_c=-(5+94.12\sqrt{P})$ （当 $3\leqslant P\leqslant 44$ mm 时）；

$es_e=-(50+11P)$ （当 $P\leqslant 3$ mm 时）；

$es_e=-47.49\sqrt{P}$ （当 $4\leqslant P\leqslant 44$ mm 时）。

EI 和 es 的单位为微米，P 的单位为毫米。

9.2 顶径公差

内螺纹小径的 4 级公差：$T_{D_1}=0.63\times 230P^{0.7}$

T_{D_1} 的单位为微米，P 的单位为毫米。

9.3 中径公差

外螺纹中径的 6 级公差：$T_{d_2}(6)=90P^{0.4}d^{0.1}$（用于计算 7 级、8 级和 9 级的中径公差值）；

外螺纹中径的 7 级公差：$T_{d_2}(7)=1.25T_{d_2}(6)$；

外螺纹中径的 8 级公差：$T_{d_2}(8)=1.6T_{d_2}(6)$；

外螺纹中径的 9 级公差：$T_{d_2}(9)=2T_{d_2}(6)$；

内螺纹中径的 7 级公差：$T_{D_2}(7)=1.7T_{d_2}(6)$；

内螺纹中径的 8 级公差：$T_{D_2}(8)=2.12T_{d_2}(6)$；

内螺纹中径的 9 级公差：$T_{D_2}(9)=2.65T_{d_2}(6)$。

公式中的 d 为表 6 或表 5 内各公称直径分段首尾两数的几何平均值。T_{d_2} 和 T_{D_2} 的单位为微米，P 和 d 的单位为毫米。

9.4 外螺纹小径公差

$T_{d_3}=1.25T_{d_2}+|es|$

T_{d_2} 和 T_{d_3} 及外螺纹中径上偏差 es 的单位为微米。

9.5 **旋合长度**

$l_{Nmin}=2.24Pd^{0.2}$；

$l_{Nmax}=6.7Pd^{0.2}$。

公式中的 d 为表 7 内各螺纹公称直径分段的下限值。l_N、P 和 d 的单位为毫米。

ICS 71.120
G 95

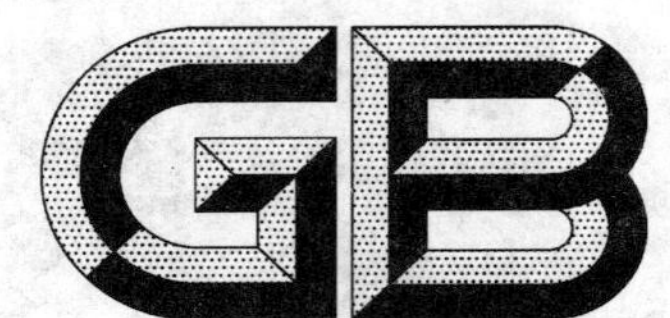

中华人民共和国国家标准

GB/T 13579—2008
代替 GB/T 13579—1992

轮胎定型硫化机

Tyre shaping and curing press

2008-03-13 发布　　2008-09-01 实施

中华人民共和国国家质量监督检验检疫总局
中国国家标准化管理委员会　发布

前　言

本标准代替 GB/T 13579—1992《轮胎定型硫化机》。

本标准与 GB/T 13579—1992 相比主要变化如下：

——适用范围中增加了液压式硫化机内容；

——原标准基本参数改作为资料性附录，机械式、液压式硫化机系列增加了 32 个规格(本版附录 A 和附录 B)；

——将技术要求分为“整机要求”和“精度要求”(见第 4 章)；

——增加了硫化机电气设备使用要求(本版 4.1.2)；

——增加了硫化机热板均匀性要求(本版 4.1.9)；

——增加了液压式硫化机整机要求(本版 4.1.23～4.1.26)；

——增加了“选用具有可靠的自润滑轴承材料”(本版 4.1.17)；

——硫化机精度要求，硫化机规格由分三档改为分五档(本版表 1～表 7)；

——根据机械式、液压式硫化机结构差异采用分项描述，精度差异分别列出公差值(本版表 1、表 2)；

——提高了硫化机活络模操纵缸的活塞杆中心(或上横梁相应孔中心)与中心机构中心的同轴度或推顶器中心与囊筒中心的同轴度要求(本版 4.2.2)；

——增加了硫化机上固定板(或上热板)安装模型孔的中心与下蒸汽室(或下热板)T 型槽中心的偏差、装胎机构立柱的垂直度、机械手抓胎器抓胎部位(在装胎位置)与下蒸汽室或下热板的平行度要求(本版 4.2.3、4.2.4、4.2.7)；

——提高了硫化机机械手抓胎器抓胎部位张开后的圆度要求(本版 4.2.5)；

——提高了硫化机机械手抓胎器中心(在装胎位置)与中心机构中心或与囊筒中心的同轴度要求(本版 4.2.6)；

——提高了后充气装置上下夹盘的同轴度要求(本版 4.2.8)；

——在“安全要求”中增加了 9 项内容(本版 5.5、5.8、5.10、5.13、5.17～5.20)；

——将原标准“检验规则”分为“出厂检验”和“型式检验”(见第 7 章)；

——增加了对“随机文件”的要求(本版 8.2.2)；

——删除了轮胎定型硫化机运行至第一次大修的时间的要求(1992 年版 4.22)；

——删除了在型式检验中“正常生产时，每年抽试一台”的规定(1992 年版 7.1)。

本标准的附录 A、附录 B 均为资料性附录。

本标准由中国石油和化学工业协会提出。

本标准由全国橡胶塑料机械标准化技术委员会(SAC/TC 71)归口。

本标准负责起草单位：桂林橡胶机械厂、福建华橡自控技术股份有限公司。

本标准参加起草单位：益阳橡胶塑料机械集团有限公司、广东省湛江机械厂、大连冰山橡塑股份有限公司。

本标准主要起草人：秦德林、李荣照、谢盛烈、高子凌、张金莲、苏寿琼、秦淑君、杨文光。

本标准所代替标准的历次版本发布情况为：

——GB/T 13579—1992。

本标准由全国橡胶塑料机械标准化技术委员会橡胶机械标准化分技术委员会负责解释。

轮胎定型硫化机

1 范围

本标准规定了轮胎定型硫化机(以下简称硫化机)规格与基本参数、技术要求、安全、环保要求、试验、检验规则、产品标志、包装、贮存等。

本标准适用于硫化充气轮胎外胎的曲柄连杆式硫化机(简称机械式硫化机)和液压式硫化机。

2 规范性引用文件

下列文件中的条款通过本标准的引用而成为本标准的条款。凡是注日期的引用文件,其随后所有的修改单(不包括勘误的内容)或修订版均不适用于本标准,然而,鼓励根据本标准达成协议的各方研究是否可使用这些文件的最新版本。凡是不注日期的引用文件,其最新版本适用于本标准。

GB 150 钢制压力容器

GB 191 包装储运图示标志(GB 191—2000,eqv ISO 780:1997)

GB/T 12783 橡胶塑料机械产品型号编制方法

GB/T 13306 标牌

GB/T 13384 机电产品包装通用技术条件

GB 19517 国家电气设备安全技术规范

HG/T 3119 轮胎定型硫化机检测方法

HG/T 3120 橡胶塑料机械外观通用技术条件

HG/T 3228 橡胶塑料机械涂漆通用技术条件

国家质量技术监督局《压力容器安全技术监察规程》(1999 年版)

3 硫化机型号、系列与基本参数

3.1 硫化机型号的编制方法应符合 GB/T 12783 的规定。

3.2 机械式硫化机系列与基本参数参见附录 A。

3.3 液压式硫化机系列与基本参数参见附录 B。

4 技术要求

4.1 整机要求

4.1.1 硫化机应符合本标准的规定,并按照经规定程序批准的图样和技术文件制造。

4.1.2 硫化机电气设备在以下条件应能正常工作:

a) 交流稳态电压 0.9~1.1 倍的额定电压;

b) 环境空气温度 5℃~40℃;

c) 当最高温度为 40℃,相对湿度不超过 50%时(温度低则对应高的湿度,如 20℃时湿度为 90%);

d) 海拔高度 1 000 m。

4.1.3 硫化机应具有手控及自控系统,能够完成装胎、定型、硫化、卸胎及后充气(必要时)等工艺过程。

4.1.4 硫化机各运动部件的动作应平稳、灵活、准确可靠,液压、气动部件运动时不应有爬行和卡阻现象。

4.1.5 硫化机应具有指示合模力的装置。

4.1.6 硫化机合模力应不小于规定值的98%。

4.1.7 硫化机应具有指示及记录蒸汽室(或热板)内温和胶囊内温与压力的仪器、仪表,其工作应灵敏、可靠。

4.1.8 硫化机应具有自动调节蒸汽室(或热板)温度的装置,其工作应灵敏、可靠。

4.1.9 硫化机热板应进行温度均匀性试验,当温度达到稳定状态时,同一块热板工作表面测温点不少于24点,其温度波动值不大于±1.5℃。

4.1.10 配有后充气装置的硫化机,其主机的硫化周期与后充气装置的充气周期应采用联锁电路,以保证动作互相协调。

4.1.11 硫化机电气系统导线连接点,应标明易于识别的接线号。

4.1.12 硫化机管路系统应清洁、畅通,不应有堵塞及渗漏现象。

4.1.13 硫化机囊筒、水缸等须进行不低于工作压力的1.5倍的水压试验,保压不低于5 min,不应渗漏。

4.1.14 硫化机涂漆质量应符合HG/T 3228的规定。

4.1.15 硫化机蒸汽室(或热板护罩)外表面涂漆的耐热温度应不低于120℃。

4.1.16 硫化机外观质量应符合HG/T 3120的规定。

4.1.17 机械式硫化机应具有自动润滑系统或选用具有可靠的自润滑轴承材料。

4.1.18 机械式硫化机主导轮应沿导轨有效工作长度的70%以上滚动(导槽的直线部分除外)。

4.1.19 机械式硫化机合模终点应使曲柄中心位于下死点前4 mm~30 mm。

4.1.20 机械式硫化机空负荷开合模试验不小于5次,运行中主电机最大电流应不大于额定电流的1.6倍。

4.1.21 机械式硫化机当合模力符合4.1.6时,主电机最大电流值应不大于额定电流的3倍。

4.1.22 机械式硫化机正常工作时主传动减速机的油池温升应不大于30℃;

4.1.23 液压式硫化机油缸应进行耐压试验,其试验压力应不低于工作压力的1.5倍,保压5 min,不应渗漏。

4.1.24 液压式硫化机空负荷开合模试验不小于5次,液压站电机和各控制阀应灵敏,动作准确、可靠。

4.1.25 液压式硫化机正常工作时油箱内液压油的温度应不大于60℃。

4.1.26 液压式硫化机应具有合模力自动补压装置,其保压压力不低于工作压力的98%。

4.2 精度要求

4.2.1 机械式硫化机上横梁下平面对底座上平面的平行度或液压式硫化机上、下热板(蒸锅式的,上横梁下平面与底座上平面)的平行度应符合表1的规定。

表1

单位为毫米

蒸汽室(或热板护罩)公称内径 D	平行度公差值			
	机械式硫化机		液压式硫化机,上横梁在锁模位置	
	上横梁在下死点位置	上横梁从下死点位置上升到垂直移动行程的1/2	热板式上、下热板	蒸锅式上横梁下平面与底座上平面
$D<1\ 310$	≤0.4	≤1.0	≤0.6	≤0.4
$1\ 310\leqslant D<1\ 650$	≤0.5	≤1.2	≤0.8	≤0.5
$1\ 650\leqslant D<1\ 800$	≤0.6	≤1.5	≤1.0	≤0.6
$1\ 800\leqslant D\leqslant 2\ 160$				
$D>2\ 160$				

4.2.2 硫化机活络模操纵缸的活塞杆中心(或上横梁相应孔中心)与中心机构中心的同轴度或推顶器中心与囊筒中心的同轴度应符合表2的规定。

表 2

单位为毫米

蒸汽室(或热板护罩)公称内径 D	同轴度公差值	
	机械式硫化机	液压式硫化机
D<1 310	≤φ1.0	≤φ0.5
1 310≤D<1 650	≤φ1.0	≤φ0.8
1 650≤D<1 800	≤φ1.2	≤φ1.0
1 800≤D≤2 160	≤φ1.5	≤φ1.2
D>2 160	≤φ2.0	≤φ1.5

4.2.3 硫化机上固定板(或上热板)安装模型孔的中心与下蒸汽室(或下热板)T型槽中心的偏差应符合表3的规定。

表 3

单位为毫米

蒸汽室(或热板护罩)公称内径 D	偏差值
D<1 310	±1.0
1 310≤D<1 650	
1 650≤D<1 800	±1.5
1 800≤D≤2 160	±2.0
D>2 160	

4.2.4 硫化机装胎机构立柱的垂直度应≤0.5 mm/m。

4.2.5 硫化机机械手抓胎器抓胎部位张开后的圆度应符合表4的规定。

表 4

单位为毫米

胎圈规格 D	圆度公差值
D<457(18 in)	≤0.5
457(18 in)≤D<508(20 in)	≤0.8
508(20 in)≤D<622(24.5 in)	≤1.0
22(24.5 in)≤D≤965(38 in)	≤1.5
D>965(38 in)	≤2.0

4.2.6 硫化机机械手抓胎器中心(在装胎位置)与中心机构中心或与囊筒中心的同轴度应符合表5的规定。

表 5

单位为毫米

蒸汽室(或热板护罩)公称内径 D	同轴度公差值
D<1 310	≤φ1.0
1 310≤D<1 650	
1 650≤D<1 800	≤φ1.5
1 800≤D≤2 160	≤φ2.0
D>2 160	≤φ3.0

4.2.7 硫化机机械手抓胎器抓胎部位(在装胎位置)与下蒸汽室或下热板的平行度应符合表6的规定。

表6

单位为毫米

蒸汽室(或热板护罩)公称内径 D	平行度公差值
$D<1\,310$	≤1.0
$1\,310 \leqslant D<1\,650$	≤1.5
$1\,650 \leqslant D<1\,800$	≤2.0
$1\,800 \leqslant D \leqslant 2\,160$	≤2.5
$D>2\,160$	

4.2.8 后充气装置上、下夹盘的同轴度应符合表7的规定。

表7

单位为毫米

胎圈规格 D	同轴度公差值
$D<457$(18 in)	≤φ1.0
457(18 in)≤$D<508$(20 in)	
508(20 in)≤$D<622$(24.5 in)	≤φ1.5
622(24.5 in)≤$D \leqslant 965$(38 in)	≤φ2.0
$D>965$(38 in)	

5 安全、环保要求

5.1 硫化机冷模开、合模试验时,噪声声压级应不大于80 dB(A)。

5.2 硫化机蒸锅夹层或热板护罩夹层应填充隔热材料,其蒸锅、热板的隔热板的隔热材料不得使用含石棉的材料。硫化时,蒸锅或热板护罩的外表面平均温度与环境温度之差应不大于40℃。

5.3 硫化机应具有蒸汽室及胶囊内压力不大于0.02 MPa时方可开启模型的安全装置。

5.4 硫化机装、卸胎,开、合模及硫化过程应采用互联锁电路(或程序),确保动作安全协调。

5.5 硫化机中心机构上环动力水系统应设有安全止回阀和安全头。

5.6 硫化机电气控制系统应符合GB 19517的规定。

5.7 硫化机蒸汽室上方应具有安全阀,开启压力应符合设计要求。

5.8 硫化机蒸汽室或容积不小于0.025 m^3 的热板的设计、制造、检验、验收应符合GB 150和《压力容器安全技术监察规程》的规定。

5.9 硫化机装胎机构的升降部分应具有可靠的安全装置;用链条升降的装胎机构,断链后其惯性下滑量应不大于50 mm。

5.10 硫化机控制柜操作面应具有安全可靠的急停按钮,并安装在易于操作的明显位置。

5.11 硫化机各限位开关应限位准确、灵敏、可靠。

5.12 硫化机整机或质量较大的零部件应便于吊装。

5.13 硫化机控制系统应具有电力中断后,机器保持现状,通电后只能通过手动机器方能运转的安全功能。

5.14 硫化机应具有上横梁在合模过程中停止及反向运行的紧急停车装置。

5.15 机械式硫化机应具有当合模到终点位置时切断主电机电源的安全装置。

5.16 机械式硫化机主电机断电后上横梁的惯性下滑量应不大于30 mm。

5.17 机械式硫化机在合模位置应设置机械阀或电控阀,确保合模后切断上环升降、下环升降、卸胎支臂升降和进出、机械手进出的控制气源。

5.18　液压式硫化机应具有可靠的限压装置。

5.19　液压式硫化机应具有在停机检修或换模时锁定上模运动部件的安全装置。

5.20　液压式硫化机应具有合模未锁定不能施加合模力的功能。

6　试验

6.1　空负荷试验

6.1.1　空负荷试验前，按4.1.5、4.1.7～4.1.9、4.1.11、4.1.13、4.2、5.5、5.8、5.9、5.12进行检查，液压式硫化机还要按4.1.23进行检查，均应符合要求。

6.1.2　空负荷试验应在整机总装配完成后，并符合6.1.1要求方可进行。

空负荷试验过程中除按4.1.3、4.1.4、4.1.12、5.4、5.10、5.11、5.13、5.14进行检查外，机械式硫化机还要按4.1.17～4.1.20、5.15～5.17进行检查，液压式硫化机还要按4.1.24、5.19进行检查，均应符合要求。

6.2　负荷试验

空负荷试验合格后，方可进行负荷试验。负荷试验分冷模合模试验和热模硫化试验。

6.2.1　冷模合模试验

冷模合模试验除按4.1.6、5.1进行检查以外，机械式硫化机还要按4.1.21进行检查，液压式硫化机还要按4.1.26、5.18、5.20进行检查，均应符合其要求。

6.2.2　热模硫化试验(在用户现场进行)

冷模合模试验合格后方可进行热模硫化试验。热模硫化试验连续运行不少于72 h，并在试验中检查下列项目：

a)　检查硫化机仪表、电气元件、阀门、限位开关及其他配套件工作应灵敏、可靠；

b)　除按4.1.3、4.1.6～4.1.8、4.1.10、4.1.12、4.1.15、5.2～5.4、5.7进行检查以外，机械式硫化机还要按4.1.21、4.1.22进行检查，液压式硫化机还要按4.1.25、4.1.26进行检查，均应符合其要求。

6.3　试验方法

硫化机试验方法按照HG/T 3119的规定进行。HG/T 3119没有规定的，由制造厂按照本标准内容进行检验。

7　检验规则

7.1　出厂检验

每台硫化机应经制造厂质量检验部门按4.1.14、4.1.16、6.1、6.2.1、8.1、8.2检验合格后方可出厂，出厂时应附产品质量合格证书。

7.2　型式检验

7.2.1　型式检验的项目内容包括本标准中的各项要求。

7.2.2　有下列情况之一时，应进行型式检验：

a)　新产品或老产品转厂生产的试制鉴定；

b)　当产品在设计、结构、材料、工艺上有较重大改变时；

c)　产品停产3年以上，恢复生产时；

d)　国家质量监督机构提出型式检验要求时。

7.2.3　型式检验每次抽检一台。当检验不合格时，再抽检两台，若仍不合格时，应对该批产品逐台检验。

8 产品标志、包装、贮存

8.1 标志

每台硫化机应在明显位置固定产品标牌。标牌型式、尺寸和技术要求应符合 GB/T 13306 的规定。产品标牌应有下列内容：

a) 制造单位名称及商标；
b) 产品名称及型号；
c) 产品主要参数；
d) 产品标准号；
e) 出厂编号；
f) 制造日期。

8.2 包装

8.2.1 产品包装应符合 GB/T 13384 的规定。包装箱储运图示标志应符合 GB 191 的规定。包装运输应符合运输部门的有关规定。

包装箱上应有下列内容：

a) 产品名称及型号；
b) 制造厂名；
c) 出厂编号；
d) 外形尺寸；
e) 毛重；
f) 生产日期。

8.2.2 在产品包装箱的明显位置注明"随机文件在此箱"内容；随机文件应统一装在防水的塑料袋内；随机文件应包括下列内容：

a) 产品合格证；
b) 使用说明书；
c) 装箱单；
d) 备件清单；
e) 安装图。

8.3 贮存

8.3.1 产品应贮放在干燥通风处，避免受潮腐蚀，不能与有腐蚀性气(物)体存放，露天存放应有防雨措施。

8.3.2 用户在遵守运输、贮存、安装和使用等有关要求的条件下，制造厂应承担从到站之日起 12 个月的保用期。

附　录　A
（资料性附录）
机械式硫化机系列与基本参数

机械式硫化机系列与基本参数见表 A.1。

表 A.1　机械式硫化机系列与基本参数

规格	蒸汽室或护罩公称内径/mm	模型加热方式	合模力/kN	模型数量/个	调模高度/mm	适用胎圈规格/mm(in)
860	860	热板	1 030	2	140～200	203～330(8～13)
910	910		1 030		150～300	230～356(8～14)
1 030	1 030		1 330		155～300	305～406(12～16)
1 050	1 050		1 320		180～300	
1 120	1 120		1 715		205～430	305～406(12～16)
						406～508(16～20)
1 145	1 145		1 570		205～430	305～445(12～17.5)
			1 720		230～455	
1 170	1 170		1 720		200～440 200～460	305～432(12～17) 330～457(13～18) 330～508(13～20)
			1 960			
			2 160		330～508	
1 220	1 220		1 570		205～430	305～406(12～16) 406～508(16～20)
			1 715		190～445 240～495	330～445(13～17.5)
					195～445	330～508(13～20)
					205～430	
					200～480	
			1 920		305～505	
					300～560	
		蒸汽室	2 400		200～470	305～508(12～20)
1 320 (1 310)	1 320 (1 310)	蒸汽室	2 890		245～445	406～508(16～20)
			2 840		240～445	381～572(15～22.5)
		热板	2 160		300～560	381～610(15～24)
1 360	1 360	热板	2 650		300～560	406～610(16～24)
1 400	1 400	蒸汽室	2 940		250～400	406～508(16～20)
1 525	1 525		4 220		254～635	406～610(16～24) 381～622(15～24.5)

表 A.1（续）

<table>
<tr><th>规格</th><th>蒸汽室或护罩公称内径/mm</th><th>模型加热方式</th><th>合模力/kN</th><th>模型数量/个</th><th>调模高度/mm</th><th>适用胎圈规格/mm(in)</th></tr>
<tr><td>1 585</td><td>1 585</td><td>蒸汽室</td><td>4 450</td><td rowspan="16">2</td><td>400～650</td><td>508～622(20～24.5)</td></tr>
<tr><td rowspan="2">1 600</td><td rowspan="2">1 600</td><td>热板</td><td>4 220</td><td rowspan="2">254～635</td><td>482～622(19～24.5)</td></tr>
<tr><td>蒸汽室</td><td>4 410</td><td>381～622(15～24.5)</td></tr>
<tr><td>1 620</td><td>1 620</td><td>热板</td><td>4 220</td><td>254～635
400～650</td><td>482～622(19～24.5)</td></tr>
<tr><td rowspan="3">1 640</td><td rowspan="3">1 640</td><td rowspan="3">热板</td><td>4 220</td><td>400～650</td><td>482～622(19～24.5)</td></tr>
<tr><td>4 450</td><td>254～622</td><td>482～622(19～24.5)</td></tr>
<tr><td>4 580</td><td>254～635</td><td>406～635(16～25)</td></tr>
<tr><td rowspan="4">1 650</td><td rowspan="4">1 650</td><td>蒸汽室</td><td>4 650</td><td>400～700</td><td>508～635(20～25)</td></tr>
<tr><td rowspan="3">热板</td><td>3 340</td><td>285～635</td><td>381～610(15～24)</td></tr>
<tr><td rowspan="2">4 300</td><td>254～635</td><td rowspan="2">406～622(16～24.5)</td></tr>
<tr><td>400～650</td></tr>
<tr><td rowspan="2">1 680</td><td rowspan="2">1 680</td><td>蒸汽室</td><td>5 390</td><td>450～750</td><td>482～635(19～25)</td></tr>
<tr><td>热板</td><td>4 580</td><td>254～635</td><td>406～622(16～24.5)</td></tr>
<tr><td>1 730</td><td>1 730</td><td>热板</td><td>4 900</td><td>300～750</td><td>482～635(19～25)</td></tr>
<tr><td>1 750</td><td>1 750</td><td>热板</td><td>4 600</td><td rowspan="2">400～700</td><td rowspan="2">508～635(20～25)</td></tr>
<tr><td>1 800</td><td>1 800</td><td rowspan="9">蒸汽室或热板</td><td>4 650</td></tr>
<tr><td rowspan="2">1 900</td><td rowspan="2">1 900</td><td>6 480</td><td rowspan="10">1</td><td>305～650</td><td>610～965(24～38)</td></tr>
<tr><td>6 470</td><td>380～710</td><td rowspan="5">508～965(20～38)</td></tr>
<tr><td>2 160</td><td>2 160</td><td>8 430</td><td>550～920</td></tr>
<tr><td rowspan="2">2 235</td><td rowspan="2">2 235</td><td>9 400</td><td rowspan="3">550～920</td></tr>
<tr><td>9 510</td></tr>
<tr><td>2 250</td><td>2 250</td><td>9 400</td></tr>
<tr><td>2 500</td><td>2 500</td><td>12 750</td><td>600～960</td><td>610～1067(24～42)</td></tr>
<tr><td>2 565</td><td>2 565</td><td>13 685</td><td>600～1 070</td><td>508～965(20～38)</td></tr>
<tr><td>2 665</td><td>2 665</td><td>蒸汽室</td><td>13 685</td><td>660～1 070</td><td>610～1 168(24～46)</td></tr>
<tr><td>3 000</td><td>3 000</td><td>热板式</td><td>10 780</td><td>700～1 250</td><td>610～1 067(24～42)</td></tr>
</table>

注 1：蒸汽室或护罩实际内径允许增加公称内径的 2%。

注 2：表中参数，客户有特殊要求的除外。

注 3：表中参数(1 310)为保留规格。

附 录 B
（资料性附录）
液压式硫化机系列与基本参数

液压式硫化机系列与基本参数见表 B.1。

表 B.1 液压式硫化机系列与基本参数

规格	蒸汽室或护罩公称内径/mm	模型加热方式	合模力/kN	模型数量/个	调模高度/mm	适用胎圈规格/mm(in)
730	730	热板	600	2	62～987[a]	203～305(8～12)
840	840					
890	890		900			
1 040	1 040		1 330		200～425	330～406(13～16)
1 120	1 120		1 330		90～950[a]	330～457(13～18)
1 140	1 140		1 360		190～430	305～457(12～18)
1 145	1 145		1 360		220～440	330～457(13～18)
			1 400		43～943[a]	305～406(12～16)
1 170	1 170		1 715		230～500	355～482(14～19)
					310～560	381～610(15～24)
1 220	1 220		1 715		200～490	330～508(13～20)
			1 960		320～450	305～457(12～18)
						305～558(12～22)
1 300	1 300		1 570		250～500	355～445(14～17.5)
			1 810		250～540	355～495(14～19.5)
1 330	1 330		1 715		310～650	381～508(15～20)
			1 860		310～575	355～558(14～22)
			1 960		310～630	355～508(14～20)
1 340	1 340		1 715		225～550	355～508(14～20)
1 600	1 600	蒸汽室	4 600		410～635	482～635(19～25)
1 620	1 620	热板	3 920		400～650	508～635(20～25)
1 665	1 665		3 800			
1 700	1 700		3 800		390～550	406～610(16～24)
1 725	1 725	蒸汽室	4 400		640(最大)	381～622(15～24.5)
1 750	1 750	热板	4 600		400～700	508～635(20～25)
2 060	2 060	蒸汽室	9 000	1	558～914	508～965(20～38)
2 160	2 160	蒸汽室	9 000		610～1 067	610～965(24～38)

注 1：蒸汽室或护罩实际内径允许增加公称内径的 2%。

注 2：表中参数，客户有特殊要求的除外。

a 为直压式液压硫化机调模高度参数，参数为热板最大与最小间距。

ICS 27.120.20
F 83

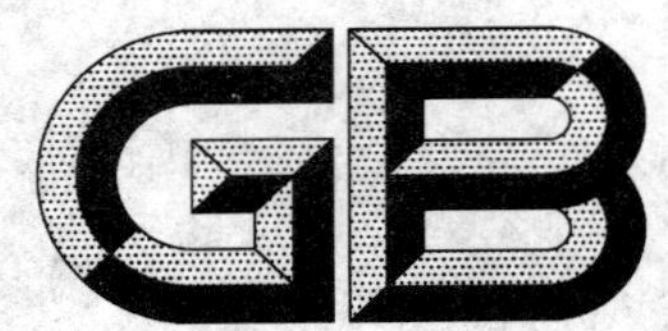

中华人民共和国国家标准

GB/T 13624—2008
代替 GB/T 13624—1992

核电厂安全参数显示系统的功能设计准则

Functional design criteria for safety parameter display system for nuclear power plants

2008-07-02 发布　　2009-04-01 实施

中华人民共和国国家质量监督检验检疫总局
中国国家标准化管理委员会　发布

前　言

本标准参考了 IEC 60960(1988)《核电厂安全参数显示系统的功能设计准则》。

本标准代替 GB/T 13624—1992《核电厂安全参数显示系统的功能设计准则》。

本标准与 GB/T 13624—1992 相比主要变化如下：

a) 删除第 2 章对标准 GB 12172 的引用；

b) 在第 3 章、第 5 章和第 6 章中增加了数字化方面的内容。

本标准的附录 A 为资料性附录。

本标准由中国核工业集团公司提出。

本标准由全国核仪器仪表标准化技术委员会归口。

本标准起草单位：中国核动力研究设计院。

本标准主要起草人：周玲、熊彦。

本标准所代替标准的历次版本发布情况为：

——GB/T 13624—1992。

核电厂安全参数显示系统的功能设计准则

1 范围

本标准规定了核电厂安全参数显示系统(SPDS)的功能设计准则。

本标准适用于核电厂安全参数显示系统的设计。

2 规范性引用文件

下列文件中的条款通过本标准的引用而成为本标准的条款。凡是注日期的引用文件,其随后所有的修改单(不包括勘误的内容)或修订版均不适用于本标准,然而,鼓励根据本标准达成协议的各方研究是否可使用这些文件的最新版本。凡是不注日期的引用文件,其最新版本适用于本标准。

GB/T 13628 核反应堆保护系统用于非安全目的准则

3 总的性能要求

3.1 控制室的基本设备为操纵员提供反应堆在正常、瞬态和事故工况下安全运行所必需的信息。SPDS 用来补充并增强这些信息。

3.2 SPDS 由仪表、显示设备和计算机组成,形成一个独立系统。在数字化核电厂设计中 SPDS 的功能可被集成在核电厂计算机和控制系统中,作为操纵员支持系统的一部分,设备与操纵员站共用。

3.3 SPDS 以简明方式向控制室人员提供正常工况,特别是异常工况下的信息,用于帮助控制室人员迅速而又可靠地判断电厂的安全状态。例如:反应性控制、反应堆冷却剂系统的完整性、反应堆堆芯冷却和一回路系统的热导出、放射性监测、安全壳的完整性等。

虽然 SPDS 在正常工况和异常工况下都工作,但 SPDS 的主要目的和功能是协助控制室人员在异常和事故工况下判断电厂的安全状态,以及估计是否需要操纵员采取校正行为,以避免堆芯燃料元件损坏和放射性释放。这在瞬态出现时、事故发生的初期和整个事故过程来说是特别重要的。

3.4 SPDS 的位置应便于控制室人员观察。系统应能提供可据以迅速、可靠地评估电厂安全状态的连续显示信息。

3.5 SPDS 应设计成具有足够的灵活性,使之可以进一步与先进的诊断概念、先进的评估技术和诸如专家系统那样的先进系统相结合。

3.6 补充信息的显示(例如查阅操作规程、信息趋势、及未经确认的信息等)应作为实际的 SPDS 的支持显示来考虑。

4 功能设计准则

4.1 功能设计的基本要求

4.1.1 SPDS 的功能设计准则适用于控制室和应急响应设施。

4.1.2 SPDS 的设计应选择一组数量最少的能评估电厂安全状态的参数。参数的选择和显示应能提高操纵员在无需全面观察控制室的情况下,适时地对电厂状态作出评估的能力。然而,根据 SPDS 的评估结果,应用控制室其他信息来证实。

4.1.3 一旦探测到核电厂的异常工况,SPDS 应立即提供信息,帮助分析和诊断这种异常状态及其后果,帮助操纵员选择最有效的校正行为。适用的操作规程也可在显示器上显示。

4.1.4 在SPDS设计的各个方面应贯穿人因工程原则,以提高控制室人员的功能有效性。编码应与其他的人机接口设备所用的相一致。

4.2 SPDS的显示准则

4.2.1 显示应有效地跟踪瞬态和事故,以及事故后的过程。

4.2.2 为了表明电厂的当前状态,并将重要的安全功能的重大变化及时告知操纵员,应设有第一级显示。涉及全厂状态的第一级显示格式的设计应尽可能简单,并与4.2.3中所列的那些必需的功能相一致。同时,应用画面布置和编码技术,以便在检测与确认不安全的运行工况和使用应急响应规程时,有助于操纵员的记忆。

4.2.3 第一级显示的电厂重要的安全功能应包括:

a) 反应性控制;

b) 反应堆堆芯冷却和一回路系统的热导出;

c) 反应堆冷却剂系统的完整性;

d) 放射性监测;

e) 安全壳的完整性。

附录A提供了可供参考的参数表。参数绝对值及其随时间的变化率应表示适当。

4.2.4 参数选择的依据应编写成文,作为设计的一部分。这种选择应根据电厂的应急规程。

4.2.5 对电厂每种运行方式需要的显示,可以自动或通过手动选择得到。

4.2.6 第二级显示应能用来提供诸如诊断信息(见4.2.2)和对电厂安全重要的其他信息,例如温度和中子注量率分布等。

4.2.7 应以最少的操作来变更显示。

4.3 数据的确认

4.3.1 应实时确认显示的所有数据。数据确认可以包括冗余测量之间对照检查,多样性测量之间的一致性检查,报警或预定值检查。有疑问的数据的最后采纳应该由操纵员自行决定,他的决定应记录下来。

4.3.2 当遇到数据不能确认时,SPDS应提供识别与指示相关参数的方法。

4.3.3 SPDS的操作规程和培训,应提供信息和指导,以处理不能确认的数据。

4.3.4 没有辨别出来的错误处理过程或者有故障的敏感元件不应使SPDS产生错误的显示。

4.3.5 应向控制室人员提供充分的信息和准则,以评估SPDS显示的可运行性和性能。

4.4 可运行性的要求

4.4.1 在正常和异常运行工况下,SPDS应处于工作状态。

4.4.2 SPDS应能提供参数和导出变量的数值大小和变化趋势,使控制室人员迅速评估电厂的当前状态。

4.4.3 趋势显示应包含参数的最近值和当前值,并以参数随时间变化的曲线图表示。

4.5 接口

4.5.1 安全系统和SPDS之间的任何接口应符合安全系统的要求,包括电气隔离和实体分隔的要求。

4.5.2 向SPDS提供信息的非安全设备的故障,不得影响SPDS处理安全信息的能力。

4.5.3 SPDS的输出接口应考虑与之相连接的外部设备的要求。

5 功能试验

应制定一个试验大纲,以验证系统是否符合本标准的功能设计要求。大纲还应包括对所用软件的验证与确认。

数字化核电厂SPDS的功能试验可集成在控制室试验大纲中。

6 安装位置

6.1 SPDS的显示设备和有关的控制器应安装在控制室。如果在其他地方增设显示设备，则不得危害本系统的功能；数字化的核电厂SPDS可不用专门设备，而与操纵员站共用设备。

6.2 SPDS的显示设备对于控制室中指定的使用人员来说，应易于接近和观察。

6.3 如果SPDS的显示设备是某个控制设备的一部分，其显示信息应易于识别和读出。

6.4 SPDS不得妨碍操纵员的正常走动或者对控制室已有的运行系统和显示的全面观察。

7 人员配备

SPDS的设计不得要求在控制室正常运行人员以外再增加运行人员。

8 给SPDS提供输入信号的仪表系统的设计准则

8.1 SPDS对安全是重要的，但不要求按安全系统鉴定，亦不必符合单一故障准则。

8.2 对于那些与安全系统共用的敏感元件和信号处理器(例如前置放大器，隔离器等)应符合安全系统标准。SPDS与安全系统之间的接口应符合GB/T 13628的原则。

8.3 对于那些与事故后监测系统中规定参数相同的SPDS的参数，它们的敏感元件和信号处理应按事故后监测系统的标准来设计和鉴定。

8.4 SPDS也可由安全级设备和非安全级设备混合组成，从敏感元件到事故后可接近的某一位置(如安全壳外侧)用安全级设备，然后，从安全壳外侧到显示设备或处理器可以用非安全级设备，因为在事故环境下这些设备可以修理或更换。

8.5 为SPDS的运行提供输入，或者对SPDS的运行是重要的其他处理器和显示设备，应是高质量的和高可靠性的。

9 培训和规程

9.1 SPDS设计中采用的稳态和动态工况应编入培训大纲。

9.2 操纵员应被训练成使用SPDS或不使用SPDS都能对瞬态和事故工况作出反应。

10 可用性

10.1 当反应堆在冷停堆以上状态时，SPDS应设计成运行不可用性指标小于或等于0.01。运行不可用性按式(1)计算：

$$\text{运行不可用性} = \frac{\text{不可用时间}}{\text{运行时间}} \qquad \cdots\cdots(1)$$

式中：

运行时间——反应堆在冷停堆状态以上的时间长度；

不可用时间——当反应堆在冷停堆以上状态时，由于下列原因，数据系统、仪表或设备不可用的时间长度：

a) 没有能力完成它所要完成的功能；

b) 由于线路、设备、电源或仪表的性能降低而损害了完成功能的能力(不得包括冗余设备，如堆芯热电偶或计算机外围设备)；

c) 由于缺少合适的敏感元件数据而导致性能不可靠；

d) 为了仪表、设备、电源或敏感元件的预防性维修所计划的运行中断。

系统和设备的设计应限制这些计划的运行中断，一个季度不超过16 h，在中断期间，一旦需要，SPDS应能在30 min内进入运行状态。这一时间要求仅当测量仪表包括敏感元件正处在运行中才适用。

上述建议仅在不可用性指标选择接近0.01时才适用。

10.2 在冷停堆或换料工况下，SPDS 的冷停堆不可用性指标不应大于 0.2，冷停堆不可用性按式(2)计算：

$$冷停堆不可用性 = \frac{不可用时间}{冷停堆时间} \quad \cdots\cdots(2)$$

式中：

冷停堆时间——反应堆处于冷停堆状态或换料工况的时间长度；

不可用时间——当反应堆处于冷停堆工况，由于下列原因，SPDS 的数据系统、仪表和电源不能用的时间长度：

a) 没有能力完成它所要完成的功能；

b) 由于线路、仪表或电源的性能降低而损害了完成功能的能力；

c) 由于缺乏敏感元件数据而使性能不可靠；

d) 为仪表、电源或敏感元件的预防性维修所计划的运行中断。

在运行中断期间，除换料工况外，一旦需要，SPDS 应能在 30 min 内进入运行状态。这一时间要求仅当测量仪表包括敏感元件都处在运行状态才适用。

10.3 当 SPDS 不运行或不可运行时，应制定电厂的特殊运行规程。

附 录 A
（资料性附录）
压水堆重要安全功能测量参数表

A.1 反应性控制

参数主要包括：

a) 反应堆功率；

b) 反应堆周期；

c) 控制棒组件位置；

d) 冷却剂含硼浓度。

A.2 反应堆堆芯的冷却、一回路的热量导出和一回路完整性

A.2.1 一回路

参数主要包括：

a) 反应堆冷却剂进口温度；

b) 反应堆冷却剂出口温度；

c) 燃料组件冷却剂出口温度；

d) 一回路压力；

e) 反应堆压力容器水位；

f) 稳压器水位。

A.2.2 二回路

参数主要包括：

a) 蒸汽发生器水位；

b) 蒸汽发生器压力。

A.2.3 安全系统

参数主要包括：

a) 一回路应急冷却和给水泵的运行；

b) 汽发生器应急给水泵的运行；

c) 全壳喷淋系统的运行；

d) 应堆应急冷却系统的贮水箱水位；

e) 汽发生器给水及应急给水系统；

f) 全壳喷淋系统的供水系统。

A.2.4 动力供给

参数主要包括：

a) 全系统的配电系统的运行状态；

b) 急柴油发电机的运行；

c) 全系统冷却水给水泵的运行；

d) 冷却水供给贮存水箱的水位；

e) 急柴油发电机的燃料贮存量。

A.3 放射性监测

参数主要包括：

a） 一回路中裂变产物活性浓度；

b） 安全壳内γ剂量率；

c） 安全壳内的活性浓度；

d） 安全壳外固定点上的γ剂量率；

e） 固定点上选定的核素的活性浓度；

f） 放射性释放的总量。

A.4 安全壳的完整性

参数主要包括：

a） 安全壳内压力；

b） 安全壳隔离阀的开关状态；

c） 安全壳内氢浓度。

ICS 27.120.20
F 83

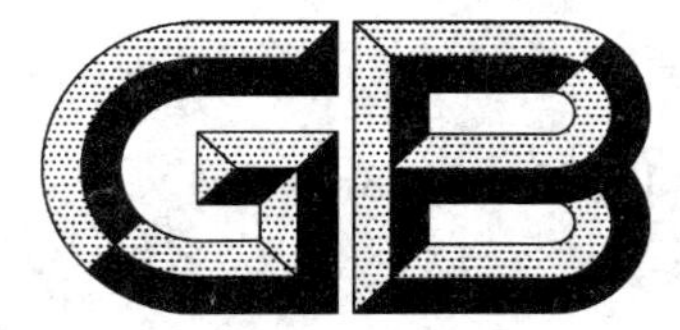

中华人民共和国国家标准

GB/T 13626—2008
代替 GB/T 13626—2001

单一故障准则应用于核电厂安全系统

Application of the single failure criterion to safety systems in nuclear power plant

2008-07-18 发布　　　　2009-04-01 实施

中华人民共和国国家质量监督检验检疫总局
中国国家标准化管理委员会　发布

前　言

本标准修改采用 IEEE Std 379—2000《单一故障准则应用于核电厂安全系统》(英文版)。

本标准根据 IEEE Std 379—2000 重新起草，与 IEEE Std 379—2000 的技术性差异为：

——IEEE Std 379—2000 引用的其他国际标准中有被修改采用为我国标准的，本标准用引用我国标准代替国外标准；

——删除了“保护系统”的术语和定义。

为便于使用，本标准还做了下列编辑性修改：

——“本 IEEE Std”一词改为“本标准”；

——删除了 IEEE 的前言。

本标准代替 GB/T 13626—2001《单一故障准则应用于核电厂安全系统》。

本标准与 GB/T 13626—2001 相比主要有以下变化：

——引用标准增加了 GB/T 13629；

——在“3　术语和定义”中进行了修改；

——与安全系统耦合的其他系统明确为非安全系统及其他安全系统(6.3.1)；

——删除了“安全执行系统”术语和定义；

——修改了“安全系统”定义中的“注”；

——删除了“单一故障”标题及其相关内容(5.4)；

——补充了“共因故障”中对外部环境影响条件，并增加了防范共因故障措施的内容(5.5)；

——故障例子中取消了“高阻抗短接到地，热短路”(6.1.5)；

——将 6.2.1 的标题改为“冗余通道间相互联接”。

本标准由中国核工业集团公司提出。

本标准由全国核仪器仪表标准化技术委员会归口。

本标准起草单位：中国核电工程有限公司。

本标准主要起草人：奚绍黄，陈日罡。

本标准所代替标准的历次版本发布情况为：

——GB 13626—1992，GB/T 13626—2001。

单一故障准则应用于核电厂安全系统

1 范围

本标准规定了单一故障准则应用于核电厂安全系统的电源、仪表和控制部分的一般原则和要求。

本标准阐明单一故障准则，探讨各类故障，指导安全系统如何应用单一故障准则并提出了一个可接受的单一故障分析方法。

本标准不规定哪些系统服从单一故障准则。

本标准适用于核电厂安全系统。

本标准的应用应与GB 13284.1—2008的要求及规定的单一故障准则一致。

2 规范性引用文件

下列文件中的条款通过本标准的引用而成为本标准的条款。凡是注日期的引用文件，其随后所有的修改单（不包括勘误的内容）或修订版均不适用于本标准，然而，鼓励根据本标准达成协议的各方研究是否可使用这些文件的最新版本。凡是不注日期的引用文件，其最新版本适用于本标准。

GB/T 7163　核电厂安全系统的可靠性分析要求

GB/T 9225—1995　核电厂安全系统可靠性分析一般原则

GB/T 12788　核电厂安全级电力系统准则

GB/T 13284.1—2008　核电厂安全系统　第1部分：设计准则

GB/T 13286　核电厂安全级电气设备和电路独立性准则

GB/T 13629　核电厂安全系统中数字计算机的适用准则

3 术语和定义

下列术语和定义适用于本标准。

3.1

故障（失效）　failure

某物项丧失规定的功能。

3.2

可探测故障　detectable failure

通过定期试验发现的故障或由报警、异常指示揭示的故障。在通道级、序列级或系统级探测到的部件故障是可探测故障。

注：可判明的但不可探测的故障是那些不能通过定期试验发现或不能由报警、异常指示揭示的，但由分析判明的故障。

3.3

定期试验　periodic test

按计划的时间间隔，为探测故障和证实可运行性所进行的试验。

3.4

共因故障　common cause failure

由一个公共原因引起的多重故障。

3.5

设计基准事件　design basis events

为确定构筑物、系统和部件可接受的性能要求，在设计中采用的假设始发事件。

3.6

驱动设备　actuation device，actuator

直接控制执行装置原动力(电力、压缩空气、液压流等)的部件或一些部件的集合，例如电路断路器、继电器和先导阀等。

3.7

执行装置　actuated equipment

用来完成一个保护动作的原动机和被驱动设备的组合。

注：原动机的例子有汽轮机和电磁线圈。被驱动设备的例子有控制棒、泵和阀门。

3.8

辅助支持设施　auxiliary supporting features

为安全系统完成其安全功能提供诸如冷却、润滑和动力服务的系统或设备。

3.9

安全系统　safety system

与安全有重要关系的系统，用于在任何工况下保证反应堆安全停堆、从堆芯排出热量和(或)限制预计运行事件和事故工况的后果。

注：为完成安全功能的安全系统的电气部分属安全级(1E级)。

3.10

执行设施　execute features

由电气设备和机械设备及其连接件组成，接到来自监测指令设施的信号后，执行与安全功能直接或间接有关的某一功能。执行设施的范围从监测指令设施的输出端开始直到并且包括执行装置与过程的耦合处。

3.11

监测指令设施　sense and command features

产生与安全功能直接或间接有关的信号的电气和机械设备及其连接件。其范围是从被测过程变量开始直到执行设施输入端为止。

3.12

安全组　safety group

能完成某一安全功能的一组最少量部件、组件和设备的组合。

3.13

安全功能　safety function

为了把核电厂参数保持在按设计基准事件确定的可接受的限值内所必需的一种过程或条件(例如应急负反应性引入、事故后热量排出、应急堆芯冷却、事故后放射性物质清除和安全壳隔离)。

注：完成某一安全功能是由反应堆停堆系统和辅助支持设施、或者是由专设安全设施和辅助支持设施、或者是由两者完成所有必需的保护动作来实现的。

3.14

保护动作　protection action

为完成某一安全功能在监测指令设施内产生一个信号或触发执行设施内设备的运行。

3.15

通道　channel

在核电厂工况需要时，为产生一个单一保护动作信号需要的元器件和组件的一种配置。一个通道的边界在单一保护动作信号的汇合处。

3.16

冗余设备或系统　redundant equipment or system

功能相同的两个或两个以上的设备或系统，其中任何一个都可以完成要求的功能，而与其他设备或系统是否处于正常状态无关。

注：可通过相同的设备、设备多样性或功能多样性来实现冗余。

3.17

共享系统　shared systems

在多机组电厂内，能为一个以上机组完成功能的构筑物、系统和部件。

共享包括下述含意：

a） 系统同时由两个机组共享；

b） 时间序列共享，或者说，按照事件序列在不同时间由两个机组共享；

c） 系统在某一给定时间仅由一个机组使用，但它可按指令从该机组断开由另一机组使用。

3.18

系统逻辑　system logic

监测两个或两个以上通道的输出并按预定的组合规则（如三取二、四取二等）给出信号的设备。

4 单一故障准则

对某一设计基准事件，并同时存在下述情况时，安全系统应有能力完成全部要求的安全功能：

a） 在安全系统内存在任何单一可探测故障，并同时存在所有可判别的但不可探测的故障；

b） 由单一故障引起的所有故障；

c） 导致要求安全功能的设计基准事件或由设计基准事件引起的所有故障和误动作。

单一故障可能出现在要求安全系统动作的设计基准事件之前或设计基准事件期间的任何时间。

5 要求

在单一故障准则应用于安全系统设计时，应考虑满足5.1～5.6的有关要求，其中有些条件是隐含的。

5.1 独立性和冗余性

独立性原则是有效应用单一故障准则的基础。安全系统的设计应使某一部件的单一故障不影响任一独立的与其冗余的部件或系统的正确运行。

5.2 不可探测的故障

单一故障准则应用隐含了故障的可探测性。可探测性是系统设计和规定试验的功能之一。不能由定期试验发现或不能由报警、异常指示揭示的故障是不可探测的故障。安全系统分析目的之一是判别不可探测故障。当判别了不可探测故障，应采取下列措施：

a） 优先采取的措施是重新设计系统或重新制定试验方案以使故障成为可探测的；

b） 另一可采取的措施是在分析每个单一故障的影响时，假定已存在了所有已判定的不可探测故障。

5.3 级联故障

当有理由认为系统中的一些附加故障是由于任一来源的（机械的、电气的或环境的）单一故障引起时，则应把这些级联故障统一考虑为单一故障。

5.4 设计基准事件

导致需要安全功能的设计基准事件可引起系统部件、组件或通道故障。为了预防由设计基准事件引起的故障，系统的设计、质量鉴定和安装应避免这类预期故障。当分析表明设计基准事件将导致安全系统的部件、组件或通道故障时，则应把这些故障考虑为该设计基准事件的后果。

5.5 共因故障

当进行单一故障分析时，应把某些共因故障考虑为单一故障。这些故障可能存在于不同的部件，并有不同的故障模式。5.3 和 5.4 已分别讨论了来自级联故障和设计基准事件的故障。它们应包括在单一故障分析中。

不属于单一故障分析范围的共因故障包括：可能由外部环境（如电压、频率、辐射、温度、湿度、压力、振动和电磁干扰）、设计缺陷、制造错误、维修错误和运行错误引起的故障。

设计鉴定和质量保证程序是为了防范外部环境影响、设计缺陷和制造错误。人员培训、正确的控制室设计和运行、维修、监督规程是用来防范维修和运行人员错误的。

另外，宜采取措施来应对共因故障。技术措施的例子是详细的纵深防御研究、故障模式和后果分析以及异常工况或事件的分析。可采用诸如多样性和纵深防御等设计技术来防范共因故障。在GB/T 13629中提供了应用多样性来防范数字计算机中共因故障的指导。

5.6 共享系统

适用于有共享系统的机组的单一故障准则如下：

a) 假设在共享系统内或在与共享系统接口的辅助支持设施或其它系统内存在一个单一故障，则所有机组的安全系统都应有能力完成其所要求的安全功能；

b) 在每一机组未共享的系统内同时存在一个单一故障时，每一机组的安全系统都应有能力完成其所要求的功能。

设计应保证在一个机组内的单一故障不影响（不扩展到）另一机组，从而不妨碍共享系统完成其要求的安全功能。

在单一故障分析时，不必要同时考虑 a）和 b）的故障，即对电厂进行单一故障分析，论证满足准则 a），然后重复单一故障分析论证满足准则 b）。

6 单一故障的设计分析

应系统地对设计进行分析，以确定是否存在违反单一故障准则的情况。本章将对进行单一故障分析给予指导。本章所建议的方法是一种可接受的分析系统的方法，但不是唯一的方法。进行单一故障分析的其他步骤见 GB/T 9225—1999 第 5 章。

6.1 步骤

按下述步骤对每个设计基准事件进行系统的分析。

6.1.1 应确定要进行分析的安全功能（例如降功率、安全壳隔离、堆芯冷却等）。

6.1.2 应确定用以完成安全功能的系统级保护动作（例如快速插入控制棒、关闭安全壳隔离阀、安全注入、堆芯喷淋等）。

6.1.3 应确定足以满足所要求安全功能的安全组。例如两个堆芯喷淋子系统或一个堆芯喷淋子系统和两个低压冷却剂注入子系统都足以冷却堆芯。

6.1.4 应验证在 6.1.3 所确定的安全组的独立性，即通过检查至少有两个安全组，这些安全组没有共享设备或易损点（例如其位置和布置低于可接受实体分隔要求的继电器、开关装置、母线、电源等）来验证独立性。一旦确立了独立性，就证明了存在完成安全功能的冗余能力，就不需要为满足单一故障准则去进一步考虑存在于冗余部分内的潜在故障。

注：在某些情况下不能很容易地确立独立性（如冗余通道或冗余序列汇集在一起的三取二结构的系统），而在另一些情况下较容易地确立独立性（如冗余通道或冗余序列不汇集在一起的二取一结构的系统），对此，进一步指导见 6.2.1 和 6.2.2。

6.1.5 对独立性不易被证明的系统或系统的某些部分，应进行潜在故障的系统性研究以确保不违反单一故障准则。故障例子有短路、开路、接地、交流或直流低电压以及那些由引入的可信最大交流或直流电势引起的或其后果的故障。

应考虑电气的、机械的和系统逻辑的故障。

一个部件可能有不同的故障模式，应对每一种模式进行单独的分析。

应分析安全设备的位置和布置以确定共因故障的影响。

6.2 系统某些特定部分的分析

当进行单一故障分析时，安全系统的某些部分可能要求一些特殊考虑，6.2.1～6.2.5 列出这些部分应用单一故障准则时可能关注的几个方面和要求。

6.2.1 冗余通道间相互联接

冗余通道间的相互联接（通过数据记录仪和试验电路等装置）是可能丧失独立性的区域。应分析这些相互联接部分以保证单一故障不会导致丧失安全功能。对那些可能导致丧失安全功能的单一故障，应分析冗余通道的隔离措施。

6.2.2 系统逻辑

在单一故障分析中，系统逻辑的分析特别重要，因为冗余通道和冗余的驱动电路在这里汇集。分析应证明在系统逻辑中的单一故障不会在通道或驱动电路中引起可能导致安全功能丧失的故障。

6.2.3 驱动设备

为了确保单一故障不引起安全功能的丧失，应分析按失电时以最可能的失效模式所设计的驱动设备，例如应分析使驱动设备端不能断开电源或引起妨碍移动到优先位置的机械粘结故障。

应分析那些在要求保护动作时接入动力源的驱动设备，以确保单一的开路、短路或失去动力源不会导致丧失安全功能。

应从可能影响系统能力的故障出发，对整个驱动器系统（可能包含气动、机械、电气、和液压部件）进行分析，以满足单一故障准则。应特别注意要保证驱动设备机械部件的故障不引起冗余设备的电气故障，电气故障也不引起冗余设备的机械故障。

6.2.4 电源

电源有可能以几种方式引起安全功能的丧失，例如电源故障引起的高压可能导致冗余通道的故障（如晶体管故障），低压可能导致丧失冗余通道，电源的频率和波形的变化可能引起冗余通道整定值的漂移。单一故障分析应包括整个电源系统，包括可卸去非主要负荷的装置。有关这方面的进一步指导见GB/T 12788。

6.2.5 辅助支持设施

任何为应用单一故障准则的安全系统的正常运行所需要的辅助支持设施，应作为它支持的系统的一部分被包括在单一故障分析中。例如当安全系统的一部分和保持受控环境相关时，除非能证明环境系统故障不会导致丧失所要求的安全功能，否则环境系统的故障就可能成为违反单一故障准则的潜在原因。

如果辅助支持设施的设计不满足单一故障准则，则不管是否丧失辅助支持设施，均应确保完成所要求安全功能的能力。

6.2.6 仪表管路

连接传感器和工艺系统的管路（例如平衡容器、平衡阀和隔离阀等）应包括在单一故障分析内。

6.3 其他考虑

6.3.1 与安全系统耦合的其他系统

应检查以某种方式与应用单一故障准则的安全系统耦合的所有非安全系统（如非安全级的试验电路）或其他安全系统（如其他通道），以确定在这些系统内的任何故障是否能使安全系统劣化。如果它们能使安全系统的某部分失效，则应假定存在那些故障作为初始条件，进行安全系统的单一故障分析。有关这方面的进一步指导见GB/T 13286。

6.3.2 概率评价特性

不应该用概率评价来取代单一故障分析。但是安全系统的可靠性分析、概率评价、运行经验、工程判断或它们的组合可用于确定从单一故障分析中排除某一特定故障的依据。有关进行可靠性分析和概率评价的进一步指导见 GB/T 7163 和 GB/T 9225—1995。

6.3.3 由单一故障引起系统驱动的可能性

应检查由单一故障引起的系统驱动的可能性,以判定这样的驱动是否会构成一个具有不可接受安全后果的事件。对任何被判定为不可接受的驱动,应满足单一故障准则,也就是,在系统中存在所有不可探测的故障外,还存在任一单个可探测故障时,不得引起安全系统驱动。

参 考 文 献

[1] CRF Publication 10CFR50. 49(1994). Environmental Qualification of Electric Equipment Important to Safety for Nuclear Power Plants.

[2] CRF Publication 10CRF100(1994). Reactor Site Criteria.

[3] IAEA Safety Series No. 50-P-1(1990). Application of the Single Failure Criterion.

[4] IEEE 100 The Authoritative Dictionary of IEEE Standards Terms. Seventh Edition.

ICS 27.120.20
F 83

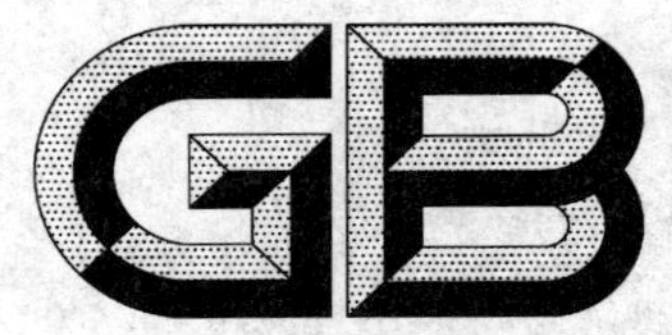

中华人民共和国国家标准

GB/T 13629—2008
代替 GB/T 13629—1998

核电厂安全系统中数字计算机的适用准则

Applicable criteria for digital computers in safety systems of nuclear power plants

2008-07-02 发布 2009-04-01 实施

中华人民共和国国家质量监督检验检疫总局
中国国家标准化管理委员会 发布

前　言

本标准修改采用美国标准 IEEE Std 7-4.3.2-2003《核电厂安全系统中数字计算机的适用准则》(英文版),技术内容等同,只是将 IEEE Std 7-4.3.2 中引用的美国标准改为相应的我国标准,编写方法和格式符合 GB/T 1.1—2000 的要求。

本标准代替 GB/T 13629—1998《核电厂安全系统中数字计算机的适用准则》。

本标准与 GB/T 13629—1998 相比主要变化如下:

——第 5 章中增加了 5.3.6“软件工程风险管理”和 5.5.3“故障探测和自诊断”;将独立验证与确认的内容放入正文,增加了 5.3.4“独立验证与确认要求”,而删除了附录 E“验证与确认”;将取消的5.3.2“现有商品级计算机的质量鉴定”修订为 5.4.2,并细化了相关的要求;

——取消了附录 C“抗电磁干扰能力”;

——将附录 F“异常状态和事件的鉴别和解决”修订为附录 D“危害的鉴别和解决”,并重新编写了该附录;

——取消了附录 I“核电厂用软件的质量保证要求”;

——取消了附录 J“本标准附录中引用的标准”。

本标准的附录 A、附录 B、附录 C、附录 D、附录 E、附录 F 都是资料性附录。

本标准由中国核工业集团公司提出。

本标准由全国核仪器仪表标准化技术委员会(SAC/TC 30)归口。

本标准起草单位:核工业标准化研究所。

本标准主要起草人:高丽艳、王忠秋、耿文行。

本标准所代替标准的历次版本发布情况为:

——GB/T 13629—1998。

核电厂安全系统中
数字计算机的适用准则

1 范围

本标准规定了计算机用作核电厂安全系统设备时的一般原则。

本标准的要求与 GB/T 13284.1—2008 一起规定了计算机用作安全系统设备时的最低功能要求和设计要求。

本标准适用于核电厂安全系统数字计算机。

2 规范性引用文件

下列文件中的条款通过本标准的引用而成为本标准的条款。凡是注日期的引用文件,其随后所有的修改单(不包括勘误的内容)或修订版均不适用于本标准,然而,鼓励根据本标准达成协议的各方研究是否可使用这些文件的最新版本。凡是不注日期的引用文件,其最新版本适用于本标准。

GB/T 9225 核电厂安全系统可靠性分析一般原则(GB/T 9225—1999,eqv ANSI/IEEE Std 352-1987)

GB/T 13284.1—2008 核电厂安全系统 第1部分:设计准则(IEEE Std 603-1998,NEQ)

GB/T 13286 核电厂安全级电气设备和电路独立性准则(GB/T 13286—2001,eqv ANSI/IEEE Std 384-1992)

EJ/T 694 核工业计算机软件质量保证规范

EJ/T 743 核工业计算机软件配置管理计划编制指南

EJ/T 1058 核电厂安全系统计算机软件

HAF 003 核电厂质量保证安全规定

IEEE Std 1012-1998 软件验证与确认的 IEEE 标准

IEEE Std 1061-1998 软件质量度量方法的 IEEE 标准

IEEE Std 1042 软件配置管理的 IEEE 指南

IEEE Std 1540 生存周期过程的 IEEE 标准—风险管理

IEEE/EIA 12207.0-1996 信息技术标准—软件生存周期

3 术语和定义

下列术语和定义适用于本标准。

3.1

验收试验 acceptance testing

1) 为确定系统是否满足验收准则并使客户确定是否接收该系统而进行的正规试验(也可参见鉴定试验、系统试验);
2) 为使用户、客户或其他授权机构确定是否接收一个系统或设备而进行的正规试验。

3.2

应用软件 application software

为满足某一用户特定的需要而设计的软件,例如用于导航、薪金表或过程控制的软件。

3.3

结构　architecture

系统或部件的组织结构。

3.4

商品级物项　commercial grade item

满足下述条件的物项：

1)　不是为核设施专门设计或不以核设施特有的技术要求为条件；

2)　用于非核设施；

3)　按制造厂产品说明(例如样本)中规定的技术条件从制造厂或供货商处采购。

3.5

商品级物项适用性确认　commercial grade item dedication

为了充分确信商品级物项适合于核安全应用，对商品级物项进行评价和验收的过程。

3.6

复杂性　complexity

1)　对一个系统或系统部件的设计或实现难于理解或验证的程度；

2)　测量定义1)中属性的任一组基于结构性的度量。

3.7

部件　component

组成系统的一个部分。一个部件可以是硬件或软件，并可以再细分成其他的部件。

注：术语“模块”、“部件”和“单元”通常可相互交换使用，或取决于上下文，以不同的方式作为另外一个定义的补充。这些术语的相互关系尚没有标准化。

3.8

计算机　computer

由一个或多个关联的处理单元和外部设备组成的、由内部贮存的程序控制的、不用人为干预便能执行真实计算(包括大量的算术运算或逻辑运算)的功能可编程装置。

3.9

计算机指令　computer instruction

1)　编程语言中的语句，它规定了计算机执行的操作，以及与操作数有关的地址或数值，例如将A移动到B；

2)　简单地说，计算机程序中任何可执行的语句。

3.10

计算机程序　computer program

可使计算机硬件执行运算或控制功能的计算机指令和数据定义的组合。

3.11

计算机系统　computer system

包含一个或多个计算机及相关软件的系统。

3.12

配置　configuration

1)　由数字、属性定义的计算机系统或部件的排列，及其各组成部分之间的相互联系；

2)　在配置管理中，是指在技术文件中规定的或产品达到的硬件或软件的功能和物理特性。

3.13

配置控制 configuration control

配置管理的一个要素，包括在配置项的配置标识正式建立后对配置项变更的评价、协调、批准或不批准，以及实施。

3.14

配置项 configuration item

在配置管理过程中指定要进行配置管理并作为一个整体处理的硬件、软件或两者兼有的集合体。

3.15

配置管理 configuration management

采用技术及行政管理和监督的一种规定，以识别或用文件证明配置项的功能和物理特性、控制对这些特性的变更、记录和报告变更过程和实施状态，并核实与规定要求的一致性。

3.16

正确性 correctness

1） 在系统或部件的技术规范、设计和实现中无缺陷的程度；

2） 软件、文档或其他物项满足技术要求的程度；

3） 无论规定与否，软件、文档或其他物项满足用户需求和预期的程度。

3.17

数据 data

1） 以易于交流、理解，或被人员/自动手段处理的方式对事实、概念或指令的一种表达方式；

2） 有时用作文档的同义词。

3.18

数据结构 data structure

数据各元素之间的物理或逻辑关系，用于支持特定的数据处理功能。

3.19

设计 design

1） 确定一个系统或部件结构、组成、接口和其他属性的过程；

2） 定义 1）中过程的结果。

3.20

文件 document

1） 一种介质及其所记录的信息，通常有永久性并可被人或机器读出。例如在软件工程中包括工程计划、规范、试验计划和用户手册；

2） 创建在 1）中定义的一个文件；

3） 向计算机程序中添加注释。

3.21

文档 documentation

1） 某一特定主题的文件集合；

2） 对活动、要求、过程或结果进行描述、规定、说明、报告或证明的任何文字的或图表资料；

3） 文件产生或修订的过程；

4） 文件管理，包括标识、收集、处理、储存和分发。

3.22

差错 error

1） 一个计算的、观测的或实测的数值或条件与真实的、规定的或理论的数值或条件之间的差异，例如，计算结果与正确值之间差 30 m；

2) 不正确的步骤、过程或数据定义，例如在计算机程序中不正确的指令；

3) 不正确的结果，例如当正确值为10时计算值为12；

4) 产生不正确结果的人的行为。例如在编程器或操作器上的错误动作。

注：当4个定义共同使用时，通常将定义1)称为误差，将定义2)称为故障，将定义3)称为失效，将定义4)称为失误。

3.23

执行 execution

计算机完成计算机程序中一条或多条指令的过程。

3.24

失效 failure

一个系统或部件不能在规定的性能要求内执行所要求的功能。

注：故障容错规则区分人的行为(失误)、其表现形式(硬件或软件故障)、故障的后果(失效)，以及其结果为不正确(差错)的总量。

3.25

故障 fault

1) 在硬件或部件中的缺陷，例如短路或断线；

2) 在计算机程序中的不正确的步骤、过程或数据定义。

注：该定义主要由故障容错理论使用，在通常情况下，差错和隐错用于表达同一含义。

3.26

固件 firmware

硬件装置和以只读软件方式驻留在该装置中的计算机指令和数据的组合。

3.27

功能 function

一个系统或部件规定的目的或作用。例如，一个系统可将总量控制作为其主要的功能。

3.28

功能单元 functional unit

能完成一个规定目的的硬件、软件或两者兼有的实体。

3.29

硬件 hardware

用于处理、贮存或传输计算机程序或数据的物理设备。

3.30

危害 hazard

事故的一种先决条件。危害包括外部事件以及计算机硬件和软件的内在条件。

3.31

危害分析 hazard analysis

研究和确定由正常的设计审查和测试过程未鉴别出来的条件的过程。通过对包括异常事件和带有劣化的设备和系统的核电厂运行的分析，使危害分析的范围扩展到核电厂超设计基准事件。危害分析主要关注系统的故障机理而不是验证正确的系统运行。

3.32

实现 implementation

1) 将设计转化为硬件设备、软件设备，或两者兼有的过程；

2) 定义1)过程的结果。

3.33

接口 interface

1） 信息通过的共享边界；

2） 用于将信息从一个部件传输到其他部件为目的的，连接两个或多个部件的硬件或软件设备。

3.34

模块 module

1） 就编译、与其他单元的组合及下载而言是分离的和可标识的程序单元。例如向一个汇编程序、编译器、连接编辑器或执行程序的输入，或从其来的输出；

2） 一个程序中逻辑上可分离的部分。

3.35

规程 procedure

1） 为解决问题或为完成给定的任务而采取的动作的过程；

2） 定义 1)中动作过程的书面描述，例如，文件化的试验程序；

3） 指定的并执行规定动作的计算机程序的一部分。

3.36

鉴定试验 qualification testing

为向用户证明软件物项或系统满足其规定的要求而进行的试验。

3.37

需求 requirement

1） 用户为解决某一问题或达到某个目标所要求的条件或能力；

2） 为满足合同、标准、规范或其他正式规定的文件、系统或系统部件应满足的和具备的条件或能力；

3） 在 1)和 2)中规定的条件或能力的文档化的陈述。

3.38

需求规格书 requirements specification

规定对系统或部件需求的文件。通常包括功能要求、性能要求、接口要求、设计要求和研制标准。

3.39

软件 software

与计算机系统运行有关的计算机程序、规程，以及相关的文档或数据。

3.40

软件维护 software maintenance

1） 为改正错误、提高性能或其他特性、或者为适应变化的环境，而对交付后的软件产品进行的修改；

2） 为确保已安装的软件能按照预期连续运行并实现在系统运行中预期的作用而进行的一系列活动。软件维护包括改进、用户帮助，以及相关的活动。

3.41

软件质量度量 software quality metric

其输入为软件数据，输出为单一数值的一种函数，该数值可以被认为是软件具有影响其质量的特性的程度。

3.42

软件工具 software tools

一种用来开发、测试、分析或维护其他程序或其文件的计算机程序。例如：比较程序、交叉引用生成程序、反编译程序、驱动程序、编辑程序、流程图程序、监控程序、测试案例生成程序和时序分析程序。

3.43

规格书　specification

以完整的、准确的和可验证的方式规定了系统的要求、设计、行为或其他属性的文件，以及用于确定是否满足这些规定的程序。

3.44

系统　system

构成完成特定的功能或功能组的设备集合。

3.45

系统软件　system software

为了便于计算机系统及其相关程序的运行和维护而设计的软件。例如操作系统、汇编程序和实用程序。

3.46

系统试验　system testing

为了评价一个完整的已集成的系统与其规定要求之间的一致性，对该系统进行的试验。

3.47

试验　test

1) 在规定的条件下操作一个系统或部件、观察或记录其结果，及对系统或部件的某些方面进行评价的过程；
2) 对软件物项进行分析以发现现有状态与要求条件之间的差异(即隐错)，并评价软件物项特性的过程。

3.48

试验大纲　test plan

1) 描述预期试验活动的范围、方法、资源和进度的文件，它规定了试验项目、试验特点、试验任务、每项任务的完成者，以及需要执行应急计划的风险；
2) 描述对一个系统或部件进行试验所遵循的技术和管理方法的文件。典型的内容应规定被试验物项、需要执行的试验任务、责任、进度，以及试验活动所需要的资源。

3.49

确认　validation

在研制过程中或完成时评价一个系统或部件以确定其是否满足规定要求的过程。

3.50

验证　verification

1) 为确定某一研制阶段的产品是否满足该阶段开始时规定的条件，而对一个系统或部件进行评价的过程；
2) 计算机程序正确性的正式证明。

3.51

验证与确认　verification and validation(V&V)

确定对一个系统或部件制定的要求是否完整和正确、每个研制阶段的产品是否满足前一个阶段提出的要求或条件，以及最终的系统或设备是否符合预定要求的过程。

4　安全系统设计基准

关于本标准与 GB/T 13284.1—2008 的关系参见附录 A。

见 GB/T 13284.1—2008 中第 4 章，参见附录 B。

5 安全系统准则

本章按 GB/T 13284.1—2008 第 5 章的顺序列出安全系统准则。对有些准则，除了 GB/T 13284.1—2008 的规定以外没有附加要求。而对另外一些准则，本章给出其附加要求。

5.1 单一故障准则

见 GB/T 13284.1—2008 中 5.1，参见附录 B。

5.2 保护动作的完成

见 GB/T 13284.1—2008 中 5.2。

5.3 质量

硬件质量要求见 GB/T 13284.1—2008 中 5.3。软件质量要求见 IEEE/EIA 12207.0 及其支持性标准。计算机的研制活动应包括计算机硬件和软件的研制。在研制过程中应考虑计算机硬件与软件的集成以及计算机与安全系统的集成。

典型的计算机系统研制过程由下述生存周期的过程组成：

a) 建立系统的概念设计，将概念设计转化为具体的系统需求；

b) 使用这些需求进行详细的系统设计；

c) 实现硬件和软件功能的设计；

d) 功能试验以保证需求的正确实现；

e) 系统安装并进行现场验收试验；

f) 系统运行和维护；

g) 系统退役。

为了符合质量准则，除了 GB/T 13284.1—2008 的要求之外，还应满足下述活动的附加要求：

a) 软件研制；

b) 现有商品级计算机的质量鉴定(见 5.4.2)；

c) 软件工具的使用；

d) 验证与确认；

e) 配置管理；

f) 风险管理。

5.3.1 软件研制

计算机软件应按经批准的软件质量保证大纲进行研制、修改或验收，这一质量保证大纲应与 IEEE/EIA 12207.0-1996 的要求相一致。软件质量保证大纲应考虑运行时计算机的所有常驻软件(即：应用软件、网络软件、接口程序、操作系统以及诊断程序)。编制软件质量保证大纲的指导见EJ/T 1058 和 EJ/T 694。

在整个软件寿期内，应考虑使用软件质量度量以评价其是否满足软件质量要求。当使用软件质量度量时，应考虑下述的生存周期阶段特性：

a) 正确性/完整性(需求阶段)；

b) 与需求的一致性(设计阶段)；

c) 与设计的一致性(实现阶段)；

d) 功能与需求的一致性(试验和集成阶段)；

e) 现场功能与需求的一致性(安装和调试阶段)；

f) 性能历史记录(运行和维护阶段)。

在软件研制文档中应包括为评价软件质量特性而选择度量的依据。IEEE Std 1061-1998 提供了软件质量度量的应用方法。

5.3.2 软件工具

为支持软件研制过程和 V&V 过程而使用的软件工具应纳入配置管理。

应采用下述一种或两种方法以确认软件工具适合于它的应用：

a) 应开发测试工具确认程序以证明软件工具具有所要求的特性；

b) 未能被软件工具发现到的缺陷应能通过 V&V 活动发现。

软件工具的运行经验可提供在工具适宜性方面的附加可信度，特别是当评价未探测缺陷的可能性时。

5.3.3 验证与确认(V&V)

V&V 是程序管理和系统工程组活动的延伸。在整个系统生存周期中，V&V 用于确定有关数字系统质量、性能和研制过程与整个生存周期一致性的目标数据和结论(即主动反馈)。反馈包括与系统及其接口的预期运行条件有关的不符合项报告、性能改进及质量提高。

V&V 过程用于确定某一活动的研制产品是否满足该活动的要求，以及系统是否按照其预期的用途和用户的需求在运行。这种适宜性的确定过程包括对产品和过程进行的评价、分析、审查、检查和测试。

本标准采用 IEEE Std 1012-1998 规定的过程、活动和任务的定义，其中软件 V&V 过程被分解为多项活动，活动又被进一步分解为多项任务。术语 V&V 工作通常用来指 V&V 过程、活动和任务的这种构架。

V&V 过程应专注于计算机硬件和软件、数字系统部件的集成以及计算机系统与核电厂的相互作用。

V&V 活动和任务还应包括对最终集成的硬件、软件、固件和接口的系统试验。

应依据 IEEE Std 1012-1998 进行软件 V&V 工作。IEEE Std 1012-1998 对最高完整性等级(第 4 级)的 V&V 要求适用于按照本标准研制的系统。

5.3.4 独立验证与确认要求(IV&V)

上节论述了应进行的 V&V 活动，本节规定了 V&V 工作所要求的独立性程度。IV&V 活动由三个方面组成，即技术独立性、管理独立性和财务独立性。在 IEEE Std 1012-1998 的附录 C 中对这三个方面进行了说明。

研制和测试应由具有适当技术能力的、没有参加原设计的人员或小组进行独立的验证与确认。

IV&V 工作的监督应由研制和程序管理组织之外的机构来进行。IV&V 工作应独立地选择：

a) 需要分析及测试的软件和系统部分；

b) V&V 的技术；

c) 需对之采取行动的技术问题和难点。

应为 IV&V 工作分配独立于研制活动的资源。

关于 IV&V 的附加信息见 IEEE Std 1012-1998 的附录 C。

5.3.5 软件配置管理

应按 IEEE Std 1042 的要求进行软件配置管理。编制软件配置管理计划的指导见 EJ/T 743。

至少应进行下述活动：

a) 所有软件设计和程序代码的标识和控制；

b) 所有软件设计功能数据(数据模板和数据库)的标识和控制；

c) 所有软件设计接口的标识和控制；

d) 所有软件设计变更的控制；

e) 软件文档(用户文件、运行和维护文件)的控制；

f) 对提供安全系统软件的软件供应商研制活动的控制；

g) 与软件设计和程序代码有关的鉴定信息的控制和获取；

h) 软件配置审查；

i) 状态统计。

其中某些功能或文件可由其他的质量保证活动来完成或进行控制。在这种情况下，软件配置管理大纲应说明责任的分工。

应在软件生存周期过程中适当的点建立软件基线，以使工程和文档活动相同步。基线建立后产生并经批准的变更应添加到基线中。

对实施配置管理的软件的标签应包括每个配置项的唯一性的标识，以及每个配置项的版本号和(或)日期时间标志。

应按照软件配置管理计划，对软件/固件的变更正式形成文件并得到批准。该文档应包括变更的原因、受影响的软件/固件的标识，以及变更对系统的影响。此外，文档还应包括变更在系统中实施的计划(立即实施变更，或未来版本变更的时间表)。

5.3.6 软件工程风险管理

软件工程风险管理是一种用于问题预防的工具，鉴别可能出现的问题、评价这些问题的影响，并确定为确保达到软件质量目标应考虑的潜在问题。在数字系统工程的各个层次应进行风险管理以充分覆盖每个可能的问题领域。软件工程风险可包括与技术、进度或资源有关的风险，这些风险可能损害软件的质量目标，从而影响安全系统计算机执行安全相关功能的能力。正如3.31的定义一样，软件工程风险管理与危害分析的不同之处在于在危害分析中仅关注系统失效机理中技术方面的因素。

风险管理应包括下述步骤：

a) 确定数字系统风险管理的范围；

b) 规定和实施适当的风险管理策略；

c) 在工程风险管理策略中鉴别软件项目的风险，以及它们在项目实施过程中的演变；

d) 分析风险以确定缓解风险的优先次序；

e) 对可能显著影响软件质量目标的风险编制风险缓解计划，并采用适当的度量来跟踪问题的解决过程(这些风险包括可能损害安全计算机系统执行安全相关功能能力的、与技术、进度或与资源有关的风险)；

f) 当未达到预期的质量时采取的纠正措施；

g) 为解决软件工程风险，建立一个在工作人员之间及团队间能够进行有效交流的工作环境。

IEEE/EIA 12207.0-1996 和 IEEE Std 1540 提供了有关风险管理的附加指南。

5.4 设备质量鉴定

除满足GB/T 13284.1—2008中5.4要求的设备质量鉴定准则外，对安全系统中使用的数字计算机的鉴定还应满足下述要求。

5.4.1 计算机系统鉴定试验

计算机系统鉴定试验应在计算机运行并使用其实际操作中所用的代表性软件和诊断程序时进行。对于计算机完成安全功能所必需的所有部分，或者其运行或故障可能对安全功能有损害的部分，都应在鉴定过程中进行试验。确切地说，这包括存储器、CPU、输入和输出、显示功能、诊断、相关部件、通信路径和接口的试验和监测。试验应证明已满足与安全功能有关的性能要求。

5.4.2 现有商品级计算机的质量鉴定

关于现有商品级计算机适用性确认的信息参见附录C。

应通过使用本标准的准则评价硬件和软件的设计来实现质量鉴定过程。鉴定的接受应基于证据，证明数字系统或部件包括硬件、软件、固件和接口能执行其要求的功能。验收及其依据应形成文件并与鉴定文件一同保存。

在那些传统的鉴定过程不适用的情况下，为验证一个设备可用于安全应用的一种替代方法是商品级物项的适用性确认。商品级物项适用性确认的目的是验证被确认的物项在质量上与按照 HAF 003 的设备是相当的。

对计算机的适用性确认应鉴别对计算机物理的、性能的及研制过程的要求,以便对拟用的数字系统或设备能够执行安全功能提供足够的可信度。适应性确认过程适用于完成安全功能所需的硬件、软件和固件。只要有可能,对软件和固件的适用性确认过程应包括对设计过程的评价。在某些情况下,不能将设计过程作为适用性确认过程的一部分来进行评价。例如,实施评价的机构可能得不到安全系统中使用的微处理器芯片设计过程的信息。在这种情况下,不可能进行评价以支持适用性确认。由于适用性确认过程涉及到生存周期过程的所有方面及制造质量,因此商品级物项的适用性确认应限于与其预期使用有关的在功能上相对简单的物项。

商品级物项的适用性确认包括初步阶段和详细阶段的活动,这些阶段的活动在下面描述。

5.4.2.1 商品级物项适用性确认过程的初步阶段

在初步阶段,应评估风险和危害、确定安全功能、建立配置管理和确定系统的安全类别。

5.4.2.1.1 评估系统安全功能的风险和危害

应进行分析以确定安全系统的功能和性能要求,该分析应鉴别妨碍完成安全功能的风险和危害。

5.4.2.1.2 商品级物项应执行的安全功能

一旦确定了系统级功能和评估了风险和危害,适用性确认机构应确定由商品级物项执行的安全功能。这一过程应考虑由商品级物项执行的所有安全功能,以及商品级物项功能对其他安全相关功能或接口的可能影响。

5.4.2.1.3 建立配置管理控制

在安全系统中使用的商品级物项应受配置管理过程所控制,该管理过程提供了商品级物项研制生存周期过程的可追踪性。

5.4.2.2 商品级物项适用性确认过程的详细阶段

在商品级物项适用性确认的初步阶段后,应使用详细的验收准则对商品级物项的可接受性进行评价。应通过技术评价确定将对安全系统中使用的商品级物项进行评估用的关键特性,每个关键特性都应是可检验的(例如,通过检查、分析、演示或试验)。本标准使用商品级物项的下述三类关键特性:

a) 物理特性:包括几何尺寸、电源要求、部件号、硬件和软件的型号及版本号,以及数据通信要求等;

b) 性能特性:包括响应时间、人机功能要求、存储器分配、在异常工况下安全功能的执行、可靠性、差错处理、要求的嵌入功能、以及环境鉴定要求(例如地震、温度、湿度和电磁兼容性)等;

c) 研制过程特性:包括支持生存周期过程的那些特性(例如验证与确认活动、配置管理过程和危害分析),以及可追踪性和可维护性。

作为确定这些关键特性工作的一部分,应通过分析鉴别可能影响安全功能的危害。参见附录 D。

用于单独评价或组合评价物理的、性能的和研制过程的关键特性的过程参见附录 C。

5.4.2.3 商品级适用性确认的保持

如果计算机硬件、软件或固件已按商品级物项采购,并已通过商品级物项适用性确认过程予以接受,则应通过正式的文件对已经适用性确认的计算机硬件、软件或固件的变更进行追踪。

应按照形成原始接受依据的过程,对已确认的商品级计算机硬件、软件或固件的变更进行评价。在评价过程中应考虑计算机硬件修改可能对软件或固件造成的潜在影响。如果在计算机硬件、软件或固件的修改过程中省略了审批过程的某些步骤,则需要进行进一步的评价。

针对特定的安全系统应用,进行计算机硬件、软件或固件的商品级物项适用性确认。当已经过适用性确认的商品级物项在安全系统中的应用超出了初始适用性确认所包括的范围时,应针对新的应用进行附加的评价。

支持商品级物项适用性确认过程的文件应作为配置项保存。

5.5 系统的完整性

为了达到安全系统中数字设备应用的系统完整性，除了 GB/T 13284.1—2008 中 5.5 的要求之外，还应满足下述要求：

a) 计算机完整性设计；

b) 试验和校准设计；

c) 故障探测和自诊断。

5.5.1 计算机完整性设计

计算机应设计成在所有可能造成安全功能失效的内部或外部条件下完成其安全功能，这些条件如输入和输出处理故障、精度或舍入问题、不适当的恢复动作、电源电压或频率波动，以及信号同时改变的最大可信数量。

如果系统要求已规定安全系统的优选故障模式，则计算机故障不得阻碍安全系统处于该故障模式。计算机完成重启操作不应阻止安全系统完成其功能。

5.5.2 试验和校准设计

试验和校准功能不得对计算机完成其安全功能的能力产生有害的影响。适当地旁通一个冗余通道并不认为是一种有害影响。应验证，试验和校准功能并不影响与校准变更(例如变更整定值)无关的其他计算机功能。

当试验和校准功能由另外的计算机(例如，试验和校准计算机)完成并由该计算机提供试验和校准数据的唯一验证时，则应对这些功能要求进行 V&V、配置管理和质量保证。当试验和校准功能由安全系统中的计算机来完成时，也应对这些功能要求进行 V&V、配置管理和质量保证。

当驻留在另外计算机中的试验和校准功能不是为安全系统的计算机提供试验和校准数据的唯一验证时，则不要求对这些功能进行 V&V、配置管理和质量保证。

5.5.3 故障探测和自诊断

计算机系统能够经受使计算机系统能力降低、但可能不被系统立即探测出来的局部故障，自诊断是一种有助于探测这些故障的手段。在本节中说明对故障探测和自诊断功能的要求。

应使用安全系统的可靠性要求来建立自诊断的需求。在其故障可由其他方法及时探测出来的系统中不要求自诊断功能。如果在系统需求中包含自诊断要求，则这些功能应经历与安全系统功能相同的验证与确认过程。

如果自诊断作为可靠性的必要条件，则计算机程序应包含及时探测和报告计算机系统故障和失效的功能。而自诊断功能不能影响计算机系统执行其安全功能的能力，或引起安全功能的误动作。典型的自诊断功能包括：

a) 存储器功能性和完整性试验(例如 PROM 检查和 RAM 测试)；

b) 计算机系统指令集(例如计算测试)；

c) 计算机外部设备硬件试验(例如监视定时器和键盘)；

d) 计算机结构支持硬件(例如地址线和共享存储器接口)；

e) 通讯链路诊断(例如循环冗余校验)。

不会导致系统故障或系统功能缺失的罕见通讯链路故障不需要报告。

当应用自诊断功能时，系统设计应包括下述自诊断特性：

a) 计算机系统启动期间的自诊断；

b) 当计算机系统运行时定期的自诊断；

c) 自诊断测试故障报告。

5.6 独立性

为了满足独立性准则，除了 GB/T 13284.1—2008 中 5.6 的要求之外，安全通道之间或安全系统与非安全系统之间的数据通信不得阻碍安全功能的执行。

GB/T 13284.1—2008 要求安全功能应与非安全功能相隔离，以使非安全功能不会阻止安全系统执行其预期的功能。在数字系统中，安全功能和非安全功能软件可能驻留在相同的计算机中并使用相同的计算机资源。

下面任何一种都是处理这一问题可接受的方法：

a) 确定屏障要求，以便充分确信软件或固件的非安全功能部分不会妨碍其安全功能部分的执行，这些屏障应按本标准要求进行设计，不要求非安全软件满足这些要求；

b) 如果安全软件和非安全软件之间不设置屏障，则非安全软件的功能应按照本标准的要求进行研制。

关于通信独立性准则的信息参见附录 E。

5.7 试验和校准能力

见 GB/T 13284.1—2008 的 5.7。

5.8 信息显示

见 GB/T 13284.1—2008 的 5.8。

5.9 接近控制

见 GB/T 13284.1—2008 的 5.9。

5.10 维护

见 GB/T 13284.1—2008 的 5.10。

5.11 标识

为确保所要求的计算机硬件和软件按照适当的系统配置进行安装，应满足下述对软件系统的标识要求：

a) 应使用固件和软件标识以确保在正确的硬件部件上安装了正确的软件；

b) 在软件中应包含相关的手段，以便使用软件维护工具可从固件中重新得到标识；

c) 数字计算机硬件的实体标识要求应符合 GB/T 13284.1—2008 的标识要求。

5.12 辅助设施

见 GB/T 13284.1—2008 的 5.12。

5.13 多机组核电厂

见 GB/T 13284.1—2008 的 5.13。

5.14 人因工程考虑

见 GB/T 13284.1—2008 的 5.14。

5.15 可靠性

除 GB/T 13284.1—2008 的 5.15 的要求以外，当规定了可靠性目标时，应证明软件也满足该目标要求。确定可靠性的方法可以包括分析与现场经验或试验的组合。软件差错记录及其趋势分析可以同分析、现场经验或试验结合使用。

6 监测指令设备的功能和设计要求

见 GB/T 13284.1—2008 第 6 章。

7 执行装置的功能和设计要求

见 GB/T 13284.1—2008 第 7 章。

8 对动力源的要求

见 GB/T 13284.1—2008 第 8 章。

附　录　A
（资料性附录）
本标准与 GB/T 13284.1—2008 的相互关系

本标准的第 4 章～第 8 章与 GB/T 13284.1—2008 的第 4 章～第 8 章相对应。

表 A.1　GB/T 13284.1—2008 与本标准的关系

GB/T 13284.1—2008 准则（按标准中出现顺序）	本标准补充的要求	资料性附录
4　安全系统设计基准	安全系统设计基准	B
5　安全系统准则	无	
5.1　单一故障准则	无	B
5.2　保护动作的完成	无	
5.3　质量	软件研制(见 5.3.1)	D和F
	软件工具(见 5.3.2)	
	验证与确认(见 5.3.3)	
	独立验证与确认要求(见 5.3.4)	
	软件配置管理(见 5.3.5)	
	软件工程风险管理(见 5.3.6)	
5.4　设备质量鉴定	对软件和诊断程序进行试验(见 5.4.1)	C
	现有商品级计算机的质量鉴定(见 5.4.2)	
5.5　系统的完整性	计算机完整性设计(见 5.5.1)	B和C
	试验和校准设计(见 5.5.2)	
	故障探测和自诊断(见 5.5.3)	
5.6　独立性	独立性(见 5.6)	E
5.7　试验和校准能力	无	
5.8　信息显示	无	
5.9　接近控制	无	
5.10　维护	无	
5.11　标识	标识(见 5.11)	
5.12　辅助设施	无	
5.13　多机组核电厂	无	
5.14　人因工程考虑	无	
5.15　可靠性	可靠性(见 5.15)	F
6　监测指令设备的功能和设计要求	无	
7　执行装置的功能和设计要求	无	
8　对动力源的要求	无	

附 录 B
（资料性附录）
多样性需求的确定

B.1 背景

将计算机用作安全系统的组成部分时，对于计算机软件会导致共模故障的可能性已经引起了人们的关注。多样性是处理这一问题的一种方法。本附录提供了确定多样性需求的一种方法。

B.2 讨论

可能存在某些情况，在这些情况下除了由设计和质量保证（QA）大纲（包括软件 QA 和 V&V）所提供的保证以外，还可能需要某种形式的多样性来提供附加保证。在计算机设计复杂（例如，一项安全功能的所有控制在一台计算机上实现）和运行经验有限的情况下，下面提供了一种方法，用来确定依赖于功能多样性和纵深防御的核电厂其他设计特性的充分性。

如果已有适当的多样性或者可将适当的多样性增加到核电厂设计中，则不需要计算机的多样性。对于在设计中可用经验有限且无多样性的复杂系统，应使用计算机的多样性。

B.3 确定多样性需求的方法

根据核电厂设计基准事件的分析，确定由拟用计算机完成的安全功能，并鉴别出其他安全和非安全的设计措施，这些设计措施能执行相同的或不同的安全功能，对已确定的“不可接受结果”提供等效的保护（例如，对于未能紧急停堆预期瞬态的缓解系统可为反应堆保护系统完成紧急停堆功能提供功能多样性）。如果有必需的控制器和显示器支持操纵员在可接受的时间内完成适当的操作，则操纵员的手动操作是可以接受的。如果使用的设备不受拟用计算机假想软件差错的影响从而具有功能多样性，则在拟用系统的冗余通道中使用相同的软件是可以接受的。

如果不存在功能多样性，则应进行纵深防御分析，以便确定在防御的各层次中（即反应堆保护、专设安全设施以及控制与监测系统）是否存在多样性。这一分析鉴别出每一层次中能阻止被分析工况的出现或减轻其后果的设计措施，并确定在每一层次中的假想故障（例如软件差错）是否可能对其他层次产生有害影响。如果能在要求的时间内完成其功能，则可以相信手动操作以及非安全级控制和监测设备。

如果分析表明对不可接受结果存在纵深防御，而且防御的各个层次不受假想软件故障的影响，则在拟用系统的冗余通道中使用相同的软件是可以接受的。

如果分析不能确认存在功能多样性或纵深防御，则应采用多样性设计。这可以用计算机与非计算机通道的结合或者用多样化的计算机来实现。计算机的多样性可通过使用不同的计算机功能规格书、计算机硬件、计算机语言等来实现，以便尽量降低共因故障的概率。

附 录 C
（资料性附录）
现有商品级计算机的适用性确认

C.1 背景

在有些情况下，安全系统设计全部或部分采用了未按本标准的准则研制的计算机（硬件、软件、固件和接口）。5.4.2提供了商品级物项适用性确认的通用指南，本附录的目的是帮助处理这些情况，以便允许在安全系统设计中使用不是专为核电厂设计的计算机。本附录也论述了对已鉴定的现有商品级计算机适用性确认的保持问题。在本标准中，商品级物项适用性确认过程涉及到商品级物项的初次鉴定以及鉴定的保持。

本附录概述了应遵守的主要步骤，以便确信现有商品级计算机具有高的质量和可靠性，从而允许它们在安全系统中使用，见5.4.2。当制造商未按HAF 003完成部件研制活动时，进行商品级物项适用性确认过程的各项活动可能是适当的。

C.2 讨论

第三方或制造商的安全设备质量鉴定所产生的文件可能达不到按本标准设计和研制所产生的设计文件的深度。然而，现有的商品级计算机可能具有运行经验证据的文件资料。只应相信与核电厂中计算机应用方式相类似的情况下所取得的运行经验。运行经验是对设计过程文件以及验证与确认活动的补充。

相对第三方确认者来说，现有商品级计算机的制造商可能容易取得许多有用的设计资料。例如：关于计算机软件程序信息的可利用性、设计和审查过程（即V&V）的详细情况、运行经验文件，以及计算机硬件设计和软件设计的维护（即配置管理）。

商品级物项适用性确认的目的是用合理的保证来确定被确认的物项满足为完成安全功能所必需的要求，这包括：

a） 确定计算机应完成的安全功能；

b） 确定计算机为完成这些安全功能所应具备的特性；

c） 证明这些特性满意地得到实现。

C.2.1 确定计算机应完成的安全功能

应进行分析，以便确定为实现安全功能而对计算机的功能和性能要求。这一分析还应确定可能会妨碍计算机完成安全功能的危害，参见附录D。

C.2.2 确定计算机的特性

应将C.2.1确定的计算机功能和性能要求及危害分配给硬件和软件。对软件应确定5.4.2要求的研制步骤。

C.2.2.1 硬件

应确定给5.4.2要求的硬件部分分配的功能和性能要求及危害。在功能和性能要求及危害方面所确定的计算机硬件特性的一些实例是：历史数据存贮、系统响应时间、抗震鉴定（包括温度、湿度、辐射、电磁干扰在内的环境鉴定）、人机接口以及维修工具。

应进行评价以表明功能和性能要求及危害与验收准则相一致。这可能需要进行特定的试验（例如地震试验和电磁兼容性试验）、进行某些验证与确认活动、评价供货商的规格书，或者信赖在与核电厂计算机的使用相类似的方式下取得的有文件证明的运行经验。

C.2.2.2 软件

应确定给5.4.2要求的软件部分分配的功能和性能要求及危害。应确定的计算机软件特性的一些实例是：系统响应时间、在异常情况期间实现已确定的安全功能、要求的嵌入功能、正确实现逻辑和算法、操作系统功能、通信(内部和外部)、存贮器保护、整定值变更的控制、差错处理、同步、中断控制，以及调整常数的控制。

应进行评价以表明功能和性能要求与验收准则相一致。这可能需要进行特定的试验、进行某些验证与确认活动或者评价供货商的规格书，并结合与核电厂计算机的应用相类似的方式下取得的有文件证明的运行经验。

C.2.2.3 研制步骤

应确定5.4.2要求的软件研制步骤，研制过程步骤的一些实例是：系统要求和验收准则的确定和文件编制、软件需求的确定、软件设计的文件编制、硬件和软件的V&V、硬件和软件的集成试验、硬件和软件的配置管理、程序员手册和用户手册，以及差错鉴别、文件编制、通知和改正的过程。

研制过程的验收应基于对计算机的研制、文件编制和验证与确认活动已采用的文件化过程的证据。应完成全部验证与确认活动。对某些研制步骤的文件或实现方面存在的不足之处可通过下列方式之一进行弥补：

a) 在与核电厂中计算机应用相类似的方式下所取得的有文件证明的运行经验；

b) 对已开展的应用项目得到的V&V结果，以支持操作系统或嵌入功能的验收。

应鉴别出任何要求的、但此前没有完成的V&V活动。

C.2.3 证明特性满意地得以实现

应提供文件证明计算机的特性满意地得以实现，表明设备和系统符合功能和性能要求以及本标准的要求。计算机设备的商品级适用性确认包括：专门的试验和检查、供应商的商品级检查、源验证、合格供应商/物项的性能记录，或者是以上各项的结合。

C.2.3.1 专门的试验和检查

如果技术数据是可得到的、试验设施是可利用的，则应进行专门的试验和检查，并使商品级物项通过验收时的检查和试验可充分验证其关键特性。专门的试验和检查也可与其他可接受的验收方法结合使用。

专门的试验和检查最适用于：

a) 从多个供应商采购的物项；

b) 在性质上相对简单的物项；

c) 可进行安装后试验以验证其关键特性的物项。

关键特性数据通常是在规格书、图纸、说明手册、材料清单以及产品样本中得到的。为了得到要求的数据可能需要与供应商接触。由于专利权方面的原因，当不能从供应商得到充分的数据以进行专门的试验和检查时，应考虑采用其他的验收方法。

专门的试验和检查应在标准验收检查的基础上进行，或与其相结合进行。当确定进行专门的试验和检查时，应编制文件化的大纲或检查表，以验证所选择的关键特性。专门试验和检查的结果应记录在已批准的大纲或检查表中，应包括：

a) 在专门试验和检查范围内包括的商品级物项；

b) 进行的试验和检查项目；

c) 采用的试验方法和检查技术(需要时，可能要求编制好的试验和检查程序)；

d) 规格书、图纸、手册、材料清单、产品样本等；

e) 说明待验证特性的验收准则；

f) 检查和试验结果的文档要求。

C.2.3.2 **供应商的商品级检查**

供应商的商品级检查是一种手段,通过它采购者可以相信由商品级物项的制造商或供应商所采取的商品级物项控制。当采购者想根据供应商的质量控制准则来验收商品级物项时,应使用供应商的商品级检查。供应商的质量控制是指质保大纲、质保程序或实施规程。

商品级检查最适合于:

a) 未按照 HAF 003 鉴定的设备;

b) 初始设备的制造商/供应商(OEM/OES);

c) 重新制造设备的供应商;

d) 销售商。

供应商的商品级检查可用于验收简单的或复杂的物项。供应商的商品级检查最适用于下列情况:

a) 商品级物项只有单一的供应商;

b) 不能从供应商处得到所要求的技术数据;

c) 从整个设备系列的一个供应商处重复采购很多种物项;

d) 商品级物项包含许多部件的组合;

e) 采购者不能轻易地通过专门的检查和试验来验证物项的关键性能。

对不同的物项,检查准则和供应商控制可能是不同的。采购者应依据关键特性的数量和类型来确定检查准则和必要的供应商控制。检查应针对被采购的商品级物项的范围。当从一个供应商采购多个物项时,对有代表性的几种商品级物项的检查就足以表明存在适当的控制措施。对于每一个物项,应确认执行适当的质量控制并形成文件。

应对供应商的设计控制、采购、软件生存周期过程、材料控制、制造、组装、校准、试验、监督、问题报告和纠正行动计划进行检查,以确保关键的特性得到控制。当与被验证的关键特性有关时可能还需要其他的控制措施。

商品级检查的结果应记录在已批准的检查大纲/检查表中,应包括:

a) 在检查范围内包括的商品级物项;

b) 由供应商控制的关键特性;

c) 纠正行动和通告;

d) 验证供应商对关键特性的控制;

e) 检查方法或验证活动;

f) 证明供应商控制充分性的结论。

供应商可以通过制定附加的控制措施或使用本标准中的其他可接受的方法来纠正在商品级物项供应商检查中发现的缺陷。

在供应商证明有充分的控制措施且关键的特性已得到验证的情况下,则在对完整的商品级物项验收的标准验收检查过程中,仅要求验证部件号、模块号、型号、版本和修订版本号(当适用时),以及供应商的符合性证明。

采购者应基于诸如供应商的行为、物项的复杂程度、标准验收检查结果和采购的频度来评估重新确认检查的频度。

C.2.3.3 **源验证**

源验证是在商品级物项装运前通过见证质量活动进行的关键特性的验证。源验证的基本目的是确认供应商有效控制了所选择的商品级物项的关键特性。源验证最适用于单一的商品级物项或物项的发运,或者极少采购的或快速采购的物项。

当源验证中确认供应商适当地控制了关键特性时,应在验收时检验部件号、型号、系列号、版本号及修订版本号(适用时),应依据标准验收检查的完成以及源验证结果文件对物项进行验收。

对不同的物项,采购者需见证的控制可能是不同的,并应依据关键特性的数量和类型来确定。监督的范围应包括见证研制过程、参与软件生存周期过程审查及其活动，或者见证工厂验收试验。应包括确认供应商的设计、采购，及为采购某些特殊的商品级物项而采用的控制方法。

源验证的结果应记录在已批准的监督大纲/检查表中，应包括：

a） 监督范围内包括的商品级物项；

b） 由供应商控制的关键特性；

c） 验证供应商对关键特性的控制；

d） 监督方法和验证活动；

e） 供应商控制充分性评价。

供应商可通过制定附加的控制措施来纠正在源验证期间鉴别的缺陷，或使用本标准中其他可接受的方法以验证其适宜性。

商品级物项适用性确认文件应提供关键特性的控制得到遵守的客观证据。

C.2.3.4 合格供应商/物项的性能记录

使用合格供应商/物项的性能记录，可使采购者根据由物项的性能及其他的商品级物项适用性确认过程对商品级物项所建立的信任，接受商品级物项。

供应商试验的结果可用于验证某些关键的特性，也可考虑能支持物项性能历史的信息，诸如从运行核电厂、供应商或工业用户获得的可靠性数据。在使用下述手段可搜集历史性能结果的情况下，合格供应商/物项的性能记录最适合于商品级物项：

a） 监测的性能；

b） 供应商产品性能数据；

c） 工业产品测试和性能数据；

d） 核电厂中部件故障概述；

e） 其他工业数据库（例如军工或航天工程）；

f） 由核安全当局签发的文件（例如信息通告）。

历史性能记录应与专门的试验和检查、供应商检查和源验证结合使用。性能数据应直接适用于关键特性。

应主要通过对从某一供应商处采购物项的性能监测，并通过安装有该物项的母体设备的性能监测来确定历史性能。这些性能数据通常可通过维护记录来得到。由于并不是所有的设备故障都向供应商报告，或者故障可能发生在分析完成以后，因此鉴定者应谨慎使用这一方法。应定期更新支持性文件并对之进行审查，以确保供应商/物项保持合格的性能记录。

对历史性能数据的评价应整理成文件。该文件应包括下述内容：

a） 被评价的供应商/物项；

b） 对物项或供应商已确定的关键特性；

c） 在评价供应商/物项时使用的用户/工业数据的证明；

d） 工业数据证明物项/供应商可接受性的确定依据；

e） 供应商/物项可接受性的理由概述。

验收基于工程判断，确定具有充分的证据可确信现有商品级计算机的可用性。全部验收活动应按计划进行并形成文件。此外，对于验收准则的例外情况，应当用文件说明理由。

附 录 D
（资料性附录）
危害的鉴别和解决

D.1 背景

计算机研制需要鉴别出可能使安全功能失效的危害（即异常状态和事件，或ACE）。危害是事故的一种先决条件。危害包括外部事件以及计算机硬件和软件的内部状态。本附录对危害的鉴别、评价和解决提供指导。本附录简略讨论了故障树分析（FTA）及故障模式和后果分析（FMEA）的使用，并以设计过程中可用的考虑方式介绍了IEEE Std 1228和MIL-Std 882B中所述概念的适用性。这些标准的概念包括各种设计分析和检查表。此外，一旦鉴别出危害，本附录对危害的解决提供指导。应把鉴别出的危害作为适当的V&V活动（见5.3.3）以及可靠性计算（见附录F）的输入。

分析技术是用来确定危害的一种方法，例如FTA和FMEA。GB/T 13284.1—2008（5.15，并参考GB/T 9225）建议用FMEA进行可靠性分析。这些技术可以用来鉴别可能的危害。IEEE Std 1228和MIL-Std 882B给出了用来鉴别危害的另外一种技术，该技术试图鉴别设计过程中引入的危害。

D.2 讨论

危害是从系统角度（例如：设计基准工况、系统设备的故障模式、人因错误等）考虑得出的结果，或由特定的设计和实施的相互影响（例如：子系统接口的不相容性、缓冲存储器溢出、输入/输出不适时、初始状态不符、乱序的事件等）所产生的结果。通过设计和V&V活动应足以确信对鉴别出的危害已作了适当处理。

5.5.1要求考虑那些很可能对完成安全功能所必需的计算机硬件和软件产生有害影响的危害。危害的重要性基于发生概率和后果，只有产生的后果可能会使要求的安全功能失效的那些事件才应予以考虑。对发生概率的定量或定性判断应足以能确定是否需要采取进一步的行动，只有那些具有明显后果而且发生概率较高的状态才需要在设计过程中予以解决。应将考虑的状态以及确定重要性的依据形成文件。本附录并不意味要取代GB/T 13284.1—2008的要求。

D.3 危害分析的目的

危害分析的目的是探索并确定由正常设计审查和试验过程未鉴别出的那些工况。正常的设计验证与确认过程保证安全系统满足设计要求，通常这一过程应评价由核电厂设计基准要求的不同故障组合以及故障对系统的影响。通过包括异常事件及带有劣化的设备和系统的核电厂运行，使得危害分析的范围超出核电厂设计基准事件的范围。危害分析着重于系统的故障机理而不是验证系统的正确运行。基于发生的概率和后果，首先鉴别可导致危害的重要故障模式，然后对其进行评价以确定相关的风险水平（例如高/不可接受风险，或低/可接受风险）。对划分为具有不可接受风险的故障模式，可进一步进行评价以确定特定故障模式的起因。可定量或定性地确定危害发生的概率，大部分的危害分析应是定性的，而定量分析可用于确定优先次序。

D.4 危害分析实施指导

在进行危害分析时应考虑下述指导：

a） 危害的避免；

b） 危害的鉴别和评价；

c） 整个系统寿期内危害的鉴别；

d) 危害的解决；

e) 已研制系统中危害的评价；

f) 危害分析大纲、责任和结果的文件编制。

D.4.1 危害的避免

在设计过程中通常使用下述良好的工程实践以减少在系统设计阶段危害的数量：

a) 使用工业标准作为指导以避免危害，工业界专家已编制了一些标准，这些标准规定了避免某些已发现危害的方法；

b) 使用检查表，使用技术检查表是另外一种避免危害的方法，技术检查表是已知危害或如何避免危害方法的列表，检查表通常是根据过去的危害经验来编制的，由于检查表可能没有包括所有的危害，因此检查表应作为危害分析的一种补充方法；

c) 在不同的开发领域，诸如在软件研制、系统维护、设计工程和运行方面，使用专家系统；

d) 需求分析的使用有助于系统危害的早期鉴别。

D.4.2 在详细设计阶段危害的鉴别和评价

在详细设计阶段，系统危害分析过程应结构化以保持对系统研制过程的影响最小(例如没有组织上的变化，过程变化最小)。此外，该过程应既适用于任一生存周期，也适用于设计后分析。该过程应开始于核电厂升级过程计划编制的初期，该计划描述预期的、工程特定的危害分析活动。在D.4.3中描述了生存周期危害分析过程。

D.4.2.1 结构

为了简化危害鉴别过程，应使危害鉴别作为正常设计过程的一个组成部分。在系统研制早期阶段把危害鉴别作为正常设计过程的一部分，与此相对应，在系统研制成功以后则把危害鉴别作为改进过程的组成部分，从而使危害鉴别成为生存周期的组成部分。在系统生存周期早期发现的危害易于纠正，且支出少于后面反馈分析中发现的危害。危害鉴别应使用正常设计过程中所用的系统开发和维护要素，这些要素如下：

a) 工程项目结构和组织；

b) 设计验证；

c) 审查会议；

d) 文件；

e) 配置管理；

f) 试验(工厂验收试验、模拟试验和修改后试验)；

g) 质量保证。

生存周期危害分析应考虑在系统研制、试验和实施过程中发生的变更。

D.4.2.2 计划

在系统研制开始时对危害分析可能存在的最大阻力是要求保持尽可能低的研制费用。在设计过程开始时不存在现实的和可鉴别的危害，因此对危害分析过程的判断和资源分配可能难于定量化或难于论证。认为新的数字系统等于或优于被替换系统的这种观点可能并不总是正确的。

在设计工程开始时，应编制危害鉴别和评价大纲，包括下述步骤：

a) 鉴别诸如反应堆紧急停堆、应急冷却剂注入等关键功能；

b) 鉴别不希望发生的顶级事件(可以导致关键功能丧失的事件)；

c) 确定组织机构的责任；

d) 选择使用的技术；

e) 确定分析假设；

f) 进行危害鉴别分析；

g) 针对后果和发生概率对已鉴别出的危害进行评价；

h） 采取所需的纠正行动并重新评价与关键功能相关的变更的影响。

D.4.2.3 危害鉴别

危害鉴别过程的第一步是确定系统的关键功能。应采用多学科组的方法来确定在系统研制过程整个范围内（例如硬件软件研制、运行、设计、维护和试验）的关键功能。一旦确定了关键功能，就能进行分析以鉴别在发生需求时妨碍这些关键功能的事件。危害鉴别不应当仅依赖于单一技术，而应在分析过程中使用多种不同的技术。下述技术可用于潜在危害的鉴别：

a） 初步危害分析（PHA）；

b） 故障树分析及故障模式和后果分析；

c） 系统建模；

d） 软件需求危害分析；

e） 初审（例如设计审查和代码审查）；

f） 模拟机/核电厂模型试验。

D.4.2.3.1 初步危害分析

初步危害分析（PHA）是一种初始的鉴别技术，它与专家对系统各个部分的自由讨论会议相似。在危害鉴别大纲过程中确定的系统关键功能和不希望功能的清单提供了 PHA 分析的起点和范围。问题清单或检查表也可用以指导和集中 PHA 的讨论。一个成功 PHA 的关键是选择参与者，参与者应具有各种不同的背景和系统的观察能力。PHA 小组成员应包括系统工程师、设计工程师、操纵员、来自适当专业的维护人员、软件和系统研制人员，以及概率风险评价分析员。

在 PHA 过程中制定的关键功能清单通常集中在安全重要的领域。然后确定这些关键功能可能的故障模式、区分安全重要性，并评估发生的概率。

D.4.2.3.2 故障树分析及故障模式和后果分析

故障树分析（FTA）及故障模式和后果分析（FMEA）是可用于确定危害的技术。这些技术论述了在设计过程中危害的引入。FTA 和 FMEA 是一种结构化的研究方法，它使用 PHA 期间鉴别的顶级故障。FTA 是一种从上到下的方法，它集中在对危害起因特定领域进行分析。FMEA 是一种从下到上的方法，它涉及到更广泛的领域并能针对已鉴别的危害进行评价以确定可能的起因。尽管 FMEA 不考虑应进行评价的多重故障（例如共因故障），但供应商可能更乐于进行 FMEA。所有的这些技术对于潜在危害的鉴别都是有用的。

鉴别危害的一种技术是列举出故障和不希望的后果，然后确定产生每个故障和后果的具体系统的设计或实现。例如，一个不希望的后果可能是在规定条件下没有开启一个阀门。这一后果可作为 FTA 中的顶事件，随后可以被分解为较低层次的中间事件，并在设计的最底层结束，对此可进行定性或定量的概率评价。在这个例子中，较低层次的故障可能是硬件故障、操作系统故障、传感器故障、驱动器故障或应用软件中表决逻辑错误。如果高层次的分析确定了软件错误是不希望后果的可能起因，则 FTA 可扩展到程序代码模块以及软件设计的下层（如果需要）。这种方法用作为一种工具以鉴别设计中最薄弱的部分，而且，如果发生了设计错误或随机故障，这一最薄弱部分可能就是不希望后果的重要起因。

D.4.2.3.3 系统建模

系统建模技术通过建立和随后执行系统设计的软件模型来鉴别系统设计中的危害。通过这种建模方法，可引入异常状态以确定这些状态对系统性能的影响。

D.4.2.3.4 软件需求危害分析

除了重点关注软件需求及软件与其他部件的接口外，该活动与 PHA 相似。此外，软件需求危害分析检查表可用于鉴别软件需求文件中遗漏的和不一致的内容。在软件需求危害风险分析完成后，所有可能的危害应按照它们对关键功能的可能影响进行排序。如果一个高级别的危害直接影响软件，则应对之作进一步的规定和评价。

D.4.2.3.5 初审

需求、设计和程序代码的初审是软件研制过程的一部分。初审集中在对系统特定部分的彻底检查，并应包含代表不同工程领域的人员。初审重点关注的是正确性(例如保证设计正确考虑了分配给它的要求)。关注点应扩展到对相关危害的处理(例如保证设计不使系统以不希望的或未预期的方式运行)。

D.4.2.3.6 模拟机/核电厂模型试验

通过将数字系统与核电厂模拟机或核电厂计算机模型相连接，可对案例进行试验。在试验期间，不仅能验证设计要求，还能针对正确性和系统响应进一步发现潜在的危害并对之进行试验。

D.4.2.4 危害评价

危害评价活动的重点在于评定潜在危害的可信性。在生存周期中应尽早评价所有可能的危害，以使早期危害鉴别的利益最大化。建议采用下列步骤进行危害评价：

a) 评价危害成本效益比；
b) 确定危害的可能后果；
c) 确定危害的种类和类型；
d) 鉴别和评价危害对系统级的影响；
e) 确定危害的处理。

D.4.2.4.1 评价危害成本效益比

分析者应确定与评价危害是否对系统带来显著的风险相比，是否可以更有效地消除潜在的危害。

D.4.2.4.2 确定危害的可能后果

确定危害的可能后果有两个部分。一旦鉴别了可能的危害，分析者应确定系统是否能产生这种危害。然后，分析者应评价作为危害的后果发生差错和故障的可能性。FTA 的结果可用于确定每个危害的相对重要性。这可以通过评定最小概率风险分析割集的概率以及割集的大小来完成(见 GB/T 9225)。如果对于不希望后果的发生来讲，故障或差错的概率低的可以接受，则不需要采取进一步的措施。反之，则可能需要设计变更或需要进行整个系统的安全评价。

其次，分析者应(定性或定量地)确定在运行工况下潜在危害发生的概率，这可能需要硬件设备的可靠性数据。对于软件，这可能包含对软件经受可能引起危害发生的某些条件或输入的概率评估。

D.4.2.4.3 确定危害的种类和类型

危害分析者应确定危害是由下述何种原因引起的：

a) 只是硬件；
b) 只是软件；
c) 硬件和软件(即系统级问题)；
d) 系统研制环境(例如导致不正确危害鉴别的、不完善的故障诊断设备)。

为了确定根本原因，分析者还应确定将危害引入到系统的研制阶段。例如在硬件实现阶段鉴别的危害可追溯到硬件设计中的某个问题，该问题可追溯到硬件需求规格书。在这个例子中，危害的类型是需求危害。危害的其他类型包括设计、实现、试验、安装、维护和运行危害。这些信息可用于确定适合于解决危害的人员。可对危害类型的记录进行比较，以鉴别研制过程中存在的缺陷。

D.4.2.4.4 确定和评价危害对系统级的影响

某一危害对系统层次的影响可能是不十分明显的，例如不正确值的指示可能导致操纵员采取不恰当的操作。相反，某一危害的影响可能是更加显而易见的，例如在不适当的时刻造成系统失效。较高级别的逻辑或联锁可防止可能的危害产生不希望的后果。采用常用的全面分析或作为 FMEA 的一部分能够确定对系统级的影响。功能性的 FTA 可能也是有用的。应根据系统级影响的比较和评价对可能的危害进行排序。例如，对任何单一的计算机引起不希望后果的硬件模件的单一随机故障，在具有足够冗余的系统设计中可能是可接受的。另一个例子是采用多样性和纵深防御以补偿软件共模的弱点。可使用危害对整个系统的影响对危害进行排序。

D.4.2.4.5 确定危害的处理

确定危害的处理就是决定是否确认及随后解决危害。系统研制者应评价危害对系统级的影响和可信性，并确定是否撤消或确认危害。使用多种方法以处理危害，诸如消除、减轻及控制危害后果，或使其后果减至最小。如果消除危害是不经济的，则应通过重新设计系统来对付危害。危害的控制不应是核电厂运行人员的责任。应修改危害分析，以考虑设计变更引入的新危害。

D.4.3 整个系统生存周期内危害的鉴别

下面各节提供了在整个系统生存周期内评价危害的详细指导。

D.4.3.1 安全系统的危害鉴别

安全系统危害的鉴别过程开始于对要求的安全功能、设计基准工况、选定的系统设计要素（如子系统、多样化系统等）和法规标准要求的理解。

危害鉴别过程应考虑：

a) 核电厂安全分析报告中确定的设计基准工况；
b) 认为造成安全设备失效的相互独立的、相关的和同时发生的危害事件，包括动力源和可以产生危害的共因条件；
c) 系统各部分之间的接口考虑，例如电磁干扰、硬件和软件控制的误启动，应包括考虑由软件（包括其他人编制的软件）对于子系统/系统故障的可能贡献，应确定用来控制安全软件的命令和响应（例如误命令、命令失效、不适时的命令或响应、或不希望的事件）的安全设计准则，并应采取适当的措施将这些准则包含到软件（及有关硬件）规格书中；
d) 包括运行环境在内的环境限制（如地震、极限温度、温度瞬变、噪声、暴露于外来物质中、火灾、静电放电、雷击、电磁环境影响和辐射）；
e) 运行、试验、维修和应急规程（如人因工程、操作人员作用、任务和要求的人因差错分析、设备布置、照明要求等因素的影响、噪声或温度升高的影响）；
f) 试验和维修设备的设计和使用，它们可能引入缺陷和软件差错；
g) 安全设备设计和可能的替换方法（如联锁、系统冗余、硬件或软件的故障安全设计以及子系统保护）；
h) 由于其他子系统（包括非安全系统）的运行造成系统的性能劣化；
i) 包括合理的人因差错和单点故障在内的故障模式，以及在子系统设备发生故障时产生的危害；
j) 软件（包括由其他人编制的软件）、事件、缺陷、事件（例如不适当的同步技术）对于系统安全的可能贡献；
k) 潜在的共模故障；
l) 软件设计要求和纠正措施的实施方法，这些方法可能会对安全系统造成损害或使其性能劣化，或引进新的危害；
m) 在系统验收期间及验收以后设计变更的控制方法以保证安全系统性能不会劣化，也不会产生新的危害。

D.4.3.2 计算机的危害鉴别

根据安全系统的分析结果，可确定计算机系统的某些安全功能、设计条件、限制及未解决的危害。计算机系统设计应规定为了阻止系统进入危害状态或者使系统从危害状态进入到非危害状态而需要由硬件或软件完成的那些功能，而且应鉴别和规定软件与计算机系统之间的接口。计算机的危害鉴别应考虑 D.4.3.1 的要求，只是把重点放在硬件和软件的初步设计上。此外，应把下述各项作为可能的危害：

a) 硬件与软件之间的相互依赖性（例如中断和操作系统）；
b) 可能使系统进入危害状态的动作序列；
c) 系统特有的可信危害，例如超前或滞后的输出、传感器输入处理故障、准确度或舍入问题、例外情况的不适当处理、恢复动作、系统中断、输入电压或频率波动、符合信号改变的最大可信数目、电磁干扰和超量程数值(如被零除或未初始化的指示)。

D.4.3.3　软件需求的危害鉴别

在软件需求的危害鉴别过程中评价软件和接口要求,并鉴别出可能成为危害产生原因的差错和缺陷。在进行软件需求危害鉴别时应将软件要求与硬件设计的相容性作为一个基本问题,这包括下述活动:

a) 应对软件需求进行评价,以便鉴别出对完成安全功能必不可少的要求(即关键要求),应对这些关键要求进行评价,以便评定危害状态的重要性;

b) 程序大小和定时的要求应保证具有适当的资源用于执行时间、时钟时间和存储器分配,以支持关键要求(包括在最坏条件下的最大负载);

c) 在涉及到多软件系统集成的设计中应考虑系统各部分之间的相互依赖性和相互作用;

d) 应对现有软件进行评价以便充分确信没有引进对安全系统的运行有害的"未预期功能",未预期功能的可能解释包括:

1) 无用的驻留功能,设计过程应处理任何无用的驻留功能(见5.6),在某些情况下,例如对于操作系统和编译程序,当可能不知道总的数量时,V&V过程对于处理无用的驻留功能是不适宜的;

2) 对外部或内部条件的不可预测响应,在设计过程中应对外部或内部条件的不可预测响应进行鉴别并形成文件,并采取适当措施解决这些危害,然后应通过V&V过程来确认对这些危害作出的适当响应;

3) 由于设计或实施错误产生的缺陷,V&V过程应处理由设计或实施错误引起的缺陷;

4) 未从软件中消除的研制辅助手段,应作出有文件依据的判断,以便说明研制辅助手段是否将保留在软件中,如果决定将研制辅助手段保留在软件中,则可以使它们运行或不运行。无论何种情况,如果将研制辅助手段保留在软件中,则应进行V&V活动。

D.4.3.4　软件设计的危害鉴别

软件设计危害鉴别所包括的活动应确信没有引进新的危害。应对可能存在的计算问题进行评价,这些问题包括错误的方程、不够的精度、扫描速率和符号约定错误。应对方程、算法和控制逻辑中可能存在的问题进行评价,这些问题包括逻辑错误、未作处理的情况或步骤、重复逻辑、忽略的极端情况、不必要的功能、错误解释需求、遗漏条件测试、检查错误变量和不正确的迭代循环等。

对数据结构和预期使用中的数据从属性进行评价,这种从属性损害隔离分区、数据别名使用和故障抑制问题,从而会影响安全和对危害的控制或缓解。对可能存在的数据处理问题进行评价,这些问题包括不正确的初始化数据、已读取或贮存的数据、数据的换算或单位、计算出的数据和数据的范围。

应对接口设计进行审查,包括内部接口以及同系统其他模块之间的外部接口,对接口关注的主要方面是适当规定的协议以及控制和数据链接。对外部接口应进行评价,以便核实设计中的通信协议同接口要求是相容的,接口的评价应支持冗余管理分区和危害抑制的要求,可能存在的接口和定时问题包括不正确处理的接口、不正确的输入和输出时限、以及子程序/模块失配。

应确信设计符合已确定的系统限制。物理环境对于危害分析的影响可能包括:当使用最长的安全定时限制从最远的电路板获取数据时,高频时钟对于电路板的位置和关系以及总线锁存器的定时等。

应鉴别出完成关键功能的软件模块,在同其他模块连接和进行数据通信时,可能会发生某些潜在的问题,例如:字格式或数据结构的不相容性,为实现数据共享同其他模块的同步问题等。此外,应对非安全模块进行评价,以便确信它们不会对安全软件产生有害影响。

D.4.3.5　软件实现的危害鉴别

在软件实现阶段可能产生危害,在这一阶段应进行下述活动:

a) 对方程、算法和控制逻辑中可能存在的问题进行评价,这些问题包括逻辑错误、遗漏的情况或步骤、重复逻辑、忽略的极端情况、不必要的功能、错误解释需求、遗漏条件测试、未检查变量和不正确的迭代循环等；

b) 确认算法的正确性，包括准确性、精度，以及方程的不连续性、超量程条件、断点、错误的输入、扫描速率等；

c) 评价程序中的数据结构和使用，以便确信对数据项已适当定义和使用；

d) 确认软件模块与外部硬件和软件之间接口的相容性；

e) 确认软件在由要求、设计和目标计算机系统对软件提出的约束范围内运行，以便确保程序在这些约束范围内运行；

f) 检查非关键程序，以便保证它不会对关键软件的功能产生有害影响，作为通用规定，安全软件应与非安全软件相隔离，检查的目的是证明这种隔离是完整的；

g) 验证软件编码处在定时和大小的恒定值内；

h) 验证良好的软件实践（例如程序大小的限制、避免多用户注册、可重复使用代码的控制、代码初始化等）的使用。

D.4.3.6 对于危害条件的计算机系统集成试验

计算机集成试验核实各种危害要求（禁止、俘获和联锁）已经正确实现，这种试验可验证软件在其规定的环境内正确工作。这种试验应在计算机研制过程中作为试验活动的固有部分来进行。在计算机系统集成试验中应进行下述活动：

a) 计算机软件单元级试验，以检验安全软件各组成部分的正确执行；

b) 接口试验，以检验安全软件各单元按预期要求运行；

c) 计算机软件配置项试验，以检验软件作为一个单元的执行情况；

d) 系统级试验，以检验软件在整个系统内的性能；

e) 承受能力试验，以检验软件在异常情况下（例如未预期的输入值）不会引起危害。

D.4.3.7 计算机系统确认试验

作为整个V&V过程的一部分，应对在最终硬件配置上运行的软件进行类似D.4.3.6的试验，以便确信已对鉴别的危害作了处理。

软件的故障树分析（见D.4.2.3.2）可用于鉴别可能导致安全功能丧失的软件故障，或者证实不存在这样的故障。

D.4.3.8 维护和修改危害分析

应考虑系统验收后所作的维护和修改可能引起的危害的鉴别问题。依据维护和修改的范围来确定分析的范围，应按D.4.4的指导来考虑这些危害。

D.4.4 危害解决的一般指导

基于计算机的安全系统包括有完成安全功能必不可少的硬件和软件。此外，计算机系统可能也包括有对完成安全功能不是必需的设备（如自检）。危害鉴别和解决的焦点是保证安全功能不受已鉴别危害的影响，同时当非安全设备经受已鉴别的危害时，非安全功能不对安全功能产生危害。可考虑的一般指导如下：

a) 在系统的整个寿期内鉴别、评价和消除与每个系统有关的危害。在研制生存周期的每一阶段，解决上一阶段未解决的危害，并对当前研制阶段的设计进行分析，以鉴别新的危害；

b) 使极端环境条件（例如温度、压力、地震、振动、湿度、辐射和电磁干扰）引起的风险降低到最小；

c) 在系统设计中对系统操作和支持中由于人因差错所引起的风险作出处理；

d) 应给出明确的要求定义，以减少研制者误解释的可能性，可能出现的问题包括意义含糊的语句、未指明的条件、不明确的精度要求、未规定对危害的响应，以及不完整的、不正确的、相互矛盾的、难于实现的、不合逻辑的、不合理的、不可核实的或不能达到的要求；

e) 考虑和使用历史的危害数据，包括从其他系统取得的教训；

f) 只要可能，通过使用现有的设计和试验技术使风险减至最小；

g) 对设计配置或系统要求中的危害和文件变更进行分析，见D.4.6；

h) 将鉴别出的危害及其解决办法(即设计变更或决定不采取进一步行动)形成文件，见D.4.6。

一旦鉴别了一个危害，就应考虑危害的解决方法。下述指导可用于解决已鉴别的危害：

1) 如果可能的话，通过设计消除已鉴别的危害或者降低有关的风险；

2) 如果不能通过系统设计变更消除已鉴别的危害，则通过增加安全设备将有关的风险降低到可接受的水平；

3) 当设计或安全设备都不能有效地消除已鉴别的危害或者适当地降低有关的风险时，则应使用设备探测这种状态并产生适当的报警信号以便提醒人们出现了危害，报警信号及其应用应设计得尽可能减小人员对信号作出不正确反应的概率，并应在同类型系统内部实现标准化；

4) 在不能通过设计选择消除危害或者用安全和报警设备适当降低有关风险的情况下，则应编制规程和进行培训，以便对危害的发生作出反应。

D.4.5 已研制系统的危害评价

在安全系统设计中可以使用已开发系统中研制过的计算机、硬件或软件。5.4.2要求通过商品级物项适用性确认来鉴定这些已研制的系统。附录C提供关于商品级物项适用性确认的指导，包括考虑硬件、软件或固件的故障(即可能影响安全功能完成的危害)。应在可能的范围内应用D.4.3和D.4.4的指导，因为彻底的软件设计危害鉴别和软件代码危害鉴别可能是不可实现的或是不必要的。

D.4.6 危害分析大纲、责任和结果文件

有关危害分析大纲、责任和结果的文件编制是很重要的，以保证这些活动按有序方式进行并产生可审查的结果。应将本附录说明的活动结合到计算机研制过程中，可将这些活动以检查表形式形成文件并纳入到管理和记录研制过程的那些文件中，而不推荐形成独立的一组文件。

D.4.7 初步的危害分析问题

下述问题举例对进行危害分析提供指导：

a) 系统故障怎么会花费公司大量的费用(未考虑随后的设计变更)？

b) 系统故障以怎样的方式导致安全功能失效？

c) 用户与新系统的相互作用方式与现有系统的作用方式有明显差别或仅有细微的差别吗？

d) 当使用新系统时，如果操纵员采用旧规程将会发生什么？

e) 当使用新系统时，如果维护人员采用旧规程将会发生什么？

f) 如果维护人员对系统进行在线变更将会发生什么？

g) 系统输入和输出与相关的核电厂接口(在电气上和机械上)是否兼容(即存在接口问题吗)？

h) 是否存在未显示给操纵员的系统潜在故障(特别是引起系统锁死的故障)？

i) 在所有运行条件下(在需求规格书规定的运行环境内)是否可能存在总线争用和定时问题？

j) 新的运行、维护或培训规程与当前的规程是否冲突？(核电厂人员是否知道使用新系统将要干什么？)

k) 新的系统试验程序是否会向系统引入新的危害(例如在一项试验完成后使安全系统功能被禁止)？

l) 自诊断功能是主动的还是被动的？自诊断如何影响系统？

m) 系统是否存在硬件或软件中断？如果存在，它们对系统的影响如何？未使用的硬件中断是连接到参考电位(例如接地)还是使之浮空，这是否导致系统故障？

附　录　E
（资料性附录）
通信独立性

E.1　背景

计算机在安全系统中的应用为单个安全通道内部的计算机之间、安全通道之间以及安全计算机与非安全计算机之间的高水平数据通信提供了可能(见5.6)。这种通信能力的不适当使用可能导致计算机完成其本身功能或多项功能的能力丧失,从而妨碍安全系统完成其功能。本附录提供一些详细的方法,它们可用来最大限度地使用通信而不致对安全系统产生有害影响。为了防止安全通道之间的故障扩散以及防止故障从非安全计算机扩展到安全计算机,需要考虑采用隔离。

E.2　讨论

使用通信技术时主要关注的问题是需要排除由于通信活动可能造成安全功能的丧失。通信活动包括数据传输以及确认数据接收或指示数据传输故障用的任何载体。不能使任何通信故障的探测和校正妨碍或干扰安全功能的完成。

为使安全计算机对非安全设备具有适当的独立性,应保证电气隔离和通信隔离,但应注意的是实际的电气隔离点和通信隔离点可以不同。电气隔离要求见GB/T 13286。下面推荐通信隔离的方法。

E.2.1　不同安全通道中计算机之间的通信

不同安全通道中计算机之间的通信可用于实现表决逻辑或标记同步时间标签。在发生通信故障时,如果该故障已被鉴别,则应置于优先故障状态。图E.1和图E.2表示实现这一要求的方法。

图E.1表示通道A中安全计算机和通道B中安全计算机之间的广播通信,单向通信路径提供一个软件隔离点。计算机之间的物理连接提供电气隔离,电气隔离可用光学方法来实现,例如光缆或光隔离器。通信隔离通过广播通信来提供。

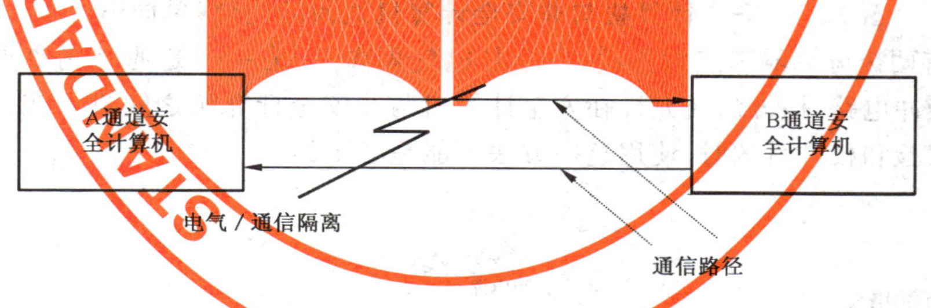

图E.1　安全通道之间的通信(单向通信)

缓冲电路提供一个接口,用于确认或不确认通道之间的数据传送、免除冲突等。缓冲电路作为通信链路与安全功能设备之间的缓冲装置,以保证安全功能的完整性。缓冲电路应与完成安全功能的处理器隔开(至少装在不同的插件板上),它可以是另一个处理器、存储器插件等。验证与确认(V&V)活动应包括缓冲电路。缓冲电路之间的物理连接应作为电气隔离点。

图E.2表示有两个分离隔离点的方法,一个是电气隔离点,另一个是通信隔离点。只要使用缓冲电路,这一方法就可以实现安全计算机之间的双向通信。

安全功能与缓冲电路之间的广播通信链路作为安全计算机发送数据的一个路径,与缓冲电路相分离的通信可使安全功能处理器从另一个通道接收数据。从另一通道请求和接收数据的过程不应导致任一安全功能的丧失。

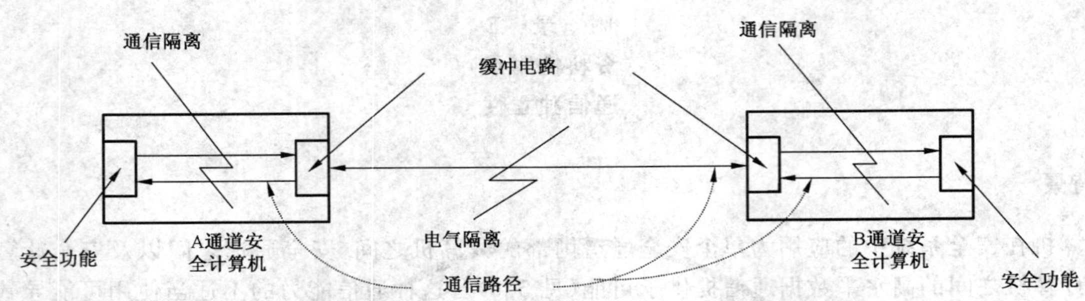

图 E.2 安全通道之间的通信(双向通信)

E.2.2 安全计算机与非安全计算机之间的通信

安全计算机与非安全计算机之间的通信可用于标记同步时间标签和设置已批准的整定值变更，但是，安全计算机在任何时候都不应从非安全计算机输入数据来完成其安全功能。图 E.3～图 E.5 表示了实现安全计算机与非安全计算机之间通信的方法。

图 E.3 表示安全计算机与非安全计算机之间的广播通信，单向通信路径提供通信隔离，计算机之间的物理连接可同时提供电气隔离和通信隔离。电气隔离可用光学方法实现(例如光缆或光隔离器)，通信隔离通过广播通信路径来提供。

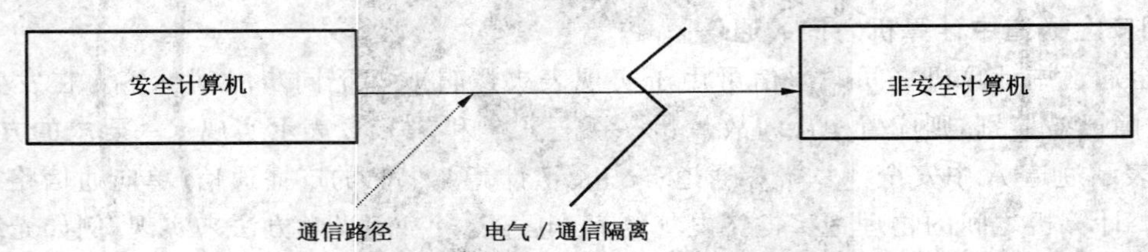

图 E.3 安全计算机与非安全计算机之间的通信(单向通信)

图 E.4 表示有两个分离隔离点的方法，一个是电气隔离点，另一个是通信隔离点。只要在安全计算机中使用一个缓冲电路，该方法便允许在安全计算机与非安全计算机之间进行双向通信。当一台独立的计算机用于试验和校准目的时，使用这一方法可能是必要的。

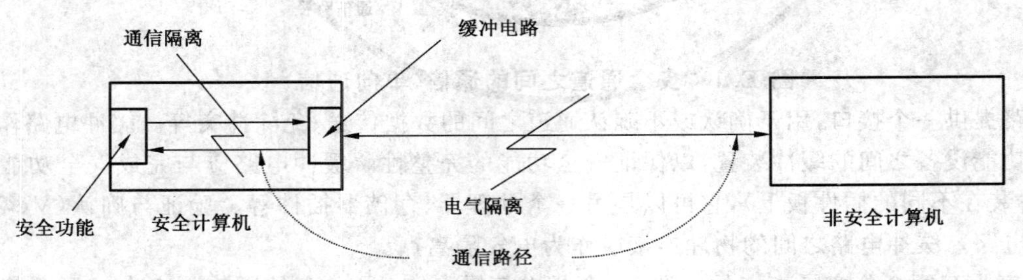

图 E.4 安全计算机与非安全计算机之间的通信(双向通信)

缓冲电络提供一个接口，用于确认或不确认通道之间的数据传送、免除冲突等。缓冲电路作为通信链路与安全功能之间的缓冲装置，以保证安全功能的完整性。缓冲电路应与完成安全功能的处理器分隔(至少装在不同的插件板上)，它可以是另一个处理器、存储器插件等。验证与确认(V&V)活动应包括缓冲电路。按要求,缓冲电路与非安全计算机之间的连接提供电气隔离。

安全功能与缓冲电路之间的广播通信链路作为安全计算机发送数据的一条路径,发送数据的过程不应导致安全功能的丧失。当使用一台独立的试验和校准用计算机时,从缓冲电路至安全功能的广播通信链路是必需的。

图 E.5 与图 E.4 类似,只不过非安全计算机中也使用可选择的缓冲电路和通信路径。

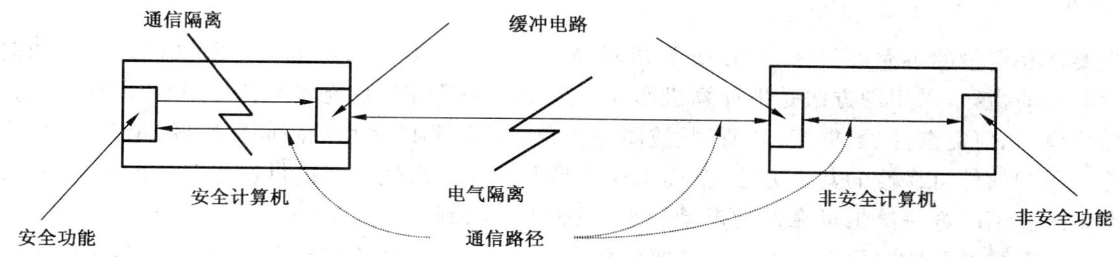

图 E.5 安全计算机与非安全计算机之间的通信

附　录　F
（资料性附录）
计算机可靠性

F.1　背景

当要求有定量的可靠性目标时，5.15 要求对硬件和软件都要予以考虑。本附录提供关于如何进行可靠性测定的指导，采用的方法是把计算机作为一个整体（即硬件、系统软件、固件和应用程序）来考虑。采用如规模、几何复杂性、数据流、从研制、故障和校正经验得到的平均故障间隔时间（MTBF）外推等结构特性来预测软件可靠性的其他方法，都尚未达到足以能给可靠性预测提供适当置信度的完备状态。

本附录介绍的方法给出可靠性的定量测定，但有下述限制：

a)　计算机可靠性按规格书中的功能要求测定，这一方法没有考虑规格书中的缺陷，在已试验的系统中很大一部分故障是由规格书中的缺陷引起的；

b)　这一方法得到非冗余计算机（即单个通道中的单列处理）的可靠性定量测定，但没有考虑共模故障或共因故障对冗余计算机可靠性影响的测定方法或其他方法。

在可靠性预测中应用具有这些限制条件的可靠性测定结果时，应对该结果进行调整，以便考虑规格书中可能的差错以及由共模故障和共因故障产生的不可用性影响。由于安全系统设计和软件结构的种类繁多，本附录不可能广泛说明完成这些调整的适用方法。

实时计算机故障的特点和后果是：

a)　这些故障在不可预测的时刻发生，因而任何故障（不论是起因于软件或硬件）都可以按类似于模拟硬件故障的方式作为随机事件来处理；

b)　这些故障是在处理器通过传感器、驱动器、通信接口和显示器与环境相互作用时软件在处理器上执行的结果而产生的，因而与执行该软件的整个计算机一起讨论软件的可靠性才是最有意义的。

这些故障是各个事件同硬件、软件或固件中的缺陷相互影响的结果，因而其中某些故障在研制过程中是潜在的，通常未予考虑。

这些故障一般涉及许多细节问题，包括同系统软件（操作系统、设备驱动程序等）的接口、未预期的性能、故障/差错处理、或定时和处理器负荷。

由于硬件或软件问题都能够引起计算机故障，因此有必要讨论如何能最好地描述、测定和分析由硬件和软件两者产生故障的概率。

对于计算机可靠性评定最难的问题是软件处理。本附录未对软件故障采取与硬件故障不同的方式来处理。但是，区分两种类型的计算机可靠性计算是有必要的，即面向预测的计算和面向测定的计算。

作为确定安全系统可靠性的组成部分，计算机可靠性测定既是可能又是希望的。计算机可靠性的一种量度是故障率，即单位时间内的故障数。计算机可靠性的测定与安全系统或硬件的可靠性测定是相似的，而且实际上应依据同样的数据组，即确定试验期间的故障数和试验时间。

测定过程中的一个关键因素是故障的记录和报告。按 IEEE Std 1012 的规定，使用术语“不符合项报告”来表示问题或故障报告。不符合项的报告和分析对评价计算机的可靠性是重要的。

不符合项报告提供的信息包括要求或设计不适当、故障模式的定性数据、计算机（软件和硬件）可靠性的定量数据、性能能力的数据（如容量、响应时间、处理能力）。不符合项报告包含的具体项目见 IEEE Std 1012。由于收集了数据，如在整个运行系统中测定的那样，可对数据进行平均故障间隔时间的分析，从而确定有缺陷的硬件或软件模块、故障探测和恢复的有效性（即有效域），以及未预期危害的发现比例，见附录 D。

F.2 讨论

计算机可靠性评定的必要条件是有完整的不符合项数据记录。如果有一个完整的不符合项数据库，就可以分析研制过程的有效性并确定计算机的可靠性。

F.2.1 研制过程评价

研制过程评价可尽量降低由于各个事件同硬件、软件或固件缺陷的相互影响而产生的计算机故障，见F.1。对不符合项报告(按遗漏要求或不正确要求、故障模式鉴别、故障探测、恢复有效性等编写)和可靠性评定应进行认真研究。对根本原因的分析和研制阶段中的数据项应进行评价。

F.2.2 不符合项报告数据的使用

不符合项报告表明原先未鉴别出的故障模式、无效探测机理和无效恢复机理，应将该报告看作是确定计算机可靠性的输入。

将计算机集成到安全系统可能会增加危害的数量。可能没有预计到结构、应用、硬件和其他设计特点所特有的故障模式。因此，应不断进行故障模式和后果分析(FMEA，见附录D)，并且当不符合项报告鉴别出新的故障模式时应进行更新。

为了区分不同类型的故障，有必要建立故障分类和判别准则。例如，根据操作系统失效还是只有应用软件失效，可将计算机"崩溃"与计算机"停机"区分开。将计算机故障数据用于可靠性测定的必要条件是故障发生和扩展所采取方式的概念性依据。

还应特别收集和分析故障模式数据，以表明软件处在及超过最大承受极限条件(处理能力、容量和数据)时的性能，并确定在外部异常条件下的软件性能。在这段时间内，应观测到对于新的故障模式发现比例呈现下降趋势。未出现这一趋势就可能表明，系统的故障特点尚未充分地表现出来，计算机可靠性测定过程可能需要延长，直到观察到这一下降趋势为止。

故障探测和恢复的有效性(即有效域)是影响冗余计算机可靠性的一个重要因素。这一有效性或有效域可以估算为：故障发生后的成功恢复次数除以在适当置信区间内发生的有关故障(取决于FMEA中应用的分类)的次数。在研制过程中，应进行充分的故障注入和故障模拟试验。然而，有效域的最有效测定是通过运行期间自然发生的故障来进行。提供关于有效域和各有效域机理方面数据的故障报告是进行这种估算的主要依据。可靠性确定可能需要一直延续到能探测和恢复有效性时为止。

对于不符合项报告的上述评价在研制新的系统和商品级计算机的集成中是有用的。在类似应用中的运行经验数据，特别是故障模式和可靠性分析数据，对确定已研制的软件或商品级软件的可靠性是很重要的。确定相似程度和已收集数据的完整性与全面性，对定量与定性表征这类软件的可靠性是很重要的。

F.2.3 计算机可靠性

一个安全通道中非冗余计算机的可靠性可以分成两个可测量的部分：平均故障间隔时间(MTBF)测定和正确响应概率。MTBF是长时期内持续运行的一种表示法。正确响应概率是在假定硬件、系统软件和其他的运行环境因素都正常起作用时计算机对于始发事件响应的一种表示法。

F.2.3.1 MTBF测定

MTBF可用累计运行时间除以故障数来测定。应特别明确测定运行时间和计算机故障的方法，在确定运行时间时应处理的问题包括(但不限于)：

a) 有关硬件和软件配置的规格书，据此可收集计算机的运行时间；

b) 对未曾修改的模块在原状态下运行所采用的方法可用于确定运行时间；

c) 外部输入和输出的重现精度，以及如何收集处理器的运行时间。

在确定故障时应考虑的问题实例如下：

a) 故障成因；

b) 认为故障由计算机引起而不是瞬时故障或其他现象所使用的判别准则；

c) 统计已经排除的故障；

d) 统计由于同一缺陷引起的多重故障。

一旦确定了累计运行时间和故障，在假定 MTBF 在测定期间内保持不变的条件下，应用 MIL-HDBK 781 中程序计算出 MTBF 的上、下边界值。一旦按这种方式测定了故障率，同时假定可靠性按指数分布或其他方式分布，就能确定规定时间间隔内定量的可靠性。

F.2.3.2 正确响应概率

正确响应概率是在提出要求时成功概率的测定值，它可用系统试验时取得的数据来得到。通过实施有关的测试案例以及确定成功与不成功案例之比，便可测定成功概率。应把下述问题视为这种测定的一部分：

a) 确立一组有代表性的和无偏的测试案例，在只需要一次输出的案例中(例如反应堆紧急停堆的驱动信号)，测试案例组只需要考虑输入的组合，然而，在涉及到连续闭环控制的场合下，测试案例组还应考虑预计运行时间的范围以及被控制系统的动态过程；

b) 在只测试输入空间的一次取样而不是测试整个输入空间时(对于许多较简单的安全系统，测试整个输入空间可能是可行的)，可确定成功比例所采用的方法；

c) 试验环境的真实性以及相对于试验环境而言运行环境中不确定性的处理；

d) 可将以前的试验结果同追溯性检查和试验相结合所采取的方法；

e) 部分成功结果(相对于全部成功)的处理，特别是在连续控制情况下(例如阀门在部分行程上的振荡)；

f) 确定实际成功或失效所用的方法，特别是对于连续控制功能。

综合试验结果以便确定单一的正确响应总概率所采用的方法取决于试验的种类以及预期的结果。例如，在可以确定离散的成功/失败结果的场合下(如具有检测和控制功能的典型情况)，成功和失败的加权平均值以及应用二项式分布得到的置信区间可能是适当的。在涉及到长时期内连续闭环控制的其他情况下，可采用连续记录法。此时，采用不同方法确定置信区间可能是必要的。

F.2.3.3 MTBF 与正确响应概率的综合

按下述假设可将 MTBF 和正确响应概率综合为单一的可靠性数值：

a) 采用指数分布将 MTBF 变换为可靠性估计值，除非另有说明；

b) MTBF 代表了整个计算机，包括系统硬件、软件、设备驱动器以及运行环境的其他部件，可靠性估计值表示该系统在给定时间间隔内无故障运行的概率，因此如对安全系统提出任务要求，有关的数据将成功地作为该应用的输入；

c) 假如安全系统任务的有关数据已成功地置于输入缓冲区中，则正确响应概率表示该应用将输出正确结果的概率；

d) 基本系统软件和运行环境的故障概率以及安全系统应用中所用逻辑的故障概率是独立的。

在给出这些假设之后，就能确定通道可靠性：

$$Rch = Rc \times S$$

式中：

Rch——通道可靠性；

Rc——由测得的 MTBF 推算得到的通道可靠性；

S——正确响应概率。

F.2.3.4 结合通道可靠性来确定安全系统可靠性

可用 GB/T 9225 给出的与硬件所用技术相类似的方法来确定安全系统可靠性，但应考虑：

a) 通道故障独立到什么程度，也就是共模故障和共因故障的相对重要性，后者可能由于使用相同的硬件、操作系统、运行条件或监督和维修规程所引起；

b) 对各个通道输出进行组合所采用的方法，以及在组合点发生故障所达到的程度；

c） 恢复和修理时间要求与系统响应时间要求的相互关系。

在MTBF可满足可靠性分配或目标，但对共模和共因故障的正确响应概率未能满足上述可靠性分配或目标的情况下，将特定功能软件的多样化实施方法引入安全系统可能是必要的，见附录B。当必须采用多样化措施时，应对多样化实施方法进行评价（见附录D），以便证实故障模式是多样化的而且是不相关的。

参 考 文 献

[1] GB/T 9225 核电厂安全系统可靠性分析一般原则.

[2] GB/T 13286 核电厂安全级电气设备和电路独立性准则.

[3] ANSI/ANS 51.1-1983(R1988),Nuclear Safety Criteria for the Design of Stationary Pressurized Water Reactor Plants.

[4] ANSI/ANS 52.1-1983(R1988),Nuclear Safety Criteria for the Design of Stationary Boiling Water Reactor Plants.

[5] IEEE 100,The Authoritative Dictionary of IEEE Standards Terms,New York, Institute of Electrical and Electronics Engineers,Inc.

[6] IEEE Std 1012-1998,IEEE Standard for Software Verification and Validation.

[7] IEEE Std 1012a-1998,IEEE Standard for Software Verification and Validation—Content Map to IEEE/EIA 12207.1.

[8] IEEE Std 1061-1998,IEEE Standard for a Software Quality Metrics Methodology.

[9] IEEE Std 1228-1994,IEEE Standard for Software Safety Plans.

[10] IEEE Std 1042-1987 IEEE Guide to Software Configuration Management.

[11] IEEE Std 1540-2001,IEEE Standard for Life Cycle Processes—Risk Management.

[12] IEEE/EIA 12207.0-1996 Industry Implementation of International Standard ISO/IEC 12207:1995(ISO/IEC 12207 Standard for information technology—Software life cycle process—Description).

[13] MIL-HDBK 781, Reliability Test Methods, Plans, and Environments for Engineering Development,Qualification and Production.

[14] MIL-STD-882B,System Safety Program Requirements.

[15] Title 10 of the Code of Federal Regulations.

ICS 19.060;77.040.10
N 74

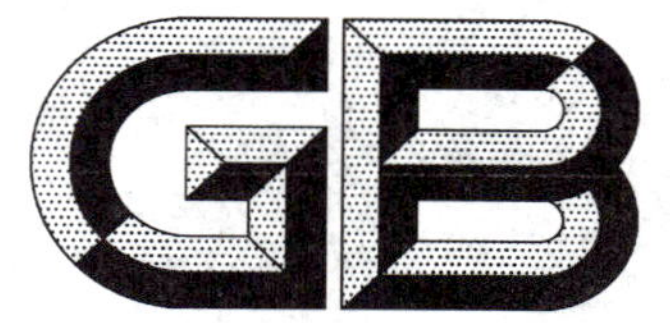

中华人民共和国国家标准

GB/T 13634—2008/ISO 376:2004
代替 GB/T 13634—2000

单轴试验机检验用标准测力仪的校准

Calibration of force-proving instruments used for the verification of uniaxial testing machines

(ISO 376:2004, Metallic materials—Calibration of force-proving instruments used for the verification of uniaxial testing machines, IDT)

2008-06-20 发布

2009-01-01 实施

中华人民共和国国家质量监督检验检疫总局
中国国家标准化管理委员会 发布

前　　言

请注意本标准的某些内容有可能涉及专利。本标准的发布机构不应承担识别这些专利的责任。

本标准等同采用ISO 376:2004《金属材料　单轴试验机检验用标准测力仪的校准》(英文第三版)。

本标准对ISO 376:2004做了下列编辑性修改:

——修改了名称;

——删除ISO 376:2004的前言;

——增加了国家标准的前言;

——直接引用与规范性引用文件相对应的我国国家标准。

本标准代替GB/T 13634—2000《试验机检验用测力仪的校准》。

本标准与GB/T 13634—2000相比主要变化如下:

——修改了名称;

——增加了引言;

——修改了规范性引用文件(2000年版的第2章;本版的第2章);

——增加了“术语和定义”一章(本版的第3章);

——修改了某些符号的含义(2000版的表1;本版的表1);

——将“负荷”一词改为“力”(2000版的6.1.1和6.4.1等;本版的7.4.1等);

——修改了施加每组校准力以前调整零点的要求(2000年版的6.5.3;本版的7.5.3);

——修改了校准证书要求(2000年版的7.3;本版的8.3);

——修改了逐点施加力的时间间隔要求(2000版的6.4.3;本版的7.4.3)。

本标准的附录A和附录B为资料性附录。

本标准由中国机械工业联合会提出。

本标准由全国试验机标准化技术委员会(SAC/TC 122)归口。

本标准负责起草单位:长春试验机研究所。

本标准参加起草单位:长春中联试验仪器有限公司、长春孝修计量科技有限公司。

本标准主要起草人:郭永祥、邵春平、马孝修。

本标准所代替标准的历次版本发布情况为:

——GB 13634—1992、GB/T 13634—2000。

引　言

本标准没有规定标准测力仪或其指示装置测量不确定度方面的内容。国际标准化组织“金属力学试验”技术委员会的“单轴试验”分委员会(ISO/TC 164/SC 1)的工作组正在拟定标准测力仪测量不确定度的评定方法。本标准将跟踪国际标准并及时予以修订。在规定这方面的内容之前，有关标准测力仪测量不确定度的评定方法可参见本标准“参考文献”列在前面的两个文件。

单轴试验机检验用标准测力仪的校准

1 范围

本标准规定了单轴试验机[例如拉力和(或)压力试验机]静态检验用标准测力仪的校准，并给出标准测力仪的分级方法。

本标准一般适用于由测量受力体的弹性变形或与之成正比的量来确定其所受力的标准测力仪。

2 规范性引用文件

下列文件中的条款通过本标准的引用而成为本标准的条款。凡是注日期的引用文件，其随后所有的修改单(不包括勘误的内容)或修订版均不适用于本标准，然而，鼓励根据本标准达成协议的各方研究是否可使用这些文件的最新版本。凡是不注日期的引用文件，其最新版本适用于本标准。

GB/T 27025 检测和校准实验室能力的通用要求(GB/T 15481—2008,ISO/IEC 17025:2005,IDT)

3 术语和定义

下列术语和定义适用于本标准。

3.1

标准测力仪 force-proving instrument

从力传感器直到包括指示装置在内的整个组合。

4 符号及其含义

表1中的符号适用于本标准。

表1 符号及其含义

符号	单位	含 义
b	%	转位后的复现性相对误差
b'	%	不转位时的重复性相对误差
F_f	N	传感器的最大容量
F_N	N	最大校准力
f_c	%	插值相对误差
f_0	%	零点相对误差
i_f	—	卸力后指示装置的读数[a]
i_0	—	加力前指示装置的读数[a]
r	N	指示装置的分辨力
v	%	标准测力仪的进回程相对误差
X	—	递增试验力时的变形
X_a	—	变形的计算值
X'	—	递减试验力时的变形

表 1（续）

符号	单位	含　义
X_{max}	—	第 1、3、5 次测量中的最大变形
X_{min}	—	第 1、3、5 次测量中的最小变形
X_N	—	与最大校准力对应的变形
$\overline{X}_r$	—	转位后变形的平均值
$\overline{X}_{wr}$	—	不转位时变形的平均值
[a] 与变形对应的读数值。		

5　原则

校准的要点是对力传感器施加准确已知的力并记录指示装置指示的数据，指示装置被认为是标准测力仪的组成部分。

采用电测方式时，如果满足下列条件，可以更换指示装置而不必重新校准标准测力仪。

a)　原指示装置和替换指示装置均具有可溯源到国家基准且以电的基本单位（伏特、安培）给出校准结果的校准证书。替换指示装置的校准范围不应小于组合成标准测力仪以后的使用范围，其分辨力不应低于组合成标准测力仪以后的使用分辨力。

b)　替换指示装置的量值单位（例如 5 V、10 V）和激励源的类型（例如 AC 或 DC 载频）应分别与原指示装置相同。

c)　每个指示装置（原指示装置和替换指示装置）的不确定度不应对标准测力仪整个组合的不确定度有较大的影响。推荐替换指示装置的不确定度不大于整个组合系统不确定度的 1/3。

6　标准测力仪的特性

6.1　标准测力仪的标识

标准测力仪的所有部件（包括电缆）均应分别给出唯一标识，例如制造者名称、型号和编号。力传感器应标明最大工作力。

6.2　力的施加

力传感器及其加力附件的设计应保证沿轴向施加拉力或者压力。

附录 A 给出了加力用附件的示例。

6.3　变形的测量

力传感器受力体变形的测量可采用机械的、电的、光的或其他具有足够准确度和稳定度的方法进行。

标准测力仪是仅以规定的校准力分级还是以插值分级（见第 7 章）取决于变形测量系统的类型和性能。

通常，采用标度盘式指示装置测量变形的标准测力仪仅限于使用测力仪已被校准的力。标度盘式指示装置如果在长行程范围内使用，可能含有很大的局部周期性误差，该误差产生的不确定度太大以致不允许在校准力之间插值。如果标度盘式指示装置的周期性误差对标准测力仪插值误差的影响甚小，则可使用插值。

7　标准测力仪的校准

7.1　总则

7.1.1　预备试验

应保证标准测力仪满足校准前的要求。例如，可通过下述预备性试验进行检验。

7.1.2 过负荷试验

此项任选试验参见第 B.1 章。

7.1.3 有关施加力的检验

确保：

——拉力试验时，标准测力仪辅带的连接装置能够沿轴向施加力；

——压力试验时，力传感器与其在标准机上的承压垫之间无相互干扰。

可以采用第 B.2 章给出的试验方法进行试验。

注：也可采用其他试验方法，例如，使用带有球形上支承面的平底传感器进行试验。

7.1.4 电压变化试验

是否进行此项试验由校准部门决定。对于需要提供电源的标准测力仪，当线电压变化±10%时，应对其无明显影响。此项检验可借助于力传感器模拟器或其他适当的方法进行。

7.2 指示装置的分辨力

7.2.1 模拟式标度

标度盘上的刻线应均匀一致，指针宽度应近似等于刻线宽度。

指示装置的分辨力 r 应为指针宽度与两相邻刻线中心距（刻度间隔）的比值，推荐比值为 1∶2、1∶5 或 1∶10，要估读到标度盘分度值的十分之一，要求刻度间隔不小于 1.25 mm。

可以使用尺度与模拟式标度相当的游标尺直接读取比标准测力仪标度盘分度值更小的值。

7.2.2 数字式标度

数字式指示装置的分辨力被认为是其末位有效数字的一个增量。

7.2.3 读数变动

如果读数变动大于上述定义的分辨力值（标准测力仪未受力时），则分辨力应视为变动范围的一半。

7.2.4 单位

应将分辨力 r 转换成力的单位。

7.3 最小力

为了在标准测力仪校准时或以后用以检验试验机时准确地读取变形量，施加到标准测力仪上的最小力应满足下列两项要求：

a) 最小力不应小于：

——00 级：4 000×r

——0.5 级：2 000×r

——1 级：1 000×r

——2 级：500×r

b) 最小力不应小于 $0.02F_f$。

7.4 校准方法

7.4.1 预加力

施加校准力之前，应对标准测力仪以给定方式（拉或压）施加三次最大力。每次最大力的保持时间应为 1 min～1.5 min。

7.4.2 方法

在不受干扰的情况下，仅以递增力对标准测力仪施加两组校准力进行校准。

然后，将标准测力仪绕其轴线依次旋转到 360°范围内至少两个对称均匀分布的位置（即 0°、120°、240°）。如果不能旋转到这些位置，允许旋转到 0°、180°和 360°的位置。在每个位置先以递增力再以递减力施加一组校准力（见图 1）。

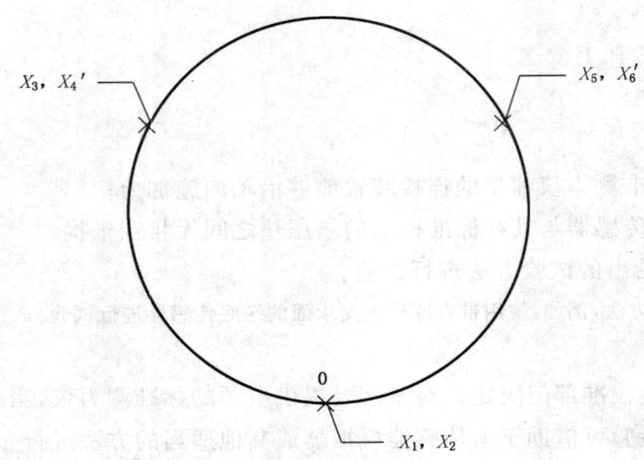

图 1 标准测力仪的位置

为了给出插值曲线，校准力的个数不应少于 8 个，并且这些力应尽可能在校准范围内均匀分布。

注 1：如怀疑有周期性误差，建议避开与该误差周期相对应的力值范围。

注 2：该方法测出的滞后值是标准测力仪与标准机的综合滞后，标准测力仪的滞后可在静重式标准机上精确测定。使用其他类型标准机时，宜把标准机的滞后考虑进去。

应对标准测力仪在将要施加校准力的方向预加三次最大力。施加校准力的方向改变时，应在新的方向施加三次最大力。

力被完全卸除以后，应至少等待 30 s，再记录零力时的读数。

注 3：每组测量结束后，宜至少等待 3 min 再进行下一组测量。

对于部件可拆卸的标准测力仪，在校准期间，应将其至少分解一次至包装运输状态。这种分解一般应在第二组和第三组测量之间进行。重新组装施加下一组校准力之前，应对标准测力仪至少施加三次最大力。

开始校准电子式标准测力仪之前，可记录零点信号(见第 B.3 章)。

7.4.3 施加力的要求

应尽量使逐点施加力的时间间隔相同，从力开始变化至可读数的时间应在 30 s 以内。应在 18 ℃～28 ℃ 范围内选择校准温度，在校准过程中，温度变化应在 ±1 ℃ 范围内，并应记录校准时的温度。应有足够的时间使标准测力仪达到稳定的温度。

注：当已知标准测力仪未进行温度补偿时，宜确保温度变化不影响校准。

应变式传感器校准前的通电时间不应少于 30 min。

7.4.4 变形的测量

变形被定义为受力时的读数与未受力时的读数之差。

注：该变形定义不仅适用于以长度单位输出的读数，也适用于以电单位输出的读数。

7.5 标准测力仪的评定

7.5.1 复现性相对误差 b 和重复性相对误差 b'

对每一校准力，分两种情况计算误差，即标准测力仪转位时的误差(b)和不转位时的误差(b')，按公式(1)和公式(2)计算：

$$b = \left| \frac{X_{\max} - X_{\min}}{\overline{X}_r} \right| \times 100 \qquad \cdots\cdots(1)$$

式中 $\overline{X}_r = \dfrac{X_1 + X_3 + X_5}{3}$

$$b' = \left| \frac{X_2 - X_1}{\overline{X}_{wr}} \right| \times 100 \qquad \cdots\cdots(2)$$

式中 $\overline{X}_{wr}=\dfrac{X_1+X_2}{2}$

7.5.2 **插值相对误差 f_c**

该误差由作为校准力函数的变形给出的一次、二次或三次方程式来确定。

所用方程式应在校准报告中给出。插值相对误差应按公式(3)计算：

$$f_c=\frac{\overline{X}_r-X_a}{X_a}\times 100 \qquad (3)$$

7.5.3 **零点相对误差 f_0**

施加每组校准力以前和以后均应记录零点。零点读数应在力完全卸除以后，再经过大约 30 s 的时间读取。

零点相对误差按公式(4)计算：

$$f_0=\frac{i_f-i_0}{X_N}\times 100 \qquad (4)$$

宜给出最大零点相对误差。

7.5.4 **进回程相对误差 v**

应先以递增力再以递减力对标准测力仪施加校准力来测定进回程相对误差。

利用递减力时和递增力时测得的差值，按公式(5)和公式(6)算出两组校准力的进回程相对误差：

$$v_1=\left|\frac{X'_4-X_3}{X_3}\right|\times 100 \qquad (5)$$

$$v_2=\left|\frac{X'_6-X_5}{X_5}\right|\times 100 \qquad (6)$$

v 是 v_1 和 v_2 的平均值，按公式(7)计算：

$$v=\frac{v_1+v_2}{2} \qquad (7)$$

8 标准测力仪的分级

8.1 分级方法

通过从最大到最小依次考核每一校准力来确定标准测力仪测量范围的级别，测量范围的下限应为满足该级要求的最小力。

标准测力仪可按规定的力分级或按插值分级。

8.2 分级指标

8.2.1 标准测力仪分级的范围应至少覆盖 F_N 的 50%～100%的范围。

8.2.2 仅以规定的力分级的标准测力仪，应考核的指标是：

——复现性相对误差和重复性相对误差；

——零点相对误差；

——进回程相对误差。

8.2.3 以插值分级的标准测力仪，应考核下列指标：

——复现性相对误差和重复性相对误差；

——插值相对误差；

——零点相对误差；

——进回程相对误差。

表 2 按照标准测力仪的级别和校准力的不确定度给出了这些误差的最大允许值。

表 2 测力仪特性

级别	测力仪的最大允许相对误差 %					施加校准力的 不确定度 $k=2$ %
	复现性 b	重复性 b'	插值 f_c	零点 f_0	进回程 v	
00	0.05	0.025	±0.025	±0.012	0.07	±0.01
0.5	0.10	0.05	±0.05	±0.025	0.15	±0.02
1	0.20	0.10	±0.10	±0.050	0.30	±0.05
2	0.40	0.20	±0.20	±0.10	0.50	±0.10

8.3 校准证书及其有效期

8.3.1 如果标准测力仪在校准时满足本标准的要求，按照 GB/T 15481 的规定，校准机构应签发至少包括下列内容的校准证书：

a) 标准测力仪及其加力附件各单元的标识和标准机的标识；

b) 加力的方式[拉和(或)压]；

c) 标准测力仪满足预备试验要求的情况；

d) 级别和有效的范围(或力)；

e) 校准日期和校准结果，需要时给出插值方程式；

f) 校准时的温度。

8.3.2 本标准规定证书的有效期最长不应超过 26 个月。

如果标准测力仪受到了大于超负荷试验(见第 B.1 章)规定的过大力或修理后，则应重新校准。

9 已校准标准测力仪的使用

应在校准时的状态下对标准测力仪加力。应采取措施防止其承受的力超过最大校准力。

仅以规定的力分级的标准测力仪应只使用这些规定的力。

以插值分级的标准测力仪可使用插值范围内的任何力。

如果标准测力仪不在校准温度下使用，必要时应按温度变化对标准测力仪的变形量作相应的修正(见第 B.4 章)。

注：如果卸除了力的力传感器零点发生变化，则说明由于超负荷而使力传感器产生了塑性变形。长时永久漂移则表明应变片基底受潮或应变片有粘贴缺陷。

附 录 A
（资料性附录）
力传感器及其加力用附件尺寸示例

A.1 总则

为使力传感器在力标准机上校准和便于在待检验的材料试验机上同轴安装，可以考虑下列设计要求和设计尺寸。

A.2 拉式传感器

为有利于组装，建议将连接螺纹头部切削至螺纹内径，长度约为两个螺距。见表 A.1。

宜保留力传感器在加工过程中使用的中心孔。

表 A.1 标称力不小于 10 kN 的拉式传感器的尺寸

测力仪最大（标称）力[a]	最大总长度[b] mm	连接头外螺纹尺寸[c]	螺纹最小长度 mm	最大宽度或直径 mm
10 kN～20 kN	500	M20×1.5[d]	16	110
40 kN 和 60 kN	500	M20×1.5[d]	16	125
100 kN	500	M24×2	20	150
200 kN	500	M30×2	25	—
400 kN	600	M42×3	40	—
600 kN	650	M56×4	40	—
1 MN	750	M64×4	60	—
2 MN	950	M90×4	80	—
4 MN	1 300	M125×4	120	—
6 MN	1 500	M160×6	150	—
10 MN	1 700	M200×6	180	—
15 MN	2 000	M250×6	225	—
25 MN	2 500	M330×6	320	—

[a] 标称力小于 10 kN 的拉式传感器尺寸不做规定。

[b] 包括拉式传感器及其必需的螺纹连接件长度。

[c] 拉式传感器或螺纹连接件连接头外螺纹尺寸。

[d] 也允许 2 mm 螺距。

A.3 压式传感器

考虑到材料试验机上安装高度限制，压式传感器总高度不宜超过表 A.2 给出的值。

总高度包含辅带的加力用附件的高度。

表 A.2 压式传感器的总高度

测力仪最大(标称)力	材料试验机检验装置的最大总高度[a] mm	
	1 级[b]	2 级[b]
≤40 kN	145	115
60 kN	170	145
100 kN	220	145
200 kN	220	190
400 kN	290	205
600 kN	310	205
1 MN	310	205
2 MN	310	205
3 MN	330	205
4 MN	410	205
5 MN	450	350
6 MN	450	400
10 MN	550	400
15 MN	670	—

[a] 如果材料试验机的实际安装空间允许,可使用较大总高度的传感器。

[b] 符合 GB/T 16825.1—2008 的规定。

A.4 加力用附件

A.4.1 总则

加力用附件宜设计成使力沿直线施加。通常,拉式传感器宜配备两个球形螺母、两个球形座,必要时还应配备两个中间联接环,而压式传感器应配备一个或两个承压垫。

如果采用 A.4.2～A.4.5 中推荐的附件尺寸,要求附件所用材料的屈服强度至少为 350 N/mm^2。

A.4.2 球形座和球形螺母

图 A.1 所示为拉式传感器辅带的球形螺母和球形座的形状,其尺寸宜符合表 A.3 的规定。

最大(标称)力不小于 4 MN 传感器用的大型球型座和球形螺母宜在柱面分布设置盲孔,以利于运输和组装。就球形座来说,两对相对的孔就足够了,其中一对宜设在中心平面上,上球形座的另一对设在靠近上面三分之一处的平面上,下球形座的另一对设在靠近底部三分之一处的平面上(见图 A.1)。

球形螺母的每两对相对盲孔相差 60°角,宜分别设在柱面的上部、中部和下部。

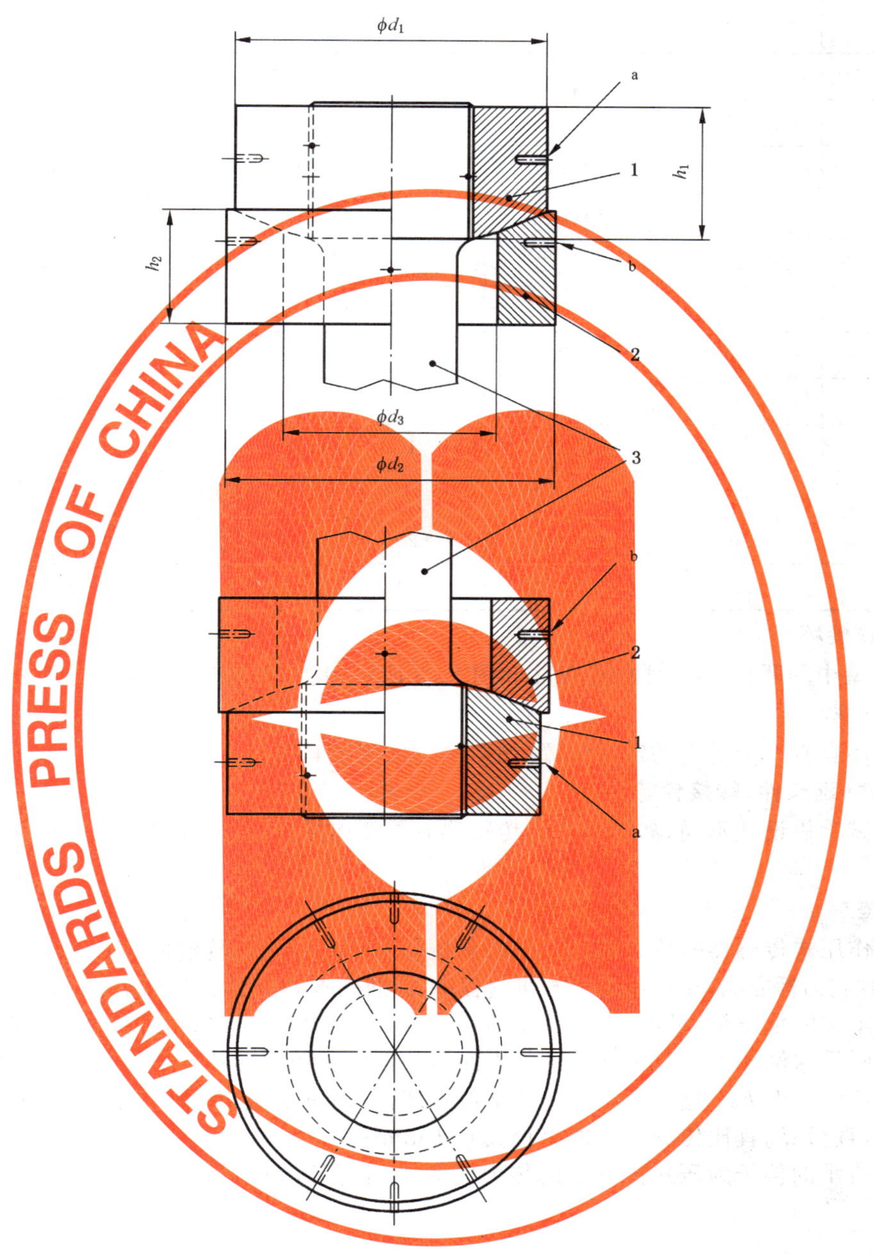

1——球形螺母；

2——球形座；

3——拉力测量杆。

a 6个孔。

b 4个孔。

图 A.1 球形螺母、球形座和拉力测量杆

表 A.3 最大力不小于 10 kN 的拉式传感器配备的球形螺母和球形座尺寸

测力仪最大(标称)力	d_1 mm	d_2(c11) mm	d_3 mm	h_1 mm	h_2 mm	r mm
10 kN～40 kN	32	$35_{-0.280}^{-0.120}$	22	16	12	30
60 kN	43	$45_{-0.290}^{-0.130}$	27	18	15	30
100 kN	47	$50_{-0.290}^{-0.130}$	32	20	15	50
200 kN	60	$64_{-0.330}^{-0.140}$	44	25	15	50
400 kN 和 600 kN	86	$90_{-0.390}^{-0.170}$	60	40	18	80
1 MN	115	$120_{-0.400}^{-0.180}$	74	60	25	100
2 MN	160	$165_{-0.480}^{-0.230}$	100	90	30	150
4 MN	225	$235_{-0.570}^{-0.280}$	150	120	40	250
6 MN	260	$270_{-0.620}^{-0.300}$	170	150	45	250
10 MN	335	$345_{-0.720}^{-0.360}$	220	180	55	300
15 MN	410	$420_{-0.840}^{-0.440}$	265	225	65	350
25 MN	550	$580_{-1.5}^{-0.5}$	345	310	85	500

A.4.3 中间联接环

A 型和 B 型中间联接环分别如图 A.2 和图 A.3 所示，其尺寸见表 A.4，这些中间环宜用于多量程材料试验机的检验。

中间联接环宜有一个适当的定位装置(如穿销)，以固定其他的安装件。

A.4.4 连接件(延长件、转接件等)

由于材料试验机设计不同，如果安装力传感器时需要连接件，宜将连接件设计成确保沿力传感器的中心施加力。

A.4.5 承压垫

承压垫用作压式传感器的传力部件。如果承压垫有两个平的力传输面，宜将它们磨成平行的平面。

标准测力仪在力标准机(或基准机)上校准过程中，标准机压板上承受的表面压力不宜大于 100 N/mm²，必要时宜选装附加的承压垫(见图 A.4)。承压垫的直径 d_9 要足够大，以保证满足上述要求。

图 A.4a)所示的例子为压式传感器的传力面为凸面的承压垫形状，其高度 h_7 不宜小于 $d_9/2$。

所有承压垫的高度 h_8 和直径 d_{10} 宜适合于传力部件，使承压垫在安装后既对中又与传力部件无横向接触。因此，直径 d_{10} 宜比传力部件的直径大 0.1 mm～0.2 mm。

图 A.4b)所示的例子为压式传感器的传力面为平面的承压垫形状，直径 d_{11} 不宜小于传力部件的直径。

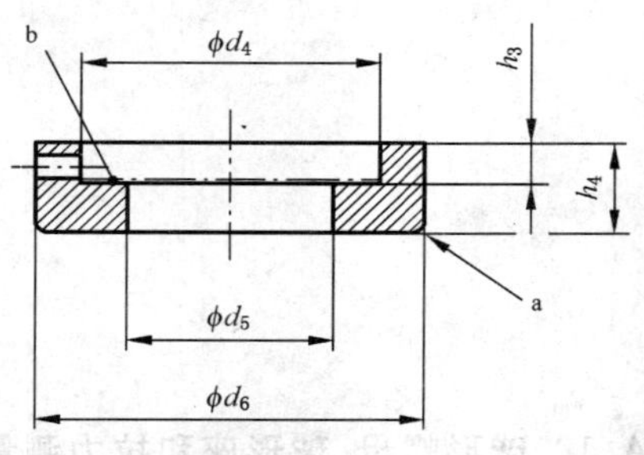

a 倒角。

b 挖槽(尺寸：1.6 mm×0.3 mm)。

图 A.2 A 型中间联接环

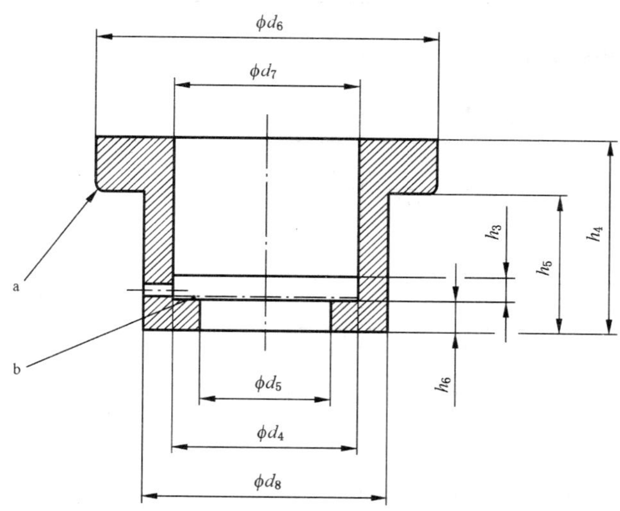

[a] 倒角。

[b] 挖槽(尺寸:1.6 mm×0.3 mm)。

图 A.3 B型中间联接环

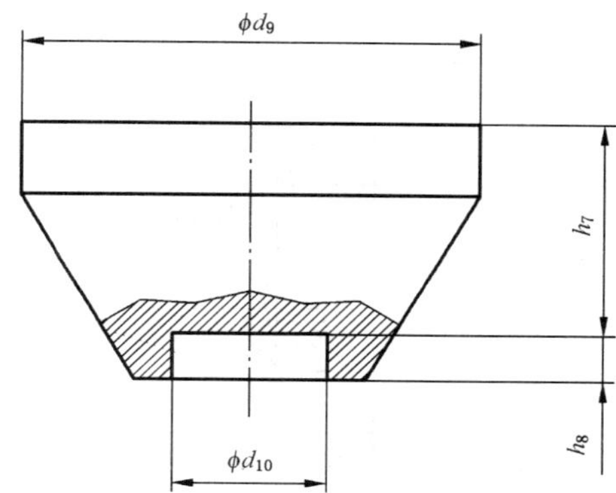

a) 为减小传力面为凸面的力传感器表面压力而设计的承压垫

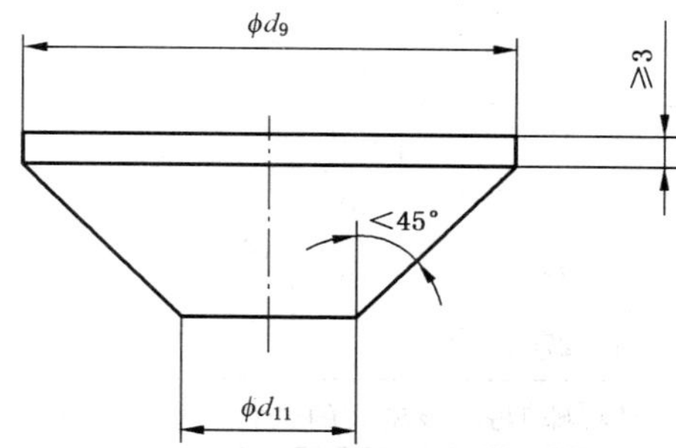

b) 为减小传力面为平面的力传感器表面压力而设计的承压垫

图 A.4 承压垫

表 A.4 中间联接环尺寸

材料试验机的最大(标称)力[a]	测力仪最大力	中间联接环型式	d_4 H7 mm	d_5 mm	d_6 c11 mm	d_7 mm	d_8 mm	h_3 mm	h_4 mm	h_5 mm	h_6 mm
60 kN	40 kN	A	$35^{+0.025}_{0}$	24	$45^{-0.130}_{-0.290}$	—	—	5	10	—	—
100 kN	40 kN	A	$35^{+0.025}_{0}$	24	$50^{-0.130}_{-0.290}$	—	—	7	15	—	—
	60 kN	A	$45^{+0.025}_{0}$	29		—	—	7	15	—	—
200 kN	40 kN	B	$35^{+0.025}_{0}$	24	$64^{-0.140}_{-0.330}$	36	46	5	34	22	12
	60 kN	A	$45^{+0.025}_{0}$	29		—	—	7	15	—	—
	100 kN	A	$50^{+0.025}_{0}$	34		—	—	7	15	—	—
400 kN～600 kN	40 kN	B	$35^{+0.025}_{0}$	24	$90^{-0.170}_{-0.390}$	36	61	5	57	42	12
	60 kN	B	$45^{+0.025}_{0}$	29		46	61	7	57	42	12
	100 kN	B	$50^{+0.025}_{0}$	34		51	61	7	57	42	15
	200 kN	A	$64^{+0.030}_{0}$	47		—	—	12	20	—	—
1 MN	60 kN	B	$45^{+0.025}_{0}$	29	$120^{-0.180}_{-0.400}$	46	77	7	60	45	15
	100 kN	B	$50^{+0.025}_{0}$	34		51	77	7	60	45	15
	200 kN	B	$64^{+0.030}_{0}$	47		65	77	12	60	45	15
	400 kN～600 kN	A	$90^{+0.035}_{0}$	65		—	—	18	32	—	—
2 MN	200 kN	B	$64^{+0.030}_{0}$	47	$165^{-0.230}_{-0.480}$	67	103	12	87	60	15
	400 kN～600 kN	A	$90^{+0.035}_{0}$	65		—	—	18	48	—	—
	1 MN	A	$120^{+0.035}_{0}$	78		—	—	25	50	—	—
4 MN	400 kN～600 kN	B	$90^{+0.035}_{0}$	65	$235^{-0.280}_{-0.570}$	92	158	18	130	95	35
	1 MN	B	$120^{+0.035}_{0}$	78		122	158	25	130	95	45
	2 MN	A	$165^{+0.040}_{0}$	105		—	—	27	62	—	—
6 MN	400 kN～600 kN	B	$90^{+0.035}_{0}$	65	$270^{-0.300}_{-0.620}$	92	173	18	155	115	35
	1 MN	B	$120^{+0.035}_{0}$	78		122	173	25	155	115	45
	2 MN	A	$165^{+0.040}_{0}$	105		—	—	27	77	—	—
	4 MN	A	$235^{+0.046}_{0}$	160		—	—	35	60	—	—
10 MN	1 MN	B	$120^{+0.035}_{0}$	78	$345^{-0.360}_{-0.720}$	122	223	25	200	150	40
	2 MN	B	$165^{+0.040}_{0}$	105		167	223	27	200	150	60
	4 MN	A	$235^{+0.046}_{0}$	160		—	—	35	90	—	—
	6 MN	A	$270^{+0.052}_{0}$	185		—	—	40	75	—	—

[a] 标称力大于 10MN 的拉力试验机是特殊型式，该型式的试验机所需的中间联接环应按协议制造。

附 录 B
（资料性附录）
附 加 内 容

B.1 超负荷试验

对标准测力仪连续施加四次超过最大力的8%～12%的过大力。保持过大力1 min～1.5 min。

标准测力仪交付校准或交付使用前，制造者宜至少做一次超负荷试验。

B.2 检验压式标准测力仪的力传感器与其在标准机上的支承之间无干扰的方法示例

利用圆柱形的中间承压垫对标准测力仪施加力。承压垫有平的、凸的和凹的三种端面，并与力传感器底面相接触。

凸面和凹面用来模拟操作中出现的不平和所用承压垫的硬度发生变化。

中间承压垫由钢制造，硬度为400HV30～650HV30，表面凸、凹度为半径的1.0/1 000±0.1/1 000[半径的(0.1±0.01)%]。

如果标准测力仪与辅带的承压垫一起校准，并且辅带的承压垫和标准测力仪始终在一起使用，则将标准测力仪和承压垫看作组合试验装置。依次用平形、凸形和凹形端面的承压垫对该组合试验装置施加试验力。

对标准测力仪施加两个试验力，第一个是标准测力仪的最大力，第二个是测力仪的变形能够满足重复性要求的最小校准力。

分别使用三种中间承压垫施加这两个试验力，重复试验三次。对于每个力，使用凹形承压垫与使用平面形承压垫时的平均变形之差和使用凸形承压垫与使用平面形承压垫时的平均变形之差均不宜超过表B.1中按标准测力仪级别给出的极限值。

表B.1 平均变形的最大允差

级别	最大允差 %	
	最大力时	最小力时
00	0.05	0.1
0.5	0.1	0.2
1	0.2	0.4
2	0.4	0.8

如果标准测力仪满足最大力时的要求而不满足最小力时的要求，则应确定满足该要求的最小力。

测定满足该要求的最小力时，所采用的力的最小增量由有资格校准的机构决定。

通常，标准测力仪每次进行校准时不必重做这些使用中间支承垫的试验，而只有标准测力仪大修后才进行这些试验。

B.3 关于记录未受力传感器零点信号的说明

如果卸力后的力传感器零点发生变化，则表明由于超负荷而使力传感器产生了塑性变形，长时永久漂移则表明应变片基底受潮或应变片有粘贴缺陷。

B.4 已校准标准测力仪的温度修正

对任何温度变化，标准测力仪的变形修正量按公式(A.1)计算：

$$D_t = D_e[1 + K(t - t_e)] \quad \cdots\cdots\cdots\cdots(B.1)$$

式中：

D_t——温度为 t 时的变形；

D_e——校准温度 t_e 时的变形；

K——标准测力仪在摄氏温度下的温度系数。

除了配有电输出式力传感器的标准测力仪以外，合金含量不超过7%的钢质标准测力仪，可取 K=0.000 27/℃。

非钢质标准测力仪或配有电输出式力传感器的标准测力仪，K 值宜通过实验测定和由制造者提供。在标准测力仪的校准证书上应给出所采用的 K 值。

表 B.2 给出了前一类标准测力仪的变形修正量。这些修正值是取 K=0.000 27/℃得到的。

注：以长度单位测量变形的钢质标准测力仪，温度每偏差 4 ℃，变形修正量大约等于 0.001。

大多数电输出式力传感器都进行温度补偿(见 7.4.3 中的注)。

通常，将标准测力仪的测量温度精确到 1 ℃就足够了。

如果标准测力仪在高于校准温度的情况下已经测得变形，并且希望得到在校准温度时的变形，则从测得的变形中减去表 B.2 给出的变形修正量。

在低于校准温度的情况下用标准测力仪进行测量时，测得的变形宜加上修正量。

例如：

——标准测力仪温度：22 ℃；

——测得的变形：729.6 分度；

——校准温度：20 ℃；

——温度偏差：22 ℃－20 ℃＝ ＋2 ℃。

在对应偏差＋2 ℃的纵栏里，刚好超过 729.6 分度的变形是 833 分度。相对该变形值，表 B.2 中给出 0.4 分度的修正量。

修正后的变形是 729.6－0.4＝ 729.2 分度。

表 B.2 钢质标准测力仪温度变化时的变形修正量(不包括电输出式力传感器)

变形修正量 (分度)	相对于校准温度的温度变化相应修正量的最大变形 (分度)							
	1 ℃	2 ℃	3 ℃	4 ℃	5 ℃	6 ℃	7 ℃	8 ℃
0.0	185	92	61	46	37	30	26	23
0.1	555	277	185	138	111	92	79	69
0.2	925	462	308	231	185	154	132	115
0.3	1 296	648	432	324	259	216	185	162
0.4	1 666	833	555	416	333	277	238	208
0.5	2 037	1 018	679	509	407	339	291	254
0.6		1 203	802	601	481	401	343	300
0.7		1 388	925	694	555	462	396	347
0.8		1 574	1 049	787	629	524	449	393
0.9		1 759	1 172	879	703	586	502	439
1.0		1 944	1 296	972	777	648	555	486

表 B.2(续)

变形修正量(分度)	相对于校准温度的温度变化相应修正量的最大变形(分度)							
	1 ℃	2 ℃	3 ℃	4 ℃	5 ℃	6 ℃	7 ℃	8 ℃
1.1		2 129	1 419	1 064	851	709	608	532
1.2			1 543	1 157	925	771	661	578
1.3			1 666	1 250	999	833	714	625
1.4			1 790	1 342	1 074	895	767	671
1.5			1 913	1 435	1 148	956	820	717
1.6			2 037	1 527	1 222	1 018	873	763
1.7			2 160	1 620	1 296	1 080	925	810
1.8				1 712	1 370	1 141	978	856
1.9				1 805	1 444	1 203	1 031	902
2.0				1 898	1 518	1 265	1 084	949
2.1				1 990	1 592	1 327	1 137	995
2.2				2 083	1 666	1 388	1 190	1 041
2.3					1 740	1 450	1 243	1 087
2.4					1 814	1 512	1 296	1 134
2.5					1 888	1 574	1 349	1 180

参 考 文 献

[1] GB/T 16825.1—2008 静力单轴试验机的检验 第1部分:拉力和(或)压力试验机 测力系统的检验与校准(ISO 7500-1:2004,Metallic materials—Verification of static uniaxial testing machines—Part 1:Tension/compression testing machines—Verification and calibration of the force-measuring system,IDT).

[2] ASTM E 74-02, Standard Practice of Calibration of Force-Measuring Instruments for Verifying the Force Indication of Testing Machines.

[3] EA/10-04-1996, Uncertainty of calibration results in force measurements.

[4] NIST,Technical Note 1246, A New Statistical Model for the Calibration of Force Sensors.